Das englische Eisenbahnwesen

Von

Johann Frahm †

Regierungs- und Baurat
Mitglied der Königlichen Eisenbahndirektion Berlin

Mit 353 Textfiguren und 1 Eisenbahnkarte

Springer-Verlag Berlin Heidelberg GmbH
1911

Additional material to this book can be downloaded from http://extras.springer.com

ISBN 978-3-642-51256-8 ISBN 978-3-642-51375-6 (eBook)
DOI 10.1007/978-3-642-51375-6

Vorwort.

Wenn jemand berufen war über englisches Eisenbahnwesen zu schreiben, so war es der Verfasser dieses Buches, der leider zu früh verstorbene Regierungs- und Baurat Johann Frahm, zuletzt Mitglied der Königlichen Eisenbahndirektion Berlin. Frahm war in den Jahren 1903—1905 der Kaiserlichen Deutschen Botschaft in London zugeteilt und hatte während dieser Zeit reiche Gelegenheit, sich mit dem englischen Eisenbahnwesen auf das eingehendste vertraut zu machen. In welchem Maße er das getan hat, dafür legt das vorliegende Buch beredtes Zeugnis ab. Kaum hatte Frahm nach mehrjähriger unermüdlicher Arbeit das Manuskript vollendet, die Verhandlungen wegen der Drucklegung seines Werkes hatten kaum begonnen, als er plötzlich am 19. Februar 1909 infolge einer tückischen Krankheit aus dem Leben dahingerafft wurde.

Fast schien es, als ob Frahms Werk ungedruckt bleiben sollte, und es wäre auch so gekommen, wenn nicht Seine Exzellenz der Herr Minister der öffentlichen Arbeiten dem Buche sein Interesse zugewandt hätte. Seiner Hilfe ist es zu verdanken, daß das Frahmsche Werk nunmehr gedruckt vor uns liegt. Wenn der Unterzeichnete sich allen mit der Herausgabe des Buches verbundenen Arbeiten, wie Durchsicht des Manuskripts, Lesen der Korrekturbogen, Prüfung der Abbildungen usw. gern unterzogen hat, so glaubte er hiermit dem Verfasser den letzten Freundschaftsdienst erwiesen zu haben.

Berlin, im März 1911.

von Zabiensky.
Regierungs- und Baurat a. D.

Inhaltsverzeichnis.

A. Einteilung und Verwaltung der Eisenbahnen.

I. Gruppierung, Umfang und Bedeutung der Bahnnetze.

a) Allgemeines.

Wenn gesagt wird, daß die Anfang 1905 zur Klasse der Haupt- und Nebenbahnen (main- and branch lines) gehörigen 36 430 km Eisenbahnen Großbritanniens und Irlands im Besitz von etwa 225 verschiedenen Aktiengesellschaften waren, mag es auf den ersten Blick schwer erscheinen, die Bahnnetze übersichtlich zu ordnen und ihrer Bedeutung nach abzustufen. Bei näherer Betrachtung ergibt sich indessen, daß dies nicht auf unüberwindliche Schwierigkeiten stößt. Zunächst kann man aus den 225 verschiedenen Gesellschaften etwa 100 ausscheiden, die ihre Bahnnetze an andere, meistens benachbarte Gesellschaften gegen Zahlung einer festen Summe verpachtet haben oder gegen Überlassung eines Anteiles der schwankenden Verkehrseinnahmen betreiben lassen, deren Bahnen also nicht als selbständige Netze erscheinen. Sodann sind einige von den verbleibenden 125 Gesellschaften so unbedeutend, daß sie gegen die größeren Gesellschaften nahezu verschwinden und daher außer Betracht gelassen werden können, wenn von den englischen Eisenbahnen im allgemeinen gesprochen wird. Die kleinste selbständige Eisenbahngesellschaft in England ist die „Easingwold Railway Company", die seit 1891 eine 4 km lange Strecke in Yorkshire mit e i n e r Lokomotive und z w e i Personenwagen betreibt. Etwas größer sind die „Bideford, Westward Ho and Appledore Company" mit 8 km Strecke, drei Lokomotiven und 13 Fahrzeugen, sowie die „Colne Valley and Halstead Company" mit 30 km Strecke. Nicht viel will dies sagen gegen die 4500 km-Strecke der Great Western-Gesellschaft oder die 3060 Lokomotiven und 84 700 Wagen der London and North Western-Gesellschaft. Tatsächlich sind die für eine allgemeine Darstellung des englischen Eisenbahnwesens in Betracht kommenden Bahnen daher in den Händen einer beschränkten Zahl von Gesellschaften, die nach und nach durch Verschmelzung und Ankauf kleinerer Bahnnetze auf ihren jetzigen Umfang gebracht worden sind oder in ihrer ursprünglichen Gestaltung fortbestehen. Legt man die Länge der Strecken als Maßstab für die Bedeutung der Bahngesellschaften an, so gibt es in England und Wales nur 18, in Schottland nur 5 und in Irland nur 4 Gesellschaften, die mehr als 100 Meilen (rund 160 km) Strecke besitzen und unterhalten. Von den 18 englischen Gesellschaften betreiben drei sogenannte „joint lines" (Gemeinschaftslinien), d. h. sie sind gemeinsame Unternehmungen anderer Gesellschaften. Die „Midland and Great Northern Joint Railway" ist ein gemeinsames Unternehmen der Midland- und der Great Northern-Gesellschaft, die sogenannten „Cheshire Lines" sind gemeinsames Eigentum der Midland-, Great Northern- und der Great Central-Gesellschaft, die Somerset- and Dorset-Bahn gehört der Midland- und der London and South Western-Gesellschaft. Demnach bleiben in England und Wales noch 15 selbständige Gesellschaften, die über 100 Meilen (rund 160 km) Strecke besitzen.

Diese 15 Gesellschaften beherrschen tatsächlich die verschiedenen Bahngebiete von England und Wales; denn von den gesamten 24720 km Strecke dieser Landesteile besitzen sie 22530 km, d. i. fast 93 %. In Schottland ist nahezu das ganze Bahnnetz von 5760 km in den Händen von 5 Gesellschaften, von denen jede erheblich mehr als 160 km Strecke besitzt. Auch hier besteht ein Gemeinschaftsunternehmen mehrerer englischer und schottischer Gesellschaften, indem die beiden englischen Gesellschaften, „Midland“ und „London and North Western“, die beiden schottischen, „Caledonian“ und „Glasgow and South Western“, beim Betriebe den 45 km langen „Portpatrick and Wigtownshire Joint Line“ unterstützen. In Irland ist eine von den früheren 5 Gesellschaften mit mehr als 160 km Strecke, die „Belfast and Northern Counties Company“ seit dem 1. Juli 1903 in den Besitz der englischen „Midland Railway Company“ übergegangen, die dadurch einen Zuwachs von 400 km Strecke erhalten hat. Eine andere kleine Gesellschaft, die „Dublin, Wicklow and Wexford Company“ mit 224 km Strecke ist eng mit der englischen London and North Western-Gesellschaft verbunden, ohne indessen ihre Selbständigkeit eingebüßt zu haben. Die noch verbleibenden 3 größeren Gesellschaften besitzen etwa 3400 km Strecke von dem gesamten, etwa 5000 km langen irischen Bahnnetz.

Wenn nach vorstehendem in England und Wales auch nur 15, in Schottland nur 5 und in Irland nur 3 Eisenbahngesellschaften sind, die nach dem Umfange ihres Besitzes und ihrem Gemeinschaftsverhältnis mit anderen Gesellschaften als selbständige größere Unternehmungen bezeichnet werden können, so würde es doch ein falsches Bild geben, wenn man lediglich diese 23 Gesellschaften bei einer Besprechung des englischen Eisenbahnwesens berücksichtigen wollte. Denn die Meilenzahl der Strecken ist für die Bedeutung eines Bahnunternehmens allein nicht maßgebend, vielmehr kommen hierfür namentlich auch die Bahnanlagen, Fahrzeuge, der Betrieb und Verkehr in Betracht, sei es, daß die Bahnanlagen und Fahrzeuge gute Beispiele von Arbeiten der Ingenieurkunst sind, oder der Betrieb und Verkehr nach seinem Umfange und seinen Eigentümlichkeiten dem Betriebs- und Verkehrstechniker besonders schwierige Aufgaben stellen. In dieser Beziehung sind beispielsweise die Londoner Stadt- und Vorortbahnen zu nennen; an Länge sind sie unbedeutend, wenn man aber ihre baulichen Anlagen, Fahrzeuge und Betriebsführung ins Auge faßt, sieht man, daß sie im gesamten englischen Eisenbahnwesen einen hohen Rang einnehmen.

Abgesehen von der Ausgestaltung der Bahnanlagen und von der Betriebsführung, liegt in England der hauptsächlichste Unterschied zwischen Haupt-, Neben- und Kleinbahnen in der Art, wie das Unternehmen zustande gekommen ist. Haupt- und Nebenbahnunternehmungen bedürfen zu ihrer Gründung einer Parlamentsakte, während ein Kleinbahnunternehmen nach dem Kleinbahngesetz (Light Railways Act) 1896 auf Grund einer vom Handelsamt (Board of Trade) bestätigten Ermächtigung des Kleinbahnausschusses (Light Railway Commissioners) ins Leben gerufen werden kann.

Der geographischen Teilung des Vereinigten Königreiches entsprechend wird man das gesamte Bahnnetz von Großbritannien und Irland zunächst in drei große Gruppen teilen können: Die englische, schottische und irische Bahngruppe. Die wichtigste von diesen dreien ist die englische Gruppe, d. i. das Bahnnetz von England und Wales, das an Streckenlänge etwa $^2/_3$ des Gesamtbestandes des Vereinigten Königreiches umfaßt, während auf die beiden anderen Gruppen je etwas mehr oder weniger als $^1/_6$ dieses Bestandes kommt. An Verkehrsumfang ist die englische Gruppe den beiden anderen Gruppen aber noch weit mehr überlegen als an Streckenlänge; denn zu ihr gehören die sämtlichen von London ausgehenden Bahnen mit starkem Personen- und Güterverkehr sowie mehrere Bahnnetze in den Industriegebieten Mittel- und Nordost-Englands, die namentlich große Mengen von Rohgütern und gewerblichen Erzeugnissen befördern. Die englische Bahngruppe hat ihren Mittelpunkt in London, von dem aus die Stammlinien der einzelnen Bahngebiete strahlenförmig in das Land hineinführen, um gewerbliche und ländliche Bezirke und größere Handelsstädte an die Hauptstadt anzuschließen. Die Lage Londons tief im Südosten, nahe der Küste, das Fehlen von Bodenschätzen für die Entwicklung von Industrien in der Londoner Gegend haben es aber bewirkt, daß die von London ausgehenden Bahnen einander wenig gleichen. Während die nach Osten und Süden führenden Bahnen ihre Haupterwerbsquelle im Personenverkehr erblicken, die nach Südwesten, Westen und Nordosten führenden neben dem Personenverkehr namentlich die Beförderung landwirtschaftlicher Erzeugnisse pflegen, haben die nordwestlich bis nordöstlich liegenden Bahnen zwar auch einen großen Personen- und Stückgutverkehr aller Art, aber hierneben einen überwiegenden Rohgüterverkehr. Zu den Bahnen, der erstgenannten Art mit stark hervortretendem Personenverkehr gehören die South Eastern and Chatham- und die London, Brighton and South Coast-Eisenbahn; zu der zweiten Art mit gemischtem Personen-, Stückgüter- und Rohgüterverkehr die London and South Western-, Great Western- und Great Eastern-Eisenbahn und zu der dritten Art mit überwiegendem Rohgüterverkehr die Great Central-, London and North Western, Midland- und Great Northern-Eisenbahn. Ohne unmittelbare Verbindung mit der Hauptstadt sind mehrere Bahnnetze der Industriegebiete Mittelenglands und in Wales, sowie das in sich abgeschlossene Netz der North Eastern-Gesellschaft im Nordosten Englands in den Grafschaften Durham und Northumberland; ferner die Furness-Bahn in Nordwestengland. Zur englischen Bahngruppe gehören auch die Londoner Stadt- und Vorortbahnen.

Die schottische Bahngruppe umfaßt die nördlich einer Verbindungslinie vom Solway Firth an der Westküste zur Mündung des Tweedflusses an der Ostküste liegenden Bahnen, d. i. an der Westküste die Bahnen nördlich von Carlisle, an der Ostküste die Bahnen nördlich von Berwick. Während die Bahnen der englischen Gruppe, obgleich sie sich in einzelnen Gegenden, wie bei London, in Südwales, in den Industriebezirken von Staffordshire, Derbyshire, Jorkshire, Lancashire, Durham und Northumberland mit ihren großen Fabrik- und Handelsstädten stark verdichten, doch im großen und ganzen ziemlich gleichmäßig über das ganze Gebiet von England und Wales verteilen, ist die Verteilung der schottischen Bahngruppe über Schottland sehr ungleichmäßig. Die verhältnismäßig flache Gegend zwischen der Mündung des Clyde im Westen und der Taymündung im Osten, in der die bedeutende Handels- und Industriestadt Glasgow und die durch landschaftliche Schönheiten, Kunstdenkmäler und geschichtliche Erinnerungen hochberühmte schottische Hauptstadt Edinburgh liegen, hat ein sehr dichtes Bahnnetz, das namentlich den Verkehr zwischen den genannten Städten und in den schottischen Industriegegenden vermittelt; die übrigen Gegenden von Schottland sind wegen ihres gebirgigen Charakters nur spärlich mit Eisenbahnen ausgestattet.

Zur irischen Bahngruppe gehören die Bahnen von Irland; ein Teil von ihnen ist im Besitz englischer Gesellschaften oder arbeitet mit englischen Gesellschaften zusammen, wie oben bereits erwähnt.

Das irische Bahnnetz ist wenig entwickelt, weil in Irland einträgliche Industrie fehlt, die Landwirtschaft daniederliegt und die Bevölkerung infolgedessen arm ist und auswandert; Parteihader und Religionszwistigkeiten spielen selbst im Eisenbahnwesen eine Rolle.

Die meisten Gesellschaften haben ihren Sitz in London, sofern nicht nachstehend der Sitz besonders angegeben ist.

b) Eisenbahnlinien, die zur englischen Gruppe gehören.

1. Die von London ausgehenden Bahnen.

Die South Eastern and Chatham-Eisenbahn beherrscht das Gebiet der Grafschaft Kent, den Verkehr zwischen London, Ramsgate, Dover, Folkstone und Hastings. Auf der Strecke London—Queeborough, die einen Teil der Festlandverbindung über Vlissingen bildet, hat sie starken Personenverkehr von und nach Holland, Belgien, Deutschland usw., auf den Linien London—Dover und Folkstone von und nach Belgien, Deutschland, Frankreich, der Schweiz usw. Die Gesellschaft, der diese Bahnlinien gehören, ist am 1. Januar 1899 durch Verschmelzung zweier getrennten Unternehmungen, der South Eastern Railway Company entstanden, die ihrerseits gleichfalls in früherer Zeit durch Verschmelzung kleinerer Gesellschaften gebildet worden waren. Sie hat fünf Londoner Endbahnhöfe: Cannon Street, Charing Cross, Holborn Viaduct, St. Paul's und Victoria.

Die London, Brighton and South Coast-Eisenbahn hat die Linien zwischen London und den am englischen Kanal liegenden Städten Eastbourne, Brighton, Portsmouth, mit Festlandsverkehr nach Frankreich über Newhaven-Dieppe. Die Londoner Endbahnhöfe sind London Bridge und Victoria Station.

Die London and South Western-Eisenbahn mit einer vom Bahnhof Waterloo Station ausgehenden Hauptlinie, die sich nacheinander in Linien nach Portsmouth, Southampton, Bournemouth, Plymouth und Nord-Cornwall spaltet. Diese Bahn hat Festlandverkehr über Southampton nach St. Malo in Frankreich.

Die Great Western-Eisenbahn hat die größte Streckenlänge (etwa 4500 km); ihre Linien verzweigen sich von London (Paddington Station) bis in die südwestliche Ecke von England (Penzauce), ferner in die westlichsten Bezirke von Wales, von wo der Verkehr nach Irland (früher Route Milford—Waterford, jetzt Fischguard—Rosslare) ausgeht. Diese Bahn vermittelt ferner Verkehr nach den Kanalinseln. Sodann hat sie Anschluß an den Fabrikbezirk von Birmingham und erreicht mit ihren Linien nahezu die Städte Liverpool (Birkenhead) und Manchester (Warrington).

Die Great Central-Eisenbahn ist die jüngste unter den von London ausgehenden Bahnen. Ihr Netz hat im allgemeinen T-Form, indem es die wichtigsten Fabrikbezirke von Manchester, Sheffield und den Hafen Great Grimsby durch eine einzelne Hauptlinie mit London (Marylebone Station) verbindet. Im Jahre 1906 hat die Great Central-Eisenbahngesellschaft das Netz der Lancashire, Derbyshire and East Coast-Gesellschaft in sich aufgenommen.

Die London and North Western-Eisenbahn, deren Gesellschaft als die mächtigste unter den englischen Bahngesellschaften angesehen wird, durchquert mit ihrer von London (Euston Station) ausgehenden Hauptlinie ganz England bis Carlisle, nahe der schottischen Grenze, und berührt hierbei wichtige Industriegegenden, Fabrik- und Handelsstädte (Birmingham-Gegend, Rugby-Crewe, Preston). Das Bahnnetz verzweigt sich nach Südwales (Swansea), Holyhead auf der Insel Anglesca mit starkem Verkehr nach Irland, ferner nach Liverpool, Manchester, Leeds, Peterborough und Cambridge.

Die Midland-Eisenbahn hat gleichfalls eine ganz England durchquerende Hauptlinie von London (St. Pancras Station) über Leicester nach Carlisle. Der Schwerpunkt ihres Bahnnetzes liegt in den Industriegegenden von Derby, Nottingham, Sheffield und Leeds, von wo aus sie Linien nach Bristol (Wales), Manchester, Heysham (Lancashire) für den irischen Verkehr, sowie nach Lincoln betreibt. Im Jahre 1903 hat sie durch den Ankauf der Belfast and Northern Counties-Bahnen auch in Irland festen Fuß gefaßt. Sitz der Gesellschaft dieser Bahn ist Derby.

Die Great Northern-Eisenbahn mit einer Hauptlinie von London (Kings Cross Station) über Peterborough, Grantham nach Doncaster, mit Abzweigungen nach Derby, Lincoln, Boston, Great Grimsby und einem über eine Gemeinschaftslinie zugänglichen, in sich abgeschlossenen kleineren Bahnnetz in der Gegend von Leeds.

Die Great Eastern-Eisenbahn mit einem Bahnnetz, das ziemlich gleichmäßig über die nordöstlich von London belegenen Grafschaften mit vorwiegend ackerbautreibender Bevölkerung verteilt ist, in denen kleinere Städte wie Ipswich, Yarmouth und Norwich liegen. Diese Eisenbahn hat in London die Endbahnhöfe Liverpoolstreet und Fenchnoch Station und betreibt die Festlandsroute über Harwich nach Hoek van Holland.

2. Bahnen in Mittelengland.

Die North Staffordshire-Eisenbahn, deren Bahnnetz zum größten Teil in der Grafschaft Stafford liegt. Sitz der Gesellschaft ist Stoke on Trent.

Die Lancashire and Yorkshire-Eisenbahn, deren Linien — wie der Name besagt — vornehmlich in den Grafschaften Lancashire und Yorkshire liegen, hat ihren Hauptverkehr in den dichtbevölkerten Gegenden von Manchester, Liverpool, Southport, Preston, Bolton und entsendet von dort einen Ausläufer nach dem wichtigen Kohlenausfuhrhafen Goole an der Ostküste von England. Sitz der Gesellschaft ist Manchester.

3. Bahnen in Nordengland.

Die North Eastern-Eisenbahn nimmt insofern eine Ausnahmestellung ein, als sie in den von ihren Linien berührten Gegenden nahezu ohne Wettbewerb ist, während die übrigen Bahnen, weil ihre Linien vielfach gleiche Bezirke berühren, sich den Verkehr streitig machen. Die Hauptlinie der North Eastern-Eisenbahn geht von York über Newcastle on Tyne nach Berwick, im übrigen verzweigt sich das Bahnnetz ziemlich gleichmäßig über die hauptsächlich in Betracht kommenden Teile der Grafschaften Yorkshire, Durham und Northumberland, unter entsprechender Verdichtung in den Industriegegenden von Newcastle on Tyne, Darlington. Sitz der Gesellschaft ist York.

Die Furness-Bahn mit einem kleineren Bahnnetz in dem an der irischen See belegenen Teile von Lancashire und in Cumberland, das Ausläufer in das englische Seengebiet hat. Sitz der Gesellschaft ist Barrow in Furness.

4. Bahnen in Wales.

Die Cambrian-Eisenbahn besitzt ein kleineres Bahnnetz, das teils in den mittleren Gebirgsgegenden von Wales, teils unmittelbar an der Küste liegt. Sitz der Gesellschaft ist Ostwestry.

Die Taff Vale-Eisenbahn mit Linien, die aus den Bergwerksbezirken von Wales zur Küste führen und namentlich der Beförderung von Kohlen dienen. Sitz der Gesellschaft ist Cardiff.

5. Die Londoner Stadt- und Vorortbahnen[1]).

Die Metropolitan- und die Metropolitan-District-Eisenbahnen besitzen das von Westen nach Osten in Form einer geschlossenen Schleife verlaufende ältere Londoner Untergrundbahnnetz mit anschließenden Vorortlinien und Linien

[1]) Es sind nur die bis zum Jahre 1906 hergestellten Bahnen berücksichtigt worden.

in die weitere Londoner Umgebung nach Uxbridge, Chesham, Verney, Junction, Hounslow und South Harrow.

Die North London-Eisenbahn mit Stadt- und Vorortverkehr im Norden von London nach dem Endbahnhof Broadstreet Station und den Docks.

Die London, Tilbury and Southend-Eisenbahn, deren kleines Bahnnetz sich von London (Fenchurch Station) nach Tilbury und Southend an der unteren Themse erstreckt. Sie hat einen bedeutenden Vorortverkehr nach den Docks und Fernverkehr nach den unteren Themsegegenden.

Die City and South London-Eisenbahn mit einer elektrischen Untergrundbahn (Röhrenbahn) von den nördlichen Stadtteilen durch die City nach Clapham Common in den südlichen Londoner Vororten.

Die City and Waterloo-Eisenbahn. Sie besitzt eine kurze elektrische Untergrundbahn (Röhrenbahn) zwischen Waterloo Station der London and South Western-Bahn und der Bank.

Die Central London-Eisenbahn, die eine im Jahre 1900 eröffnete elektrische Untergrundbahn (Röhrenbahn) zwischen Shepherds Bush im Westen und der City betreibt.

Die Great Northern and City-Eisenbahn mit einer elektrischen Untergrundbahn (Röhrenbahn) von der Station Finsbury Park der Great Northern-Bahn nach Moorgate Street in der City.

Die Londoner Elektrische Untergrundbahn-Eisenbahn (Unterground Electric Railway Company of London), die das Kapital zur Einführung des elektrischen Betriebes auf der Distriktbahn hergegeben hat, daher an der Distriktbahn-Gesellschaft stark beteiligt ist, außerdem die folgenden Linien betreibt:

Die Bakerstreet- und Waterloo-Bahn von der Station Paddington der Great Western-Bahn über die Stationen Bakerstreet der Metropolitan-Bahn und Waterloo der London and South Western-Bahn nach dem Straßenkreuzungspunkt Elephant and Castle südlich der Themse. Die Länge beträgt 8,45 km.

Die Great Northern-, Piccadilly- und Brompton-Bahn von Finsbury Park an der Great Northern-Bahn über Piccadilly Circus, Brompton nach Hammersmith mit einer Abzweigung nach dem Strande, 12,5 km lang.

Die Enston-, Charing Cross- und Hampstead-Bahn, von Golders Green über Hampstead nach Charing Cross, mit einer Abzweigung von Camden Town nach Highgate. Die Länge beträgt 12,9 km.

c) Eisenbahnen, deren Linien zur schottischen Gruppe gehören.

Die Glasgow and South Western-Eisenbahn, deren Bahnnetz sich von der schottischen Grenze nördlich von Carlisle über Dumfries nach Glasgow und an dem Meerbusen Firth of Clyde entlang erstreckt. Sitz der Gesellschaft dieser Bahn ist Glasgow.

Die Caledonian-Eisenbahn mit einem weitverzweigten Bahnnetz von Carlisle nach Aberdeen im Osten, Oban im Westen von Schottland, das sich in der Gegend zwischen Glasgow und Edinburgh und den Industriegegenden von Lanarkshire stark verdichtet. Sitz der Gesellschaft ist Glasgow.

Die North Britische Eisenbahn beherrscht den Verkehr in und bei Edinburgh, von wo sich ihre Linien südlich bis Carlisle, nördlich bis Bervie an der Ostküste und über Glasgow in das Bergland und Seengebiet von West-Schottland erstrecken. Sitz der Gesellschaft ist Edinburgh.

Die Highland-Eisenbahn, deren Linien von Perth über Inverness nach Thurso im äußersten Norden und von Kyle of Lochalch im Westen nach Keith im Osten führen und hierbei das schottische Hochgebirge aufschließen. Sitz der Gesellschaft ist Inverness.

Die Great North of Scotland-Eisenbahn mit einem Bahnnetz, das von Aberdeen ausgehend sich ziemlich gleichmäßig über einen Teil von Nord-Schottland ausbreitet. Sitz der Gesellschaft ist Aberdeen.

d) Eisenbahnen, deren Linien zur irischen Gruppe gehören.

Die Great Southern and Western-Eisenbahn, deren Bahnnetz Dublin mit den wichtigsten Ortschaften im südwestlichen Irland (Waterford, Cork, Killavney und Limerick) verbindet und von der Westseite einen Ausläufer nach Iligo im Norden entsendet. Sitz der Gesellschaft ist Dublin.

Die Midland Great Western-Eisenbahn mit Linien, die sich von Dublin fächerartig über die mittleren Teile von Irland erstrecken. Sitz der Gesellschaft ist Dublin.

Die Great Northern of Ireland-Eisenbahn, die den wichtigen Verkehr zwischen Dublin und Belfast beherrscht, von wo sie Linien in den mittleren und nördlichen Gegenden Irlands betreibt. Sitz der Gesellschaft ist Dublin.

Die Dublin, Wicklow and Wexford-Eisenbahn mit einem kleinen Bahnnetz südlich von Dublin an der irischen Ostküste. Sitz der Gesellschaft ist Dublin.

e) Umfang und Bedeutung der Bahnnetze.

Die hier aufgeführten 33 Eisenbahnnetze können nach der Länge der zu ihnen gehörigen Strecken, nach den mehr oder minder großen Schwierigkeiten bei ihrer Herstellung, nach Betrieb und Verkehr einen gewissen Anspruch auf Berücksichtigung machen, wenn man von dem englischen Eisenbahnwesen spricht. Einen Überblick über ihren Umfang und ihre Bedeutung geben die umstehenden Tabellen mit den Eigentumslängen, Gemeinschaftsstrecken, verpachteten und den zu unterhaltenden Strecken jedes Bahnnetzes, letztere nach der Anzahl der auf ihnen liegenden Gleise getrennt.

Mit Rücksicht auf ihre Streckenlänge müssen hiernach in England die Great Western-, London and North-, Western-, Midland-, Great Northern-, London and South Western- und die North Eastern-Eisenbahn als die einflußreichsten englischen Eisenbahnen angesprochen werden; unter Hinzufügung der Lancashire und Yorkshire- und der Great Central-Eisenbahn sind sie es auch nach dem Umfange des Verkehrs, nach ihrer Verwaltung und Geldwirtschaft, womit nicht gesagt sein soll, daß gerade diese Eisenbahnen immer die größten Prozente an Reingewinn erzielen. Ähnliches gilt in Schottland für die Caledonian- und die North British-, in Irland für die Great Southern and Western-, Midland Great Western- und Great Northern of Ireland-Eisenbahn. Unter sich sind diese 13 Eisenbahnen wieder ungleich. Die englischen überragen die schottischen und diese wieder die irischen. Eine führende Stellung unter den englischen Bahnen nimmt die London and North Western-Eisenbahn für sich in Anspruch, mit der Begründung, daß sie den größten Geldumsatz hat; in ihrer Verwaltung gilt sie für reichlich konservativ. Die North Eastern-Eisenbahn wird als die angesehen, die am fortschrittlichsten verwaltet wird und sich die Erfahrungen fremder Länder am meisten zunutze macht. Zwischen beiden stehen die übrigen Eisenbahnen, was die Verwaltung betrifft.

Name der Eisenbahn	Eigentumslänge km	Gemeinschaftsstrecken km	Verpachtete Strecken km	zusammen km	Die Eisenbahn hat Strecken zu unterhalten: mit sechs und mehr Gleisen km	fünfgleisige km	viergleisige km	dreigleisige km	zweigleisige km	eingleisige km	zusammen km
Englische Bahnen mit mehr als 160 km Streckenlänge:											
South Eastern and Chatham	1003	24	6	1033	5	2	25	5	845	119	1001
London, Brighton und South Coast . . .	694	60	16	770	1	3	26	17	518	165	730
London and South Western	1358	38	166	1562	8	2	85	8	918	488	1509
Great Western . . .	3944	193	295	4432	—	—	147	48	2140	2097	4432
*Great Central . . .	844	368	—	1212	—	—	—	—	752	108	860
*London and North Western	2768	183	138	3089	—	—	—	—	2464	662	3126
Midland	2630	1070	—	3700	16	26	306	22	1433	633	2436
Great Northern . . .	1139	395	—	1534	—	—	145	45	708	277	1175
*Great Eastern . . .	845	367	—	1212	—	—	—	—	752	108	860
North Staffordshire .	320	18	19	357	—	—	3	1	246	74	324
Lancashire and Yorkshire	847	92	—	939	15	13	100	35	710	66	939
North Eastern . . .	2655	44	32	2731	—	—	129	18	1772	812	2731
Furness	189	70	45	304	—	—	—	—	145	77	222
Cambrian	370	—	—	370	—	—	—	—	15	428	443
Taff Vale	182	1	17	200	—	—	—	—	116	84	200
Londoner Stadt- und Vorortbahnen:											
Metropolitan	116	8	—	124	—	—	11	—	99	6,5	116.5
Metropolitan District	39	6	—	45	—	—	—	—	37	—	37
North London . . .	19	8	—	27	—	—	8	—	11	—	19
ondon Tilbury and Southend	127	13	—	140	—	—	—	11	98	21	130
City and South London	11	—	—	11	—	—	—	—	11	—	11
City and Waterloo .	2,3	—	—	2,3	—	—	—	—	2,3	—	2,3
Central London . . .	9,4	—	—	9,4	—	—	—	—	9,4	—	9,4
Great Northern and City	5,6	—	—	5,6	—	—	—	—	5,6	—	5,6
Untergrund Electric Railway Company	33,9	—	—	33,9	—	—	—	—	33,9	—	33,9
Schottische Bahnen mit mehr als 160 km Streckenlänge:											
Caledonian	1387	257	—	1644	—	—	5	—	943	547	1495
Glasgow and South Western	679	196	—	875	—	—	—	—	501	196	697
Great North of Scotland	541	—	—	541	—	—	—	—	101	440	541
Highland	780	—	—	780	—	—	—	—	60	757	817
North British	1740	45	64	1849	—	—	15	13	792	1276	2096
Irische Bahnen mit mehr als 160 km Streckenlänge:											
Dublin, Wichlow and Wexford	224	1	9	234	—	—	—	—	47	204	251
Great Northern . . .	858	—	—	858	—	—	—	—	256	602	858
Great Southern and Western	1550	—	193	1743	—	—	—	—	386	1357	1743
Midland Great Western	830	—	35	865	—	—	—	—	259	606	865

Bemerkung: Bei den mit * bezeichneten Eisenbahnen sind bei der Unterhaltung zwei- und mehrgleisige Strecken zusammengezogen.

Im ganzen Vereinigten Königreiche war am 1. Januar 1909 die Länge der Hauptgleise in runden Ziffern:

Erstes	Gleis	36 370 km		Übertrag	60 966 km
Zweites	„	20 440 „	Achtes	Gleis	27 „
Drittes	„	1 660 „	Neuntes	„	11 „
Viertes	„	2 050 „	Zehntes	„	6 „
Fünftes	„	250 „	Elftes	„	5 „
Sechstes	„	140 „	Zwölftes	„	3 „
Siebentes	„	56 „	Dreizehntes	„	2 „
		60 966 km		Zusammen	61 020 km

II. Das Finanzwesen der Eisenbahnen.

In Großbritannien und Irland gibt es bekanntlich nur Privatbahnen; die Frage der Eisenbahnverstaatlichung wird zwar neuerdings ziemlich lebhaft erörtert, ihre Lösung in dem Sinne, daß der Staat die Eisenbahnen des Vereinigten Königreichs als Eigentum ganz oder teilweise übernimmt, ist aber in absehbarer Zeit wohl nicht zu erwarten. Sollte es einmal hierzu kommen, so wird man voraussichtlich den Anfang in Irland machen, um diesen Landesteil wirtschaftlich zu unterstützen. Das Finanzwesen der Eisenbahnen ist daher auf Privatwirtschaft gegründet; der Staat hat zwar in einigen unwichtigen Fällen Beihilfen zum Bau neuer Linien gewährt, aber hierdurch keinen nennenswerten Einfluß auf das gesamte Finanzwesen der Eisenbahnen gewonnen.

Die für den Bau und Betrieb der englischen Eisenbahnen erforderlichen Gelder sind in der Regel durch Ausgabe von Aktien und Schuldverschreibungen und durch Aufnahme von Anleihen von den betreffenden Gesellschaften aufgebracht worden; die Gesellschaften sämtlicher oben aufgezählter Eisenbahnen sind daher mit Bezug auf ihre Geldwirtschaft als Aktiengesellschaften zu bezeichnen. Keineswegs sind sie aber alle von Anfang an in dem Umfange gegründet, den sie jetzt haben, oder mit den Machtbefugnissen ausgestattet worden, deren sie sich jetzt erfreuen, sondern nach und nach durch Verschmelzung kleinerer Gesellschaften und Ankauf benachbarter Bahnnetze auf ihren jetzigen Stand gebracht worden. Es bildet nämlich einen hervorstechenden Zug des englischen Eisenbahnwesens, daß man ursprünglich in keinem Landesteil die Bahnnetze einheitlich nach großen Gesichtspunkten angelegt hat, vielmehr zahllose kleinere Netze von örtlicher Bedeutung auf Grund besonderer Parlamentsakte von einzelnen Gesellschaften angelegt worden sind, die man später zusammengefaßt hat. Die Great Western-Eisenbahngesellschaft hat beispielsweise etwa 200 kleinere Gesellschaften in sich aufnehmen müssen, bevor sie ihr jetziges Bahnnetz von etwa 4500 km zusammenbrachte. Damit erwarben die so gebildeten größeren Gesellschaften aber keineswegs ein Vorrecht auf den Bau und Betrieb von Eisenbahnen in den von ihren Linien durchzogenen Gegenden, sie müssen sich vielmehr auch heute noch gefallen lassen, daß kleinere Gesellschaften darin neue Linien anlegen, wenn es ihnen nicht gelingt, die Bestrebungen unbequemer Wettbewerber im Keime in den Ausschußsitzungen des Parlaments zu ersticken.

Das gesamte Geld, mit dem die Eisenbahnen des Vereinigten Königreichs in ihren Büchern belastet sind, war Anfang 1905 1267,3 Millionen Pfund Sterling = rund 25,35 Milliarden Mark. Das wirklich für den Bau, die Betriebseinrichtungen und die Fahrzeuge verausgabte Geld etwa 1050 Millionen Pfund Sterling, rund 21 Milliarden Mark, wovon rund 16,5 Milliarden auf Bahnanlagen, 3,25 auf Fahrzeuge und 1,25 auf Nebenanlagen (Häfen, Hotels usw.) und auf Anlage- und Betriebskapital für Nebengeschäfte (Rhederei, Rollfuhrwesen usw.) entfallen. An der Summe von 25,35 Milliarden Mark ist die englische Bahngruppe mit 83%, die schottische mit 14% und die irische mit 3% beteiligt. Der gesamte Betrag kann in drei Teile geteilt werden: Anleihen und schwebende Schuld, garantierte und bevorzugte Aktien, Stammaktien; in dieser Reihenfolge werden auch die Ansprüche der Gläubiger befriedigt. Bevor die Aktionäre Dividende erhalten, müssen zunächst aus dem Betriebsüberschuß die Zinsen für die Anleihen und schwebenden Schulden bezahlt werden, die etwa 26% von den 25,35 Milliarden ausmachen. Ist eine Gesellschaft außerstande, die Gläubiger dieser Gruppe zu befriedigen, so besteht die Gefahr, daß ihre Einnahmen auf Antrag der Gläubiger einem besonderen Einnehmer (receiver) zugeführt werden; eine Beschlagnahme des Eigentums der Gesellschaft ist aber unzulässig. Mit den Inhabern der Garantie- und Vorzugaktien, die etwa 36% von den 25,35 Milliarden besitzen, ist eine feste Dividende vereinbart, deren Höhe nach den getroffenen Abmachungen schwankt und selten über 6% hinausgeht. Die Besitzer der Stammaktien, die nach vorstehendem 38% des Gesamtkapitals von 25,35 Milliarden darstellen, erhalten schließlich den Rest des Reingewinns als Dividende oder fallen überhaupt mit ihren Ansprüchen ab. Nach der Vorschrift des Unterhauses darf der Betrag an Schuldverschreibungen und Anleihen höchstens 25% des Gesamtkapitals betragen; daß diese Vorschrift nicht streng beachtet wird, zeigt schon die oben angegebene Durchschnittszahl von 26%; in den einzelnen Landesteilen wird noch mehr hiervon abgewichen: die englischen Bahnen haben 27%, die irischen 30% Schulden, dafür die schottischen allerdings nur 20%. Im ganzen sind die Eisenbahnen des Vereinigten Königreichs sehr hoch mit Kapital belastet; denn oben wurde gesagt, daß 36430 km Bahnen vorhanden wären, was eine kilometrische Belastung von $\frac{25\,350\,000\,000}{36\,430}$ = rund 696000 M. ergibt. Der Hauptgrund für die starke Belastung ist in den hohen Parlaments- und Baukosten zu suchen, von denen die erstgenannten ganz unglaublich hohe Summen — Brighton-Bahn 51250 M./km, Manchester and Birmingham-Bahn 65000 M./km, Blackwall-Bahn 181250 M./km, Great Northern-Bahn nach London 2% des Baukapitals — zum Ausgleich erfordert haben, die für das Unternehmen als solches verloren sind, während für die hohen Baukosten ein Gegenwert in solider Bauausführung vorhanden ist, sofern nicht die Grunderwerbskosten unverhältnismäßig hoch gewesen sind. Teilweise haben nämlich die Eisenbahngesellschaften bei dem weitgehenden rechtlichen Schutz, den in England das Eigentum genießt, sehr hohe Preise für den Grund und Boden zu ihren Bahnbauten zahlen müssen: 5000 M./ha für gewöhnliches Ackerland, 25000 M./ha für Land in der Nähe großer Städte und 5 Mill. M./ha in London einschließlich der Nebenentschädigungen. Sehr drückend ist auch die gesetzliche Vorschrift, daß in Großbritannien nicht mehr als 20, in Irland nicht mehr als 10 Arbeiterhäuser gekauft werden dürfen, bevor die Ortsbehörden einen Plan zur anderweitigen Unterbringung der verdrängten Bewohner genehmigt haben. Zu bedenken ist, daß in Großbritannien und Irland über die Hälfte aller Strecken zwei oder mehr Gleise hat; die auf ein Gleis umgerechnete Belastung ergibt für 1 km daher bei 61020 km Länge der Hauptgleise rund $\frac{25\,350\,000\,000}{61\,020}$ = 415500 M. Für England und Wales ist diese Zahl rund 455000 M., für Schottland rund 420000 M. und für Irland nur 131000 M.[1]) Da in diesen

[1]) British Railways by Hugh Munroe Ross. London 1904.

Summen auch die Beträge enthalten sind, die infolge Umwandlung, Teilung und Verwässerung der Aktien dem Anlagekapital nur auf dem Papier hinzugefügt worden sind, stellen sie nicht die wirklichen Anlagekosten dar; diese werden von namhaften Fachleuten für ein Gleis zu 350000 M./km im ganzen Vereinigten Königreich, 387500 M./km in England und Wales, 310000 M./km in Schottland und 130000 M./km in Irland geschätzt.

Die große Kapitalbelastung ihrer Linien ist den englischen Eisenbahngesellschaften häufig zum Vorwurf gemacht worden, insbesondere hat man gerügt, daß Verbesserungen, deren Kosten aus laufenden Einnahmen hätten bestritten werden können, durch Anleihen gedeckt worden sind; ob und in welchem Maße dies zutrifft, dürfte schwer festzustellen sein. Tatsächlich ist die kilometrische Kapitalbelastung der Strecken des Vereinigten Königreichs von 450000 M. im Jahre 1871 auf 570000 M. im Jahre 1891 und 696000 M. in der Jetztzeit gestiegen, wobei aber zu beachten ist, daß nicht nur viele neue Gleise auf vorhandenen Strecken gelegt worden sind, sondern auch die Sicherheitsvorrichtungen in den letzten 30 Jahren erhebliche Verbesserungen erfahren haben und der Fahrpark den steigenden Verkehrsansprüchen entsprechend vergrößert worden ist. Auch die sonstigen, von der Streckenlänge unabhängigen Ausgaben, sind gestiegen, beispielsweise die Aufwendungen für die Erweiterung der Bahnhöfe in den größeren Städten.

Auf ein Gleis umgerechnet ist die Kapitalbelastung von 357000 M./km im Jahre 1891 auf 415500 M./km in der Jetztzeit gestiegen. Die tatsächlich aufgewandten Kosten sind in demselben Zeitraum nur von 332000 M./km im Jahre 1891 auf 350000 M./km gestiegen. Aus diesen Zahlen geht hervor, daß der Vergleich der kilometrischen Kapitalbelastung der Strecken früher und jetzt nicht genügt zur Beantwortung der Frage, ob die Bahnen im Verhältnis zu ihrer Länge überlastet sind. Auf ein Gleis umgerechnet ist der Kapitalzuwachs 1891 bis jetzt für ein Kilometer nur rd. 16%, während er für ein Kilometer Strecke 22% ausmacht. Die tatsächlich aufgewandten Kosten sind in dem gleichen Zeitraum auf ein Gleis bezogen sogar nur um 5,5% gestiegen.

Die Geldwirtschaft der englischen Eisenbahngesellschaften bewegt sich in der Neuzeit im Vergleich zu Amerika in verhältnismäßig ruhigen Bahnen, trotzdem sind bei den Stammaktien der größeren Gesellschaften in den letzten 10 Jahren Kursrückgänge von 166 auf 100, bei den der kleineren Gesellschaften von 228 auf 122 vorgekommen. In dem finanziellen Gebaren der Eisenbahngesellschaften sind gewisse Unklarheiten vorhanden, wie schon aus dem großen Unterschied zwischen dem eingezahlten Kapital und den Kosten hervorgeht, die tatsächlich für den Bau und die Ausrüstung der Bahnen verausgabt sind. Einerseits hat man Verbesserungen des baulichen Zustandes und der Betriebsmittel aus laufenden Einnahmen oder dem Überschuß bei der Ausgabe von Aktien über den Nennwert bezahlt, anstatt aus Anleihen, und hierdurch die Kapitalbelastung künstlich niedergehalten, anderseits sie auf dem Papier durch Verkauf von Aktien unter dem Nennwert, Umwandlung und Teilung der Aktien, in die Höhe gebracht, oder Ausgaben aus Anleihen bestritten, die ihrer Natur nach aus laufenden Einnahmen zu bestreiten waren.

Besonders die Teilung der Aktien (stock splitting) ist bei mehreren englischen Eisenbahnen früher beliebt gewesen. Wenn man beispielsweise einen Vorteil in der Herabsetzung der Dividende für Garantieaktien sah, etwa um der Börsenspekulation einen Teil der Aktien zuzuführen, wurde den Inhabern ein ihrem bisherigen Einkommen entsprechender Aktienbetrag zu dem niedrigeren Dividendensatz übergeben, z. B. bei einer Herabminderung von 6 auf 4% statt 2 Aktien deren 3, wobei das eingezahlte Kapital sich auf dem Papier um 50% erhöhte. Ein Beispiel dieser Art aus der Neuzeit bietet die Midland-Gesellschaft, die im

Jahre 1897 ihre Stammaktien in zwei Teile teilte, $2^1/_2$prozentige Verzugsaktien und zurückgesetzte Aktien (deferred stock), so daß jeder Aktionär für eine der bisherigen Aktien zwei neue erhielt, je zu dem Nennwert der alten, von denen die eine zu einer festen Dividende von $2^1/_2$% berechtigt, auf die andere erst eine Dividende gezahlt wird, wenn nach Befriedigung aller vorzugsberechtigten Ansprüche noch ein Reingewinn übrig bleibt. Derartige Schiebungen sind namentlich in den letzten 30 Jahren sehr häufig gewesen und haben im ganzen die Wirkung gehabt, daß in den Büchern der Gesellschaften das eingezahlte Kapital etwa 4,35 Millarden Mark höher ist als das tatsächlich in die Unternehmungen hineingesteckte Kapital. Die Verwässerung des Aktienkapitals ist früher nicht nur amtlich von den Eisenbahngesellschaften selber in die Hand genommen worden, sondern es haben sich auch eigene Kapitalgesellschaften (conversion trusts) zu diesem Zweck gebildet. Neuerdings ist deren Tätigkeit aber dadurch gehemmt worden, daß die Steuerbehörde eine Stempelgebühr für das nur dem Namen nach hinzugefügte Aktienkapital verlangt. Die Midland-Gesellschaft hat infolge einer Entscheidung des Oberhauses im Jahre 1902 rd. 2,2 Millionen Mark Stempelgebühren nebst Kosten bezahlen müssen.

Die wichtigste Frage ist nun unstreitig die nach dem Reingewinn, den die Eisenbahngesellschaften mit den ihnen anvertrauten Riesensummen herausgewirtschaftet haben, namentlich nach dem Prozentsatz, mit dem das eingezahlte Kapital sich verzinst hat.

Zunächst mag bemerkt werden, daß im Jahre 1903 die Eisenbahngesellschaften ein Gesamteinkommen von rd. 2,22 Milliarden Mark, eine Betriebsausgabe von rd. 1,37 Milliarden Mark, also einen Reingewinn von 850 Millionen Mark hatten. Bei 25,35 Milliarden Mark eingezahltem Kapital ist die Verzinsung also 3,4% gewesen. Für 1904 ist der Prozentsatz 3,36%, für die 25 Jahre von 1878 bis 1902 wie folgt:

1878 = 4,25%	1887 = 4,00%	1896 = 3,88%
1879 = 4,15%	1888 = 4,03%	1897 = 3,73%
1880 = 4,38%	1889 = 4,21%	1898 = 3,55%
1881 = 4,29%	1890 = 4,10%	1899 = 3,61%
1882 = 4,32%	1891 = 4,00%	1900 = 3,41%
1883 = 4,21%	1892 = 3,85%	1901 = 3,27%
1884 = 4,16%	1893 = 3,60%	1902 = 3,42%
1885 = 4,02%	1894 = 3,77%	
1886 = 3,99%	1895 = 3,80%	

Hiernach ist der Prozentsatz zwar in einzelnen Jahren auf- und niedergegangen, für den ganzen Zeitraum von 1878 bis 1904 aber ein Fallen von 4,25 auf 3,36% festzustellen. Der nächstliegende Wertmesser für das Gedeihen einer Gesellschaft ist die auf die Stammaktien gezahlte Dividende, die natürlich auch deren Kursstand in erster Linie beeinflußt. Die nachfolgenden Gesellschaften haben im Durchschnitt in den 25 Jahren von 1878 bis 1902 die beigesetzte Dividende gezahlt.

Great Eastern	$2^7/_{20}$%	North Eastern	$6^9/_{20}$%
Great Northern	$4^1/_4$%	South Eastern	$4^1/_2$%
Great Western	$5^1/_2$%	Caledonian	$4^1/_4$%
Lancashire & Yorkshire	$4^2/_5$%	Glasgow & South Western	$4^1/_4$%
London and North Western	$6^3/_4$%	North British	$1^7/_8$%
London and South Western	$5^7/_8$%	Great North of Ireland	$5^1/_2$%
London, Brighton & South Coast	$5^3/_4$%	Great Southern and Western	$4^3/_5$%
Midland	$5^1/_2$%	Midland Great Western	$3^7/_8$%

Nach dem afrikanischen Kriege sind alle englischen Eisenbahnwerte erheblich gefallen, haben dann aber in den Jahren 1907 und 1908 den Tiefstand überwunden und sind seitdem wieder gestiegen. Im allgemeinen kann man annehmen, daß die Käufer der Stammaktien besserer Gesellschaften in den letzten Jahren $3^1/_2$ bis $4^0/_0$ für ihr Geld erhalten haben. Das ist kein hoher Zinsfuß, dafür zählen aber die Werte auch zu den Sicherheiten mit goldenen Ecken (gold edged securities), d. i. zu den sicheren Spekulationspapieren. Es würde hier zu weit führen, die Finanzverhältnisse der einzelnen Gesellschaften oder den Wert ihrer verschiedenen Papiere zu erörtern. Doch mögen noch folgende Angaben über den Betriebskoeffizienten für die sämtlichen Bahnen des Vereinigten Königreichs gemacht werden:

1860 = 47 %	1890 = 54 %	1901 = 63 %
1870 = 48 %	1895 = 56 %	1902 = 62 %
1880 = 51 %	1899 = 59 %	1903 = 62 %
1885 = 53 %	1900 = 62 %	1904 = 62 %

III. Verwaltung der Eisenbahnen.

a) Organisation der Gesellschaften.

Die Verwaltung einer englischen Eisenbahngesellschaft zerfällt in zwei getrennte Teile: eine beratende Körperschaft — das Direktorium (board of directors) — und eine ausübende — die den Dienst leitenden und ausübenden Beamten umfassende Körperschaft. Das Direktorium setzt sich aus den Direktoren, einem Vorsitzenden (shairman) und einem oder mehreren stellvertretenden Vorsitzenden (deputy shairmen) zusammen; es nimmt eine ähnliche Stellung ein, wie in Deutschland der Verwaltungsrat einer Aktiengesellschaft. Die Direktoren werden von den Aktionären gewählt; um Direktor zu werden, muß der Betreffende nicht nur Aktionär sein, sondern auch in der Regel eine bestimmte Summe des Aktienkapitals besitzen. Im übrigen ist für den Posten eines Direktors keine besondere Vorbildung nötig, er braucht nicht Eisenbahnfachmann zu sein; gewöhnlich werden Personen zu Direktoren gewählt, die infolge ihrer Familienverhältnisse, ihres Grundbesitzes, ihrer Stellung im Handel, der Landwirtschaft und Industrie, oder als Parlamentarier ein gewisses Ansehen genießen, in den durch die Linien der betreffenden Eisenbahngesellschaften berührten Gegenden Land und Leute kennen, ferner Verständnis für das Verkehrswesen haben und ein gesundes Urteil in wirtschaftlichen Dingen besitzen. Natürlich befinden sich unter den Direktoren auch ehemalige Beamte, die im praktischen Eisenbahndienst gestanden haben, weil gerade sie viele der für eine Direktorenstellung erforderlichen Eigenschaften in sich zu vereinigen pflegen; ein Haupterfordernis für die Wahl zum Direktor ist aber meistens der Besitz eines ausreichenden Aktienkapitals. Als Vorsitzender wird in der Regel ein Angehöriger der englischen Aristokratie oder ein bekannter Geschäftsmann, Industrieller, Parlamentarier usw. von den Direktoren aus ihrer Mitte gewählt. Alle Mitglieder des Direktoriums erhalten für ihre Mühewaltung Gehälter, die selten höher als 10000 M. jährlich sind, wofür allerdings mitunter auch keine allzugroße Arbeit geleistet wird. Die Zahl der Direktoren ist natürlich nach dem Umfange, der Bedeutung der Gesellschaften und dem bei den einzelnen Gesellschaften beliebten Geschäftsverfahren verschieden, bei den allergrößten Gesellschaften zwischen 15 und 24, den kleineren entsprechend geringer. Beispielsweise hat die London and North Western-Gesellschaft 24, Great Western 19, North

Eastern 19, Midland 15, die London Tilbury and Southend nur 6 Direktoren. Das Direktorium regelt das Finanzwesen der Gesellschaft, bewilligt die Baumittel für neue Bahnlinien, Erweiterungen der Bahnanlagen, Vergrößerung des Bestandes an Fahrzeugen, Verbesserung der Sicherheitseinrichtungen, Ausdehnung der Nebengeschäfte (Rhederei, Hotelwesen, Rollfuhrwesen usw.), stellt die Beamten an, regelt die Beamtengehälter und die Löhne, gibt allgemeine Weisungen für die Geschäftsführung, Bekämpfung des Wettbewerbes anderer Gesellschaften, Heranziehung neuen Verkehrs (canvassing), erörtert Parlamentsfragen usw. Mit der eigentlichen Verwaltung beschäftigt das Direktorium sich wenig; diese ruht vielmehr in den Händen besonderer Beamten des inneren und äußeren Dienstes, die man in zwei Gruppen, Oberbeamte (officers) und Unterbeamte (officials) teilt. Indessen erledigt das Direktorium seine Geschäfte nicht etwa summarisch in Vollsitzungen, sondern wählt für die verschiedenen Verwaltungszweige besondere Ausschüsse (committees), die sich näher über die einzelnen Dienstgeschäfte unterrichten, in Ausschußsitzungen verhandeln und dem gesamten Direktorium Bericht erstatten. So wählt das Direktorium größerer Gesellschaften aus seiner Mitte meistens einen besonderen Finanzausschuß (finance committee), Oberbauausschuß (permanent way committee), Lokomotiv- und Wagenausschuß, Tarifausschuß, Verkehrsausschuß, Hotelausschuß. Das Finanzgebaren des Direktoriums wird jährlich durch mehrere, unmittelbar von den Aktionären gewählte Revisoren (auditors) geprüft.

Der zweite Teil, die eigentliche Dienstverwaltung der Eisenbahnen, zerfällt zunächst in zwei getrennte Abteilungen, die Betriebs- und Verkehrsabteilung, mit einem Generalverwalter (general manager) an der Spitze, und das Sekretariat unter dem Sekretär (secretary). Die übrigen Beamten sind den beiden hier genannten zwar im allgemeinen nachgeordnet, keineswegs aber in der straffen Form, die wir in den Verwaltungen staatlicher Eisenbahnunternehmungen des Festlandes zu sehen gewohnt sind. Namentlich erfreuen die Vorsteher technischer Dienstzweige sich einer mehr oder minder großen Selbständigkeit. Im allgemeinen ist der Generalverwalter der Leiter des gesamten Betriebs- und Verkehrsdienstes, während der Sekretär mit den das Gesellschaftsverhältnis betreffenden Geschäften (Beobachtung der Bestimmungen der Börsen-, Aktien-. Steuergesetzgebung usw.), dem Verdingungswesen und der Kassenverwaltung betraut ist, soweit die Kassengeschäfte nicht unmittelbar durch die Banken vermittelt werden. Die größte Rolle in der Verwaltung spielt in den meisten Fällen der Generalverwalter (general-manager), der auch der höchstbesoldete Beamte der Gesellschaft ist (bis 100 000 M. jährlich); wenn aber der Sekretär als ausgeprägte Persönlichkeit dem Generalverwalter überlegen ist, kann die Rollenverteilung ausnahmsweise auch die umgekehrte sein. Als Chef der Betriebs- und Verkehrsverwaltung hat der Generalverwalter meistens zwei Oberbeamte unmittelbar unter sich: 1. den Liniensuperintendenten (superintendent of the line), der namentlich den Betrieb leitet, soweit er sich auf den Zugdienst während der Fahrt bezieht, ferner den Personenverkehr und die Beförderung gewisser Güter unter sich hat, wie Milch, Früchte, Fische, leichtverderbliche Waren im allgemeinen, Pakete usw., wenn sie mit Personenzügen befördert werden (coaching traffic); auch untersteht ihm das gesamte Fahrplanwesen; 2. den Obergüterverwalter (chief goods manager), der den Güterdienst auf den Stationen leitet, sich an der Fahrplanaufstellung für die Güterzüge beteiligt, die Wagen verteilt und die Güterzüge auf den Verschiebebahnhöfen zusammenstellen läßt. Einige Gesellschaften mit starkem Rohgüterverkehr (mineral traffic) haben einen besonderen Rohgüterverwalter (mineral manager), der dem Obergüterverwalter seine auf den Rohgüterverkehr sich beziehenden Arbeiten abnimmt. Hiernach ist als Grundlage der Diensteinteilung die Scheidung des Verkehrs nach seiner Beförderungsweise genommen. Diese vielfach zu erkennende Grundlage ist zum Teil gegeben durch die Dichtigkeit des Verkehrs und die übliche schnelle Beförderung, die gemischte Züge als unvorteilhaft erscheinen läßt, dagegen eine Auflösung des Zugverkehrs in Personenzüge mit oder ohne Expreßbeförderung, reine Stückgüter und Rohgüterzüge begünstigt. Hierbei kommt man aber neuerdings von dem früher befolgten Grundsatz, viele leichte Züge statt einzelner schwerer Züge zu fahren, etwas ab, sucht vielmehr aus Ersparnisrücksichten die Stärke der Züge zu vergrößern, erforderlichenfalls unter Einstellung stärkerer Lokomotiven. Der Generalverwalter, Liniensuperintendent und Obergüterverwalter haben in ihrer unmittelbaren Umgebung einen oder mehrere Assistenten, der Liniensuperintendent beispielsweise einen für den äußeren, einen für den inneren Dienst, einen für den Telegraphendienst; der Obergüterverwalter gleichfalls je einen für den äußeren und inneren Dienst, auch bisweilen je einen für das Tarifwesen, den Verkehr und einen Assistenten, der ihn den Geschäftsleuten gegenüber vertritt, namentlich neuen Verkehr zu werben sucht (canvassing). Da auf das Verkehrsinteresse, d. h. die wirtschaftliche Seite der Eisenbahnunternehmungen großes Gewicht gelegt wird, unterstehen dem Generalverwalter mit Bezug auf die allgemeinen Anforderungen des Betriebs- und Verkehrsdienstes, jedoch unter Wahrung ihrer Selbständigkeit in den von ihnen vertretenen Spezialfächern:

der Oberingenieur, der namentlich den Bahnunterhaltungsdienst und die Neubauten leitet; der Maschinen-Oberingenieur, auch Lokomotivsuperintendent (locomotive superintendent) genannt, für den Lokomotivdienst und das Lokomotivwerkstättenwesen; der Wagenbauingenieur oder Wagensuperintendent (carriage superintendent), unter dessen Leitung neue Wagen gebaut und alte ausgebessert werden; der Ingenieur für Telegraphie, Signalwesen und Elektrotechnik. Mitunter ist für die Bahnunterhaltung und für Neubauten je ein besonderer Ingenieur angestellt, oder es teilen sich zwei Ingenieure nach Bezirken in den gesamten Bahnunterhaltungsdienst und die Neubauten, wobei in beiden Fällen der Titel Oberingenieur wegfällt. Der erste Fall liegt bei der Great Western-Bahn vor, wo der frühere Oberingenieur Generalverwalter und beratender Ingenieur (consulting engineer) der Gesellschaft geworden ist, der zweite Fall bei der North Eastern-Gesellschaft, die das gesamte Bauingenieurwesen nach zwei Bezirken geteilt hat, denen je ein Ingenieur vorsteht. Lokomotiv- und Wagenbauingenieur sind bisweilen in einer Person vereinigt, nicht nur bei kleinen, sondern auch bei großen Gesellschaften. Für die Führung ihrer Rechtsgeschäfte hat jede Gesellschaft einen Rechtsanwalt (solicitor) dauernd bestellt, für die Lösung schwieriger Ingenieuraufgaben wird vielfach ein Privatingenieur (consulting engineer) hinzugezogen. Als selbständige Dienststellen sind meistens an das Sekretariat angegliedert: die Verkehrskontrolle (audit office) für das Rechnungs- und Buchungswesen der äußeren Dienststellen, mit einem Oberkontrolleur (chief auditor) an der Spitze; das Rechnungsbureau (account office) für die Feststellung der Rechnungen über Arbeiten und Lieferungen, für Buchführung und Kassengeschäfte, mit einem Oberrechnungsführer (chief accountant) als Vorsteher.

Von den obengenannten Beamten haben der Generalverwalter, Liniensuperintendent, Obergüterverwalter, Oberingenieur, Oberkontrolleur und Oberrechnungsführer mit ihren Assistenten in den weitaus meisten Fällen ihre Amtssitze am Sitz der Gesellschaft, während der Lokomotiv-Oberingenieur und der Wagenbauingenieur vielfach außerhalb des Sitzes der Gesellschaft ihre Amtsräume haben. Da die Sitze der größeren Gesellschaften nämlich vielfach in Großstädten, namentlich in London sind, wo es an Raum für Lokomotiv- und Wagenwerkstätten mangelt, und diese Werkstätten ungünstig zu dem ganzen Bahnnetz liegen würden, hat man sie häufig in kleinere Orte verlegt, in die die Lokomotiv-Oberingenieure und Wagenbauingenieure als Werkstättenvorsteher ihnen folgen mußten. So sind die Lokomotivwerkstätten der London and North Western-Bahn in Crewe, die der Great Northern-Bahn in Doncester, während der Direktionssitz London ist. Die Werkstätte der London and North Western-Bahn für den Bau und die Unterhaltung der Personenwagen ist in Wolverton, für den Bau und die Unterhaltung der Güterwagen in Earlstown, je mit einem besonderen Superintendenten an der Spitze (carriage superintendent, waggon superintendent). Die North Eastern-Bahn mit dem Direktionssitz York hat ihre vereinigten Lokomotiv- und Wagenwerkstätten in Galeshead bei Newcastle on Tyne. Auch der Rohgüterverwalter hat seinen Amtssitz oftmals fern vom Direktionssitz, nahe dem Schwerpunkte des Rohgüterverkehrsgebietes, der selten mit dem Direktionssitz zusammenfällt. Unter dem Liniensuperintendenten stehen unmittelbar die Bezirkssuperintendenten (divisional superintendents), dann folgen erforderlichenfalls Distriktssuperintendenten (district superintendents), jeder mit einem in sich abgeschlossenen Amtsbezirk, in dem er namentlich den Betriebsdienst und Personenverkehrsdienst wahrzunehmen hat; Bezirks- und Distriktssuperintendent werden in ihren Geschäften unterstützt von Assistenten und Inspektoren, die den Zug- und Stationsdienst, Signaldienst, Personenverkehr usw. beaufsichtigen und erforderlichenfalls Verbesserungsvorschläge für den Dienstbetrieb in ihrem Amtsbezirke machen.

Der Obergüterverwalter hat Bezirksgüterverwalter (district goods manager) für den Güter- und Rangierdienst auf den Stationen unter sich, die gleichfalls für einen bestimmten Bezirk bestellt sind. In weniger wichtigen Bezirken sind die Geschäfte des Bezirksgüterverwalters bisweilen dem Bezirkssuperintendenten übertragen, der dann zwei unmittelbare Vorgesetzte, den Liniensuperintendenten und den Obergüterverwalter, hat. Meistens sind aber besondere, dem Obergüterverwalter unterstehende Bezirksgüterverwalter vorhanden. Der Stationsdienst ist auf Stationen mit vereinigtem Dienst dem Stationsvorsteher allein unterstellt, auf Stationen mit getrenntem Dienst ist ein Stationsvorsteher für den Personenverkehr (station master) und ein Güterabfertigungsvorsteher (goods agent) für den Güterverkehr angestellt. Hierbei ist zu bemerken, daß die englischen Stationsvorsteher zwar unmittelbare Vorgesetzte des auf den Stationen beschäftigten Personals sind und die meisten Stationsgeschäfte erledigen, aber nicht den Zugverkehr regeln, der vielmehr in den Händen der Weichensteller (signal men) unter eigener Verantwortung ruht. Die Stationsvorsteher sind daher mehr Verwaltungsbeamte und Verkehrsbeamte als Betriebsbeamte.

Unter dem Oberingenieur sind Bezirksingenieure (divisional engineers) und erforderlichenfalls noch Distriktsingenieure (district engineers), unter dem Lokomotivingenieur Bezirkslokomotivsuperintendenten tätig, jeder in einem besonderen Bezirk. Dem Oberingenieur unterstellt oder zugeteilt ist in der Regel ein Signalingenieur (signal engineer), auch Signalsuperintendent (signal superintendent) genannt. Die Lokomotivsuperintendenten sind zugleich Vorsteher der Nebenwerkstätten. Einige Gesellschaften haben einen besonderen Ingenieur für Elektrotechnik oder für elektrische Beleuchtung.

Die vorstehend in allgemeinen Umrissen geschilderte Organisation einer englischen Eisenbahngesellschaft kann unter Weglassung aller unteren Dienstgrade, wie Bahnmeister, Oberbau-Inspektoren (permanent woy inspectors) usw. wie folgt graphisch dargestellt werden, wobei die nur in einem losen Abhängigkeitsverhältnis zum Generalverwalter und Sekretär stehenden Beamten mit punktierten Linien, die übrigen mit ausgezogenen Linien angeschlossen sind (Fig. 1).

Neben und unter den hier aufgeführten Beamten gibt es nun natürlich eine Menge anderer, die nicht alle genannt werden können: Pferdesuperintendent (horse superintendent), Oberkassierer (chief cashier), Registrator (registrar), Landmesser und Grunderwerbskommissar (sarveyor and state agent), Hafensuperintendent (marine and dock superintendent), Materialienverwalter (storekeeper), Hotelverwalter (hotel manager) usw. Auch wäre zu bemerken, daß die größeren Eisenbahngesellschaften ihre eigenen Polizeibeamten haben für die Ausübung der Bahnpolizei und zur Überwachung der Dienstgeschäfte, bei denen Unterschleife vorkommen können, wie Annahme und Verwiegung von Gepäck, Fahrkartenprüfung, Güterbeförderung usw.

Der Generalverwalter ist unmittelbarer Vorgesetzter nur von einem Teil der Beamten. Natürlich ist jeder Oberbeamte der Vorgesetzte der ihm unmittelbar unterstellten Gehilfen, deren Personalien er auch führt. Er wird in Behinderungsfällen grundsätzlich von seinem Assistenten vertreten, nicht durch einen anderen Oberbeamten. Eine Ausnahme bildet die North Eastern-Bahn, die im Jahre 1905 den Posten eines stellvertretenden Generalverwalters geschaffen hat (deputy general manager). Es ist zwar Fürsorge getroffen, daß einerseits der Generalverwalter über alle den Betrieb und Verkehr betreffenden Angelegenheiten der verschiedenen Amtsstellen unterrichtet wird, also beispielsweise Pläne für Bahnhofserweiterungen

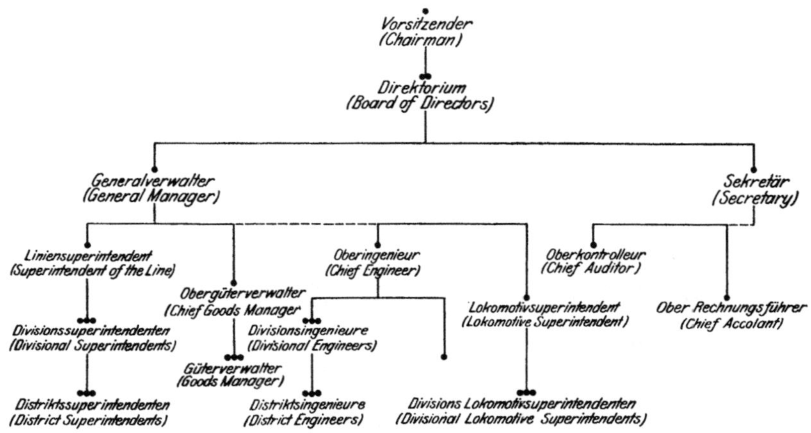

Fig. 1.

oder wichtige Änderungen der Bauart von Lokomotiven und Wagen mit feststellt, andererseits gewisse Amtsstellen, wie Verkehrskontrolle, Rechnungsbureau, Hotelverwaltung unter Mitwirkung des Sekretärs arbeiten, aber diese Maßnahme allein würde kein einheitliches Arbeiten gewährleisten. Deshalb finden unter dem Generalverwalter, dem Sekretär oder den übrigen Oberbeamten, wie Liniensuperintendent, Obergüterverwalter, Oberingenieur, von Zeit zu Zeit gemeinsame Konferenzen statt, in denen Fragen allgemeiner Natur erörtert werden. Beispielsweise findet namentlich unter dem Generalverwalter eine Konferenz von Oberbeamten, die am Betrieb und Verkehr beteiligt sind, also des Liniensuperintendenten, der Bezirkssuperintendenten, des Obergüterverwalters, der Güterverwalter, des Oberingenieurs, der Bezirksingenieure, der Lokomotivingenieure usw. statt. In dieser Konferenz werden Fahrplanänderungen, Unfälle, Bahnhofserweiterungen, Änderungen von Dienstvorschriften usw. besprochen. Ferner findet eine Konferenz unter dem Obergüterverwalter statt, in der man sich mit dem Güterdienst auf den Stationen, der Erhebung von Standgeld, Wagenverteilung, den Güterreklamationen usw. befaßt. Ähnliche Konferenzen halten der Sekretär, Oberingenieur, Lokomotivingenieur usw. ab. Zur Überwachung des Dienstes finden in gewissen Zeiträumen Besichtigungen einzelner Direktoren mit den in Frage kommenden Oberbeamten sowie des Generalverwalters oder anderer Oberbeamten statt.

Die obige Darstellung gibt zwar in allgemeinen Umrissen an, wie die englischen Eisenbahngesellschaften organisiert sind, man kann aber nicht erwarten, daß sie auf alle Gesellschaften paßt, nicht einmal auf die obengenannten 13 größeren, geschweige denn auf die 24 selbständigen Gesellschaften mit mehr als 160 km Streckenlänge. Auf alle Unterschiede einzugehen, würde hier viel zu weit führen, indessen soll doch auf eine wesentliche Abweichung von der oben geschilderten Organisation etwas näher eingegangen werden, die seit einigen Jahren von der North Eastern- und Great Northern-Bahn eingeführt worden ist, nachdem sie in ähnlicher Form schon vorher bei der Lanscashire and Yorkshire- und der North Staffordshire-Bahn erprobt worden war.

Bei der oben beschriebenen Organisation, wie sie seit vielen Jahren auf den englischen Bahnen besteht, sind Betriebs- und Verkehrsdienst eigentümlich miteinander verquickt. Liniensuperintendent und Obergüterverwalter teilen sich im allgemeinen in der Weise darin, daß der Liniensuperintendent den gesamten Zugdienst leitet, daneben aber auch den Personenverkehr unter sich hat, einschließlich der Beförderung der Güter, die mit Personenzügen befördert zu werden pflegen (coaching-traffic), während der Obergüterverwalter die Güterzüge auf den Stationen

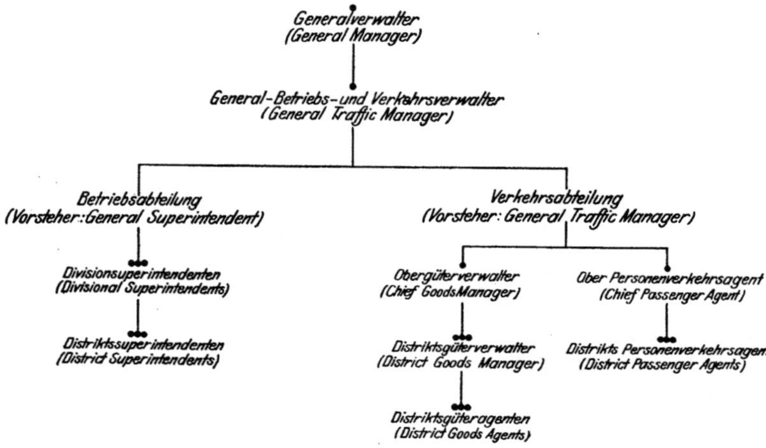

Fig. 2.

zusammenstellen läßt, an den Güterzugfahrplänen mitarbeitet, die Güterwagen verteilt, sich also an den Betriebsgeschäften beteiligt; ferner unterstehen ihm, wie oben ausgeführt, die einzelnen Zweige des Verkehrsdienstes, soweit der Güterverkehr in Frage kommt. Der Liniensuperintendent ist daher zwar für den Lauf der Güterzüge und ihre Behandlung während der Fahrt verantwortlich, seine Machtbefugnisse erstrecken sich aber nicht auf die Güter- und Rangierbahnhöfe, wo Güter ein- und ausgeladen und Güterzüge zusammengestellt werden, also eine Hauptarbeit für eine geordnete Betriebsführung getan wird. Die neue Organisation bezweckt zunächst eine Trennung des technischen Betriebsdienstes einschließlich der Be- und Entladung der Güter, der Wagenverteilung und einiger anderer Geschäfte von dem kaufmännischen Verkehrsdienst (Fahrkartenwesen, Tarife, Reklamationen, Nachrichtenwesen usw.), sodann eine Verteilung der Dienstgeschäfte unter eine größere Anzahl von Dienststellen zur Entlastung einzelner Beamten von Bureauarbeiten, damit sie sich mehr dem Außendienst widmen können. Zu dem Zweck ist dem Generalverwalter (general manager) zunächst ein General-Betriebs- und Verkehrsverwalter (general traffic manager) unterstellt, der zwei Abteilungen unter sich hat, eine Betriebs- und eine Verkehrsabteilung. Die Stelle des Liniensuperintendenten ist aufgehoben, dafür ist an die Spitze der neuen Betriebsabteilung ein Oberbeamter mit erweiterten Befugnissen — der Generalsuperintendent (general superintendent) — berufen. Unter dem Generalsuperintendenten stehen die Bezirks- und Distriktssuperintendenten (divisional and district superintendents), nicht wie früher mit Betriebs- und Verkehrsdienst zugleich belastet, sondern nur im Betriebsdienst tätig. Die North Eastern-Gesellschaft hat bei 2700 km Bahnlänge 3 Bezirks- und 9 Distriktssuperintendenten.

Die Verkehrsabteilung ist wieder in zwei Unterabteilungen geteilt, eine für den Personenverkehr, eine für den Güterverkehr, jede mit einem besonderen Oberbeamten an der Spitze, die die Bezeichnung Ober-Personenverkehrsagent (chief passenger agent) und Ober-Güterverwalter (chief goods manager) führen. Unter dem Ober-Personenverkehrsagenten stehen die Distrikt-Personenverkehrsagenten (district passenger agents, bei der North Eastern-Gesellschaft 3), unter dem Ober-Güterverwalter die Distrikt-Güterverwalter (district goods managers) und Distrikt-Güteragenten (district goods agents, bei der North Eastern-Gesellschaft 6). Diese Organisation ist in Fig. 2 graphisch dargestellt.

Nach den Dienstanweisungen gehört zum Dienstbereich des Generalsuperintendenten:

1. die Überwachung des Betriebes auf den Strecken, Bahnhöfen, Nebengleisen, in den Häfen, Lagerhäusern, einschließlich der Bedienung der Handhabungseinrichtungen,
2. die Überwachung des Ladegeschäfts,
3. die Festsetzung der Fahrzeiten und die Regelung des Zugverkehrs,
4. die Vorlage von Vorschlägen für die Zusammensetzung und Ausrüstung der Züge und die Herstellung von Anlagen und Einrichtungen für Betriebs- und Verkehrszwecke,
5. die Überwachung der Lokomotivgestellung für Betriebszwecke,
6. die Überwachung der im Verkehrsdienst gefahrenen Zugmeilen,
7. die Überwachung der Wagenverteilung,
8. die Aufstellung der öffentlichen Fahrpläne, Aufstellung und Verteilung der Dienstfahrpläne und Dienstvorschriften für den Betrieb der Bahn und Häfen,
9. die Behandlung der Anträge, betreffend Privatanschlüsse,
10. die Behandlung der aus dem Arbeiter-Unfallgesetz hergeleiteten Ansprüche,
11. die Überwachung der Benutzung der Telegraphen und Fernsprecher,
12. die Hinwirkung auf Beachtung aller Dienstvorschriften, die den Betrieb und Verkehr auf der Bahn und in den Häfen betreffen.

Der Ober-Personenverkehrsagent ist mit der Wahrnehmung aller Geschäfte betraut, die die Aufrechterhaltung und Ausdehnung des Personenverkehrs und der Güterbeförderung mit Personenzügen betreffen, einschließlich der Fischtransporte, die auf Fischfrachtkarten befördert werden; er hat darauf zu achten, daß für die genannten Verkehre die zu zahlenden Gebühren angemessen festgesetzt und der Gesellschaft ordnungsmäßig zugeführt werden. Im einzelnen sagt seine Geschäftsanweisung, daß er folgende Dienstobliegenheiten hat:

1. die Festsetzung der Personentarife und Gütertarife für den Verkehr mit Personenzügen,
2. die Anfertigung und Ausgabe der Fahrkarten,
3. die Agitation für den Ausflugverkehr und den Güterverkehr mit Personenzügen einschließlich Überwachung der Agenturen und Annahmestellen für diese Verkehre,

4. die Anfertigung und Verteilung aller Ankündigungen, die sich auf den Personenverkehr und Güterverkehr mit Personenzügen beziehen, einschließlich der gewöhnlichen Fahrpläne und Fahrplannotizen,
5. die Verteilung der von dem Generalsuperintendenten aufgestellten Fahrpläne,
6. die Benachrichtigung des Generalsuperintendenten über die für den Personenverkehr erforderlichen Züge,
7. die Einziehung der Gebühren für die Güterbeförderung mit Personenzügen,
8. das Sammeln und Verteilen von Nachrichten über Änderung in den Handelsbeziehungen und der industriellen Entwicklung der für die Bahngesellschaft in Frage kommenden Gegenden, sowie über bevorstehende Ereignisse, die den Personenverkehr der Gesellschaft beeinflussen werden. Im Anschluß hieran sind Vorschläge zu machen, wie die Einrichtungen der Gesellschaften den neuen Verhältnissen anzupassen sind,
9. die Überwachung des Dienstes in den Fahrkartenausgaben und Paketabfertigungen einschließlich des Einsammelns und der Austeilung der Pakete,
10. die Behandlung aller Reklamationen im Verkehr mit Personenzügen,
11. die Überwachung des Ankündigungswesens auf dem Eigentum der Gesellschaft.

Der Ober-Güterverwalter hat den Güterverkehr unter sich, für dessen Aufrechterhaltung und Ausdehnung er sorgen muß. Unter Güterverkehr ist hierbei die Stückgüter-, Rohgüter- und Viehbeförderung mit Güterzügen zu verstehen, unter Ausschluß von Fischtransporten auf Fischfrachtkarten. Die Gütertarife hat der Ober-Güterverwalter festzusetzen und den Eingang der Gebühren für die Güterbeförderung zu überwachen. Seine Geschäftsanweisung setzt im einzelnen folgendes als Dienstobliegenheiten fest:

1. das Sammeln von Nachrichten über Änderungen in den Verkehrsbeziehungen und die vom Publikum für den Güterverkehr gewünschten Einrichtungen, nebst Vorschlägen für die mit Bezug hierauf zu treffenden Maßnahmen,
2. die Festsetzung von Tarifen und Nebengebühren für die Güterbeförderung und die Richtigstellung der Tarifbücher,
3. die Agitation (canvassing) für den Güterverkehr,
4. die Ausfertigung und Absendnng der Begleitpapiere und Einholung von Erklärungen bei der Güterbeförderung,
5. die Einforderung der Gebühren für die Güterbeförderung, ausschließlich gewisser Rohgütertransporte, für die der Rechnungsführer die Gebühren einfordert,
6. die Benachrichtigung des Generalsuperintendenten über die zur Güterbeförderung erforderlichen Züge und Einrichtungen,
7. die Überwachung der Güteragenten und Stationsvorsteher in ihren kaufmännischen Dienstgeschäften der Güterbeförderung,
8. die Behandlung der Reklamationen im Güterverkehr,
9. das An- und Abrollen der Güter und die Überwachung der erforderlichen Einrichtungen und des Personals,
10. die Berichterstattung über alle Eingaben von Gewerbetreibenden, betreffend die Gebühren für die Benutzung von privaten Anschlußgleisen. und die Buchführung über alle die privaten Anschlußgleise betreffenden Einzelheiten,

11. die Berichterstattung über alle Fragen, betreffend die Teilung der Einnahmen im Durchgangsgüterverkehr,
12. die Anfertigung und Herausgabe von Bekanntmachungen, betreffend die Viehbeförderung in verseuchten Gegenden, und von ähnlichen besonderen Bekanntmachungen im Güterverkehr,
13. die Zuweisung von Kohlenlagerplätzen und die Überwachung der betreffenden Agenturen,
14. die Überwachung der Lieferung, Verteilung und Ausbesserung der von der Gesellschaft für den Güterverkehr gelieferten Säcke.

b) Gemeinsame Verwaltungseinrichtungen der Gesellschaften.

In England bildet es die Regel, daß jede Eisenbahngesellschaft selbständig für sich arbeitet, ihre Bahnanlagen nach Bedürfnis und Geschmacksrichtung ausbildet, dem Verkehr dient, wie die Sonderinteressen ihres Bahngebietes es verlangen. Jede einheitliche Regelung im Eisenbahnwesen stößt von vornherein auf gewisse Schwierigkeiten, und wenn sie schließlich erfolgt ist, kann man sicher sein, daß eine zwingende Notwendigkeit hierfür vorlag. Das ist dann auch wiederholt der Fall gewesen, und die englischen Eisenbahngesellschaften haben daher außer der oben besprochenen eigenen Organisation noch mehrere gemeinsame Verwaltungseinrichtungen für das Rechnungswesen, die Feststellung einheitlicher Dienstvorschriften, Besprechung allgemeiner Angelegenheiten oder einzelner Sondergebiete des Eisenbahnwesens, zu denen die nachstehend aufgeführten gehören.

1. Der Eisenbahn-Abrechnungshof (Railway Clearing House) in London.

Bei der großen Zersplitterung des englischen Eisenbahnwesens würde ein über das eigene Bahngebiet jeder Gesellschaft hinausgehender Durchgangsverkehr ganz unmöglich sein, wenn die verschiedenen Gesellschaften nicht gewisse Vereinbarungen über die Verteilung der im Durchgangsverkehr erzielten Einnahmen und die beim Durchgangsverkehr zu beachtenden Betriebs- und Verkehrsvorschriften getroffen hätten. Als Ende der dreißiger Jahre des vorigen Jahrhunderts die Eisenbahnen anfingen, aus dem Rahmen örtlicher Unternehmungen herauszutreten, und sich zu Unternehmungen für die Beförderung von Personen und Gütern auf große Entfernungen auszubilden, bei deren Ausführung mehrere Bahngesellschaften beteiligt waren, ergab sich als erste Schwierigkeit die gerechte Verteilung der erzielten Einnahmen auf die an der Beförderung beteiligten Verwaltungen. Man gründete daher für diese Verteilung einen Abrechnungshof (Clearing House) in London. Der Gedanke, im Beförderungswesen einen solchen Abrechnungshof zu gründen, war nicht neu; denn schon die Eigentümer der englischen Personen- und Postfuhrwerke hatten in früherer Zeit einen derartigen Rechnungshof in der Nähe von Charing Cross in London, der jedem an einer Beförderung beteiligten Fuhrwerk oder Pferdebesitzer seinen Anteil an den vereinnahmten Fahrgeldern und Frachten zuwies. Die Notwendigkeit einer derartigen Abrechnungsstelle für den Fuhrwerkverkehr wird erklärlich, wenn man erfährt, daß vor dem Zeitalter der Eisenbahnen beispielsweise an einer auf dem Landwege beförderten Frachtsendung von London nach Holyhead auf der Insel Anglesea wenigstens ein Dutzend verschiedener Fuhrwerkbesitzer beteiligt war. Ein zweites Vorbild für die Gründung eines Abrechnungshofes für das Eisenbahnwesen hatte man im Bankwesen. Die englischen Banken hatten schon vor der Erfindung der Eisenbahnen eine Abrechnungsstelle (Bankers Clearing House), die das Soll und Haben der Banken gegeneinander ausglich, ohne daß wesentliche Barzahlungen und schriftliche Mitteilungen zwischen den beteiligten Banken nötig waren.

Der Eisenbahn-Oberrechnungshof in London wurde im Jahre 1842 von dem damaligen Vorsitzenden des Direktoriums der London and Northwestern-Bahn unter Beitritt von drei Gesellschaften gegründet.

Drei Jahre später waren schon 16 Gesellschaften beigetreten, die im Jahre 1845 rd. 518 000 Durchgangsreisende durchschnittlich 234 km weit beförderten. Die 16 Gesellschaften hatten im ganzen 1056 km Strecke, d. i. im Durchschnitt nur 66 km, so daß jeder Durchgangsreisende drei- bis viermal die Grenze der verschiedenen Bahngebiete überschreiten mußte.[1]) Besondere Schwierigkeiten ergaben sich in diesen Zeiten noch aus dem Umstande, daß reiche Leute es verschmähten, im Eisenbahnwagen zu fahren, sondern in ihren auf Plattformwagen gestellten Privatfuhrwerken befördert werden wollten. Über 5800 derartige Wagen verkehrten noch im Jahre 1845. Eine Folge dieser Absonderlichkeit war die Beförderung einer großen Anzahl von Pferden mit Personenzügen, die am Ende der Reise wieder vor die Privatfuhrwerke gespannt wurden. Mehr als 7500 Pferdewagen verkehrten im Jahre 1845, deren Erträgnis vom Abrechnungshof gleichfalls verteilt werden mußte. Die Abrechnung vollzog sich in der ersten Zeit durchaus nicht immer glatt. Einzelne Gesellschaften fühlten sich benachteiligt, führten namentlich Beschwerde über langes Zurückhalten oder Verschwinden von Wagen, ohne daß Entschädigungen gezahlt wurden. Auch stimmten die Rechnungsweisen der Gesellschaften wenig überein, wodurch Irrtümer bei der Abrechnung und ein umfangreicher Schriftwechsel mit endlosen Verzögerungen in der Zahlungsleistung entstanden. Es mußte daher zunächst das Vertrauen in die Unparteilichkeit des Abrechnungshofes gestärkt werden, was sich nur dadurch erreichen ließ, daß jede Gesellschaft angemessen vertreten war. Hierauf beruht daher wesentlich die glatte Geschäftsführung, die sich für die Folge im Abrechnungshofe eingebürgert hat. Jede Gesellschaft, die dem Abrechnungshofe beitritt, wird zunächst durch den Vorsitzenden des Direktoriums oder einen Direktor vertreten, der einem Ausschuß zur Festsetzung der für die Geschäftsführung maßgebenden Regeln angehört. Der Ausschuß hält alle drei Monate eine Sitzung ab, wählt einen aus sieben Mitgliedern bestehenden Unterausschuß zur Überwachung der Geschäftsführung, dem der Sekretär des Abrechnungshofes monatlich über den Umfang des Durchgangsverkehrs und die Verteilung der Einnahmen, sowie über andere wichtige Angelegenheiten zu berichten hat. Eine zweite Vertretung bilden die Generalverwalter der beteiligten Gesellschaften, die ebenfalls alle drei Monate zusammenkommen, um Betriebs- und Verkehrsangelegenheiten zu beraten, die den Durchgangsverkehr betreffen. In ähnlicher Weise treten die Obergüterverwalter, Liniensuperintendenten und Rechnungsführer in gewissen Zeiträumen zusammen zur Beratung von Einzelheiten des Betriebes und Verkehres. Diese gegenseitige Prüfung und Überwachung würde aber ohne Inanspruchnahme der ordentlichen Gerichte nicht zur endgültigen Regelung von Streitigkeiten ausreichen, wenn die Gesetzgebung nicht eingegriffen hätte. Das ist geschehen durch eine Parlamentsakte vom 25. Juni 1850 (The Railway Clearing House Act), die kurz und bündig festsetzt, daß die Entscheidungen des Abrechnungshofes Gesetzeskraft haben und keine Berufung gegen sie zulässig ist. Nun mögen die Direktoren und Generalverwalter so lange gegeneinander wühlen, sich Wettbewerb machen und über die Bedeutung von Übereinkommen streiten, wie sie wollen; gehört eine strittige Angelegenheit zur Zuständigkeit des Abrechnungshofes und ist sie an diesen gelangt, so hat der Streit ein Ende.

---

[1]) E. R. Mc. Deomott: Railways. London 1904.

Die Eisenbahnen des Vereinigten Königreiches besaßen im Jahre 1906 etwa 810000 Fahrzeuge aller Art, hierunter etwa 50000 Personenwagen, 700000 Güterwagen, 37500 Postwagen und 22500 Lokomotiven; alle Fahrzeuge laufen im Jahre mindestens 650 Millionen Kilometer (Fahrzeug-Kilometer). Mit Ausnahme der Wagen einiger unbedeutenden Linien und der irischen Gesellschaften, die ihren eigenen Abrechnungshof in Dublin haben, kommt die Mehrzahl der Wagen nebst gewissen Zubehörteilen zeitweilig unter die Botmäßigkeit des Abrechnungshofes, wenn sie nämlich die Grenze des eigenen Bahngebietes überschreiten, woraus man den Umfang der vom Oberrechnungshof zu leistenden Arbeit bei der Wagenüberwachung ermessen kann. Die zum Abrechnungshofe gehörigen Gesellschaften bilden nach obigem einen Wagen- und Verkehrsverband, in dem sie mannigfache Berührungspunkte haben, während sie sich außerhalb des Verbandes mitunter arg befehden. In dieser Hinsicht steht der Londoner Abrechnungshof einzig da, er hat die Aufgabe gelöst, Wettbewerber eng zusammenzubringen, ohne die Tätigkeit des Einzelnen wesentlich zu beschränken.

Beim Londoner Abrechnungshofe arbeiten zurzeit etwa 3000 Beamte, die von den verschiedenen Eisenbahngesellschaften gestellt werden und von denen 2500 im Innendienst als Abteilungsvorstände, Rechner, Zeichner und Schreiber, 500 im Außendienst als Wagenaufschreiber tätig sind. Die sämtlichen Beamten unterstehen einem Sekretär und gehören vier verschiedenen Abteilungen an: Dem Sekretariat, das außer eigenen Arbeiten noch die Kassenverwaltung, Feststellung der Bahnlängen und die Behandlung der Fundsachen unter sich hat; der Güterabteilung; der Laufmieten- und Verzögerungsgebührenabteilung und der Personenverkehrsabteilung, jede mit einem Oberbeamten als Abteilungsvorsteher. Eine wichtige Abteilung ist die Laufmieten- und Verzögerungsgebührenabteilung mit 400 Beamten im Innen- und 500 im Außendienst. In den ersten 50 Jahren des Bestehens des Abrechnungshofes hat sie rd. 30 Milliarden Wagenkilometer abgerechnet. Die Unterlagen für die Abrechnungen liefern außer den Stationen die Wagenaufschreiber, die über das ganze Land auf die verschiedenen Übergangsstationen verteilt sind und hier die erforderlichen Aufzeichnungen über Eigentumsverwaltung, Gattung, Nummer, Abgangs- und Bestimmungsstation der Wagen, Wagendecken, Zusammensetzung der Züge usw. machen, um hierauf den Lauf der Wagen und den Verbleib der Decken feststellen zu können. Diese Wagenaufschreiber haben im Jahre durchschnittlich 13 Millionen Wagenläufe aufzuschreiben. Sie senden wöchentlich ihre nach bestimmten Regeln vereinbarten Aufschreibungen einzeln an den Abrechnungshof in London, der jährlich etwa 750000 hiervon erhält. Die Angaben der Wagenaufschreiber werden ergänzt durch Berichte der Stationen über den Abgang und die Ankunft der Wagen. Nach den von den Wagenaufschreibern und den Stationen erhaltenen Unterlagen setzen die Beamten des Abrechnungshofes für jede am Wagenlaufe beteiligte Verwaltung die zu zahlende oder zu erhebende Entschädigung für die Benutzung des Wagens während der Fahrt — die Laufmiete — fest. Ist ein Wagen von allen Stationen ordnungsmäßig befördert, so ist die Sache hiermit erledigt, sonst sind für die Verwaltungen, die den Wagen unnötig lange aufgehalten haben, noch Strafen — Verzögerungsgebühren — festzusetzen. Nach Eingang der erforderlichen Unterlagen beginnen die Arbeiten in der Laufmieten- und Verzögerungsgebührenabteilung damit, daß jeder außerhalb seiner Heimatbahn, d. h. außerhalb des Bahnnetzes seiner Eigentümerin angetroffene Wagen mit seiner Nummer der Eigentümerin für den betreffenden Tag zugeschrieben wird. Sodann ist der Lauf des Wagens festzustellen, was bei der vielseitigen Verzweigung der englischen Bahnen nicht immer leicht ist. Aus der Bezettelung hat der Wagenaufschreiber beispielsweise entnommen, daß der Wagen Nr. 3501 der North Eastern-Gesellschaft von Darlington nach Manchester bestimmt war. Von

Darlington nach York und etwas darüber hinaus war er daher zweifellos auf der Heimatbahn; da aber von York mehrere Linien mit Anschlüssen an verschiedene fremde Bahnnetze ausgehen, die alle Verbindung nach Manchester haben, beginnt von York an die Unsicherheit mit Bezug auf den Wagenlauf. Hier hilft nun eine erstaunliche Routenkenntnis der Beamten des Abrechnungshofes, die die zwischen zwei verschiedenen Stationen möglichen Eisenbahnrouten im Kopfe haben und auf Grund dieser Kenntnis den Wagenlauf einschließlich der Aufenthalte auf den Unterwegstationen nach den Berichten der Stationen und Wagenaufschreiber leicht feststellen. Ist dies geschehen, so werden die Längen der auf jede Gesellschaft entfallenden Teilrouten ermittelt, wofür dem Beamten ein Entfernungsbuch zu Gebote steht, in dem die Entfernungen zwischen den verschiedenen Übergangsstationen und etwa 17000 Bahnhöfen, Anschlußgleisen, Kohlenzechen, angegeben sind. Dieses aus 10 Bänden bestehende Buch enthält etwa $1^1/_4$ Millionen einzelne Entfernungszahlen, die amtlich festgestellt sind. Natürlich erfordern diese verschiedenen Ermittelungen viel Schreibarbeit, zu deren Vereinfachung man eine Art Kurzschrift erfunden hat, die aus Punkten, Strichen und Hakenstrichen besteht. Ein Punkt über der Nummer eines Wagens auf dem Hinlaufe, der unter einem bestimmten Datum eingetragen ist, bedeutet z. B., daß der Wagen an dem fraglichen Tage die Übergangsstation der Heimatbahn verlassen hat; ein Punkt neben der Wagennummer zeigt an, daß der Wagen an dem fraglichen Tage durch eine Unterwegstation gelaufen ist; ein Punkt unter der Wagennummer, daß er auf der Empfangsstation angekommen ist. Die Zahl der auf den Lauf verwandten Tage wird durch mehrere Punkte angedeutet. Ähnliche Zeichen werden für den Rücklauf angewandt, die namentlich angeben, ob Laufmiete für den Rücklauf zu zahlen ist. Ein alle Zeichen einfassender Kreis besagt, daß der Wagen unvollkommen beladen war, d. h. nicht die erforderliche Mindestbelastung (gewöhnlich 1 t) führte, um ihn unter die Zuständigkeit des Abrechnungshofes zu bringen. Ein gekreuzter Strich und Hakenstrich über sämtliche Eintragungen deuten an, daß der Lauf des Wagens von seinem Austritt aus der Heimatbahn bis zum Wiedereintritt ordnungsmäßig verfolgt worden ist. Nachstehend sind als Erläuterung die Eintragungen angegeben, die sich auf den Lauf des Wagens Nr. 4120 der Cambrian-Gesellschaft beziehen, der in einem aus Wagen verschiedener Gesellschaften zusammengesetzten Güterzuge von Abersystwyth über Welshpool und Wichmor nach Nottingham lief.

Hinlauf:

Mai 6.	$\overset{\bullet}{4}120$	Tag, an dem der Wagen die Heimatbahn in Welshpool verlassen hat.
	4120:	Tag (6 + 1 = 7) des Durchgangs durch die nächste Übergangsstation (Wichnor).
	$\underset{\bullet\bullet\bullet}{4120}$	Tag (6 + 2 = 8) der Ankunft in Nottingham.

Rücklauf:

Mai 16.	$41\overset{\bullet}{2}0$	Tag, an dem der Wagen den Rücklauf mit Ladung nach der Heimatbahn antrat.
	4120.	Tag (16 + 0 = 16) durch Wichnor.
	$\underset{\bullet\bullet}{4}120$	Tag (16 + 1 = 17) des Überganges auf die Heimatbahn.

In diesem Falle war der Wagen vom 6. bis 17. Mai von der Heimatbahn weg. Er kam am 8. Mai in Nottingham an und ging am 16. Mai wieder ab. Da die Entladefrist in diesem Falle zwei Tage betrug, war für mehrere Tage die Verzögerungsgebühr (für den Tag rund 3 M.) der Gesellschaft aufzuerlegen, zu deren Bahnnetz der fragliche Bahnhof in Nottingham gehört. Nachdem diese Einzelheiten festgestellt und nachgeprüft sind, wird die Wagennummer mit einem Hakenstrich versehen ($\underset{\bullet\bullet}{\overset{\surd\ \bullet}{4120\bullet}}$) zum Zeichen, daß der Wagenlauf vom Beginn bis an das Ende ordnungsmäßig verfolgt worden ist.

$\overset{\surd\ \bullet}{4120\bullet}$ bedeutet, daß die Verzögerungsgebühr ordnungsmäßig angerechnet worden ist.

$\underline{\overset{\bullet}{4120}\vdots}$ besagt, daß Wagen oder Decke (tarpanlin) nach einer Vorstation durchpassierten und keine Entladung stattfand.

$\boxed{\underset{\bullet\bullet\bullet}{4120\vdots}}$ bedeutet unvollständige Ladung, d. h. es ist keine Laufmiete zu berechnen. Die in Rechnung gestellte Verzögerungsgebühr erscheint in den Monatsaufstellungen, die den einzelnen Gesellschaften zugehen. Die Gesellschaften können die Aufstellungen natürlich nachprüfen und Erläuterungen verlangen, zu welchem Zwecke die Unterlagen zur Feststellung der Wagenläufe vier Jahre aufbewahrt werden. An Verzögerungsgebühr wird täglich für einen Personenwagen erster Klasse rund 10 M., zweiter oder dritter Klasse rund 6 M., einen Wagen mit mehreren Klassen rund 10 M. oder rund 6 M. berechnet, je nachdem eine erste Klasse darin ist oder nicht. Gewöhnliche Güterwagen zahlen täglich rund 3 M., Spezialwagen von 6 bis 20 M., Wagendecken am ersten Tage 0,50 M., für jeden folgenden 1 M. bis zum Höchstbetrage für 60 Tage 59,50 M.

Wichtig ist ferner die Güterabteilung des Abrechnungshofes, in der die Einnahmen aus dem Durchgangsgüterverkehr auf die einzelnen beteiligten Bahngesellschaften verteilt werden. In der Regel wird die Einnahme nach der in jedem Bahngebiet von dem Gut durchlaufenen Streckenlänge berechnet, weil die Tarife der einzelnen Bahnen dem Abrechnungshofe nicht bekannt sind. Hat in einzelnen Eällen eine Bahngesellschaft besondere Schwierigkeiten bei der Beförderung über ihre Linien zu überwinden, ist sie an einem anderen Verkehrswege interessiert, so daß sie keinen Wert auf den für die Abrechnung in Frage kommenden Weg legt, oder hat der Bau ihrer Linien ungewöhnliche Kosten verursacht, so kann zwischen den beteiligten Gesellschaften eine andere Verteilungsweise als nach der Entfernung vereinbart werden, um die benachteiligte Gesellschaft zu entschädigen. Damit die Verteilung der Einnahme trotzdem nach Entfernungen stattfinden kann, wird für die vom Gut durchlaufene Streckenlänge ein Zuschlag festgesetzt, also eine größere als die wirklich durchlaufene Länge berechnet. Beispielsweise bestehen derartige Zuschläge für den Seveontunnel der Great Western-Gesellschaft, die Firth of Forth- und Tay-Brücke der North British-Gesellschaft und für einige Londoner Bahnen. Vor der Verteilung werden die Gebühren für die An- und Abfuhr und die Abfertigung des Gutes sowie etwaige Hafen-, Kai- und Verzögerungsgebühren, Brückengelder usw. abgezogen. Die Unterlagen für die Verrechnung der Einnahmen erhält der Abrechnungshof von den Stationen, die über den Empfang und Versand der Durchgangsgüter monatlich zu berichten haben. Da der Abrechnungshof die Tarifsätze nicht zu kennen braucht, ist eine Berichterstattung nach Tarifklassen nicht erforderlich, meistens wird nur nach Rohgütern (minerals) und Stückgütern (merchandise) unterschieden. Bei den Stückgütern wird ein weiterer Unterschied gemacht, ob die Anfuhr bahnseitig erfolgt ist oder nicht, man unterscheidet hiernach angerollte Güter (carted goods) und nicht angerollte Güter (non carted goods). Jede Station sendet für jede fremde Station, mit der sie Durchgangsverkehr hat, und für jeden zwischen beiden in Frage kommenden Verkehrsweg je einen Monatsbericht über Versand, für den das Formular schwarz, und über Empfang, für den das Formular rot gedruckt ist. Die Berichte erhalten nach Beförderungsscheinen (invoices) getrennt die Namen der Eigentumsverwaltungen der Wagen, Beschreibung der Güter, die Auslagen, Nachnahmen usw. Wenn die Eintragungen in das schwarze und rote Formular nicht übereinstimmen, muß der Abrechnungshof die Unstimmigkeit auf schriftlichem Wege aufzuklären suchen. Um nun die ziemlich umständlichen Arbeiten nicht für jede noch so kleine, zwischen zwei Stationen beförderte Gütermenge ausführen zu müssen, ist man übereingekommen, daß nur im einzelnen verrechnet wird, wenn der Monatsbetrag mindestens 20 M. ist. Kleinere Beträge werden in der Kleinverkehrsrechnung (Light Traffic Account) zusammengeworfen, als „hotch pot" behandelt und summarisch in ähnlicher Weise verteilt wie größere Einzelbeträge. Schließlich wird jeder Gesellschaft $^1/_4\,^0/_0$ ihres Guthabens als Entschädigung für die Besorgung des Geldverkehrs mit ihren Kunden zugebilligt. Für die Aufstellung und Prüfung der hiernach im Güterverkehr aufzustellenden Rechnungen werden 18 verschiedene rote und schwarze Formulare benutzt.

In der Personenverkehrsabteilung wird auch die Güterbeförderung mit Personenzügen abgerechnet, also insbesondere der Gepäck- und Paketverkehr. Der Paketverkehr der englischen Bahnen ist außerordentlich groß, weil sie ihn unabhängig von der Post entwickelt haben, die nur Pakete bis zu einem geringen Höchstgewicht und von bestimmten Abmessungen annimmt, während die Eisenbahnen ziemlich alles zu den Paketen rechnen: Pferde, Hunde, Katzen, Wagen, Fische, Früchte usw. Über den Umfang des Eisenbahnpaketverkehrs liegen keine zuverlässigen Angaben vor, man weiß nur, daß allein die Post trotz ihrer einschränkenden Bedingungen noch 90 Millionen Pakete im Jahre befördert, von denen die meisten mit der Eisenbahn versandt werden. Im Abrechnungshof arbeiten allein 400 Rechnungsbeamte in sieben verschiedenen Unterabteilungen daran, jeder Eisenbahngesellschaft in ähnlicher Weise, wie es oben für den Güterverkehr geschildert ist, ihren Anteil an den Einnahmen aus dem Paketverkehr zuzuweisen. Zur Abrechnung des Personenverkehrs hat jede von den 18000 verschiedenen Stationen des vereinigten Königreiches, die direkte Fahrkarten nach fremden Bahnen ausgeben und dem Londoner Abrechnungshof angehören. monatlich ein Verzeichnis der von ihr ausgegebenen direkten Fahrkarten einzusenden. Früher mußten alle auf den Endstationen den Reisenden abgenommenen Fahrkarten eingesandt werden, jetzt wird nur noch ein Teil eingesandt. Die englischen Eisenbahnen haben im Jahre einen Personenverkehr von etwa 1200 Millionen Reisenden, von denen ein Teil mit direkten Fahrkarten fährt, die vom Abrechnungshof abgerechnet werden. Im ganzen sind etwa 40000 direkte Verkehrsbeziehungen zwischen je zwei verschiedenen Stationen vorhanden. Dem Abrechnungshofe werden von den Stationen nur die Kontrollnummern der ausgegebenen Fahrkarten für jede direkte Verkehrsbeziehung am Monatsschluß angegeben, woraus sich die Zahl der verkauften Fahrkarten ergibt. Blankokarten werden besonders aufgeführt. Die Abrechnung erfolgt bisweilen einfach nach der Entfernung, aber in vielen Fällen nach den Tarifsätzen, die daher dem Abrechnungshofe bekannt sein müssen, abweichend vom Güterverkehr. Höhere Tarifsätze werden meistens in der Form von Längenzuschlägen berücksichtigt, so daß anstatt der wirklichen Längen sogenannte Tariflängen gerechnet werden, die mitunter dreimal so groß sind als die wirklichen Längen. Zu einer richtigen Verteilung der Einnahmen ist daher eine genaue Kenntnis der zwischen den verschiedenen Eisenbahnen getroffenen Sonderabmachungen über Tarife, Verkehrswege usw. erforderlich. Der Abrechnungshof ist infolge der ihm zu Gebote stehenden Unterlagen nicht nur befähigt, die Geldgeschäfte der Gesellschaften zu vermitteln, sondern auch die Tätigkeit gewisser Angestellten, wie Fahrkartenverkäufer, zu beaufsichtigen.

Nachdem alle Ermittelungen zusammengetragen sind, werden durch das Sekretariat die einzelnen Beträge den von den Gesellschaften bezeichneten Banken zur Auszahlung oder Vereinnahmung mitgeteilt. Hierbei wird ein weitgehender Gebrauch vom Giro- und Scheckverkehr gemacht, der in England auch im Privatleben eine große Rolle spielt. Bei allen Finanzgeschäften erscheinen die Eisenbahngesellschaften als Gläubiger und Schuldner des Abrechnungshofes, nicht anderer Gesellschaften, so daß der Abrechnungshof erforderlichenfalls die Schulden einzutreiben hat. Eine Unterabteilung des Abrechnungshofes bildet die Kartenabteilung (mass department), die sehr brauchbare Eisenbahnkarten von Großbritannien und Irland vertreibt, Übersichtskarten und auch Sonderkarten einzelner Verkehrsgebiete.

2. Der Eisenbahn-Abrechnungshof (Railway Clearing House) in Dublin.

Die irischen Eisenbahngesellschaften haben im Jahre 1848 ihren eigenen Abrechnungshof in Dublin gegründet, dem später auch mehrere englische und schottische Gesellschaften sowie außerdem eine Anzahl von Dampfschiffgesellschaften und Privatfirmen beigetreten sind. Der Abrechnungshof in Dublin hat für die ihm beigetretenen Teilhaber im großen und ganzen die gleichen Aufgaben für Irland zu lösen, die der Abrechnungshof in London für Großbritannien löst, so daß es sich erübrigt, im einzelnen auf seine Tätigkeit einzugehen.

3. Der Eisenbahnverein (Railway Association) in London.

Dieser Verein bezweckt die Vertretung der Gesamtinteressen der Eisenbahngesellschaften nach außen, nimmt also beispielsweise geschlossen für oder gegen neue Gesetzesvorlagen Stellung, die das Eisenbahnwesen betreffen, berät allgemeine Tarifangelegenheiten usw. Ihm gehören 43 Eisenbahngesellschaften an, die Vertreter zu den in unregelmäßigen Zeiträumen stattfindenden Vereinsversammlungen ernennen.

4. Der englische Oberbauverein (Permanent Way Institution).

Er ist eine amtliche Vereinigung, die unter dem Vorsitze eines technischen Oberbaubeamten einer der beteiligten Gesellschaften Zusammenkünfte abhält, um mit den im Gleisunterhaltungsdienst tätigen unteren Organen, wie Oberbau-Inspektoren (permanent way inspectors), einzelne den Oberbau betreffende Fragen zu verhandeln.

Zwischen einzelnen Gesellschaften gibt es natürlich noch zahllose Sonderabmachungen. Beispielsweise haben die Great Northern- und North Eastern-Gesellschaften eine Betriebsmittelgesellschaft für den Verkehr zwischen London und Schottland auf der sogenannten Ostküstenlinie (East Coast Joint Stock), die London and North Western- und Caledonian-Gesellschaft eine ähnliche Gemeinschaft (West Coast Joint Stock) für den Verkehr auf der Westküstenlinie von London nach Schottland. Die an dem Güterverkehr in Liverpool beteiligten großen Gesellschaften haben neuerdings ein Abkommen getroffen, nach dem gewisse Einnahmen nach festen Prozentsätzen verteilt werden (pooling arrangement), um die durch den Wettbewerb entstehenden unnötigen Ausgaben zu vermeiden.

Die Eisenbahngesellschaften Irlands haben ihren eigenen Oberbauverein.

c) Beamten- und Arbeiterverhältnisse.

Die Beamten wurden früher allgemein in Oberbeamte (officers) und Unterbeamte (officials) eingeteilt, neuerdings wendet man die Bezeichnung officials auch auf Beamte an, die zweifellos zu den Oberbeamten gerechnet werden müssen, wie Obergüterverwalter. Will man Beamte als zur Klasse der Oberbeamten gehörig besonders hervorheben, so wird von „principal officers" gesprochen. Die Beamten des inneren Dienstes ohne Uniform bilden den „clerical staff", die uniformierten Beamten des äußeren Dienstes den „uniform staff". Die Angehörigen der anderen Dienstgrade werden auch als „servants" bezeichnet, indessen wird dieser Ausdruck auch im Sinne von „Bediensteten" im allgemeinen gebraucht, die man auch „employees" nennt.

Für den Eintritt in die höhere Beamtenlaufbahn der englischen Eisenbahnen ist im allgemeinen kein Fachstudium erforderlich, etwa der Rechtswissenschaften auf einer Universität oder der Ingenieurwissenschaften auf einer technischen Hochschule. Ein solches ist bekanntlich in England nicht einmal erforderlich, um sich als Rechtsanwalt oder Arzt niederzulassen; wenn der Rechtsbeflissene bei einem älteren Fachgenossen in die Lehre gegangen, der Arzt in einem Hospital vorgebildet ist, kann er sich niederlassen und auch vielleicht sein Glück machen, vorausgesetzt natürlich, daß die Kunden und Patienten sich ihm anvertrauen. Der Ingenieur mag ruhig sein Bureau als „consulting engineer" aufmachen, wenn er auf einigen Bauplätzen tätig gewesen ist; sofern er dem scharfen Wettbewerb in Westminster gewachsen ist, steht auch ihm ein hoher Verdienst ohne ein eigentliches Fachstudium in Aussicht.

Der englische Eisenbahnbeflissene, auch wenn er noch Telegraphenbote oder Hilfsschreiber ist, trägt daher den Marschallstab im Tornister, er kann aus unbedeutender Stellung zu den höchsten Posten emporsteigen, als welche die Posten eines Vorsitzenden des Direktoriums, eines Generalverwalters oder eines Oberingenieurs gelten. Tatsächlich sind mehrere der bekanntesten Persönlichkeiten im englischen Eisenbahnwesen aus den niedrigsten Dienstgraden hervorgegangen. Indessen wird der Nutzen eines Studiums der Rechts- und Staatswissenschaften an einer Universität oder der Ingenieurwissenschaften an einer höheren technischen Schule neuerdings doch mehr und mehr für die Eisenbahnlaufbahn, wie auch für andere Berufsarten gewürdigt, wie beispielsweise die auf die Gründung einer Londoner technischen Hochschule gerichteten Bestrebungen erkennen lassen. Der Mangel an studierten Leuten mag wohl mit ein Grund sein, daß die englischen Eisenbahngesellschaften sich mit einer verhältnismäßig geringen Anzahl von Oberbeamten behelfen, wie denn auch die Zahl passender Anwärter für die höheren Stellen, wie die eines Generalverwalters, nicht übermäßig groß sein soll. Es kommt dies beispielsweise dadurch zum Ausdruck, daß man in einigen Fällen einen Rechtsanwalt zum Generalverwalter gemacht hat, der bis dahin nur Rechtsgeschäfte für die Gesellschaft erledigt hatte. Meistens geht der Generalverwalter aus der Betriebs- und Verkehrsabteilung hervor; mehrere große und gut verwaltete Gesellschaften haben abweichend hiervon ihre früheren Oberingenieure und Lokomotivsuperintendenten in diese Stellung berufen. Um die etwa mangelhafte allgemeine Bildung oder die Fachbildung noch vor dem Eintritt in den Eisenbahndienst zu verbessern, stehen dem angehenden Eisenbahner u. a. die öffentlichen, teilweise an die Universitäten angegliederten Anstalten, wie die Londoner Schule für Wirtschaftslehre (London School of Economies), die gleichen Schulen in Birmingham und Manchester, die Technische Schule zu Birmingham und andere technische Schulen, die Handelsschule (School of Commerce) der Universität Liverpool und ähnliche Privatanstalten zur Verfügung; nach dem Eintritt in den Eisenbahndienst außer diesen Schulen noch mehrere Einrichtungen, die von den Eisenbahngesellschaften selber ins Leben gerufen sind und unterhalten werden. Es sind dies namentlich die an die Werkstätten angegliederten Abendschulen und mechanischen Institute (mechanics institutions), die Signalschulen,

Bibliotheken und Lesesäle. Das mechanische Institut der London and North Western-Bahn in Crewe, an dessen Abendunterricht 1800 Zöglinge teilnehmen können, besteht schon 60 Jahre und wird sowohl von den 1100 Lehrlingen der Werkstätten, wie von Auswärtigen fleißig besucht. Die London and North Western-Gesellschaft unterhält in Crewe neuerdings eine elektrotechnische Lehranstalt (Electrical Engineering Laboratory), in der eine Anzahl von Lehrlingen der Werkstätten an einem Nachmittage der Woche unterrichtet werden. Ein gutes Institut besitzt auch die Lancashire and Yorkshire-Gesellschaft in Horwich, in dem Mathematik, Konstruieren, Zeichnen, Chemie, Hüttenkunde, Elektrotechnik, Französisch, und Kurzschrift gelehrt wird; das Institut wurde in einem der letzten Winter von über 700 Zöglingen besucht, trotzdem in den Werkstätten mit Überstunden gearbeitet wurde. Ähnliche Anstalten haben die Great Western-Gesellschaft in Swindon, die Midland in Derby, Great Northern in Doncaster, Great Eastern in Stratford (London), London and South Western in Nine Elms (London), North Eastern in Gateshead, Caledonian in Glasgow und andere Gesellschaften. Eine eigenartige Einrichtung ist die neue Signalschule (Signalling School) der Great Western-Gesellschaft auf der Station Paddington in London, in der den Anwärtern für den höheren Dienst und anderen Beamten, die keine unmittelbare Gelegenheit zur Tätigkeit im Betriebsdienst haben, die Grundzüge des Eisenbahnbetriebes an Modellen erklärt werden. Behandelt werden Weichen- und Signalverriegelungen, Signaleinrichtungen, Weichenanordnungen, Schrankenbauarten, Blockeinrichtungen, Betrieb mit Zugstab, Wagenabhängen während der Fahrt (to slip), Einrichtung und Betätigung der Luftsaugebremse, Ausrüstung der Züge, Betriebsstörungen, Betrieb bei Nebelwetter, Sicherheitsmaßregeln bei Gleisarbeiten, so daß die Bezeichnung Signalschule nicht glücklich gewählt ist. In der Schule ist ein Modell der bei der Great Western-Gesellschaft üblichen Weichen- und Signaleinrichtungen für eine zweigleisige Bahn mit zweigleisiger Abzweigung, Ausweichgleis und Gleisverbindung aufgestellt. Ferner ist ein Modell einer eingleisigen Strecke mit Zugstabbetrieb vorhanden.

Der Unterricht fand ursprünglich zweimal in der Woche über dieselben Gegenstände statt, jedesmal unter Beteiligung von 36 Schülern. Eine Stunde wird von dem Lehrer vorgetragen, dann wird das Gelernte praktisch geübt, wozu vier Schüler die vier Signalbuden besetzen müssen. Der ganze Betriebsdienst wird praktisch durchgenommen, einschließlich aller Störungen durch Schnee, Nebel, Unglücksfälle usw. An Schlusse eines Lehrganges werden die Schüler geprüft, wobei vor einigen Jahren von 40 Schülern 27 bestanden, darunter 6 mit Auszeichnung. Die Einrichtung hat sich so gut bewährt, daß sie neuerdings ausgedehnt worden ist; im Winter 1904/05 wurden an vier Abenden der Woche 150 Schüler unterrichtet, als Lehrer wirken teilweise frühere Schüler, welche die Prüfungen mit Auszeichnung bestanden hatten. Ähnliche Fortbildungsschulen sind im Rechnungswesen, dem Güterverkehr, Stationsdienst bei der Great Western-Gesellschaft eingerichtet. Der Gedanke, solche Schulen einzurichten, ist zweifellos gesund, weil meistens nur Personen unterrichten. die Befähigung für das Lehrfach besitzen, während es bei der Einzelausbildung auf einer Station, einem Bureau usw. mehr oder minder vom Zufall abhängt, ob der Schüler einem guten Lehrmeister in die Hände gerät. Befähigte Schüler werden sich leichter in einer solchen Schule Bahn brechen, als wenn sie von einem Vorgesetzten als Lehrer abhängen, der ihnen vielleicht nicht wohl will. Mehrere Bahnen haben neuerdings Vortragsgesellschaften (debating societies) gegründet, in denen im Anschluß an einen Vortrag ein freier Meinungsaustausch über Eisenbahnfragen zwischen den Beamten stattfindet, der unter Umständen für den jüngeren Eisenbahner sehr belehrend sein kann. Die Vortragsgesellschaft der Great Western-

Bahn hält alle 14 Tage eine Sitzung ab, zu der sich 300—400 Teilnehmer einzufinden pflegen. Einige Gesellschaften, wie die Great Western und Great Central, geben Monatsschriften heraus, die auch dem Publikum zugänglich sind und in denen namentlich Einrichtungen der betreffenden Gesellschaften besprochen werden.

Als Anwärter für die höhere Beamtenlaufbahn ist der englische Eisenbahner hiernach in seiner Ausbildung viel auf Selbsthilfe angewiesen und erwirbt nicht gerade mühelos die für seinen Beruf erforderlichen theoretischen Kenntnisse; so vorzügliche Lehranstalten wie auf dem Festlande stehen ihm nicht offen.

Ein etwaiger Mangel an theoretischen Kenntnissen wird aber im späteren Leben vielfach durch eine große praktische Erfahrung ersetzt. Man muß nämlich bedenken, daß England infolge des großen Kolonialbesitzes in vielen Teilen der Welt an Eisenbahnunternehmungen beteiligt ist, die namentlich dem Ingenieur mannigfache Aufgaben stellen; an den Vortragsabenden des englischen Vereins der Zivilingenieure (Institution of Civil Engineers), wo die Ingenieure ihre Erfahrungen austauschen, hört man bisweilen über denselben Gegenstand des Ingenieurfaches Meinungsäußerungen, die sich auf Vorgänge nicht nur in England, sondern beispielsweise auch in Canada, Indien, Australien beziehen.

Wenn nun auch vereinzelte Leute mit akademischer Bildung in den höheren Verwaltungs-, Betriebs- und Verkehrsdienst der englischen Eisenbahnen eintreten, so bildet es doch die Regel, daß man junge Leute von ungefähr 14 Jahren annimmt, sie von unten, etwa als Hilfsschreiber, Telegraphenbote oder Gepäckträgergehilfe, anfangend in den verschiedenen Dienstzweigen beschäftigt und nun nach und nach ausprobiert, was aus ihnen zu machen ist. Der Nachwuchs an Ingenieuren und Lokomotivtechnikern wird meistenteils aus jungen Leuten gewonnen, die schon irgend eine technische Schule besucht haben oder wenigstens etwas Fertigkeit im Zeichnen besitzen. Die Anwärter werden zunächst als Schlosser oder Zeichner oder auch abwechselnd als solche beschäftigt, bilden sich weiter und werden schließlich nach ihren Fähigkeiten und ihrem Fleiß befördert. Wer auf diese Weise früh in die Schule des Lebens eintritt und sich dann durch eigene Kraft aus der Menge emporhebt, ist nach einer weitverbreiteten Ansicht der rechte Mann für den Eisenbahndienst. In diesen Anschauungen scheint nach und nach ein gewisser Umschwung einzutreten. Hervorragende Fachleute halten ein dreijähriges Studium auf einer an eine Universität angegliederten technischen Hochschule, mit eingeschobener praktischer Beschäftigung in den Sommermonaten, für wünschenswert, erstreben auch eine bessere Ausbildung in den wirtschaftlichen Fragen des Ingenieurwesens. Auf das Studium soll eine mehrjährige Ausbildung in Werkstätten oder auf Bauplätzen folgen. Dem Bauingenieur wird angeraten, bei einem Unternehmer zu arbeiten. Bei den hohen Kosten, die in England jedes Schulstudium verursacht, sind für eine derartige theoretische Ausbildung mit anschließender praktischer Beschäftigung aber mindestens 30000 M. aufzuwenden. Die in andern Staaten abzulegenden technischen Prüfungen werden in geringem Maße durch die Erfüllung der Bedingungen für die Aufnahme in die großen technischen Vereine (Institution of Civil Engineers, Institution of Mechanical Engineers, Institution of Electrical Engineers) ersetzt. Diese Vereine nehmen als Vollmitglieder nur Ingenieure auf, die durch Ausführung von Bauten oder auf andere Weise eine gewisse technische Ausbildung nachgewiesen haben, während für Anschlußmitglieder (associate members) etwas leichtere Aufnahmebedingungen gelten. Natürlich kann unter diesen Umständen bei den Eisenbahnverwaltungen von einer Beförderung nach dem Dienstalter nicht die Rede sein; da der Eintritt in den Eisenbahndienst schon mit 14 Jahren erfolgt, findet man in den höheren Stellen mitunter verhältnismäßig junge Leute.

Viel Sorgfalt wird im allgemeinen auf die Ausbildung der im unteren Dienst beschäftigten Beamten mit großer Verantwortung gelegt, wie Weichensteller und Lokomotivführer, die aus den Oberbau- und Werkstättenarbeitern hervorgehen oder unmittelbar angenommen werden. Die Schaffner der Personenzüge stammen vielfach aus den Reihen der Gepäckträger; Packmeister und Bremser sind häufig Güterbodenarbeiter oder Rangierer gewesen.

Als Grundregel für die Auswahl aller Beamten gilt, daß jeder nach den Kenntnissen und Fähigkeiten befördert wird, die er gerade für den in Frage kommenden Posten mitbringt; was er sonst noch weiß und kann, ist im allgemeinen gleichgültig. Von den höheren Beamten insbesondere wird zwar verlangt, daß sie den ganzen Dienst genau kennen, aber diese Kenntnis nicht dazu benutzen, sich zu sehr in die Einzelheiten des Dienstes ihrer Untergebenen zu mischen. Sie sollen gelernt haben, ihre Untergebenen innerhalb gewisser Grenzen selbständig arbeiten zu lassen und ihre eigene bessere Einsicht und größere Erfahrung erst dann zur Geltung zu bringen, wenn diese Grenzen überschritten werden. Im großen und ganzen haben wir daher in den englischen Eisenbahnbeamten ein Heer von Spezialisten vor uns, die in ihrem eigenen Dienstbereiche außerordentlich beschlagen sind, aber nicht gerade viele allgemeine Kenntnisse besitzen. Der deutsche Gedankengang, vieles zu lernen, weil es interessant ist, erscheint dem Engländer nicht recht verständlich, meistens lernt er nur etwas, um es anzuwenden. Teilweise ist man in England sogar der Ansicht, daß übermäßiges Lernen die Entschlußfähigkeit und das Selbstvertrauen unterbindet. Der fremde Theoretiker, der englische Eisenbahnanlagen besichtigt, wird daher auch im allgemeinen weniger verstanden, als der im praktischen Dienst stehende Fachmann, der unter Umständen eine unmittelbare Nutzanwendung von dem Gesehenen zu machen weiß. Der Sinn des englischen Eisenbahners steht nach dem Einfachen, Handgreiflichen, das er auf dem kürzesten Wege zu erreichen sucht, der Umweg über die Theorie ist ihm gewöhnlich zu lang. Die englischen Eisenbahngesellschaften achten ferner sehr darauf. daß ein Beamter nie in eine verantwortliche Stellung kommt, bevor er dafür gründlich vorgebildet ist. Da sie schon sehr früh mit der Fachausbildung beginnen, gelingt ihnen dies auch meistens, ohne daß die Leute zu alt werden. Natürlich ist ein solches Emporsteigen aus den niederen zu den höchsten Dienstgraden ohne Einbuße an Ansehen des ganzen Standes nur möglich, wenn der Wert des Menschen weniger nach seiner akademischen Bildung als nach seinen praktischen Fähigkeiten beurteilt wird. Die vier wesentlichsten Eigenschaften, die ein höherer Eisenbahnbeamter besitzen soll, sind nach englischer Auffassung: Bildung, praktische Erfahrung, kaufmännisches Geschick und Taktgefühl. Wenn man annimmt, daß die beiden letzten Eigenschaften angeboren sein müssen, und die erforderliche allgemeine Bildung vor dem Eintritt in den Eisenbahndienst erworben sein soll, bleibt in der Beamtenlaufbahn noch für die theoretische Fachausbildung und die Aneignung praktischer Kenntnisse zu sorgen, wobei man in England vorwiegend die Praxis begünstigt. Zu dem englischen Vorgehen gehört auch, daß die unteren Dienstgrade in ihren Bestrebungen, sich zu vervollkommnen, von ihren Vorgesetzten wirksam unterstützt werden. Dieses ganze Verfahren, bei dem zunächst alle gleich sind und man es den Fähigkeiten überläßt, sich emporzuarbeiten, erscheint ferner nur allgemein anwendbar, wenn die Rechtsverhältnisse mit anderen Staaten einfach sind, wie bei der Insellage Englands, und für die Lösung verwickelter innerer Rechtsfragen sowie schwieriger Aufgaben der Technik hervorragende Spezialisten außerhalb der Eisenbahnverwaltung verfügbar sind. Ein anderer Grundzug in der Verwaltung englischer Eisenbahnen besteht darin, daß man jedem Bediensteten genau vorschreibt, was er zu tun hat, und darüber hinaus nichts von ihm verlangt, was übrigens auch im häuslichen Leben gilt und hier in die Worte zusammengefaßt werden kann: viele Dienstboten mit genau umschriebenen Dienstobliegenheiten. Man ist der Ansicht, wenn mehrere dasselbe tun sollen, es keiner tut (what is every one's business is no one's business) und sucht die hieraus entspringenden Übelstände durch genaue Diensteinteilungen zu vermeiden.

Was die Gehälter, Löhne und Anstellungsverhältnisse der englischen Eisenbahner betrifft, so beruht natürlich alles auf freier Vereinbarung, feste Anstellungen mit genau vorgeschriebenen Gehaltsabstufungen nach dem Muster festländischer Staatsverwaltungen gibt es nicht, wenn auch einige von den höheren Posten sich den festen Anstellungen mehr oder weniger nähern und für einzelne Beamten und Arbeitsklassen gewisse Gehalts- und Lohnsätze als Normalien aufgestellt werden. Diese Sätze sind für die höheren Stellen verhältnismäßig hoch, während das große Heer der mittleren und unteren Beamten sich mit einem Einkommen begnügen muß, das im Hinblick auf die Geldverhältnisse und Lebensbedingungen in England als bescheiden zu bezeichnen ist. Im allgemeinen gilt der Grundsatz, daß jeder Bedienstete nach seinen Leistungen bezahlt wird; unzufriedene Bedienstete hält man für schlechte Arbeiter, weil sie sich zu sehr mit dem ihnen wirklich oder vermeintlich zugefügten Unrecht beschäftigen.

Die Zahl der unmittelbar von den Eisenbahnen beschäftigten Personen betrug mit Ausnahme der beim Neubau eingestellten im Jahre 1904 über 575000 und setzte sich wie folgt zusammen:

Stationsvorsteher	8103
Bremser	15708
Oberbauarbeiter	66621
Schrankenwärter	3507
Lokomotivführer	25556
Gepäckträger	55267
Rangierer	10841
Heizer	24083
Inspektoren	6772
Personenzugschaffner	7291
Weichen- und Signalsteller	28496
Arbeiter	53282
Fahrkartenprüfer	3642
Schlosser	81440
Andere Personen	185216
Zusammen	575834

Wenn man 580000 als die ungefähre Gesamtzahl aller Angestellten und Arbeiter der Eisenbahnen des Vereinigten Königreichs annimmt, kann gesagt werden, daß etwa 300000 in der Verwaltung, dem Betriebe und Verkehre, etwa 200000 im Bahnunterhaltungs- und Werkstättendienst tätig sind, die übrigen 80000 sich auf die verschiedenen Nebengeschäfte, wie Hotel- und Restaurationsbetrieb, Hafen- und Kanalbetrieb, die Dampfschiffahrt verteilen. In der obigen Zusammenstellung fällt die große Zahl der Schlosser (81440) auf; zu ihrer Begründung ist darauf hinzuweisen, daß die größeren Gesellschaften nicht nur ihre Fahrzeuge ausbessern, sondern auch bauen, ferner selber Schienen und Träger walzen, Oberbaustühle gießen, Signale und Stellwerke herstellen, kleinere Brücken zusammennieten usw. Die Werkstätten der London and North Western-Bahn zu Crewe können beispielsweise etwa 40 Signalhebel und 6000 m Signalleitungen monatlich liefern, 50000 t Schienen und eine Menge Brückenträger und Profileisen jährlich walzen; ein eingestürzter Viadukt wurde in 7 Tagen durch die Werkstätten wiederhergestellt, wobei 42 Stück 10 m lange Träger eingebaut werden mußten. In den Crewe Werkstätten werden jährlich 200 neue Lokomotiven gebaut und 3000 alte ausgebessert.

Die London and North Western-Eisenbahn, mit rund 2460 km zwei- und mehrgleisigen, rund 650 km eingleisigen Strecken, auf denen jährlich rund 44230000 Personenzugkilometer und 28600000 Güterzugkilometer gefahren werden, mit einer Einnahme von fast 290 Mill., einer Ausgabe von rund 184 Mill. M. im Jahre 1904, mit über 3000 Lokomotiven, 1940 Tendern, 9700 Wagen für Personenzüge und 75000 Güterwagen, hat im ganzen beinahe 83000 Personen in ihren Diensten, die sich auf nicht weniger als 800 verschiedene Klassen verteilen. Hierzu kommen noch 1542 weibliche Angestellte, von denen 300 Dienst als Bureaubeamte (clerks) tun und aus den Töchtern von Bahnbediensteten ausgewählt sind.

Das Personal auf den Güterbahnhöfen ist in der Regel reichlich bemessen, weil Annahme und Ausgabe sich auf wenige Tagesstunden zusammendrängen. Abends werden die Güter meistens angenommen, nachts befördert und morgens ausgegeben. Bei der geringen Entfernung zwischen den wichtigsten Verkehrsgegenden läßt sich ein solcher Betrieb für viele Verkehrsbeziehungen aufrechterhalten. Auch die Zahl der Bureaubeamten wird ziemlich hoch bemessen, weil auch hier auf schnelle Erledigung der Geschäfte großer Wert gelegt wird. Das Personal arbeitet vielfach in größerer Zahl in einem einzigen Raum unter Aufsicht des Bureauvorstehers, der in einem besonderen Verschlage sitzt. Die Anzahl der Gepäckträger ist groß, weil die Reisenden ihr Gepäck erst kurz vor Abfahrt der Züge aufzugeben pflegen und es nach Ankunft der Züge gleich in die Fuhrwerke oder Omnibusse geladen haben wollen, was bei stark besetzten Zügen natürlich viele Arbeitskräfte erfordert, trotzdem ein Einschreiben des Gepäcks im Inlandverkehr bekanntlich nicht stattfindet. Die Züge selbst werden mit wenig Personal gefahren, namentlich ist die Bremsbesetzung gering.

Die Arbeitszeit der einzelnen Beamtenklassen ist natürlich sehr verschieden, im allgemeinen wird sie nicht sehr ausgedehnt, dafür aber erwartet, daß in den angesetzten Dienststunden flott gearbeitet wird. In den Verwaltungsbureaus wird vielfach von 9—1 und 2—5 gearbeitet, Sonnabends nur von 9—1. Sonntagsarbeit ist in England nicht gebräuchlich. Beamte in sehr verantwortungsvollem Außendienst, wie Weichensteller in größeren Stellwerksgebäuden, Lokomotivführer und -heizer im Schnellzugdienst, haben selten mehr als 8 Stunden Dienst am Tage, andere Lokomotivführer und -heizer, Schaffner, Weichensteller mit leichtem Dienst, Packmeister, Schirrmeister 10—12 Stunden und mehr; ausnahmsweise kommen Dienstschichten bis zu 18 Stunden vor. Fälle, in denen Lokomotivführer, Heizer, Schaffner, Bremser, Weichensteller und Wagenwärter länger als 12 Stunden ununterbrochen im Dienste waren, oder nach einer ununterbrochenen Dienstdauer von mehr als 12 Stunden weniger als 9 Stunden Ruhe hatten, müssen nach einem Gesetz von 1889 (The Regulation of Railways Act 1889) von der Aufsichtsbehörde untersucht werden. Bis vor kurzem bildete es die Regel, die Essenszeiten, sonstigen Arbeitspausen und die Zeit für Zurücklegung der Wege von und nach der Arbeitsstätte nicht auf die Dienstzeit anzurechnen, neuerdings verlangt die Aufsichtsbehörde aber, daß dies geschieht. Eine hiernach für den Monat März 1905 von der Aufsichtsbehörde vorgenommene Untersuchung hat ergeben, daß in diesem Monat bei 6 großen Eisenbahngesellschaften mit mehr als 1600 km Bahnlinien von 56875 in Frage kommenden Bediensteten 35126 mehr als 12 Stunden Dienst am Tage gehabt haben, was für einen Kopf etwa 0,6 Tage mit Überstunden im Monat macht. Die Eisenbahngesellschaften haben gegen die Einrechnung der Pausen usw. in die Dienstzeit Einspruch erhoben, eine Gesellschaft weist nach, daß sie nach der früheren Rechnungsweise auf 11964 Bedienstete nur 3783 Überschreitungen, gegen 4821 nach der neuen Rechnungsweise, gehabt habe.[1])

Die Gehälter der höheren Beamten sind verhältnismäßig hoch, wie erwähnt, die der anderen bewegen sich in ziemlich bescheidenen Grenzen. Zeichner erhalten beispielsweise 40—60 M., Lokomotivführer 35—50 M., Heizer 21—30 M., Schaffner bis 35 M., Oberbauarbeiter 18—25 M., Gepäckträger 18 M. wöchentlich.

Bei einigen Gesellschaften waren Ende 1907 folgende Sätze üblich:

Lokomotivführer:		
im ersten Jahre	 5,60	M. täglich
„ zweiten „	 6,10	„ „
„ dritten „	 6,60	„ „
„ vierten „	 7,10	„ „
„ siebenten „	. . . 7,60—8,10	„ „
Heizer:		
im ersten Jahre	 3,60	M. täglich
„ fünften „	 4,80	„ „

Heizer, die die Führerprüfung bestanden haben, aber noch keine Führerdienste tun, erhalten in der Regel 5,10 M. täglich. Die Lancashire and Yorkshire-Gesellschaft bezahlt ihren Packmeistern im ersten und zweiten Jahre wöchentlich 24,60 M., im dritten 25,60 M., im vierten 26,60 M., im fünften 27,60 M., im sechsten und siebenten 28,70 M., im achten 29,80 M., dann 30,80 M. Später kann noch eine Erhöhung bis zu 33 M. stattfinden. Die Woche wird hierbei in der Regel zu 60 Arbeitsstunden gerechnet.

Auf der großen Westbahn erhielten die Weichensteller der Strecke London-West-Drayton im Jahre 1907 in den 28 verschiedenen Stellwerken 22,5—37 M., und zwar:

in zwei Stellwerken	. . . . . . 34—37	M.
„ acht „	. . . . . . 34—36	„
„ neun „	. . . . . . 31—33	„
„ sieben „	. . . . . . 29—31	„
„ zwei „	28—30 und 22,5—24,5	„

Hierfür wird an 6 Tagen je 8 Stunden gearbeitet; längere Arbeitszeit und Sonntagsarbeit wird besonders vergütet. Außerdem erhalten die Beamten die Uniform frei und 103 M. Belohnung jährlich bei zufriedenstellender Tätigkeit.

Wenn nun trotz der im Vergleich zu einer Staatsstellung unsicheren Anstellungsverhältnisse bei nicht sehr hohem Gehalt die Eisenbahnlaufbahn in England recht beliebt ist, so muß man zur Erklärung dieser Tatsache bedenken, daß überhaupt feste Anstellungen in England seltener zu haben sind als auf dem Festlande. Es ist dies eine Folge der in England üblichen Privatwirtschaft, im Gegensatz zu den staatlichen Betrieben auf dem Festlande. Um nun sich und ihre Angehörigen bei herannahendem Alter und in Krankheits- und Unglücksfällen vor Entbehrungen zu schützen, die bei den unsicheren Anstellungsverhältnissen bisweilen unvermittelt auftreten können, sind die englischen Eisenbahner auf Selbsthilfe, das Wohlwollen der Eisenbahngesellschaften und die Mildtätigkeit des Publikums angewiesen, die ja überhaupt mit ihren jährlichen Festessen und sonstigen Veranstaltungen eine große Rolle im öffentlichen Leben Englands spielt. Jede größere Eisenbahngesellschaft hat zunächst einen Pensionsfonds für Beamte, aus dem Zahlungen geleistet werden, wenn nach Vollendung des 60. Lebensjahres

[1]) The Railway Gazette 1906, S. 279.

eine Pensionierung erforderlich wird. Die Beamten der kleineren Gesellschaften können dem Pensionsfonds der Beamten des Abrechnungshofs beitreten. Viele Gesellschaften pensionieren namentlich ihre im verantwortungsvollen Außendienst stehenden Beamten (Lokomotivführer usw.) im Alter von 65 Jahren. Doch kommt es auch vereinzelt vor, daß ein Beamter 60 Jahre im Dienst ist, wie William Snaith, Vorsteher eines Lokomotiv-Abrechnungs- und Materialienbureaus bei der North Eastern-Gesellschaft. Einer der ältesten Lokomotivführer im Dienst war James Guest von der Great Northern Gesellschaft, der 52 Dienstjahre hatte, als er in den Ruhestand trat, und 3412320 km als Lokomotivführer gefahren war. Beamte und Arbeiter haben vielfach Dienstwohnungen, auch die Bahnunterhaltungsarbeiter, weil sie sich bei plötzlichem Eintritt von Nebel schnell an die Signale begeben müssen zur Auslegung von Knallkapseln und daher zweckmäßig in der Nähe der Strecke wohnen.

Der Pensionsfonds der London and North Western-Gesellschaft, der als ein gutes Beispiel einer solchen Einrichtung angesehen werden kann, hat 9000 Mitglieder, die jährlich $2^1/_2$% von ihrem Gehalt einzahlen müssen, während die Gesellschaft ebensoviel zuzahlt. Alle Beamten unter 20 Jahren, die Gehalt beziehen, im Gegensatz zu Lohn, müssen dem Fonds beitreten, ihre Beiträge werden monatlich vom Gehalt abgezogen; nach vollendetem 26. Lebensjahr wird niemand aufgenommen. Nach 10 Jahren hat jedes Mitglied ein Recht auf $22^3/_4$% Pension von seinem durchschnittlichen Gehalt, der Prozentsatz steigt bis 109 nach 45 Beitragsjahren. Wenn ein Beamter vor Erreichung des pensionsfähigen Alters stirbt, erhalten die Angehörigen entweder für ein halbes Jahr das für die ganze Beitragszeit berechnete Durchschnittsgehalt, die eingezahlten Beiträge oder die von der Gesellschaft geleisteten Zuschüsse; entscheidend ist, welcher von den drei Beträgen der größere ist. Jedes Mitglied, das vor Erreichung des pensionsfähigen Alters freiwillig den Dienst der Gesellschaft verläßt, oder dessen Dienstverhältnis aus anderen Gründen, als Betrug und Unehrlichkeit, von der Gesellschaft gelöst wird, erhält seine Beiträge zurück. Ist Unehrlichkeit der Grund der Dienstentlassung, so kann die ganze eingezahlte Summe verfallen. Die London and North Western-Gesellschaft hat ferner einen Fonds zur Unterstützung von Witwen und Waisen. Für die Unterstützung der im Lohnverhältnis stehenden Bediensteten ist eine Fürsorge- und Pensionskasse (Provident and Pension Society) nebst einem Hilfspensionsfonds (Supplemental Pension Found) gegründet. Die Fürsorge- und Pensionskasse gewährt Pensionen von 7 bis 12 M. wöchentlich nach vollendetem 65. Lebensjahre, bei Arbeitsunfähigkeit schon nach vollendetem 60. Lebensjahre; von 3,50 bis 5 M. wöchentlich bei früherer Arbeitsunfähigkeit, wenn mindestens 20 Dienstjahre vorhanden sind. Hierneben kann aus dem Hilfspensionsfonds noch ein Zuschuß bis 5 M. wöchentlich gewährt werden. Die Fürsorge- und Pensionskasse gewährt ferner Unterstützungen in Krankheits- und Todesfällen. Der Mitgliederbeitrag ist 0,50 bis 0,60 M. für 1 Woche. Die London and North Western-Gesellschaft hat auch einen Versicherungsverein (Insurance Society), der während der ersten zwei Wochen nach einem im Dienst erlittenen Unfall eine Unterstützung zahlt. Seitdem das Arbeiter-Unfallgesetz von 1897 herausgekommen ist, hat dieser Verein, wie ein ähnlicher bei der London, Brighton and South Coast-Gesellschaft, an Bedeutung verloren, weil die Eisenbahngesellschaften nach dem Gesetz Unfallrenten zu zahlen haben. Die Vereine zahlen indessen häufig Zuschüsse zu den gesetzlich festgesetzten Renten. Für einzelne Angehörige der Lokomotivabteilung sind bei der London and North Western-Gesellschaft zwei besondere Pensionsfonds vorhanden, einer für die Bediensteten in den Werkstätten zu Crewe, einer für die im Fahrdienst beschäftigten Lokomotivführer und Heizer. Ähnliche Einrichtungen, wie die London and North Western, haben auch andere Gesellschaften. Die Great Eastern-Gesellschaft hat beispielsweise eine Kranken- und Waisenkasse (Employers Sick and Orphan Society).

Während die bisher genannten Unterstützungsvereine unter wesentlicher Mitwirkung der Eisenbahngesellschaften bestehen, sind zwei andere vorwiegend auf die Privatwohltätigkeit angewiesen: der Eisenbahn-Wohltätigkeitsverein (Railway Benevolent Institution) und der Eisenbahnbeamten- und Arbeiterverein des Vereinigten Königreiches (United Kingdom Railway Officers and Servants Association). Der Eisenbahn-Wohltätigkeitsverein unterstützt in erster Linie die Hinterbliebenen von Eisenbahnbeamten bis zum Gesamtbetrage von jährlich 100000 M., aber auch andere Personen, die in irgend einer Beziehung zur Eisenbahn stehen, unabhängig davon, ob sie zu den Fonds des Vereins beigetragen haben oder nicht. Als Mitglieder des Vereins haben Beamte jährlich 10 M. 50 Pf., Arbeiter 8 M. zu zahlen, es ist aber statthaft, gegen Zahlung von 2 M. dem Waisenfonds allein beizutreten. Der Verein hat ein eigenes Eisenbahner-Waisenhaus in Derby (Railway Servants' Orphanage); er kann seine Unkosten bei weitem nicht aus den Mitgliederbeiträgen decken, sondern ist in hohem Grade auf die Privatwohltätigkeit angewiesen. Von seiner Gründung im Jahre 1858 bis zum Jahre 1905 hat er mehr als 12 Mill. M. einmalige Unterstützungen gezahlt an 4644 Witwen, deren Männer im Dienst gestorben waren, an 10766 andere Witwen und 97308 im Dienst verletzte Personen. Ferner sind Jahresrenten von 200 bis 600 M. in 2427 Fällen gezahlt und 1549 Waisen erzogen worden.

Der Eisenbahnbeamten- und Arbeiterverein des Vereinigten Königreiches gewährt Jahresrenten bei Dienstunfähigkeit, Unterstützungen in Krankheits- und Todesfällen oder unverschuldeten Unglücksfällen, und erzieht Waisen bis zum vollendeten 14. Lebensjahre. Auch dieser Verein ist in hohem Grade von der Privatwohltätigkeit abhängig. Bis zum 31. Dezember 1904 hatte er nach etwa vierzigjährigem Bestehen gezahlt:

an Jahresrenten	rund	600000 M.
„ Krankengeldern	„	1600000 „
„ Witwengeld	„	1050000 „
„ Waisengeld	„	85000 „
„ Unterstützungsgeldern	„	160000 „

Jeder Privatmann, der zu dem Fonds des Vereins beisteuert, erhält bei der Wahl der Rentenempfänger eine Anzahl Stimmen, für je 5 M. 25 Pf. in der Regel eine Stimme. Die Renten betragen 400 M. jährlich für verheiratete Mitglieder, 300 M. für Witwen und unverheiratete Mitglieder. Viele Eisenbahngesellschaften haben Sparkassen für ihre Angestellten eingerichtet. Die im Jahre 1895 gegründete Sparkasse der London and North Western-Gesellschaft gewährt $3^1/_2{}^0/_0$ Zinsen für Einlagen bis 10000 M., $2^1/_2{}^0/_0$ über 10000 M., und nimmt Einlagen von 1 M. bis zum Gesamtbetrage von 1000 M. für eine Person im Jahre an. Die Gesellschaft läßt die Kasse unentgeltlich verwalten und bürgt für die Sicherheit der eingezahlten Gelder.

Während die hier aufgeführten Einrichtungen den Gemeinsinn der englischen Eisenbahner, das Interesse der Eisenbahngesellschaften an der Wohlfahrt ihrer Bediensteten und die Privatwohltätigkeit des Publikums in schönstem Lichte erscheinen lassen, bietet das englische Eisenbahnwesen anderseits auch weniger erfreuliche Erscheinungen, zu denen die Zugehörigkeit des Eisenbahnerverbandes (Amalgamated Society of Railway Servants) zu den Gewerkschaften (Trade Unions) gehört. Der Eisenbahnerverband zählt etwa 620 Zweigvereine mit 54000 Mitgliedern und betreibt teilweise eine etwas törichte Agitation, indem er sich beispielsweise gegen Verbesserungen wendet, mit deren Einführung eine Herabsetzung der Zahl der Bediensteten verbunden ist. Hierzu gehören der elektrische Betrieb, Kraftstellwerke, schwere Lokomotiven, schwere Züge. Die vor mehreren Jahren im Interesse der Reisenden eingeführte Voraussendung von Reisegepäck hat die Gepäckträger veranlaßt, durch den Verband wegen entgangener Trinkgelder Beschwerde führen zu lassen. Der unheilvolle Einfluß der Gewerkschaften auf den Eisenbahnerverband hat sich vor mehreren Jahren recht grell in der Arbeitseinstellung bei der Taff Vale-Bahn und dem anschließenden Rechtsstreit gezeigt. Dieser Taff Vale-Fall, wie er in der Folge genannt worden ist, erscheint so bezeichnend für die in England bestehenden Verhältnisse, daß hier kurz auf ihn eingegangen werden soll. Im Jahre 1900 war ein Signalwärter der Taff Vale-Eisenbahngesellschaft in Wales mit Namen Ewington drei Monate krank und mußte durch einen anderen Wärter ersetzt werden. Nach seiner Genesung erhielt Ewington einen anderen Wärterposten, der ihm aber nicht gefiel, so daß er seine Rückversetzung auf den früheren Posten beantragte. Dem Antrage konnte die Bahngesellschaft nicht entsprechen, gab Ewington aber einen Posten, der nur knapp 1 Kilometer von seinem ursprünglichen Posten entfernt war. Der Mann wollte aber durchaus seine Rückkehr auf den alten Posten erzwingen; Agenten der Gewerkschaften mischten sich ein, ein Teil der übrigen Bediensteten der Taff Vale-Bahn machte die Ewingtonsche Angelegenheit zu ihrer eigenen und es kam zur Arbeitseinstellung. Allgemein ist zu bemerken, daß das Verhältnis der Taff Vale-Gesellschaft zu ihren Bediensteten vor der Arbeitseinstellung gut war und auch jetzt, nachdem mehr als 7 Jahre nach der Niederlegung und Wiederaufnahme der Arbeit verflossen sind, längst wieder normal geworden ist. Die Löhne bei der Taff Vale-Gesellschaft sind mindestens ebenso hoch wie unter gleichen Verhältnissen bei anderen Gesellschaften. Die Taff Vale hat beispielsweise vor längeren Jahren Wohlfahrtseinrichtungen nach Art der oben beschriebenen eingeführt; es bestehen ein Pensionsfonds und ein Fonds für Alterszulagen, aus dem jeder über 60 Jahre alte Bedienstete, der mindestens 25 Jahre im Dienste der Gesellschaft war, eine wöchentliche Zulage von 7 bis 20 M. erhält. Im ganzen lag daher 1900 für die Bediensteten der Taff Vale-Gesellschaft kein Anlaß zur Arbeitsniederlegung vor, namentlich konnte die an sich geringfügige Ewingtonsche Angelegenheit einen solchen Schritt nicht rechtfertigen. Aber der zu den Gewerkschaften gehörende Eisenbahnerverband hielt den Zeitpunkt für günstig, gerade bei der Taff Vale-Gesellschaft eine Kraftprobe großen Stils zu machen, ob es mit Hilfe der Arbeitervereinigungen möglich wäre, eine englische Eisenbahngesellschaft zur Erfüllung unberechtigter Wünsche ihrer Bediensteten zu zwingen. Die Taff Vale-Gesellschaft hat nämlich einen bedeutenden Kohlenverkehr, sie übernimmt im Kohlengebiet von Wales die Kohlen in Privatwagen von den Zechen, befördert sie nach den großen Kohlenausfuhrhäfen Cardiff und Penarth und bringt die leeren Wagen nach den Zechenbahnhöfen zurück. Im Jahre 1900 waren die Kohlenzechen in Wales gut beschäftigt, die Agenten des Eisenbahnerverbandes mit dem Verbandssekretär, Parlamentsmitglied Richard Bele an der Spitze nahmen daher an, daß bei einer etwaigen Arbeitseinstellung der Bahnbediensteten die Zechenbesitzer einen starken Druck auf die Taff Vale-Gesellschaft in der Richtung ausüben würde, die Forderungen der Bediensteten schleunigst zu bewilligen, um den Bahnbetrieb aufrechterhalten zu können. Diese Annahme war irrig, die Zechenbesitzer hielten sich von jeder Einmischung fern, so daß auf seiten der Arbeitgeber der Streit von der Taff Vale-Gesellschaft allein ausgefochten und schließlich durch einen Vergleich beendet wurde. Die Taff Vale-Gesellschaft hatte infolge der Arbeitseinstellung einen großen Einnahmeausfall, was ihren sehr energischen Generalverwalter Beasley trotz des Abratens namhafter Juristen veranlaßte, den mit reichen Geldmitteln ausgestatteten Eisenbahnerverband als Stifter der Arbeitseinstellung auf Schadenersatz zu verklagen. Beasley hat den Prozeß gewonnen, der Eisenbahnerverband hat kraft richterlicher Entscheidung an die Taff Vale-Gesellschaft eine Entschädigung von 470000 M. zahlen müssen. Bereits unter der früheren konservativen Regierung wurde der Versuch gemacht, durch Änderung der Gesetzgebung eine derartige Inanspruchnahme der Verbandsgelder unmöglich zu machen, jedoch ohne Erfolg. Unter der jetzigen liberalen Regierung ist die Änderung aber in dem angedeuteten Sinne vom Parlament genehmigt worden. Abgesehen von Gewalttätigkeiten, wie in der Taff Vale-Angelegenheit, stiftet der Eisenbahnerverband als Unterstützungverein manches Gute. Im Jahre 1904 hat er bei den Eisenbahngesellschaften in 69 Todesfällen rund 260000 M. Entschädigung vermittelt, ferner rund 53500 M. Unfallentschädigungen für 19 Fälle und 2750 M. wöchentliche Zahlungen an 206 Verletzte.

Neuerdings sind nun infolge der im Jahre 1907 drohenden Arbeitseinstellungen besondere Schiedsgerichte zwischen den Gesellschaften und den Arbeitern eingesetzt worden.

B. Die Technik der Eisenbahnen.

I. Bahnanlagen.

a) Der Bau der Strecke.

1. Allgemeines.

Wie aus dem über die Gesetzgebung und Staatsaufsicht Gesagten hervorgeht, haben die englischen Eisenbahngesellschaften beim Bau neuer Bahnen eine Reihe von Vorschriften zu beachten, die namentlich allgemeine Anordnungen für den Schutz der Anlieger und die Betriebssicherheit der Bahnanlagen enthalten, aber andere wichtige Angelegenheiten, wie größte zulässige Steigungen, kleinste Halbmesser der Bögen, Umgrenzung des lichten Raumes, Tragfähigkeit des Oberbaues usw. nicht einheitlich regeln. Während daher einerseits in gewissen Einzelheiten eine Übereinstimmung der Bahnanlagen der verschiedenen Gesellschaften bemerkbar ist, vermissen wir diese Übereinstimmung anderseits gerade an den Stellen, wo eine einheitliche Regelung im Interesse des Zusammenschlusses der Bahnen zu größeren Netzen und des Überganges von Fahrzeugen wünschenswert gewesen wäre. Einige wichtige Bauvorschriften sind in den Eisenbahngesetzen von 1845 und 1863 (Railways Clauses Consolidation Act 1845 und Railways Clauses Act 1863) gegeben. Hiernach darf von den durch das Parlament genehmigten Höhenplänen auf dem Lande höchstens 1,5 m, in den Städten höchstens 0,6 m nach der Höhe abgewichen werden. Die Längenneigungen, Bögen, Tunnel oder andere Bauwerke dürfen ohne Zustimmung der Aufsichtsbehörde (des Handelsamtes) nur in folgenden Fällen geändert werden:

1. Flachere Längenneigungen als 1:100 dürfen um 1:528 vergrößert werden, z. B. darf aus 1:160 1:123 gemacht werden. Steilere Längenneigungen als 1:100 dürfen um 1:1760 vergrößert werden, so daß beispielsweise 1:90 etwa 1:85,5 wird.
2. Jeder Bogenhalbmesser darf vergrößert werden. Bogenhalbmesser unter 800 m dürfen nicht verkleinert werden, aber Bogenhalbmesser über 800 m auf 800 m herabgesetzt werden.
3. Nach der Seite darf auf dem Lande 91,4 m, in den Städten 9,14 m von der geplanten Mittellinie abgewichen werden, unter der Voraussetzung, daß die neuen Grenzen in die dem Parlament eingereichten Pläne eingezeichnet und die anzukaufenden Grundstücke in den Grundbuchauszügen angegeben sind, oder das Einverständnis der Eigentümer vorliegt.

Durch das Gesetz von 1863 sind dem Handelsamt gewisse Vollmachten zur Genehmigung von Änderungen der Bauwerkzeichnungen gegeben.

Sehr abweisend hat man sich in England von jeher gegen Wegeübergänge in Schienenhöhe verhalten. Öffentliche Wege dürfen nur mit ausdrücklicher

Genehmigung des Parlaments in Schienenhöhe überführt werden, sind aber dann mit Schranken zu versehen und zu bewachen. Für den Wärter ist ein Häuschen zu bauen. In der Regel sollen Wege die Eisenbahn mittels Unter- oder Überführungen schienenfrei kreuzen.

Unterführungen für Landstraßen müssen wenigstens 35′ = 10,67 m weit und auf 12′ = 3,66 m Breite wenigstens 4,88 m hoch sein. Unterführungen für Gemeindewege müssen wenigstens 25′ = 7,62 m weit und auf 10′ = 3,05 m Breite wenigstens 4,57 m hoch sein. Feldwege brauchen nur in 12′ = 3,66 m Breite und 14′ = 4,27 m Höhe auf 9′ = 2,74 m Breite unterführt zu werden. Wegeüberführungen sollen zwischen den mindestens 1,22 m hohen Brustwehren dieselbe Weite wie Unterführungen zwischen den Widerlagern haben. Die Festsetzung der Weiten von Eisenbahnunterführungen ist den Eisenbahngesellschaften überlassen, als geringste Weite scheint bei 1,435 m Spurweite 24,3′ = 7,39 m, als geringste Höhe 14′ = 4,27 m angesehen zu werden. Hierbei ist die Gleisentfernung zu 6′ = 1,83 m zwischen den inneren Schienen (Six feet way) angenommen. Eine Eisenbahngesellschaft kann nicht gezwungen werden, öffentliche Wege-Über- oder Unterführungen in größerer Weite anzulegen als die Wegebreite innerhalb 45,7 m von der Kreuzungsstelle mit der Bahn beträgt, jedoch unter Einhaltung einer geringsten Weite von 20′ = 6,1 m. Die Eisenbahngesellschaften gehen aber meistens über die zulässigen geringsten Weitenmaße hinaus, um Streitigkeiten zu vermeiden; städtische Straßen werden beispielsweise gewöhnlich in voller Breite durchgeführt.

Die zulässigen Neigungen für Wegeverlegungen sind:

für Landstraßen	1:30,
für Gemeindewege	1:25,
für Feldwege	1:16.

Das Gesetz von 1845 sagt ferner, daß Eisenbahn- und Straßenüberführungen auf einen von der Aufsichtsbehörde (Board of Trade) als berechtigt anerkannten Antrag der Wegebehörden mit undurchsichtigen Brustwehren versehen werden müssen, um die Lokomotiven und Wagen den Blicken der Pferde zu entziehen. Ferner enthält es zahllose andere Bestimmungen zum Schutz der Anlieger. Beispielsweise wird gesagt, daß die Bahn überall eingefriedigt werden muß; Einzelheiten über die erforderlichen Anlagen zur Bewirtschaftung von Restgrundstücken und zur Ableitung des Wassers usw. werden festgesetzt.

Alle Schranken an den Planübergängen der öffentlichen Wege sollen so konstruiert sein, daß sie geschlossen quer zu dem Wege, offen quer zu der Bahn stehen, was einen wesentlichen Unterschied gegenüber den Schrankenkonstruktionen der deutschen Bahnen bedeutet. Wenn die Schranken weder von einer Signalbude aus bedient werden, noch an einem Bahnhof liegen, muß in ihrer Nähe eine Wärterwohnung vorhanden sein; für Schranken nahe an Bahnhöfen genügt die Herstellung einer Bude. Es darf nicht möglich sein, die Schranken gleichzeitig für die Bahn und den Weg zu öffnen, oder sie nach außen über den Weg zu bewegen. In ihren beiden Endstellungen über dem Wege oder der Bahn müssen sie durch Stellvorrichtungen festgehalten werden. Hölzerne Schranken werden eisernen vorgezogen, ebenso einflügelige den zweiflügeligen. Die Schranken müssen am Tage mit einer roten Scheibe, bei Nacht mit einer roten Laterne versehen sein. Die Laterne muß bei offener Schranke rotes Licht nach der Strecke, bei geschlossener Schranke rotes Licht nach dem Wege zeigen. Hierbei ist zu bemerken, daß in England die Schranken in der Regel geschlossen sind und nur nach Bedarf geöffnet werden, um Fuhrwerke über die Bahn zu lassen. Auch kann die Anbringung von Bahnzustandsignalen für eine oder beide Fahrrichtungen verlangt werden, deren Stellung von der Schrankenstellung abhängt. Neben allen

Fahrweg- oder Fußwegübergängen kann die Herstellung einer Fußgängerbrücke oder eines Fußgängertunnels verlangt werden. Die Schranken für Planübergänge in privaten Feld- und Wirtschaftswegen sollen in geöffnetem Zustande nicht quer zur Bahn stehen, sondern so konstruiert sein, daß sie sich beim Öffnen von der Bahn hinwegbewegen. Schranken in oder bei größeren Ortschaften müssen in ihren unteren Teilen mit Stäben oder Drahtnetzen dicht geschlossen sein.

Wenn eine Eisenbahngesellschaft eine neue Bahnlinie an die Linie einer anderen Bahngesellschaft anschließen will, kann die Besitzerin der älteren Linie beanspruchen, daß der Anschluß nach ihren Weisungen hergestellt und ein etwaiger Gemeinschaftsbetrieb in ihre Hand gelegt wird.

Für Bahnanlagen im Überschwemmungsgebiet bestimmt das Gesetz, daß das Handelsamt die Weiten der erforderlichen Brücken festsetzen kann. Ebenso wird die Mitwirkung des Handelsamtes bei der Herstellung von Bahnstrecken an schiffbaren Wasserwegen vorgesehen.

Nach dem Gesetz vom 30. Juli 1842 sind die Eisenbahngesellschaften verpflichtet, neue Bahnen vor der Betriebseröffnung vom Handelsamt abnehmen zu lassen. Die Abnahme vollzieht sich unter Zugrundelegung der Sondervorschriften des Handelsamtes für die Herstellung neuer Bahnanlagen (Requirements of the Board of Trade as to New Works) vom August 1892, die daher beim Bau zu beachten sind. Für den Bau der Strecke bestimmen diese Sondervorschriften u. a., daß Gußeisen für Eisenbahnbrücken nur in der Form von Bogenträgern verwandt werden darf, die keine Zugspannungen aufnehmen und eine Bruchbelastung vertragen, die dem dreifachen Eigengewicht und der sechsfachen Betriebslast entspricht. Brücken aus Walzeisen sollen bei der größten Belastung Beanspruchungen von höchstens 5 tons/□″ = 787,5 kg/qcm; aus Stahl von höchstens 6 tons/□″ = 945 kg/qcm zeigen. Der zur Verwendung kommende Stahl muß gegossen sein oder durch ein Schmelzverfahren mit nachfolgendem Walzen oder Hämmern hergestellt sein. Hölzerne Brücken oder Viadukte sind nicht verboten, es wird nur bestimmt, daß sie einen von der Beschaffenheit des Holzes abhängigen Sicherheitsgrad aufweisen müssen. Im übrigen heißt es in den Vorschriften, daß es für wünschenswert gehalten wird, Viadukte massiv zu bauen und dann auf beiden Seiten mit Brustwehren zu versehen, die wenigstens 1,37 m über Schienenoberkante hoch und 0,46 m stark sind. Bei Viadukten aus Eisen oder Stahl wird die Bauart mit Fahrbahn zwischen den Hauptträgern als die beste angesehen, jedenfalls sollen die Viadukte mit einem festen Geländer versehen sein, das wenigstens 1,37 m hoch über Schienenoberkante ist. Auf wichtigen Viadukten aus Eisen, Stahl oder Holz sollen kräftige Radführungen möglichst nahe an den Außenkanten der Schienen über Schienenoberkante angebracht werden. Für die Herstellung von Widerlagern hoher Brücken und Viadukte dürfen nicht kleine gußeiserne Säulen verwandt werden. Die für die Berechnung von Brücken und Viadukten anzunehmenden Betriebslasten werden nicht vorgeschrieben, nur die Windbelastungen werden festgesetzt. Hiernach soll der Berechnung ein Winddruck von 56 ℔/□′ = 273,4 kg/qm zugrunde gelegt werden. Bei vollwandigen Trägern, deren Oberkante höher liegt als die Oberkante eines auf der Brücke stehenden Zuges, ist die eine Trägerfläche mit diesem Winddruck belastet anzunehmen. Liegt die Oberkante des Zuges höher als die des Trägers, so ist für die Windbelastung eine Fläche anzunehmen, deren Höhe von Trägerunterkante bis Zugoberkante reicht. Bei Trägern mit durchbrochenen Wänden soll die Belastung an der Windseite (Luvseite) aus einer Belastung von 273 kg/qm bestehen, die für die Höhe von Schienenoberkante bis Zugoberkante berechnet ist, und außerdem von 273 kg/qm für die wirkliche Fläche der Eisenteile unter Schienenoberkante und über Zugoberkante. Die Belastung des leeseitigen Trägers soll verschieden angenommen werden, je nachdem die Träger mehr oder minder durchbrochen sind, und zwar zu 28 ℔/□' = 136,7 kg/qm, wenn die Zwischenräume zwischen den Eisenteilen höchstens $^2/_3$ der gesamten vollgerechneten Trägerfläche ausmachen, zu 42 ℔/□" = 205 kg/qm, wenn sie $^2/_3$ bis $^3/_4$, zu 56 ℔/□" = 273,4 kg/qm, wenn sie mehr als $^3/_4$ betragen. Verlangt wird für die Konstruktionen eine vierfache Bruchfestigkeit und eine zweifache Standsicherheit. Die Oberfläche der hölzernen Fahrbahnen von Brücken und Viadukten muß gegen Feuer geschützt werden.

Für den Oberbau wird vorgeschrieben, daß die Schienen an den Stößen durch Laschen oder einen gleichwertigen Konstruktionsteil verbunden werden müssen, auf Hauptbahnen mit starkem Verkehr etwaige Schienenstühle mindestens 40 ℔ = 18,14 kg, auf anderen Bahnen mindestens 30 ℔ = 13,6 kg wiegen müssen. Schienenstühle sollen mit eisernen Nägeln oder Bolzen auf den Schwellen befestigt werden, Breitfußschienen mit Fangbolzen auf den Stoßschwellen und einigen Mittelschwellen. In Bögen von 301,75 m oder weniger Halbmesser sind Spurstangen einzuziehen. In jedem Bogen von 200 m oder weniger Halbmesser sollen Leitschienen angebracht werden. Über die Umgrenzung des lichten Raumes wird nur gesagt, daß mit Ausnahme der Bahnsteige kein Bauteil innerhalb einer Höhe von 2,6" = 0,76 m über Schienenoberkante und der Oberkante der höchsten Wagentür näher als 2,4" = 0,71 m an die Außenwände der breitesten Wagen herantreten darf. Die Umgrenzung der einzelnen Bahnen zeigen daher große Verschiedenheiten, einige größere Gesellschaften, wie London and North Western und Lancashire and Yorkshire, haben 13,2" = 4,01 m Breite und 14,3" = 4,34 m Höhe festgesetzt.

Vielfach ist die größte Höhe nur 13'6" = 4,12 m über Schienenoberkante. Man ist neuerdings bemüht, die Umgrenzung des lichten Raumes zu erweitern.

Der Gleisabstand muß bei zweigleisigen Bahnen 6' = 1,83 m zwischen den inneren Schienen betragen, was von Mitte zu Mitte Gleis bei der englischen Normalspur 1,83 + 1,435 + 2 Schienenkopfbreiten ausmacht. Treten weitere Gleise hinzu, so soll deren Abstand, wenn es sich um Hauptgleise handelt, tunlichst 9'6" = 2,895 m von dem ersten Gleispaar betragen, gleichfalls zwischen den inneren Schienen gerechnet, wobei der Abstand von Gleismitte zu Gleismitte also 2,895 + 1,435 + 2 Schienenkopfbreiten beträgt. Für Nebengleise wird ein geringerer Abstand zugelassen.

Nebengleise sollen in der Nähe von Wegeübergängen so angelegt werden, daß der Wagenverkehr beim Rangieren möglichst wenig gestört wird; die Anschlußweichen sollen in der Regel mindestens 91,4 m von dem Planübergang entfernt liegen. Die Strecke muß mit Meilenzeigern ausgerüstet sein, die ganze, halbe und Viertelmeilen anzeigen, auch müssen Neigungszeiger angebracht werden. Tunnel und lange Viadukte sollen Sicherheitsstände für die Oberbauarbeiter enthalten. Viadukte aus Eisen, Stahl oder Holz müssen Mannlöcher in der Fahrbahn oder andere Einrichtungen zur Erleichterung der Prüfung der Konstruktionsteile aufweisen.

Die Baupläne werden in der Regel in folgenden Maßstäben gezeichnet:

Lagepläne 1:1584, 1:792, 1:500 (Maßstab der Landesaufnahme für Stadtpläne) und 1:240; Höhenpläne 1:1584 oder 1:792 für die Längen, 1:240 für die Höhen, Querschnitte 1:240; Übersichtszeichnungen von Brückenkonstruktionen 1:96; Eisenkonstruktionen 1:48 bis 1:12.

Was die beim Bau der Strecke auftretenden Geländeschwierigkeiten betrifft, so ist allgemein zu sagen, daß Großbritannien mit Ausnahme einiger Gegenden von Wales und Schottland zwar wenig gebirgig ist, aber nicht als Flachland bezeichnet werden kann. Einige Küstenstriche ausgenommen, ist es vielmehr ein Hügelland mit zahlreichen mehr oder minder hohen Bodenerhebungen.

Irland dagegen hat ausgedehnte Flachlandgegenden, die teilweise sehr sumpfig und moorig sind, teilweise von Steintrümmern bedeckt werden. Da nun trotz dieser nicht besonders günstigen Geländeverhältnisse die älteren englischen Eisenbahntechniker noch in den vierziger Jahren des vorigen Jahrhunderts vielfach der Ansicht waren, daß Schienenwege für den Lokomotivbetrieb besonders flache Längenneigungen haben müßten, nimmt es nicht wunder, wenn die englischen Bahnen zahlreiche hohe Dämme, tiefe Einschnitte und größere Kunstbauten aufweisen. Mit dieser altenglischen Praxis haben auf dem Festlande bekanntlich zuerst die Österreicher beim Bau ihrer Gebirgsbahnen gebrochen.

Hauptbahnen werden in England vielfach mit Neigungen nicht unter 1:200 gebaut, doch kommen auch Neigungen unter 1:100 vor, bis etwa 1:75, während noch steilere Neigungen bis 1:40 selten sind. Da die Netze der größeren Gesellschaften, wie sie zurzeit bestehen, nach und nach durch Ankauf und Verschmelzung kleinerer selbständiger Bahnnetze entstanden sind, kann bei den voneinander abweichenden Ansichten der älteren Ingenieure von festen Regeln für die Wahl der Längenneigungen nicht die Rede sein, um so weniger, als eine einheitliche Regelung der Angelegenheit durch die Aufsichtsbehörde oder die Eisenbahngesellschaften selbst nicht eingetreten ist. Hierzu kommt, daß man in England manches hat ausprobieren müssen, was andere Länder später übernehmen oder als unzweckmäßig verwerfen konnten.

Die Great Western-Gesellschaft beispielsweise, deren Bahnnetz an Meilenzahl das größte in England und teilweise von dem berühmten Brunel gebaut wurde, dessen Vorliebe für die Ausführung bedeutender Kunstbauten bekannt ist, hat auf ihren Linien sowohl die stärksten überhaupt zulässigen Neigungen, wie auch die flachsten Neigungen, beide nicht immer den Geländeverhältnissen entsprechend gewählt, sondern mitunter der Laune des Ingenieurs entsprungen, oder ursprünglich für andere Betriebsweisen als Lokomotivbetrieb geplant. Während z. B. die 345 km lange Strecke von Paddington bis Newton mit geringen Ausnahmen nahezu wagerecht oder in flachen Neigungen von mindestens 1:660 liegt, obgleich das Gelände nicht besonders eben ist, beginnen hinter Newton auf der 180 km langen Strecke nach Penzance starke, an Gebirgsbahnen erinnernde Neigungen bis 1:42 herunter, ohne daß sie, mit Ausnahme von Cornwall, durch die Geländeverhältnisse gerechtfertigt wären. Der Grund ist, daß die Strecke zwischen Newton und Penzance ursprünglich als atmosphärische Bahn betrieben wurde, für deren Fahrzeuge mit kleinen Rädern man steile Neigungen als zulässig erachtete. Eine andere Bahn mit starken Neigungen in verhältnismäßig flacher Gegend ist die Great Northern-Linie von London nach York, auf der lange Neigungen von 1:105 bis 1:200 vorkommen. Verhältnismäßig flache Neigungen in hügeliger Gegend hat umgekehrt die London and North Western-Bahn auf der rund 400 km langen Strecke von London bis zum Eintritt in das Gebiet der englischen Seen bei Oxenholme. Mit Ausnahme kurzer Strecken von 1:95, 1:100, 1:131 und 1:135 ist die größte Neigung 1:330. Mit flachen Neigungen in sehr hügeliger Gegend ist auch die Midland-Bahn zwischen London und Carlisle gebaut, weil das beste Gelände von älteren Bahnen mit Beschlag belegt war, als sie geplant wurde. Sie ist daher ein sehr malerischer Verkehrsweg mit zahlreichen Kunstbauten geworden.

Bei neueren englischen Bahnen hat man sich den Geländeverhältnissen besser angepaßt, ohne indessen übermäßig starke Neigungen zu wählen; beispielsweise hat die Great Central-Bahn, von unbedeutenden Ausnahmen abgesehen, zwischen London und Nottingham als geringste Neigung 1:176, nördlich von Nottingham 1:130. Auf der neuen Linie der Great Western-Bahn von Castle Cary nach Langport ist 1:264 die stärkste Neigung, die auch von der London, Brighton und South Coast-Gesellschaft bei dem viergleisigen Ausbau der Strecke von London nach Brighton angewandt worden ist und daher nach Ansicht der englischen Ingenieure die auf Strecken mit starkem Schnellzugsverkehre zu erstrebende stärkste Neigung sein dürfte. Starke Neigungen bis zu 1:40 kommen auf den schottischen Bahnen vor, doch ist man in der Regel nicht gern unter 1:70 gegangen. Ferner auf den Bahnen in Wales, wo beispielsweise die 30 km lange Strecke der London and North Western-Gesellschaft zwischen Abergavenny und Dowlais durchweg in Neigungen zwischen 1:35 und 1:88 liegt.

Große Verschiedenheiten herrschen auch in den Krümmungshalbmessern. Allgemein nimmt man an, daß auch die zurzeit am schnellsten fahrenden Züge in Bögen von wenigstens 1600 m Halbmesser ihre Höchstgeschwindigkeit gar nicht, in Bögen mit 800 bis 1600 m Halbmesser nur wenig zu ermäßigen brauchen, während darunter eine stärkere Ermäßigung eintreten muß. Die Lokomotivführer kümmern sich freilich wenig um diese Regeln, sondern durchfahren noch Bögen mit Halbmessern unter 800 m mit der Höchstgeschwindigkeit. Nach vorstehendem scheint es, daß man für eine erstklassige Hauptbahn 1600 m, für eine zweitklassige Hauptbahn 800 m als kleinsten zulässigen Bogenhalbmesser ansieht. Tatsächlich haben die englischen Hauptbahnen zwar einzelne schärfere Bögen, bis zu 200 m Halbmesser herab, sie sind aber im allgemeinen doch unter Berücksichtigung der Geländeschwierigkeiten mit verhältnismäßig schwachen Bögen angelegt. Beispielsweise kommen auf der 480 km langen Strecke der London

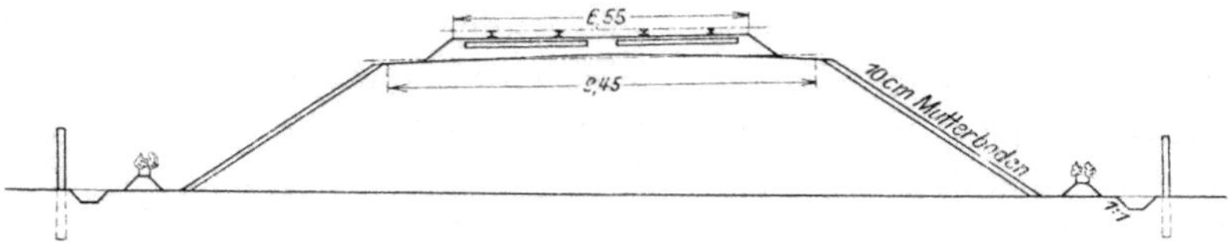

Fig. 3.

and North Western-Gesellschaft von London nach Carlisle, die durchaus nicht in flacher Gegend liegt, bei rund 240 km Länge der gekrümmten Strecken nur 5 Bögen mit 400 bis 800 m Halbmesser und 31 Bögen mit 800 bis 1600 m Halbmesser vor, während die übrigen 66 Bögen über 1600 m Halbmesser haben. Ferner ist die Great Central-Bahn, die neueste unter den Hauptbahnen mit Anschluß an London, im allgemeinen mit einem kleinsten Bogenhalbmesser von 1600 m gebaut worden, von dem man nur in zwei Fällen auf 800 und 400 m herabgegangen ist. Die Great Western-Bahn legt ihre neuen Hauptlinien tunlichst mit einem kleinsten Bogenhalbmesser von 1200 m an.

Über die Zahl der Streckengleise gibt die Tabelle Seite 9 Auskunft. Hiernach sind etwa 60% der Strecken eingleisig, 33,5% zweigleisig, 2,5% dreigleisig, 3,5% viergleisig, die übrigen fünf- bis dreizehngleisig.

Die Planumsbreite der englischen Bahnen mit zwei Gleisen ist für Dämme selten weniger als 30′ = 9,14 m, die Breite der Bettung in Höhe der Schienenunterkante wenigstens 21′ = 6,4 m. Auf der Great Central-Bahn sind diese Maße 9,45 m und 6,55 m (Fig. 3). Auf dieser Bahn sind die Seitengräben teilweise mit 15 cm weiten Drainröhren ausgelegt, dann bis Planumshöhe mit Steinbrocken verfüllt und bis Schwellenunterkante mit Bettungsmaterial überdeckt, wobei das Planum in Felseinschnitten einschließlich der überdeckten Gräben 32′ = 9,75 m, in anderen Einschnitten 28′ = 8,53 m breit ist (Fig. 4 und 5).

Alle 100 m sind in den Seitengräben Senkschächte vorgesehen, von denen alle 600 m zwei durch Querröhren im Planum miteinander verbunden sind, um Verstopfungen tunlichst vorzubeugen. Nasse Einschnitte wurden durch Querkanäle im Planum entwässert, die man mit Steinbrocken füllte. Da das durchschnittene Land vielfach drainiert war, wurden bei tiefen Einschnitten hinter der Einfriedigung Längsgräben ausgeworfen zur Aufnahme des Sickerwassers. In flachen Einschnitten von 4,5 m und weniger Tiefe wurden die Drainröhren in der Böschung bis zu den Bahngräben geführt. Neben Dämmen wurden die Drainröhren durch besondere Leitungen abgefangen.

Die Einschnittsböschungen werden in England in gewöhnlicher Erde, gutem Lehmboden, Sand und Kies in einer Neigung von $1:1\tfrac{1}{2}$, ausnahmsweise in bestem Lehm- und Mergelboden 1:1 angelegt, in schlechtem Boden 1:2 oder 1:3. In gutem Felsboden nimmt man $1:\tfrac{1}{4}$, schlechtem Felsboden $1:\tfrac{1}{2}$ oder $1:\tfrac{3}{4}$, trockenem Kreideboden $1:\tfrac{1}{3}$ oder $1:\tfrac{1}{2}$ nassem Kreideboden mit Flintsteinen $1:\tfrac{3}{4}$.

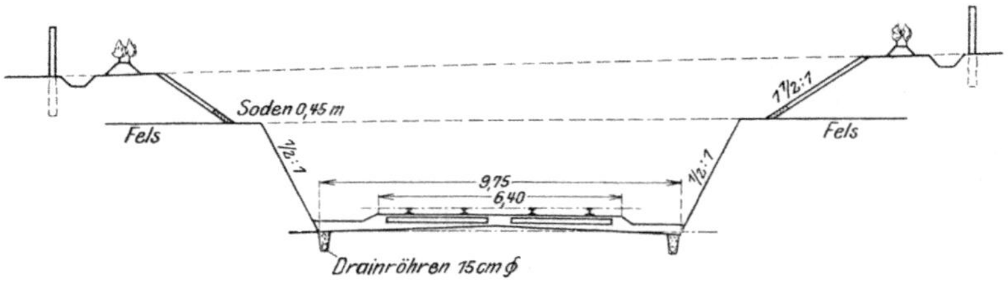

Fig. 4.

Die Neigungen der Dammböschungen werden gewöhnlich zu $1:1\tfrac{1}{2}$ festgesetzt. Bei dem milden, fruchtbaren Klima Englands ist es nicht schwer, die Böschungen grün zu erhalten, es genügt daher eine Mutterbodendecke von 4″ = rund 10 cm. Um an Grunderwerb zu sparen, werden die Dämme neuerdings viel mit Stützmauern aus Sparbeton (1 Zement : 7 Kies) eingefaßt, die man mit einem vorderen Anzuge von 1:8 herstellt.

In Irland ist man bisweilen aus Mangel an besserem Schüttboden gezwungen, Dämme aus Moorboden zu schütten, wobei indessen die oberen 50 bis 60 cm aus

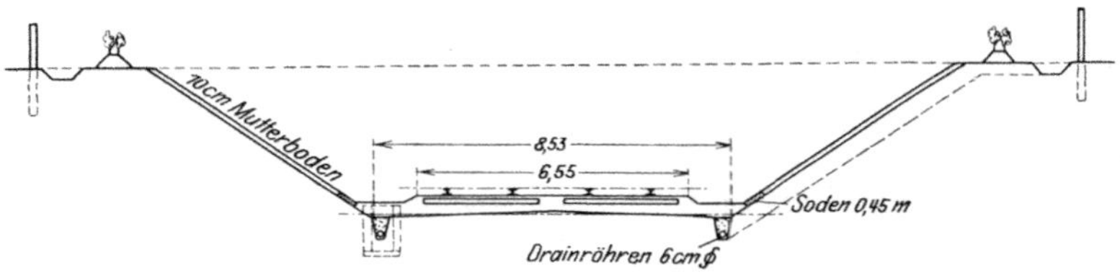

Fig. 5.

Mergel hergestellt werden, der unter den irischen Mooren liegt. Die Böschungen solcher Dämme werden mit Mergel bekleidet, um sie gegen Feuersgefahr zu schützen.

Weitere Schwierigkeiten ergeben sich in Irland bei Bahnbauten in Moor- und Sumpfland (bogland) aus der geringen Tragfähigkeit der Oberfläche. Die neue $77\tfrac{1}{4}$ km lange Bahn von Clifden nach Galway liegt beispielsweise zur Hälfte auf Moorboden bis 15 m Tiefe, der von einer dünnen Schicht Mergel und dann von Felsboden unterlagert ist. Der Boden ist so weich, und die Gegend ist so öde — 25 qkm Fläche ohne Baum und Strauch oder Einfriedigung — daß zunächst schon die Absteckung der Linie schwierig und gefahrvoll erscheint. Wenn derartige Moorflächen Vorflut nach Flüssen oder der See haben, also entwässert werden können, wird hierdurch der Bau sehr erleichtert, aber nicht immer ist dies der Fall, weil die inneren Gegenden Irlands häufig niedriger liegen als die Küste, weshalb man Irland auch wohl mit einem Teller mit flachem Rande verglichen hat. Bei der Herstellung der Bahn Clifden—Galway auf dem großen

Maam-Sumpf war eine Entwässerung möglich, man begann die Bauarbeiten daher mit dem Ausheben von zwei Längsgräben, einem 0,9 m und einem 1,5 m tiefen an jeder Seite der Bahnlinie, von denen der äußere Rand des tieferen Grabens rund 15 m von der Bahnmitte entfernt war, der flachere Graben der Bahnlinie rund 6,6 m näher lag. Alle 30 m wurden Quergräben zwischen den Längsgräben ausgehoben (Fig. 6). Diese Gräben wurden während eines Jahres stets offen erhalten, man erreichte dann, daß der Wasserstand bisweilen 3 m fiel. Große Sorgfalt wurde angewandt, um den geringen Pflanzenwuchs auf der Oberfläche zu erhalten, weil er ihre Tragfähigkeit erhöht. Wenn die Sümpfe genügend ausgetrocknet waren, was ungefähr zwei Jahre dauerte, begann die Herstellung der Dämme aus Moor und Mergel, entweder unmittelbar auf dem Sumpfboden, oder auf einer Unterlage von Stangen, Busch und Soden. Hierbei wandte man zwei verschiedene Bauweisen an: entweder wurden zwei gekreuzte, 7,5 m breite Lagen aus Busch und Stangen, je 0,45 m stark aufgebracht, hierauf der Damm aus Moor auch 7,5 m breit geschüttet und nun in 4,5 m Breite eine dünne Lage von Busch und Soden ausgebreitet, welche die Bettung trug; oder man ließ die Decklage aus Busch und Soden weg und brachte statt dessen Mergel auf den Moordamm, oder stellte die Dämme ganz aus Mergel her. Die zweite Bauweise war besser als die erste, weil man Schwierigkeiten bei der Beschaffung von Busch und Stangen hatte, außerdem die obere Lage aus Busch und Soden überflüssig erschien, wenn

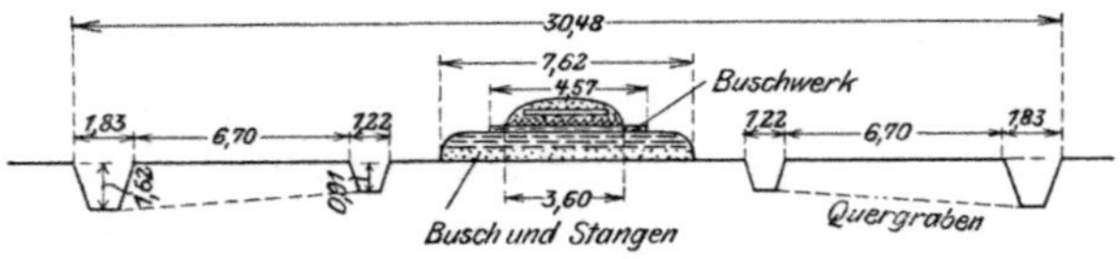

Fig. 6.

man eine Mergelschicht auf die Moordämme brachte; ohne eine solche Deckschicht gelangt das Wasser in die Dämme und erweicht das Moor. Im Laufe der Zeit sah man, daß in vielen Fällen überhaupt kein Buschwerk nötig war, wenn man die unmittelbar auf der ausgetrockneten Sumpfoberfläche geschütteten Moordämme vor dem Eintritt der Herbst- und Winterregen etwa 0,45 m mit Mergel überdeckte und ihre Böschungen mit Soden bekleidete. Auch wurde die Vorsicht angewandt, die untere Lage der Bettung aus runden Steinen herzustellen, die sich weniger in den Mergel eindrückten als kantige. An anderen Stellen war eine vorherige Entwässerung, wie beim Maam-Sumpf, nicht möglich, man mußte daher unmittelbar auf der nassen Oberfläche schütten. Hierbei senkten sich die aus Mergel hergestellten Dämme unter dem Arbeitszugbetrieb mitunter innerhalb einer Stunde um 2 m, und der den berechneten Damminhalt an Menge drei- bis viermal übertreffende Schüttboden kam in dem weichen Moorboden teilweise 30 bis 40 m von der Bahnmitte wieder zum Vorschein. In solchen verzweifelten Fällen mußten die Dämme mitunter ganz aus Steinen geschüttet werden. Indessen hat sich herausgestellt, daß man es tunlichst vermeiden muß, abwechselnd kurze Strecken aus Steinen oder Moor herzustellen, weil die Übergangstellen sich sehr schlecht befahren. Einschnitte in diesen Sümpfen erwiesen sich als teuer und wurden daher tunlichst vermieden. War dies nicht möglich, so blieb nichts anderes übrig, als das Moor wenigstens 0,6 m unter Planumshöhe auszukoffern und Mergel in die Auskofferung zu schütten, bis eine genügend tragfähige Schicht gebildet war.

2. Anordnung der Gleise.

Nach S. 9 schwankt die Zahl der Streckengleise auf den englischen Bahnen zwar zwischen eins und dreizehn, doch sind die Strecken mit mehr als sechs Gleisen so selten, daß man im allgemeinen nur von ein- bis sechsgleisigen Strecken sprechen kann. Häufiger vorkommende Gleiszahlen bei mehrgleisigen Bahnen sind zwei und vier, etwa $^1/_3$ aller Bahnen sind zweigleisig, $^1/_{30}$ viergleisig und nur $^1/_{40}$ dreigleisig. Namentlich die von London ausgehenden großen Bahnnetze, wie das der

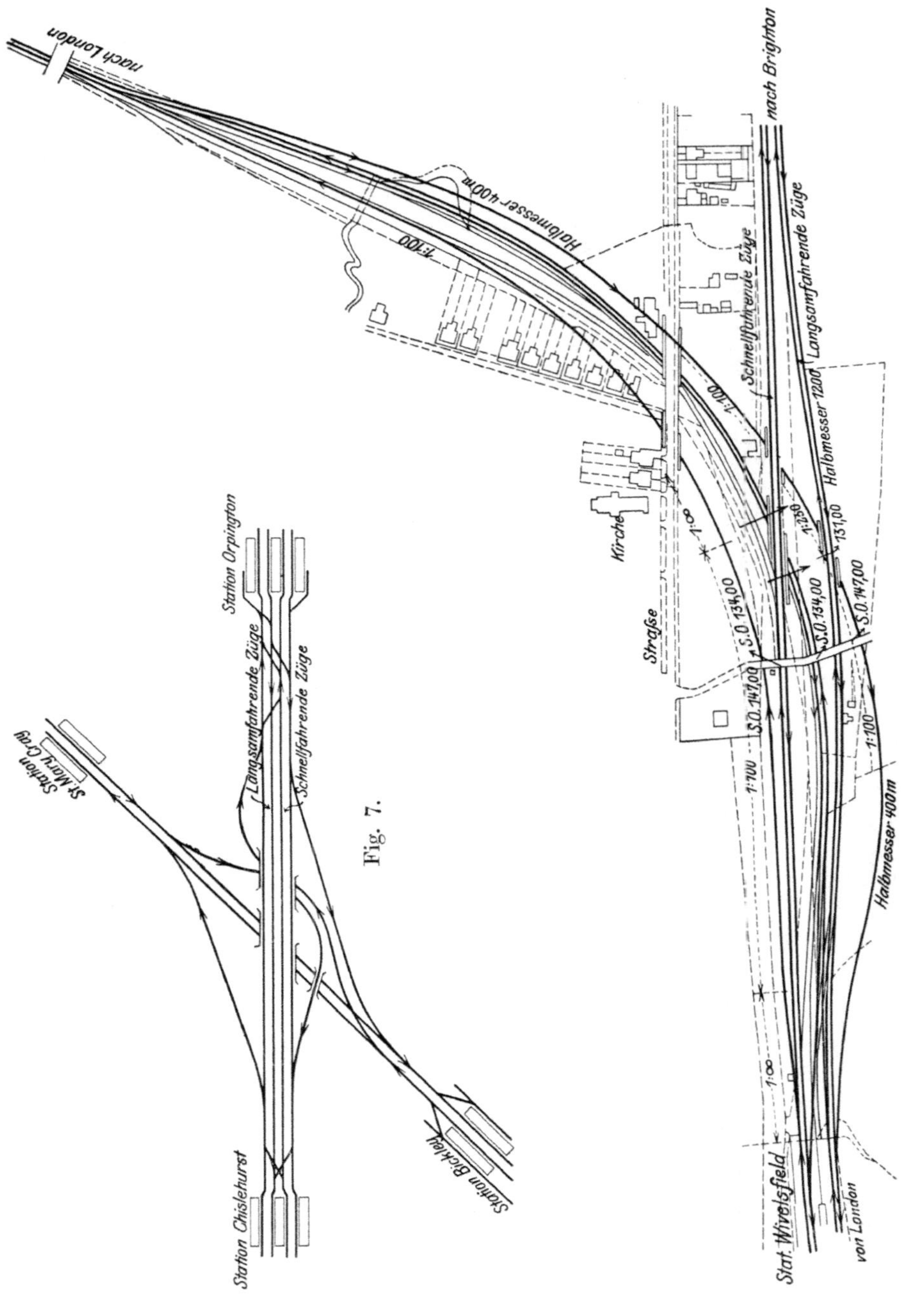

Fig. 7.

Fig. 8.

Great Western-, London and North Western- und Midland-Gesellschaft haben lange Strecken von London nach dem Westen Englands und in die Industriebezirke Mittelenglands mit vier Gleisen belegt, von denen zwei hauptsächlich dem Personenverkehr, zwei dem Güterverkehr dienen, letztere aber auch streckenweise von langsam fahrenden Personenzügen benutzt werden, die von Schnellzügen über-

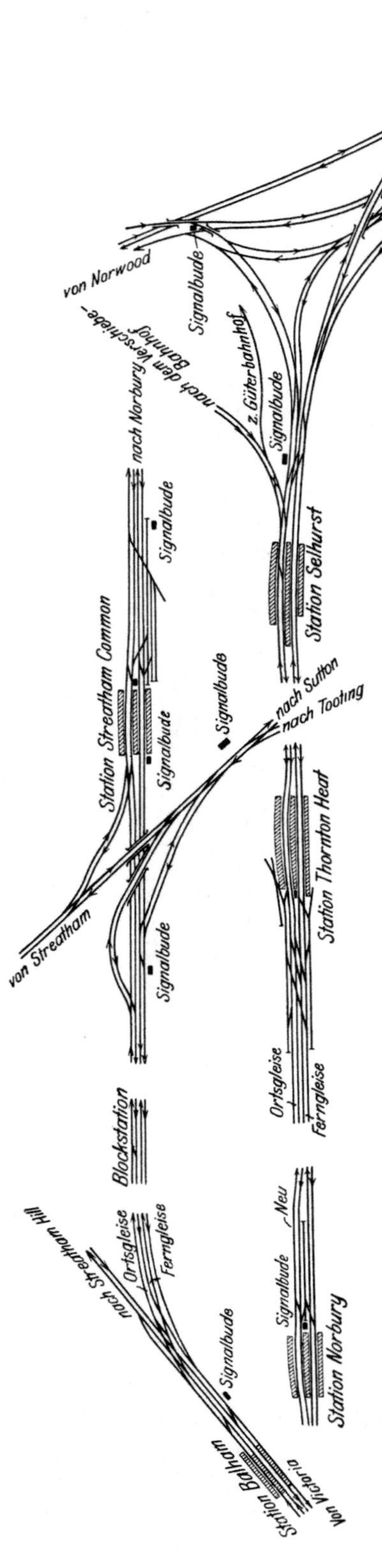

Fig. 9.

holt werden sollen. In der Nähe der großen Städte, wie London, haben alle bedeutenden Bahnstrecken wenigstens vier Gleise, zwei für den Fernverkehr, zwei für den Vorortverkehr Für die Zusammenführung und schienenfreie Kreuzung der einzelnen mehrgleisigen Strecken ist die Herstellung einer Menge Bauwerke nötig gewesen. Fig. 7 stellt die am 1. Juli 1904 eröffneten Verbindungslinien der South Eastern and Chatam-Gesellschaft an der Kreuzung der viergleisigen Strecke von London (Charing Cross-Bahnhof) nach Sevenoaks mit der zweigleisigen Strecke von London (Victoria-Bahnhof) nach Swanby und weiter dar. Die zweigleisige Linie ist hier nach jeder Richtung nur zweigleisig ohne Vermeidung von Plankreuzungen der Fahrwege für entgegengesetzte Zugrichtungen an die viergleisige Linie angeschlossen, während zur Vermeidung dieses Übelstandes bei dem Anschluß der zweigleisigen Bahn von Wivelsfield nach Lewes an die in den letzten Jahren viergleisig ausgebaute Bahn von London (Viktoria-Bahnhof) nach Brighton auf dem Bahnnetz der London, Brighton und South Coast-Gesellschaft die zweigleisige vor dem Anschluß bei Wivelsfield zu einer viergleisigen erweitert worden ist, so daß sich vor der Einmündungstelle acht Gleise schienenfrei kreuzen (Fig. 8).

Fig. 9 stellt die Teilstrecke von Balham nach Norwood Junction derselben viergleisigen Linie von London nach Brighton dar, an die vor der Station Streatham Common die zweigleisige Linie von Streatham nach Suttors und Tvoting, hinter Selhurst Norwood die zweigleisige Linie von Norwood nach West Croydon anschließt, was die Herstellung einer Reihe von schienenfreien Kreuzungen (flying junctions) erfordert.

3. Massive Brücken und Viadukte.

Obgleich die Eisenindustrie Englands bedeutend ist und es daher nahe lag, Brücken und Viadukte tunlichst aus Eisen und Stahl herzustellen, finden wir doch viele Massivbauten. Der Grund ist einerseits darin zu suchen, daß in einzelnen Gegenden Englands natürliche Bausteine und Mauermaterialien verfügbar sind, andererseits auch darin, daß man die für die Herstellung von eisernen Brücken erforderlichen theoretischen Untersuchungen vielfach gescheut hat, zumal es dem praktisch veranlagten Engländer nicht lange verborgen blieb, daß in dem feuchten Klima Englands Massivbauten viel leichter zu unterhalten waren als Eisenbauten, auch die Herstellung und Unterhaltung des Oberbaues auf Massivbauten leichter, das Fahren angenehmer war. Für Viadukte empfiehlt die Aufsichtsbehörde ausdrücklich den Massivbau, wie auf Seite 41 angegeben, wohl hauptsächlich deshalb, weil sie bei den starken Stürmen in England standfester sind als eiserne Viadukte. Dies hat man aber allgemein so aufgefaßt, daß keine hohen eisernen Pfeiler angewandt werden sollen, denn Viadukte mit Eisenträgern auf massiven Pfeilern kommen ziemlich häufig vor.

Die Fig. 10 und 11 stellen den Staverton-Viadukt der Great Central-Bahn dar, dessen Bauart wegen ihrer wiederholten Anwendung als die normale für solche Bauten auf dieser Bahn bezeichnet werden kann. Der Viadukt ist 108,8 m lang zwischen den Widerlagern und hat 9 mit Ziegeln eingewölbte Öffnungen von 10,44 m Lichtweite; die größte Höhe vom Erdboden bis Schienenoberkante ist 18,3 m. Der Viadukt liegt in 1 : 176 Längenneigung in der Geraden und hat einen Standpfeiler sowie sieben Zwischenpfeiler. Der Standpfeiler und die Endwiderlager sind mit Hohlräumen gemauert, die Zwischenpfeiler massiv ausgeführt. Die Oberfläche des Viaduktes wird nach den Pfeilern und hinter die Widerlager entwässert; über den Pfeilern sind Kanäle angeordnet, aus denen Röhren durch die Gewölbeschenkel führen. In der Bahnmitte liegt über jedem Pfeiler ein Einsteigeschacht. Der Viadukt ist auf blauem Lias gegründet, der mit 2,2 bis 3,0 kg/qm belastet wird. Zwischen den Pfeilerfüßen sind Erdbögen hergestellt.

Der auf Sandstein und rotem Mergel gegründete Bulwell-Viadukt auf derselben Bahn übersetzt den Fluß Leen, die zweigleisige Strecke von Mansfield nach Nottingham der

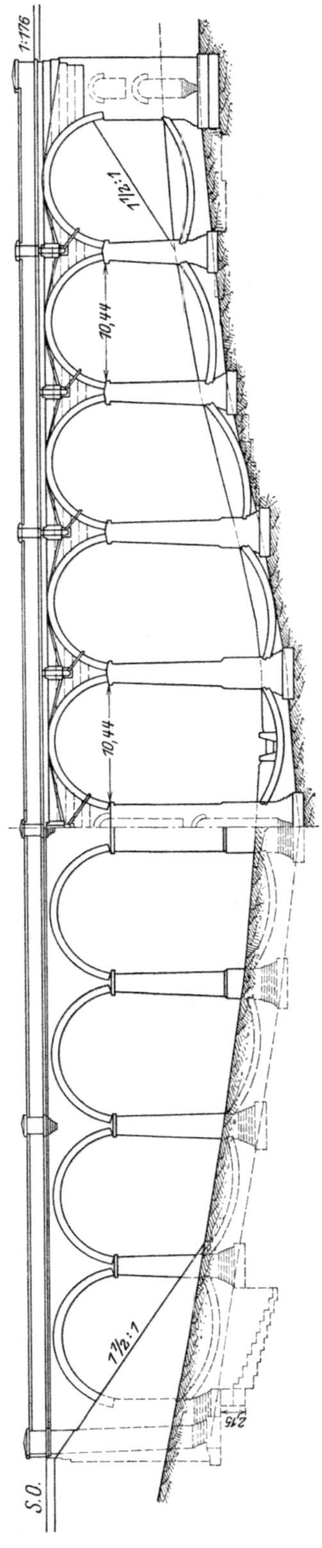

Fig. 10.

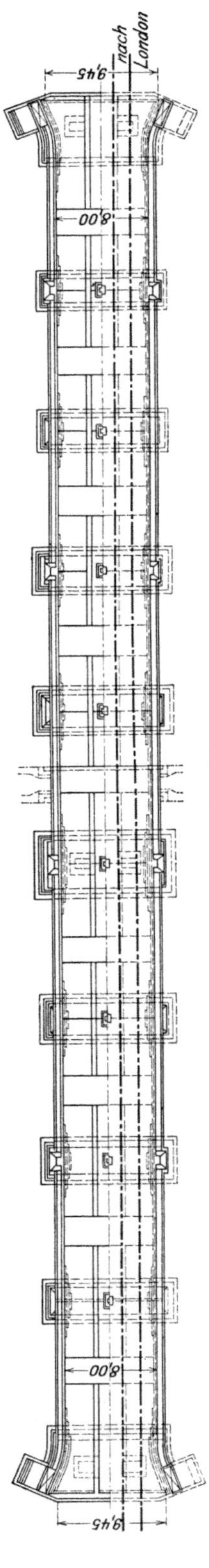

Fig. 11.

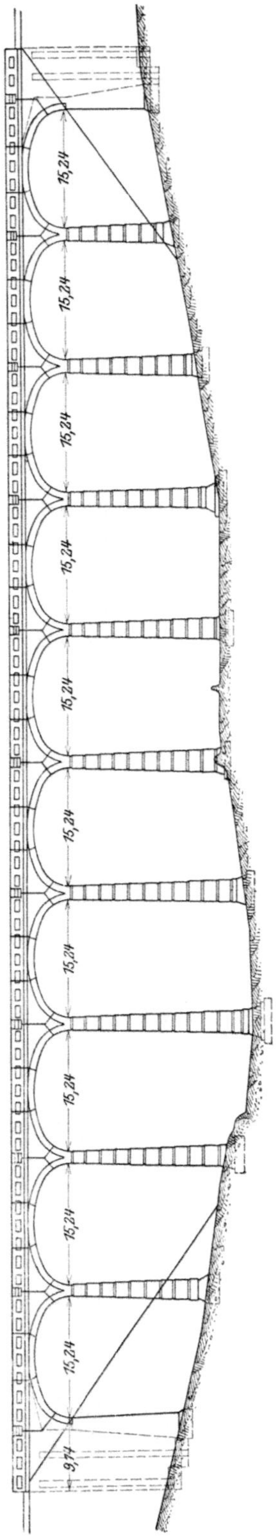

Fig. 13.

Midland-Gesellschaft und zwei Landstraßen. Die Gesamtlänge ist etwa 365,7 m, die größte Höhe vom Erdboden bis Schienenoberkante 14,6 m. Der Viadukt liegt in einer Neigung von 1:130 in der Geraden, mit Ausnahme einer nach einem Bogen von 1600 m gekrümmten kurzen Strecke an einem Ende. Im ganzen sind 20 gerade und 7 schiefe Bögen vorhanden, eine Öffnung ist mit Eisenträgern überspannt. Die geraden Gewölbe haben 10,44 m Weite, 4,42 m Pfeilhöhe, 0,68 m Scheitel- und 0,80 m Kämpferstärke. Die Zwischenpfeiler sind am Gewölbeanfang 1,6 m stark und haben einen Anzug von 1:32, die beiden Standpfeiler sind entsprechend stärker; der Viadukt ist durchweg aus Ziegeln erbaut, einzelne Hohlräume sind mit Beton ausgefüllt, aus dem auch die Übermauerung besteht; auch Hausteine sind in beschränktem Umfange verwandt. Die auf rotem Mergel stehenden Pfeiler und Widerlager sind auf Beton gegründet, die durchschnittliche Gründungstiefe ist 3,6 m.

Alle wichtigen Brücken und Viadukte der Great Central-Bahn sind mit Streichschienen aus Altmaterial

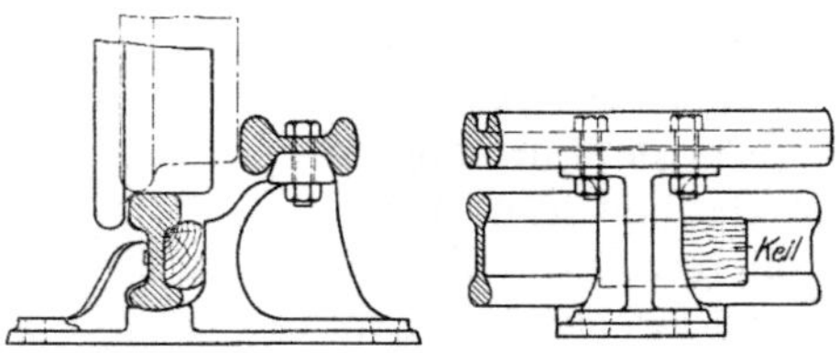

Fig. 12.

versehen, die außerhalb der Gleise liegen und mit den Fahrschienen einen gemeinsamen Stuhl haben (Fig. 12).

Neuerdings hat man vereinzelt angefangen, derartige Viadukte aus Beton herzustellen, wenigstens für Nebenbahnen mit leichterem Verkehr, wie die eingleisige Bahn von Axminster nach Lyme Regis in Devonshire. Die Bahn ist vollspurig, 10,8 km lang und führt durch ein hügeliges Gelände, was die Anwendung von Längenneigungen 1:40 und Bögen von 200 m Halbmesser erforderte. Der Oberbau ist mit Schienen von 30 kg/m Gewicht hergestellt.

Der 183 m lange Cannington-Viadukt auf dieser Bahn ist ganz aus Beton hergestellt. Er hat 10 Öffnungen von 15,24 m Lichtweite, die mit elliptischen Bögen überspannt sind (Fig. 13 u. 14). Die Breite zwischen den Brüstungsmauern ist 4,27 m, im Gewölbe 4,88 m, die größte Höhe bis Schienenoberkante 28 m, Längenneigung der Bahn auf dem Viadukt 1:80. Der Untergrund besteht aus Sand und blauem Ton der Liasformation. Als zulässige Belastung des Baugrundes wurde 1,65 bis 3,30 kg/qcm angenommen; die größte Gründungstiefe war 3,05 m. Die Pfeiler haben eine obere Stärke von 1,5 m, die untere Stärke ist nach der Pfeilerhöhe verschieden, der höchste Pfeiler ist über der Fundamentverbreiterung rund 2,7 m, der niedrigste rund 2,1 m stark. Der höchste Pfeiler hat ein Fundament von 5,56 m Breite und 9,45 m Länge, während das größte Fundament von 6,4 m Breite und 10,75 m Länge unter einem anderen Pfeiler ist.

Über jedem Pfeiler ist eine vom Gewölbeschenkel bis zur Oberkante der Brüstungsmauer durchgehende, mit weichem Kalkmörtel gefüllte Fuge von 12 mm angeordnet (Fig. 14), um die infolge von Temperaturschwankungen eintretenden Längenänderungen zu ermöglichen und ungleiches Senken unschädlich zu machen; zwei weitere Fugen sind in der Nähe des Gewölbescheitels angeordnet.

Für die Beförderung der Baustoffe, Betonformen und Geräte war in der Bahnaxe eine 300 m lange Seilbahn quer über das Tal gespannt. Mit Ausnahme der als Betonblöcke hergestellten Wölbsteine der Gewölbestirnen ist das Bauwerk durchweg aus Stampfbeton der Mischung 1 Zement : 6 Flintsteinen hergestellt; für die Fundamente und die Übermauerung ist indessen eine Mischung von 1 : 8 gewählt. Die Pfeiler sind aus einzelnen Betonschichten von 1,8 m oder weniger Höhe mit senkrechten Seitenflächen hergestellt, zwischen denen dünne Schichten aus Zementmörtel 1 : 2 zur Ausgleichung der Absätze angeordnet sind.

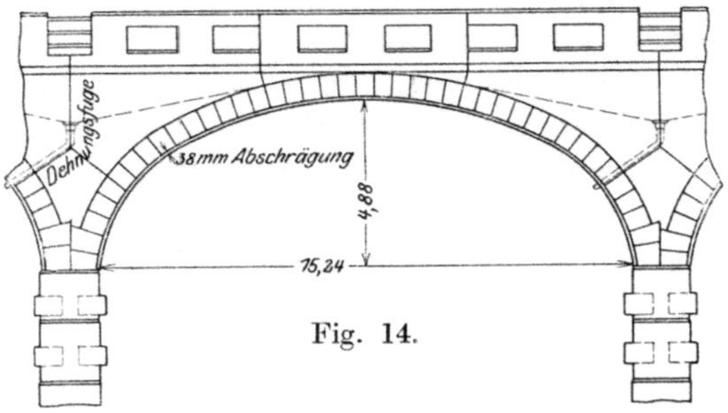

Fig. 14.

Der Beton wurde in hölzernen Kästen von 1,8 m mit 5 cm starken, durch Flacheisen, Winkel und Querstangen versteiften Wänden eingestampft, nachdem unten die Zwischenschicht aus Zementmörtel eingebracht war und die Wände eingeseift waren. Die Querstangen wurden mit fortschreitender Arbeit entfernt, indem man als Ersatz eine Klammer über die Kästen legte. Man hatte Kästen

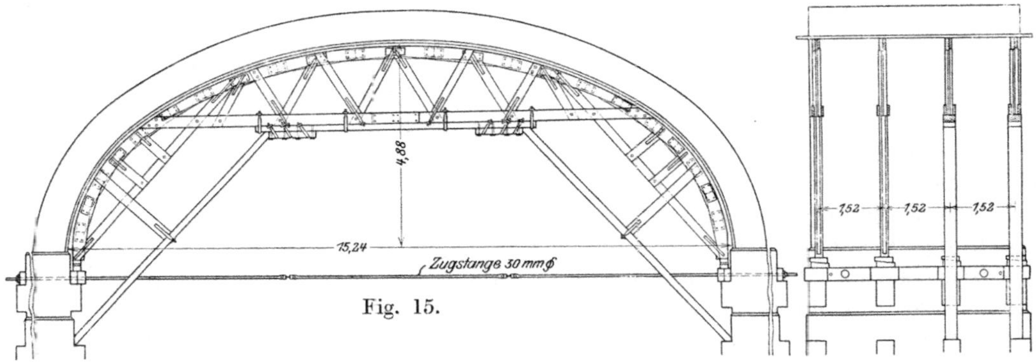

Fig. 15.

verschiedener Größe nötig, die nach und nach bei jedem Pfeiler verwandt wurden, ohne daß Gerüste nötig waren. Die untere schräge Fundamentverbreiterung wurde mit Bruchsteinmauerwerk verkleidet, um keine Kästen mit schrägen Wänden herstellen zu müssen.

Der Beton wurde in Lagen von 0,60 m eingestampft, für jede Lage wurden 36 Stunden zum Erhärten gegeben. Sobald ein Kasten voll und der Beton erhärtet war, wurde ein zweiter Kasten auf den ersten gesetzt und dieser erst entfernt, wenn zwei Schichten in den oberen Kasten eingebracht waren. In die oberen Schichten jedes Pfeilers wurden zwei Reihen Betonblöcke zur Unterstützung der Lehrgerüste eingelassen (Fig. 14 u. 15). Die Lehrgerüste waren nach Fig. 15 aus Holz hergestellt, mit Zugstangen zur Aufnahme der Horizontalschübe. Man brauchte vier solche Lehrgerüste, damit die Gewölbe sich drei Wochen vor dem Ausrüsten setzen konnten, ohne den Baufortschritt zu hemmen.

Die Gewölbestirnen wurden aus Betonblöcken von 1,07 oder 0,76 m Länge, 0,76 m Höhe und 0,48 Stärke an der inneren Gewölbelaibung hergestellt, so daß die längeren Steine in den Beton eingreifen, aus dem der übrige Teil der Gewölbe hergestellt ist. Die Betonblöcke wurden vor ihrer Verwendung zwei Monate zum Erhärten gelagert und dann mit einer besonderen Vorrichtung von der Kabelbahn aus in Zementmörtel 1:2 versetzt. Die Abdeckung besteht aus einer 16 mm starken Asphaltschicht und entwässert nach Abfallschächten über den Pfeilern, aus denen das Wasser in eisernen Röhren durch die Gewölbeschenkel abgeführt wird. Die Brüstungsmauern sind 0,45 m stark und treten 0,15 m gegen die Gewölbestirnen vor; über den Pfeilern sind Sicherheitständer in einfachster Weise dadurch hergestellt, daß man die Brüstungsmauer auf 1,2 m Länge weggelassen und Eisenstangen in die Lücken gesetzt hat.

Die Pfeiler setzten sich durchschnittlich 10 bis 15 cm gleichmäßig, so daß die Bauart sich im allgemeinen bewährte, nur in den ersten drei Öffnungen auf dem linken Ufer traten erhebliche Schwierigkeiten infolge von Dammrutschungen und größeren Sackungen der Pfeiler ein, die durch die heftigen Frühjahrsregen von 1903 veranlaßt wurden. Die Folge war, daß in der Nähe des Gewölbescheitels der ersten Öffnung — die noch eingerüstet war — ein Riß entstand, und der Arbeitzugbetrieb auf der Brücke eingestellt werden mußte.

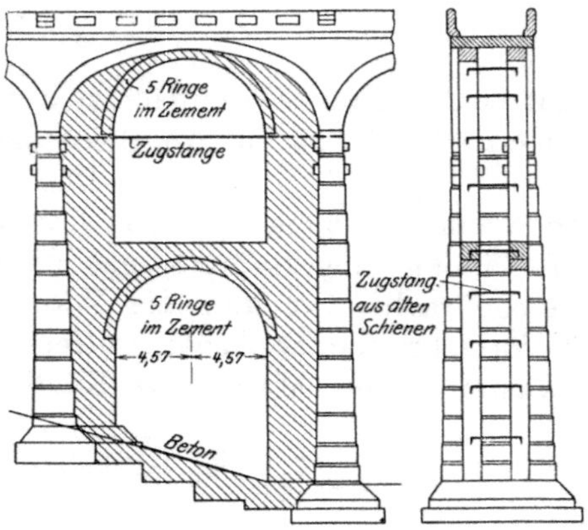

Fig. 16 u. 17.

Zur Ausbesserung des Schadens wurden die Öffnungen Nr. 2 und 3 wieder eingerüstet und der Gewölbeschenkel der ersten Öffnung am Pfeiler Nr. 1 von der Dammböschung aus abgesteift, um den Schub des zweiten Bogens aufzunehmen. Dann wurde die dritte Öffnung dadurch als Widerlager ausgebaut, daß man zwei durchbrochene Wände von 1,14 m Stärke aus Zementmauerwerk in 2 m Abstand in sie hineinsetzte, die nach der Quere und Länge durch Schienen und Zugstangen zusammengehalten und auf Beton gegründet waren (Fig. 16 u. 17). Gleichzeitig mit den Fundamenten dieser Mauern stellte man in Öffnung Nr. 2 in der Dammböschung zwei Betonstufen von $0,9 \times 1,2$ m Querschnitt her.

Die in den Mauern ausgesparten beiden Öffnungen von 9,14 m Weite sind durch zwei Halbkreisgewölbe aus Ziegeln in Zementmörtel überdeckt (Fig. 16). Kurz vor der Vollendung dieser Mauern wurde der mittlere Teil des Gewölbes Nr. 1 zwischen den Kalkfugen in der Nähe des Scheitels ausgebrochen und in Ziegelmauerwerk erneuert. Um den Gewölbescheitel in dieser Öffnung zu entlasten, verlegte man den Oberbau dann auf zwei Längsbalken von 16,5 m Länge und $0,40 \times 0,45$ m Querschnitt.

Der Viadukt hat im ganzen rund 220 000 M. gekostet, wovon rund 208 000 M. auf Beton entfallen, der durchschnittlich 42 M. pro Kubikmeter im fertigen Mauerwerk kostete.

4. Eiserne Brücken und Viadukte.

Der Bau eiserner Brücken, ein Gebiet, auf dem die Engländer einst große Erfolge zu verzeichnen hatten, hat sich nicht in dem Maße weiterentwickelt, wie in einigen anderen Ländern, weil die Theorie zu sehr vernachlässigt worden ist, das Tragwerk häufig unschöne Formen erhalten hat und die Einzelheiten ohne Kenntnis der auftretenden Kräfte ausgebildet worden sind. Viele Ingenieure Englands, die sich eines gewissen Ansehens erfreuen und bedeutende Bauten ausgeführt haben, entbehren der für einen Brückeningenieur unerläßlichen theoretischen Ausbildung, weil sich ihre theoretischen Kenntnisse vielfach nur auf die einfachsten Rechnungsweisen erstrecken. Von einem tieferen Eindringen in die verwickelten Rechnungsweisen der neueren Statik und Festigkeitslehre kann nur bei wenigen die Rede sein. Beispielsweise ist die genaue wissenschaftliche Durchrechnung statisch unbestimmter Stabwerke und die hierdurch möglich gewordene geschmackvolle Formgebung der Tragwerke eiserner Brücken bei geringem Materialverbrauch, worin die deutschen Theoretiker bahnbrechend gewirkt, die deutschen Brückenbauanstalten so schöne Erfolge erzielt haben, von den Engländern bisher wenig verstanden worden. Schwere, plump aussehende Tragwerke, die aber trotz großen Materialverbrauchs nicht einmal einen hohen Grad von Sicherheit aufweisen, weil das Material nicht richtig verteilt ist, bilden noch heute — wie vor Jahrzehnten — ein Merkmal englischer Brückenbaukunst. In der Verwendung kontinuierlicher Träger ist man offenbar zu ängstlich; wenn dieser Trägerart im allgemeinen zwar das Wort hier nicht geredet werden soll, so zeigt doch beispielsweise der Brückenbau der Franzosen, daß man sie bei tadellosem Untergrunde und gutem Pfeilermauerwerk vorteilhaft verwenden kann. An der Rückständigkeit auf diesem Gebiet ist zum Teil die Abneigung der englischen Ingenieure gegen wissenschaftliche Behandlung technischer Fragen schuld, zum Teil ist sie eine Folge des geschäftlichen Vorgehens bei dem Zustandekommen der Baupläne, das weder dem Bauherrn noch der Brückenbauanstalt einen wesentlichen Einfluß auf die Entwurfsarbeiten einräumt, sondern diese in die Hände eines technischen Beirats, des „Consulting Engineer", legt, dem Bauherr und Brückenbauanstalt aus Mangel an eigenen wissenschaftlich gebildeten Technikern auf Gnade und Ungnade ausgeliefert sind. Ist der technische Beirat ein Mann von anerkanntem Ruf und großer Gewissenhaftigkeit, wie deren eine ganze Reihe in London und anderen Großstädten sitzen, so wird er das Interesse seines Bauherrn nach allen Richtungen wahrnehmen, auch wenn die Entwurfsarbeiten nach Gewicht der Eisenkonstruktion bezahlt werden und sein eigener Vorteil daher dem des Bauherrn entgegengesetzt ist. Treffen diese Voraussetzungen nicht zu, so leidet das Interesse des Bauherrn, indem die Brücken schwerer ausfallen, als sie wegen der zu tragenden Lasten und der Eigenschaften der Baustoffe sein müßten. Die geringe Formenschönheit ferner, die wir bei vielen Brückenbauten feststellen können, ist eine Folge des Mangels an Schönheitssinn, der im englischen Volke häufig nachweisbar ist und nicht nur von den Fremden, sondern auch von vielen Einheimischen empfunden wird. Hieran wird auch nichts durch den Umstand geändert, daß einzelne englische Künstler in der Malerei Vorzügliches leisten — Ausnahmen bestätigen die Regel!

Im einzelnen ist den englischen Brückenkonstrukteuren der Vorwurf zu machen, daß sie bei Stabwerken häufig eine zu geringe Feldweite wählen und hierdurch ein verhältnismäßig hohes Gewicht und eine zu große Zahl von Nietanschlüssen erhalten. Zugegeben muß allerdings werden, daß ihre Trägeranordnungen mit gekreuzten Schrägstäben für kleinere Eisenbahnbrücken vorteilhaft sind wegen der größeren Steifigkeit. Durch Maßhalten in der Verwendung von Flacheisenstäben ist überhaupt gut für die Steifigkeit der Tragwerke englischer Eisenbahnbrücken gesorgt, ebenso ist durch hinreichende Aussteifung der Brückenquerschnitte die Seitensteifigkeit meistens genügend gewahrt. Ferner ist bei der Ausbildung der Querschnitte der Eisenteile gewöhnlich auf die Herstellung guter Anstriche

Rücksicht genommen, was wegen des feuchten Klimas in England nicht unwichtig ist. Die Unterhaltung des Oberbaues sucht man neuerdings auf eisernen Brücken durch Herstellung durchgehender Kiesbettungen zu erleichtern, die auch ein besseres Fahren auf den Brücken gewährleisten.

Zur Aufnahme der Bettung werden zusammenhängende Brückenbahnen aus Buckelplatten, Tonnenblechen oder trogförmigen Trägern hergestellt, meistens mit Betonfüllung und Asphaltabdeckung zum Fernhalten der Feuchtigkeit von den Eisenteilen.

Die Unsicherheit in der Theorie zeigt sich mitunter recht deutlich in der Anordnung der Stöße und Anschlüsse. Nicht nur steht die Anzahl der Niete zu den Stabkräften häufig in keinem richtigen Verhältnis, sondern die Anschlüsse eines Stabes weisen auch an seinen beiden Enden ohne ersichtlichen Grund ganz verschiedene Nietzahlen auf. Manche englischen Brücken haben überhaupt zu viele Niete, häufig hätte ein großer Teil hiervon gespart werden können, ohne die Sicherheit und Fugendichtigkeit zu verschlechtern. Die Verwendung gewalzter Träger an Stelle der aus Blechen und Profileisen zusammengesetzten Bauteile, die sich in Deutschland als vorteilhaft erwiesen hat, ist in England noch nicht weit genug durchgeführt. Hierbei darf allerdings nicht übersehen werden, daß in große Walzträger bisweilen beträchtliche innere Spannungen beim Walzen hineinkommen und es nur des Ausmeißelns eines Flansches bedarf, um diese Spannungen unter Bildung von Rissen auszulösen. Eine gewisse Vorsicht in der Verwendung von Walzträgern ist daher nicht unberechtigt. Im allgemeinen arbeitet man in England auch zu viel mit Futterstücken an den Stellen, wo Kröpfungen vorteilhafter wären. Die Knotenbleche und die Platten zusammengesetzter Querschnitte sind häufig zu dünn, was die Anordnung guter Anschlüsse erschwert. Lobenswert ist die schon erwähnte gute Queraussteifung der Brücken, ferner die genügende Steifigkeit der gedrückten Bauteile, die man vielfach bemerkt. Die hierin bewiesene Sorgfalt hat wohl manche Brücke trotz theoretischer Mängel vor dem Einsturz bewahrt.

Besser als mit dem Berechnen und Entwerfen der eisernen Brücken steht es in England mit den Werkstattsarbeiten. Gewissenhaftigkeit und langjährige Erfahrung fördern viel gute Arbeit zutage, und mancher Fehler im Entwurf ist durch sorgfältige Ausführung in der Werkstatt soweit gutgemacht worden, daß er die Standfestigkeit der Brücke nicht unmittelbar gefährdet hat. Da die Einrichtungen der Brückenbauanstalten aber vielfach veraltet sind, wird in ihnen im allgemeinen langsam gearbeitet, was auch vor mehreren Jahren der Grund gewesen ist, daß die Amerikaner die Engländer im Sudan und in Indien trotz größerer Entfernung zwischen Brückenbauanstalt und Baustelle nicht nur im Preise, sondern auch in der Bauzeit unterboten haben.

Die Pfeiler der Brücken werden in England vielfach aus eisernen, mit Beton gefüllten Röhren hergestellt, was bei dem seltenen Auftreten von Eisgang in den Flüssen zulässig erscheint.

Von der geschilderten Rückständigkeit im Bau eiserner Brücken, die übrigens von vorurteilsfreien Engländern ohne weiteres zugegeben wird, gibt es natürlich Ausnahmen; einige Eisenbahngesellschaften haben in der Neuzeit Brücken nach den Plänen ihrer beratenden Ingenieure oder ihrer eigenen Oberingenieure gebaut, die durchaus als einwandfrei zu bezeichnen sind. Vielleicht ermöglichen die nachstehenden Beispiele dem Fernstehenden, sich ein eigenes Urteil nach dieser Richtung über den Gegenstand zu bilden. Fig. 18 stellt einen Teil des 300 m langen Nottingham-Viadukts der Great Central-Bahn dar, der teils massiv, teils aus Eisen hergestellt ist und in Nottingham verschiedene Straßen, einen Kanal sowie den Personenbahnhof und die Gütergleise der Midland-Gesellschaft über-

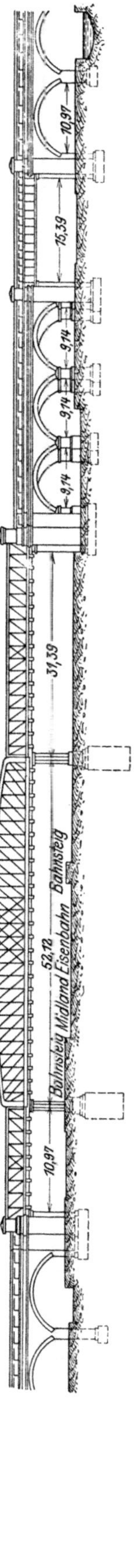

Fig. 18.

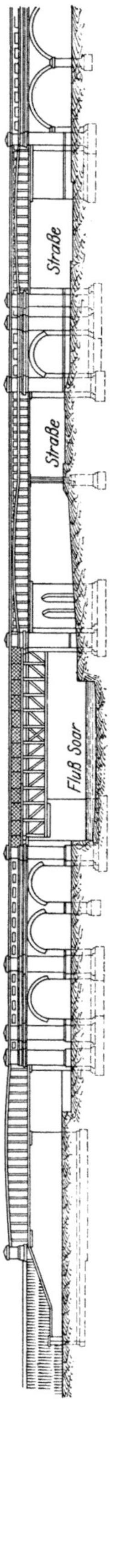

Fig. 19.

setzt. Der Viadukt besteht aus 53 gerade überwölbten Öffnungen von 9,14—11,12 m Lichtweite, einer schief überwölbten von 14,63 m Lichtweite und 10 Öffnungen mit eisernen Überbauten, von denen 4 in der Fig. 18 gezeichnet sind. Die eisernen Pfeiler der großen Öffnung von 52,12 m Spannweite stehen auf eisernen, mit Beton gefüllten Röhren, die unter Verwendung von Preßluft 8,23—8,84 m unter Geländehöhe gesenkt sind. Die große Öffnung ist mit Halbparabelträgern überspannt, an die sich beiderseits Parallelträger zur Überbrückung der Seitenöffnungen von 31,39 und 16,46 m Spannweite anschließen. Der Überbau einer kleineren Öffnung von 15,39 m Spannweite besteht aus Blechträgern.

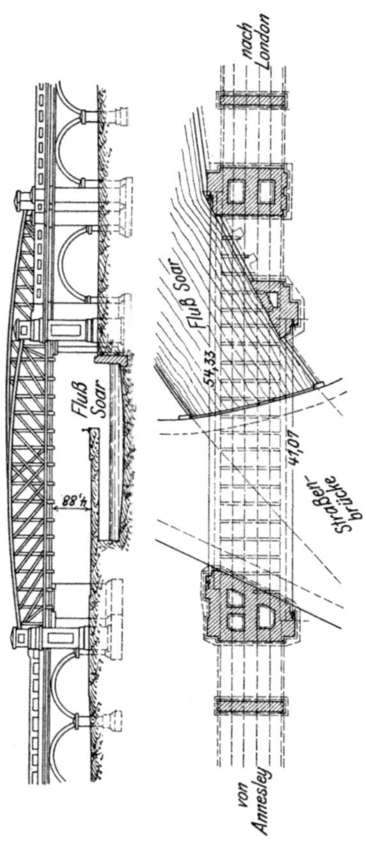

Fig. 20.

Die Figg. 19 und 20 stellen Teile des Leicester Viaduktes der Great Central-Bahn dar, der im ganzen rund 1227 m lang ist, wovon 373 m auf Eisenbauten, 845 m auf Massivbauten entfallen.

Ein Beispiel der Verwendung größerer Blechträger ist der Viadukt über den Oxford-Kanal auf der Great Central-Bahn, der auch wegen der schwierigen Gründungsarbeiten bemerkenswert ist (Fig. 21). Der Viadukt hat vier Öffnungen, die mit Blechträgern von 30,43 und 36,43 m Länge überspannt sind. Die Gründungsohle der Pfeiler liegt 18,95 m unter Trägerunterkante. Die beiden Pfeiler der Kanalöffnung mußten mit großer Vorsicht gegründet werden, weil nicht nur für jede Stunde Unterbrechung der Kanalschiffahrt eine Strafe von 400 M. festgesetzt war, sondern auch jedes dem Kanal entnommene Kubikmeter Wasser mit 4,50 M. entschädigt werden mußte. Es wurde daher ein besonderer eiserner Trog von 24,5 m Länge und 2,44 m Lichtweite in der Mitte des Kanals versenkt und an den Enden durch Tondämme an die Kanalböschungen angeschlossen, so daß die Wasserverluste sich nur auf die von der Rinne und den Tondämmen eingeschlossenen

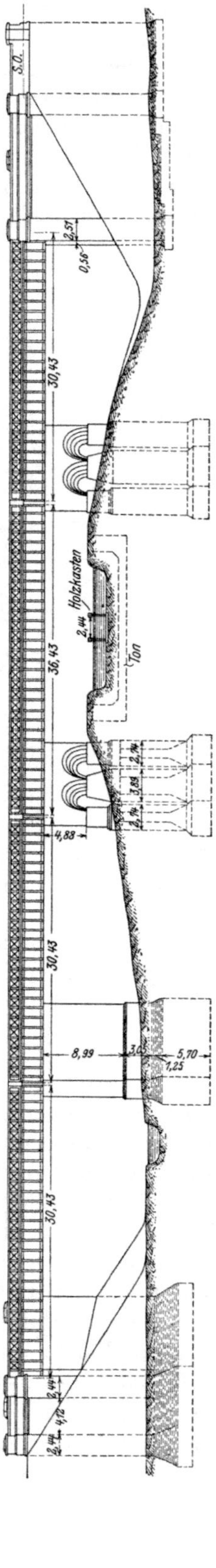

Fig. 21.

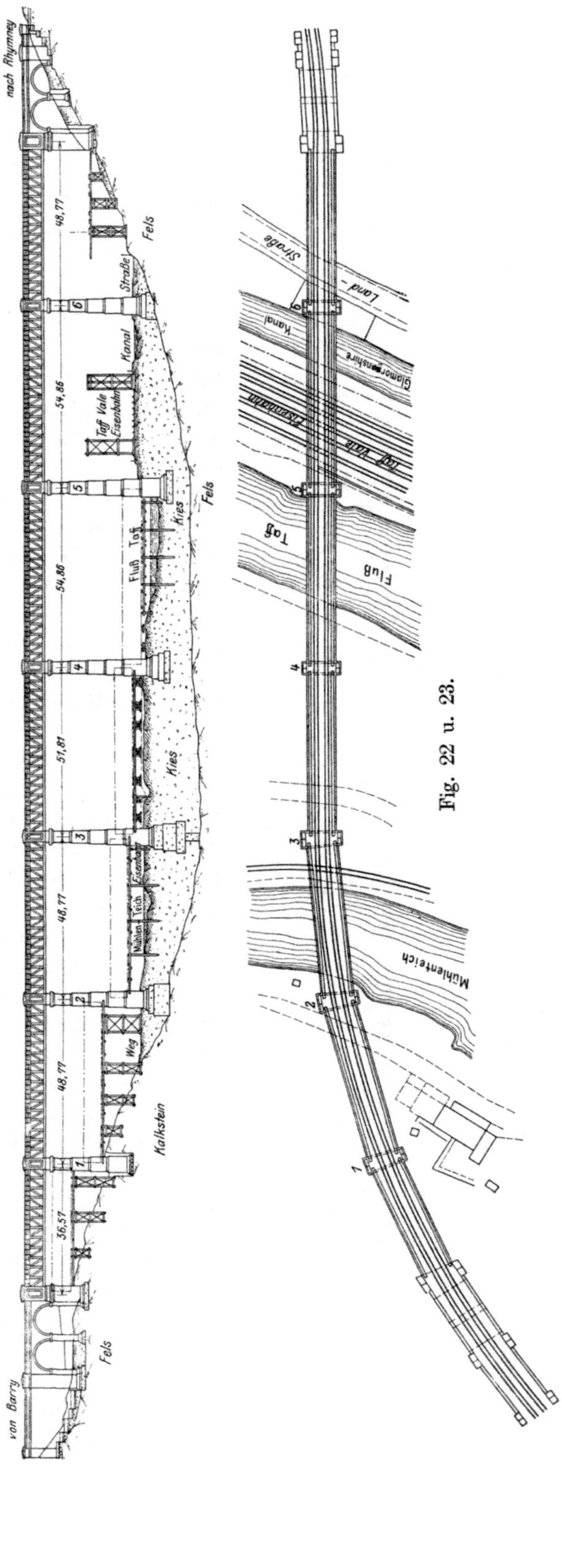

Fig. 22 u. 23.

Flächen erstrecken konnten. Die Röhren, auf denen die Pfeiler gegründet sind, konnten ohne Verwendung von Preßluft versenkt werden. Bei dem Bau des Viaduktes waren 97,5 t Eisen für die Pfeiler, 685 t für die Überbauten erforderlich. Der Viadukt hat eine durchgehende Bettung, die von einer 9,5 mm starken, zwischen die Hauptträger gelegten Blechhaut getragen wird.

Der Ende der neunziger Jahre erbaute Walnut-Tree-Viadukt der Barry-Eisenbahngesellschaft in Wales ist wegen der guten Anordnung der eisernen Über-

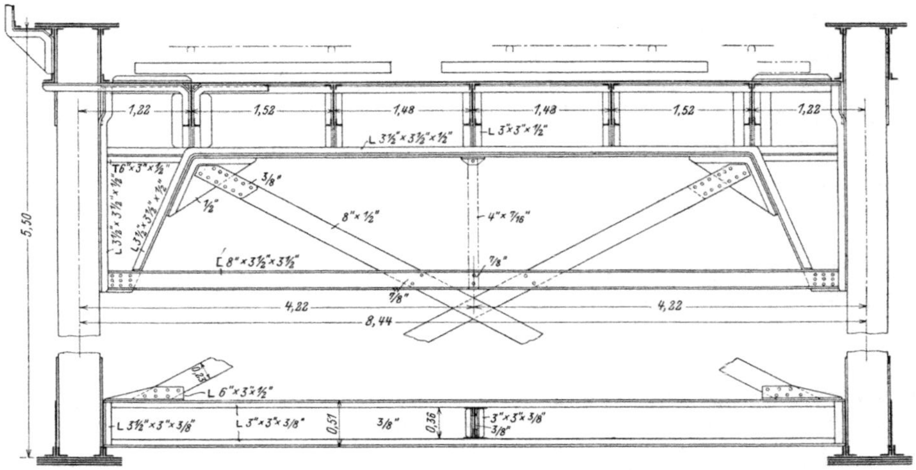

Fig. 24.

bauten und ihrer Aufstellung bemerkenswert. Der Viadukt hat hohle Pfeiler aus Ziegelmauerwerk in Zementmörtel 1:2, die auf Grundmauern aus 1:8 Beton mit eingebetteten 5 t schweren Steinen stehen. Seine 7 Öffnungen von 36,57, 48,77, 51,81 und 54,86 m Lichtweite sind durch Fachwerkträger mit parallelen Gurtungen und einfachen Schrägstäben überspannt (Figg. 22—23). Der Viadukt liegt an den Enden in Bögen, in der Mitte in der Geraden. Die Bahn ist zweigleisig, der Trägerabstand ist in der Geraden 7,32 m, im Bogen von 300 m Halbmesser 8,30 m. Da die Bahn von schweren Lokomotiven befahren wird, mußten kräftige Querträgeranordnungen eingebaut werden (Fig. 24). Die Überbauten sind mit einer durchgehenden Blechhaut zur Aufnahme der Bettung abgedeckt.

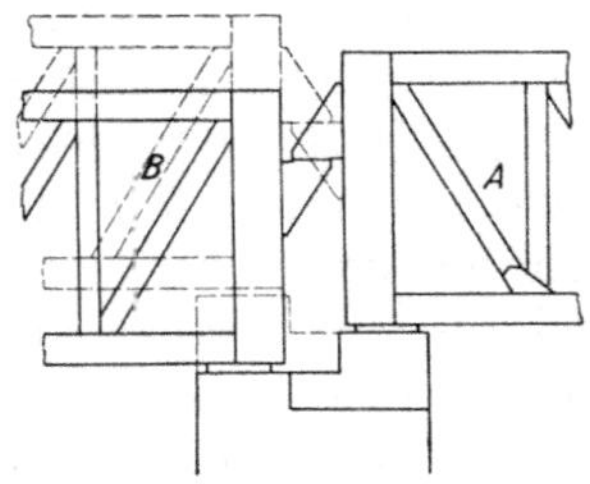

Fig. 25.

Die Aufstellung der Überbauten ist aus Fig. 22 zu erkennen. Die Überbauten der Öffnungen Nr. 1 bis 5 wurden vollständig auf unmittelbar über dem Gelände und dem Taffluß errichteten Gerüsten zusammengenietet und dann mit Preßwasserstempeln in Absätzen von 1,5 m auf richtige Höhe gehoben, mit allmählicher Hochführung des Pfeiler- und Widerlagermauerwerks unterhalb der Überbauten. Die Preßwasserstempel faßten unter Kragstützen an den Trägerenden; zu Anfang wurden die Stempel nach dem Anheben durch Holzstützen ersetzt, dann gemauert. Wenn aber die benachbarten Enden zweier Träger in gleicher Höhe lagen, stützte man die Trägerenden abwechselnd auf ihre Kragstützen und führte eine Pfeilerhälfte nach der anderen in Absätzen hoch (Fig. 25). Natürlich mußte das Mauerwerk immer erst genügend erhärtet sein, bevor es die Eisenkonstruktion tragen konnte. Die Überbauten Nr. 6 und 7 konnten in dieser Weise nicht aufgestellt werden, weil sie über den Gleisen der Taff Vale-Eisenbahngesellschaft liegen und daher durchgehende niedrige Gerüste nicht ohne große Kosten errichtet werden konnten. Man beschloß daher, die Überbauten von dem rechten Talhang aus in passender Höhe vorzuschieben und dann auf richtige Höhe zu heben. Zu dem Zwecke wurde vor dem rechten Widerlager ein kräftiges Gerüst errichtet, auf dem man das rechte Ende des Überbaues Nr. 7 und das linke Ende des Überbaues Nr. 6 zusammensetzte. Diese Teile wurden dann durch Vorschieben, Verlängern und Vorkragen weiter ausgebaut und in ihre richtige Lage zu den Öffnungen gebracht, worauf man sie in der obenbeschriebenen Weise auf richtige Höhe hob. Da bei diesem Vorgehen einige Konstruktionsteile Druck erhielten, die nur auf Zug berechnet waren, mußten sie entsprechend verstärkt werden.

Bemerkenswert sind ferner die im Jahre 1905 fertiggestellten Viadukte mit eisernen Überbauten auf den neuen Bahnen der Caledonian-Gesellschaft in Ayrshire und Lanarkshire. Die Bahnen sind eingleisig, jedoch ist das Gelände für ein zweites Gleis mit erworben und die Viadukte sind von vornherein zweigleisig gebaut. Der Viadukt über den Avon bei Larkhall ist 260,6 m lang, 53,34 m hoch von der Fußsohle bis Schienenoberkante, liegt in einer Neigung von 1:80 in der Geraden und hat drei Öffnungen von je 32,53 m, eine von 53,26 m Weite, die mit Parallelträgern mit gekreuzten Schrägstreben überspannt sind (Fig. 26).

Die Pfeiler sind aus Bruchsteinmauerwerk aufgeführt und 7,5 bis 18 m tief unter der Oberfläche auf Beton von 1 Zement, 1 Sand und 4 Steinbrocken gegründet. Der Beton enthält große eingelegte Steine, die in einem Abstande voneinander von wenigstens 0,30 m, aber nicht nahe an den Außenflächen und nicht in der untersten Schicht von 0,9 m und der obersten von 0,6 m Stärke verlegt wurden. In jeder Öffnung sind zwei Hauptträger in 4,88 m Abstand, auf welche die aus Quer- und Längsträgern mit Blechplatten und Asphaltabdeckung bestehende Fahrbahn gelegt ist (Fig. 27).

Zur Prüfung der Überbauten und zur Erneuerung des Anstrichs ist am Untergurt des einen Hauptträgers jeder Öffnung ein Laufsteg angeordnet, der über den Pfeilern auf eisernen Leitern erreichbar ist (Fig. 26). Die Überbauten wurden mit Hilfe einer tiefliegenden seitlichen Hilfsbrücke für die Beförderung der Materialien, eines in der Längsrichtung des Viaduktes vorkragbaren Aufstellungsgerüstes und eines Laufkranes aufgestellt (Fig. 28 und 29). Die Aufstellung wurde in der linksseitigen Endöffnung damit begonnen, daß man zwei Gerüste baute, durch welche die Öffnung in drei Teile zerlegt wurde. Auf diesen Gerüsten setzte man das vorkragbare Aufstellungsgerüst zusammen, das im wesentlichen aus zwei 4 m hohen Fachwerkträgern in 3 m Abstand und angehängten 8,4 m langen I-Trägern von 0,35 m Höhe bestand, die paarweise in 4 m Entfernung gelegt waren. Auf die I-Träger wurden die Aufstellungsklötze nach der überhöhten unteren Gurtlinie gelegt und dann die Hauptträger der ersten Öffnung mit dem fahrbaren Kran zusammengesetzt. Zur Aufstellung der zweiten Öffnung wurde das Aufstellungsgerüst, dessen Träger in den Knotenpunkten mit Bolzen von 20 mm Durchmesser zusammengesetzt waren, bis Pfeiler 3 vorgekragt; die zweite Öffnung wurde dann gleichzeitig mit der ersten überbaut. Dann wurde das Aufstellungsgerüst in der ersten Öffnung abgebaut, bis zur Mitte der dritten Öffnung vorgekragt, unter das überhängende Ende ein Rahmen aus 0,30 m starken, 6 m langen Hölzern gesetzt, der durch vier Stahlkabel von 25 mm Durchmesser unterstützt wurde. Die Stahlkabel waren links an den Hauptträgern der zweiten Öffnung befestigt, nach rechts über Pfeiler 4 geführt und schließlich am Fuße des Pfeilers 5 unter Verwendung einer Spannvorrichtung befestigt, mit deren Schrauben sie angespannt wurden. Darauf konnte das hintere Ende des Aufstellungsgerüstes in der zweiten Öffnung abgebaut und vorn bis Pfeiler 4 angesetzt werden. Die Hauptträger der dritten Öffnung wurden dann eingebaut, worauf sich der Vorgang in der vierten Öffnung wiederholte. Die rechtsseitige

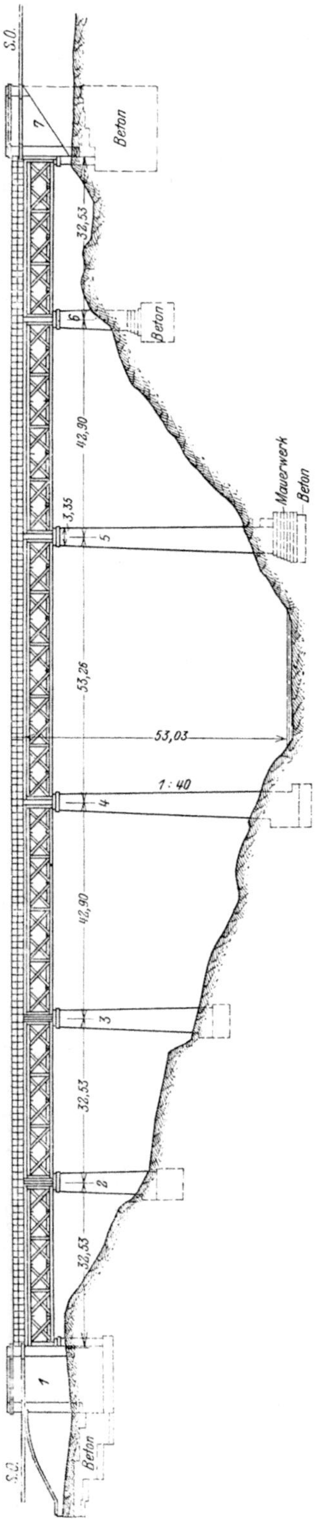

Fig. 26.

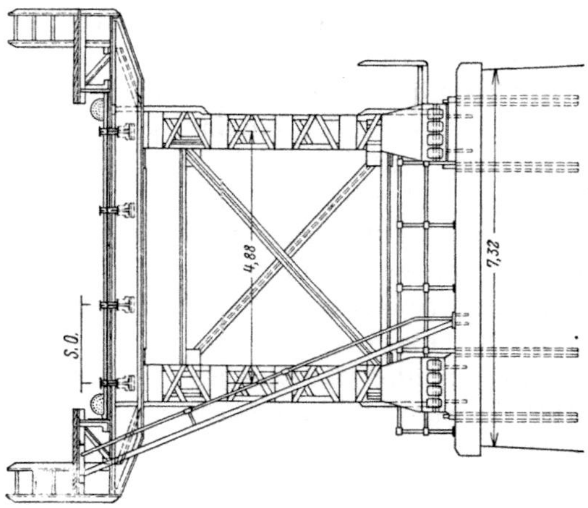

Fig. 27.

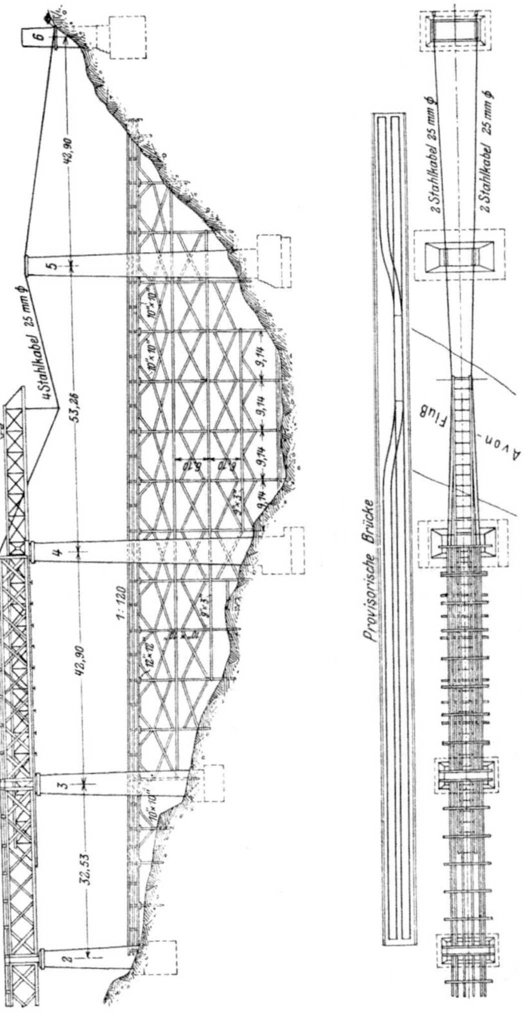

Fig. 28 u. 29.

Endöffnung wurde ganz auf einem festen Gerüste aufgestellt, von der benachbarten Öffnung wurde das rechte Ende auf einem festen Gerüst, das linke auf dem vorkragbaren Gerüst aufgestellt. Die Überbauten wiegen rund 1422 t. Ein ähnlicher Viadukt über den Avon bei Stonehouse auf denselben Bahnen ist 372 m lang, 48 m hoch und hat acht gleiche Öffnungen von 44 m Spannweite. Der Viadukt liegt teilweise in einem Bogen von 500 m in ganzer Länge wagerecht. Da die Talhänge sanfter abfielen als bei Larkhall, wurden die Seitenöffnungen dieses Viadukts auf festen Gerüsten aufgestellt und nur die Mittelöffnungen mit Hilfe des bei Larkhall verwandten Aufstellungsgerüstes aufgestellt, das aber hier nicht durch Abbrechen und Vorkragen, sondern durch Verschieben in die freien Öffnungen vorgetrieben wurde. Das Eigengewicht der Überbauten ist rund 2310 t.

Während bei den obenbeschriebenen Viadukten der Caledonian-Gesellschaft die Fahrbahn aus Quer- und Längsträgern gebildet ist, hat man bei der neuen Clyde-Brücke derselben Gesellschaft zu Uddingston, die neben einer alten gußeisernen Bogenbrücke erbaut ist, für zwei Gleise vier Hauptträger angeordnet, auf welche die Belastungen unmittelbar übertragen werden, so daß die Fahrbahnkonstruktion aus Tonnenblechen zum Tragen der Bettung bestehen konnte (Fig. 30 und 31). Durch diese Anordnung soll eine Kostenersparnis erzielt worden sein. Die Bettung ist nicht unmittelbar auf die Träger und Tonnenbleche gebracht, sondern wird von einer 75 mm starken Betonschicht mit 35 mm Asphaltüberdeckung aufgenommen. Zwischen den Untergurten der beiden mittleren Träger ist in ganzer Länge ein Steg zur Untersuchung der Überbauten und zur Erneuerung des Anstrichs angebracht.

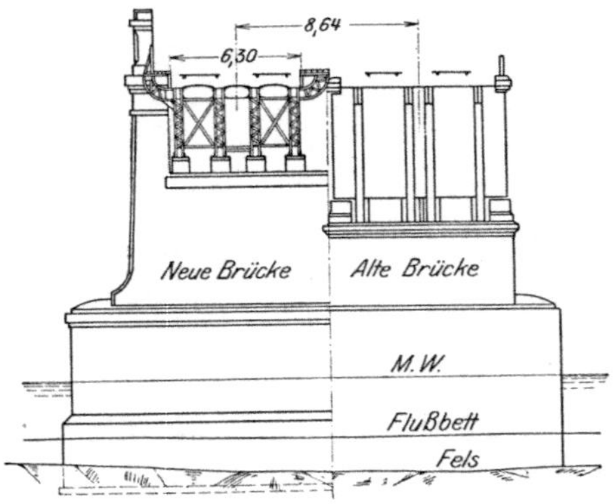

Fig. 30.

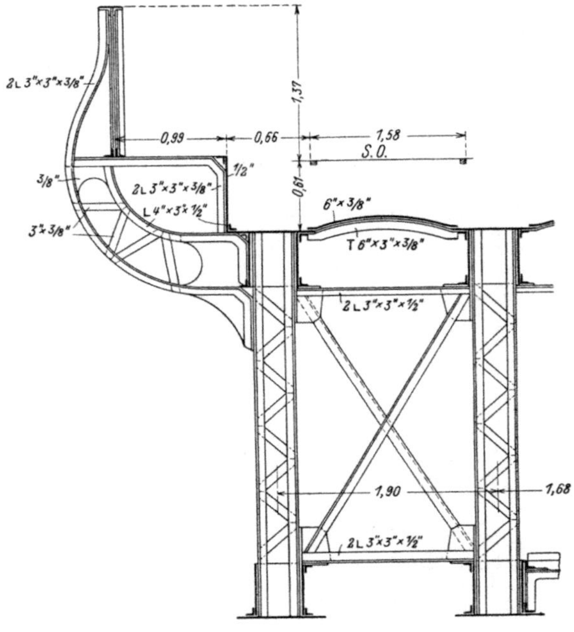

Fig. 31.

Die Caledonian-Gesellschaft hat ferner vor einigen Jahren eine große Kragträgerbrücke über die Loch Etive-Mündung auf der neuen eingleisigen Gebirgsbahn von Connel Ferry nach Ballachulish an der Westküste Schottlands gebaut, die nach der Firth of Forth-Brücke die größte in Großbritannien ist. Durch die Errichtung einer größeren Brücke an dieser Stelle wurde die Länge der Bahn um 56 km gekürzt, denn ein Umweg von dieser Länge wäre durch Umfahren der Loch Etive-Mündung entstanden; hieraus erklärt sich die Aufwendung der bedeutenden Kosten für einen großen Brückenbau in nicht sehr verkehrsreicher Gegend. Die Bahn kreuzt die Loch Etive-Mündung an ihrer engsten Stelle bei den Lora-

Wasserfällen, deren bedeutende Strömung die Herstellung von Mittelpfeilern und Aufstellungsgerüsten in größerer Entfernung von den Ufern untunlich erscheinen ließ. Man mußte daher eine Stromöffnung von 152,4 m Lichtweite anordnen, deren Überbau von zwei kleineren Landöffnungen aus durch Vorkragen aufgestellt werden konnte (Fig. 32 und 33). Die Stützweite der Konstruktion über den Landöffnungen ist 32,2 m, an die Landöffnungen schließen sich massive Viadukte an. Die Unterkante der Eisenkonstruktion der Stromöffnung liegt 15,25 m über Hochwasser, die Höhe von Hochwasser bis zum höchsten Punkte der Brücke ist 38 m. Die Träger der Landöffnungen sind an diesen Ufern 44,5 m in die Stromöffnung vorgekragt, zwischen die vorgekragten Enden sind Parallelträger von 70,7 m Länge gelegt. Die Hauptkonstruktionsteile der Kragträger sind zwei kräftige Spreizen, die von den niedrigen Landpfeilern aus schräg aufwärts und geneigt zur Brückenmittellinie in die Strom-

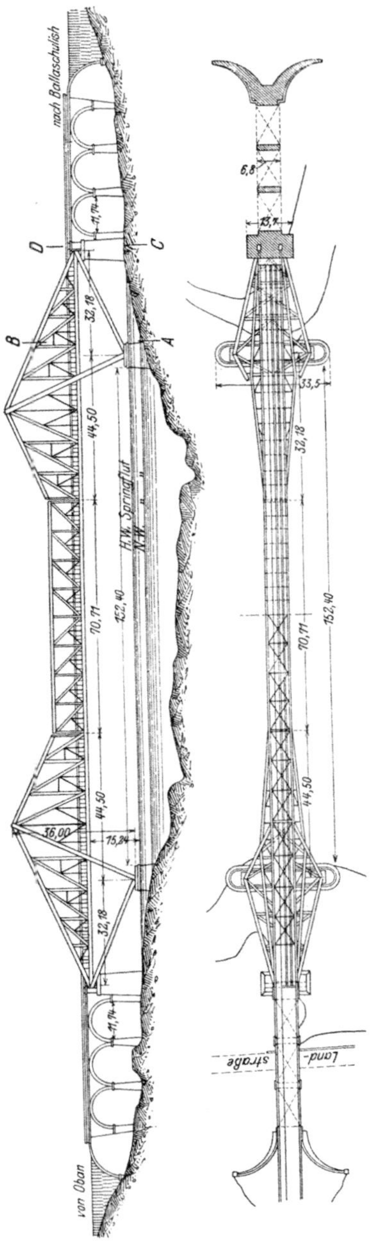

Fig. 32 u. 33.

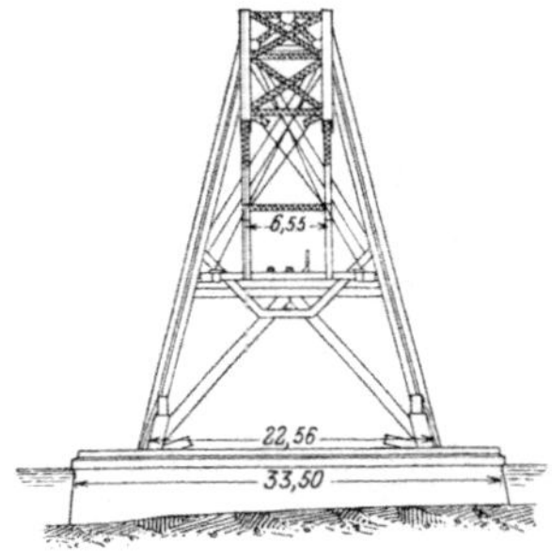

Fig. 34.

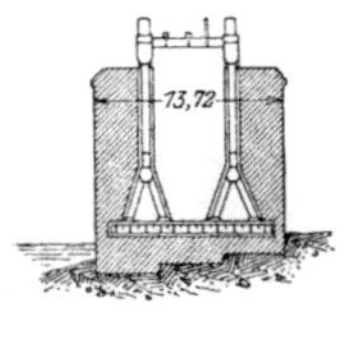

Fig. 35.

öffnung vortreten. Vom Kopfe und Fußende dieser Spreizen sind Verbindungsglieder nach dem Endwiderlager geführt, so daß große dreieckige Rahmen gebildet werden, in welche die kleineren Konstruktionsglieder in der aus der Fig. 32 erkennbaren Weise eingefügt sind. Man erkennt, daß in die durch die Gurte, Hauptschrägstreben und Senkrechten gebildeten Felder kleine Hängewerke zur Aufhängung von Querträgern zweiter Ordnung eingezogen sind, wodurch die Querträgerentfernung auf 4,27 bis 4,88 m ermäßigt werden konnte. Über die Querträger sind trogartig gebaute Längsträger gestreckt zur Aufnahme von Langschwellen aus australischem Jarrahholz von $\frac{0,15}{0,33}$ m, die in Asphalt verlegt sind und die Fahrschienen nebst Leitschienen tragen.

Die Entfernung der Hauptträger ist 6,55 m, ihre Teile liegen in lotrechten Ebenen. Die Brückenenden sind kräftig in dem Widerlagermauerwerk verankert (Fig. 34 u. 35). Neben dem Eisenbahngleise ist ein Fußweg über die Brücke geführt. In Höhe des Untergurtes ist ein wagerechter Windverband mit besonderen äußeren Gurten angeordnet, die an den Spreizen vorbeigeführt sind. Die Aufstellungsarbeiten wurden

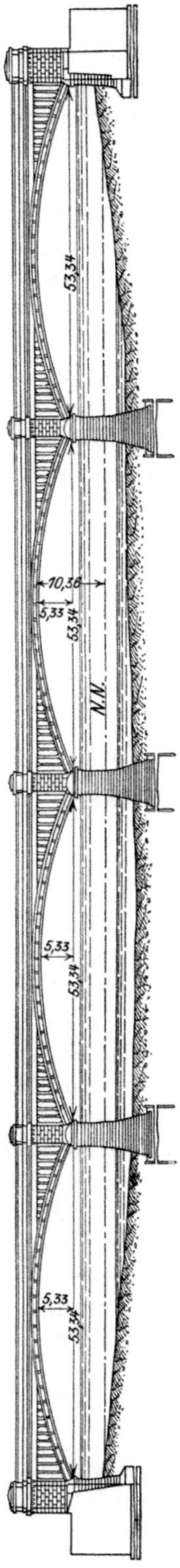

Fig. 36.

im Mai 1900 an beiden Ufern begonnen und im Juni 1903 beendet, nachdem etwa 2640 t Eisen eingebaut waren. Man begann die Arbeiten mit dem Aufstellen der Überbauten beider Landöffnungen und kragte dann von beiden Ufern vor. Die Formgebung der Brücke befriedigte nicht, es kam indessen an dieser Stelle weniger darauf an, einen formvollendeten Bau zu errichten, als die Baukosten möglichst niedrig zu halten.

Die London, Brighton and South Coast-Gesellschaft hat in den letzten Jahren zur Überführung der bereits erwähnten neuen Gleise auf ihrer Strecke von London (Victoria-Bahnhof) nach Brighton eine neue Bogenbrücke über die Themse erbaut, die unmittelbar neben einer älteren Bogenbrücke liegt und daher die gleichen Weiten hat wie diese, aber mit anders konstruierten Überbauten versehen ist. Die Brücke hat vier gleiche Öffnungen von 53,34 m Lichtweite, in jeder Öffnung liegen vier Zweigelenkträger von $^1/_{10}$ Pfeil, die paarweise je ein Gleis tragen. An den Außenseiten sind Verzierungen in den von den Bögen, Senkrechten und Obergurten gebildeten Feldern angebracht (Fig. 36).

Der zur Verwendung gekommene Baustoff ist Flußeisen; die Bögen bestehen aus einzelnen Segmenten mit Iförmigem Querschnitt, die aus Platten und Winkeln zusammengenietet sind. Die Querträger sind entweder unmittelbar an die Bögen oder an einen gegen die Bögen abgestützten Obergurt angeschlossen.

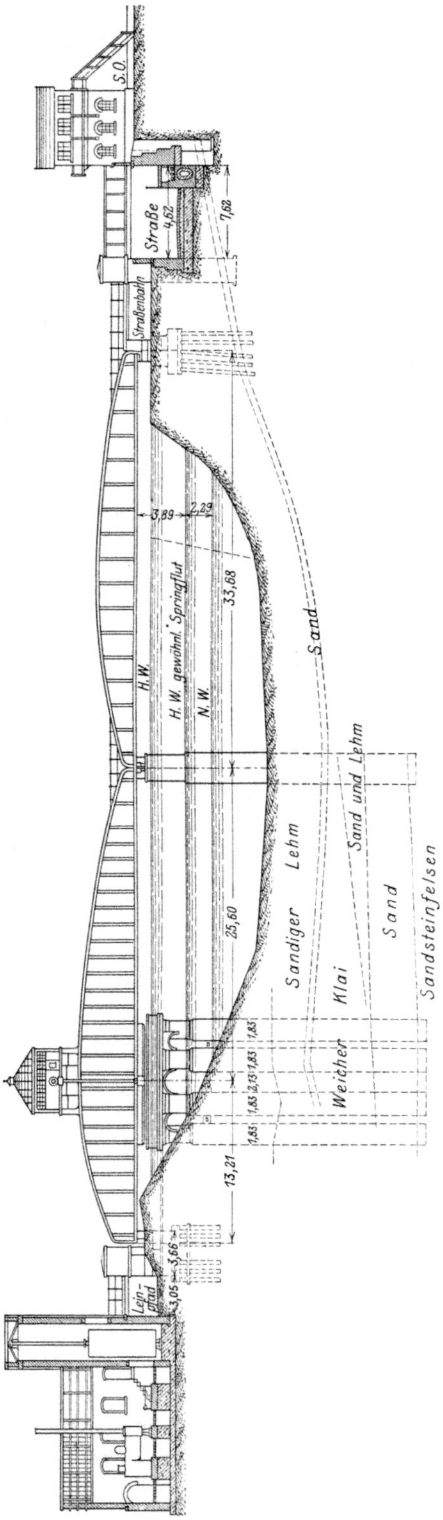

Fig. 37.

Die Kämpfergelenke sind mit Stahlbolzen von 30 cm Durchmesser gebildet, die zwischen besonderen Lagerstücken liegen; gegen das obere Lagerstück setzen sich die stumpfen Enden der Bögen, das untere Lagerstück überträgt den Druck auf einen großen Gußkörper, durch den er in das Mauerwerk übergeleitet wird.

Wegen der in einigen Teilen Englands stattfindenden Fluß- und Kanalschiffahrt haben natürlich auch viele bewegliche Brücken oder Brücken mit einer beweglichen Öffnung hergestellt werden müssen, von denen wir nachstehend einige beschreiben.

Die zweigleisige Brücke der North Eastern-Eisenbahn über die Ouse in Selby besteht aus einer festen Öffnung von 33,68 m Weite und einer beweglichen Öffnung mit 38,81 m langen ungleichförmigen Hauptträgern, die eine 18,3 m breite Durchfahrt überspannen. Die in 7,93 m Abstand liegenden Hauptträger haben gekrümmte Obergurte und volle Blechwände von 9,5 bis 25 mm Stärke, die durch senkrechte Steifen aus Winkeleisen und Blechen oder ⊥-Eisen aus-

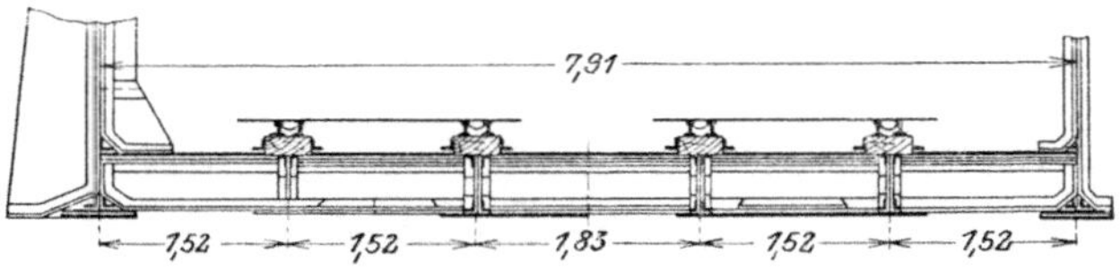

Fig. 38.

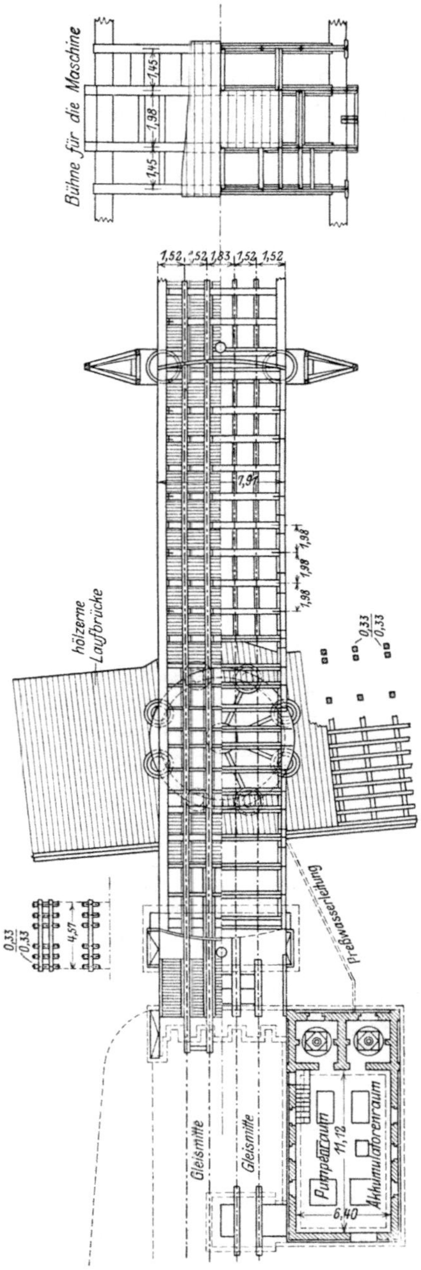

Fig. 39.

gesteift sind (Fig. 37). Zwischen die Hauptträger sind in 1,98 m Entfernung Querträger genietet, über die vier hölzerne Längsbalken zwischen Winkeleisen zur Aufnahme von vier Paaren von Gleissträngen gestreckt sind, weil die Gleise zweier doppelgleisiger Bahnen auf der Brücke ineinander verschlungen sind (Fig. 38). Auf die Winkeleisen sind als Abdeckung 20 cm breite, 8 mm dicke Flacheisen mit 19 mm Fugen quer genietet. Die beiden Widerlager sind massiv und auf Pfählen gegründet. Der Mittelpfeiler besteht aus zwei eisernen, mit Beton gefüllten Röhren von 2,44 m Durchmesser, der Drehpfeiler aus neun solchen Röhren, von denen acht von 1,83 m Durchmesser in einem Kreise von 9,14 m Durchmesser um die neunte von 2,13 m Durchmesser angeordnet sind (Fig. 39). Die neun Röhren sind fest durch gußeiserne Aussteifungen miteinander verbunden und mit Beton 1 Zement : 3 Kies gefüllt. Die mittlere Röhre ist mit einem Granitquader abgeschlossen, die acht äußeren haben einen Betonabschluß von 1 Zement : 2 Kies. Auf der mittleren Röhre ist ein achteckiger Gußkörper befestigt, von dem acht Arme radial nach einem auf den äußeren acht Röhren liegenden ringförmigen Kastenträger aus Gußeisen laufen, der eine Rollbahn mit seitlichem Zahnkranz aufnimmt (Fig. 40 und 41). Der Drehstuhl ist aus Gußeisen hergestellt und mit Dornen in den Abdeckquader eingelassen, auf dem er ferner mit Bolzen befestigt ist (Fig. 42). Er hat zwei Absätze in verschiedenen Höhen; auf dem untersten Absatz ruht die Nabe des Rollenkranzes, von der 24 Speichen nach der gleichen Anzahl von Rollen ausgehen. Auf dem oberen Absatze des Drehzapfens liegt ein zwölfeckiger Gußkörper, von dem zwölf Arme radial nach einem unter dem Haupt- und Querträger liegenden zweiten ringförmigen Kastenträger mit der oberen Rollbahn laufen. Die zwischen beiden Rollbahnen liegenden Rollen haben 0,76 m Durchmesser und sind kegelförmig gestaltet (Fig. 43). Es wurde angenommen, daß das Brückengewicht sich beim Aufdrehen gleichmäßig auf den Drehstuhl und die Rollen verteilen sollte, in geschlossenem Zustande das Widerlager und der Mittelpfeiler mit belastet werden sollten. Der kurze Arm ist durch ein Gegengewicht von 97 t belastet. Die Brücke wird mit Preßwasser bewegt, das man in einem Maschinenhause am Flußufer herstellt. Die Steuervorrichtung liegt in einem Häuschen auf dem Obergurt der Brücke über

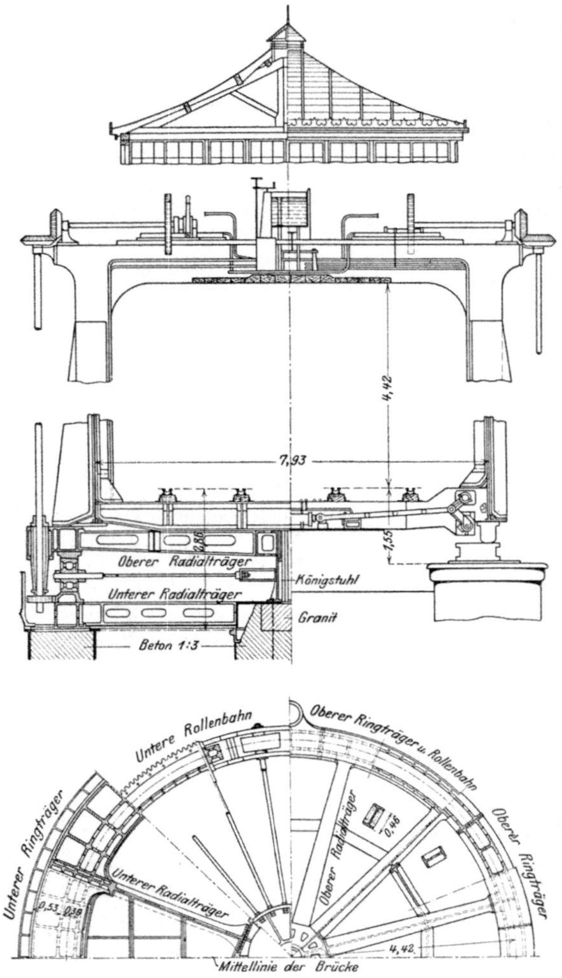

Fig. 40 u. 41.

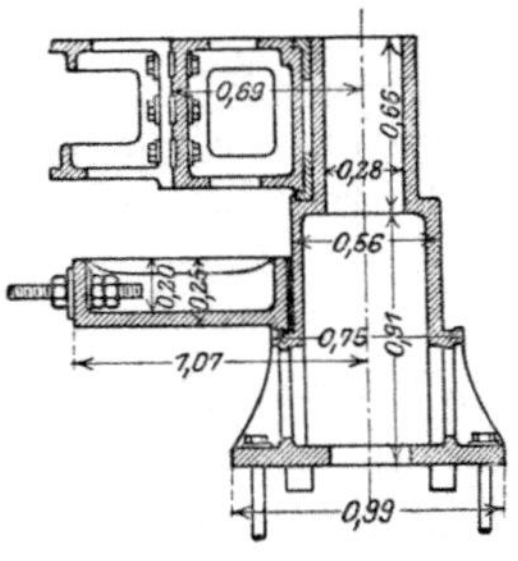

Fig. 42.

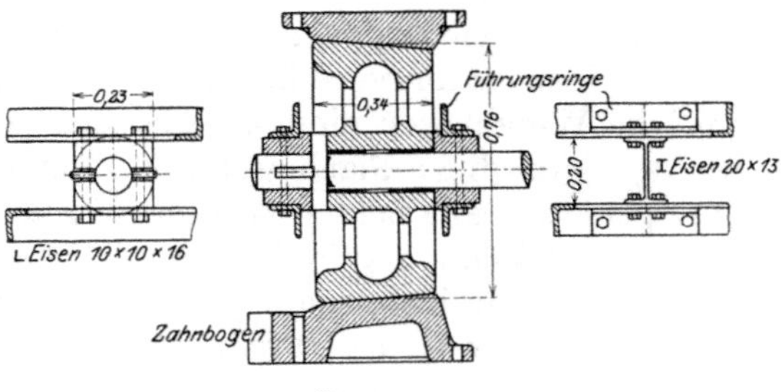

Fig. 43.

dem Drehpfeiler, der Zahnantrieb greift in den seitlichen Zahnkranz der unteren Rollbahn. Es ist dafür gesorgt, daß die Brücke erforderlichenfalls auch durch vier Mann mit der Hand geöffnet und geschlossen werden kann. Die Verriegelung wird durch Gleitkeile und Bolzen bewirkt.

Die vor einigen Jahren auf der Gemeinschaftstrecke der Midland-, Great Northern- und Great Eastern-Gesellschaften von Yarmouth nach Lowestoff an der Ostküste Englands erbaute eingleisige Brücke über die Mündung des Flusses Yare, das sogenannte Breydon-Wasser, hat drei feste Öffnungen mit 51,75 m langen Fachwerkträgern mit abgeschrägten Enden, eine feste Öffnung mit 33,7 m langen

Trägern derselben Bauart und eine zweiarmige Drehbrücke, die zwei gleiche Öffnungen von 18,3 m freimachen kann und deren Hauptträger ebenfalls als Fachwerk mit abgeschrägten Enden gebaut sind (Fig. 44 und 45). Der Baugrund besteht bis etwa 25,4 m unter Schienenoberkante — d. i. etwa 18,3 m unter Niedrigwasser — aus Schlamm, dann folgen eine dünne Tonschicht, eine etwas stärkere Sandschicht mit Steinen, blauer Ton mit Muscheln und schließlich wieder Sand. Eiserne Röhren mit Betonfüllung waren nicht am Platze, ihr Eigengewicht allein hätte den Baugrund übermäßig belastet, man hat daher auf Pfahlrost gegründet (Fig. 46). Die aus amerikanischem Pechtannenholz (pitch pine) gefertigten Pfähle messen 30/30 cm im Quadrat, sind 12

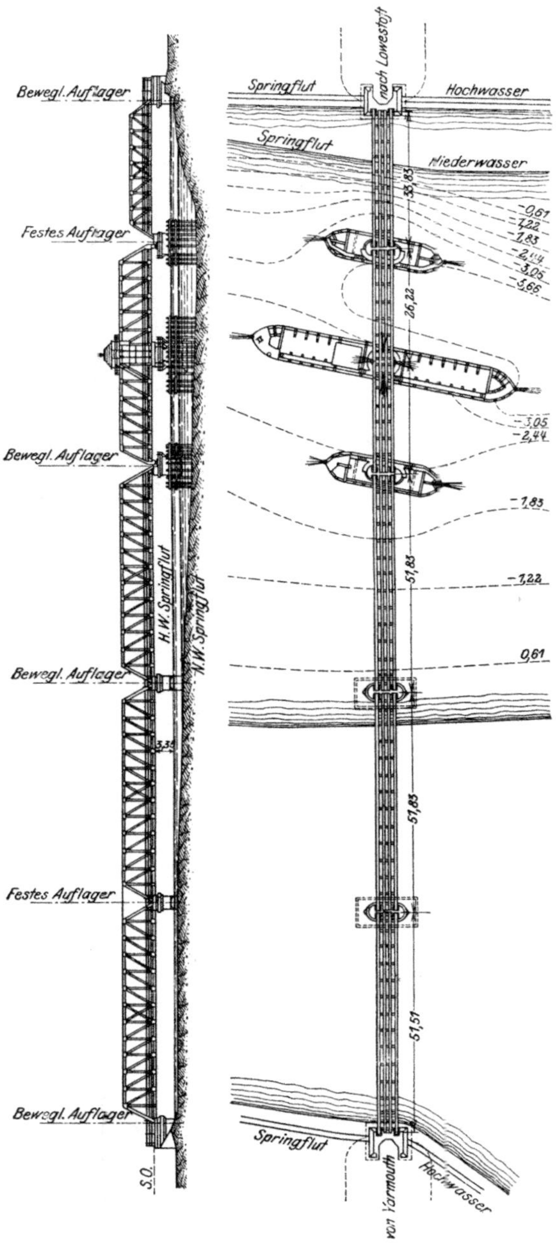

Fig. 44 u. 45.

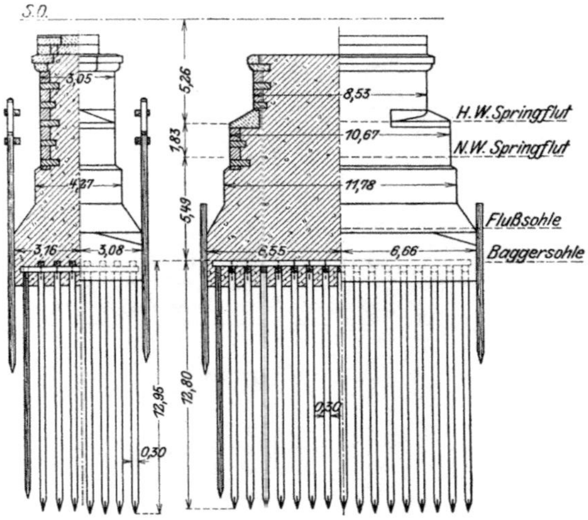

Fig. 46.

bis 13 m lang und teilweise bis auf die erste Sandschicht, teilweise auf geringere Tiefe eingerammt. Die Pfähle sind innerhalb einer 0,25 m starken Stulpwand geschlagen und mit einem Rost versehen, nachdem eine 0,9 m starke Betonschicht zwischen die Pfahlköpfe gebracht war. Die Pfeilerfüße sind dann in Beton der Mischung 1:5 zwischen einer zweiten Stulpwand aufgeführt; aus demselben Baustoff bestehen auch die übrigen Teile der Pfeiler, sie sind indessen über Niedrigwasser mit Hausteinen und Ziegeln verkleidet.

Die Überbauten bestehen aus je 2 Hauptträgern mit etwa $^1/_7$ Pfeil, die in 5,03 m Abstand liegen. Ihrer Berechnung wurde eine Betriebslast von drei schweren Lokomotiven zugrunde gelegt. Die Fahrbahn ist aus Querträgern und Längsträgern gebildet, auf denen hölzerne Langschwellen aus australischem Karriholz zur Aufnahme der Schienen liegen; oben sind die beiden Hauptträger auf größere Höhe kräftig gegeneinander abgesteift. Abweichend von den sonst für solche Weiten üblichen Bauarten haben die Träger Gleitlager mit gekrümmten, mit Talg und Öl geschmierten Gleitflächen. Diese Lager bestehen aus einer Grundplatte mit eingelassener verschraubter Gleitplatte aus Kanonenmetall, deren Oberfläche in der Mitte auf 13 cm Länge wagerecht ist, dann 1 : 150 ansteigt. Auf der Gleitplatte ruhen die Träger mit einem Lagerstück, dessen Unterfläche in der Mitte auf 5 cm Länge wagerecht ist, dann 1 : 176 ansteigt (Fig. 47 bis 49). Um den Schienen die erforderlichen Längenbewegungen zu ermöglichen, sind einzelne Blattstöße angeordnet. Die Träger der Drehbrücke sind 51,7 m lang, 7,32 m hoch und mit einfachen, vom Drehpfeiler nach den Auflagern fallenden

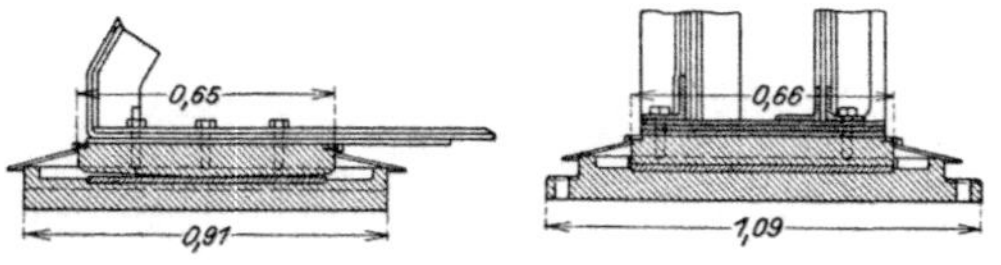

Fig. 47.

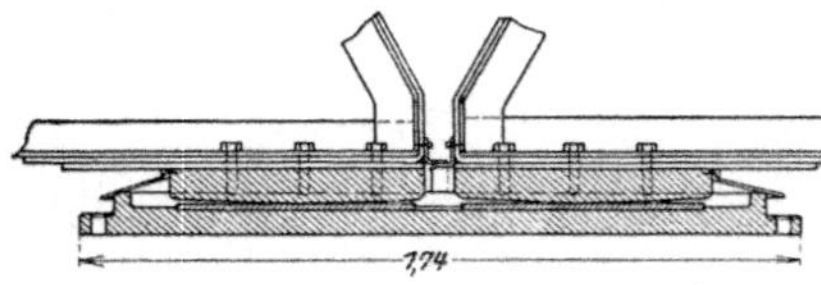

Fig. 48.

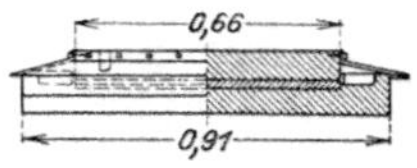

Fig. 49.

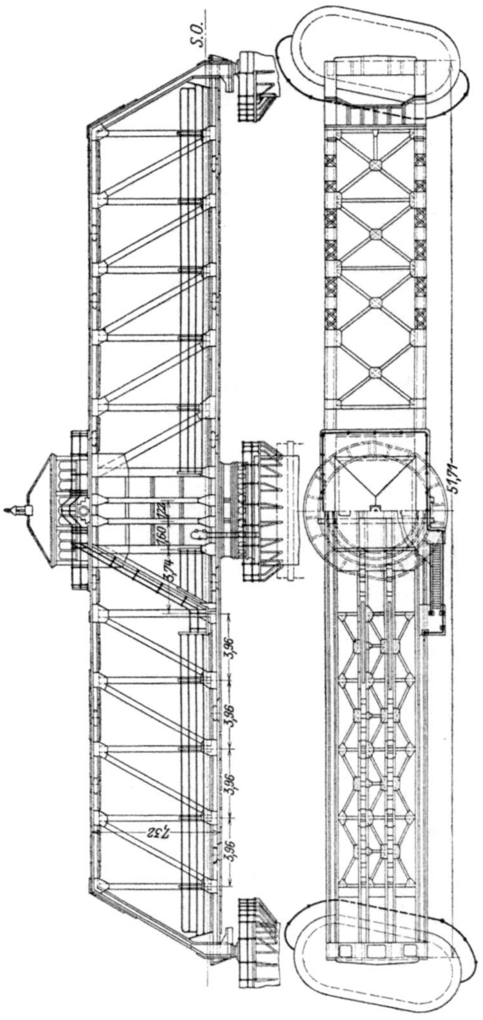

Fig. 50 u. 51.

Schrägstreben versehen; oben sind die beiden Hauptträger kräftig gegeneinander abgesteift wie die Träger der festen Öffnungen; in Fahrbahnhöhe und auf den Obergurten sind Windverbände angeordnet (Fig. 50 und 51). Auf dem Drehpfeiler steht ein schwerer gußeiserner Drehstuhl mit einem zugehörigen Kopfstück aus Gußstahl von 3 t Gewicht, das sich auf einem Spurlager mit 96 eingelegten Stahlkugeln von 50 mm Durchmesser dreht und an dem die Brücke mit acht Stahlbolzen von 10 cm Durchmesser aufgehängt ist. Diese Bolzen sind durch zwei kurze Längsträger geführt, die zwischen zwei trapezförmige Querträger zur Aufnahme der Hauptträger gespannt sind (Fig. 52 bis 54). Der Rollenkranz besteht aus 24 kegelförmigen Rollen, die zwischen einer unteren Rollbahn auf dem Drehpfeiler und einer oberen Rollbahn an einem kreisförmigen Kastenträger laufen, der unter dem Hauptträger liegt. Die Speichen des Rollenkranzes laufen nach einer den Drehstuhl umschließenden Nabe (Fig. 55). Die Aufhängung ist für gewöhnlich so geregelt. daß die ganze Brückenlast beim Aufdrehen auf dem

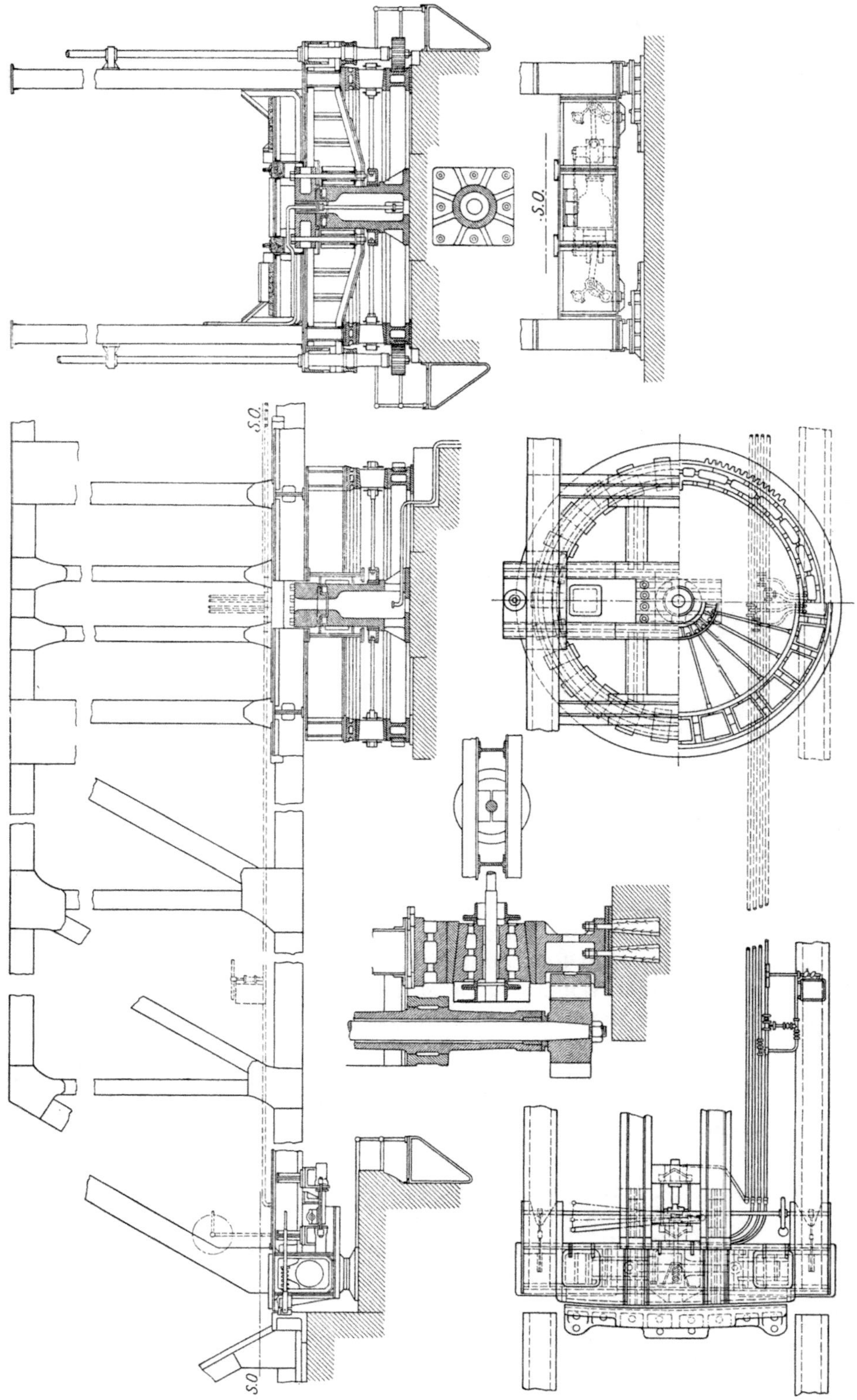

Fig. 52 bis 55.

Drehstuhl ruht, in geschlossenem Zustande von dem Drehstuhl und den Lagern unter den Trägerenden aufgenommen wird. Die Brücke wird durch ein Zahngetriebe bewegt, dessen Zahnräder in einen an der unteren Rollbahn sitzenden

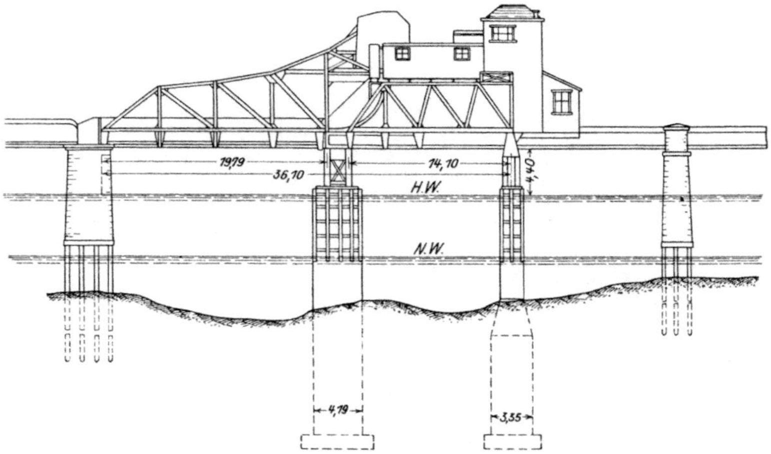

Fig. 56.

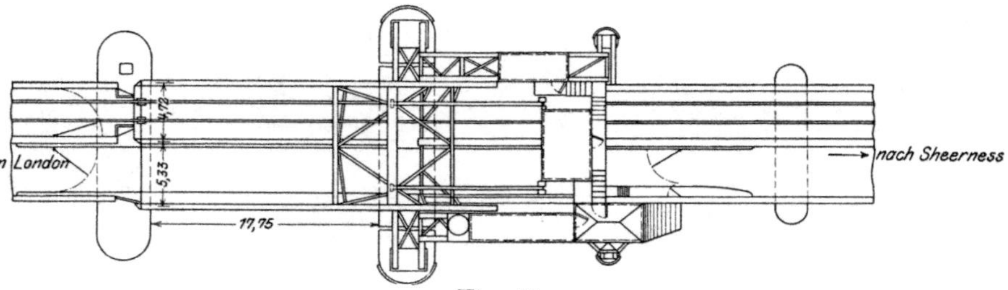

Fig. 57.

Zahnkranz fassen. Die bewegende Kraft wird von einer 14 pferdigen Gasmaschine der Bauart Otto geliefert, die mit den übrigen Bewegungseinrichtungen in einem Maschinenhause über den Hauptträgern aufgestellt ist. Die Lagerkeile zum Heben und Senken der Brückenenden werden jedoch mit Preßwasser bewegt. Beim Versagen der mechanischen Bewegungseinrichtungen kann die Brücke mittels einer Winde durch Menschenkraft bewegt werden. Sowohl bei den Werkstatts- als bei den Aufstellungsarbeiten wurde mit Vorteil Preßluft zum Nieten verwendet.

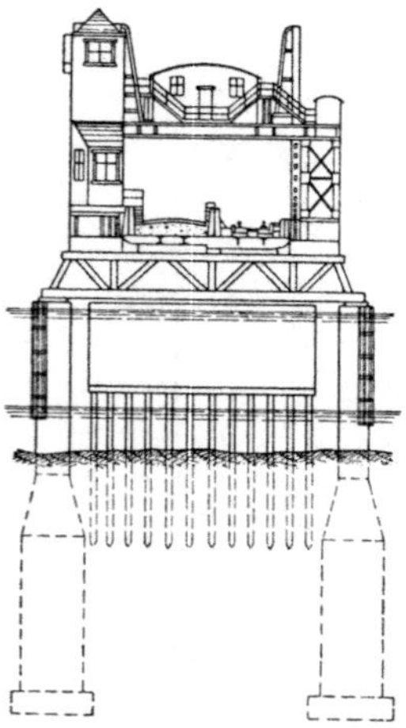

Fig. 58.

Eine der allerneuesten Zeit entstammende Brücke über den Barrow in Irland auf der Neubaustrecke der Great Western und Southern-Gesellschaft ist 650 m lang, mit 13 festen Öffnungen von 42,7 m Lichtweite, einer Drehbrücke, die zwei Öffnungen von 24,4 m überspannt und mit elektrischer Kraft bewegt wird.

Von den bisher üblichen Bauarten weicht völlig die neue bewegliche Brücke von 17,75 m Lichtweite ab, die die South Eastern-Gesellschaft vor einigen Jahren über den Swale anstelle einer älteren Klappbrücke zur gemeinsamen Überführung einer in gleicher Höhe liegenden eingleisigen Bahn und einer Straße erbaut hat, weil sie nach der amerikanischen Bauart Scherzer hergestellt ist, die hier zum ersten Male in England angewandt worden ist (Fig. 56 bis 58).

Das bemerkenswerteste Kennzeichen der Bauart ist bekanntlich, daß das Hinterende der Hauptträger als viertelkreisförmige Walze mit Vertiefungen am Umfange ausgebildet ist, durch deren Abrollen auf Trägern mit Vorsprüngen die Brücke wie eine Klappbrücke geöffnet und geschlossen wird. Wegen der Belastung des Hinterendes sind die Hauptträger sowohl bei geschlossener Brücke als bei geöffneter und bewegter Brücke als Kranzträger anzusehen. Die Hauptträger sind 10,06 m von Mitte zu Mitte entfernt, die Lichthöhe über Schienenoberkante ist 4,9 m, zwischen der Bahn und der Straße ist ein niedriger Mittelträger angeordnet. Die Schienen ruhen in kastenförmigen, als Zwillingsträger ausgebildeten Längsträgern (Fig. 59).

Die neue Brücke liegt im Zuge einer alten, auf eisernen Pfählen gegründeten Brücke, ist aber teilweise auf neuen eisernen Röhren mit Betonfüllung gelagert

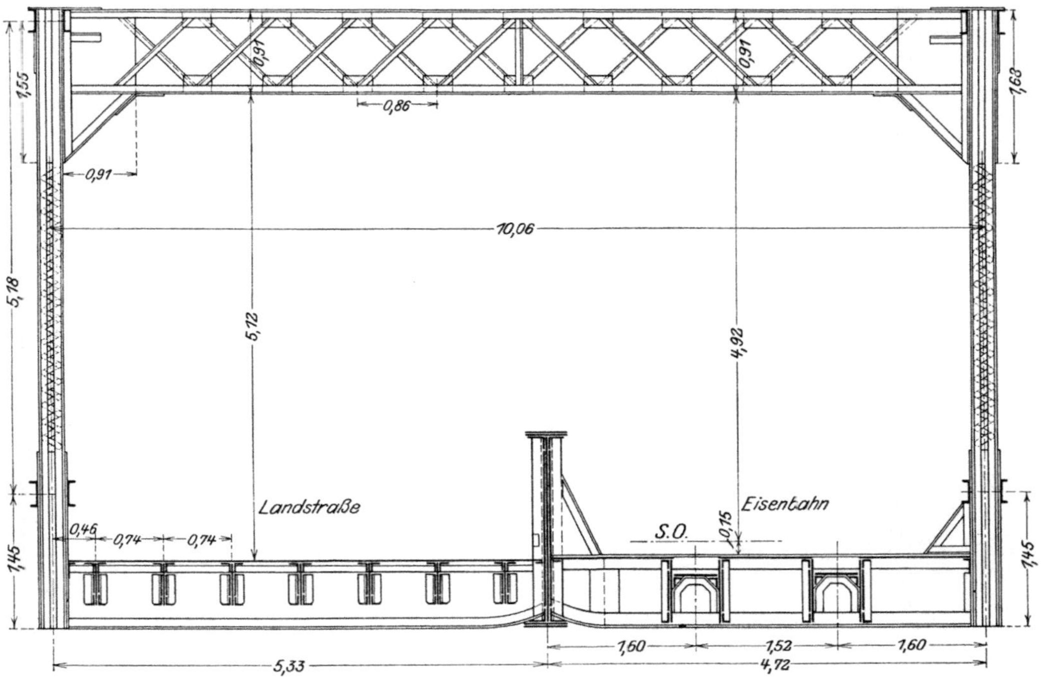

Fig. 59.

(Fig. 56 bis 58). Über die neuen Pfeiler sind Querträger gestreckt zur Aufnahme der die Rollbahnen und Maschinen tragenden Trapezträger. Die Brücke wird mit Elektrizität bewegt, die in einem seitlich neben der Brücke liegenden Maschinenhause hergestellt wird. Die Bewegungseinrichtungen, deren Steuerungen an einem Wärterhause über den Obergurten der erwähnten Trapezträger liegen, bestehen im wesentlichen aus zwei 11,3 m langen Zahnstangen, die im Mittelpunkt der walzenförmigen Brückenenden angreifen; durch Zurückziehen der Zahnstangen mit einem aus mehreren Vorgelegen bestehenden Getriebe wird die Brücke geöffnet, durch darauf folgendes Wiedervorschieben der Zahnstangen geschlossen (Fig. 60 und 61). Derartige Brücken haben den Vorteil, daß man sie bei einer Gleisvermehrung durch Hinzufügen neuer Teile erweitern kann, während eine gewöhnliche Drehbrücke unter solchen Umständen gänzlich beseitigt und durch eine völlig neue Konstruktion ersetzt werden muß.

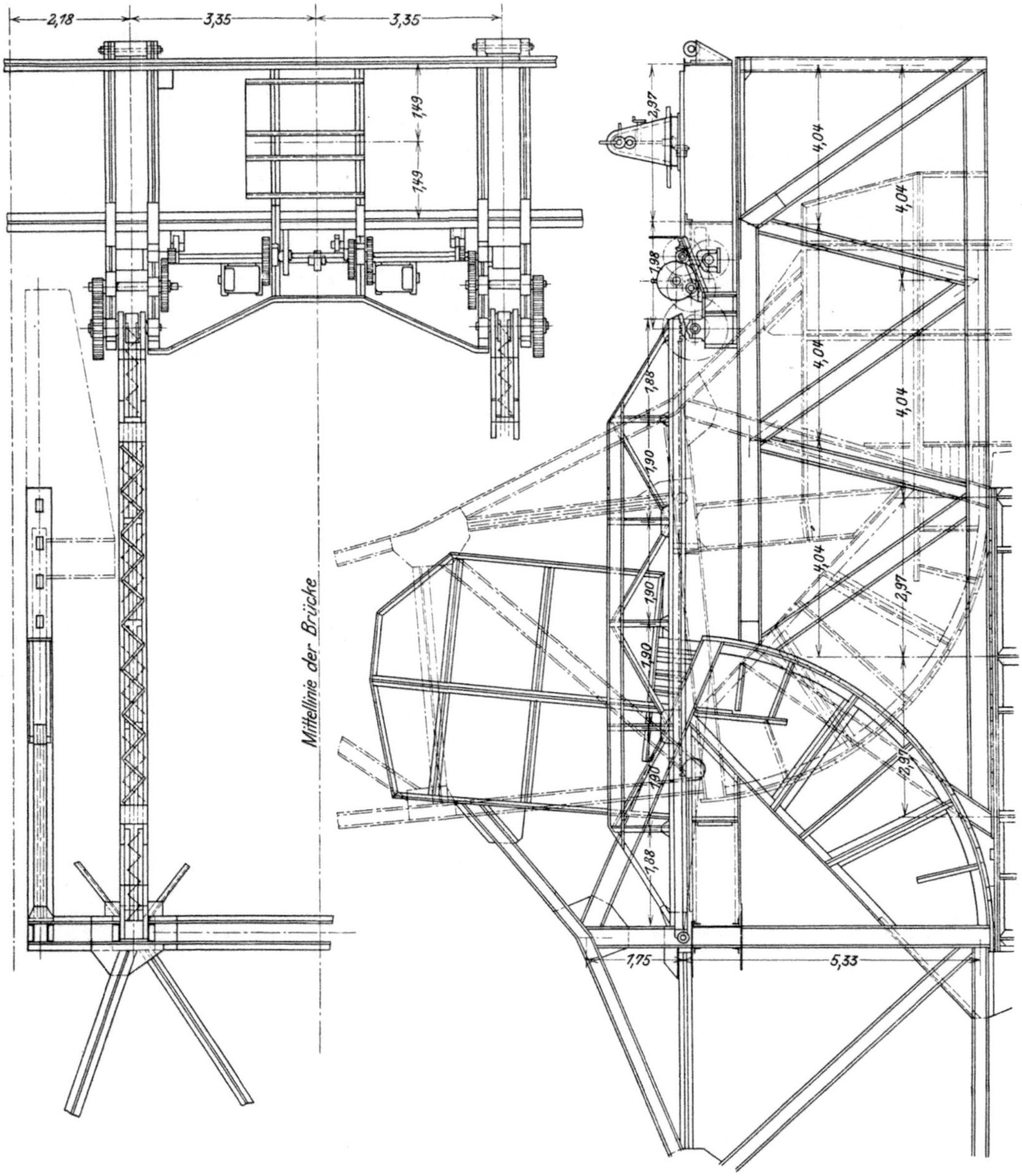

Fig. 60 u. 61.

5. Tunnel.

Mit Ausnahme einiger Gegenden von Schottland und Wales ist Großbritannien kein Gebirgsland, wie oben erwähnt. In den gebirgigen Gegenden von Schottland und Wales ist der Verkehr aber nicht sehr dicht, auch ist es nicht nötig gewesen, Durchgangslinien durch sie hindurchzuführen. Andererseits kann man Großbritannien nicht als Flachland bezeichnen, denn es enthält zahlreiche Erhebungen von mittlerer Höhe. Wenn man sich nun vergegenwärtigt, daß die Linienführung der englischen Bahnen aus Mangel an Erfahrung, die naturgemäß den älteren Eisenbahntechnikern fehlte, oder aus Rücksichten auf den Wettbewerb teilweise wenig dem Gelände angepaßt ist, erscheint es begreiflich, wenn in Großbritannien zwar keine Gebirgstunnel von ungewöhnlicher Länge, wohl aber zahlreiche kürzere Tunnel vorkommen. Im Gegensatz hierzu ist Irland sehr arm an Tunneln, weil es im wesentlichen als Flachland bezeichnet werden muß.

Außer den seit dem Beginn des Eisenbahnbaues bis in die Neuzeit hergestellten zahlreichen Tunneln auf der freien Strecke der Bahnen, die vorwiegend unter Höhenzügen, aber ausnahmsweise auch unter Flüssen liegen (Severn, Themse, Mersey), ist in der Neuzeit eine Reihe von Tunneln innerhalb der großen Städte zur Aufnahme von Stadtbahnen gebaut worden.

Die meisten Tunnel der freien Strecke werden in England nach der bekannten englischen Bauweise gebaut, bei der man den ganzen Tunnelquerschnitt auf eine Länge von 10 bis 18′ = 3,05 bis 5,50 m — gewöhnlich von 12′ = 3,66 m oder 15′ = 4,57 m — abbaut und einrüstet, dann die Mauerung in der eingerüsteten Zone von unten anfangend herstellt, zuerst das etwaige Sohlengewölbe. Erst nach Fertigstellung der Mauerung in einer Zone kann der Vollausbruch einer folgenden Zone beginnen. Dies ist durch die Anordnung der Zimmerung bedingt, deren Joche (Langhölzer) an der Brust durch ein Bockgespärre, am andern Ende durch das fertige Gewölbe gestützt werden und deren Hölzer in einer folgenden Zone wieder verwandt werden. Hierbei werden die Joche gewöhnlich vorgezogen und zu dem Zweck kleine Mauerkörper zur Unterstützung des Gebirges auf das Gewölbe gesetzt. Hiernach können an einem Angriffspunkt entweder nur die Maurer oder nur die Bergleute arbeiten; will man keinen Trupp feiern lassen, so müssen mindestens zwei Arbeitsstellen vorhanden sein, die durch flottes Vortreiben des Richtstollens oder durch die Abteufung von Schächten — in beiden Fällen unter Herstellung von Aufbrüchen — gewonnen werden. Richtstollen pflegt man nur in standfestem Gebirge (Kreide, Felsen) auf größere Länge vorzutreiben, ohne mit dem endgültigen Ausbau zu folgen; in druckhaftem Gebirge ist es Regel, möglichst bald die Mauerung herzustellen. Die englischen Ingenieure kennen zwar auch die fremden Tunnelbauweisen, behaupten aber, die ihrige sei sparsamer im Holzverbrauch, gestatte eine schnellere Bauausführung, sei namentlich in weichem Gebirge gefahrloser und gewähre bessere Arbeitsräume. Demgegenüber ist anzuführen, daß der Aushub der Gebirgmassen bei der englischen Bauart größer ist als bei anderen Bauarten, weil eine Profilerweiterung nötig ist, um die Joche auf dem fertigen Mauerwerk zu lagern. Diese Profilerweiterung hat man zwar neuerdings durch Verwendung von Eisenträgern einzuschränken gesucht, es ist aber trotzdem die Frage, ob nicht in England in geeigneten Fällen die belgische Bauweise vorteilhaft an Stelle der englischen angewandt werden könnte.

In früherer Zeit hat man in England häufig die in einigermaßen festem Gestein liegenden Tunnel ohne Ausmauerung hergestellt, in der Neuzeit geschieht dies seltener; denn nach neueren Anschauungen soll jeder Eisenbahntunnel für größeren Verkehr ausgemauert werden, es sei denn, daß man sich vollkommen auf die Festigkeit und Wetterbeständigkeit des Gebirges verlassen kann. Hierbei soll man sich aber nicht dadurch täuschen lassen, daß andere Tunnel eine lange Zeit ohne Ausmauerung bestanden haben; denn es sind Fälle bekannt, in denen englische Tunnel ohne Ausmauerung sich mehr als 50 Jahre vollkommen bewährt haben, dann aber infolge ungünstiger Umstände, wie Frost bei starken Winden, sehr gefährliche Lockerungen in den Wänden und Abstürze von Gebirgsmassen erfolgt sind. Beispielsweise war im Box-Tunnel der Great Western-Eisenbahn, der nur zur Hälfte ausgemauert ist, in 50 Jahren keine Störung vorgekommen, als vor etwa 12 Jahren nach stärkerem Frost und Ostwinde große Gebirgsmassen von den Wänden herunterfielen und andere Massen als unsicher beseitigt werden mußten.

Wenn man bedenkt, welche Störungen und Unglücksfälle auf einer verkehrsreichen Bahn durch herabfallendes Gestein und durch Ausbesserungen in den

Tunneln entstehen können, wird man den neueren Anschauungen der englischen Ingenieure über die Ausmauerung von Tunneln unbedingt zustimmen müssen. Die englischen Tunnel werden vielfach mit Ziegelsteinen in Zementmörtel oder Wasserkalkmörtel ausgemauert, weil gute Bruchsteine meistens fehlen. Die Stärke der Mauerung richtet sich natürlich nach dem Gebirgsdruck, man ist in einzelnen Fällen bis zu 8 Ringen aus $4\,{}^1/_2$ zölligen Steinen gegangen. Die Hohlräume hinter dem Tunnelmauerwerk werden meistens sorgfältig ausgepackt, die London and North Western-Gesellschaft läßt sie mit Beton ausfüllen. Weitere Einzelheiten englischer Tunnelbauten sollen an nachstehenden Beispielen erörtert werden.

Die in der Buntsandsteinformation hergestellten Sherwood Rise- und Mansfield Road-Tunnel der Great Central-Eisenbahn sind 605 und 1088 m lang und liegen in Neigungen von 1 : 130. Für die Herstellung jedes Tunnels wurden vier Schächte abgeteuft, dann Aufbrüche gemacht und Friststollen von 3,66 m im Quadrat vorgetrieben. Der weitere Ausbau wurde in Zonen von 3,80 bis 5,50 m vorgenommen. Die Ausmauerung beschränkte sich meistens auf das Einziehen eines Gewölbes von 0,46 bis 0,57 m Stärke, nur in der Nähe der Portale wurde eine volle Ausmauerung in 0,69 m Stärke mit schwächerem Sohlengewölbe für erforderlich gehalten (Fig. 62). Die Entfernung der senkrechten Felswände ist

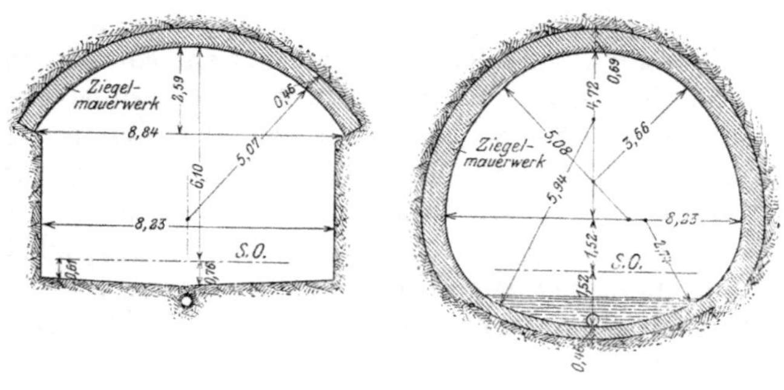

Fig. 62.

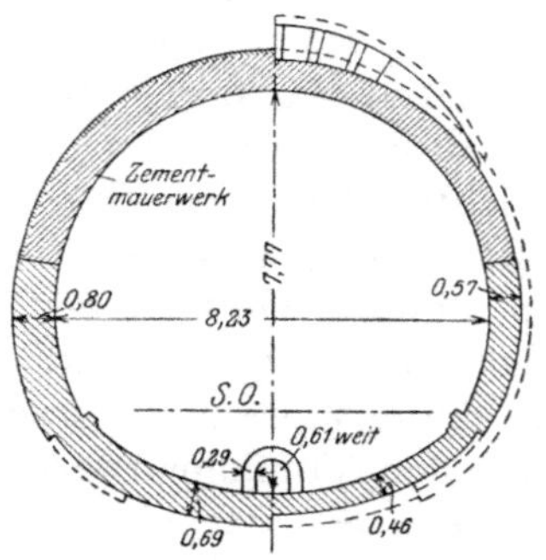

Fig. 63.

8,23 m, die Gewölbe haben aber 8,84 m Spannweite. Alle 20 m ist an jeder Seite eine gewöhnliche Nische, alle 400 m eine erweiterte Nische von 3×3 m angeordnet.

Der in der unteren Liasformation liegende Catesby-Tunnel der Great Central-Bahn ist 2743 m lang, 8,23 m weit und 7,77 m hoch (Fig. 63). Der Tunnel ist in ganzer Länge mit Ziegeln und Verblendern ausgemauert. Für die Bauausführung wurden neun Schächte abgeteuft, von denen der erste volle 450 m vom Nordportal entfernt lag, weil ein Privatgrundstück zu schonen war. Daher mußte ein längeres Stück an diesem Ende des Tunnels unter Herstellung eines Sohlenstollens nebst Aufbrüchen aufgeführt werden, während im übrigen von den Schächten aus unmittelbar mit dem Vollausbruch begonnen wurde. Die Bauarbeiten wurden aus diesem Grunde am Nordende erschwert, zumal das Gebirge hier am schlechtesten war. Große Mühe verursachte schon das Offenhalten des $3{,}05 \times 3{,}06$ m messenden Stollens, obgleich Kappen, Ständer und Schwellen 25 bis 30 cm stark waren. Die Abbauzonen wurden nur 3 m lang gemacht, trotzdem senkten sich die aus Pechtannenholz (pitch pine) hergestellten Kronbalken von 35 cm im Quadrat bisweilen volle 60 cm. Die Ausmauerung wurde an diesen Stellen im Gewölbe und den Widerlagern sieben Ringe, im Sohlengewölbe sechs Ringe stark gemacht, in Zementmörtel ausgeführt und mit wetterbeständigen Steinen verblendet, während im übrigen nur vier oder fünf Ringe erforderlich waren. Der Tunnel liegt in einer Neigung von 1 : 176 in der Geraden und wird durch vier Schächte von 3,05 m Durchmesser und einen von 4,57 m Durchmesser gelüftet. Der Bau wurde am 18. Februar 1895 begonnen und am 22. Mai 1897 beendigt, so daß der monatliche Baufortschritt etwa 100 m war.

Der neue Tunnel auf der Erewash Valley-Linie der Midland-Gesellschaft zwischen Clay Cross und Trent, der beim viergleisigen Ausbau dieser Strecke in 27 m Entfernung von einem vorhandenen Tunnel hergestellt wurde, ist 770 m lang und durchsetzt die aus Ton-, Sandstein-, Tonschiefer- und Kohlenschichten

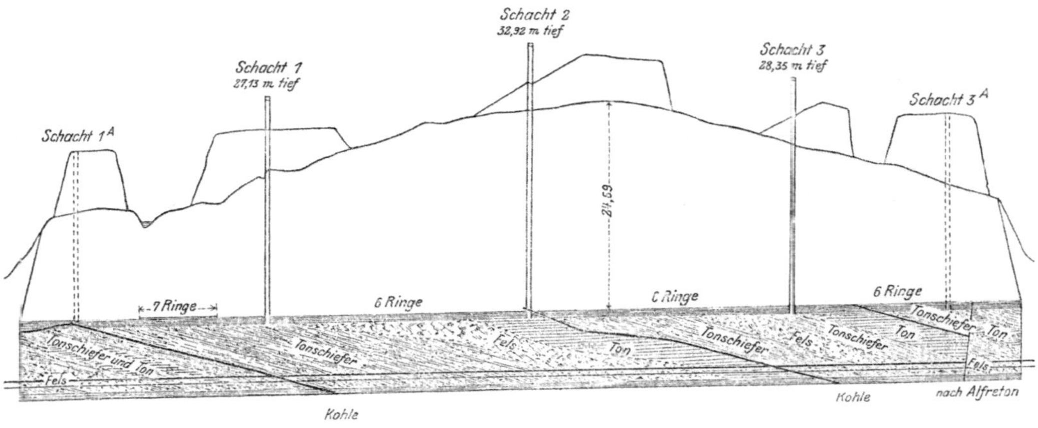

Fig. 64.

bestehende, der oberen Kohlenformation angehörende Hügelkette 16 km südlich von Chesterfield bei der Stadt Alfreton. Die Schichten fallen 1:40 von Südwesten nach Nordosten; der Tunnel durchsetzt sie von Norden nach Süden, liegt in 1:230 Neigung und ist bis 24,69 m Höhe vom Gebirge überlagert (Fig. 64). Da Voreinschnitte von 122300 und 99400 cbm an beiden Enden des Tunnels lagen, wurde beschlossen, für den Tunnelbau fünf Schächte abzuteufen, von denen drei in Entfernungen von 200 m lagen, nach Fertigstellung der Tunnel verkleidet wurden und nunmehr als Lüftungsschächte dienen, während zwei in der Nähe der Portale wieder verfüllt wurden. Ursprünglich war beabsichtigt, von den Schächten aus einen Sohlenstollen in ganzer Tunnellänge durchzutreiben, tatsächlich ging man aber nachher gleich mit dem Vollausbruch vor, was sich auch bei anderen Tunneln in Tonboden bewährt hat, deren Bau von einer größeren Anzahl von Schächten aus in Angriff genommen werden konnte. Der Tunnel ist 8,08 m weit, 6,4 m hoch über Schienenoberkante, hat eiförmigen Querschnitt und ist in ganzer Länge ausgemauert (Fig. 65). Die Ausmauerung ist 0,71 bis 0,91 m stark und in neunzölligen Ringen ausgeführt; an fünfzehn Stellen sind durchgehende Binderschichten eingelegt. Die größte Mauerstärke ist auf 6 m Länge unter den Lüftungsschächten, eine mittlere Stärke in einer Druckstrecke ausgeführt. Das Sohlengewölbe ist etwas schwächer als das übrige Mauerwerk. Das Mauerwerk ist in ganzer Länge mit besseren Steinen verkleidet und teils in Wasserkalkmörtel 1 Kalk : 1 Sand : 1 Asche, teils in Zementmörtel 1 : 2 ausgeführt. Auf das Sohlengewölbe ist ein gewölbter Entwässerungskanal gesetzt, der alle 40 m mit einem Untersuchungsschacht versehen ist (Fig. 66). Dann sind gebrannter Lehm, Stein-

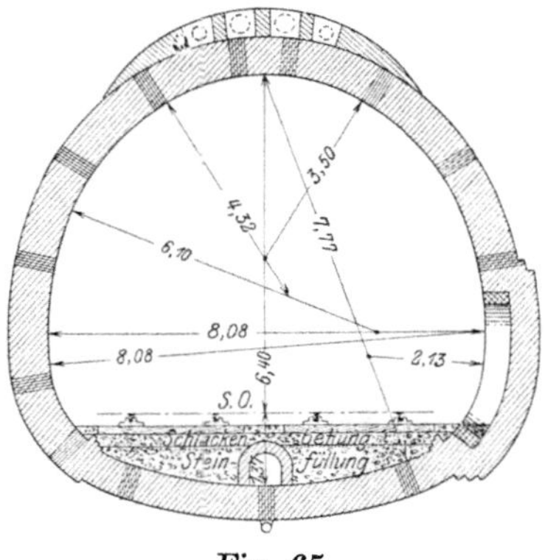

Fig. 65.

schlag und Schlacken als Bettung für den Oberbau eingebracht. An den Stellen, wo die Lüftungsschächte sich auf das Tunnelgewölbe setzen, ist die Mauerung aus gesinterten Steinen in Zementmörtel ausgeführt. Alle 10 m abwechselnd an der einen oder anderen Tunnelseite ist eine Nische von 2,21 m Höhe, 1,07 m Breite und 0,46 m Tiefe angelegt. Der Tunnel wurde meistens in Zonen von 4,57 m Länge ausgeführt, bei 5,49 m Länge waren die Joche zu schwach. In einer Druckstrecke von 60 m Länge mußte die Zonenlänge auf 3,67 m verkürzt werden, aber selbst dann brachen mitunter noch Joche von 50 bis 56 cm Durchmesser.

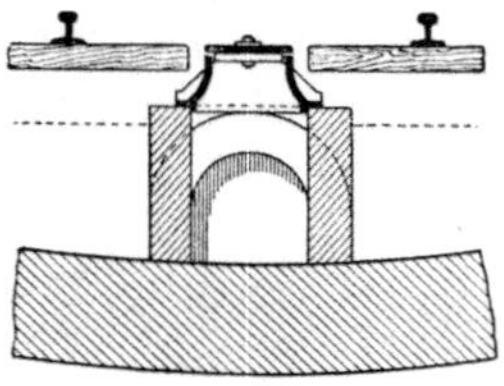

Fig. 66.

Der Wasserandrang war gering, an einigen Stellen mußten die Bergleute und Maurer aber gegen Tropfwasser geschützt werden, was erfolgreich mit Blechplatten bewirkt wurde, die man auf die Joche legte. Das nach den Seiten abfließende Tropfwasser wurde durch Tonröhren von 10 cm Durchmesser unter dem Sohlen-

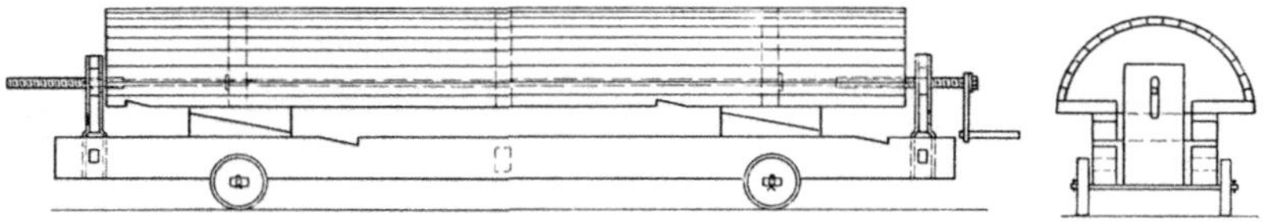

Fig. 67.

gewölbe nach Sümpfen unter den Schächten geführt und dann ausgepumpt. Drei Trupps Maurer von vier Mann wechselten mit zehn Trupps Bergleute, durchschnittlich wurde eine Zone von 4,57 m Länge in $5^1/_2$ Tagen ausgemauert. Zur Herstellung des Tunnelkanals wurde das in Fig. 67 dargestellte fahrbare Lehrgerüst mit Erfolg verwandt. Das Schachtmauerwerk ist 4,5 m über die oben abgelagerten Ausbruchmassen hinausgeführt, an einzelnen Stellen ringförmig verstärkt und auf Felsschichten gestützt, um das Tunnelgewölbe zu entlasten. Wasserführende Schichten sind durch vierzöllige Tonröhren am Schacht und auf dem Tunnelmauerwerk entwässert (Fig. 68). Diese Entwässerung hat

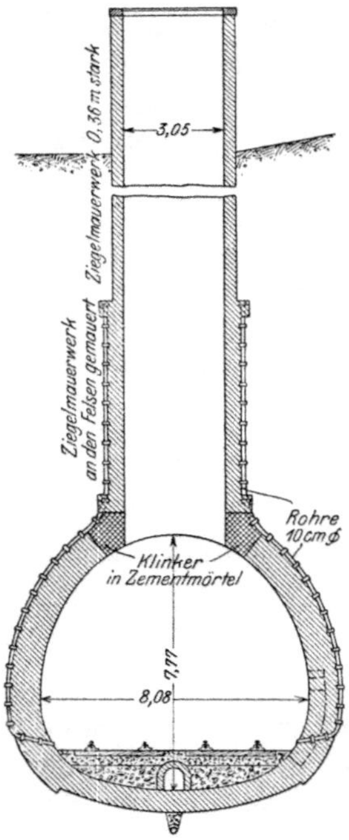

Fig. 68.

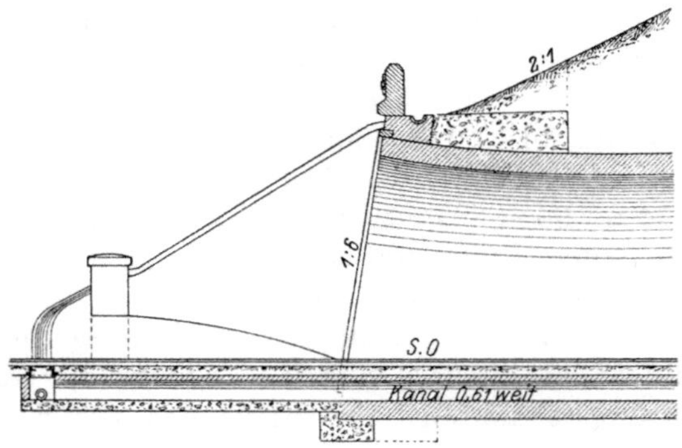

Fig. 69.

sich nicht bewährt, weil die Tonröhren bald verstopft waren; man hätte die Röhren wohl besser durch das Schachtmauerwerk geführt und im Schacht und Tunnel verlegt. Die Tunnelportale sind mit geneigter Vorderfläche hergestellt, zu der das Gewölbe senkrecht angeordnet ist (Fig. 69). Um an den Portalen Längenverband im Mauerwerk herzustellen, wurden auf 18 m Länge im ganzen 72 Eisenklammern von 38 $\times$ 8,6 mm Stärke mit eingemauert. Die Hebung des Gewölbescheitels infolge von Seitendruck wird durch einen auf das Gewölbe gebrachten Betonklotz verhindert. Der Tunnel wurde ausschließlich der Portalstrecken in 23 Monaten, einschließlich der Portalstrecken in 28 Monaten hergestellt; 53500 cbm Ausbruchmassen waren zu fördern und neun Millionen Ziegel einzubauen.

Der 2022 m lange neue Merstham-Tunnel der London, Brighton and South Coast-Eisenbahn ist in fester Kreide hergestellt, so daß kein Sohlengewölbe er-

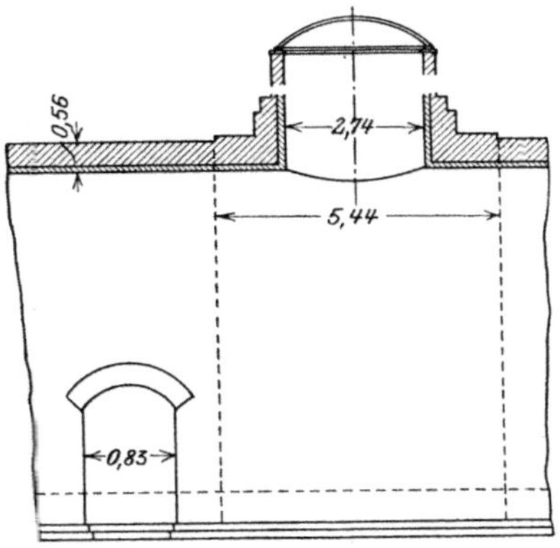

Fig. 70.

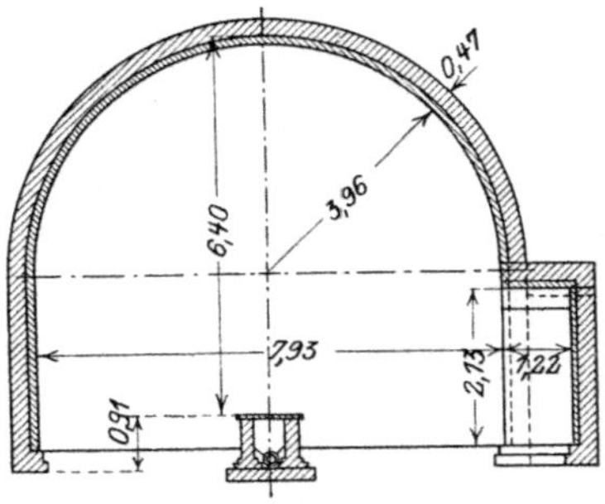

Fig. 71.

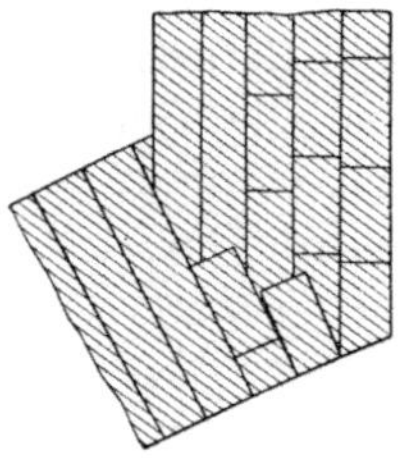

Fig. 72.

forderlich war und die Tunnelwände lotrecht angeordnet werden konnten (Fig. 70). Der Tunnel ist in ganzer Länge 0,47 m stark ausgemauert, einschließlich einer $4^{1}/_{2}$zölligen Verblendung. Die Bauarbeiten wurden von beiden Enden und von sechs Schächten aus in Angriff genommen; die Schächte, deren Höhe zwischen 44 und 70 m beträgt, dienen nach Inbetriebnahme des Tunnels zur Lüftung. Man ging bei den Arbeiten in der Weise vor, daß von jedem Schacht aus in beiden Richtungen Sohlenstollen vorgetrieben und dann Aufbrüche hergestellt wurden. Die Ausbruchmassen wurden teils neben den Schachtmündungen abgelagert, teils in die Bahndämme eingebaut. Die Zimmerung konnte ziemlich schwach gehalten werden, weil das Gebirge gut stand. Schacht- und Tunnelmauerwerk wurden nach Fig. 71 und 72 zusammengestoßen.

6. Oberbau.

Mit Ausnahme von Irland ist auf den englischen Eisenbahnen bekanntlich der Stuhlschienenoberbau mit Doppelkopfschienen seit langem vorherrschend, den die englischen Ingenieure als den besten für den dichten, schweren Verkehr mit schnellfahrenden Zügen ansehen, der auf vielen Hauptlinien in Großbritannien besteht. In Irland, wo der Verkehr leichter ist, gibt es neben dem Stuhlschienenoberbau auch den Breitfußschienenoberbau; wenn der Verkehr auf einzelnen Linien stärker wird, pflegt man auch hier vom Breitfußschienenoberbau zum Stuhlschienenoberbau überzugehen, wie in der Neuzeit das Beispiel der Great Southern and Western-Eisenbahn zeigt. Die auf den englischen Schnellzugstrecken verkehrenden Lokomotiven haben durchschnittlich eine größte Achsbelastung von 16,25 bis 18,30 t, vereinzelt von 20,30 t. In Irland ist die größte Achsbelastung 13 t. Das feuchte Klima der meisten Gegenden Englands ist der Verwendung von Holzkeilen beim Stuhlschienenoberbau zwar günstig, kann aber nicht als die alleinige Ursache dafür angesehen werden, daß die Engländer so gute Erfolge mit ihrem Oberbau erzielt haben. Denn einige Gegenden im Nordosten Englands sind kaum feuchter als das festländische Klima, so daß hier auch mit dem Eintrocknen und Lockern der Keile zu rechnen wäre, wie es bei Versuchen auf dem Festlande beobachtet worden ist. Aber auch in diesen verhältnismäßig trockenen Gegenden Englands hat sich der Stuhlschienenoberbau bewährt. Ohne die Streitfrage hier aufzurollen, ob der Breitfußschienenoberbau dem Stuhlschienenoberbau überlegen ist, oder umgekehrt, mögen nachstehend unter Ausscheidung aller einseitigen Urteile die Vorzüge und Nachteile aufgeführt werden, die englische Ingenieure mit Erfahrung in der Verwendung beider Oberbauarten geltend machen.

Sie schreiben den Oberbauarten folgende Vorzüge zu:

a) Stuhlschienenoberbau. Große Auflagerfläche der Eisenteile auf den Schwellen und feste Lagerung der Schienen, daher größere Lebensdauer weicherer Schwellen und größere Sicherheit gegen Kanten der Schienen; tiefe Lage des Oberbaues in der Bettung; bequemes Schienenauswechseln ohne Lösen der Befestigungsmittel in den Schwellen; Erleichterung der Bahnunterhaltung, weil die Befestigungsmittel weniger beansprucht werden und der Stuhl gewöhnlich doppelt solange gebrauchsfähig bleibt als die Schiene; Doppelkopfschienen schmiegen sich den Bögen besser an und verbiegen sich nicht leicht in der Graden, man findet daher selten verbogene Doppelkopfschienen; bequemeres Walzen und größere Wahrscheinlichkeit, überall Material von gleicher Beschaffenheit in der Schiene zu haben. Das Material kann in größerer Härte erzeugt werden, wodurch die Lebensdauer der Schienen erhöht wird. Die Wärmelücken können kleiner gehalten werden, weil die Schienen mehr mit Bettung umfüllt werden dürfen.

b) Breitfußschienenoberbau. Weniger Einzelteile, was aber fraglich erscheint; geringere Beschaffungskosten; weniger Bettungsmaterial erforderlich; größere Seitensteifigkeit; größere Sicherheit gegen böswillige Beschädigungen.

Ferner folgende Nachteile:

a) Stuhlschienenoberbau. Größere Beschaffungskosten; mehr Bettungsmaterial erforderlich; geringere Seitensteifigkeit.

b) Breitfußschienenoberbau. Die geringe Auflagerfläche verursacht schnellere Abnutzung der Schwellen; Abfressen der Nägel und Schrauben durch den Schienenfuß ist nicht ausgeschlossen; die Durchbiegung der Schienen bewirkt Lockerung der Befestigungsmittel auf den Schwellen und verursacht seitliche Bewegungen der Schienen; größere Schwierigkeiten bei der Unterhaltung wegen Lockerung der Befestigungsmittel; verbogene Schienenstränge sind häufiger zu finden; größere Schwierigkeiten beim Schienenwalzen und Legen von Bögen.

Der Wert dieser Urteile wird dadurch beeinträchtigt, daß nicht gerade der beste Breitfußschienenoberbau festländischer Bahnen zum Vergleich herangezogen ist; als Nachteil des Stuhlschienenoberbaues wäre sonst wohl nach Ansicht mehrerer Oberbautechniker noch anzuführen, daß die Stoßverbindungen nicht nutzbar gemacht werden können zur Verhinderung des Schienenwanderns und man die Stoßschwellen nicht so enge zusammenrücken kann, wie beim Breitfußschienenoberbau; das Wandern der Schienen soll allerdings beim Stuhlschienenoberbau unbedeutend sein, weil die Schienen durch die Keile in den Stühlen festgehalten werden, man braucht daher angeblich keine besonderen Mittel, es zu verhüten, wie beim Breitfußschienenoberbau. Ob es ratsam ist, die Stöße zur Verhinderung des Schienenwanderns heranzuziehen, erscheint überhaupt fraglich. Einige Vorzüge des Stuhlschienenoberbaues erscheinen weniger bedeutsam, wenn beim Breitfußschienenoberbau hinreichend große Unterlagsplatten und nicht zu weiche Schwellen verwandt werden. Von großer Wichtigkeit ist zweifellos die Trennung der

Schienenbefestigung von der Schwellenbefestigung, die es ermöglicht, die Stühle auf einem Werkplatz mit den Schwellen zu verbinden und die außerdem zu einer Herabminderung der Beanspruchung der Befestigungsmittel führt. Man will in England die Beobachtung gemacht haben, daß es sich auf dem Breitfußschienenoberbau härter fährt als auf dem Stuhlschienenoberbau.

Während der englische Oberbau sich nach Vorstehendem wesentlich von dem Oberbau festländischer Bahnen unterscheidet, ist er bei den verschiedenen Bahngesellschaften gleichartig, weil man in der Anordnung der einzelnen Teile seit längerer Zeit im großen und ganzen dieselben Grundsätze befolgt hat. Verschiedenheiten bestehen zunächst in der Anordnung des Gleises in Bögen. Einige Eisenbahnen wenden eine sehr geringe Überhöhung und keine Übergangsbögen an, andere Bahnen legen auf diese Sachen mehr Wert. Allgemein ist zu bemerken, daß die englischen Lokomotivführer die Bögen mit größerer Geschwindigkeit durchfahren als die deutschen. Eine obere Geschwindigkeitsgrenze schreibt die Aufsichtsbehörde bekanntlich nicht vor, doch kann man im regelmäßigen Betriebe 120 km in einer Stunde als eine solche ansehen. Mit dieser Geschwindigkeit werden Bögen von 800 m Halbmesser aufwärts anstandslos durchfahren, in schärferen Bögen findet eine Ermäßigung der Geschwindigkeit statt, in Bögen von 400 bis 800 m Halbmesser nicht viel unter 90 km in einer Stunde, in Bögen von 250 m Halbmesser auf etwa 60 km in einer Stunde. Eine Spurerweiterung wird erst in Bögen von 300 m Halbmesser abwärts vorgenommen, sie beträgt selten mehr als $^3/_4{}'' =$ rd. 19 mm, niemals mehr als $1'' =$ rd. 25 mm. In Weichen und Kreuzungen wurde früher eine Spurverengung von $^1/_4$ bis $^3/_8{}'' =$ rd. 6 bis 9 mm vorgenommen, durch die das Fahren stoßfreier werden soll. Neuerdings hält man derartige Spurverengungen für gefährlich und vermeidet sie daher, indem in Weichen und Kreuzungen die volle Spur durchgeführt wird.

Die Nützlichkeit der Schienenüberhöhung wird weniger nach der etwa erreichten gleichmäßigen Abnutzung der beiden Schienenstränge, d. i. nach wirtschaftlichen Gesichtspunkten beurteilt, als nach dem erzielten ruhigen Gang der Fahrzeuge in Schnellzügen. Für scharfe Bögen, von 201 m Halbmesser abwärts, schreibt die Aufsichtsbehörde die Anbringung von Leitschienen neben dem inneren Schienenstrang vor. Die Schienenüberhöhung beträgt niemals mehr als $6'' = 152$ mm, in der Regel geht man nicht über $5'' = 127$ mm hinaus. Beispielsweise kennt die Midland-Eisenbahn keine größere Überhöhung als $3^1/_2{}'' = 88$ mm, selbst in den schärfsten Bögen von 200 m Halbmesser nicht, gibt aber andererseits in flachen Bögen noch verhältnismäßig große Überhöhungen, für 4000 m Halbmesser z. B. noch $^1/_8{}'' = 22$ mm.

Man verhehlt sich zwar nicht, daß durch eine große Überhöhung die Gefahr des Umstürzens der Fahrzeuge bei hoher Geschwindigkeit geringer wird, anderseits aber bei niedriger Geschwindigkeit in Bögen mit großer Überhöhung die Gefahr des Aufkletterns der Radflanschen wegen der Entlastung der äußeren Räder zunimmt. Da man die Umsturzgefahr für geringer hält als die Gefahr des Aufkletterns der Radflanschen, wählt man lieber eine zu kleine als zu große Überhöhung.

Die Überhöhung wird meistens nach folgenden Formeln berechnet:

$$s = \frac{H v^2}{R \cdot G}, \text{ wo}$$

$s =$ Überhöhung in Zoll;
$H =$ Spurweite in Zoll;
$v =$ Geschwindigkeit in Fuß/Sekunde;
$R =$ Halbmesser in Fuß;
$G =$ Beschleunigung der Schwere $= 32'2'$

und $$s = \frac{H V^2}{R \cdot 1{,}25}, \text{ wo}$$

s = Überhöhung in Zoll;
H = Spurweite in Fuß;
V = Geschwindigkeit in Meilen/Stunde;
R = Halbmesser in Fuß.

Als Geschwindigkeit wird in der Regel die mittlere Geschwindigkeit der die Strecke befahrenden Schnellzüge, oder die größte in dem betreffenden Bogen zulässige Geschwindigkeit eingesetzt. Die Überhöhung wird auf Brücken, in Steigungen und in der Nähe von Bahnhöfen nicht ermäßigt, sofern keine Abzweigungen vorhanden sind.

Eine der größten Gesellschaften nimmt die Überhöhung in mm aus folgender Tabelle:

Halbmesser	Geschwindigkeit/Stunde in km						
in m	24	32	40	48	56	64	72
1770	3	6	12	16	22	28	35
865	9	16	22	31	44	56	69
583	13	22	31	47	53	81	106
443	16	28	44	63	84	109	138
342	19	34	53	78	106	138	—
302	22	41	66	94	125	—	—
262	28	47	75	106	—	—	—
221	31	56	84	122	—	—	—
201	34	63	—	—	—	—	—
181	38	69	—	—	—	—	—

In Bögen von mehr als 1770 m Halbmesser wird keine Überhöhung gegeben. Ein Bogen am Ende einer Steigung erhält weniger Überhöhung als am Fuße einer Gefällstrecke. Die Bögen im Berggleis auf zweigleisigen Strecken erhalten weniger Überhöhung als im Talgleis. Die Gesellschaft wendet keine Übergangsbögen an, legt die Übergangsrampe daher in die Gerade. Die Neigung der Übergangsrampe soll hierbei in der Regel 1:720 betragen.

Übergangsbögen wurden bisher selten eingelegt, jedoch fängt man neuerdings an, ihre Bedeutung für den sanften Übergang der Fahrzüge zwischen der Geraden und dem Bogen mehr zu würdigen. Nach wissenschaftlichen Regeln werden die Übergangsbögen aber selten abgesteckt, man begnügt sich vielmehr damit, den Bogen etwas nach innen zu verschieben und hierauf an den Berührungspunkten mit der Tangente durch einen geübten Vorarbeiter etwas abflachen zu lassen (to ease the curve at the junctions with the tangents). Hierbei wird der Übergangsbogen von dem ursprünglichen Tangenten-Berührungspunkt an gerechnet höchstens zur Hälfte in den Gleisbogen gelegt und an der Stelle, wo Übergangsbogen und Gleisbogen ineinander übergehen, die volle Überhöhung hergestellt. Für diese wenig wissenschaftliche Behandlung der Einlegung von Übergangsbögen geben die englischen Ingenieure die Erklärung, daß man auf einer stark belasteten Schnellzugstrecke einen nach bestimmten Regeln, etwa als kubische Parabel abgesteckten Übergangsbogen doch nicht lange in seiner ursprünglichen Form halten könne, sondern sich bald auf das geübte Auge des Vorarbeiters verlassen müsse, um sanfte Übergänge herzustellen. Der Vorarbeiter könne daher die Übergangsbögen gerne schon von vornherein nach dem Augenmaß herstellen. Großer Wert wird auf flache Neigungen der Überhöhungsrampen gelegt. Wo es irgend angängig ist, werden Rampen von 1:400 bis 1:500 eingelegt, nur in Ausnahmefällen geht man bis 1:100. Die Midland-Eisenbahn läßt die Überhöhung nicht ohne triftige Gründe auf weniger als $100' = 30{,}5$ m auslaufen; da ihre größte Überhöhung $3^1/_2''$ ist, geht sie hiernach mit der Neigung nicht gerne unter $\frac{100 \cdot 12}{3^1/_2} = 1:343$ hinab. Die Great Western-Bahn legt bei hinreichend langen Tangenten sogar Neigungen von $1''$ auf $66 = 1:800$ ein.

Bei fehlenden Übergangsbögen liegen die Überhöhungsrampen in der Geraden, wenn diese lang genug ist, sonst teils in der Geraden, teils im Bogen. Wenn Übergangsbögen vorhanden sind, fallen die Überhöhungsrampen mit ihnen zusammen, die Länge der Übergangsbögen richtet sich aber nach der Länge der Rampen; der Vorarbeiter flacht einfach den Bogen auf die Länge der Überhöhungsrampen etwas ab, nachdem er ihn vorher auf seine übrige Länge etwas nach innen gerückt hat.

Die Tiefe der Bettung ist gewöhnlich $2' = 0{,}61$ m unter Schienenoberkante, in der Mitte des zweigleisigen Planums gemessen. Bei den üblichen Abmessungen der Schienen, Stühle und Schwellen gibt dies eine Unterbettung von etwa 0,35 m in der Gleismitte unter den Schwellen, gegen 0,25 m bei vielen deutschen Bahnen.

Die Midland-Eisenbahn hat sogar vielfach in der Gleismitte $1'7'' = 0{,}48$ m Bettung unter den Schwellen, oder $2' = 0{,}61$ m bis Schwellenoberkante. Als Bettungsmaterial wird außer Kies, Steinschlag und Schlacke noch gebrannter Lehm oder Ton verwandt, den man nach Art von Feldbrandsteinen auf der Strecke herstellt. Meistens wird eine Packlage gesetzt. Die Schwellen sind gewöhnlich aus baltischem Kiefernholz (baltic fir) angefertigt und für Hauptstrecken 2,74 m lang, 254 mm breit und 127 mm stark; auch werden Schwellen aus Pechtannenholz (pitch pine), schottischer Tanne, Lärchenholz und australischen Harthölzern verwandt. Stoßschwellen erhalten bisweilen 305 mm Breite und 152 mm Stärke. Die Schwellen aus weichen Holzarten werden mit fäulniswidrigen Stoffen getränkt, neuerdings fast ausschließlich mit schweren Teerölen, die man durch Destillation aus Steinkohlenteer gewinnt und fälschlich Kreosot nennt; denn bekanntlich wird Kreosot nur aus Holzteer gewonnen. Um wirksam zu sein, soll das schwere Teeröl nach englischer Ansicht 20 bis 25% Naphthalin oder ähnliche Stoffe enthalten, die nicht bei einer Hitze von 310° C destillieren, ferner soll es möglichst wenig Pech enthalten. Mehr als 30% Naphthalin hält man nicht für nützlich, weil durch den großen Naphthalingehalt das Tränken zu sehr erschwert wird. Auf das Vorhandensein einer bestimmten Menge von Teersäure (einschließlich Karbolsäure) scheint kein großer Wert gelegt zu werden, weil man gefunden haben will, daß die Teersäure durch heftige Regen leicht ausgewaschen wird.

Als bestes Teeröl wird das sogenannte „London Oil“ angesehen, es ist aber nicht immer in genügender Menge zu haben und wird dann mit dem leichteren „Country Oil“ vermischt. Das Tränken der Schwellen wird entweder von den Bahngesellschaften in ihren eigenen Anstalten oder von Privatfirmen vorgenommen, wie Burt, Bolton & Haywood. Das Verfahren war früher allgemein wie folgt: Nachdem die Schwellen an der Luft getrocknet waren, wurden sie in verdünnter Luft in einem Tränkungskessel einer trockenen Wärme ausgesetzt, um den Saft und die letzten Spuren von Feuchtigkeit auszutreiben. Dann wurde das auf 50° C erwärmte Teeröl in den Kessel gebracht, die zur Verdünnung der Luft dienende Pumpe abgestellt und das Teeröl mit einer Druckpumpe einem starken Druck ausgesetzt, so daß es in die Schwellen eindrang. Durch das Austrocknen mit trockener Wärme wurde das Holz aber rissig und spröde; seit einer Reihe von Jahren wird daher neben diesem Verfahren noch ein zweites, etwas kostspieligeres Verfahren angewandt, bei dem die Feuchtigkeit nicht durch trockene Wärme, sondern durch nasse Verdampfung ausgetrieben wird. Das Verfahren gründet sich darauf, daß schwere Teeröle eine höhere Verdampfungswärme haben als Wasser. Nachdem die Schwellen in den mit einem Dampfdom versehenen Tränkungskessel gebracht sind, wird die Luft mit einer Pumpe verdünnt, dann das Teeröl eingebracht und unter weiterer Betätigung der Luftpumpe auf 100° C erwärmt. Hierbei sammelt sich das in den Schwellen enthaltene Wasser in Dampfform in dem Dom und wird darauf in Röhren niedergeschlagen. Das Teeröl verdampft nicht, sondern dringt in die Schwellen ein, weil seine Verdampfungswärme auch im luftverdünnten Raume noch weit über 100° C liegt. Jede Fichtenholzschwelle nimmt etwa 11 bis 12 Liter Tränkungsflüssigkeit auf.

Die Schwellenteilung wechselt bei den verschiedenen Eisenbahnen; die London and North-Western legt 23 Schwellen unter Schienen von 18,29 m Länge, wobei der Abstand der Stoßschwellen 610 mm, der ersten Mittelschwelle 711, der übrigen Mittelschwellen 813 mm beträgt. Die London and South Western-Bahn legt unter eine 9,14 m lange Schiene 12 Schwellen, von denen die Stoßschwellen 660 mm, die benachbarten 700 mm und die Mittelschwellen 787 mm Abstand haben. Die Great Western-Bahn hat bei 18 Schwellen unter 13,56 langen Schienen Schwellenabstände von 610, 660 und 775 mm, die Midland-Bahn bei 14 Schwellen unter 10,97 m langen Schienen 660, 711 und 810 mm. Die Northern Counties-Eisenbahn in Irland legt beim Wechselstoß 26 Schwellen unter eine 18,29 m lange Schiene.

Der Flußstahl für die Schienen hat gewöhnlich folgende Zusammensetzung:

Kohlenstoff	0,35	bis	0,50 %;
Silicium	0,05	,,	0,10 %;
Schwefel	0,04	,,	0,08 %;
Phosphor	—	,,	0,08 %;
Mangan	0,75	,,	1,00 %.

Neuerdings empfiehlt der zur Aufstellung von Normalien im Ingenieurwesen einberufene Ausschuß (Engineering Standard Committee) für Doppelkopfschienen folgende Zusammensetzung:

Kohlenstoff	0,35	bis	0,50 %;
Silicium	—	,,	0,10 %;
Schwefel	—	,,	0,08 %;
Phosphor	—	,,	0,075 %;
Mangan	0,75	,,	1,00 %;

für Breitfußschienen:

Kohlenstoff	0,35	bis	0,50 %;
Silicium	—	,,	0,10 %;
Schwefel	—	,,	0,07 %;
Phosphor	—	,,	0,07 %;
Mangan	0,70	,,	1,00 %.

Die Zerreißfestigkeit soll für Doppelkopfschienen 38 bis 45 tons/□Zoll = 5985 bis 7087 kg/qcm, für Breitfußschienen 40 bis 48 tons/□Zoll = 6300 bis 7560 kg/qcm betragen, in beiden Fällen bei mindestens 15 % Dehnung. Der Ausschuß empfiehlt für Doppelkopfschienen 9 verschiedene Querschnitte von $4\,^3/_4$ bis $5\,^{29}/_{32}$ Zoll = 121 bis 150 mm Höhe, $2\,^5/_{16}$ bis $2\,^3/_4$ Zoll = 69 bis 80 mm Kopfbreite und 60 bis 100 ℔/yard = 29,5 bis 49,6 kg/m Gewicht. Als normale Schienenlängen werden 30′ = 9,14 m, 36′ = 10,97 m, 45′ = 13,72 m und 60′ = 18,29 m empfohlen. Für Breitfußschienen schlägt der Ausschuß 17 verschiedene Normalquerschnitte mit $2\,^1/_2$ bis $5\,^3/_4$ Zoll = 63,7 bis 146 mm Höhe, $1\,^3/_8$ bis $2\,^3/_4$ Zoll = 34,5 bis 70 mm Kopfbreite, $2\,^1/_2$ bis $5\,^3/_4$ Zoll = 63,7 bis 146 mm Fußbreite, 15/64 bis 37/64 Zoll = 6 bis 14,7 mm Stegdicke und 20 ℔ bis 100 ℔/yard = 9,92 bis 49,60 kg/m Gewicht vor. Der Schienenkopf soll nach einem Halbmesser von 12″ = 0,305 m gewölbt und nach einer Neigung von 14° (1 : 4) unterschnitten sein. Dem Schienenfuß sind Neigungen von 1 : 4 und 1 : 10 zu geben. Die zurzeit auf den englischen Bahnen liegenden Doppelkopfschienen haben bei den größeren Gesellschaften und auf Hauptstrecken ein Gewicht von 85 bis 103 ℔/yard = 42,15 bis 51,00 kg/m; es ist wohl anzunehmen, daß nach und nach die von dem Ingenieurausschuß empfohlenen Schienenquerschnitte von den Bahngesellschaften angenommen werden.

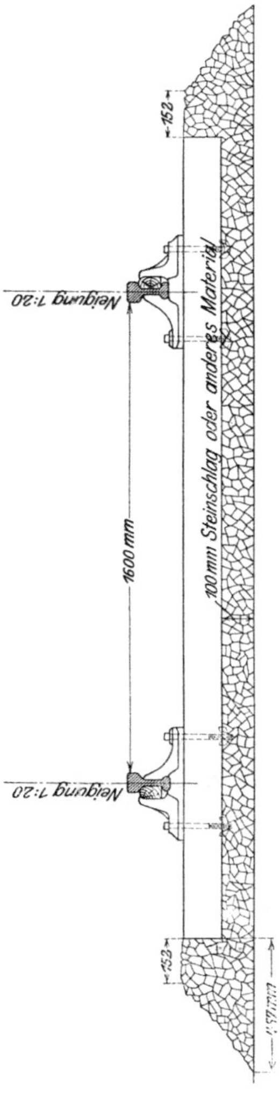

Fig. 73.

Man wendet in England jetzt allgemein den schwebenden Stoß an; die Great Northern-Bahn hat lange am ruhenden Stoß festgehalten, geht aber nunmehr auch zum schwebenden Stoß über, nachdem vor Jahren ein Wechsel in der Person des Oberingenieurs eingetreten ist, wobei der frühere Verfechter des ruhenden Stoßes den Dienst der Gesellschaft verlassen hat. Die Stöße werden in der Regel einander gegenüber angeordnet (Gleichstoß), nur die Northern Counties-Eisenbahn in Irland hat probeweise versetzte Stöße verlegt.

Die Konstruktionseinzelheiten des englischen Stuhlschienenoberbaus sind wiederholt in deutschen Schriften behandelt worden, beispielsweise in der Eisenbahntechnik der Gegenwart, dem Handbuch der Ingenieurwissenschaften 1906, im Zentralblatt der Bauverwaltung 1890, Organ für die Fortschritte des Eisenbahnwesens 1904, so daß es erübrigt, hier näher darauf einzugehen. Nur der weniger bekannte neue Oberbau der Northern Counties-Eisenbahn in Irland mit versetzten Stößen ist in den Fig. 73 bis 82 dargestellt. Unter einer 18,29 m langen Schiene liegen 26 Schwellen, die Stoßschwellen mit 690 mm, Mittelschwellen mit 704 mm Abstand. Die Wärmelücke beträgt bei Normaltemperatur nur $4^3/_4$ mm. Die Laschen sind 56 cm lang mit sechs Bolzenlöchern und haben gekrümmte Ansätze, die den Schienenfuß umfassen. Die Stühle ruhen mit Filzplatten auf den Schwellen

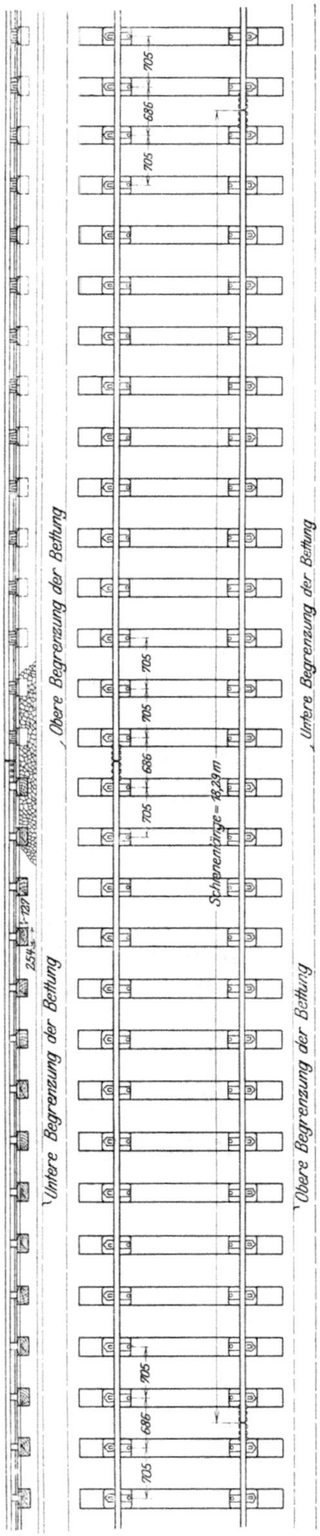

Fig. 74 und 75.

und werden durch zwei Fangbolzen festgehalten, was sonst in England nicht allgemein üblich ist.

Vielfach werden neuerdings bei schwerem Oberbau drei Schwellenschrauben für jeden Stuhl angewandt, wobei man gepreßte Eichenringe in die Löcher der

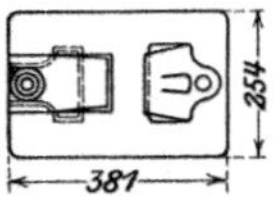

Fig. 76.

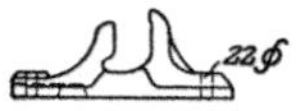

Fig. 77.

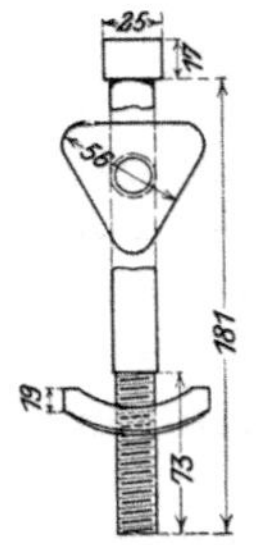

Fig. 78.

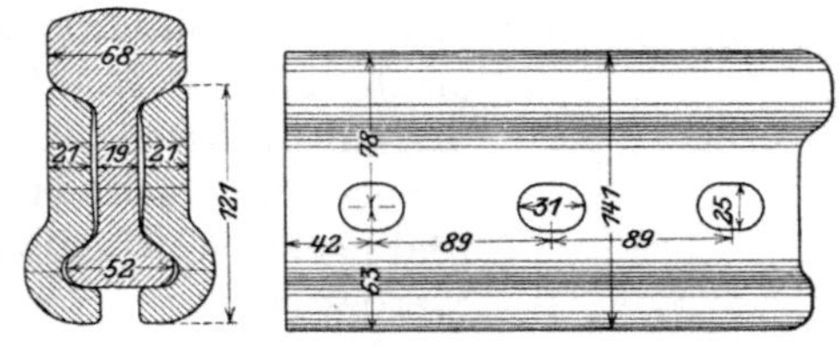

Fig. 79.

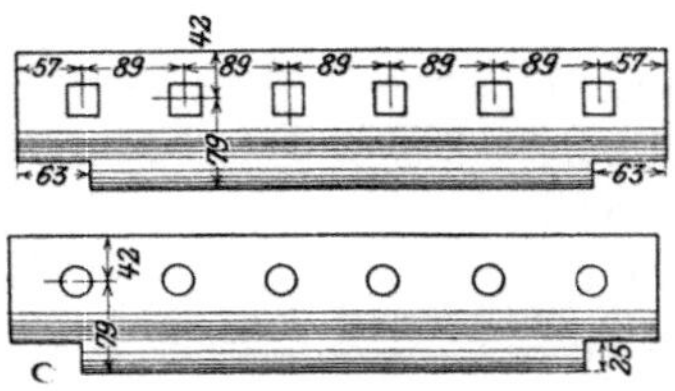

Fig. 80.

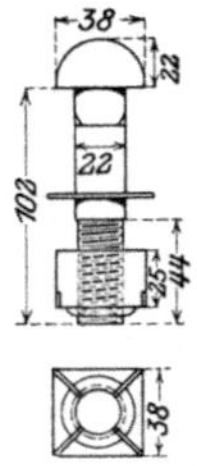

Fig. 81.

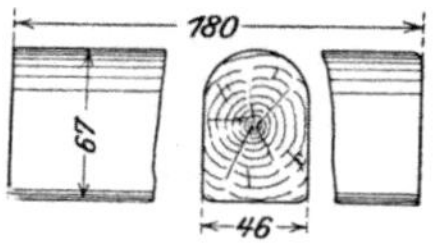

Fig. 82.

Stühle setzt, um sie gut auszufüllen. Die Keile werden am besten außen angebracht, damit der Seitendruck der Fahrzeuge nicht unmittelbar auf die Stühle wirkt, sondern durch die elastischen Keile übertragen wird. Das Fahren wird hierdurch ruhiger.

7. Nebenanlagen.

Nebenanlagen, zu denen hier u. a. die Anlagen an den Kreuzungsstellen der Eisenbahnen mit Wegen und die Anlagen zur Sicherung benachbarter Grundstücke gegen die durch den Bahnbetrieb entstehenden Belästigungen und Gefahren gerechnet werden sollen, gibt es in einem hochkultivierten Lande wie England natürlich in großer Zahl.

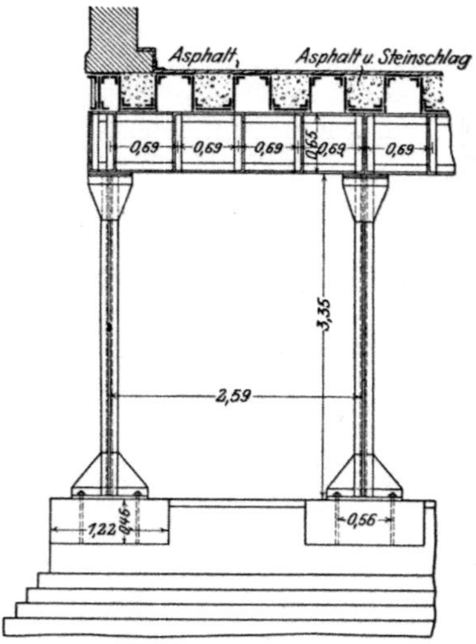

Fig. 83.

Wie oben erwähnt, hat die Gesetzgebung darauf hingewirkt, daß Wege die Eisenbahnen in der Regel schienenfrei kreuzen müssen, es sind also auf jeder Strecke viele Wege — Unter- und Überführungen herzustellen. Die Flügelmauern dieser Bauwerke werden häufig gekrümmt hergestellt, die Fahrbahn der Eisenbahn ist über das Bauwerk durchgeführt, wenn es sich um Wegeunterführungen handelt. Nach einer gesetzlichen Vorschrift können undurchsichtige Brustwehren an den Bauwerken verlangt werden, was die eigentümliche Erscheinung erklärt, daß man in England vielfach massive Brustwehren auf eisernen Bauwerken oder eine volle Blechwand über den Eisenträgern bemerkt, die recht schwerfällig aussieht. Die Fahrbahndecke der Wegeüberführungen wird bisweilen aus eisernen

Trögen gebildet, die mit Asphaltbeton gefüllt und mit einer Asphaltdecke überzogen sind (Fig. 83).

Auch Kappengewölbe zwischen I-Trägern kommen vor (Fig. 84).

Die Fig. 85 und 86 stellen eine Wegeunterführung mit Blechträgern, aufgesetzten Blechwänden und gekrümmten Flügelmauern der London, Brighton and

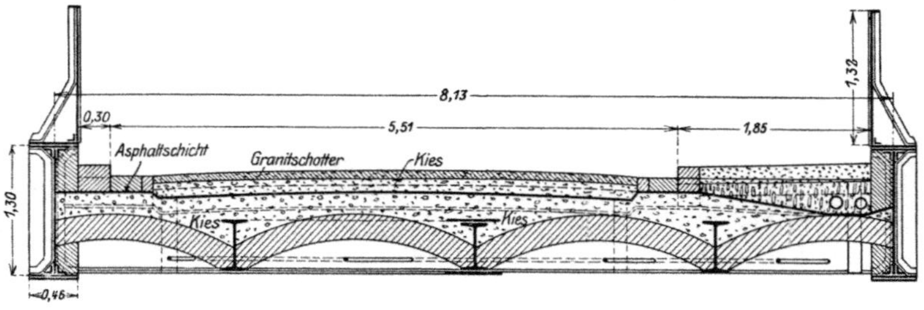

Fig. 84.

South Coast-Eisenbahn, die Fig. 87 und 88 eine 6,1 m breite massive Wegüberführung derselben Bahn mit verlorenen Widerlagern dar. Die Überführung ist in der Bahnböschung auf fester Kreide gegründet, das Grundmauerwerk aus Beton

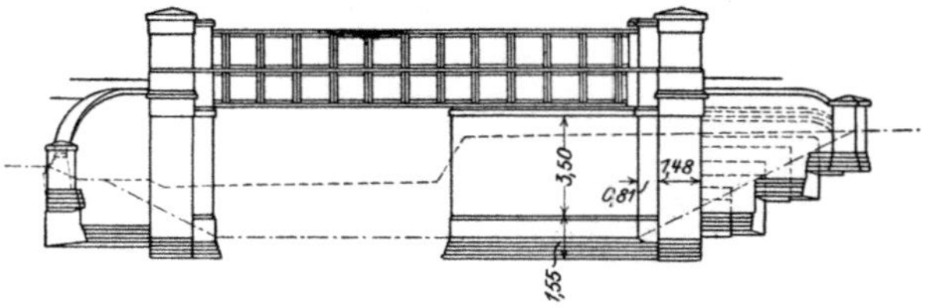

Fig. 85.

hergestellt. Der aus Ziegeln hergestellte Bogen hat eine Spannweite von 18,29 m, einen Pfeil von 4,30 m, eine Scheitelstärke von 0,91 m, Kämpferstärke von 1,37 m. Die Böschungen haben Neigungen von 1 : $^1/_2$ und sind an dem Bauwerk im unteren Teil mit Ziegelmauerwerk verkleidet, um das Grundmauerwerk zu sichern.

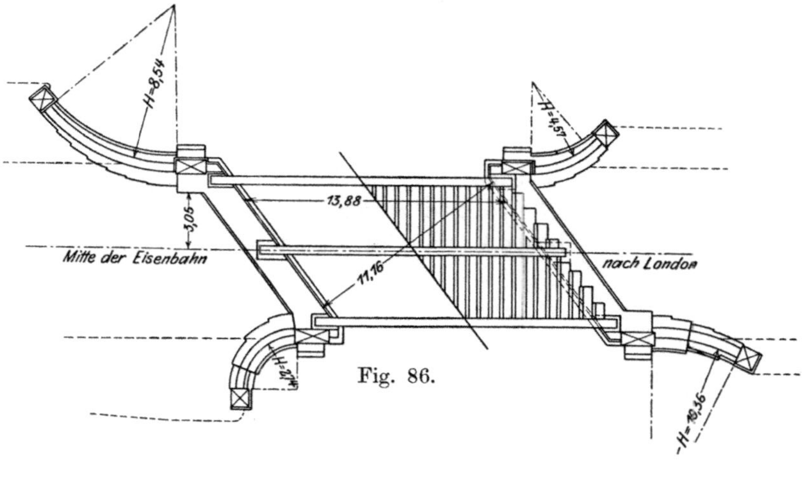

Fig. 86.

Auf die vielen Anlagen zur Sicherung benachbarter Grundstücke gegen die durch den Bahnbetrieb entstehenden Belästigungen und Gefahren kann hier nicht näher eingegangen werden, doch soll an einem Beispiel gezeigt werden, wie weit die Anforderungen gehen, die bisweilen gestellt werden. Bei der Ausführung der

Erweiterungsbauten der London, Brighton and South Coast-Eisenbahn auf der Strecke London—Brighton wurde bei Coulsdon ein Grundstück angeschnitten, auf dem etwa 270 m von der Bahn entfernt eine Irrenanstalt des Londoner Graf-

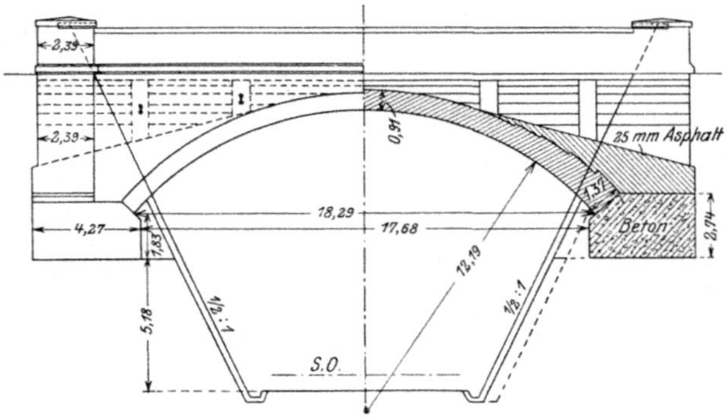

Fig. 87.

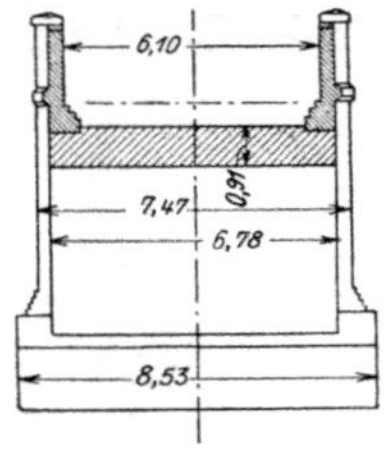

Fig. 88.

schaftsrates steht. Obgleich bereits eine Linie der South Eastern-Bahn an der Anstalt vorbeiführt, hat der Grafschaftsrat doch verlangt, daß die neue Bahn auf etwa 380 m überdeckt werden müsse, damit die Insassen der Anstalt nicht

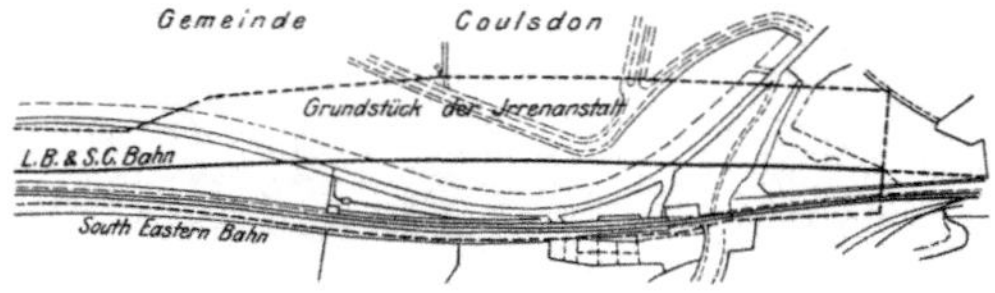

Fig. 89.

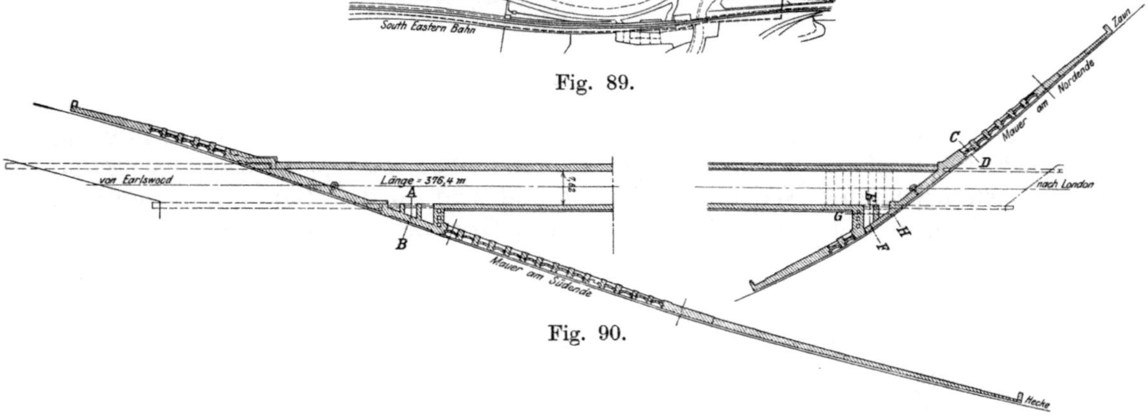

Fig. 90.

durch die Züge erschreckt würden. Die Anforderung hat zur Herstellung der in den Fig. 89 bis 95 dargestellten Untergrundstrecke auf freiem Felde geführt, in der die Bahn teils auf Dämmen, teils in Einschnitten liegt. Die Untergrund-

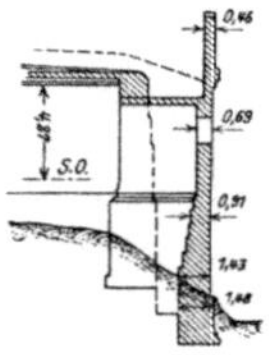

Fig. 91.

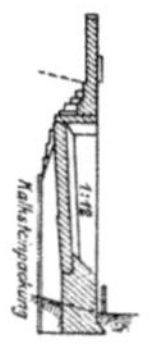

Fig. 92.

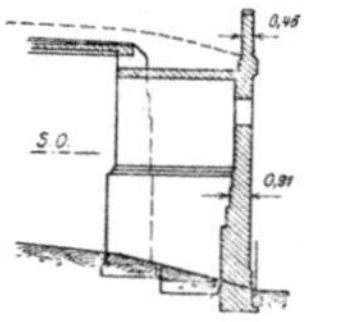

Fig. 93.

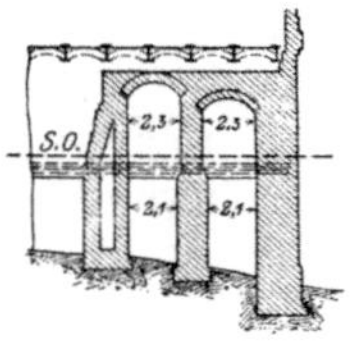

Fig. 94.

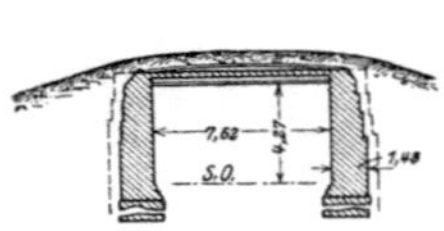

Fig. 95.

strecke ist 7,62 m weit und hat Widerlager aus Ziegeln; ihre Decke ist aus gußeisernen Trägern von 0,76 m Höhe in der Mitte, 0,53 an den Widerlagern hergestellt, die in 1,83 m Abstand quer zur Bahn gelegt sind und Ziegelkappen von

0,23 m Stärke zwischen sich aufnehmen. Die Eingänge zur Untergrundstrecke mußten auf einer größeren Länge mit Stützmauern eingefaßt werden. Schließlich wurde an den benachbarten Wegeunterführungen noch die Herstellung von 2,44 m hohen Blechwänden mit versenkten Nietköpfen gefordert, die 20 000 M. gekostet haben (Fig. 96).

Die in England üblichen Wegeschranken sind gewöhnlich als ein- oder zweiflügelige Tore gebaut, weil sie dem Umstande Rechnung tragen müssen, daß die Bahn stets eingefriedigt sein muß. Sie sollen bei offener Schranke stets quer über der Bahn stehen, weichen also wesentlich von den in Deutschland üblichen Bauarten ab. Nach den Dienstvorschriften sollen die Schranken für gewöhnlich geschlossen sein und nur für den Wagenverkehr geöffnet werden, wenn dies ohne

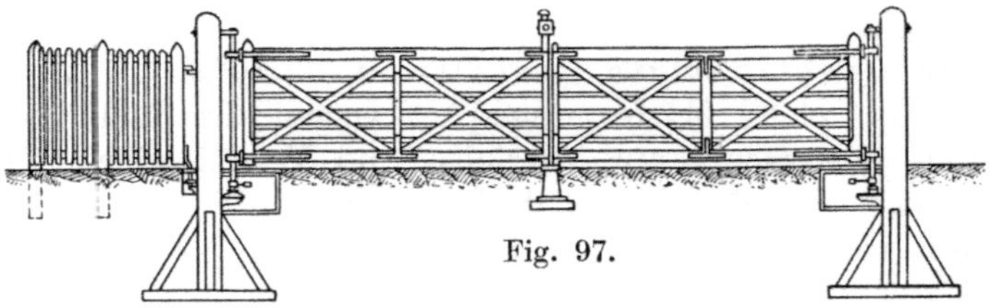

Fig. 97.

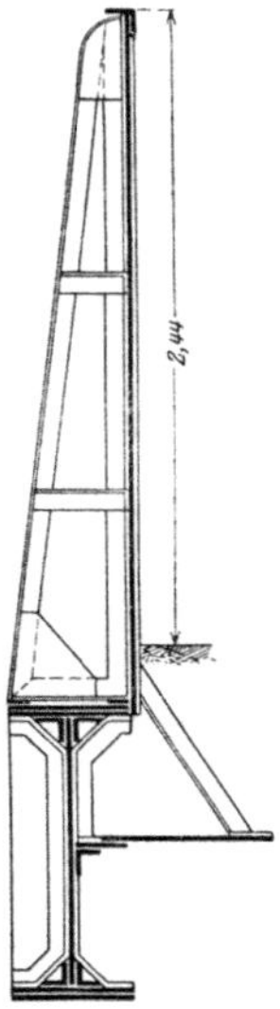

Fig. 96.

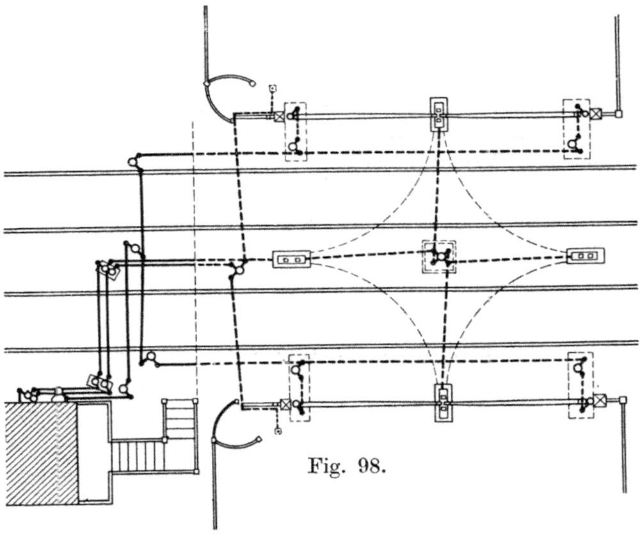

Fig. 98.

Gefahr geschehen kann. Die Schrankenbedienung weicht also auch wesentlich von der deutschen ab. Wenn die Schranke quer zur Bahn steht, also für den Wegeverkehr geöffnet ist, muß sie bei Dunkelheit rotes Laternenlicht nach der Strecke zeigen; wenn sie für den Wagenverkehr geschlossen ist, muß sie das gleiche Licht nach dem Wege zeigen. Die Schranken werden sowohl von Hand, als auch von Stellwerken aus bedient, im letzteren Falle sind sie gewöhnlich durch Bahnzustandsignale gedeckt. Die Anbringung von roten Laternen an der Schranke erscheint nur zulässig, wenn man sich vergegenwärtigt, daß es in England überhaupt sehr wenig Planübergänge gibt.

Die Fig. 97 und 98 stellen eine in England gebräuchliche Wegeschranke für einen Planübergang eines Fahr- und Fußweges über eine zweigleisige Bahn dar, die von einem in der Nähe befindlichen Stellwerk aus gestellt wird.

Zu den Nebenanlagen auf der Strecke gehören ferner die Schöpftröge, die es ermöglichen, die Tender der Lokomotiven während der Fahrt mit Wasser zu versorgen; sie kommen auf wichtigen Schnellzugstrecken, namentlich Wettbewerbslinien verschiedener Eisenbahngesellschaften vor. Die Herstellung derartiger Anlagen bezweckt die Zurücklegung großer Entfernungen ohne Aufenthalt, die Beschränkung der Aufenthalte auf den Stationen auf die zum Absetzen und Aufnehmen der Reisenden erforderliche Zeit, die Entlastung der Tender, Einschränkung der Lokomotiv-Leerfahrten und die Ausnutzung des neben der Strecke in Wasserläufen, Quellen oder anderweit verfügbaren guten Speisewassers. In der Regel nehmen nur Personenzüge während der Fahrt Wasser aus den Trögen, in einzelnen Fällen neuerdings auch die Lokomotiven der Fern- und Durchgangsgüterzüge, wie bei der Great Western-Bahngesellschaft, die auf der 190 km langen Strecke von London nach Bristol Güterzüge ohne Aufenthalt durchfahren läßt.

Für die Wahl solcher Schöpfstellen kommen in England hauptsächlich folgende Gesichtspunkte in Betracht:

Die beabsichtigte Gestaltung der Fahrpläne, aus denen hervorgehen muß, auf welche Entfernungen es wegen des Wettbewerbes oder aus anderen Gründen erwünscht, aus Betriebs- und Verkehrsrücksichten und wegen der Anforderungen der Post möglich ist, Züge ohne Aufenthalt durchfahren zu lassen, oder auf welchen Stationen eine Abkürzung der Aufenthalte erwünscht ist.

Die Größe der Wasserbehälter der für die betreffenden Strecken vorhandenen oder zu bauenden Lokomotiven. Meistens werden nur Lokomotiven mit Schlepptender mit Vorrichtungen zum Wassernehmen während der Fahrt ausgerüstet, die Wasserbehälter von 11—18 cbm haben.

Der Verbrauch an Speisewasser, bedingt durch die Streckenverhältnisse, Zuggeschwindigkeiten, Zugbelastungen und andere Umstände.

Die erforderliche Beschaffenheit der Strecke für den Einbau der Tröge, insbesondere das Vorhandensein eines etwa 800 m langen wagerechten Streckenabschnittes in genügender Entfernung von Signalmasten, damit der Zug die zum Wassernehmen wenigstens erforderliche Geschwindigkeit von 35—40 km/Stde. noch am Ende des Troges haben darf, ohne befürchten zu müssen, daß er bald nachher wegen ungenügender Bremslänge ein Haltsignal überfährt.

Das Vorhandensein von brauchbarem Speisewasser auf der freien Strecke oder die Möglichkeit, das Speisewasser aus einer vorhandenen Wasserstation eines benachbarten Bahnhofes zu entnehmen.

Wenn unter Berücksichtigung dieser Gesichtspunkte mehrere gleichwertige Streckenabschnitte für die Anlage einer Schöpfstelle in Frage kommen, wählt man einen in der Nähe einer Station, weil die Bedienung und Beaufsichtigung der Anlagen hierdurch erleichtert wird. Die Entfernung der Schöpfstellen wechselt auf den englischen Bahnen, eine der größeren Eisenbahnen erstrebt die Anlage einer Schöpfstelle in 65—80 km Entfernung auf ihren Haupt-Schnellzugstrecken; meistens sind die Entfernungen aber größer. Die Schöpfgruben, aus denen die mit einem gebogenen Schöpfrohr nebst Schöpfkelle versehenen Lokomotiven das Wasser während der Fahrt entnehmen, sind 500—700 m lange Tröge von etwa 0,46 m Weite und 0,16 m Tiefe, die mitten im Gleise auf den Schwellen befestigt werden. Da die Tröge mit voller Geschwindigkeit, d. i. bisweilen mit 80—100 km/Stde. überfahren werden, spielt sich das Wassernehmen in so kurzer Zeit (20—25 Sek.) ab, daß es dem Lokomotivführer nicht möglich ist, die Schöpfkelle des Tenders am Anfange des Schöpftroges in einem gegebenen Augenblick in das Wasser zu tauchen, dieses Eintauchen muß also selbsttätig erfolgen. Um dies zu bewirken, wird die Strecke in ganzer Troglänge etwa 0,25 m tiefer gelegt als unmittelbar vor und hinter der Schöpfstelle und der Wasserstand so geregelt, daß bei vollem Troge die Wasserfläche etwa 5 cm über Schienenoberkante liegt (Fig. 99). Wenn der Lokomotivführer die Schöpfkelle nunmehr vor der Schöpfstelle auf Schienenoberkante hinabläßt, sinkt sie selbsttätig um die 5 cm in das Wasser ein und wird am Ende des Troges selbsttätig wieder aus dem Wasser gehoben. Um die Strecke nicht auf die ganze Länge der Schöpfstelle um 0,25 m senken zu müssen, baut man an jedem Ende einen niedrigen Eselsrücken von 10—12 cm Höhe über Wasserspiegel mit Neigungen von etwa 1: 350 ein (Fig. 100). Die Tröge werden aus 6—8 mm starkem Blech in Längen von etwa 3 m auf der Strecke zusammengenietet; die Stöße der einzelnen, stumpf zusammenstoßenden Troglängen werden hierbei unten mit schmalen Laschen gedeckt; innen dürfen im Troge keine Teile (Laschen, Nietköpfe) hervorstehen. Als vor einer Reihe von Jahren die ersten

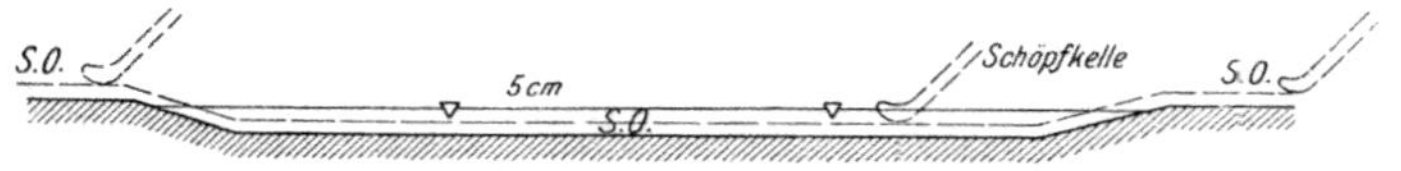

Fig. 99.

eisernen Tröge in England hergestellt wurden, glaubte man, einzelne Stöße durch Gummieinlage beweglich machen zu müssen, um die infolge der Temperaturschwankungen eintretenden Längenänderungen des Eisens an einzelnen Stellen auszugleichen. Es hat sich aber herausgestellt, daß in dem gleichmäßigen Klima Englands bewegliche Stöße nicht erforderlich sind, so daß die Tröge jetzt in ganzer Länge mit festen Stößen angeordnet werden, aber frei beweglich auf ihren Unterstützungen ruhen. Solange die Tröge gefüllt sind, übt das Wasser einen

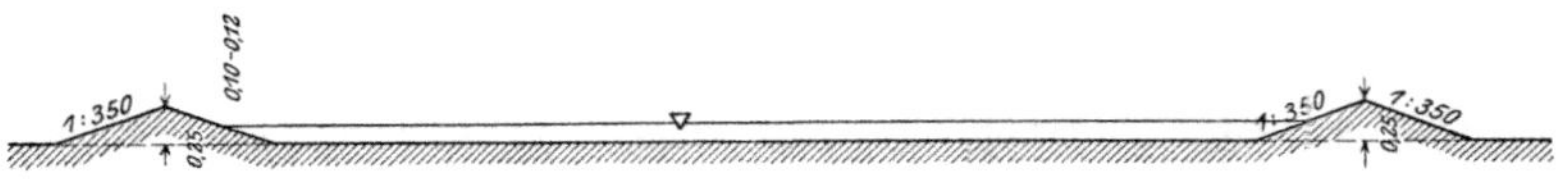

Fig. 100.

ausgleichenden Einfluß auf den Wärmezustand des Eisens aus und die Längenänderungen sind nicht groß; leere Tröge ändern ihre Länge jedoch erheblich bei Temperaturschwankungen. Die Tröge werden neuerdings zwischen zwei auf die Schwellen genagelte Längshölzer gehängt (Fig 101) oder auf eiserne Einzelstützen gelegt, was wegen der Auswechslung der Schwellen vorzuziehen ist (Fig. 102). Um dem Verspritzen des Wassers vorzubeugen, werden die Ränder der Tröge neuerdings nach innen umgebogen. Zur schnellen Abführung des Spritzwassers,

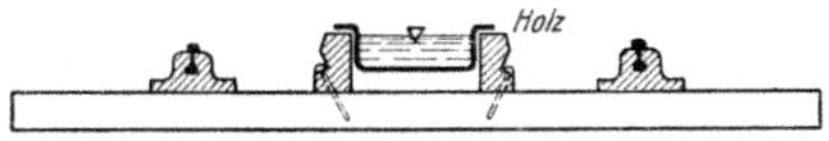

Fig. 101.

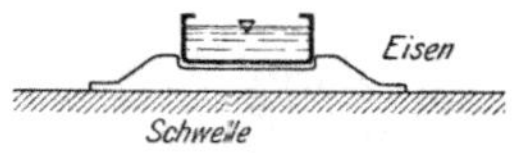

Fig. 102.

das bei jeder Wasserentnahme etwa $^1/_4$ der aus dem Troge entnommenen Menge beträgt, muß die ganze Strecke im Bereiche der Tröge sorgfältig mit Steinpackung und Steinschlag entwässert und bedeckt werden. Für die oberen Schichten wird hierbei recht schweres Steinmaterial genommen, weil leichte Steine durch die Erschütterungen der Züge in die Tröge geschleudert werden und dort die Schöpfkellen beschädigen. Die Tröge sind mit einer selbsttätigen Zuflußvorrichtung, einem Überlauf und einer Entleerungsvorrichtung versehen. Auf einer zweigleisigen Strecke sind die beiden Tröge durch Rohre verbunden und haben daher gleiche Wasserstände. Gegenüber der Mitte der Tröge wird auf einigen Bahnen seitlich neben den Gleisen ein Wasserbehälter von etwa 6 m Breite und 12 m Länge, 180 cbm Fassung, 2 m mit dem Boden über Schienenoberkante aufgestellt, in den das aus der Wasserstation eines benachbarten Bahnhofes oder auf der Strecke gewonnene, erforderlichenfalls vorher gereinigte Wasser geleitet wird. Unter dem auf massiven Wänden ruhenden eisernen Behälter *a* (Fig. 103) ist an einer Wand auf erhöhtem Unterbau ein flacher gemauerter Behälter *b* hergestellt, der durch eine Rohrleitung mit den Trögen verbunden ist, dessen Wasserfläche daher an den Schwankungen des Wasserstandes in den Trögen teilnimmt. In dem gemauerten Behälter hängt ein großer Schwimmer *d* an einem Ende eines zweiarmigen Hebels *e*, dessen anderes Ende mit einem Ventil *f* in der Zuleitung von dem eisernen Behälter nach den Trögen verbunden ist. *g* ist eine Stellvorrichtung zum dauernden Offenhalten des Ventils *f*, um u. a. das Wasser bei Frostwetter dauernd durch die Tröge laufen zu lassen. Mit wechselndem Wasserstande öffnet oder schließt der Schwimmer selbsttätig das Ventil und stellt daher nach einer Wasserentnahme den normalen Wasserstand wieder her. Einrichtungen zum Vorwärmen des Wassers hält man bei dem milden Klima Englands im allgemeinen nicht für erforderlich, indessen gibt es einige Schöpfstellen, wo das Wasser vorgewärmt wird; beispielsweise hat die Great Central-Eisenbahn bei einer Anlage zu Charwelton ein 38 mm weites Dampfrohr der Länge nach unter die Tröge gelegt zur Erwärmung des Wassers. Angeblich wird die Eisbildung entweder dadurch ganz verhütet, daß man bei Frostwetter das Wasser beständig durch die Tröge fließen läßt, oder das Eis wird durch die Schöpfkellen genügend aufgebrochen. Die ersten Wassertröge auf den englischen Bahnen wurden gerade während des strengen Winters 1860/61 bei Conway auf der London and North Western-Bahn verlegt. Man konstruierte damals einen kleinen Eispflug, um das Eis aufzubrechen, der aber seitdem kaum wieder benutzt worden ist.

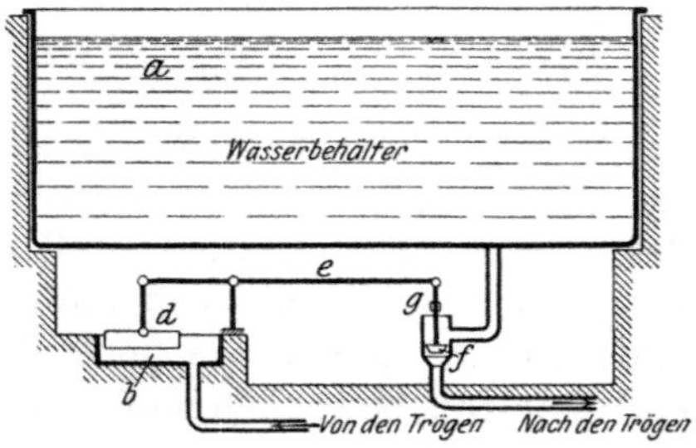

Fig. 103.

Die englischen Bahngesellschaften hatten Anfang 1906 im ganzen 52 solche Schöpfstellen im Betriebe, die sich wie folgt verteilten:

Great Central-Eisenbahngesellschaft	3
„ Eastern- „	4
„ Northern- „	5
„ Western- „	9
Lancashire and Yorkshire-Eisenbahngesellschaft . . .	10
London and North Western- „ . . .	16
Midland-Eisenbahngesellschaft	3
North Eastern- „	2

Wenn eine Schöpfstelle von vornherein recht dauerhaft hergestellt wird, was man neuerdings zur Verhütung von Betriebstörungen für erforderlich hält, kostet sie auf einer zweigleisigen Strecke einschließlich Erneuerung des Oberbaues und aller Nebenanlagen, jedoch ohne die Einrichtungen zur Gewinnung und Reinigung des Wassers, mindestens 200000 M.

b) Bahnhöfe.

1. Vorschriften der Aufsichtsbehörde.

Die Nebengleise auf den Bahnhöfen sind so anzuordnen, daß Rangierbewegungen nicht den Verkehr auf den Personenzuggleisen behindern oder gefährden. Gütergleise müssen mit Schutzweichen ausgerüstet werden, die mit den Signalen in Abhängigkeit stehen und gewöhnlich von den Personengleisen abweisen. Wenn eine Abzweigung in der Nähe eines Personenbahnhofes liegt, sind die Bahnsteige tunlichst so anzuordnen, daß die an ihnen haltenden Züge nicht die Abzweigung sperren. Die Zufahrtgleise zu den Bahnsteigen sind so anzuordnen, daß ankommende und abfahrende Personenzüge von den Lokomotiven gezogen werden. Auf zweigleisigen Strecken oder zweigleisigen Ausweichstellen eingleisiger Strecken muß für jedes Gleis ein Bahnsteig angeordnet werden. Auf Endstationen zweigleisiger Bahnen müssen mindestens zwei Gleise vorhanden sein. Bahnsteige müssen ununterbrochen durchgehen und auf kleineren Stationen mindestens 1,83 m, auf größeren mindestens 3,66 m breit sein. Säulen sollen mindestens 1,83 m von der Bahnsteigkante entfernt sein. Die Höhe der Bahnsteige über Schienenoberkante soll 0,91 m betragen, in Ausnahmefällen kann eine geringere Höhe, jedoch niemals weniger als 0,76 m zugelassen werden. An den Enden der Bahnsteige ist der Höhenunterschied zwischen Bahnsteigoberkante und Schienenoberkante durch Rampen, nicht durch Treppen auszugleichen. Die Bahnsteigkante muß wenigstens 0,30 m gegen den Unterbau des Bahnsteiges vortreten und möglichst nahe an die Trittbretter der Wagen heranreichen. Die Bahnsteige müssen überdacht und erforderlichenfalls mit Aborten versehen sein. Der Name der Station muß auf Tafeln und den Bahnsteiglaternen angegeben sein. Wenn Bahnhöfe auf oder in der Nähe einer Brücke angelegt werden, sind genügend hohe Brustwehren anzubringen, damit vorzeitig ausgestiegene Reisende nicht in der Dunkelheit von der Brücke fallen. Auf allen Übergangsbahnhöfen und auf anderen wichtigen Bahnhöfen sind Fußgängerbrücken oder Tunnels zur schienenfreien Kreuzung der Gleise anzulegen. Treppen und Rampen zu den Bahnsteigen dürfen unten nicht schmaler als oben sein. Auf Bahnhöfen mit lebhaftem Verkehr müssen Rampen und Treppen hinreichend breit sein und oben mit Absperrschranken versehen werden. Wenn Absperrschranken am Fuße der Rampen und Treppen angeordnet sind, muß ein Sprachrohr oder ein anderes Verständigungsmittel zwischen Kopf und Fuß vorhanden sein; alle Türen am Fuße müssen nach außen aufschlagen. Treppen dürfen niemals weniger als 0,28 m Auftritt und mehr als 0,18 m Steigung haben; wenn die zu ersteigende Höhe größer ist als 3,05 m, muß in mittlerer Höhe ein Podest angeordnet werden. Rampen und Treppen müssen mit kräftigen Geländern versehen werden; Tunnelrampen dürfen nicht steiler als 1:8 sein. Jeder Bahnhof muß mit einer Uhr versehen sein. Bahnhöfe und Abzweigungen von Nebengleisen aus Personengleisen dürfen, von unvermeidlichen Ausnahmefällen abgesehen, nicht auf Strecken angelegt werden, deren Längenneigung kleiner als 1:260 ist. Wenn auf zweigleisiger Strecke die Längenneigung auf einem Bahnhofe oder an der Abzweigung eines Nebengleises von einem Personengleise stärker als 1:260 ist und Gefahr durch ablaufende Fahrzeuge entstehen kann, sind Fanggleise oder Entgleisungsweichen in einer Entfernung vor dem Einfahrtsignal anzuordnen, die größer als die größte Zuglänge ist. Auf eingleisiger Strecke sind unter ähnlichen Verhältnissen folgende Vorkehrungen zum Schutz gegen ablaufende Fahrzeuge zu treffen: Ein zweiter Bahnsteig und ein zweites Gleis mit Schutzweiche oder Entgleisungsweiche sind innerhalb der unteren Abzweigungsweiche anzulegen, oder ein Nebengleis mit Schutzweiche oder Entgleisungsweiche ist unterhalb des Bahnsteiges herzustellen. Wenn Nebengleise außerhalb der Bahnhöfe liegen, müssen ähnliche Vorkehrungen gegen das Ablaufen von Fahrzeugen getroffen werden, sofern bei Güterzügen die Lokomotive nicht stets am unteren Ende des Zuges sich befindet. Auf Endbahnhöfen und Abzweigungsbahnhöfen, auf denen Lokomotiven gedreht werden sollen, sind Drehscheiben anzuordnen. Ausgenommen sind kurze Strecken von höchstens 24 km Länge mit Bahnhöfen in Entfernungen von höchstens 4,8 km.

2. Weichen und Kreuzungen.

Die Weichenneigung für Personenzuggleise ist gewöhnlich 1:9 oder 1:10, zugelassen ist noch 1:8; für Bogenweichen eines Krümmungssinnes (Innenbogenweichen) werden in Ausnahmefällen Neigungen von 1:20 angewandt, in der Regel geht man aber auch bei solchen Weichen nicht über 1:16 hinaus. Einfache Herzstücke sollen unter gewöhnlichen Verhältnissen nicht flacher als 1:12, doppelte nicht flacher als 1:9 sein.

In Gütergleisen, die nicht von Lokomotiven befahren werden, liegen häufig Weichen von 1:6 Neigung, ausnahmsweise sogar von 1:5,5. Man bevorzugt zwar in England Normalbauarten, aber nur insoweit, als die Raum- und Betriebsverhältnisse sie als zweckmäßig erscheinen lassen. Da die Raumverhältnisse aber namentlich in den großen Städten häufig sehr beschränkt sind, ist man vielfach gezwungen, von den Normalbauarten abzuweichen. Als Regel gilt dann, daß jede Weiche, die unter Beachtung der anerkannten Konstruktionsgrundsätze auf dem Papier gezeichnet werden kann, auch in der Werkstatt angefertigt werden muß. Zwischen aufeinanderfolgenden Spitzweichen in Personengleisen oder zwischen einer Spitzweiche und einer davorliegenden anderen Weiche ist in der Regel ein Abstand von mindestens 11 m zur Einlegung einer Fühlschiene erforderlich. Die

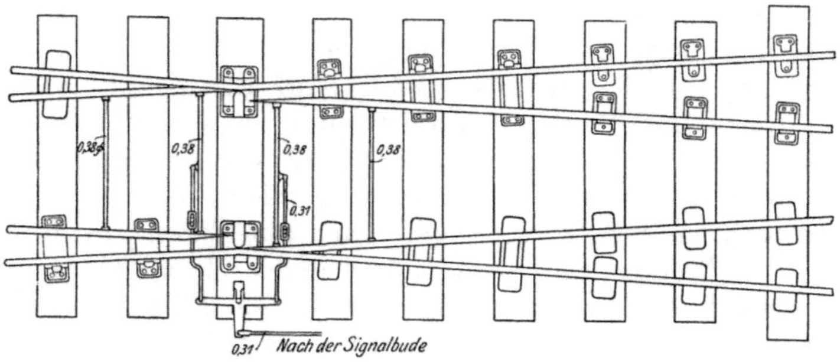

Fig. 104.

Länge der Zungen beträgt 2,75 bis 9,75 m; die meisten Eisenbahngesellschaften verwenden gerade Weichenzungen, einige krümmen die ablenkende Zunge. Mit Ausnahme der Glasgow and South Western-Eisenbahn verwendet keine englische Eisenbahngesellschaft Drehstühle, sondern schließt die Zungen mit Laschen an die Schienenstränge an. Die Zungen haben an der Wurzel gewöhnlich denselben Querschnitt wie die anschließende Schiene, liegen in besonderen Gleitstühlen und schlagen 88 bis 127 mm auf. Die meisten Gesellschaften legen ihre Weichen mit normaler Spur, einige wenige verengen die Spur um 6 mm, andere erweitern sie um das gleiche Maß. Der Spurverengung schrieb man früher einen ruhigeren Gang der Fahrzeuge bei der Einfahrt in die Weiche zu, verläßt aber anscheinend diese Bauart, weil sie zu Entgleisungen führen kann. Die Spurrinne an den Radlenkern, der Zungenwurzel und in den Herzstücken ist meistens 44 bis 51 mm. Herzstücke und Kreuzungen werden ausnahmslos aus Schienen hergestellt. Federnde Zungen und Herzstücke mit beweglicher Knieschiene sind erst vereinzelt probeweise angewandt worden. Fig. 104 stellt ein Herzstück der London and South Western-Eisenbahn mit beweglicher Schiene dar, das an ein Stellwerk angeschlossen ist und durch einen Kreuzhebel für die eine oder andere Richtung gestellt wird.

3. Zwischenbahnhöfe mit vereinigtem Personen-, Güter- und Rangierdienst.

Bei diesen Bahnhöfen, die meistens keine große Ausdehnung haben und von den Schnellzügen ohne Aufenthalt durchfahren werden, pflegt man großen Wert auf eine schlanke Durchführung der Hauptgleise ohne Gegenkrümmungen zu legen, was auf zweigleisigen Strecken vielfach zur Anlage von Seitenbahnsteigen geführt hat. Liegen die Bahngleise in der Krümmung, so wird die Überhöhung der äußeren Schiene erforderlichenfalls etwas ermäßigt, damit die Trittbretter der Fahrzeuge nicht an die eine Bahnsteigkante zu nahe herantreten, von der anderen zu weit abstehen und das Aus- und Einsteigen erschwert wird oder wegen der großen Seitenneigung der Wagenfußböden Gefahren in sich birgt. Die Seitenbahnsteige werden meistens durch Brücken, seltener durch Tunnel schienenfrei miteinander verbunden. Brücken sind für englische Verhältnisse nicht so unvorteilhaft wie vielfach auf dem Festlande, weil die zu ersteigende Höhe wegen der hohen Bahnsteige und der niedrigen Umgrenzung des lichten Raumes in mäßigen Grenzen gehalten werden kann. Immerhin verkennt man nicht gewisse Vorzüge der Tunnel vor den Brücken und legt daher neuerdings mehr Tunnel an als früher. Gewöhnlich liegen an beiden Bahnsteigen Gebäude, wobei die erforderlichen Abfertigungs- und Warteräume mitunter doppelt vorhanden

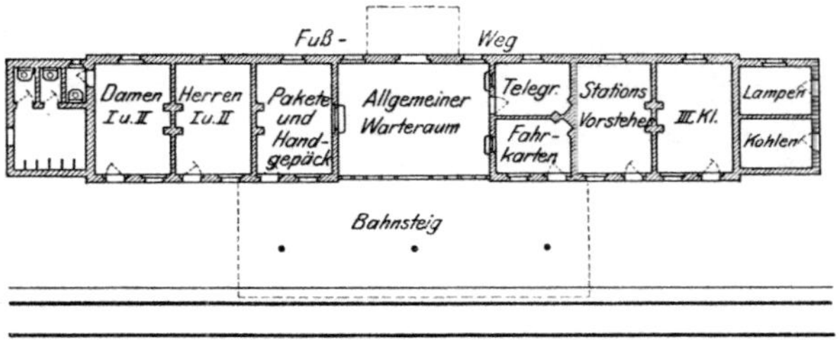

Fig. 105.

sind; meistens wird allerdings die eine Bahnseite durch bessere Ausstattung mit Gebäuden als die Hauptseite betont. Die Räume sind gewöhnlich nebeneinander an den Bahnsteigen aufgereiht und nur vom Bahnsteig zugänglich, so daß die Gebäude vielfach sehr langgestreckt sind, mit einer Tür nach dem Vorplatz, wenn ein solcher vorhanden ist, und einer größeren Anzahl von Türen nach den Bahnsteigen. Die Warteräume sind in großer Zahl vorhanden, aber klein und meistens nur dürftig mit einem Tisch in der Mitte und Bänken an den Wänden ausgestattet. Sie werden nicht als Schankstätten oder Speiseräume benutzt, zum Einnehmen von Speisen und Getränken sind besondere Räume (refreshment rooms, dining rooms) vorgesehen. Einige Gesellschaften gehen ausnahmsweise in der Ausstattung der Warteräume I. Klasse ziemlich weit, indem sie beispielsweise Teppiche legen. Auch auf den kleinsten Bahnhöfen ist mindestens je ein Warteraum für Frauen und Männer vorhanden. Auf größeren pflegen mindestens ein allgemeiner Warteraum (general waiting room) und je ein Warteraum I. und II. Klasse für Damen und Herren sowie ein Warteraum III. Klasse vorhanden zu sein. Neben dem allgemeinen Warteraume sind häufig die Fahrkartenausgabe, das Telegraphendienstzimmer, die Aufbewahrungsstelle für Handgepäck und die Paketannahme angeordnet (Fig. 105). Die Aborte für Frauen sind niemals vom Bahnsteig aus zugänglich, sondern werden versteckt neben den Warteräumen für Frauen angeordnet. Wenn es sich erreichen läßt, werden Vorplatz, Eintrittshalle und Warteräume mit ihren Nebenräumen in Höhe der Bahnsteige angelegt und etwaige Höhenunterschiede zwischen dem Vorplatz und den benachbarten Straßen durch Rampen ausgeglichen. An der Eingangsseite pflegt man dann einen erhöhten Fußweg anzulegen, der auf wichtigen Bahnhöfen überdacht ist und an dem die Fuhrwerke vorfahren. Fußsteig, Fußboden der Eintrittshalle und der Warteräume werden dann genau in gleicher Höhe gelegt, weil man Stufen als gefährlich für die Reisenden und hinderlich für die Gepäckbeförderung ansieht. Die Güterschuppen auf den Zwischenbahnhöfen mit vereinigtem Dienst sind gewöhnlich nur klein, weil manche Güter ohne Benutzung des Schuppens behandelt werden; der Schuppen ist dann bisweilen nur ein kleiner verschließbarer Raum (lock up), der wesentlich zur Lagerung von Gütern dient, die nicht unmittelbar nach ihrer Ankunft abgeholt werden. Eine derartige Einschränkung der Anlage ist möglich, weil die Güter vielfach schon auf den Annahmestellen in den Städten verwogen und versandfähig gemacht werden, so daß die Auflieferung am Bahnhofe sich auf das Überladen aus den Rollwagen in die Eisenbahnwagen beschränkt.

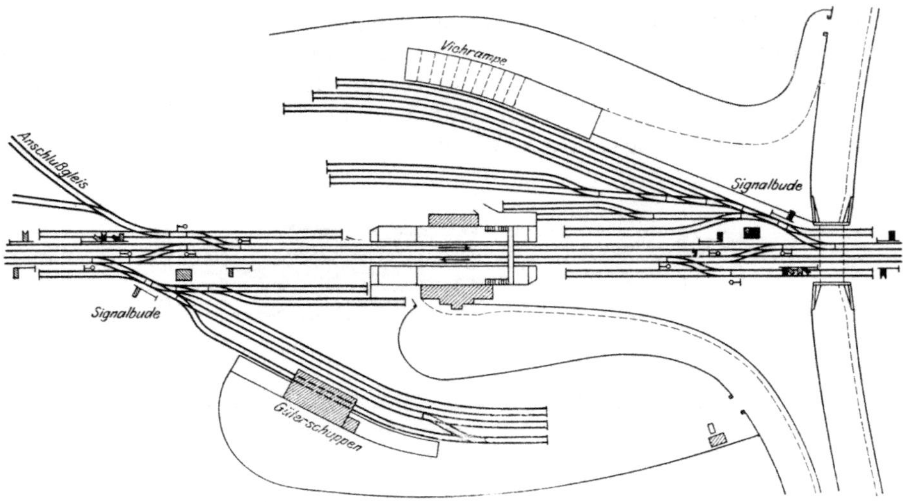

Fig. 106.

Ankommende Güter werden gewöhnlich schon aus Rücksicht auf den Wettbewerb ohne allzu große Förmlichkeiten ausgeliefert.

Fig. 106 stellt einen Zwischenbahnhof mit Empfangsgebäude an der einen, Warteraumgebäude an der anderen Seite dar. Die Anlagen für den Güter-, Vieh- und Rangierverkehr sind teils in unmittelbarer Nähe des Empfangsgebäudes, teils abseits angeordnet, wie dies vielfach üblich ist.

Wenn auf einem solchen Zwischenbahnhof Übergangsgleise erforderlich sind, werden sie gewöhnlich an den Seitenbahnsteigen entlang geführt, während die Hauptgleise gerade durchgehen. Ein neueres Beispiel hierfür ist der Bahnhof Badminster auf der Abkürzungslinie der Great Western-Eisenbahn von Wootten Bassett nach dem Severn-Tunnel (Fig. 107). Die Überholungs- (Bahnsteig-) Gleise haben 330 m nutzbare Länge und 4,60 m Abstand von den Hauptgleisen, deren Abstand untereinander 3,40 m ist. Die Bahnsteige sind 137 m lang und 3,66 m breit. Der Bahnhof liegt zur Hälfte in der Wagerechten, zur Hälfte in einer Neigung von 1:300. Das Empfangsgebäude enthält nur eine gleichzeitig als allgemeiner Warteraum dienende Eintrittshalle mit Fahrkartenschalter, einen Warteraum für Damen, einen Dienstraum, eine Paketannahme und Aborte (Fig. 108 und 109). Das Warteraumgebäude enthält einen allgemeinen Warteraum, einen Warteraum für Damen und Aborte (Fig. 110 und 111). Nach beiden Gebäuden führen Rampen hinunter. Die Anlagen für den Güter- und Viehverkehr bestehen aus einem kleinen Güterschuppen, einem Freiladegleis und einer Laderampe mit Viehbuchten.

Als Beispiel einer Anlage, bei der an beiden Seitenbahnsteigen gleiche Gebäude stehen, ist in Fig. 112 der

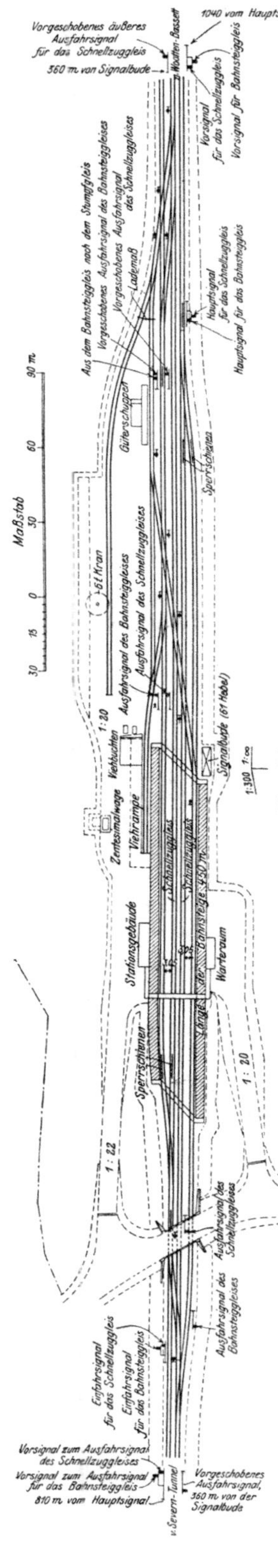

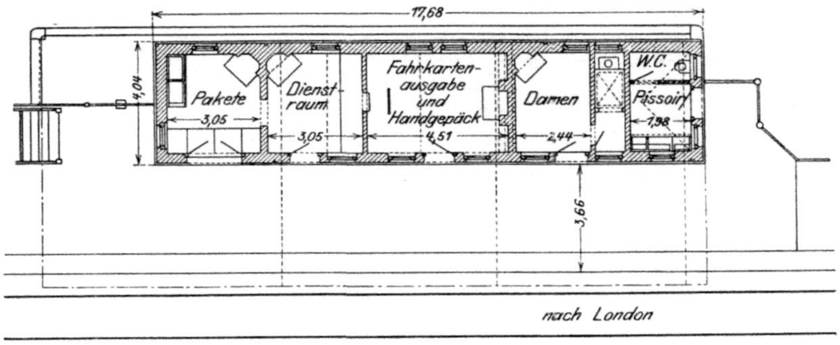

Fig. 108.

Bahnhof Gildersome auf der Strecke Leeds—Huddersfield der London and North Western-Eisenbahn dargestellt. Die Bahnsteige sind 137 m lang und 3,05 m breit; jedes Gebäude enthält nur einen allgemeinen Warteraum mit Fahrkartenschalter, einen Dienstraum,

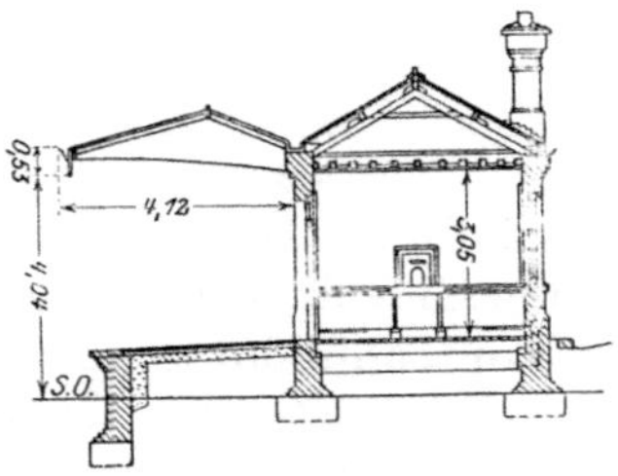

Fig. 109.

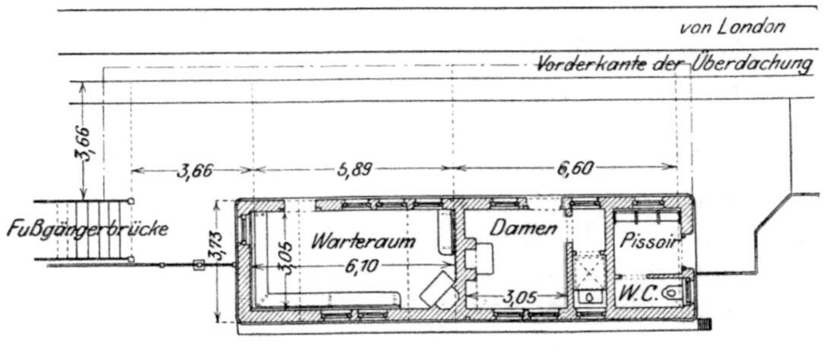

Fig. 110.

einen Warteraum für Damen und Aborte. Der Güterschuppen liegt seitlich und ist durch zwei Gleise von den Anlagen für den Personenverkehr getrennt.

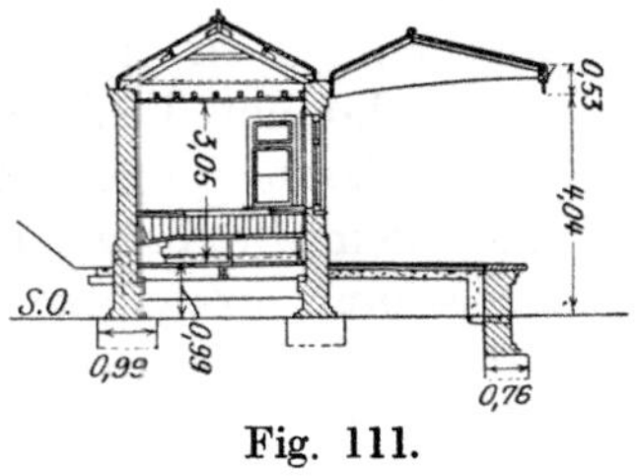

Fig. 111.

Wenn ein Planübergang über die Bahn führt, werden solche Zwischenbahnhöfe bisweilen mit versetzten Bahnsteigen angeordnet, um das Überschreiten der Gleise außerhalb des Planüberganges zu verhüten.

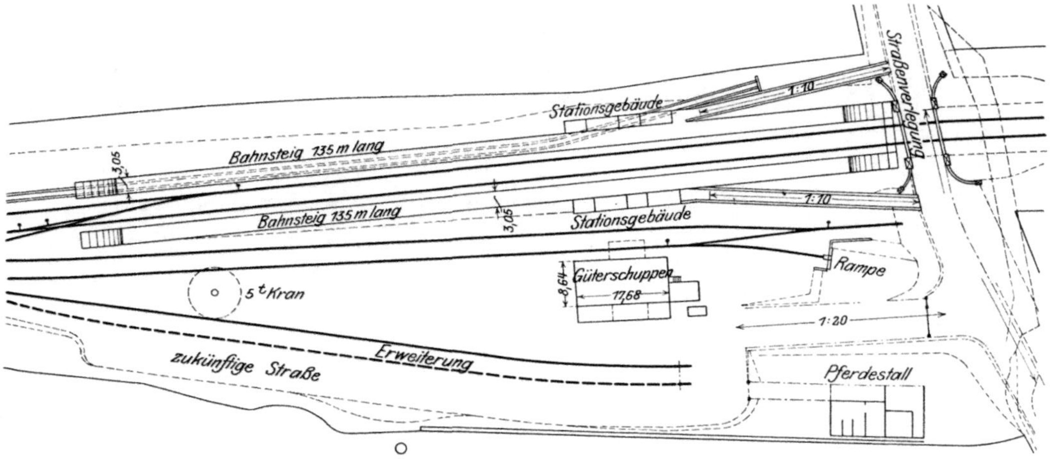

Fig. 112.

4. Personenbahnhöfe.

Die Teilung der Eisenbahnnetze unter eine große Zahl verschiedener Gesellschaften, die sich einen scharfen Wettbewerb machen, und das Zusammendrängen der Bevölkerung in großen Städten haben in England zur Herstellung der vielen Kopfbahnhöfe geführt, die wir überall antreffen. Denn jede Gesellschaft will ihr Bahngebiet allein beherrschen und möglichst weit in das Innere der Großstädte eindringen. Da nun die Bahnnetze gewöhnlich von einer größeren Stadt ausgehen oder in einer solchen endigen, ergibt sich die Herstellung von Kopfbahnhöfen ganz von selbst. Man verkennt nicht, daß Kopfbahnhöfe für die Reisenden bequem sind, und nimmt daher ihre Unbequemlichkeiten und Gefahren für den Betrieb in den Kauf, um die Reisenden an sich zu ziehen. Sind keine so großen Rücksichten auf die bestehenden Verhältnisse und die Bequemlichkeit der Reisenden zu nehmen, was namentlich der Fall ist, wenn eine Gesellschaft ein Gebiet ohne Wettbewerb beherrscht, so bevorzugt man neuerdings auch in England Durchgangsbahnhöfe, wie neuzeitliche Bahnhöfe der Great Central- und der North Eastern-Gesellschaft zeigen. Bei der Anlage aller Personenbahnhöfe kommen dem englischen Eisenbahntechniker vier Umstände zu statten, die ihm die Arbeit erleichtern: die Abneigung des Engländers, Speisen und Getränke in öffentlichen Räumen anders als in Eile einzunehmen, seine Reisegewohnheit, das einfache Gepäckabfertigungsverfahren im Inlandsverkehr und das milde Klima. Da die Reisenden sich weder frühzeitig vor dem Abgang der Züge auf den Bahnhöfen einfinden, noch sich dort lange zur Einnahme von Speisen und Getränken aufhalten, können die Schankstätten, Speise- und Warteräume in ihren Größenverhältnissen eingeschränkt, in ihrer Ausstattung vereinfacht werden, wenn nur dabei dem Bedürfnis nach Absonderung Rechnung getragen wird. Jede Wagenklasse muß womöglich nach Damen und Herren getrennt einen besonderen Warte- und Erfrischungsraum haben, wenn er auch nur klein ist. Das einfache Gepäckabfertigungsverfahren im Inlandsverkehr, meistens ohne Verwiegung des Gepäcks und Verabfolgung eines Gepäckscheines, das bei den vielen Durchgangszügen zwischen den nicht weit voneinander entfernten Hauptverkehrsgebieten in England möglich ist, führt zusammen mit dem großen Entgegenkommen der Bahngesellschaften in der Gewährung von Freigepäck zu den denkbar einfachsten Anlagen für den Gepäckverkehr, die meistens nur aus einer Wage und einem flachen

Wandschrank zur Aufbewahrung von Beklebezetteln zu bestehen brauchen. Eine eigentliche Gepäckannahme ist nur auf Bahnhöfen mit Festlandverkehr vorhanden, eine Gepäckausgabe auch dort nicht einmal, weil das Gepäck auf den Bahnsteigen ausgegeben wird. Das milde Klima Englands endlich gestattet die Herstellung leichter Bauten mit offenen Eingängen und Einfahrten, so daß Droschkenstraßen in die Bahnhöfe hineingeführt werden können, um die Reisenden mit ihrem Gepäck unmittelbar an den Bahnsteigen in die Fuhrwerke einsteigen zu lassen, wodurch der Wert des einfachen Gepäckabfertigungsverfahrens noch wesentlich erhöht wird.

Nach der Lage des Empfangsgebäudes zu den Gleisen kommen drei verschiedene Anordnungen von Kopfbahnhöfen vor: entweder liegt das Empfangsgebäude seitlich neben den Gleisen, wie in London auf den Bahnhöfen Paddington und Kings Cross, oder zwischen den Gleisen, wie auf dem Bahnhofe Enston in London, oder vor Kopf und seitlich der Gleise, wie in London auf den Bahnhöfen St. Pancras und Cannon Street. Mit allen größeren Endbahnhöfen pflegt ein der Eisenbahngesellschaft gehöriges Hotel verbunden zu sein, das entweder die oberen Stockwerke oder einen gesonderten Teil der Empfangsgebäude einnimmt, oder in nur losem Zusammenhange mit den Empfangsgebäuden steht, oder ganz davon losgelöst ist. Eine unmittelbare Verbindung des Hotels mit dem Bahnhofe ist nicht zweckmäßig, weil es in den Hotelräumen an der Bahnhofsseite sehr laut zu sein pflegt und das Hotel wertvollen Platz einnimmt, der besser für den eigentlichen Eisenbahnverkehr nutzbar gemacht wird. Neuerdings pflegt man das Hotel daher ganz vom Bahnhof loszulösen und nur durch einen überdachten Gang mit ihm zu verbinden. Nach englischer Auffassung sind Bahnhofsgebäude reine Nützlichkeitsbauten; man versagt daher bei ihrer Herstellung dem Architekten meistens die Mittel, sein künstlerisches Können etwas zu betätigen. Wenn daher mit dem Empfangsgebäude kein Hotel verbunden ist, das dem Architekten eine bescheidene Gelegenheit zur Kunstentfaltung bietet, sieht es mit der architektonischen Ausbildung der englischen Bahnhofsbauten vielfach traurig aus, wie die älteren Londoner Eisenbahnhöfe zeigen. In der Neuzeit ist hierin ein Umschwung zum Bessern eingetreten, man hat es verstanden, die Architektur einzelner Empfangsgebäude ohne Hotel ganz ansprechend zu gestalten, ohne gerade Prachtbauten zu errichten. Die Gebäude sind vielfach nur schmal und die einzelnen Räume dann nebeneinander an den Bahnsteigen aufgereiht. Wenn die Obergeschosse von einem Hotel eingenommen werden, sind die unteren Diensträume und die Warteräume vielfach dunkel, man errichtet dann gern Fahrkartenausgaben auf den Querbahnsteigen, wo sich meistens auch Verkaufsbuden für Bücher und Zeitungen befinden. Die Bahnsteige älterer Bahnhöfe sind vielfach aus Holz hergestellt, auf dem die Gepäckkarren weniger Geräusch verursachen als auf massiven Bahnsteigen, dem man ferner eine gewisse Annehmlichkeit beim Begehen zuschreibt; vielfach ist auch wohl Holz verwandt, um an Anlagekosten zu sparen und Ausbesserungsarbeiten zu erleichtern, namentlich wenn die wechselnden Verkehrsansprüche in den großen Städten häufige Änderungen der Bahnhofsanlagen in Aussicht stellen. Die älteren Bahnsteige sind mit Quergefälle von der Mitte nach den Kanten hergestellt, während neuerdings einige Gesellschaften umgekehrt ein Quergefälle von den Kanten nach der Mitte geben. Der Grund ist, daß vor einigen Jahren ein schwerer Unglücksfall infolge Abrollens einer Gepäckkarre auf einem nach den Kanten abfallenden Bahnsteige vorgekommen ist. Die Karre fiel gerade vor einem einfahrenden Schnellzuge auf das Gleis, wodurch der Schnellzug entgleiste.

Treppen für lebhaften Verkehr werden vielfach mit sogenannten Hawksley-Stufen versehen, die aus kleinen Holzwürfeln zwischen Eisenbarren bestehen, angenehm und gefahrlos zu begehen sind und sich leicht ausbessern lassen (Fig. 113). Die Würfel am Rande werden aus Eichenholz hergestellt, das am widerstandsfähigsten gegen Abnutzung ist, dann folgt in der Mitte Pechtannenholz (pitch pine), das den Schmutz am besten aufsaugt, während die Würfel am Stoßbrett aus billigem Fichtenholz bestehen können, weil sie nur wenig angegriffen werden.

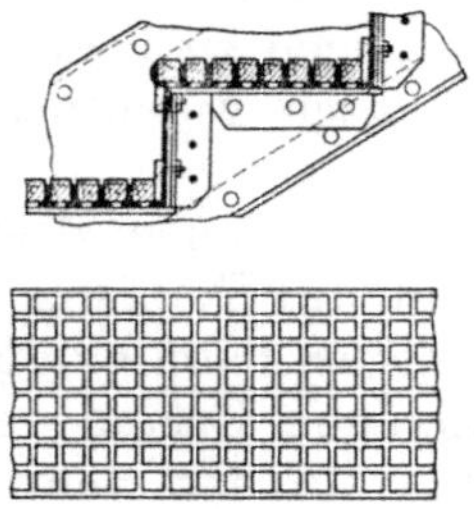

Fig. 113.

Während besondere Anlagen für den Gepäckverkehr kaum nötig sind, mit Ausnahme von Aufbewahrungsstellen, müssen auf allen größeren Personenbahnhöfen besondere Anlagen für den Paketverkehr vorhanden sein, weil die meisten Eisenbahngesellschaften einen großen Paketverkehr haben, den sie der Post gegenüber durch erleichternde Beförderungsbedingungen und niedrige Gebühren aufrecht zu halten und zu entwickeln wissen. Besondere Anlagen für den Eilgutverkehr sind, abgesehen von dem Milchverkehr, nicht erforderlich, weil die Beförderung aller Stückgüter so schnell bewirkt zu werden pflegt, daß fast alle als Eilgüter bezeichnet werden können. Leicht verderbliche Waren und andere Güter, bei denen es auf eine besonders schnelle Beförderung ankommt, werden entweder mit schnellfahrenden Güterzügen oder mit Personenzügen befördert, oder als Pakete aufgegeben, unter die man alle möglichen Sendungen rechnet. Der Paketverkehr belästigt bisweilen die Reisenden auf den Bahnsteigen nicht wenig. Auch besondere Laderampen sind nicht immer erforderlich, weil man Pferde und Fuhrwerke an den Bahnsteigen zu verladen pflegt und deshalb häufig nur eine Anrampung vor den Enden der Personengleise herstellt.

Einige größere Bahnhöfe sind mit weitgespannten freitragenden Hallendächern überdacht, meistens hat man aber die Hallen durch Säulen in einzelne Schiffe geteilt. Während man hierbei früher die Dachbinder meistens gleichlaufend zur Längenrichtung der Halle auf Querträger legte, die von den Säulen getragen wurden, legt man die Dachbinder neuerdings auch senkrecht zur Längenrichtung der Halle unmittelbar auf die Säulen oder auf Längsträger, die auf den Säulen liegen. Die erstgenannte Bauweise ist schwerfällig, gewährt aber eine größere Unabhängigkeit von der Lage der Bahnsteige und Gleise, wenn es sich darum handelt, den Standort der Säulen zu bestimmen; die letztgenannte Bauweise führt meistens zu einer Materialersparnis, zu geschmackvolleren Formen und einer größeren Helligkeit unter den Dächern. Neuerdings fängt man an, auf Durchgangsbahnhöfen überhaupt keine geschlossenen Hallen zu errichten, sondern nur die Bahnsteige zu überdachen, was bei dem milden Klima Englands zulässig erscheint und mehrere Vorzüge hat, wie bessere Lüftung und Beleuchtung, geringere Herstellungs- und Unterhaltungskosten, weil die Eisenteile nicht von den Lokomotivgasen angegriffen werden. Auf allen größeren englischen Bahnhöfen pflegen gute Wascheinrichtungen mit den Aborten verbunden zu sein, mitunter hat man vorzüglich eingerichtete Badeanstalten in den Kellergeschossen eingerichtet, die jeder gegen Entrichtung mäßiger Gebühren benutzen kann.

Da in den englischen Großstädten meistens wenig Platz zur Herstellung von Bahnanlagen verfügbar ist, muß man sich im Innern der Städte gewöhnlich auf Herstellung der eigentlichen Verkehrsanlagen beschränken, während die auf den Abstellbahnhöfen vereinigten Betriebsanlagen außerhalb liegen, was natürlich zahlreiche Leerfahrten zur Folge hat. Viele von den Endbahnhöfen der englischen Eisenbahngesellschaften sind, wie die Gesellschaften selber, nach und nach aus kleinen Anfängen entstanden und daher weder einheitlich noch großzügig angelegt. Ganz neue Endbahnhöfe oder Umbauten, die einem Neubau fast gleichkommen, sind nur in geringer Zahl vorhanden. Da die älteren Endbahnhöfe wiederholt in deutschen Arbeiten über das englische Eisenbahnwesen veröffentlicht worden sind, beschränken wir uns hier auf die Besprechung weniger Beispiele, die teils wegen einer gewissen Einheitlichkeit in der Anlage, teils wegen ihrer neuzeitlichen Einrichtungen erwähnenswert erscheinen.

Figur 114 ist ein Grundriß des 1868 eröffneten Bahnhofes St. Pancras der Midland-Eisenbahngesellschaft in London, der noch heute wegen seiner eindrucksvollen Baulichkeiten als der großartigste Endbahnhof in England angesehen wird, obgleich der wenig einheitlich angelegte Endbahnhof Liverpool Street der Great Eastern-Gesellschaft ihn an Flächengröße und Verkehrsumfang erheblich übertrifft. Unter der weitgespannten Halle von 73 m Spannweite liegen 10 Gleise neben und zwischen 7 Bahnsteigkanten. Der Eingang liegt an der Seite und ist unmittelbar von der Straße Euston Road auf einer Rampe erreichbar, während der Ausgang gegenüber der zwischen den Bahnsteigkanten Nr. 5 und 6 angeordneten Droschkenstraße liegt und auf einen erhöhten Vorplatz mündet, von dem gleichfalls eine Rampe nach Euston Road hinunterführt. Eine dritte Rampe führt zu dem Hotel, das einen Teil des Erdgeschosses und die oberen Geschosse des Empfangsgebäudes einnimmt. Da die Midland-Eisenbahngesellschaft in ihren Zügen nur die erste und dritte Klasse führt, sind nur vier Warteräume, je einer für jede Klasse und nach Frauen und Männern getrennt angeordnet, die unmittelbar neben der Eingangshalle mit den Fahrkartenausgaben liegen, in der auch das Gepäck aufgegeben wird. An der Abfahrtseite sind außerdem ein Dienstraum, eine Gepäckaufbewahrungsstelle, ein Abort, ein Speiseraum, eine Laderampe und die Paketannahme mit einem großen Vorplatz angelegt. Im Kopfgebäude liegen zwei Speiseräume, an der zweiten Langseite Diensträume, je ein Abort für Frauen und Männer, eine Gepäck- und Fundsachenaufbewahrungsstelle und Diensträume. Infolge der geschickten Anordnung der Zufahrten, bei der die Fuhrwerke an verschiedenen Stellen ein- und ausfahren, wickelt sich der Fuhrwerksverkehr sehr glatt ab.

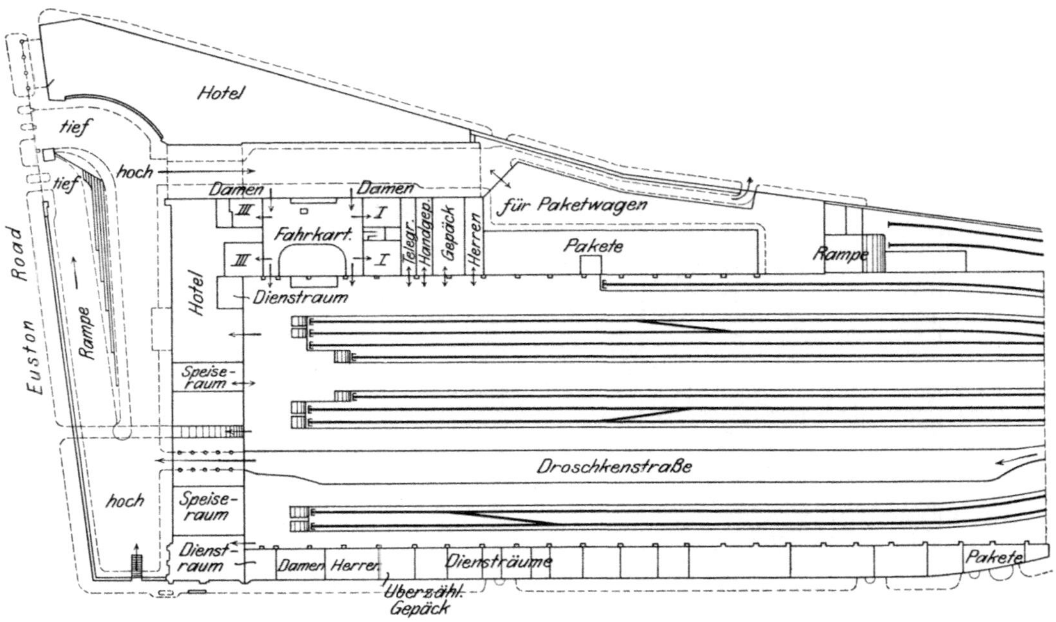

Fig. 114.

Das neueste Beispiel eines großen Endbahnhofes in England ist der 1899 vollendete Marylebone-Bahnhof der Great Central-Eisenbahngesellschaft in

London; in der Zeit von der Eröffnung des Bahnhofes St. Pancras (1868) bis 1899 ist kein größerer Endbahnhof in London hergestellt worden.

Der Personenbahnhof Marylebone bildet einen Teil der umfangreichen Bahnanlagen, die die Great Central-Eisenbahn bei ihrem Vordringen nach London südwestlich von Regents Park hergestellt hat (Fig. 115). Das Bahnhofshotel, das einer besonderen Hotelgesellschaft gehört, ist von den Empfangsgebäuden durch eine 274 m breite Vorfahrt getrennt, auf die zwei 18,3 m breite neue Zufahrtstraßen

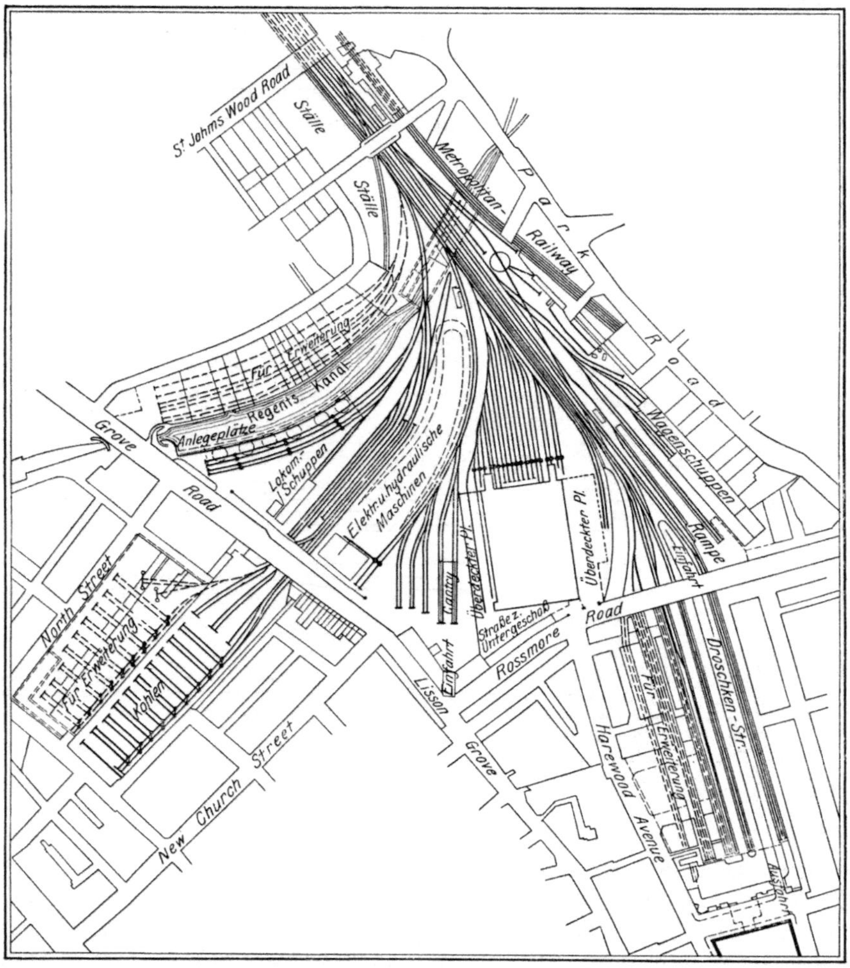

Fig. 115.

von der Hauptstraße Marylebone Road des betreffenden Stadtteiles münden. Hotel und Empfangsgebäude sind durch einen überdachten Fußweg und einen Tunnel miteinander verbunden (Fig. 116 und 117). Die Vorfahrt zwischen Empfangsgebäude und Hotel ist an der Bahnhofsseite vor dem Eingang auf 27,2 m Länge zur Hälfte überdacht. An der Vorfahrt liegt nahe der Mitte des Kopfgebäudes die Eintrittshalle von 19 m Länge und 12 m Breite, in der sich gegenüber dem Eingange die etwas in den Kopfbahnsteig vortretende Fahrkartenausgabe befindet (Fig. 116). Links von der Vorhalle, aber durch ein Treppenhaus davon getrennt und nur vom Kopfbahnsteig aus zugänglich, sind Schankstätten und Speiseräume angelegt; die linke Ecke des Kopfgebäudes und der ganze linke Flügel werden von den Räumen für die Paketabfertigung und von Nebenräumen eingenommen. Von der Eingangshalle unmittelbar zugänglich liegt rechts der allgemeine Warteraum mit einem zweiten Eingang nach dem Kopfbahnsteig. Dann folgen

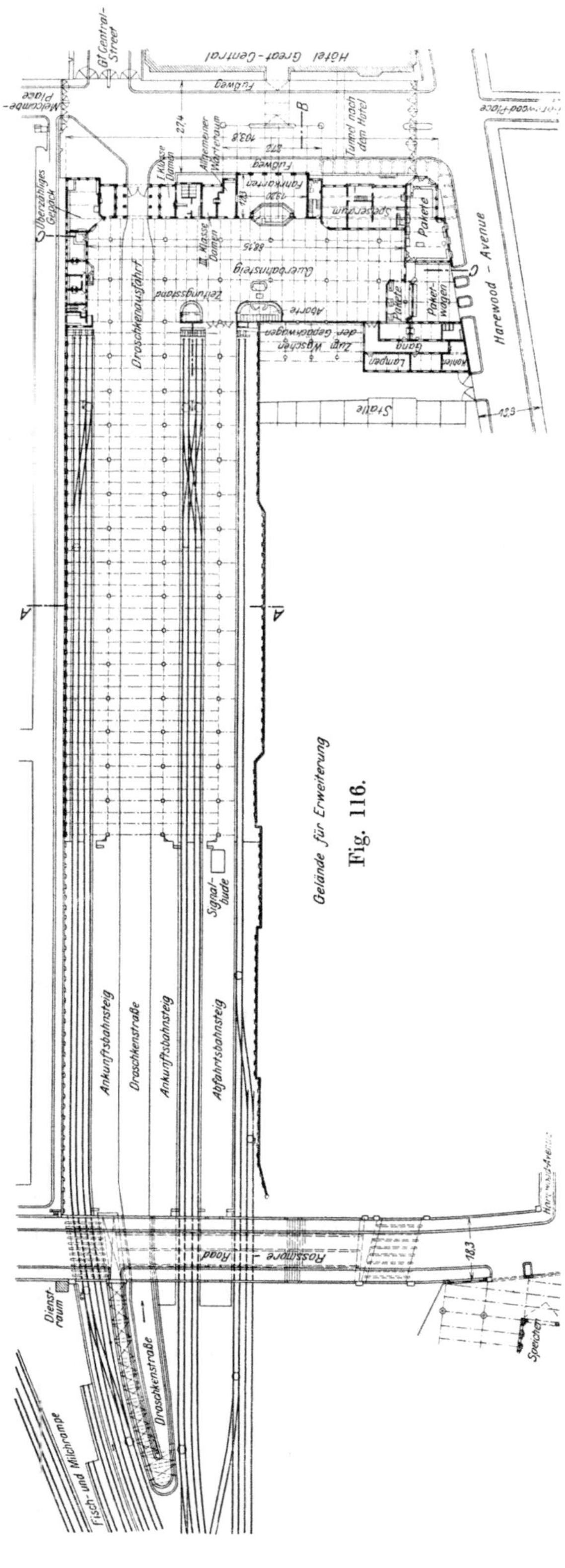

Fig. 116.

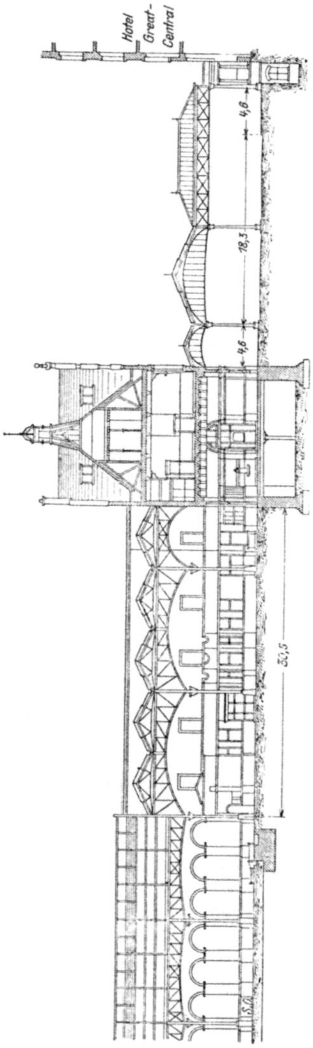

Fig. 117.

die nur vom Kopfbahnsteig aus zugänglichen Warteräume I. und III. Klasse für Damen, mit dazwischenliegenden Aborten und Waschräumen, ferner auf der anderen Seite der Droschkenausfahrt der Warteraum I. Klasse für Herren, der aber sehr ungünstig zu den

Abfahrtbahnsteigen liegt und daher neuerdings zu dienstlichen Zwecken benutzt wird. Die rechte Ecke und der rechte Gebäudeflügel werden von der Gepäckaufbewahrungsstelle, Diensträumen und Aborten eingenommen. In den Obergeschossen des Gebäudes, das 104 m Frontlänge hat, befinden sich Verwaltungsräume. Auf dem 88 m langen, vor der Eingangshalle 9,1 m breiten Kopfbahnsteig sind ein Auskunftsbüreau, ein Waschraum mit Aborten, eine Gepäckwage und ein Buchhändlerstand untergebracht. Von dem Kopfbahnhof gehen rechtwinklig drei Zungenbahnsteige von 305 m Länge aus, einer für die Abfahrt, zwei für die Ankunft. Zwischen den beiden Ankunftsbahnsteigen liegt eine 9,14 m breite Droschkenstraße, die von einer vor dem Bahnhof befindlichen Straßenüberführung zugänglich ist und auf die Bahnhofsvorfahrt mündet. Zwischen und neben den vier Bahnsteigkanten sind fünf Gleise verlegt. Gleise und Bahnsteige sind mit einer dreischiffigen Halle von 43,10 m Gesamtweite, $2 \times 15{,}3 + 12{,}5$ m Weite der Schiffe überdacht, an deren Säulen auf der Westseite noch ein 5 m vorragendes Dach angeschlossen ist (Fig. 118). Die über den Gleisen aufgehängten Blechmulden sollen die Lokomotivgase von dem Eisenwerk der Halle fernhalten, weil man in England fürchtet, daß solche Gase auf die Dauer das Eisenwerk niedriger Hallen an der Oberfläche angreifen, oder durch Haarrisse und Poren in einzelne Bauteile eindringen und die chemische Zusammensetzung und das Gefüge ungünstig beeinflussen. Über den Ankunftsgleisen sind die Mulden wieder be-

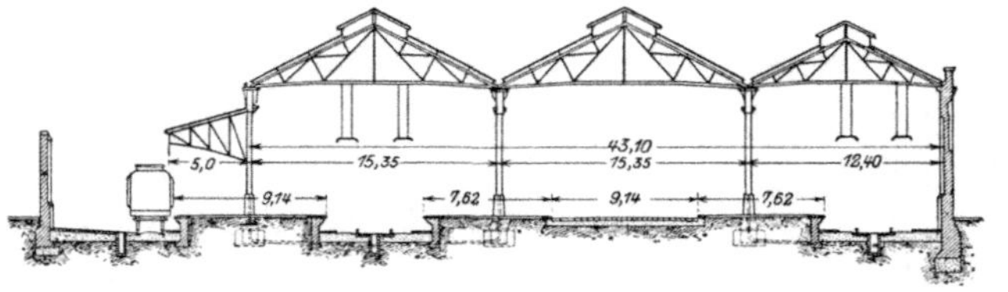

Fig. 118.

seitigt worden und über den Abfahrtsgleisen nur an der Stelle ausgeführt, wo die Lokomotiven der abfahrenden Züge zu halten pflegen. Auf der Westseite des Bahnhofes ist eine größere Fläche für zukünftige Erweiterungen vorgesehen (Fig. 116).

Der Bahnhof diente früher fast nur dem Fernverkehr, weil die Great Central-Eisenbahn infolge ihres Abkommens mit der Metropolitan-Eisenbahn, deren Gleise sie bis Quainton Road mitbenutzte, sich zunächst nicht um Vorortverkehr bewerben durfte. Neuerdings hat die Gesellschaft mit Unterstützung der Great Western-Eisenbahn eine eigene Linie von Quainton Road nach London hergestellt, deren Vorortverkehr auf dem Marylebone-Bahnhof abgewickelt wird.

Die Anlage hat sich im allgemeinen bewährt, nur lag der Warteraum für Männer zu weit von den Abfahrtsgleisen entfernt und ist daher anderen Zwecken nutzbar gemacht worden, wie erwähnt; auch ist die Droschkenausfahrt zu eng, weil die Einfahrt am anderen Ende wegen ihrer ungünstigen Lage selten benutzt wird und die Droschken daher an derselben Stelle aus- und einfahren. Die Überdachung der Bahnsteige und Gleise mit einer dreischiffigen, anstatt einer weitgespannten Halle ist aus Sparsamkeit, aus Rücksicht auf die Anwohner und wegen der leichteren Unterhaltung erfolgt; weitgespannte Hallen sind nach englischer Anschauung zwar zweckmäßig für den Betrieb und Verkehr und schön von innen, aber teuer in der Herstellung und Unterhaltung und unschön von außen. Die Rücksicht auf das Aussehen wird bei Bahnhofshallen entgegen den sonstigen Gepflogenheiten bisweilen soweit getrieben, daß das Parlament seine Genehmigung zur Herstellung weitgespannter Hallen versagt.

Ein weiteres Beispiel eines neuen Endbahnhofes ist der kürzlich erweiterte Victoria-Bahnhof der London, Brighton and South Coast-Eisenbahn in London, dessen Erweiterung gleichzeitig mit dem schon erwähnten viergleisigen Ausbau der Strecke London-Brighton bewirkt worden ist. Der neben dem gleichnamigen Bahnhof der South Eastern and Chatham-Eisenbahn liegende ältere Bahnhof ist bei der Erweiterung so gründlich umgestaltet worden, daß man wohl von einem Neubau sprechen kann. Figur 119 stellt den Bahnhof vor dem Umbau vor. Unter der Halle lagen 10 Gleise an und zwischen 8 Bahnsteigkanten, außerdem eine Droschkenstraße zwischen zwei Bahnsteigen. Die Bahnsteige waren für den großen Fern- und Vorortsverkehr zu kurz und zu schmal, auch war es höchst störend, daß nur je ein Aus- und Einfahrtsgleis mit zugehörigem Verkehrsgleis vor dem Bahnhof vorhanden war. Da das Bahnhofsgebäude auf der einen Seite von dem großen mehrstöckigen Grosvenor-Hotel und den an der Straße Buckingham Palace Road liegenden Häusern, an der anderen Seite von dem Bahnhof der South Eastern and Chatham-Eisenbahn eingeschlossen ist, der nicht verlegt werden kann, ebensowenig wie das Grosvenor-Hotel und die Straße Buckingham Palace Road beseitigt werden können, war für eine Verbreiterung des vorhandenen Bahnhofes nur das Gelände verfügbar, auf dem die Häuser zwischen Grosvenor-Hotel und Eccleston-Überführung stehen. Dieses Gelände war für die erforderliche Erweiterung unzulänglich, man hat daher das ganze Stadtviertel an der Straße Buckingham Palace Road bis zur Ebury-Überführung angekauft, um den Bahnhof nach der Länge, anstatt nach der Breite zu erweitern. Hierbei ist auch das niedrige Kopfgebäude beträchtlich vergrößert und mit oberen Stockwerken für Hotelzwecke versehen worden. Während der alte Bahnhof 70 m breit und 244 m lang war, ist der neue 97,5 m breit und etwa 550 m lang, mit Bahnsteigkanten bis zu 460 m Länge, an denen zwei hintereinanderstehende Züge abgefertigt werden können (Fig. 120). Um dies zu ermöglichen, ist die Breite mehrerer Bahnsteige auf etwas mehr als halber Länge am offenen Ende des Bahnhofes um eine Gleisentfernung eingeschränkt, damit zwischen die beiden Gleise an den Bahnsteigkanten ein mittleres Fahrgleis gelegt werden konnte. Die schmalen Teile der Bahnsteige dienen hauptsächlich für die Ankunft, die breiten für die Abfahrt der Züge. Wenn die ankommenden Züge ihre Reisenden an dem unteren schmalen Teile der Bahnsteige abgesetzt haben, ziehen sie erforderlichenfalls bis zum oberen breiteren Teile vor, um leer oder mit abfahrenden Reisenden besetzt auf dem mittleren Bahnsteiggleis auszufahren. Ein zweiter Zug kann daher an einer Bahnsteigkante vorfahren, bevor der erste den Bahnhof wieder verlassen hat. Diese Betriebsweise, bei der man einen Zug auf ein besetztes Bahnhofsgleis einfahren läßt, erscheint nicht ungefährlich, wird aber auch auf anderen Bahnhöfen in England ausnahmsweise angewandt. Die Droschken, die früher unter argen Verkehrsstörungen durch das Kopfgebäude ein- und ausfuhren, fahren jetzt am äußersten Bahnhofsende von der Elisabeth-Brücke auf einer Rampe ein und verlassen den Bahnhof durch eine Seitenausfahrt am Buckingham Palace Road. Die Fahrkartenausgabe liegt im Kopfgebäude, außerdem liegen hier Diensträume und Speiseräume. An der Seite sind neben dem Hotel eine Schankstätte, Warteräume und Paketannahme angelegt. Im Gegensatz zu anderen englischen Bahnhöfen, auf denen Gepäcktunnel unbekannt sind und das Gepäck in Stechkarren auf den Personenbahnsteigen entlang gefahren wird, sind hier Quertunnel und ein Längstunnel mit Aufzügen zur Gepäckbeförderung angelegt.

Der Verkehr auf dem Bahnsteig ist so gedacht, daß abfahrende Reisende in das Kopfgebäude eintreten, ihre Fahrkarte kaufen, durch einen Gepäckträger das Gepäck bezetteln und nach dem Zuge bringen lassen, während sie selber sich über den Kopfbahnsteig dorthin begeben. Ankommende Reisende können sich auf

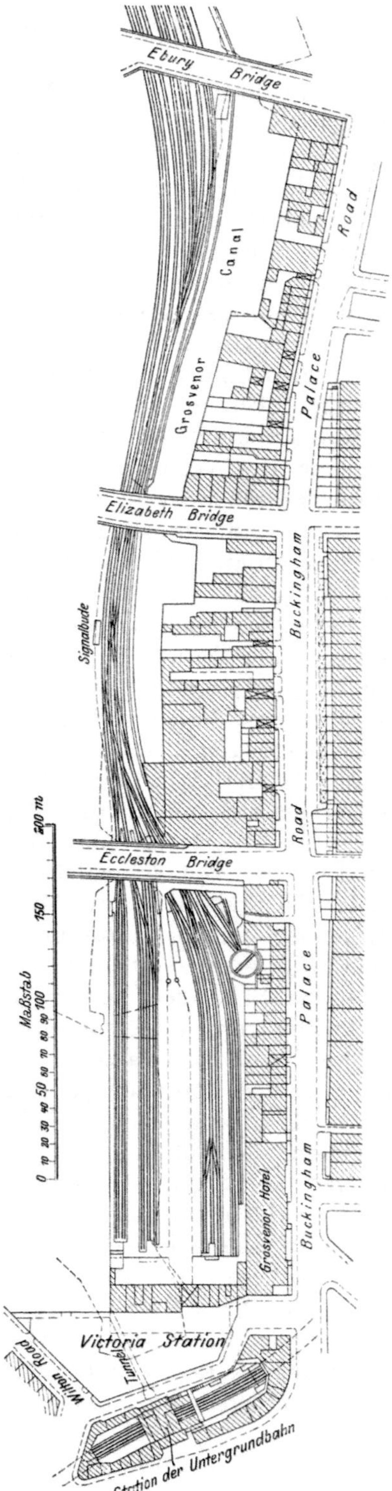

Fig. 119.

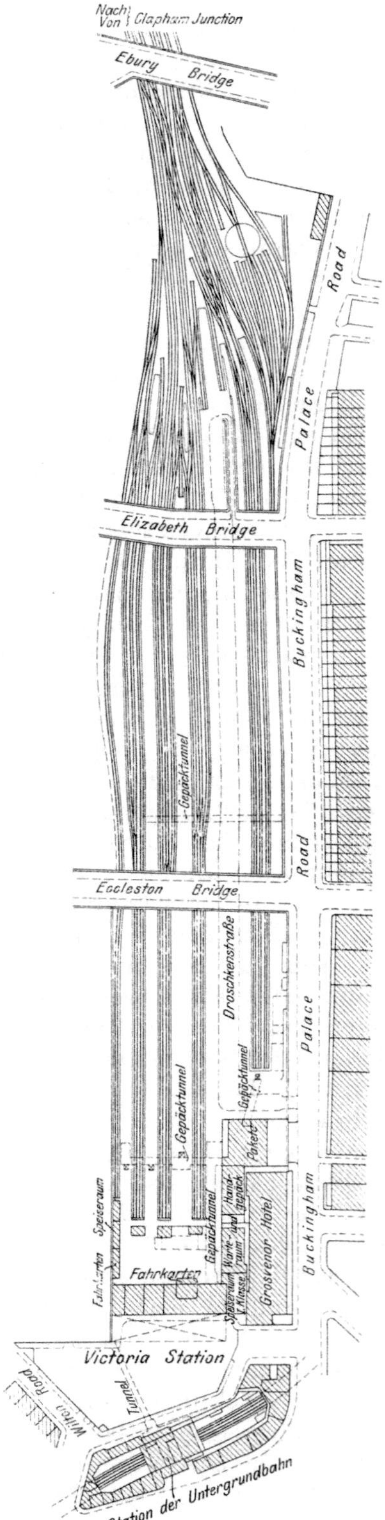

Fig. 120.

einer überdachten Fußgängerbrücke, die neben der Eccleston-Überführung liegt, nach einem anderen Bahnsteig oder der Droschkenstraße begeben und ihr Gepäck durch den Quertunnel nachkommen lassen oder den Bahnhof auf der Überführung verlassen.

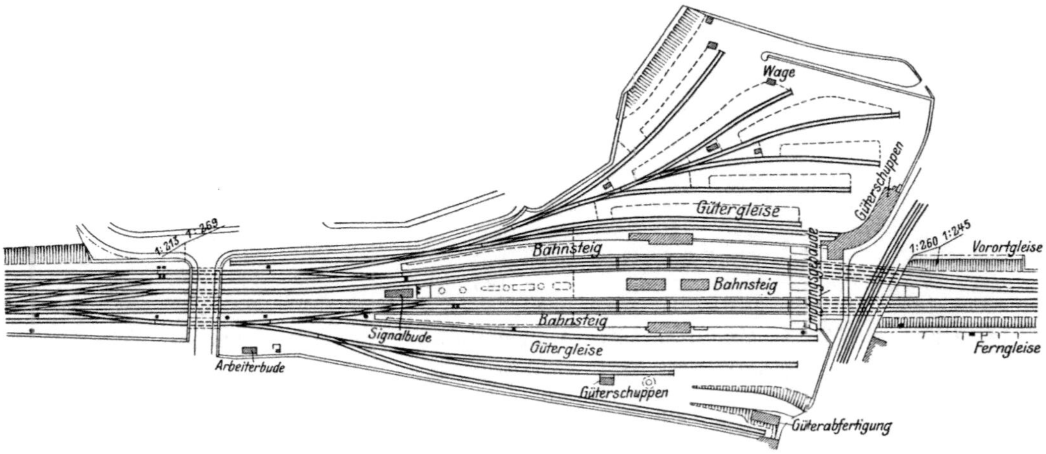

Fig. 121.

Die zwischen den Gleisen liegenden Bahnsteige sind 9,14 bis 12,2 m, die an der Droschkenstraße liegenden 6,1 bis 9,14 m breit.

Ein neuer Bahnhof mit vereinigtem Fern-, Vorort- und Güterverkehr an einer viergleisigen Strecke ist der Bahnhof Thornton Heath der London, Brighton and South Coast-Eisenbahn in der weiteren Umgebung von London auf der Strecke Balham—Croydon (Fig. 121). Die beiden Ferngleise sind in gerader Richtung zwischen einem 190 m langen Seitenbahnsteig und einem 213,4 m langen Inselbahnsteig durchgeführt, dessen zweite Kante, wie auch der zweite Seitenbahnsteig von 178 m Länge, zur Abfertigung der Vorortzüge dienen. Die Seitenbahnsteige sind vor den Warteraum-

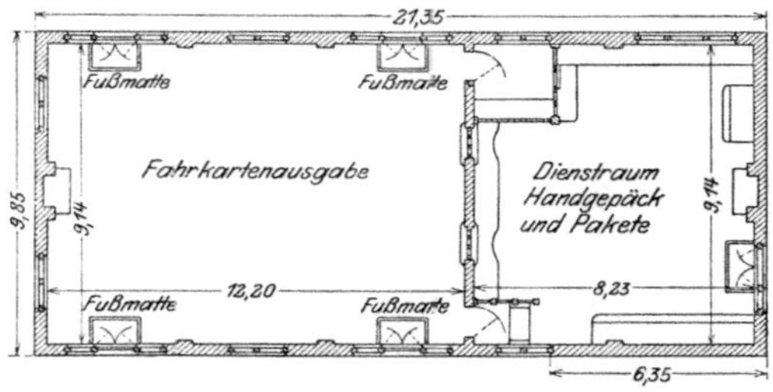

Fig. 122.

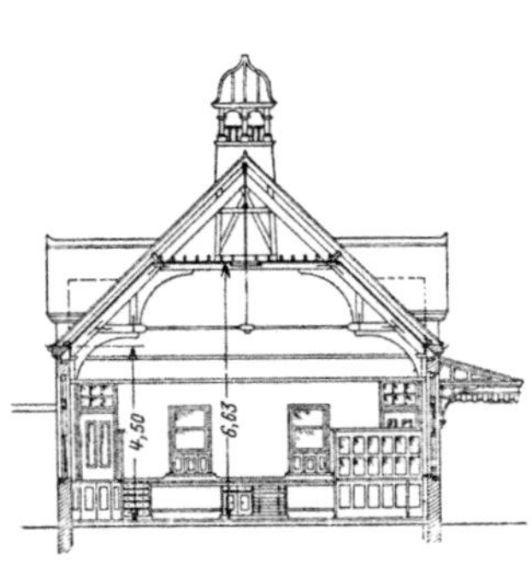

Fig. 123.

Fig. 124.

gebäuden 4,57 m, sonst 6,10 m breit, der Inselbahnsteig hat eine größte Breite von 12,12 m, mit 3,73 m Raum an jeder Seite der auf ihm stehenden Gebäude.

Die Bahnsteige liegen 0,91 m über Schienenoberkante. Das Empfangsgebäude liegt quer über den Gleisen an einer Wegeüberführung am Ende des Bahnhofes, was man neuerdings häufig in England findet. Das Gebäude enthält nur eine Eintrittshalle mit Fahrkartenausgabe und einen Dienstraum mit Paketannahme

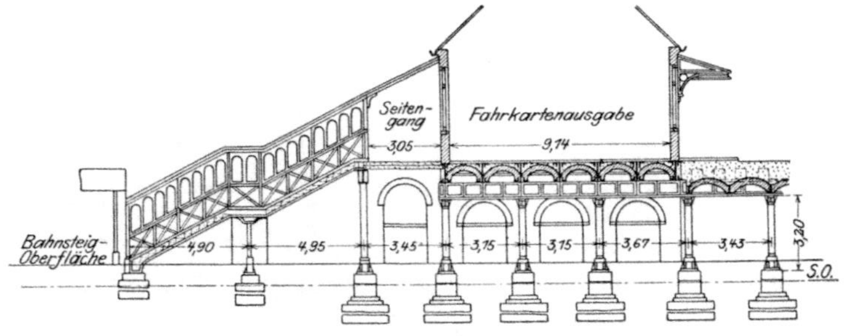

Fig. 125.

(Fig. 122 bis 124). Vor dem Empfangsgebäude, das auf eisernen Trägern und Säulen ruht, liegt ein 3,05 m breiter überdachter Gang, von dem 3,05 m breite

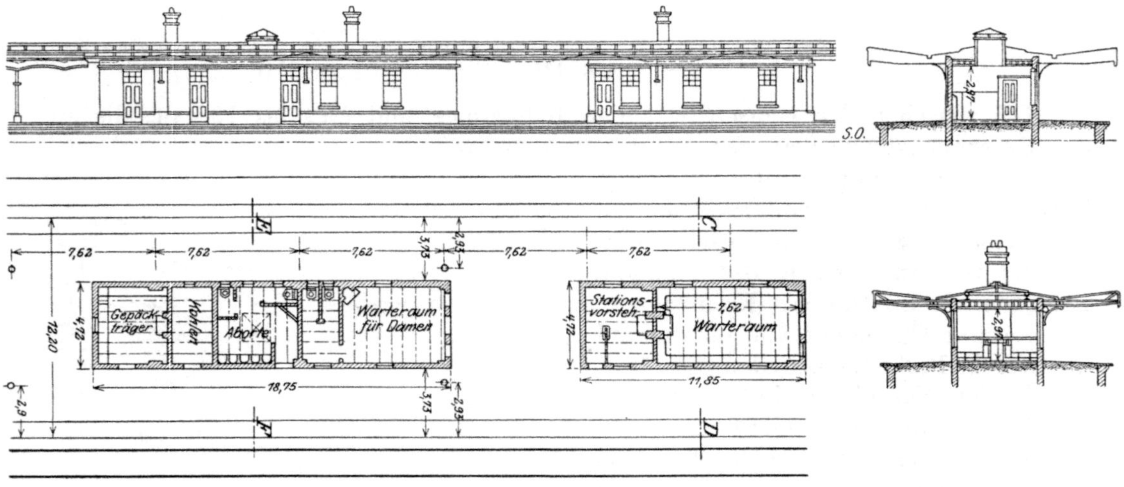

Fig. 126.

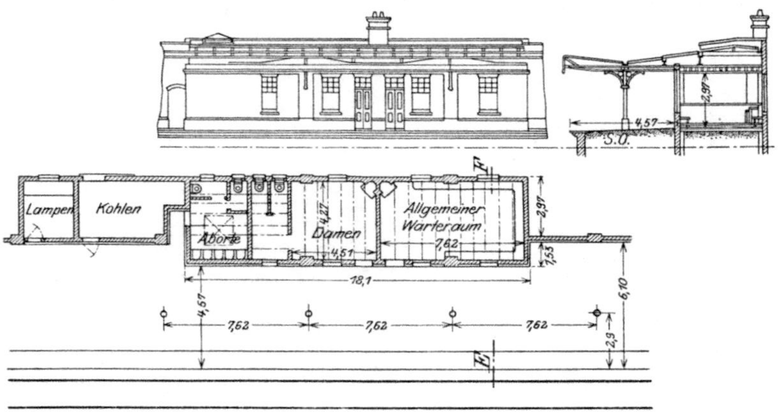

Fig. 127.

Treppen zu den Bahnsteigen führen (Fig. 125). Die Gebäude auf den Bahnsteigen enthalten Warteräume, Aborte, Diensträume, Geräte- und Lagerräume (Fig. 126 und 127). Die Bahnsteige sind in einer Länge von 93 m überdacht, die Dächer treten nur 0,30 m gegen die Bahnsteigkanten vor, sind aber mit einem 0,46 m breiten senkrechten Schutzblech abgeschlossen. An den Stellen, wo Gebäude auf den Bahnsteigen stehen, sind die Hallenbinder quer über die Wände gelegt und bilden das Gerippe der Deckenkonstruktion (Fig. 128), sonst sind Säulen zur Unterstützung der Bahnsteigdächer aufgestellt.

Die Anlagen für den Güterverkehr befinden sich zu beiden Seiten der Bahn und bestehen aus einigen Gütergleisen, Freiladegleisen, einem verschließbaren Lagerraum für jede Seite und einem Abfertigungsgebäude. Die Gleise werden auf jeder Seite von einem eigenen Gütergleise aus bedient.

Ähnlich sind noch mehrere andere Bahnhöfe der Strecke Balham—Croydon—Streatham Common—Norbury und Selhurst gebaut. In Streatham Common und Norbury liegt das Empfangsgebäude jedoch in Bahnsteighöhe und enthält im oberen Stock eine Dienstwohnung. In Streatham Common sind die Bahnsteige

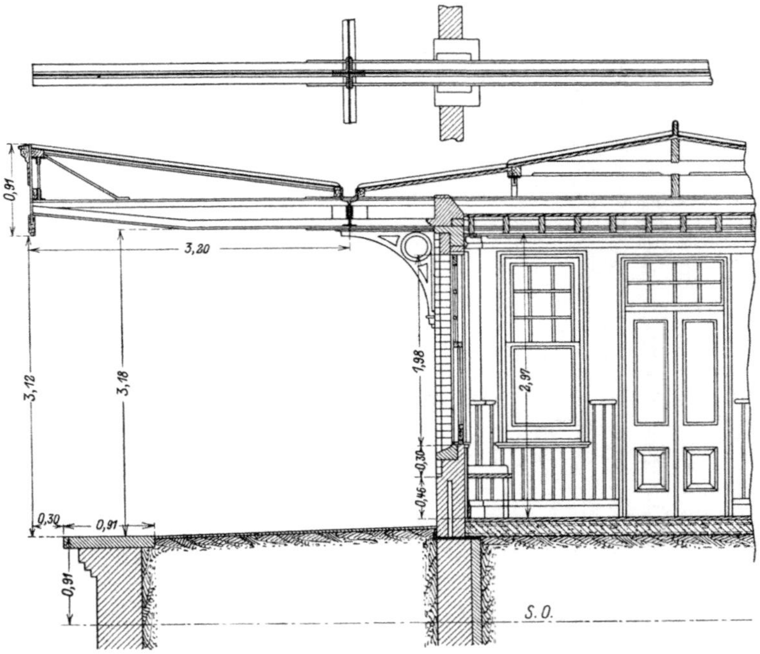

Fig. 128.

durch eine Fußgängerbrücke schienenfrei verbunden, in Norbury und Selhurst sind 3,66 m breite Personentunnel mit 1:10 geneigten Rampen angelegt.

Bei neueren Durchgangsbahnhöfen hat man bisweilen den Richtungsbetrieb eingeführt, wie bei dem neuen Gemeinschaftsbahnhof der Great Central- und Great Northern-Bahngesellschaft in Nottingham (Fig. 129). Der Bahnhof liegt an der zweigleisigen Hauptstrecke von London (Marylebom) über Sheffield nach Manchester in einer Neigung von 1:528 und hat je zwei Durchgangsgleise für Schnellzüge und Eilgüterzüge und vier für Personenzüge, zusammen acht Durchgangsgleise. Zwischen den Schnellzugsgleisen liegt ein Aufstellungsgleis, an jedem Ende sind vier Stumpfgleise für Personenzüge angeordnet, so daß die ganze Gleisanlage an den Hauptbahnhof Cöln erinnert. Der Personenverkehr wird an zwei Inselbahnsteigen von 20,7 m größter Breite und 387 m Länge abgewickelt, die 0,91 m über Schienenoberkante liegen und an ihren Enden in Zungenbahnsteige von 120 m Länge aufgelöst sind. An jedem Ende des Bahnhofes führt eine Fahrstraße über die Bahn, außerdem führen eine Fahrstraße und

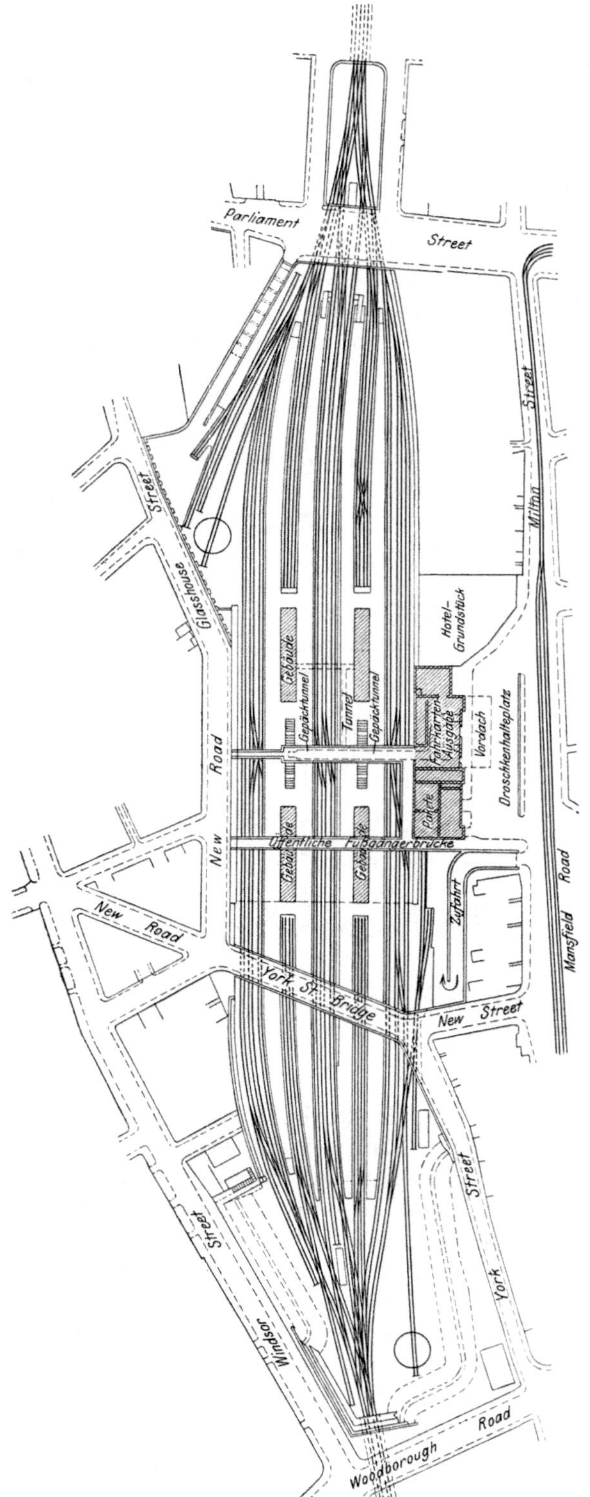

Fig. 129.

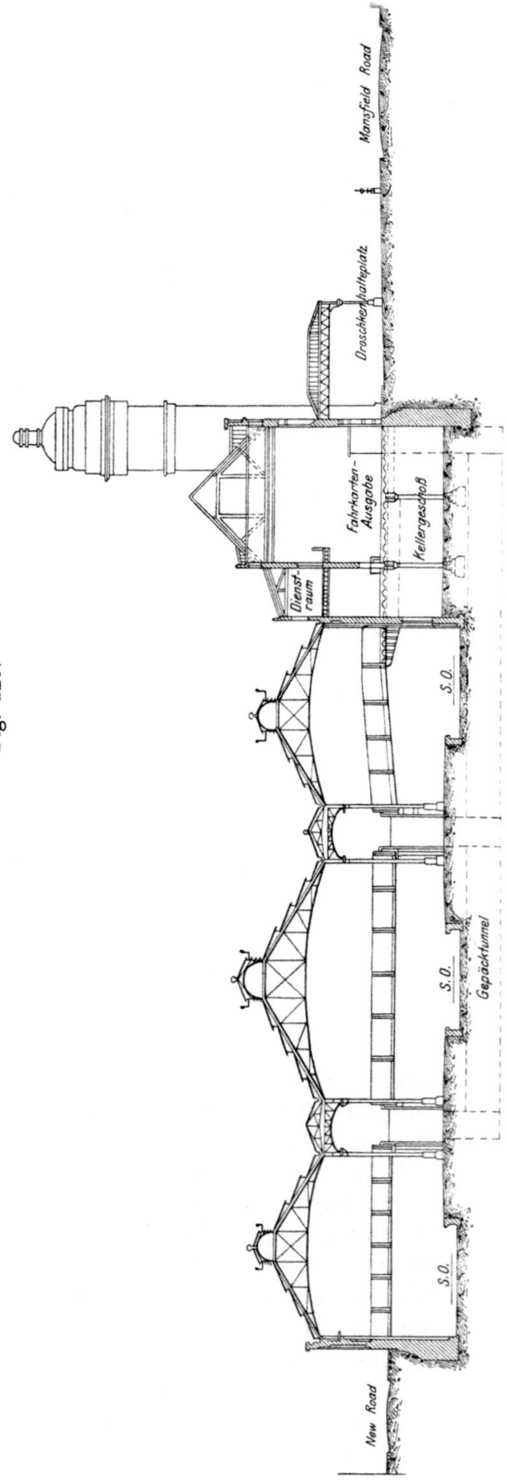

Fig. 130.

ein öffentlicher Fußweg über den Bahnhof selbst, der tiefer liegt als die angrenzenden Straßen.

Das Empfangsgebäude liegt seitlich und enthält eine Eintrittshalle von 31 m Länge und 19,9 m Breite, deren größter Teil sich durch zwei Geschosse erstreckt (Fig. 130). An der Eintrittshalle, die drei Eingänge hat, liegen Fahrkartenschalter

Fig. 131.

und eine Gepäckaufbewahrungsstelle (Fig. 132). Vor den Eingängen ist eine überdachte Vorfahrt von 30,5 m Länge und 12,2 m Breite angeordnet. Das mit den Zügen zu befördernde Gepäck wird in der Eintrittshalle in Gegenwart des Reisenden bezettelt, dann mit Aufzügen in den unter dem Kellergeschoß liegenden Gepäcktunnel von 4,3 m Breite und 3,4 m Höhe hinabgelassen und zu den Bahn-

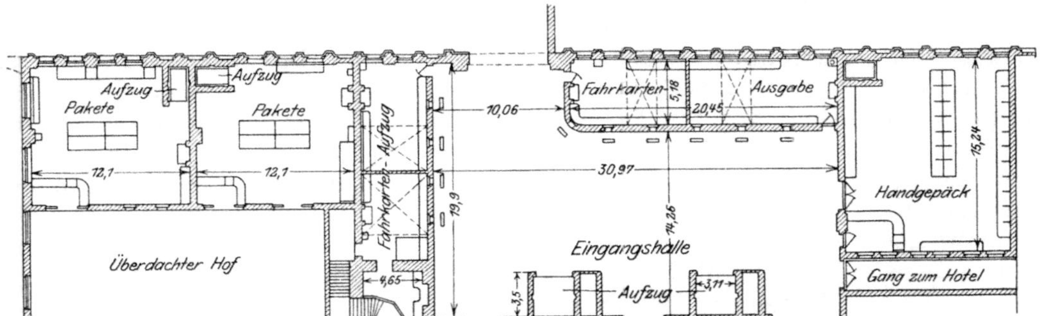

Fig. 132.

steigen gebracht, zu denen die Reisenden auf einer Brücke gelangen (Fig. 130). Von dieser Brücke führt vor dem Empfangsgebäude ein Gang nach dem öffentlichen Fußweg, damit die Reisenden bei großem Andrange den Bahnhof ohne Betreten des Empfangsgebäudes verlassen können. Am anderen Ende ist die Brücke bis zu der am Bahnhof entlang führenden Straße New Read verlängert. Das Empfangsgebäude enthält ferner im Erdgeschoß die Paketannahme mit Vorhof, im Obergeschoß Diensträume. Die 76,2 m lange Front des Empfangsgebäudes ist in Haustein und Ziegeln hergestellt und wird durch einen hohen Glockenturm beherrscht (Fig. 131). Neben dem Empfangsgebäude liegt auf der einen Seite das Bahnhotel, auf der anderen Seite, durch einen öffentlichen Fußweg getrennt, eine Laderampe. Eine zweite Laderampe liegt auf der vom Empfangsgebäude abgewandten Seite am anderen Bahnhofsende. Auf jedem Inselbahnsteig sind zwei Gebäude von 41,1 m Länge, 6,1 m Breite und 12,2 m Höhe mit Warteräumen, Schankstätten, Speiseräumen, Diensträumen und Aborten errichtet. Die zu den Speiseräumen und Schankstätten gehörigen Nebenräume sind mit dem Gepäcktunnel verbunden.

Soweit die Bahnsteige mit Gebäuden besetzt sind, d. i. auf 129,5 m Länge, hat man Gleise und Bahnsteige durch eine Mittelhalle von 25,7 m Spannweite und zwei Seitenhallen von je 19,2 m Spannweite überdacht, deren Binder entweder auf Säulen in den Gebäudemauern oder auf freistehenden Säulen mit Zwischenhallen ruhen (Fig. 130). Weiterhin sind nur die 7,24 m breiten Zungenbahnsteige in 71,6 m Länge mit 8,15 m weiten Satteldächern überdacht, deren Binder durch Querträger unterstützt werden, die auf den Säulenreihen zweier zusammengehöriger Bahnsteige ruhen (Fig. 133). Die Lichtweite vom Empfangsgebäude bis zu der gegenüberliegenden Abschlußwand ist 74,7 m. Auf dem Bahnhof können zu gleicher Zeit 14 Züge abgefertigt werden.

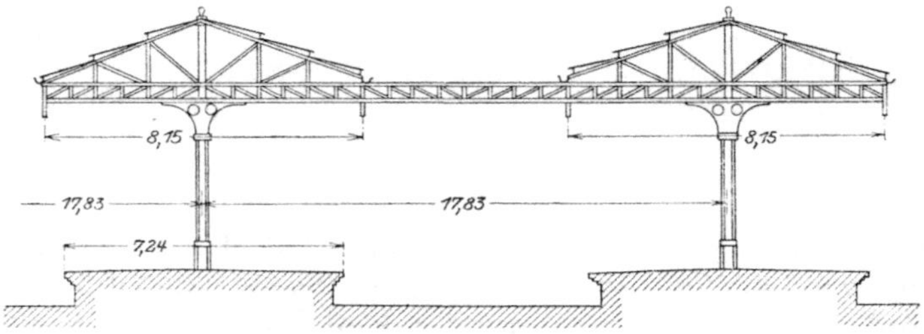

Fig. 133.

Der größte Durchgangsbahnhof, überhaupt der größte Bahnhof in Großbritannien, ist der von 1892 bis 1899 mit einem Kostenaufwande von fast 30 Millionen Mark beträchtlich erweiterte Waverley-Bahnhof der North British-Eisenbahngesellschaft in Edinburgh (Fig. 134). Der Bahnhof ist 112,8 m breit, bedeckt eine Fläche von $9^1/_3$ ha und ist mit einem schmalen Inselbahnsteig für den Vorortverkehr und einem breiten Inselbahnsteig mit zehn Zungenbahnsteigen von durchschnittlich 9,14 m Breite für den Schnellzug- und Personenzugverkehr ausgerüstet. Der ganze Bahnhof liegt in einem tiefen Einschnitt und wird von zwei breiten Fahrstraßen und zwei Fußwegen schienenfrei gekreuzt, von denen der eine nach dem nördlich am Einschnittsrande erbauten Eisenbahnhotel und der unweit des Bahnhofes belegenen Hauptstraße von Edinburgh führt (Princesstreet). Der für den Vorortverkehr bestimmte südliche Teil des Bahnhofes ist durch eine Mauer von dem übrigen Teile getrennt. Das 68,6 m lange, 48,7 m breite Empfangsgebäude steht auf dem breiten Inselbahnsteige und enthält eine Eintrittshalle mit eingebauter Fahrkartenausgabe, Gepäckaufbewahrungsstellen, Warteräume, Diensträume, Aborte und Waschräume (Fig. 135). Außer dem Empfangsgebäude sind noch zwei kleinere Gebäude mit Fahrkartenausgabe und Diensträumen auf dem breiten Inselbahnsteige errichtet. Auch werden im Hotel Fahrkarten verkauft und Gepäckstücke abgefertigt, das Hotel kann daher als eine Art Vorgebäude zum Bahnhof angesehen werden. Für den Vorortverkehr sind besondere Dienstgebäude und Warteräume auf dem Vorortbahnsteige er-

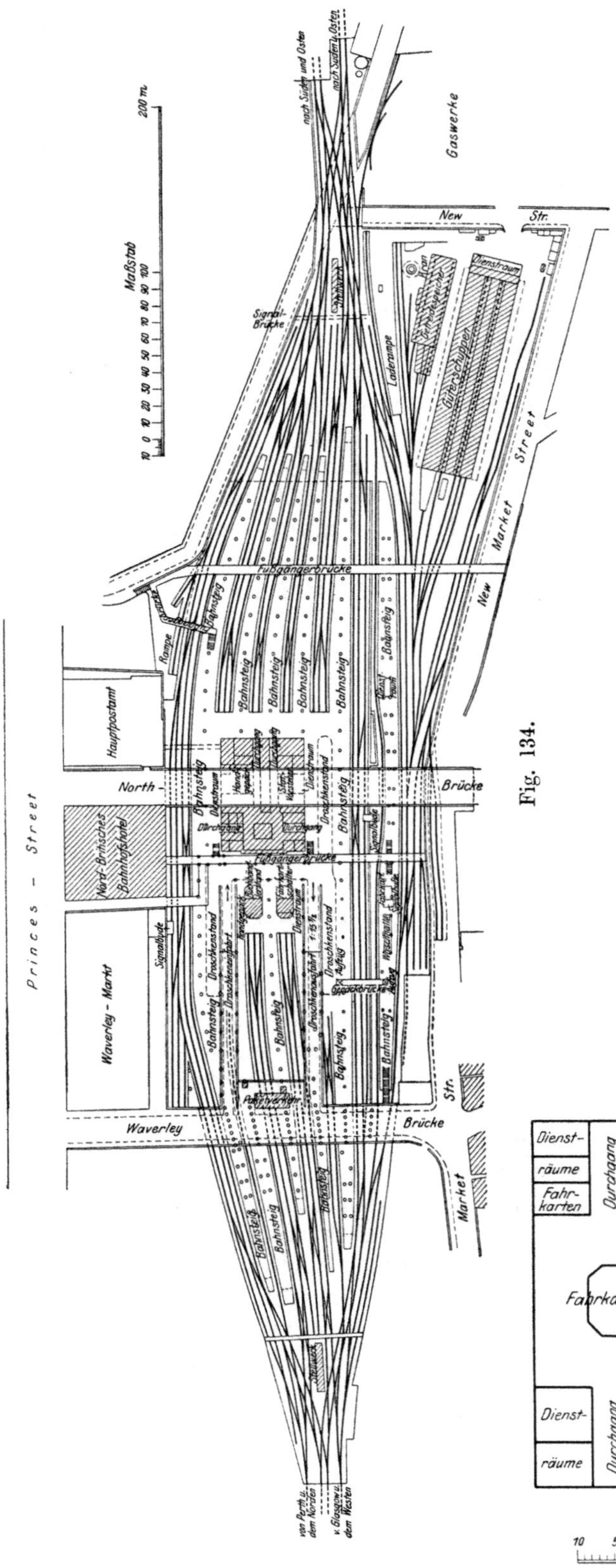

Fig. 134.

richtet. Beide Inselbahnsteige sind von der nach dem Hotel und Princes-Straße führenden Fußgängerbrücke zugänglich, der Vorortbahnsteig außerdem von der am Westende über den Bahnhof geführten Waverley-Brücke, der nordöstliche Zungenbahnsteig durch einen Tunnel von der nördlich am Bahnhof entlang führenden Straße North Baek of Canongate. Von der Waverby-Überführung am Westende des Bahnhofes führen Rampen zu den Droschkenstraßen hinunter, von denen die eine zur Einfahrt, die andere zur Ausfahrt dient. An der Überführung ist über den Gleisen die Paketabfertigung errichtet. Alte schottische Gerechtsame verboten die Errichtung von Hallendächern mit mehr als 12,8 m Höhe über Schienenoberkante. Man hat daher den größten Teil des Bahnhofes mit einer niedrigen Dachfläche versehen, deren Binder gleichlaufend mit der Längenachse des Bahnhofes liegen, die gleiche Spannweite von 11,4 m haben und von Querträgern getragen werden, die auf Säulen und Wänden im Abstande von 6,1 bis 24,4 m ruhen. Der Vorortbahnsteig und die westlichen Zungenbahnsteige haben besondere Dächer, die nicht über die Gleise hinüberreichen (Fig. 136).

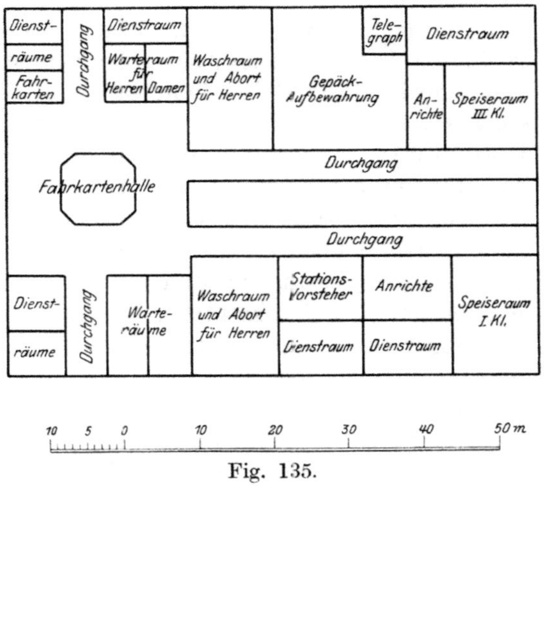

Fig. 135.

Auf dem Bahnhofe werden die auf der sogenannten Waverley- und der Ostküsten-Route aus London ankommenden schottischen Schnellzüge aufgelöst und teilweise zu neuen Zügen nach Glasgow, West- und Nordschottland (Perth, Dundee, Aberdeen) zusammengesetzt. Umgekehrt werden die aus diesen Gegenden kommenden Züge teilweise zu Schnellzügen nach London vereinigt.

Während für die Herstellung von Durchgangsbahnhöfen in mittelgroßen Städten, wie Nottingham und Edinburgh, noch einigermaßen Platz vorhanden zu sein pflegt, kommt man wegen der Platzfrage sehr in Verlegenheit, wenn größere Durchgangsbahnhöfe in London anzulegen oder zu erweitern sind. Das verfügbare Gelände muß in der Regel zur Anlage von Gleisen und Bahnsteigen verwandt werden, für die Herstellung von Empfangsgebäuden und Vorplätzen bleibt kein Gelände übrig, wenn man nicht ganze Häuserviertel niederreißen und die Bewohner anderweitig unterbringen will. Ein Beispiel hierfür ist der große Trennungsbahnhof Clapham Junction in London, der hauptsächlich von Zügen der London and South Western-Bahn für den Verkehr zwischen dem Waterloo-Bahnhof, Windsor, Portsmouth und Plymouth, von der London, Brighton and South Coast-Bahn für den Verkehr zwischen dem Victoria-Bahnhof und der englischen Südküste benutzt wird, außerdem noch für die Abfertigung einzelner Züge der London and North Western-Eisenbahn über die sogenannte West London-Bahn, der South Eastern-Bahn über die sogenannte Ludgate Hill-Linie dient. Dieser

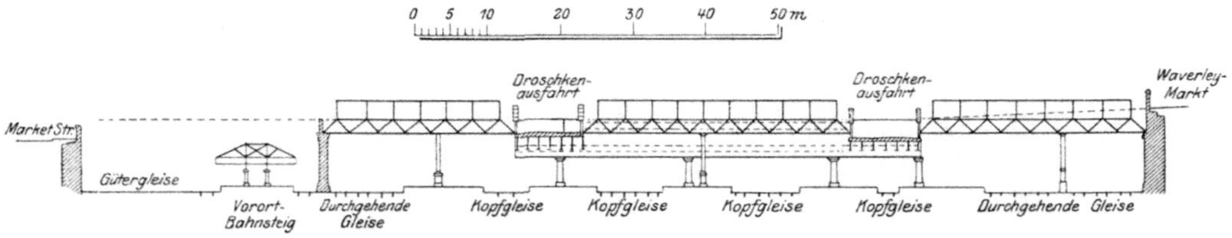

Fig. 136.

große Bahnhof, der gemeinsames Eigentum der London and South Western- und London, Brighton and South Coast-Bahn ist und einen ganz bedeutenden Fern-, Stadtbahn- und Vorortverkehr hat, war bis vor kurzem ganz ohne menschenwürdige Fahrkartenausgabestellen und Vorplätze und teilweise nur durch schmale Gassen zu erreichen. Die Fahrkarten wurden in einem engen und dunklen Personentunnel verkauft. Die London and South Western-Eisenbahngesellschaft hat neuerdings den ihr gehörigen Teil des Bahnhofes erweitert, so daß sie jetzt fünf Bahnsteige von 213 bis 274 m Länge und 7,6 bis 18,3 m Breite für sich verfügbar hat und einen sechsten Bahnsteig gemeinsam mit der London, Brighton and South Coast-Bahn benutzt (Fig. 137). Über den südlichen beiden Bahnsteigen und den zwischenliegenden Gleisen ist eine Fahrkartenausgabe in leichter Holzbauweise hergestellt, die auf einer langen überdachten Fußgängerbrücke von dem an der Straße St. Johns Hill angelegten kleinen Droschkenvorplatz erreichbar ist; eine zweite Brücke, die nicht überdacht ist, führt weiter unten von derselben Straße über die Gleise der London, Brighton and South Coast-Bahn nach dem sechsten Bahnsteig und der Fahrkartenausgabe. Die Bahnsteige sind mit Warteräumen, Schankstätten, Speiseräumen, Diensträumen und Aborten versehen und durch einen Personentunnel mit Eingang an jeder Seite der Bahn zugänglich, außerdem führt von der Fahrkartenausgabe eine Fußgängerbrücke mit nebenliegendem Gepäcksteg zu den drei nördlichen Bahnsteigen.

Die zu den Personenbahnhöfen gehörigen Abstellbahnhöfe liegen in großen Städten vielfach außerhalb der dichtbebauten Stadtteile und sind nicht nach einheitlichen Grundsätzen angelegt, weil sie mit wenigen Ausnahmen nach und nach durch Erweiterung entstanden sind. Die ersten englischen Eisenbahnen endigten zunächst vielfach am Umfange der großen Städte, in die man sie nicht ohne weiteres hineinlassen wollte. Sie haben ihre Endbahnhöfe dann im Laufe der Zeit gegen das Stadtinnere vorgeschoben, worauf das außerhalb freiwerdende Ge-

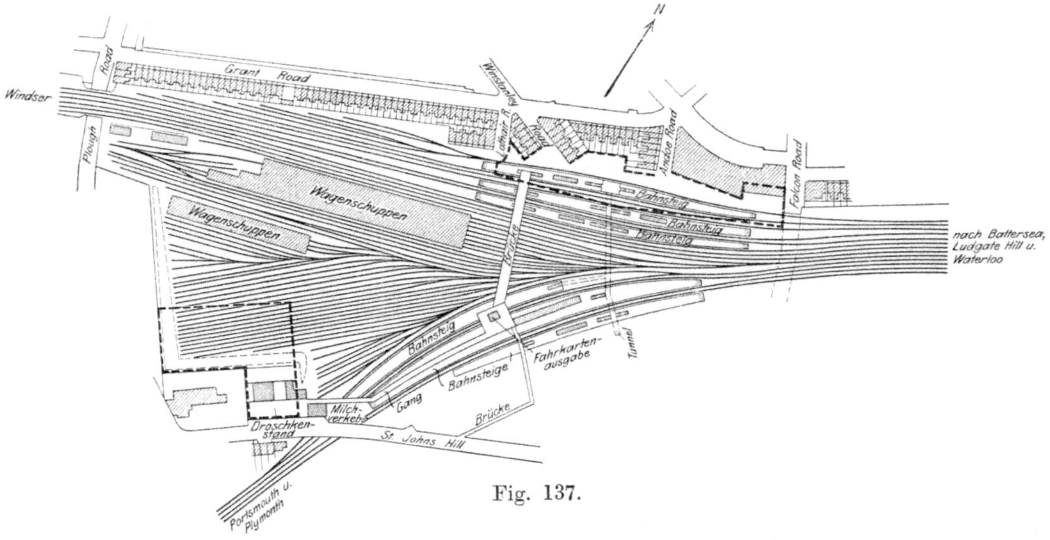

Fig. 137.

lände zur Herstellung von Abstellbahnhöfen, Güterbahnhöfen und Werkstätten verwandt wurde. Beispielsweise endigte die Hauptlinie der London and South Western-Eisenbahn zunächst in der Londoner Vorstadt Nine Elms und ist dann später um mehrere Kilometer nach dem Stadtinnern, bis zum jetzigen Waterloo-

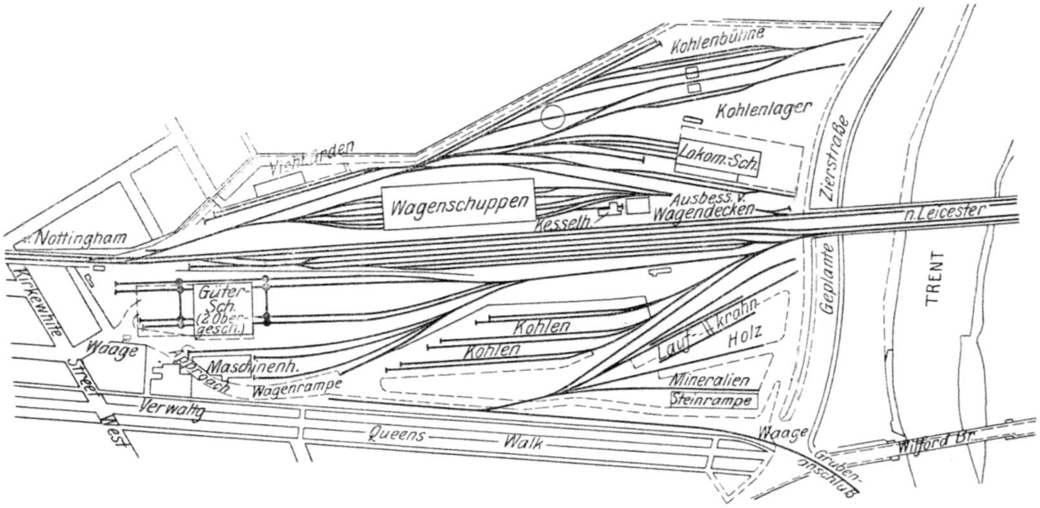

Fig. 138.

Endbahnhof vorgeschoben worden, während in Nine Elms Aufstellungsgleise, Anlagen für den Güterverkehr und Werkstätten hergestellt worden sind. Die Great Eastern-Eisenbahn ist von Shoreditch etwa 600 m bis zum jetzigen Liverpoolstreet-Endbahnhof vorgedrungen und hat auf dem freigewordenen Gelände einen Güterbahnhof angelegt, während der zu dem Personenbahnhof gehörige Abstellbahnhof draußen bei Stratford liegt. Für die Unterbringung und Reinigung der Personenwagen werden vielfach Schuppen auf den Abstellbahnhöfen erbaut.

Fig. 138 stellt einen Abstellbahnhof dar, der zu dem obenerwähnten Bahnhof Nottingham der Great Central-Eisenbahn gehört und östlich der Strecke Nottingham—Leicester liegt, während gegenüber an der Westseite ein Güterbahnhof angelegt ist.

Von den N e b e n a n l a g e n der Bahnhöfe werden L o k o m o t i v s c h u p p e n bei Neubauten nur noch in Rechteck- und Segmentform ausgeführt, die früher an-

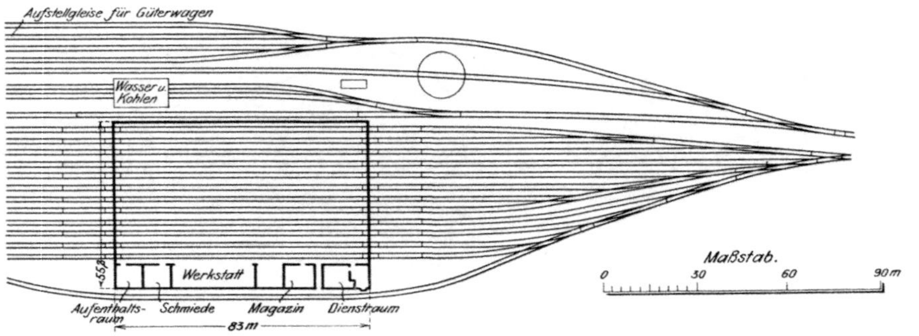

Fig. 139.

gewandte Kreisform hält man wegen der schlechten Ausnutzung der Bauplätze und mangelnden Erweiterungsfähigkeit für unzweckmäßig. Segmentschuppen mit Drehscheiben bilden bei mehreren großen Eisenbahngesellschaften die Regel, namentlich weil sie erweiterungsfähig sind und sich zur Ausnutzung unregelmäßiger Bauplätze eignen, man wirft ihnen aber mit Recht vor, daß sie mehr Dachfläche erfordern als rechteckige Schuppen und bei Störungen an der Drehscheibe unzugänglich sind. Aus diesen Gründen wächst anscheinend die Zahl der Ingenieure,

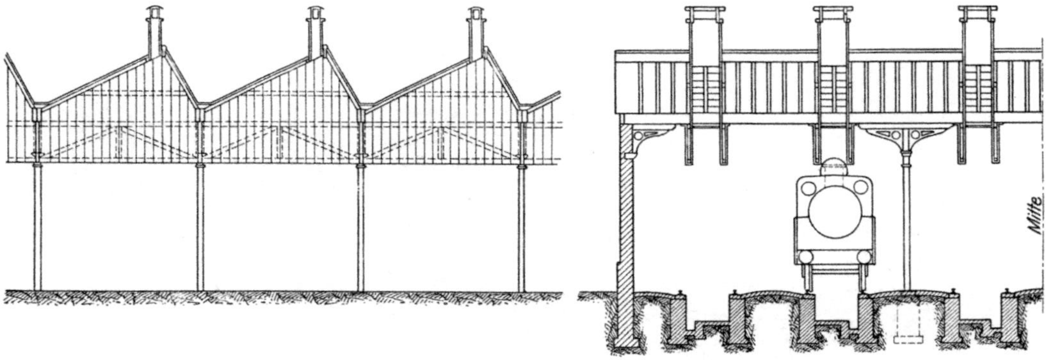

Fig. 140 u. 141.

die rechteckige Schuppen mit Weichen vorziehen und auch keinen Anstoß daran nehmen, bis zur vier Lokomotiven hintereinander auf einem Gleise aufzustellen in Schuppen, die nur an einem Ende zugänglich sind und keine Schiebebühnen haben. Es muß dann allerdings möglich sein, die Lokomotiven in der Reihenfolge im Schuppen aufzustellen, in der sie demnächst Dienst tun sollen. Wenn keine Schiebebühnen angewandt werden sollen, gilt zurzeit in England als beste Form die Rechteckform mit Zugang von beiden Enden, obgleich sie viel Platz für Zuführungsgleise erfordert. In solchen Schuppen stellt man bis zu sechs Lokomotiven in einer Reihe auf einem Gleise auf.

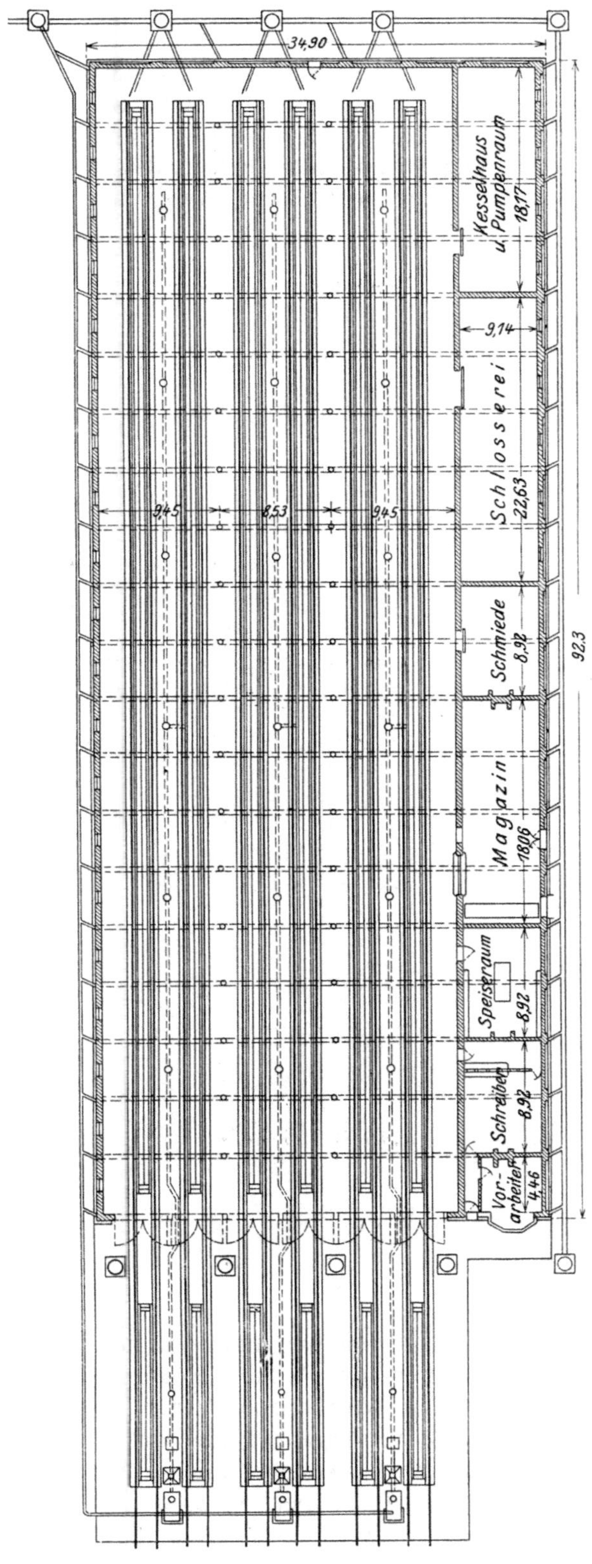

Fig. 142.

Fig. 139 stellt den Grundriß eines derartigen Lokomotivschuppens mit zwei Einfahrten („trough and through" shed) auf dem Bahnhof Crewe der London and North Western-Bahn dar. Der Schuppen ist 83 m lang und 56 m breit mit 12 Gleisen für je fünf Tenderlokomotiven. Die Lokomotiven werden nach Beendigung des Dienstes an einem Ende eingefahren und verlassen später den Schuppen am andern Ende, um den neuen Dienst anzutreten. Der Rauch wird aus solchen Schuppen meistens durch Rauchtröge abgeführt, die in ganzer Länge durch die Schuppen

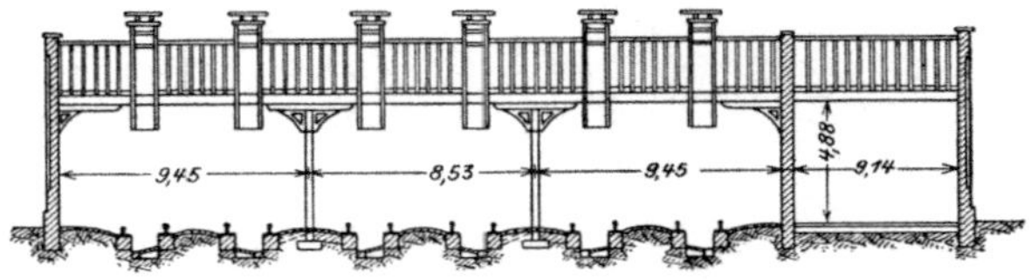

Fig. 143.

gehen, unten offen, oben in der Dachfläche abgedeckt und mit einzelnen Schornsteinen versehen sind (Fig. 140 und 141). Diese Anordnung hat vor einzelnen Rauchfängen den Vorteil, daß man die Lokomotiven an beliebiger Stelle aufstellen kann, auch Lokomotiven einer neuen Bauart eingestellt werden können, ohne den Schuppen ändern zu müssen. So gut wie durch einzelne Rauchfänge, unter welche die Lokomotivschornsteine unmittelbar gebracht werden, zieht der Rauch allerdings durch die Tröge nicht ab; wenn man aber hinreichend weite Schornsteine mit zweckmäßigen Aufsätzen anordnet, scheint die Bauart sich zu bewähren.

Die Fig. 142 bis 146 stellen die im Lichten 90 m langen und 27 m breiten Lokomotivschuppen der Great Central-Eisenbahn in Neasden, Nottingham und Annesley dar, die für 30 Lokomotiven gebaut sind und durchgehende Rauchtröge haben.

Eine sehr große Lokomotivschuppenanlage hat die Great Western-Eisenbahngesellschaft im Jahre 1906 auf dem Betriebsbahnhof Old Oak Common in Acton, London W., in Betrieb genommen, der rechteckig mit vier innenliegenden Drehscheiben und strahlenförmig davon ausgehenden Ständen gebaut ist, so daß die Rechteck- und Kreisform vereinigt erscheinen.

Der neue Lokomotivschuppen befindet sich auf dem etwa 5 km von Personenbahnhof Paddington entfernten Betriebsbahnhof Old Oak Common in Acton, London W, und dient zur dauernden Unterbringung der in London beheimateten Lokomotiven der Westbahn und zur zeitweiligen Aufnahme

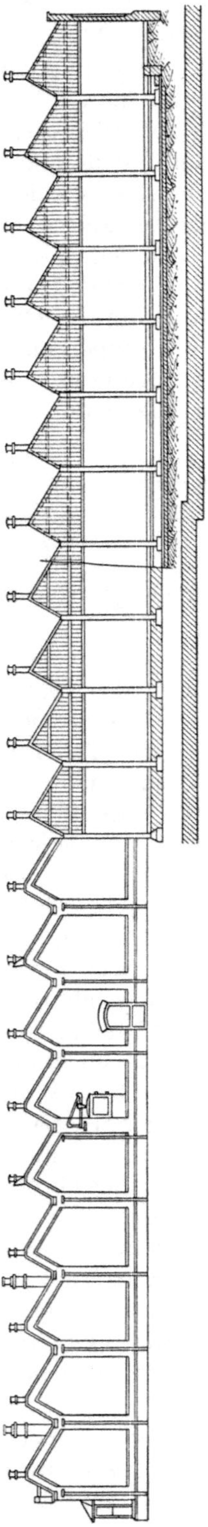

Fig. 144 u. 145.

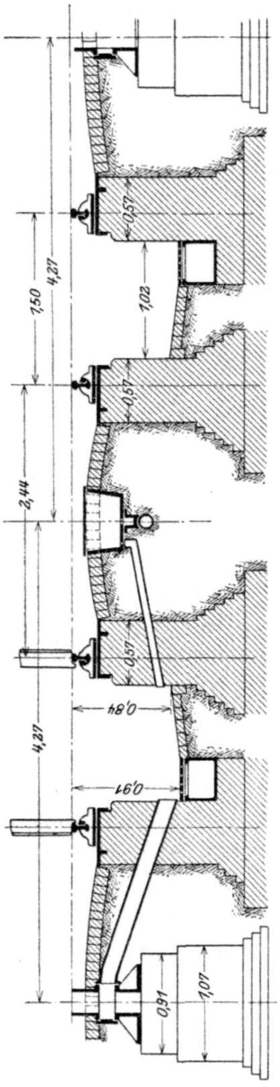

Fig. 146.

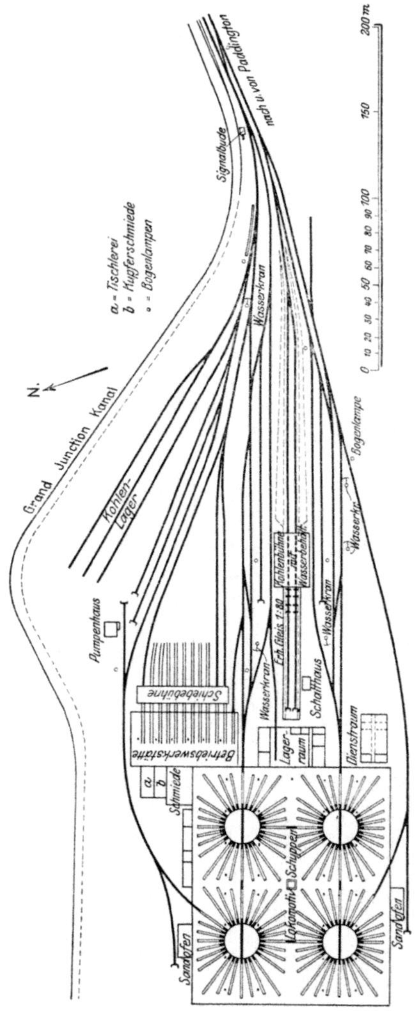

Fig. 147.

von fremden Lokomotiven, die Züge von und nach London befördern. Er liegt etwa 3 km weiter vom Bahnhof Paddington ab als der bisherige Schuppen in Westbourne Park.

Wie aus dem Lageplan, Fig. 147, hervorgeht, führen durch den Lokomotivschuppen der Länge nach zwei mittlere gerade Gleise über die beiden Drehscheibenpaare, außerdem zwei seitliche gekrümmte Gleise durch Tore in den Seitenwänden nach den hinteren Drehscheiben. Die beiden Mittelgleise dienen im allgemeinen zur Einfahrt, die beiden Seitengleise zur Ausfahrt. Vor dem Schuppen liegen ein Dienstgebäude, Aufenthaltsräume, Lagerräume, eine Betriebswerkstätte, eine Bekohlungsanlage mit Wasserbehälter, Aufstellungsgleise und Kohlenlagerplätze. Der eigentliche Lokomotivschuppen ist im Lichten 135,3 m lang und 109,7 m breit und zerfällt in vier gleiche Abteilungen, in denen je eine

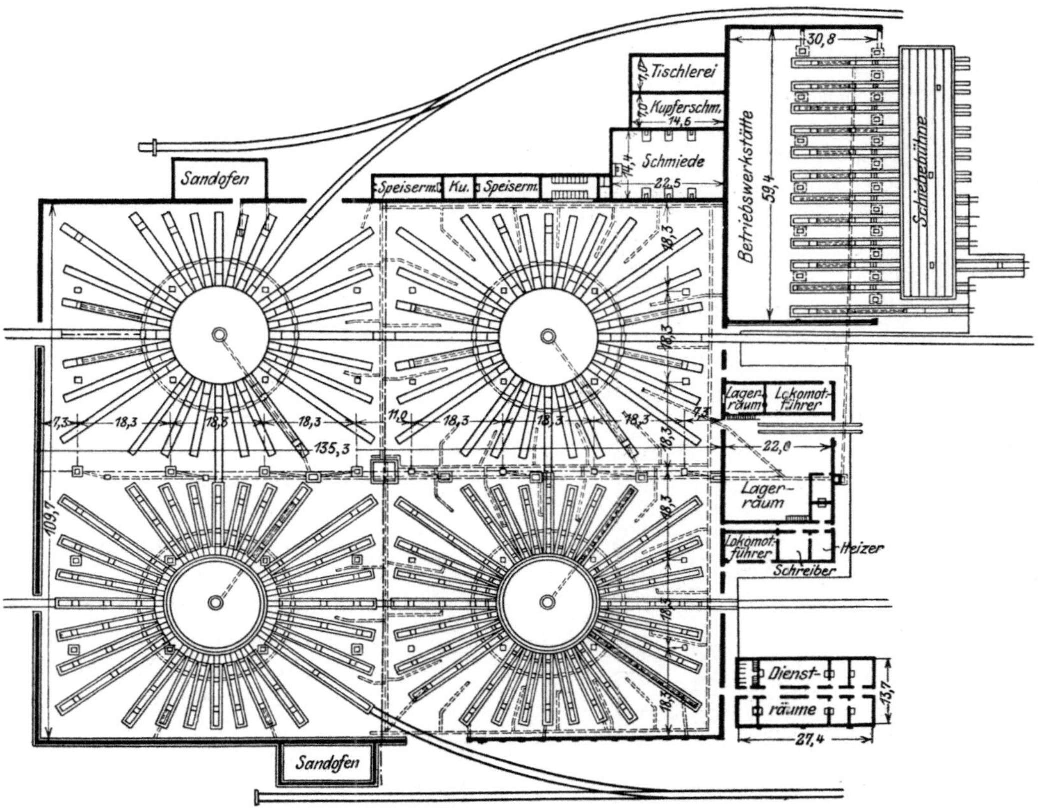

Fig. 148.

Drehscheibe von 19,8 m Durchmesser liegt (Fig. 148). Von jeder Drehscheibe gehen 28 Stände strahlenförmig aus, je zur Hälfte für Lokomotiven mit Schlepptender und für Tenderlokomotiven bestimmt. Für jeden Stand ist ein schornsteinartiger Abzug vorgesehen, unter den der Lokomotivschornstein gestellt werden

Fig. 149.

muß. Das Dach wird von eisernen Säulen unterstützt, die meistens in Reihen von 18,3 m Abstand stehen und Längsträger tragen, auf denen die aus hölzernen Obergurtungen und flußeisernen Wandgliedern hergestellten Dachbinder lagern (Fig. 149).

Die englischen Eisenbahnverwaltungen pflegen neuerdings nach amerikanischem Vorbild größere Betriebswerkstätten mit den Lokomotivschuppen zu verbinden,

Fig. 150.

um die Überführungen von beschädigten Fahrzeugen nach den Hauptwerkstätten einzuschränken. Die Werkstätte in Old Oak Common ist an der nordöstlichen Ecke vor den Schuppen gesetzt, 59,4 m lang und 30,8 m breit, mit 12 Untersuchungsgruben von 15,8 m Länge, die von einem Laufkran bestrichen werden. Vor der Werkstätte ist eine auf sieben Schienensträngen laufende 15,8 m lange Schiebebühne von 81,3 t Tragfähigkeit eingebaut (Fig. 147). Die zur Werkstätte gehörige Schmiede von 22,5 : 14,4 m, die Kupferschmiede von 14,6 : 7 m, die Tischlerei von 14,6 : 7 m befinden sich an der Nordseite des Lokomotivschuppens. Vor der Ostseite liegen die Lagerräume und Aufenthaltsräume für Lokomotivführer, Heizer und Schreibgehilfen, alle in einem Gebäude von 37,2 m Länge und 22 m Breite. Ferner ist dort ein Verwaltungsgebäude von 27,4 m Länge und 13,7 m Breite aufgeführt (Fig. 147 u. 148). Die Gebäude sind durchweg im Ziegelrohbau hergestellt.

Für den Betrieb der Drehscheiben, Krane, Maschinen und zur Beleuchtung wird Elektrizität aus einem benachbarten Kraftwerk entnommen, das die Eisenbahngesellschaft für den elektrischen Betrieb auf der Hammersmith and City-Bahn hergestellt hat. Zu der Lokomotivschuppenanlage, in der 154 Lokomotiven (58 Personenzug-Lokomotiven mit Schlepptender, 25 Personenzug-Tenderlokomotiven, 33 Güterzuglokomotiven mit Schlepptender und 38 Güterzugtenderlokomotiven) beheimatet sind und auch fremde Lokomotiven vorübergehend untergebracht werden, gehört eine Mannschaft von 811 Köpfen, die sich wie folgt zusammensetzt: 25 Bureaubeamte, 2 Inspektoren, 6 Vorarbeiter, 184 Lokomotivführer,

184 Heizer, 48 Schlosser und andere Handwerker, 110 Reiniger, 75 Arbeiter, 11 Feuerauslöscher und 166 sonstige Personen.

Die Bekohlungsanlage besteht aus einem rechteckigen massiven Gebäude mit einer erhöhten Kohlenbühne von 31,7 m Länge und 18,15 m Breite. Durch das Gebäude führen der Länge nach auf massiven Bogenstellungen zwei erhöhte Gleise, die 1 : 80 geneigt sind, so daß die leeren Kohlenwagen selbständig ablaufen. Unter der Bühne sind Räume für die Kohlenarbeiter und Wascheinrichtungen untergebracht. Die Kohlen werden mit Doppelkippern und zwei einfachen Kippern auf die seitlich auf niedrigliegenden Gleisen an der Bühne stehenden Lokomotiven geladen. Über der Kohlenbühne ist ein Wasserbehälter angeordnet, der von den massiven Umfassungswänden getragen wird (Fig. 150). Der Behälter faßt 1318 cbm und ist in vier Abteilungen hergestellt, die sich getrennt entleeren und füllen lassen, um die Ausbesserungen ohne Betriebsstörungen vornehmen zu können. Das von dem Wasserbehälter ausgehende Hauptrohr hat 0,38 m Durchmesser, versorgt zunächst fünf Wasserkrane von 0,25 m Rohrdurchmesser und geht dann zu dem Schuppen, den Werkstätten und sonstigen Räumen mit Wasserständern und Zapfstellen.

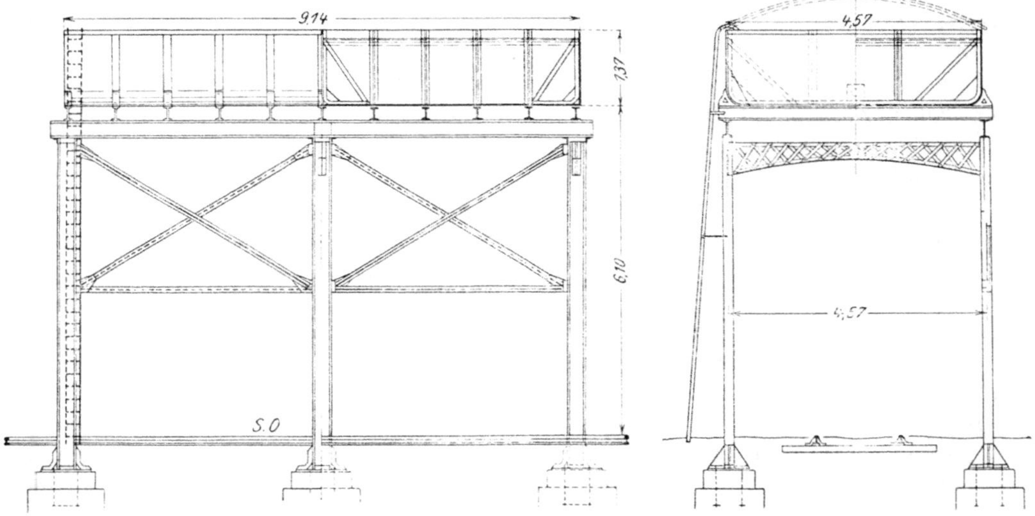

Fig. 151.

Die Eisenbahngesellschaft hat verschiedene Maßregeln getroffen, um die Zahl der Leerfahrten zwischen dem Personenbahnhof Paddington und dem Schuppen tunlichst einzuschränken. Der Betrieb nach dem 3 km am Paddington-Bahnhof liegenden alten Schuppen bei Westbourne-Park fand so statt, daß die Lokomotiven leer von und nach dem Schuppen liefen und die Leerwagenzüge durch Vorspann- oder Vorschiebelokomotiven gefahren wurden. Nunmehr hat man den Betrieb durch Änderung der Dienstfahrpläne so geregelt, daß die Personenzuglokomotiven in vielen Fällen Leerwagenzüge auf ihrem Wege zwischen dem Personenbahnhof und dem Lokomotivschuppen befördern, wobei die Züge gezogen oder geschoben werden. Auf diese Weise ist es möglich geworden, die Zahl der Lokomotivkilometer zu verringern, trotz der größeren Entfernung des Schuppens von dem Personenbahnhof. Die von dem Oberingenieur G. J. Churchward der Großen Westbahn hergestellte Anlage ist die größte ihrer Art in England.[1])

[1]) The Railway Gazette 1906, S. 803; Zentralblatt der Bauverwaltung 1907, Nr. 45.

Wasserstationen werden, wenn sie nicht wie oben mit anderen Anlagen vereinigt sind, gewöhnlich mit viereckigen eisernen Behältern auf besonderen massiven oder eisernen Unterbauten hergestellt (Fig. 151). Diese einfache Bauart erscheint bei dem milden Klima Englands zulässig.

5. Güterbahnhöfe.

Soweit der Stückgutverkehr in Frage kommt, sind die englischen Güterbahnhöfe dadurch bemerkenswert, daß die Güter nicht nur für den Empfang und Versand zu behandeln, auch wohl einige Tage zu lagern sind, sondern von den Eisenbahngesellschaften für unbestimmte Zeit, bisweilen für mehrere Jahre gegen Zahlung von Lagergeld in Lagerhäusern untergebracht werden. Man kann daher die Baulichkeiten auf den englischen Stückgüterbahnhöfen nicht allgemein als Güterschuppen bezeichnen; denn sie sind im Gegensatz zu Schuppen vielfach mehrstöckige massive Gebäude, die gänzlich für Lagerung von Gütern dienen oder in den oberen Stockwerken Lagerräume, im Erdgeschoß Abfertigungsräume und Einrichtungen zur Be- und Entladung von Eisenbahnwagen haben. Derartige Gebäude für die gleichzeitige Ent- und Beladung und die Lagerung von Gütern, oder für die Lagerung allein, sind nachstehend im Gegensatz zu den festländischen Schuppen allgemein als Gütergebäude bezeichnet worden.

Die englischen Güterschuppen größeren Umfangs, oder die Gütergebäude, soweit sie zur Ent- und Beladung von Gütern dienen, haben meistens innenliegende Ladestraßen und Ladegleise, was damit zusammenhängt, daß die Güterwagen für die Stückgüterbeförderung vielfach offen sind. Die Ladung wird dann im Gebäude vor der Absendung mit einem Plantuch (tarpaulin) zugedeckt; diese Beförderungsweise, die in England bei den vielen direkten Verkehrsbeziehungen und den kurzen Beförderungsstrecken und -Zeiten im allgemeinen wohl zulässig erscheint, führt doch hin und wieder wegen des mangelhaften Schutzes der Güter gegen die Unbilden der Witterung und gegen Diebstahl zu Unzuträglichkeiten, so daß man neuerdings mehr zum Bau bedeckter Güterwagen übergeht. Auf den Umstand, daß hierbei der Vorteil der leichteren Be- und Entladung mit mechanischen Handhabungseinrichtungen verloren geht, legt man nicht mehr viel Wert, nachdem sich herausgestellt hat, daß die Güterbodenarbeiter bei Gewährung von Stücklohn, der neuerdings vielfach gezahlt wird, die mechanischen Handhabungseinrichtungen (Kräne usw.) wenig benutzen, sondern sich lieber etwas anstrengen, um in kurzer Zeit einen hohen Verdienst zu erzielen.

Bei der Gesamtanlage der Güterbahnhöfe wird namentlich darauf gesehen, daß die Züge und Eisenbahnwagen behandelt werden können, ohne den Rollfuhrwerken die Aus- und Eingänge zu sperren. Vielfach dienen die Anlagen zugleich dem Empfang und Versand, der dann zeitlich, nicht räumlich getrennt ist: in den Nachmittag- und Abendstunden wird verladen, gegen Mitternacht sind die ausgehenden Züge abgefertigt, bald darauf treffen die ersten ankommenden Züge ein, um in den frühen Morgen- und Vormittagstunden entladen zu werden. Ein solcher Betrieb ist nur möglich, weil die Eisenbahngesellschaften die An- und Abfuhr der Güter größtenteils selber besorgen und die Entfernungen zwischen den Hauptverkehrsgegenden so gering sind, daß die nach Mitternacht abfahrenden Güterzüge zeitig genug ankommen, um die Güter vormittags zu entladen und abzufahren. Bisweilen sind aber auch die Anlagen nach Versand und Empfang getrennt; manche Abfertigungsbeamten schätzen eine derartige Trennung, weil hierbei weniger Verschleppungen vorkommen und nicht so große Unbequemlichkeiten bei der vorübergehenden Lagerung nicht abgeholter Güter entstehen. Auch widersprechen die Anforderungen an die Anlagen für Versand und Empfang einander; denn man bildet gerne möglichst viele direkte Stationswagen und ladet tunlichst aus den Straßenwagen unmittelbar in die Eisenbahnwagen, von denen daher in der Regel eine größere Anzahl bereitstehen muß. Das heißt, man braucht für den Versand viel Gleislänge und wenig Ladefläche. Beim Empfang kommt es darauf an, die Eisenbahnwagen tunlichst schnell zu entladen, um sie zur Wiederverladung bereitzustellen. Da es aber ausgeschlossen ist, daß bei der Entladung der Eisenbahnwagen alle Straßenwagen zur Beladung bereitstehen, muß man die Güter vorübergehend auf den Ladebühnen lagern. Während also beim Versand viel Gleislänge und wenig Ladefläche gebraucht wird, ist beim Empfang umgekehrt wenig Gleislänge und viel Ladefläche erforderlich.

Bei den größeren Eisenbahngesellschaften ist die Betriebsweise auf den Güterbahnhöfen verschieden; einige stellen in den Gütergebäuden und Schuppen ganze Züge auf, die bereits vorher nach Richtungen und Stationen für die Abfahrt geordnet sind, andere stellen die leeren Wagen bunt durcheinander auf, beladen sie möglichst stationsweise und setzen sie nach dem Beladen auf den Nebengleisen des Güterbahnhofes in richtiger Ordnung zu Zügen zusammen. Wenn für das nachträgliche Ordnen der Züge genügend Gleise vorhanden sind, wird die Einzelbeladung der Wagen für besser gehalten, weil hierbei die Straßenwagen, die gewöhnlich unregelmäßig eintreffen, schneller entladen und aus den Gebäuden entfernt werden können. Jedenfalls hängt die Bauart der Gebäude wesentlich davon ab, welche Betriebsweise gewählt wird. Will man ganze Züge beladen, die vorher geordnet sind, so braucht das Gebäude nur an einem Ende zugänglich zu sein (Fig. 152), während für die Einzelbeladung von Wagen außer den Endausfahrten zweckmäßig Seitenausfahrten angeordnet werden, damit jeder beladene Wagen für sich über Drehscheiben aus dem Schuppen entfernt und durch einen leeren ersetzt werden kann (Fig. 153). Drehscheiben sind aber in England nicht mehr so beliebt wie früher; man verwendet sie nur noch bei sehr beschränkten Raumverhältnissen, die allerdings vielfach vorhanden sind. Andernfalls wird die Kammform mit Weichenverbindungen, Endbühne und davorliegender Vorfahrt gewählt, bisweilen mit einem durchgehenden Gleise zum Beladen ganzer Züge, die zwischen den mittleren Ladebühnen hindurchgezogen werden (Fig. 154). Die in England verwandten Straßenwagen sind leichte vierrädrige Fuhrwerke — Rollwagen — mit beweglicher Hinterwand, vielfach nur mit einem Pferde bespannt; sie fahren rückwärts an die Ladebühnen heran, worauf die Hinterwand heruntergeklappt wird.

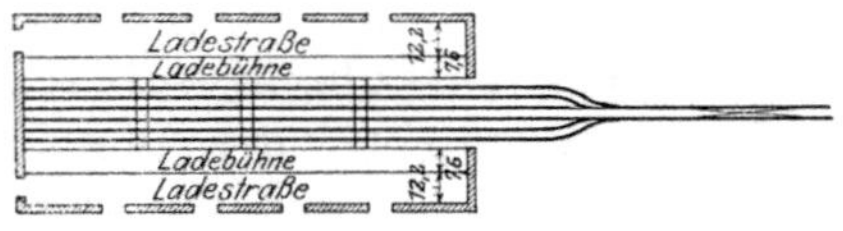

Fig. 152.

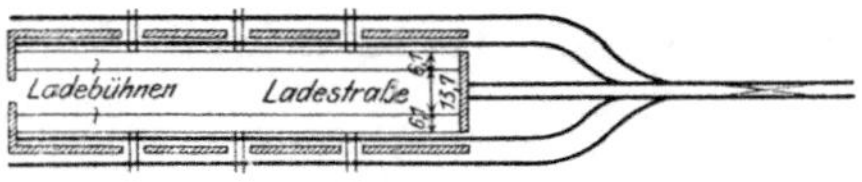

Fig. 153.

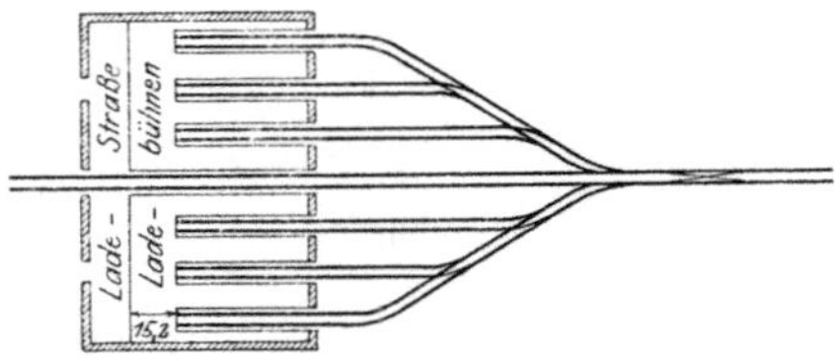

Fig. 154.

Viele Gütergebäude und Güterschuppen sind nach Fig. 153 mit einem außerhalb liegenden Ab- und Zuführungsgleis und einem innerhalb liegenden Ladegleis an jeder Seite sowie einer mittleren Ladestraße mit seitlichen Ladebühnen hergestellt. Die Ladestraße ist gewöhnlich so breit, daß zwei Reihen von Rollwagen mit ihren Hinterenden an den Ladebühnen stehen können und dann noch Platz für die Durchfahrt anderer Wagen bleibt. Hierzu sind mindestens $2 \cdot 3{,}7 + 6{,}1 = 13{,}5$ m erforderlich. Die Ladebühnen werden 6,1—9,1 m breit und 1,07 m hoch über Schienenoberkante angelegt. Die Oberfläche der Ladestraßen liegt in Höhe der Schienenoberkante, die Zwischenräume zwischen den Schienensträngen sind innerhalb der Gebäude gepflastert, damit die Rollwagen über die Gleise fahren können. Für recht zweckmäßig wird auch die in Fig. 155 dargestellte Doppelform mit zwei inneren Ladestraßen, vier inneren Ladebühnen, vier inneren und fünf äußeren durchgehenden Gleisen gehalten, die an einem Ende und in der Mitte durch Quergleise und Drehscheiben verbunden sind.

Die nach den Figg. 152—155 errichteten Schuppen und Gebäude sind vielfach für jeden Wagenstand mit einem Kran ausgerüstet, der die Ladebühne und das Vorderende eines rückwärts an ihr stehenden Rollwagens bestreichen kann. Sehr breite Ladebühnen werden bisweilen mit zwei Reihen von Kränen ausgerüstet. Die Tragfähigkeit der Kräne, die neuerdings meistens mit Preßwasser oder Elektrizität betrieben werden, ist 1,5—2 t (Fig. 156). Für die Bewegung der Wagen, den Betrieb von Drehscheiben und Schiebebühnen sind auf den englischen Güterbahnhöfen zahllose Spille (captans) vorhanden, die meistens mit Preßwasser betrieben werden (Fig. 157). Der Rangierer wickelt ein am Wagen befestigtes Tau mehrere Male um die Trommel, um eine Reibungsfläche zwischen Tau und Trommel herzustellen, tritt dann auf eine Fußplatte, worauf die Trommel sich dreht; der Wagen wird hierdurch herangezogen, der Rangierer hat nur das lose Tauende abzuwickeln.

Die Gleise für den Freiladeverkehr werden neuerdings vielfach paarweise zusammengelegt, zwischen den Gleispaaren werden 11—12 m breite Ladestraßen hergestellt, die nicht höher als Schienenoberkante liegen. Wenn Platz vorhanden ist, bevorzugt man auch für die Freiladegleise Weichen vor Drehscheiben. Bisweilen ist der Platz so beengt, daß die Anlagen für den Güterverkehr zweigeschossig ausgebildet sind, wobei die Rohgüter im Erdgeschoß, die Stückgüter im Obergeschoß behandelt werden und Aufzüge für den Austausch von Wagen zwischen den Geschossen vorhanden sein müssen. In den großen Städten pflegen eigene Bahnhöfe mit Freiladegleisen, hochliegenden Sturzgleisen und Lagerplätzen für den Rohgüterverkehr vorhanden zu sein. Für den Kohlenverkehr findet man beispielsweise in London viele hochliegende Pfeilerbahnen zum Entleeren von Wagen mit Bodenklappen. Die Pfeilerbahnen liegen vielfach an öffentlichen Straßen und sind so eingerichtet, daß der Raum unter den Gleisen in getrennte Kohlenlager geteilt ist, die an Händler verpachtet werden und gegen die Straße durch Tore abgeschlossen sind. Um den verfügbaren Raum auszunutzen, sind die Gleise auf den Pfeilerbahnen vielfach über Drehscheiben oder Schiebebühnen zugänglich. Fig. 158 zeigt eine solche Anlage mit je zwei Trichtern in jedem Gleis, von denen der hintere zum Absturz in ein Lager, der vordere zum Füllen von Säcken dient, die auf Fuhrwerke geladen werden. Der vordere Trichter hat zwei Schüttrinnen *r*, durch die beim Öffnen der Klappe *k* die Kohlen in Säcke fallen, die auf einer Wage stehen. Der Boden der Rinne ist bisweilen als Sieb ausgebildet, um die Kleinkohle aussondern zu können. Auch sind die Trichter öfter so eingerichtet,

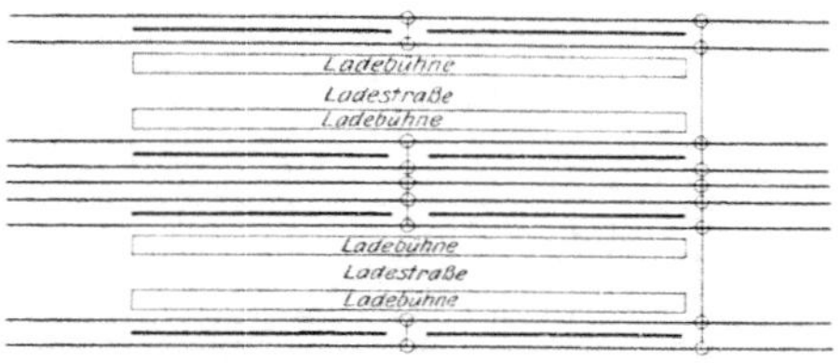

Fig. 155.

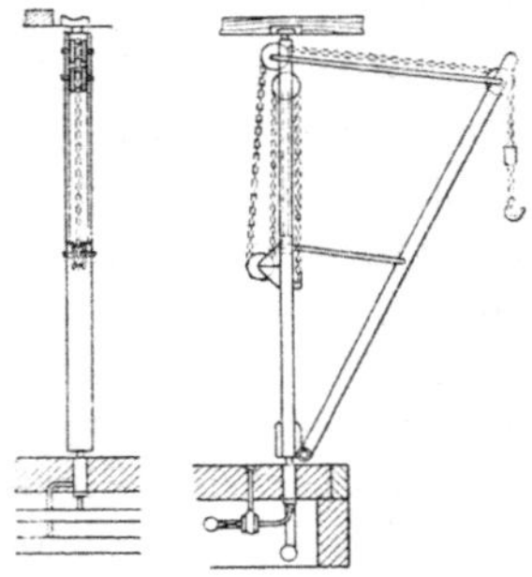

Fig. 156.

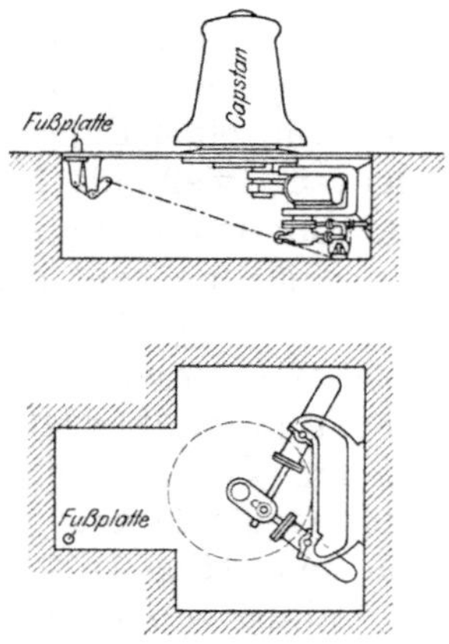

Fig. 157.

daß sie abwechselnd zum Füllen von Säcken oder Abstürzen in die Lager verwandt werden können.

Die Anlagen für den Güterverkehr auf dem Marylebone-Bahnhof der Great Central-Eisenbahn in London, die vor dem Personenbahnhof westlich von den Streckenhauptgleisen liegen, bestehen aus einem mehrstöckigen Gütergebäude, einem Rohgüterbahnhof für Kohlen, Freiladegleisen, sowie aus überdachten Gleisen für den Umschlagverkehr mit dem Regents-Kanal. Das Gütergebäude ist rund 119 m

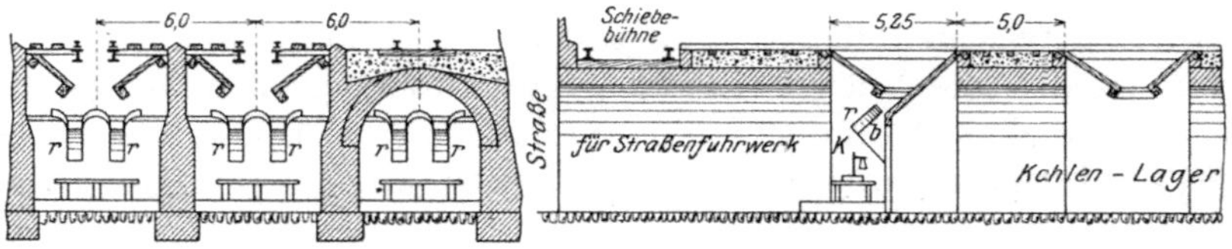

Fig. 158.

lang, rund 80 m breit, hat ein Kellergeschoß für den Verkehr mit schweren Gütern, drei obere Stockwerke für die Lagerung und ein Erdgeschoß für den Empfang und Versand von Gütern. Das Erdgeschoß ist als Verdopplung der Form Fig. 152 angeordnet, mit zwei Gruppen von je drei innenliegenden Gleisen, drei innenliegenden Ladestraßen und vier 106,7 m langen Ladebühnen, die an dem einen Ende paarweise durch Querbühnen verbunden sind, so daß Ladestraßen und Ladebühnen die Gleise hufeisenförmig umschließen (Fig. 159). Die östliche Hälfte des Erdgeschosses

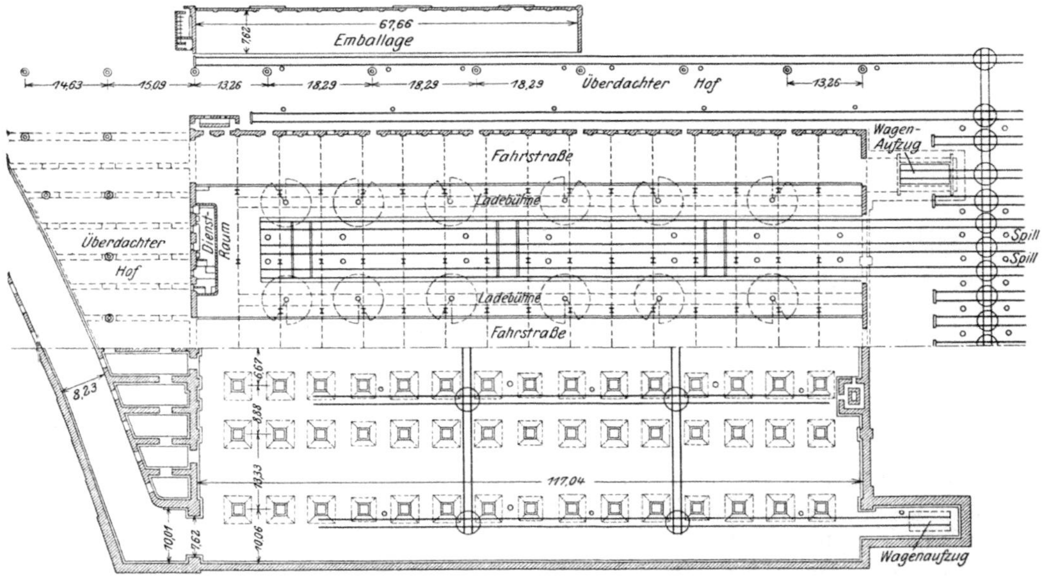

Fig. 159.

ist für den Empfang, die westliche für den Versand bestimmt. In der Gleisgruppe für den Empfang dienen die Seitengleise zur Aufstellung beladener Wagen, während auf dem mittleren Gleis leere Wagen aufgestellt werden; in der Gleisgruppe für den Versand ist die Gleisbenutzung umgekehrt. Die mittlere Ladestraße ist 12 m, die seitlichen sind 9 m, die Ladebühnen 6,2 m breit und 1,14 m hoch über Schienenoberkante; für jede Gleisgruppe ist eine Breite von 11,82 m zwischen den Ladebühnen vorgesehen. Lokomotiven dürfen nicht in das Gebäude hineinfahren, die Wagen werden mit Preßwasserspillen bewegt und auf Schiebebühnen von einem Gleis zum anderen befördert. Im Gebäude sind zwölf Spille und sechs Schiebebühnen angeordnet, vor dem Gebäude liegt eine Reihe von Drehscheiben mit Spillen; an dem Gleis nach dem seitlich liegenden Schuppen für leere Beförderungsgefäße sind auch Spille aufgestellt. Auf den Ladebühnen stehen 20 Kräne von 1,20 t und 4 von 2,4 t Tragfähigkeit. Das Kellergeschoß ist gepflastert und mit Gleisen versehen, die durch Drehscheiben verbunden sind. Die Wagen werden mit zwei Aufzügen von 20 t Tragfähigkeit zwischen Kellergeschoß und Zuführungsgleisen befördert und im Kellergeschoß mit Hilfe von Spillen bewegt. Zwischen den oberen Stockwerken und den unteren Gleis- und Ladeanlagen werden die Waren entweder mit außenliegenden festen Kranwinden von 1,5 t Tragfähigkeit befördert, die unmittelbar zwischen dem an einer Langseite verlegten Ladegleis und den verschiedenen Stockwerken befördern können,

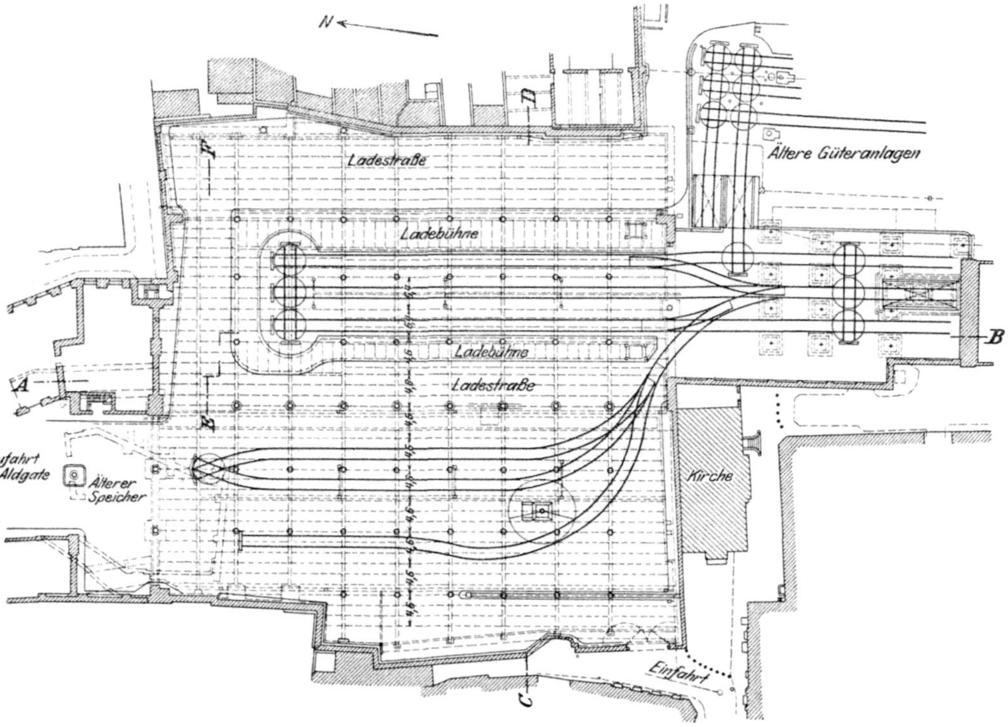

Fig. 160.

oder sie werden im Innern des Gebäudes mit fahrbaren Kranwinden (jigger) gehoben und gesenkt. Die Decken sind widerstandsfähig gegen Feuer hergestellt, mit einem Gerippe aus 0,84 m hohen Blechträgern, die auf eisernen Säulen ruhen. Außerdem sind Feuerlöscheinrichtungen hergestellt, die aus mehreren hochliegenden Wasserbehältern gespeist werden und aus einem durch das ganze Gebäude verzweigten Röhrennetz mit selbsttätigen Spritzvorrichtungen bestehen, die betätigt werden, wenn in ihrer Nähe die Hitze über 65° C steigt. Im ganzen sind 5000 solche selbsttätige Spritzvorrichtungen in dem Gebäude. Vor dem südlichen Kopfende ist an der Straße Rossmore Road eine überdachte Vorfahrt angelegt, zu der man durch den Haupteingang unter den Dienstgebäuden an der Ecke der Straßen Rossmore Road und Grove Road und einem zweiten Eingange gegenüber der Straße Hardwood Avenue gelangt. Von dem Haupteingang ist das Erdgeschoß des Gebäudes auf Steigungen von 1: 50 zu erreichen. Nach dem Kellergeschoß führt vom Haupteingang ein mit 1: 30 fallender besonderer Zufuhrweg.

Eine Gesamtanordnung, bei der die Ladestraßen und Ladebühnen die Gleise hufeisenförmig umschließen, hat auch das neue Gütergebäude der London and North Western-Gesellschaft auf dem mitten in London belegenen Hagdon Square-Güterbahnhof, das an Stelle der im Jahre 1904 abgebrannten älteren Gebäude errichtet ist. Die Zuführungsgleise liegen so hoch, daß sie über die von ihnen gekreuzten Straßen schienenfrei hinweggehen; hieraus hat sich für einen Teil des Gebäudes eine Anordnung in zwei Geschossen ergeben, einem in Höhe der Zuführungsgleise liegenden Obergeschoß und einem niedriger gelegenen Erdgeschoß, das ganz unterkellert ist zur Herstellung von Lagerräumen. Der Bauplatz bildet ein Quadrat von etwa 76 m Seitenlänge und ist auf allen Seiten durch vorhandene Gebäude mehr oder minder eingeengt.

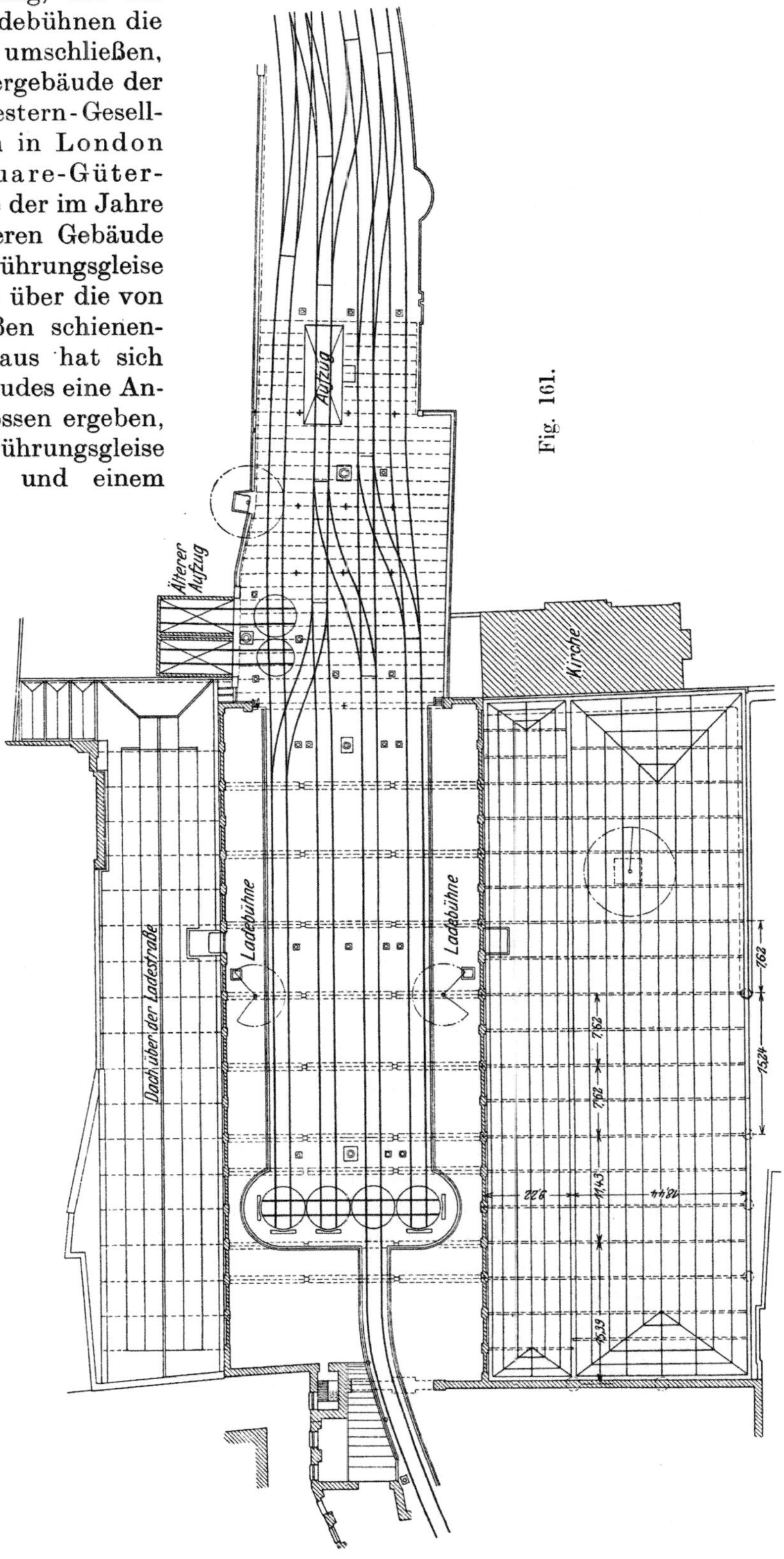

Fig. 161.

Im Erdgeschoß liegen, von Ladebühnen und Ladestraßen hufeisenförmig umfaßt, drei Gleise, die an einem Ende auf Drehscheiben, am anderen Ende stumpf vor einer Mauer endigen (Fig. 160). Aus dem mittleren Gleise zweigen mit einer dreiteiligen Weiche Gleisverbindungen nach den Seitengleisen und nach den in einem einstökkigen Gebäudeteil liegenden Gleisen für den Wagenladungsverkehr ab. Seitlich vor dem Erdgeschoß liegen ältere Gleise für den Freiladeverkehr. Die vier Zuführungsgleise zum Bahnhof laufen unmittelbar in das Obergeschoß hinein, das eine Gleis ist über eine Drehscheibe weitergeführt nach einem benachbarten Lagerhaus, die anderen drei Gleise endigen stumpf auf Drehscheiben. Die vier Gleise sind hufeisenförmig von Ladebühnen umgeben, an denen seitlich zwei Verschläge mit Aufzügen für die Beförderung der Güter von und nach den unten liegenden Ladestraßen angeordnet sind (Fig. 161).

Die Eisenbahnwagen werden zwischen dem Erdgeschoß und dem Obergeschoß mit einem neuen Wagenaufzug von 30 t Tragfähigkeit und zwei vorhandenen Wagenaufzügen von geringerer Tragfähigkeit befördert. Die Ladestraßen im Erdgeschoß sind auf schwach geneigten Rampen von den benachbarten Straßen zu erreichen, in den Keller führt gleichfalls eine Rampe hinein. Außer den bereits erwähnten Aufzügen sind für die Behandlung der Wagen und Güter noch Spille, zwei feste Kräne von 1,5 t, ein fester Kran von 10 t Tragfähigkeit und fahrbare Winden (jigger) vorgesehen. Die Zahl der Kräne ist also bei diesem neuesten Beispiel eines englischen Güterbahnhofes erheblich eingeschränkt.

Der Brand der alten Gebäude war wegen der engen Umbauung des Bahnhofes einer der gefährlichsten der Neuzeit in London; man ist deshalb bestrebt gewesen, das neue Gebäude möglichst widerstandsfähig gegen Feuer zu bauen.

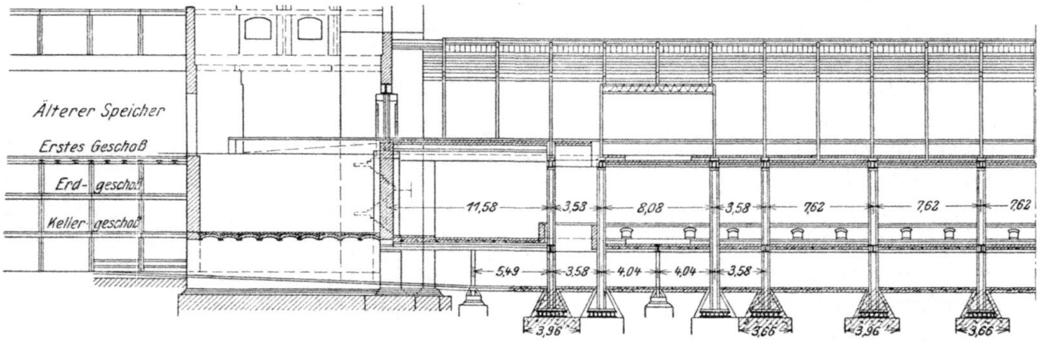

Fig. 162.

Decken und Wände werden von eisernen Säulen getragen, die auf Betonfundamenten mit eingelegten Eisenträgern stehen. Eine Anzahl von Säulen ist auf Fundamente von 3,2 bis 3,8 m Länge und 2,05 bis 2,4 m, ausnahmsweise 3,6 m, Breite gestellt, die für die vorläufigen Belastungen nicht erforderlich waren; man will aber vielleicht später noch weitere Stockwerke mit Lagerräumen hinzufügen. Alle Säulen im Kellergeschoß und auf den Ladebühnen sind mit glasierten Ziegeln in Zementmörtel ummauert, die Hohlräume zwischen dem Eisen und der Mauerung mit feinem Zementmörtel gefüllt. Die Decken bestehen aus einem Gerippe von Quer- und Längsträgern mit zwischengespannten Kappen, auf die bis Trägeroberkante Zementbeton, dann eine 2 cm starke Asphaltschicht, eine 5 cm starke Schicht von feinem Zementbeton, 15 cm feine Schlacke mit Ziegelbrocken, 2,5 cm Sand und zuletzt ein 10—13 cm starkes, mit Zementmörtel vergossenes Granitpflaster gebracht ist (Fig. 162 bis 164).

Die Great Northern-Eisenbahngesellschaft hat Ende der neunziger Jahre mit einem Kostenaufwande von über 20 Millionen Mark ihren Deansgate-Güterbahnhof in Manchester hergestellt, der mitten in der Stadt ein ganzes Straßenviertel einnimmt. Die Gesellschaft hatte bis zum Jahre 1897 keinen festen Fuß in dem wichtigen Industrie- und Gewerbebezirk gefaßt, von dem Manchester der Mittelpunkt ist; sie war vielmehr auf die Hilfe der Manchester, Sheffield and Lincolnshire-Eisenbahn angewiesen, um dort Geschäfte zu machen. Beide Gesellschaften waren im Jahre 1857 ein Gemeinschaftsverhältnis auf 50 Jahre eingegangen, namentlich um den Güterverkehr zwischen London und Manchester zu pflegen. Dieses Gemeinschaftsverhältnis endigte, als die Manchester, Sheffield and Lincolnshire-Gesellschaft durch eine Parlamentsakte von 1892 in die neue Great-Central-Gesellschaft aufging, die ihren eigenen Anschluß mit London erstrebte. Die Great Northern-Bahn gab das Gemeinschaftsverhältnis und den Kampf gegen die neue Londoner Linie der Great Central-Bahn nur unter der Bedingung auf, daß ihr ein un-

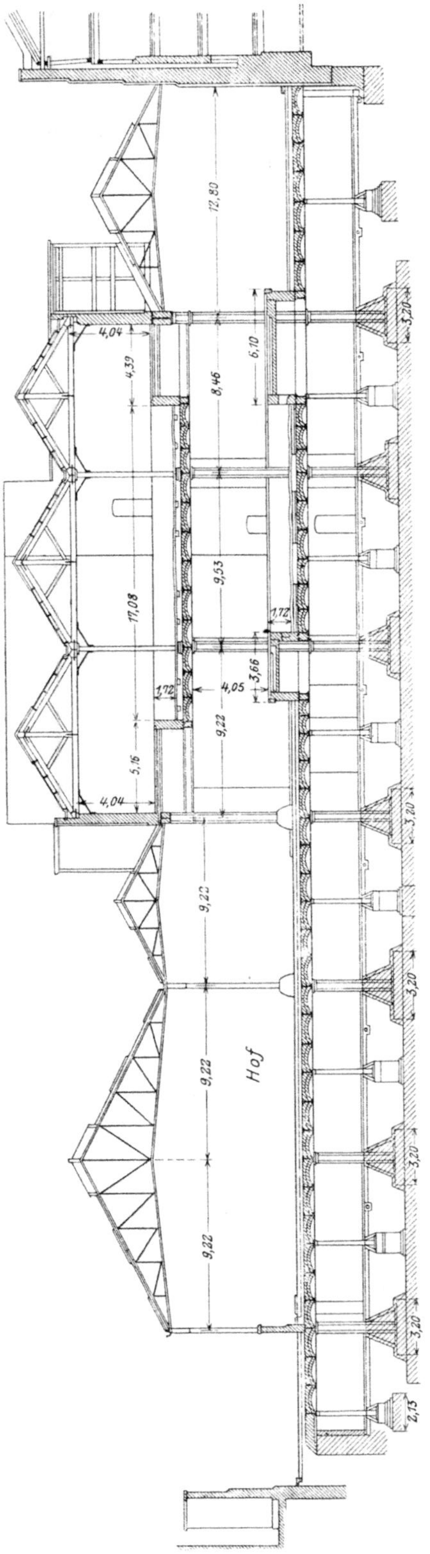

Fig. 163.

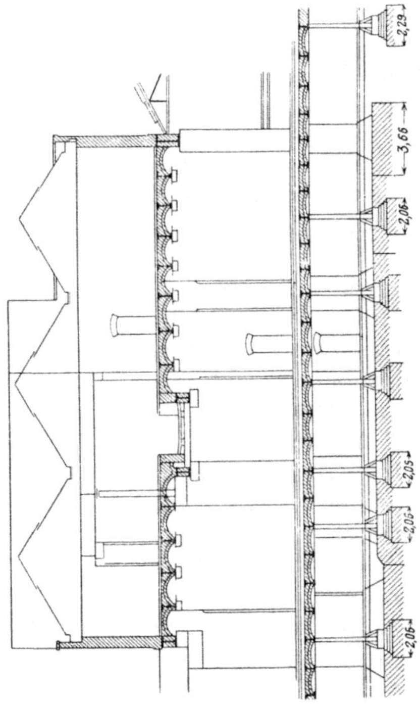

Fig, 164.

behinderter Zugang zu den Bezirken Lincolnshire, Cheshire und anderen Teilen Nordwestenglands zugestanden wurde. Die Bewilligung dieser Forderung führte u. a. zur Herstellung des Deansgate-Güterbahnhofes in Manchester.

Das Gütergebäude ist fünfstöckig, das Erdgeschoß und das erste Stockwerk dienen zur Ent- und Beladung, die oberen drei Stockwerke zur Lagerung von Gütern. Der Bahnhof ist durch drei Gleise mit der sogenannten Cheshire Committees-Bahn verbunden, einer Gemeinschaftslinie der Great Northern-, Great Central- und Midland-Eisenbahngesellschaft zwischen Manchester (Central) und Liverpool

(Central). Die Verbindungsgleise durchschneiden Teile von Manchester unter schienenfreier Kreuzung der Straßen, woraus sich die Höhenlage des ersten Stockwerkes des Gütergebäudes in Höhe der Verbindungsgleise, des Erdgeschosses in Straßenhöhe ergab.

In das erste Stockwerk sind sechs Gleise paarweise zwischen vier zungenförmige Ladebühnen geführt, die von einer Ladebühne vor Kopf entspringen. Die Ladestraße, zu der die Fuhrwerke von der am Bahnhof liegenden Parallelstraße Watson Street auf einer Rampe gelangen, umfaßt die Ladebühnen an zwei Seiten (Fig. 165).

Im Erdgeschoß liegen fünf Gleise zwischen Längsbühnen und Ladestraßen, die unmittelbar von der erwähnten Parallelstraße zugänglich sind; außerdem ist an einer Langseite und vor Kopf ein Ladegleis verlegt (Fig. 166). Die Gleise sind im ersten Stock ausschließlich durch Weichen, im Erdgeschoß durch Weichen und Drehscheiben miteinander verbunden. Die Gleise des Erdgeschosses sind durch zwei Rampengleise mit den hochliegenden Zuführungsgleisen verbunden. Das Erdgeschoß dient hauptsächlich dem Verkehr mit London (Empfang und Versand); eine Seite ist ausschließlich für den Londoner Dockverkehr bestimmt. Der erste Stock dient dem Verkehr (Empfang und Versand) mit anderen Stationen. Das Gebäude ist 91,4 m lang und 45,7 m breit und hat im Erdgeschoß Platz für 56 Eisenbahnwagen und 100 Straßenwagen, im ersten Stock für 48 Eisenbahnwagen und 40 Straßenwagen. Im Erdgeschoß sind elf Preßwasserkräne von 1,5 t, drei von 2,5 t, im ersten Stock 17 von 1,5 t und auf dem Hofe zwei Preßwasserkräne von 25 und 10 t und zwei Handkräne von 6 t aufgestellt. Fig. 167 stellt den Grundriß der drei oberen Stockwerke des Gebäudes dar. An den am Bahnhof entlang führenden Hauptstraßen Deansgate und Peter Street sind Geschäftshäuser für Privatzwecke und Dienstgebäude für die Eisenbahnverwaltung errichtet. Für das

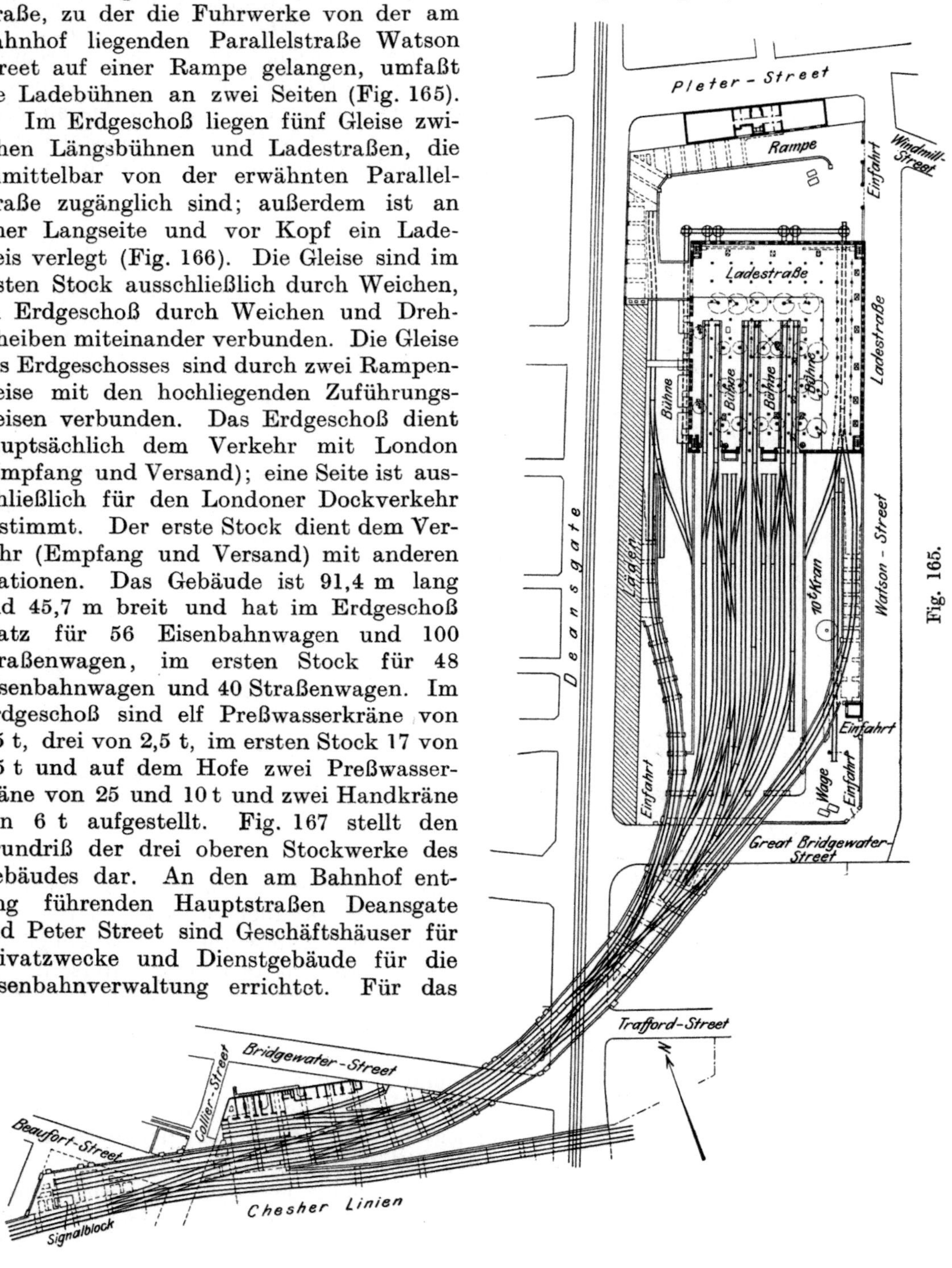

Fig. 165.

von der Güterverwaltung betriebene Rollfuhrgeschäft sind 150 schwere Pferde erforderlich, die in benachbarten Ställen untergebracht sind.

Der neue Hunslet-Güterbahnhof der Great Northern-Eisenbahn in Leeds hat im Schuppen eine mittlere Ladestraße und Seitenbühnen mit eingeschnittenen Buchten, in die die Rollwagen von den äußeren Ladestraßen an Schuppen zurücksetzen. Zwischen der inneren Ladestraße und den Ladebühnen führen Ladegleise durch den Schuppen, auf denen die Wagen entweder nach Stationen geordnet in Zügen oder bunt durcheinander bereitgestellt werden, so daß sie entweder unmittelbar abgehen können oder vor Abgang noch auf den Rangiergleisen vor dem Schuppen zu Zügen zusammengestellt werden müssen.

Die London, Brighton and South Coast-Eisenbahn hat vor einigen Jahren ihren Willow Walk-Güterbahnhof in London mit einem Kostenaufwand von 5 Millionen Mark erweitert und auf den erweiterten Teil ein Gütergebäude mit schräggerichteten Ladebühnen in Kammform errichtet. Der Bahnhof dient für den Stückgüter-, Getreide-, Freilade- und Viehverkehr und liegt mitten in dem engbebauten Stadtteil Bermondsey im Südosten von London.

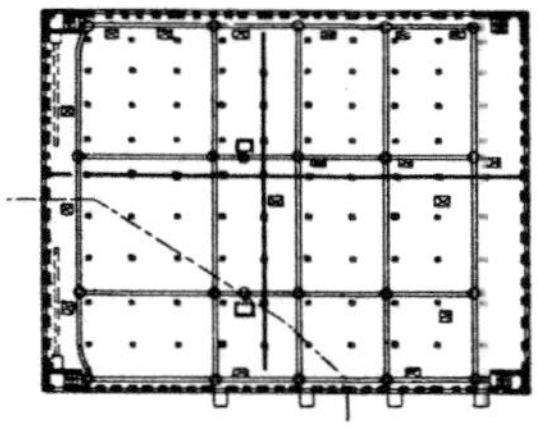

Fig. 167.

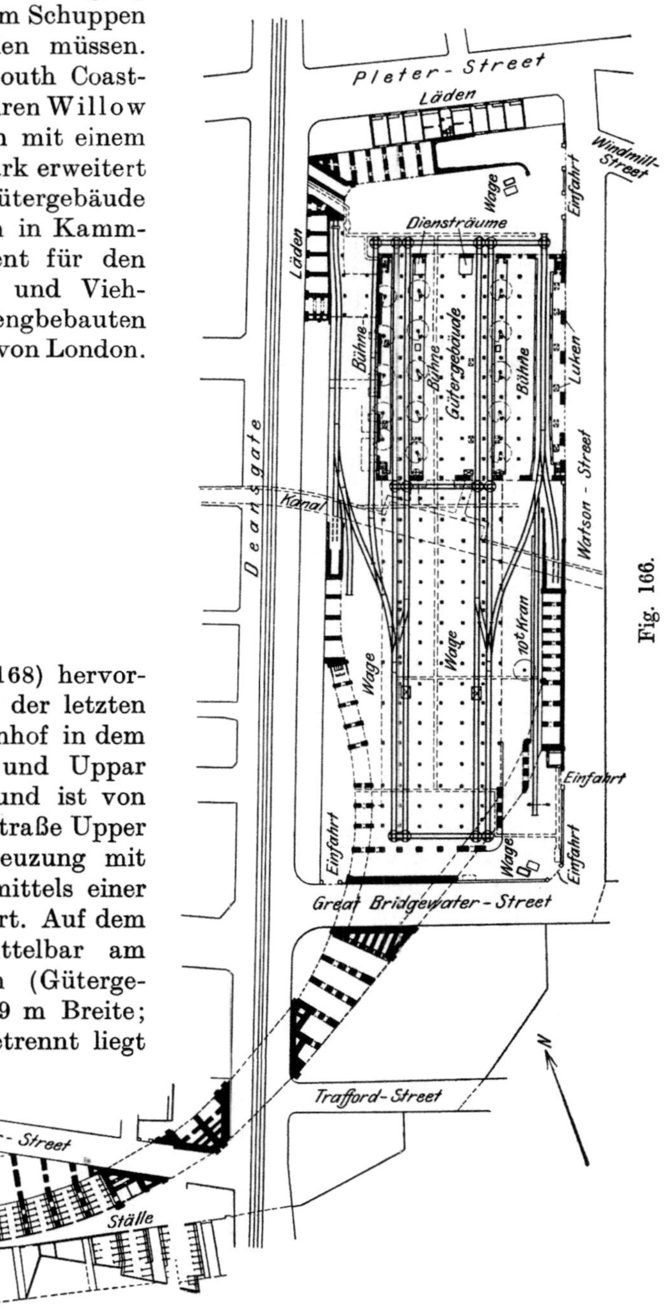

Fig. 166.

Wie aus dem Lageplan (Fig. 168) hervorgeht, liegt der alte, d. h. der vor der letzten Erweiterung vorhandene Güterbahnhof in dem von den Straßen Willow Walk und Uppar Grange Road gebildeten Winkel und ist von Willow Walk aus zugänglich; die Straße Upper Grange Road steigt von der Kreuzung mit Willow Walk zur Bahn und ist mittels einer Überführung über die Gleise geführt. Auf dem alten Güterbahnhofe liegt unmittelbar am Willow Walk ein Güterschuppen (Gütergebäude) von 107 m Länge und 29 m Breite; durch eine Ladestraße hiervon getrennt liegt ein zweiter Schuppen von 164,5 m Länge und 35 m Breite mit angebauten Diensträumen und hinter dem letztgenannten Schuppen eine Laderampe mit Viehbuchten. Ferner sind auf dem alten Güterbahnhofe Freiladegleise für 100 Wagen, eine Stellmacherwerkstatt, ein Oberbaumagazin, ein Maschinenhaus mit Akkumulatoren, Ställe für 159 bei der bahnamtlichen Bestätterei benutzte Pferde, eine Hufschmiede, ein Häckselmagazin, ein Dienstraum und eine Dienstwohnung für den Pferdeaufseher, ein Geschirrraum, ein Lagerraum, eine Wagenremise, eine Dienstwohnung für den Stationsvorsteher, ein Stall für kranke Pferde, ein Lagerhaus von 26,5 m Länge und 10,4 m Breite für 300 t Güter, ein Dienstraum für die Überwachung der Arbeitszeit der Angestellten und Arbeiter, ein Maschinenraum für die elektrische Beleuchtung, ein Dienstraum für den Stationsassistenten.

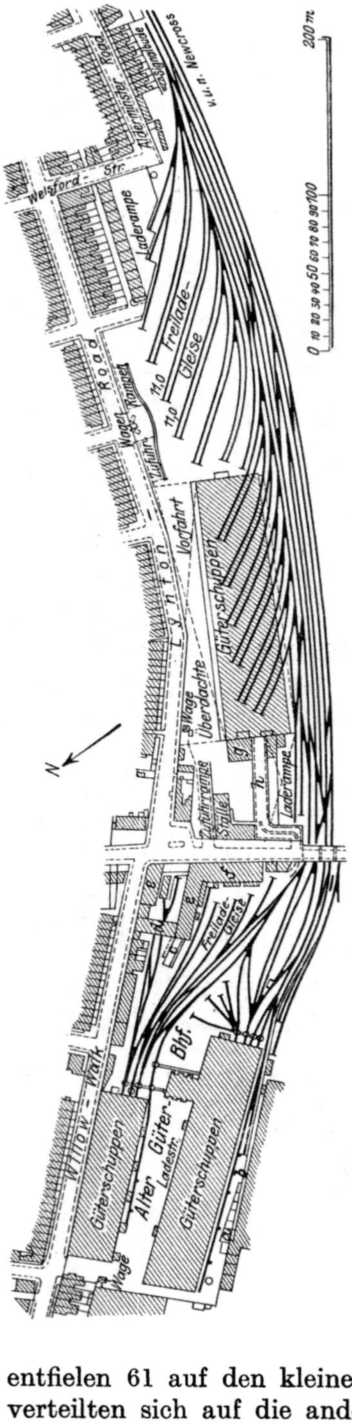

Fig. 168.

Die Gleise sind durch Weichen und Drehscheiben miteinander verbunden und teils der Länge nach durch die Güterschuppen geführt, teils außen an den Langseiten der Güterschuppen verlegt. In dem größeren Güterschuppen ist von dem nordöstlichen Längsgleise mit Wagendrehscheiben eine Anzahl kurzer Stichgleise senkrecht abgezweigt, die zu zweien zwischen Zungenladesteigen liegen. Im ganzen können in dem Schuppen 104 Wagen gedeckt aufgestellt werden. Über dem südöstlichen Ende des Schuppens ist ein Lagerhaus für Güter eingerichtet, die auf unbestimmte Zeit gelagert werden sollen.

Der kleinere Schuppen hat ein unteres Stockwerk mit Gleisen für 48 Wagen und ein oberes, als Lagerhaus für Getreide und Güter ausgebautes Stockwerk mit Lagerraum für 2700 t. Auf dem alten Bahnhof, der im ganzen eine Fläche von etwa 3 ha bedeckt, betrug der Güterverkehr vor der Inbetriebnahme der auf der anderen Seite von Upper Grange Road angelegten Erweiterung durchschnittlich etwa 630 t Empfang und 1450 t Versand täglich. Davon entfielen auf den Freiladeverkehr etwa 230 t Empfang und 850 t Versand, auf jeden Güterschuppen etwa 200 t Empfang und auf den großen Güterschuppen noch 600 t Versand. Der kleine Schuppen war für den Empfang im Festlandsverkehr, der große für Empfang und Versand im Inlandsverkehr des eigenen Bahnnetzes und für den Versand nach dem Festlande bestimmt. Auf dem alten Bahnhofe waren beschäftigt: 188 Beamte, 550 Arbeiter und 227 Fuhrleute und Knechte. Von den Arbeitern entfielen 61 auf den kleinen, 265 auf den großen Güterschuppen, die übrigen 124 verteilten sich auf die anderen Arbeitsstellen.

Die wichtigste Anlage des neuen Teils des Güterbahnhofes ist der Güterschuppen (das Gütergebäude) von 177 m Länge und 41 m Breite mit schräggerichteten Zungenladebühnen, die ähnlich angeordnet sind wie auf neueren festländischen Güterbahnhöfen und dem 1887 erbauten Güterbahnhof Somers Town der Midland-Bahn in London, der im Obergeschoß Anlagen für den Stückgüterverkehr, im Erdgeschoß für den Massengüterverkehr hat. An die Zungenladesteige sind sechs Gleispaare geführt, die mit Weichen aus einem neben den Einfahr-, Ausfahr- und Aufstellungsgleisen liegenden Stammgleise abzweigen. Auf diesen sechs Gleispaaren ist Platz für 115 Wagen von 10 t Tragfähigkeit. Die Zungenladesteige entspringen aus dem Kopfladesteig, der die ganze nordöstliche Langseite des Schuppens einnimmt und an den schmalsten Stellen etwa 7,5 m breit ist. Die gleiche Breite haben die Zungenladesteige an ihrer breitesten Stelle (der Wurzel), von der aus sie sich nach vorn verjüngen. Die Ladesteige liegen 1,02 m über Schienenoberkante. Vor dem Kopfladesteig ist in ganzer Länge (177 m) eine überdachte 15 bis 28 m breite Zufahrtstraße angelegt, auf der zu gleicher Zeit 110 Rollwagen behandelt werden können. Die Zufahrtstraße ist von beiden höher liegenden Straßen Upper Grange Road und Lynton Road auf Rampen zu erreichen. Der Güterschuppen hat ein Obergeschoß, das als Lagerhaus für 10000 t eingerichtet ist. Durch dieses Lagerhaus geht in ganzer Länge eine 9 m breite Ladestraße, die auf einem an die Überführung der Upper Grange Road angeschlossenen Viadukt erreicht wird. An die nordwestliche Schmalseite des Güterschuppens stößt ein Abfertigungsgebäude für 150 Beamte. Ferner liegt hier eine 25 m lange und 9 m breite Rampe für 11 Wagen zum Umladen von Gütern, die von fremden Bahnen eingehen, namentlich von der London- und Nordwestbahn über die Stadtbahn, West- und Südlondonbahn. Die Rampe dient auch zum Aus- und Einladen feuergefährlicher Gegenstände. Zwischen der Zufahrtstraße zum Güterschuppen und dem Viadukt zum Lagerhaus liegen an Upper Grange Road mehrgeschossige Pferdeställe mit Vorratsräumen. Südöstlich von dem Güterschuppen sind ausgedehnte Anlagen für den Freiladeverkehr hergestellt, mit zungenförmigen 11 m breiten Ladestraßen zwischen je zwei Ladegleisen, auf denen täglich 850 t Güter behandelt werden können. Die Ladegleise sind mittels Weichen aus einem Stammgleise abgezweigt. Die genau in Schienenhöhe liegenden Ladestraßen werden von der höher liegenden Straße Lynton Road auf einer Zufahrrampe erreicht. Die östliche Ecke des Bahnhofes wird von einer Laderampe von 2000 qm Fläche für das Aus- und Einladen von schweren Gegenständen, Fuhrwerken, Möbelwagen und Vieh eingenommen. Der ganze Bahnhof wird durch 120 Bogenlampen, 84 Glühlampen und 30 Nernstlampen elektrisch erleuchtet. Es ist Fürsorge getroffen, daß überall unter hinreichendem Druck stehendes Wasser für Feuerlöschzwecke vorhanden ist. Zu erwähnen bleibt noch, daß beide Teile des Bahnhofes nach Südwesten unmittelbar an den Güterbahnhof Bricklayers Arms der Südost- und Chathambahn stoßen, eine Ausdehnung nach dieser Richtung also ausgeschlossen war.

Auf dem Bahnhof ist eine große Zahl von Handhabungseinrichtungen zum Heranholen, Be- und Entladen der Eisenbahnwagen und zum Verwiegen und Aufspeichern der Güter vorhanden, von denen die meisten mit Preßwasser von 50 Atm. Druck betrieben werden. Das erforderliche Preßwasser wird in dem Maschinenhause auf dem alten Bahnhofe hergestellt. Es sind vorhanden: A. auf dem alten Teil, und zwar a) an den Freiladegleisen: 6 Preßwasserspille von 1 t Zugkraft und 3 von 2 t Zugkraft; 2 Preßwasserkrane für 2 und 5 t Last; eine Gleiswage für 20 t; 9 Wagendrehscheiben. b) in dem kleinen Güterschuppen: 2 Preßwasserspille von 1 t Zugkraft; 3 Preßwasserkrane für 1,5 t Last; 2 Preßwasseraufzüge für 0,75 t Last; eine Gleiswage für 15 t; 5 Wagendrehscheiben; 2 Wagen für 1,5 t. c) in dem Lagerhause über dem kleinen Güterschuppen: 6 Preßwasserkrane für 0,75 t Last; 2 bewegliche Wagen für 0,25 t. d) auf der Ladestraße zwischen den beiden Schuppen eine Zentesimalwage für 15 t. e) in dem großen Schuppen: 6 Preßwasserspille von 1 t Zugkraft; 4 Preßwasserkrane für 1,5 t Last; 16 Handkrane für 1,5 t Last; 1 Preßwasseraufzug für 0,75 t; 18 Wagen für 1,5 t und 6 für 2 t; 23 Wagendrehscheiben. f) auf der Laderampe: 1 Handkran für 2 t Last. B. auf dem neuen Teil, und zwar a) auf dem Freiladehofe: 2 Gleiswagen für 15 t an der Einfahrt von Lynton Road; 11 Preßwasserspille von 1 t Zugkraft; 2 Preßwasserkrane für 2 und 5 t Last; 2 Gleiswagen für 20 t. b) in dem Güterschuppen: 6 Preßwasserkrane für 1,5 t Last; 23 Wagen für 1 t und 3 für 1,5 t; 3 Preßwasseraufzüge für 0,75 t. Außerdem ist auf allen Güterböden eine hinreichende Zahl von Stechkarren verfügbar.

Nach der Inbetriebnahme der Erweiterung hat im Jahre 1903 eine Änderung der Betriebsweise dahin stattgefunden, daß jetzt der alte Bahnhofsteil ausschließlich für den Empfang, der neue für den Versand bestimmt ist. Der Verkehr ist derselbe geblieben wie vor der Erweiterung (630 t Empfang und 1450 t Versand) und verteilt sich jetzt wie folgt: A. alter Bahnhofsteil: Schuppen je 200 t Empfang; Freiladehof und Rampen 230 t Empfang. B. neuer Bahnhofsteil: Schuppen 600 t Versand; Freiladehof und Rampen 850 t Versand. Obgleich die Anlagen mehr auseinandergezogen worden sind, hat das Personal doch etwas verringert werden können.

Der Betrieb auf dem Güterbahnhofe spielt sich zurzeit etwa wie folgt ab: Die Bahngesellschaft besorgt die An- und Abfuhr der Stückgüter für Stationen ihres eigenen Bezirks selbst, während die Stückgüter des Festlandsverkehrs und die Wagenladungsgüter gewöhnlich von Spediteuren oder Privaten an- und abgefahren werden. Von den gesamten Gütern von 2080 t täglich fährt die Bahnverwaltung hiernach etwa 700 t an und ab und braucht hierzu 170 Rollwagen. Die abgehenden, von der Bahnverwaltung aus der Stadt abzufahrenden Güter werden größtenteils auf Annahmestellen in der Stadt gesammelt und, tunlichst nach Bestimmungsstationen geordnet, von den Rollkutschern auf dem Bahnhof abgeliefert. Die angekommenen, in die Stadt abzufahrenden Güter werden auf dem Güterboden nach den Verteilungsbezirken in der Stadt zusammengelegt, dann auf die Rollwagen geladen und mit Umgehung der Annahmestellen ausgeteilt. Spediteure und Private bringen ihre Güter meistens unmittelbar zum Bahnhof oder holen sie von dort ab. Die Beamten der London, Brighton- und Südküstenbahn sind mit der neuen Betriebsweise der räumlichen Trennung von Empfang und Versand sehr zufrieden. Wie oben angeführt, findet die Auflieferung der Güter in England in der Regel in den Abendstunden, die Bahnbeförderung nachts und die Ablieferung in den Morgenstunden statt. Damit ist nicht gesagt, daß während der Auflieferungszeit die ganze Ablieferung ruht oder umgekehrt, der Verkehr wird vielmehr nur in den Morgen- und Abendstunden nach Empfang und Versand zusammengedrängt, im übrigen werden geringe Mengen Güter fast während des ganzen Tages abgeholt und aufgeliefert. Dementsprechend sind die dem Publikum bekannt gegebenen Dienststunden auf dem Willow Walk-Bahnhof wie folgt: Für den Versand: Sonnabends von 8 Uhr morgens bis 4 Uhr nachmittags; an anderen Wochentagen von 8 Uhr morgens bis 7 Uhr abends. Für den Empfang: Sonnabends von 4 Uhr morgens bis 3 Uhr nachmittags; an anderen Wochentagen von 4 Uhr morgens bis 6 Uhr abends. Sonntags ruht der ganze Güterverkehr.

Die Schuppen- und Freiladegleise des alten Bahnhofs liegen in der Verlängerung der Ein- und Ausfahrgleise. Die beladenen Wagen der einlaufenden Züge werden daher in den frühen Morgenstunden unmittelbar aus den Einlaufgleisen in die Ladegleise ausrangiert, die leeren Wagen im Laufe des Vormittags von dort wieder entnommen und in die Ladegleise des neuen Bahnhofteils gesetzt. Da der Versand den Empfang überwiegt, müssen weitere leere Wagen von den beiden anderen Londoner Güterbahnhöfen der Gesellschaft (Battersea S.W. und Deptford S.E.) oder dem Verschub- und Aufstellungsbahnhof Norwood angefordert werden. Beim Versand sucht man möglichst viele einzelne Stückgutwagen nach den verschiedenen Stationen des Bahnnetzes zu bilden, während Kurswagen seltener sind. Die Zungenladebühnen sind für den Versand nach bestimmten Richtungen und Stationen eingeteilt, die für jede Ladebühne auf einer Tafel über der Kopfladebühne verzeichnet sind. Die Güter werden in der Regel 12 Stunden angesammelt und, wenn die erforderlichen Wagen schon ladebereit sind, gleich bei der Auflieferung verladen, sonst auf den Ladebühnen zurechtgelegt. Nach der ganzen Art der Betriebsführung und Diensteinteilung kann der größte Teil der Güter unmittelbar verladen werden, ohne daß man die Wagen länger als 12 Stunden im Schuppen hat.

Bemerkenswert ist, daß der erweiterte Bahnhofsteil keine Drehscheiben aufweist, denen man überhaupt in England nicht mehr den früheren Wert beimißt, wie bereits erwähnt. Dafür sind aber Weichenneigungen von 1: 5 und Bögen von 120 oder 60 m Halbmesser angewandt, je nachdem sie auch von Lokomotiven oder nur von Wagen bis 2,4 m Radstand befahren werden. Die Anlage der Zufuhrstraßen, die den Verkehr der Fuhrwerke größtenteils ohne gegenseitige Kreuzung ihrer Fahrwege ermöglicht, erscheint zweckmäßig. Das Lagerhaus über dem neuen Güterschuppen ist geschickt angelegt und zugänglich gemacht, nimmt dem darunterliegenden Güterschuppen aber viel Licht. Man hat gefunden, daß es zweckmäßig gewesen wäre, im Güterschuppen statt der festen Krane elektrische Laufkrane anzuordnen, mit denen die Lasten gleichlaufend und senkrecht zu den Ladesteigen hätten bewegt werden können.

Die englischen Eisenbahngesellschaften haben neuerdings angefangen, die Tragfähigkeit der Güterwagen mehr auszunutzen als bisher und für das hierzu erforderliche Umladen besondere Umladeschuppen herzustellen. In dem neuen Umladeschuppen der London and North Western-Gesellschaft in Crewe werden unvollständig beladene Wagen aus mehreren Richtungen zusammengeführt und volle Wagenladungen nach einer großen Zahl von Stationen gebildet.

6. Rangierbahnhöfe.

Wie oben bereits hervorgehoben wurde, bildet man in England gern durchgehende Güterzüge. Die Güterzüge sind meistens nur kurz und laufen unmittelbar vom Versand- zum Empfangsbahnhofe durch, brauchen also nicht auf besonderen Rangierbahnhöfen umrangiert zu werden. Das bezieht sich sowohl auf den Stückgüter-, wie auf den Rohgüterverkehr. Der Rohgüterverkehr insbesondere, für den in anderen Ländern größere Rangierbahnhöfe angelegt zu werden pflegen, bewegt sich in England auf direkten Wegen von den Gewinnungsstätten in den Industriebezirken zu den Verbrauchsstätten in den großen Städten und Fabrikorten und nach den Ausfuhrhäfen an der See. Vielfach überschreitet er hierbei nicht die Grenzen des eigenen Bahngebietes, wie beispielsweise bei der North Eastern-Bahn, welche die Kohlengebiete von Durham und Northumberland allein beherrscht und Kohlen in geschlossenen Zügen von den Zechenbahnhöfen nach den Ausfuhrhäfen befördert. Die Zechenbahnhöfe enthalten meistens schon die erforderlichen Rangiergleise zum Ordnen der Züge nach Richtungen, so daß besondere Rangierbahnhöfe in ihrer Nähe entbehrlich sind. Unter diesen Umständen hat bislang selten ein Bedürfnis für die Herstellung großer Rangierbahnhöfe in England vorgelegen. Die vorhandenen Anlagen für den Rangierverkehr sind meistens einfacher Art und dienen hauptsächlich dem Ordnen der Züge vor der Abfahrt und dem Verteilen der Wagen auf die einzelnen Ladestellen des Ankunftsbahnhofes. Unter den Massengütern nimmt in England die Kohle den ersten Platz ein; ihre Beförderung geschieht vielfach in bestimmten Mischungen in Privatwagen, deren Ab- und Zuführung zwischen den Be- und Entladestellen den Eisenbahngesellschaften viel Mühe macht, aber im allgemeinen auf den unten zu besprechenden Hafen-

und Zechenbahnhöfen und auf den Güterbahnhöfen der Städte und Fabrikorte bewirkt werden kann. Neuerdings erstrebt man aber die Bildung längerer Fernzüge, um an Zugbeförderungskosten zu sparen, wobei die Herstellung größerer Rangierbahnhöfe nicht zu umgehen sein wird. Mehrere Gesellschaften planen daher die Herstellung solcher Rangierbahnhöfe innerhalb ihrer Bahngebiete. Die zurzeit vorhandenen Rangierbahnhöfe sind mehrfach mit Ablaufgleisen in durchgehender Neigung angelegt, die man den Gleisen mit Eselsrücken vorzieht, wenn die Geländeverhältnisse ihre Herstellung begünstigen. Die Vorliebe für geneigte Ablaufgleise ist erstens eine Folge der Bauart der englischen Güterwagen, die alle mit Hebelbremsen ausgerüstet sind und sich daher gut für das Rangieren auf geneigten Ablaufgleisen eignen; zweitens ist sie eine Folge der Unkenntnis der Vorgänge, die sich im Eisenbahnwesen anderer Länder abspielen. Bemerkenswert erscheint immerhin, daß zwei neuere Rangierbahnhöfe, von denen der eine kürzlich vollendet, der andere in der Vorbereitung begriffen ist, mit Eselsrücken geplant sind. Anscheinend hat man die Bauart erst in Nordamerika kennen gelernt und von den mustergültigen Anlagen dieser Art in dem näherliegenden Deutschland keine Ahnung gehabt.

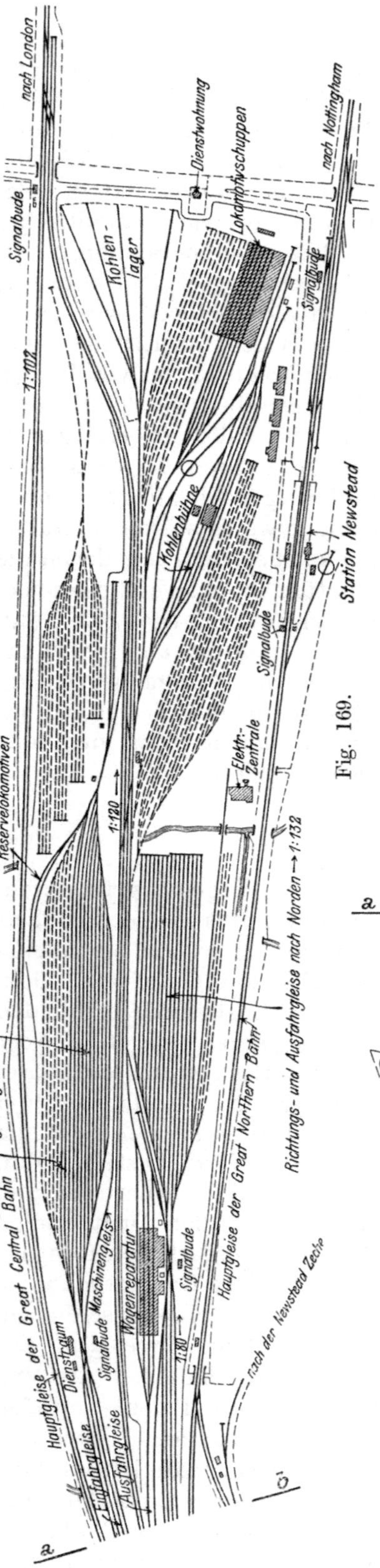

Fig. 169.

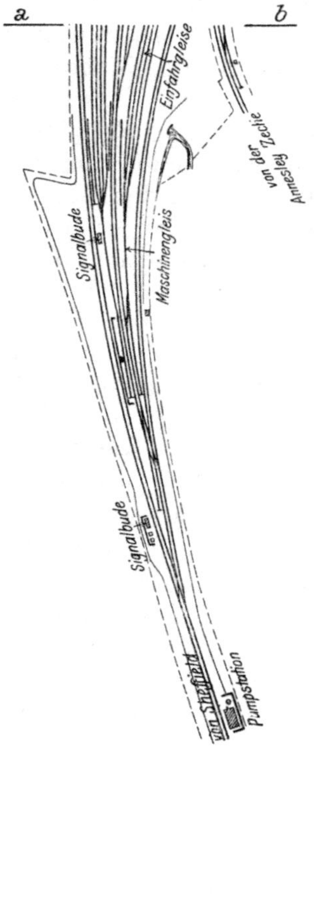

Das Paradestück unter den englischen Rangierbahnhöfen ist noch immer der in den siebziger Jahren mit geneigten Ablaufgleisen hergestellte Bahnhof Edgehill der London and North Western-Eisenbahn bei Liverpool, als dessen Vorläufer ein ähnlicher Bahnhof der North Eastern-Bahn bei Shildon angesehen werden kann. Der Edgehill-Bahnhof ist wiederholt veröffentlicht worden, so daß er hier nur kurz gestreift zu werden braucht.

Der Bahnhof dient fast ausschließlich dem Ordnen der von Liverpool nach allen Teilen Englands abgehenden Züge der London and North Western-Eisenbahn, die im Wettbewerb mit anderen Gesellschaften in der Nähe des Liverpooler Hafens eine Reihe von Güterbahnhöfen für den Versand der auf dem Seewege ankommenden Güter und ein eigenes Dock bei Garston angelegt hat. Die Güter werden mit Übergabezügen von den Versandbahnhöfen im Hafen und von Garston nach dem in der Nähe von Liverpool belegenen Rangierbahnhof gebracht und die Wagen dort auf geeigneten Einfahrts-, Richtungs-, Stations- und Abfahrtsgleisen zu Zügen vereinigt.

Für ähnliche Zwecke hat die Lancashire and Yorkshire-Eisenbahn einen Rangierbahnhof zu Aintree bei Liverpool angelegt.

Ein neuer Rangierbahnhof mit geneigten Ablaufgleisen ist der in Fig. 169 dargestellte Bahnhof der Great Central-Eisenbahn bei Annesley für das Ordnen der von verschiedenen Zechen in Derbyshire und Süd-Yorkshire zur Weiterbeförderung nach London oder anderen Teilen Englands angebrachten Kohlenzüge. Für den Bahnhof und seine zukünftigen Erweiterungen sind 25 ha Land zwischen den 1:102 nach Süden fallenden Hauptlinien der Great Central- und einer Linie der Great Northern-Eisenbahn bei Annesley Junction angekauft. Es ist nur nötig, nach Richtungen, nicht nach Stationen zu ordnen, und zwar zunächst nur nach zwei Hauptrichtungen, Norden und Süden. Daher ist mitten durch den Bahnhof eine zweigleisige Güterbahn geführt, die mit 1:120 nach Süden fällt. Aus der Güterbahn zweigen am Nordende nach Osten und Westen je vier 1:80 geneigte Einfahrts-

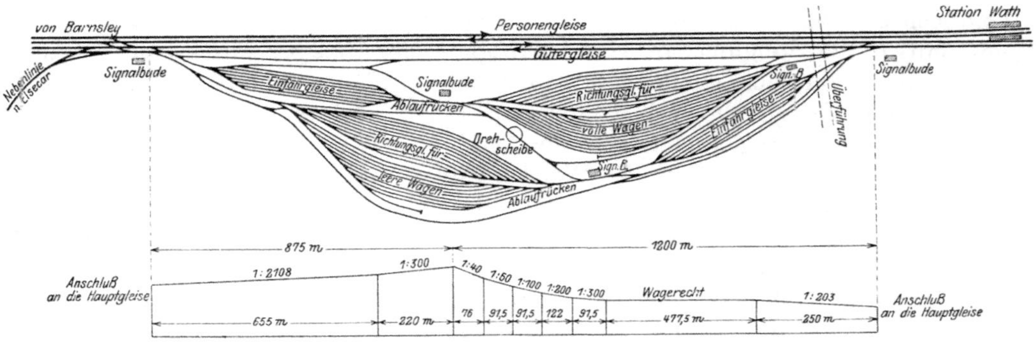

Fig. 170 u. 171.

gleise ab. Vor den östlichen Einfahrtsgleisen liegen die 1:132 geneigten Richtungsgleise für Züge nach Süden, die unmittelbar aus diesen Richtungsgleisen über ein Verbindungsgleis auf die Güterbahn übergehen. Vor den westlichen Einfahrtsgleisen liegen die gleichfalls 1:132 geneigten Richtungsgleise für Züge nach Norden. Sie endigen stumpf, die Züge verlassen sie über ein neben den westlichen Einfahrtsgleisen liegendes Ausfahrtsgleis. Auf dem Bahnhof sind ein rechteckiger Lokomotivschuppen mit 30 Ständen nebst Kohlenbühne, Lagerplätzen, Wasserstation, eine Wagenwerkstätte zur Aufnahme von 50 Wagen und sonstige Nebenanlagen vorgesehen. Die Länge der Gleise beträgt 27 km, die Rangiergleise können 1700 Wagen aufnehmen.

Der neue Rangierbahnhof der Great Central-Bahngesellschaft bei Wath an der viergleisigen Strecke Barnsley-Doncaster ist für das Ordnen einer großen Zahl von Kohlenzügen aus Zechenbezirken Mittelenglands, insbesondere Süd-Yorkshires bestimmt, die innerhalb des Bereiches des Eisenbahnnetzes liegen. Ferner werden dort die für diese Zechenbezirke eintreffenden Leerwagenzüge geordnet. Der Bahnhof ist nach dem Grundsatz des doppelgleisigen Betriebes angelegt, d. h. für jede Fahrrichtung ist eine besondere Gleisgruppe mit Einfahrt- und Richtungsgleisen hergestellt, letzte dienen auch zur Ausfahrt der fertigen Züge. Die Züge werden nach vier Richtungen geordnet, wofür im ganzen 57 km Gleise angelegt sind. Der Bahnhof ist über 2 km lang, bedeckt eine Fläche von 40 ha und reicht für das Ordnen von 5000 Wagen in 24 Stunden. Wie aus dem Lageplan (Fig. 170) hervorgeht, zweigen an zwei, etwa 2 km voneinander entfernten Stellen der

Streckengütergleise je zwei Nebengleise in gleicher Höhe ab, von denen das eine zur Einfahrt ungeordneter Züge in die erste Gleisgruppe, das andere zur Ausfahrt geordneter Züge aus der zweiten Gleisgruppe dient. An jedem Bahnhofsende liegt eine Gruppe von acht Einfahrtgleisen, die je nach einem Ablaufrücken ansteigen, hinter dem sich die Richtungsgleise aus einer gekrümmten zweigleisigen Weichenstraße entwickeln. An jeder Seite führt ein Umfahrgleis am Bahnhof entlang. In dem Verbindungsgleis zwischen den beiden Ablaufrücken liegt eine Drehscheibe, in deren Nähe zwei Stumpfgleise mit 23 m langen Reinigungsgruben abzweigen. Nach dem Längenschnitt (Fig. 171) liegen die für beladene Züge bestimmten westlichen Einfahrtgleise und das zugehörige Verteilungsgleis bis zum Ablaufrücken in einer Steigung von 1:2108 und 1:300, hinter dem Ablaufrücken in einem Gefälle von 1:40, worauf sich die Richtungsgleise mit Gefällen von 1:60. 1:100, 1:200, 1:300 und einer Wagerechten anschließen und die Ausfahrt aus einem Gleise von 1:203 Gefälle erfolgt. In ähnlicher Weise ist die von Osten nach Westen verlaufende Gleisgruppe angelegt. Die hierzu gehörigen östlichen Einfahrtgleise und das zugehörige Verteilungsgleis liegen bis zum Ablaufrücken in einer Steigung von 1:109, dann folgen das Verteilungsgleis im Gefälle von 1:40 und die Richtungsgleise in Gefällen von 1:60, 1:100, 1:200, 1:300, in der Wagerechten und einer Steigung von 1:300, worauf das westliche Verbindungsgleis mit 1:125 Steigung an das Hauptgleis der Strecke anschließt. Während die Vollzüge daher im Gefälle von 1:300 und 1:125 ausfahren, müssen die Leerwagenzüge in Steigungen von 1:300 und 1:125 ausfahren, was aber wegen der geringen Zugbelastung angängig erscheint.

Durch Anwendung stumpfer Weichenwinkel und kleiner Bogenhalbmesser ist für tunlichste Zusammendrängung der Gleisanlagen gesorgt. Für die Weichenbedienung sind Preßluftstellwerke mit elektrischer Steuerung hergestellt. Dem Wärter werden die Bewegungen selbsttätig nach dem zugehörigen Stellwerk zurückgemeldet. Zur Unterbringung der Lokomotiv- und Zugmannschaften und einiger anderer Bediensteten sind Aufenthalts- und Übernachtungsräume vorhanden. Früher war eine große Zahl von Lokomotiven auf den verschiedenen Zechenbahnhöfen mit dem Ordnen der beladenen und leeren Wagen beschäftigt. Jetzt können diese Verschiebearbeiten auf den Zechenbahnhöfen größtenteils wegfallen, man bringt die Vollzüge bunt nach dem Verschiebebahnhof bei Wath und ordnet sie dort nach den in Frage kommenden vier Richtungen, während die Leerzüge tunlichst geordnet von Wath den Zechen zugeführt werden.

Die North Eastern-Eisenbahn, die den größten Güterverkehr in England hat, erwägt seit einigen Jahren die Herstellung eines großen Verschiebebahnhofes mit Ablaufrücken bei Northallerton, die Pläne sind bereits aufgestellt, die Ausführung ist aber vorläufig noch verschoben worden.

7. Hafenbahnhöfe.

Je nachdem die Hafenbahnhöfe hauptsächlich dem Personenverkehr oder dem Güterverkehr dienen, sind ihre Anlagen verschieden. Jeder Hafenbahnhof für den Personenverkehr hat auch einen mehr oder minder großen Güterverkehr, umgekehrt gibt es Hafenbahnhöfe für den Güterverkehr, namentlich den Rohgüterverkehr, die keinen Personenverkehr haben. Auf einigen Hafenbahnhöfen findet ein lebhafter Viehverkehr statt. Hafenbahnhöfe für den Personenverkehr mit dem Festlande, den Kanalinseln und Island liegen namentlich am englischen Kanal (Dover, Folkstone, Newhaven, Portsmouth, Southampton, Weymouth und Plymouth), an der Südostküste (Harwich, Queenborough) und an der Westküste (New Milford, Fishguard, Holyhead, Fleetwood, Heysham und Stranraes), denen in Irland Hafenbahnhöfe in Waterford, Rosslare, Greenvic, Belfast und Londonderry entsprechen. Sie enthalten in erster Linie die erforderlichen Gleise und Einrichtungen, um den Übergang der Reisenden nebst ihrem Gepäck zwischen den Eisenbahnzügen und Dampfern zu ermöglichen, den Reisenden vorübergehend Schutz gegen die Unbilden der Witterung zu gewähren und ihnen Erfrischungen anzubieten.

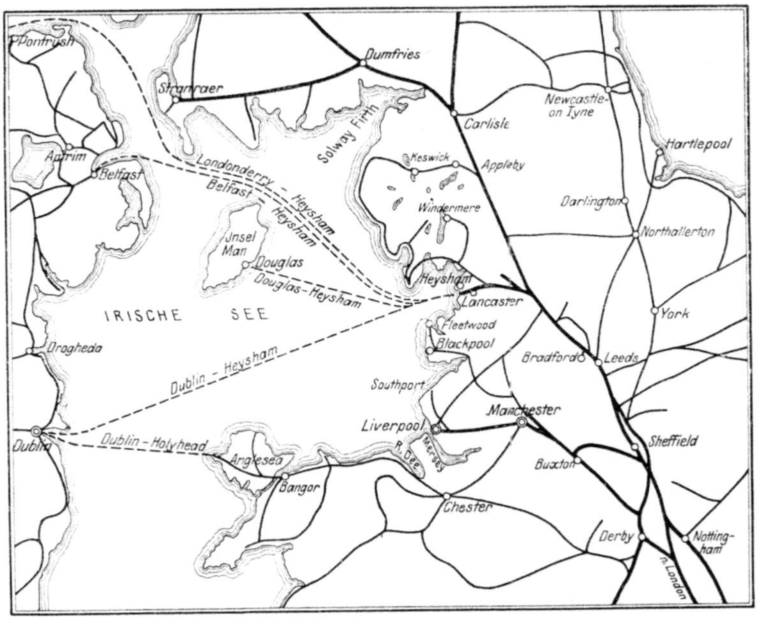

Fig. 172.

Einen neuen bemerkenswerten Hafen mit Bahnanlagen für den Personen-, Güter- und Viehverkehr mit Irland hat die Midland-Eisenbahngesellschaft im Jahre 1904 in Heysham an der Küste von Lancashire und der Irischen See hergestellt. Der Hafen liegt ziemlich in der Mitte zwischen den Mündungen der Flüsse Dee und Mersey und dem Solvay Firth an der Morecambe-Bucht gegenüber der Südspitze der Insel Man und ist 430 km von London entfernt (Fig. 172). Er ist vorläufig als offener Hafen ausgebaut, mit einem durch Wellenbrecher geschützten Becken; die Wellenbrecher fassen jedoch ein so großes Gelände ein, daß später leicht ein geräumiger Dockhafen hergestellt werden kann (Fig. 173). Unmittelbar an der Einfahrt ist vor dem nördlichen Wellenbrecher im Hafenbecken eine 91,4 m lange Kaifläche für den Fischverkehr hergestellt, mit Gleisanschluß für den Versand von Fischen. Weiter einwärts wird die Nordseite des Hafenbekkens durch einen 270 m

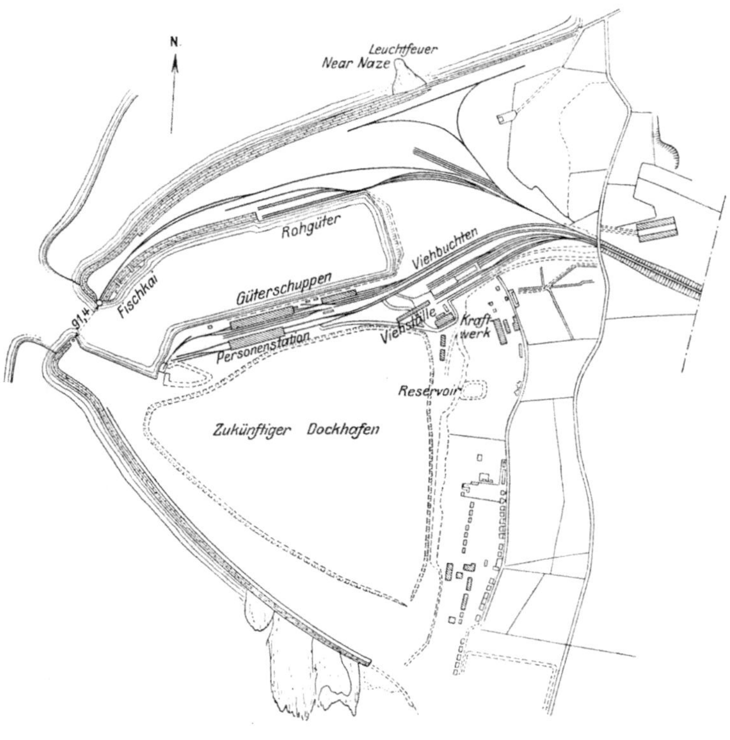

Fig. 173.

langen Kai für den Verkehr mit Rohgütern (insbesondere Kohlen) eingenommen, dessen Ladegleise mit dem benachbarten Aufstellungsbahnhof verbunden sind. Die ganze südliche Kaifläche des Hafenbeckens wird von den Anlagen für den Personen- und Stückgüterverkehr und für das Überladen von Vieh eingenommen. Dann schließen sich ausgedehnte Viehhöfe, Ställe und Viehrampen an. Alle diese Anlagen sind mit Personenzuggleisen und Güterladegleisen ausgestattet, die mit den am östlichen Ende angelegten Aufstell- und Rangiergleisen verbunden sind. Auf dem südlichen Kai ist Fürsorge getroffen, daß bei verschiedenen Wasserständen Personen aus- und einsteigen können und Vieh verladen werden kann. Zu dem Zwecke ist auf 488 m Länge ein dreigeschossiges Bohlwerk vor der 1:12 geneigten Vorderfläche der Kaimauer mit Kaiflächen 2,74 über, 0,92 m unter Hochwasser Springtide und in mittlerer Fluthöhe (3,66 m über N.W. Springtide) hergestellt.

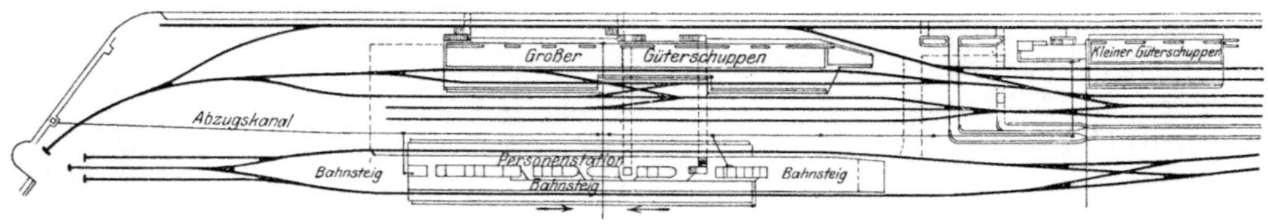

Fig. 174.

Von den unteren Kaiflächen führen an fünf verschiedenen Stellen Gänge und Treppen nach den oberen Kaiflächen hinauf, auch sind zwischen den verschiedenen Kaiflächen elektrische Personen- und Gepäckaufzüge angeordnet. An zwei verschiedenen Stellen sind geneigte Tunnel zum Ein- und Austreiben des Viehes angelegt, die durch andere Tunnel unter den Eisenbahngleisen mit dem nach den Ställen und Weideplätzen führenden Triftweg verbunden sind.

Auf der oberen Kaifläche ist an der Kaikante ein Eisenbahngleis verlegt, dann folgen ein kleiner und ein großer Güterschuppen für den Stückgüterverkehr mit angebauten Diensträumen. Dem großen Güterschuppen gegenüber und von ihm getrennt durch die Güterladegleise, Aufstell- und Verschiebegleise, ist die

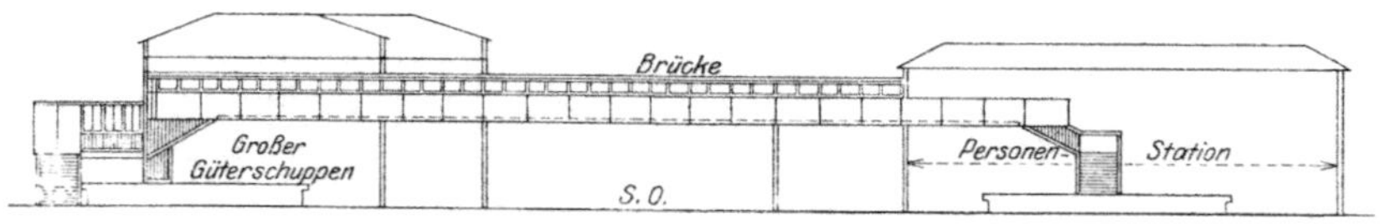

Fig. 175.

Personenstation angelegt, die mit der vorderen Kaifläche durch Brücken für den Personen- und Gepäckverkehr schienenfrei verbunden ist. Der große Güterschuppen ist 152,4 m lang und 18,3 m breit und kann noch etwa um 30 m verlängert werden, der kleine Schuppen ist 53,3 m lang und 18,3 m breit. Die Güterschuppen sind in ihrer ganzen Länge mit Ladebühnen versehen, an denen auf der Wasserseite ein Ladegleis (das Kaigleis), auf der Landseite zwei Ladegleise liegen. Von den beiden Gleisen der Landseite des großen Schuppens ist das eine ganz mitüberdacht, das andere nur auf reichlich $^2/_3$ der Schuppenlänge. Auf etwa $^1/_3$ der Länge tritt die Schuppenwand um eine Gleisentfernung zurück, damit ein Weichenkreuz angelegt werden konnte. Die landseitigen Gleise des kleinen Schuppens sind beide mit überdacht. Die Personenstation hat einen Inselbahnsteig von 183 m Länge und 14,3 m Breite, der nebst den beiden zugehörigen Bahnsteiggleisen auf 137 m Länge überdacht ist (Fig. 174 und 175). Auf dem Bahnsteig ist eine Reihe von Dienst-, Warte- und Erfrischungsräumen angelegt. Die Seitenwände der Gebäude bestehen aus einem Eisengerippe mit Holzverschalung, das Tragwerk der Dächer besteht ebenfalls aus Eisen.

Die Ausrüstung des Hafens ist dadurch bemerkenswert, daß zum erstenmal in England elektrische Kraft für den Antrieb der Krane, Aufzüge, Spille usw. auf einem eigenen Kraftwerk erzeugt und einheitlich über den Hafen verteilt wird. Die Kaien, Landungsplätze, Wege, Tunnel, der Personenbahnhof, die Güterschuppen, Gleise, Viehställe usw. werden elektrisch beleuchtet durch 160 Bogenlampen von 4 Ampere und 1000 Glühlampen von 16 Kerzen. Die Bau- und Ausrüstungskosten des Hafens mit seinen Eisenbahnanlagen haben 30 Millionen Mark betragen.

Die englischen Hafenbahnhöfe für den Rohgüterverkehr dienen in erster Linie der Ausfuhr von Steinkohlen. Entsprechend der Lage der Kohlenfelder befinden sie sich daher namentlich in den Häfen an der Südküste von Wales, den Küsten von Northumberland, Durham und Yorkshire, teilweise auch in Cheshire, Lancashire und Schottland.

In diesen Häfen kommt es hauptsächlich darauf an, die Kohlen schnell, billig und ohne unzulässige Zerstückelung aus den Eisenbahnwagen in Seeschiffe abzuladen und die leeren Wagen ohne Behinderung des Ladegeschäftes auf kürzestem Wege von den Ladestellen wieder zu entfernen. Die Kohlen-Verladevorrichtungen beeinflussen daher wesentlich die Gleisanlagen, so daß auf ihre Einrichtung vorab etwas näher einzugehen sein wird. Man kann in den englischen Häfen sieben verschiedene Arten von Kohlen-Verladevorrichtungen unterscheiden:

a) Verladevorrichtungen mit Füllrümpfen und Schüttrinnen (spont system).

Die Herstellung dieser Art von Verladevorrichtungen setzt voraus, daß die Überladegleise in beträchtlicher Höhe über dem Wasserspiegel liegen und die zur

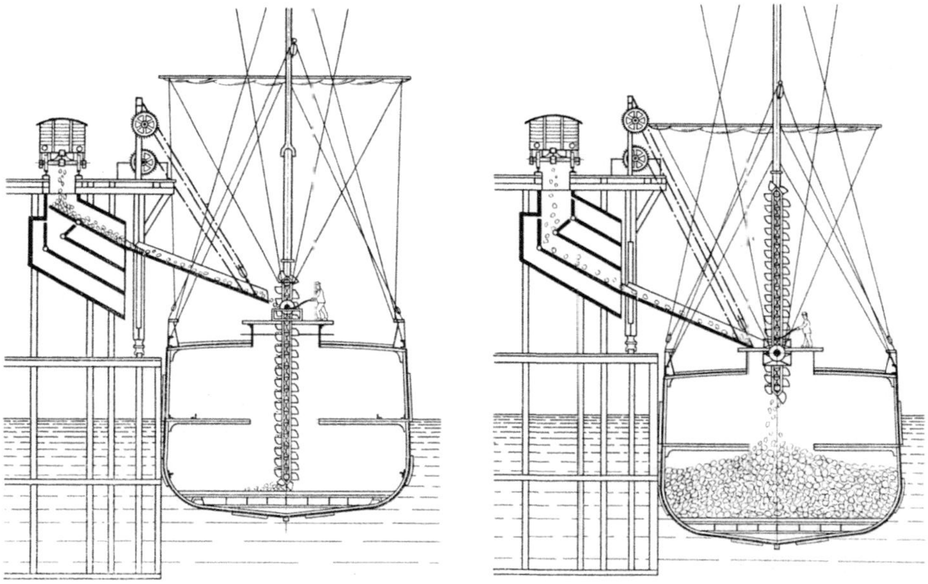

Fig. 176.

Verladung kommenden Kohlen nicht zu weich und zerbrechlich sind; denn die Anlagen werden meistens in der Weise hergestellt, daß man an der Wasserkante entlang oder in das Wasser hinein Holzgerüste baut und mit Gleisen belegt, in denen einzelne Öffnungen mit Füllrümpfen angelegt werden. Die Kohlen fallen durch Bodenklappen der Eisenbahnwagen in die Füllrümpfe, von denen lange Schüttrinnen auslaufen, meistens aus einem festen und einem nach der Höhe des Wasserstandes verstellbaren Teil bestehend, in denen die Kohlen in den Raum eines an dem Holzgerüst liegenden Schiffes fallen (Fig. 176). Die Schüttrinnen lassen sich aber nur dann in der passenden Länge und Neigung herstellen, wenn eine hinreichende Sturzhöhe vorhanden ist; diese Sturzhöhe ist entweder als Folge der Gestaltung des Geländes vorhanden, oder man gewinnt sie, indem man die Zuführungsgleise zu den Sturzgerüsten ansteigen läßt, was einen ausreichenden Raum für die Herstellung von Rampen erfordert. Das Abstürzen der Kohlen aus großer Höhe ist aber ein etwas gewaltsames Verfahren, bei dem auch die besten und härtesten Kohlen leiden, das aber ganz verwerflich ist bei weichen, zerbrechlichen Kohlen. Treffen daher beide Umstände, günstige Geländeverhältnisse und Vorhandensein widerstandsfähiger Kohlen, nicht zusammen, so läßt sich diese Art von Verladevorrichtungen nicht anwenden, so vorteilhaft sie sonst wegen des schnellen und billigen Verladens ist.

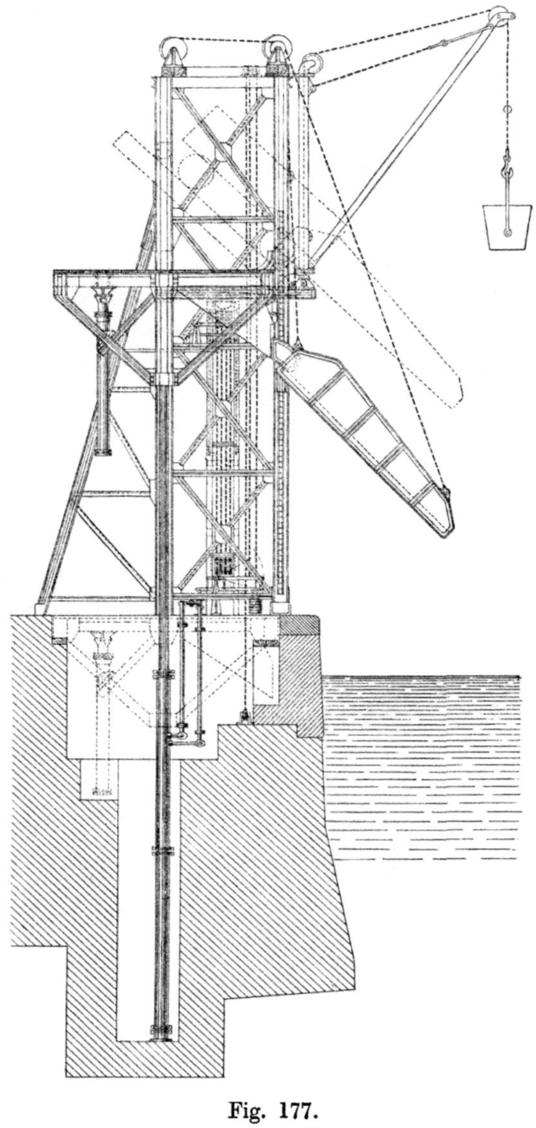
Fig. 177.

Man findet solche Kohlen-Verladevorrichtungen besonders in Durham und Northumberland. Großer Wert wird bei dieser Art der Verladung auf die selbsttätige Zu- und Abfuhr der Wagen auf geneigten Hafengleisen gelegt.

β) Verladevorrichtungen mit Senkbühnen (drop system).

Der Kohlenwagen wird auf eine Bühne gefahren, die sich entweder an der Wasserseite eines eigenen Ladegleises auf und nieder bewegen läßt oder an einer Krankette hängt.

Die Bühne mit dem Wagen wird entweder an dem Gerüst bis über die Schiffsluke niedergelassen und der Wagen dort durch Bodenklappen entleert, oder sie wird durch einen Kran über die Schiffsbrücke gesenkt, wo der Wagen gleichfalls durch seine Bodenklappen entleert wird. Diese Verladevorrichtungen sind selten, weil sie sich ohne Kräne nur zum Beladen kleiner Schiffe eignen, außerdem meistens Sturzgerüste dort vorhanden sind, wo Wagen mit Bodenklappen verkehren.

γ) Kippkräne.

Der Kohlenwagen wird wie bei den Verladevorrichtungen mit Senkbühnen auf eine Bühne gefahren, diese mit dem Wagen über die Schiffsluke geschwenkt und dort durch Anheben oder Senken das eine Ende in eine schräge Lage gebracht, so daß die Kohlen durch eine Vorderklappe des Wagens ausstürzen.

δ) Kohlenkippen (tips).

An der Wasserkante ist aus Holz oder Eisen ein Gerüst hergestellt, in dem sich eine Bühne senkrecht auf und nieder bewegt; die Bühne läßt sich nach vorn kippen, oder ein mit Schienen versehener Teil der Bühne ist um eine Vorderachse drehbar (Fig. 177). Nachdem der Kohlenwagen erforderlichenfalls mit einer Drehscheibe in die richtige Stellung zur Kippe gebracht ist, wird er auf die Bühne oder deren drehbaren Teil gefahren und nun die Bühne mit dem beladenen Wagen bis zu der für das Ausstürzen der Kohlen erforderlichen Höhe gehoben, was meistens mit Preßwasser geschieht. In der richtigen Höhe angekommen, wird die Bühne gekippt oder ihr drehbarer Teil um eine Vorderachse gedreht, so daß der Wagen in eine nach vorn geneigte Lage kommt und die Kohlen nach dem Öffnen der Vorderklappe des Wagens auf eine Schüttrinne und weiter in den Schiffsraum gleiten. Der leere Wagen wird in derselben Weise, wie der volle Wagen zugeführt und entleert ist, zurückgedreht und abgeführt. Um die Sturzhöhe von der Mündung der Schüttrinne in den Schiffsraum zu verringern, wird meistens mit einem Kran oder einem Becherwerk ein Kohlenkegel bis zur Schiffsluke vorgeschüttet.

Fig. 178.

ε) Verladevorrichtungen mit Kästen (box system).

Die Kohlen kommen von den Gewinnungsstätten entweder in Kästen auf Plattformwagen oder in gewöhnlichen Eisenbahnwagen an. Im ersten Fall werden die gefüllten Kästen im Hafenbahnhof mit Kranen oder kranartigen Vorrichtungen in den Schiffsraum hinabgelassen und dort entleert, die leeren Kästen werden auf den Plattformwagen nach der Zeche zurückgesandt. Diese Art der Beförderung und Verladung ist langsam und teuer und wird nur ausnahmsweise bei zerbrechlichen oder wertvollen Kohlen angewandt, die sehr geschont werden sollen. Kommen die Kohlen bei Verwendung dieser Verladevorrichtungen in gewöhnlichen Eisenbahnwagen an, so werden sie bisweilen im Hafen in große Kästen gestürzt, die in Gruben stehen, und mit diesen in die Schiffe geladen (Fig. 178).

ζ) Temperley-Ladevorrichtungen.

Von einem Standbaum laufen Förderbäume aus, oder derartige Förderbäume sind an Gerüsten aufgehängt, von Mauern ausgekragt, oder es sind Förderbrücken aufgestellt und Laufseile über Bockgerüste gespannt. Auf den Förderbäumen, Brücken oder Laufsäulen laufen eigenartig konstruierte Laufkatzen, die mit einem Zugseil an jeder Stelle festgestellt werden können. Mit demselben Seil kann dann ein an der Laufkatze hängender Kasten gehoben und gesenkt, sein Inhalt ausgestürzt und der leere Kübel wieder nach der Beladestelle zurückgebracht werden. Diese Ladevorrichtungen werden in England hauptsächlich zum Bekohlen von Dampfschiffen und zum Ausladen von Kohlen in Eisenbahnwagen verwandt, sie eignen sich mehr für den Kleinbetrieb auf den Lösch- und Ladeplätzen industrieller Werke als für den Großbetrieb in Kohlenausfuhrhäfen.

η) Förderband-Einrichtungen,

bei denen ein auf Walzen gelagertes endloses Förderband aus Baumwollfaser beim Hinlauf von der Belade- zur Entladestelle infolge Schrägstellung der Walzen einen Trog bildet, in den die Kohlen hineingestürzt werden, beim Rücklauf flachgestreckt liegt. Diese Einrichtungen sind selten und eignen sich nicht besonders für den Großbetrieb. Indessen soll die North Eastern-Eisenbahngesellschaft neuerdings eine Förderbandeinrichtung hergestellt haben.

Für größere Eisenbahnhöfe kommen hauptsächlich in Betracht: Schüttrinnenkippen und Kräne mit Überladestraßen, weniger Kippkräne, überhaupt nicht die anderen Verladeeinrichtungen. Wie oben erwähnt, hängt die Wahl der Verladeeinrichtungen von der Höhenlage des Geländes zum Wasserspiegel und der Beschaffenheit der Kohlen ab, Schüttrinnen und Kipper schließen sich im allgemeinen aus; in demselben Hafen wird nicht gleichzeitig gekippt und von Sturzgerüsten verladen. Dagegen können Kipper, Kippkräne und Kräne mit Überladekasten in demselben Hafen nebeneinander arbeiten. Kippkräne sind namentlich auf Kaien üblich, die außer der Kohlenverladung auch dem Umschlag anderer Güter dienen und wo die Gleise wagerecht gleichlaufend mit der Kaikante liegen. Die Wagen werden meistens durch Preßwasserspille an die Überladevorrichtungen gebracht und ebenso nach der Entladung wieder fortgeschafft. Da die zum Kippen eingerichteten Wagen in der Regel nur eine Endklappe haben, am anderen Ende die Hebelbremseinrichtung sitzt, müssen sie vor dem Überladen erforderlichenfalls auf Drehscheiben in die richtige Stellung gebracht werden. Die hierzu erforderlichen Drehscheiben dienen zugleich zur Verbindung der Gleise auf den Kaistraßen.

Beim Entladen mit Kippern wird die Bühne je nach der Höhenlage der Zuführungsgleise und der Höhe der Schiffe gesenkt und gehoben; man sucht die Gleisanlagen so zu entwickeln, daß von einem Aufstellungsbahnhof aus die Zuführungsgleise für volle Wagen nach dem Kipper fallen und — wenn der Wasserstand erheblich wechselt — am Kipper in einer Höhe ankommen, die dem Verladen bei mittlerem Wasserstande entspricht, so daß bei diesem Wasserstande die Bühne mit dem vollen Wagen gar nicht senkrecht bewegt zu werden braucht. Der leere Wagen wird dann soweit gehoben, daß er selbsttätig nach dem Aufstellungsbahnhof zurückläuft. Meistens ist in diesen ein Heben der vollen Wagen nicht zu umgehen, es ist aber immer schon viel gewonnen, wenn Zuführungs- und Abrollgleis in verschiedenen Höhen liegen, weil die Wege der vollen und leeren Wagen sich dann nicht am Kipper kreuzen. Wenn sämtliche Gleise in Tieflage auf der Kaifläche liegen, kann der volle Wagen erst an den Kipper gebracht werden, wenn der leere abgerollt ist, wodurch Zeitverluste entstehen, abgesehen davon, daß jeder beladene Wagen bis zur vollen Sturzhöhe gehoben werden muß, was Betriebskraft erfordert. Ferner kreuzen sich hierbei im Aufstellungsbahnhof häufig die Wege voller und leerer Wagen zweier benachbarter Kipper, wenn mehrere

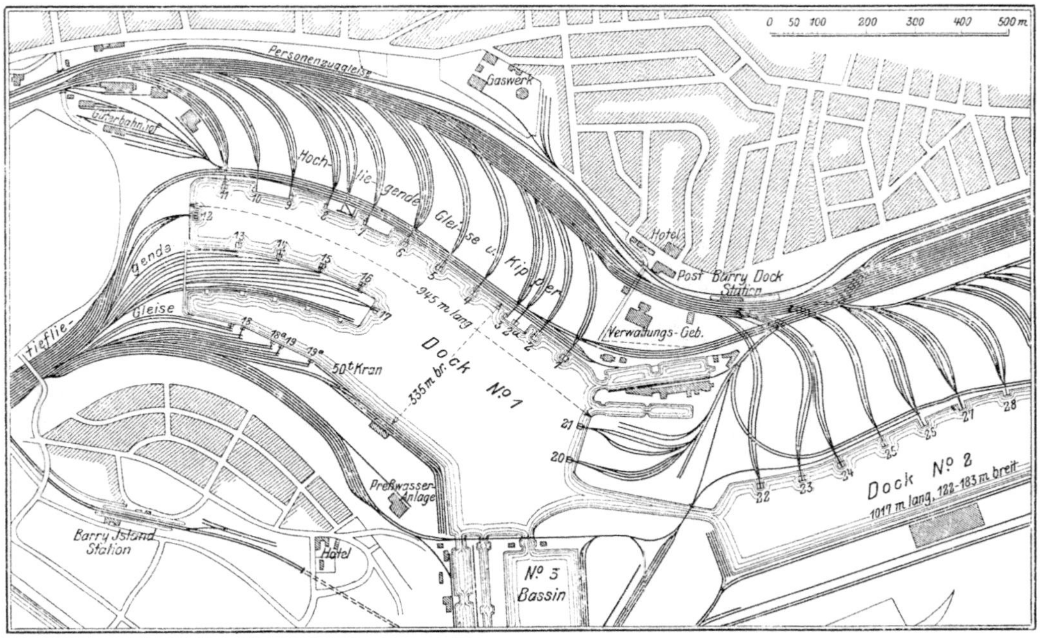

Fig. 179.

Kipper an derselben Kaikante liegen und von denselben Aufstellungsgleisen bedient werden. Sehr weit geht man in England bei den Verladeeinrichtungen mit dem Halbmesser der Bögen herunter, man scheut sich nicht, Bögen von 30 m Halbmesser für Wagen bis 2,5 m Radstand einzulegen, wenn hierdurch die Gleisanlagen wesentlich verbessert werden können. Auch die Weichen werden erforderlichenfalls sehr stumpfwinklig und mit Zungen von nur 2,5 m Länge angeordnet.

Die größeren Unterhaltungskosten scharfgekrümmter Gleise und der sie durchlaufenden Fahrzeuge werden nach Ansicht der englischen Ingenieure meistens aufgewogen durch die geringere Gesamtlänge der Gleise und die Beschleunigung des Ladegeschäftes.

Während die älteren Kipper feststehend angeordnet sind, baut man neuerdings auch Kipper, die auf einem an der Kaikante liegenden Gleise verschiebbar sind, um gleichzeitig in mehrere Becken eines Schiffes entladen zu können, was zur Beschleunigung des Ladegeschäftes und zum gleichmäßigen Beladen der Schiffe erwünscht ist. Als Betriebskraft der Kipper, Kräne und anderer Handhabungsvorrichtungen auf den Hafenbahnhöfen diente bislang in England meistens Preßwasser. Das milde Klima ist der Verwendung von Preßwasservorrichtungen im Freien günstig, immerhin hat man an einzelnen Stellen mit dem Einfrieren der Leitungen zu rechnen.

Fig. 179 stellt die der Neuzeit entstammenden großartigen Parry-Docks in Wales mit ihren verschiedenen Hafenbahnhöfen dar. Zu jedem Kohlenkipper gehören mehrere Zuführungsgleise für volle und ein Abrollgleis für leere Wagen. Diese Gleise liegen hoch und entspringen aus Aufstellungsgleisen, die teilweise in beträchtlicher Entfernung von den Kaikanten angelegt sind. Die Gleise für volle

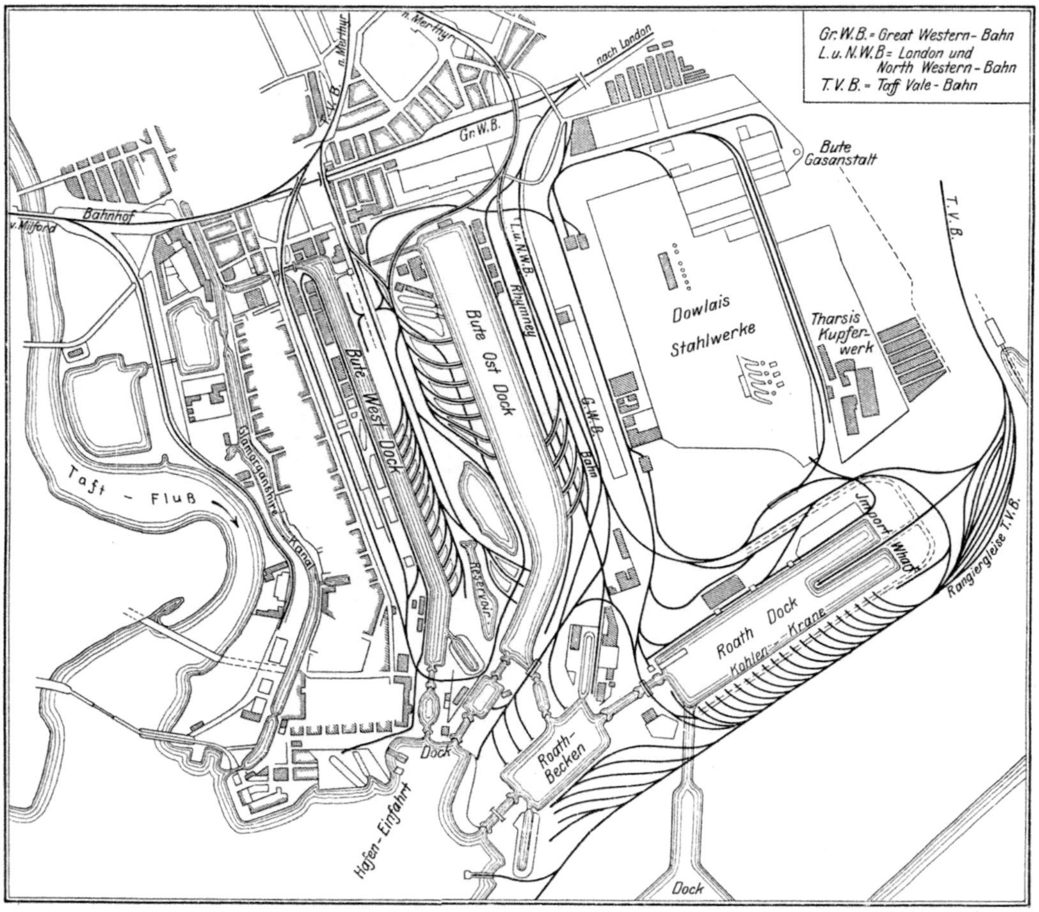

Fig. 180.

Wagen fallen zum Kipper, die Gleise für leere Wagen zum Aufstellungsbahnhof; um den Höhenunterschied am Kipper wird der Wagen gehoben. Die Gesamtanordnung ist sehr günstig, als Nachteil ist anzusehen, daß bei je zwei benachbarten Kippern sich die Wege der vollen und leeren Wagen kreuzen. Indessen war dies schwer zu umgehen bei dem zur Verfügung stehenden Gelände, das nur eine Längenentwicklung der Gleise gleichlaufend mit den Kaianlagen gestattet. Unter- und Überführungen hätten die Anlagen verteuert und unübersichtlich gemacht.

Fig. 180 ist ein Lageplan der Gleise der älteren Cardiff Docks; das kürzlich hergestellte neue Dock ist nur unvollständig dargestellt. Zum Verladen von Kohle dienen Kipper und Kräne der Bauart Lewis & Hunter (Fig. 178). Bei jedem Kran liegt in dem Zuführungsgleise eine Grube, in die ein Kasten von einer Wagenladung Fassungsvermögen hineinpaßt. Der Wagen wird mit unbedeutender Sturzhöhe in diesen Kasten ausgekippt, dann der Kasten mit seinem Inhalt durch den Kran herausgehoben, über eine Luke geschwenkt, in den Schiffsraum niedergelassen und durch Öffnen von Bodenklappen entleert. Die Kräne haben eine hohe Leistungsfähigkeit, sind aber teuer; die Kohlen werden bei dem Überladen sehr geschont, weil größere Sturzhöhen als 1 bis 1,5 m kaum vorkommen.

Fig. 181 stellt die großartige Kohlenverladeanlage der North Eastern-Eisenbahngesellschaft mit zugehörigem Bahnhof im Tyne-Dock bei Newcastle dar. Vier große Sturzgerüste, die je 7 bis 8 Gleise tragen und mit 8 bis 10 Sturztrichtern mit Rinnen versehen sind, treten soweit in das Hafenbecken vor, daß sich die Schiffe an ihre Seiten legen können. Von den hochgelegenen Einfahrtsgleisen führen vier Gleisgruppen mit mäßiger Neigung nach den Gerüsten, so daß die beladenen Wagen selbsttätig in diese vier Gleisgruppen und von dort aus an die Sturztrichter laufen. Die leeren Wagen laufen von den Gerüsten selbsttätig nach den fünf für sie vorgesehenen tieferliegenden Gleisgruppen, von wo sie

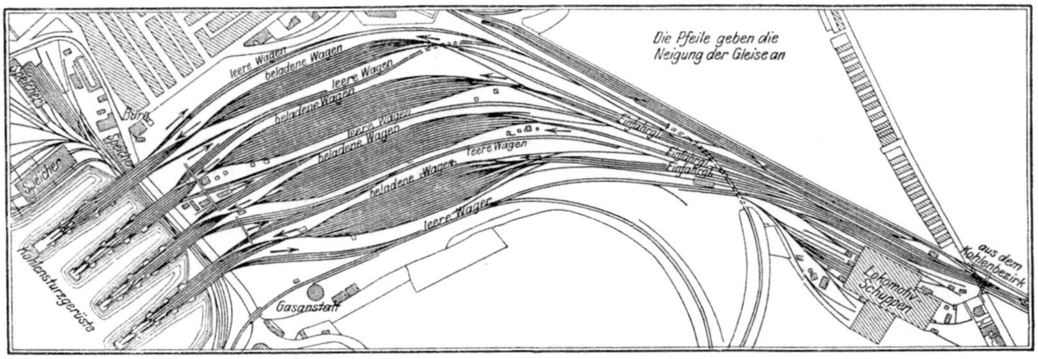

Fig. 181.

von den Lokomotiven auf Gleisrampen nach den Abfahrtgleisen gebracht werden. Zwei der tiefliegenden Gruppen für leere Wagen sind schienenfrei unter den hochliegenden Gleisgruppen für beladene Wagen durchgeführt, bei den anderen drei Gruppen kreuzen die Gleise sich in Schienenhöhe. Die vier Gleisgruppen für beladene Wagen fassen etwa 2200 Wagen, so daß eine große Zahl von Wagen im voraus aufgestellt werden kann, um erforderlichenfalls das Ladegeschäft zu beschleunigen. Die Länge der Aufstellungsgleise wird auch auf anderen Hafenbahnhöfen gewöhnlich sehr reichlich bemessen, um beladene Wagen ansammeln zu können, so daß die Wagen als Lagerräume dienen. Diese Einrichtung wirkt ausgleichend auf das Ladegeschäft und erspart eigentliche Kohlenlager.

8. Zechenbahnhöfe.

Die Zechenbahnhöfe, die dazu dienen, die leeren Kohlenwagen den Ladestellen der Zechen zuzuführen, die mit Kohlen von verschiedenen Mischungen und Korngrößen beladenen Wagen aufzustellen und zu Übergabezügen zu vereinigen oder nach Zugrichtungen zu ordnen, schließen entweder an einen vorhandenen Güterbahnhof oder an die freie Strecke einer benachbarten Bahn an. Bei der großen Zahl von Zechen, die in allen Kohlengebieten Englands über das Land zerstreut liegen, sind die Zechenanschlüsse auf freier Strecke sehr häufig. Anschlüsse auf freier Strecke müssen, wie früher erwähnt, vollständig durch Signale gedeckt werden, ähnlich wie Bahnhöfe, auch müssen bei zweigleisigen Bahnen Spitzweichen tunlichst vermieden werden. Wenn das Zechengleis an beide Gleise der Strecke angeschlossen ist, wird die Kreuzung mit dem einen Hauptgleise in Schienenhöhe bewirkt. Die Gleise sucht man auf Zechenbahnhöfen in ihrer Aufeinanderfolge als Aufstellungsgleise für leere Wagen, Ladegleise und Aufstellungsgleise für beladene Wagen in ein durchgehendes Gefälle zu legen, um Rückläufe zu vermeiden und das Rangieren und Bereitstellen der Wagen ohne Lokomotiven und Pferde zu bewirken. Wie auf Rangier- und Hafenbahnhöfen wird auch hier eine solche Anordnung dadurch erleichtert, daß die englischen Kohlenwagen Hebelbremsen haben. Von Bedeutung ist, daß die Zu- und Abführung der Wagen ohne Störung des Ladegeschäftes erfolgen kann.

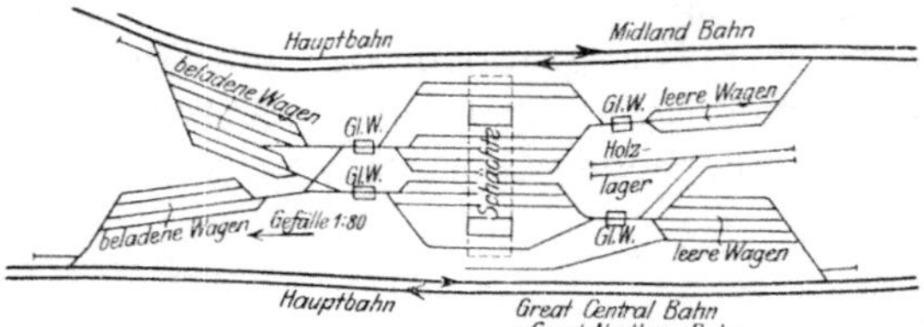

Fig. 182.

Fig. 182 stellt den Bahnhof der Zeche Linby zwischen einer Linie der Midland- und einer Gemeinschaftslinie der Great Northern- und Great Central-Eisenbahngesellschaften in der Gegend von Chesterfield und Nottingham dar, auf der täglich etwa 2300 Tonnen Kohlen gefördert werden, die in 8 Sorten zu teilen sind. Die beiden Bahnlinien steigen von Süden nach Norden, die leeren Wagen kommen vorzugsweise von Norden, die beladenen gehen nach Süden. Man konnte daher den ganzen Bahnhof von Norden nach Süden in ein durchgehendes Gefälle legen, die leeren Wagen am oberen Ende zuführen und am unteren Ende abrollen lassen. Für jede Bahnlinie ist eine Gleisgruppe für leere Wagen, eine Ladegleisgruppe und eine Gruppe für beladene Wagen angeordnet. Die leeren Wagen werden unmittelbar durch die nördlichen Anschlußweichen zugeführt, die vollen Wagen unmittelbar durch die südlichen Anschlußweichen abgeführt. Für den Übergang einzelner Wagen von einer Bahn zur anderen sind vor den Gruppen für beladene Wagen Verbindungsgleise eingelegt.

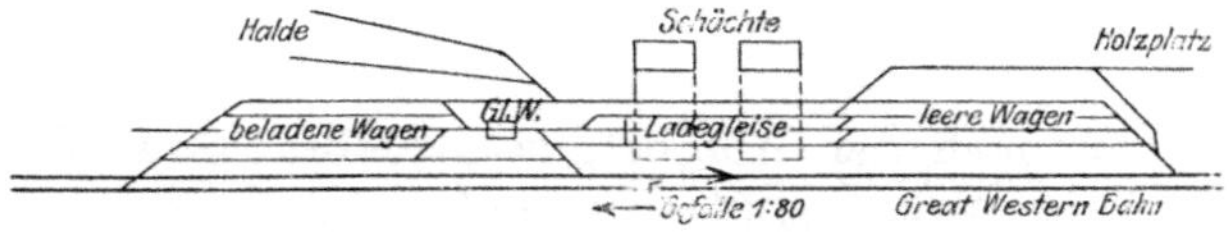

Fig. 183.

Die Strecke der Great Western-Eisenbahn, an welcher der Zechenbahnhof der Ebbw Vale Co. (Fig. 183) liegt, steigt gleichfalls von Süden nach Norden, der Verkehr bewegt sich hauptsächlich von Norden nach Süden, so daß auch hier die Verhältnisse günstig lagen für die Anordnung der Zechengleise in durchgehendem Gefälle. Für die der Hauptrichtung entgegen von Süden nach Norden mitzugebenden Wagen ist ein mittlerer Anschluß vorgesehen.

Wenn die Gefällverhältnisse nicht so günstig liegen, hält man doch gewöhnlich an der Anordnung der Gleise in der Reihenfolge „leere Wagen, Ladegleise und beladene Wagen" in durchgehendem Gefälle fest, braucht dann aber besondere Verbindungs- und Verkehrsgleise, um die leeren Wagen bergan zu schleppen, die vollen Wagen durch die Anschlußweichen den Hauptstrecken zuzuführen (Fig. 184).

Auf dem Bahnhofe der Zeche Harton bei Newcastle on Tyne sind die Gleise unter Zuhilfenahme von Futtermauern in Absätzen angelegt, um trotz ungünstiger örtlicher Verhältnisse den Wagenlauf von den Aufstellungsgleisen für leere Wagen zu den Ladegleisen und Aufstellungsgleisen für beladene Wagen durch die Schwerkraft zu bewirken (Fig. 185).

In zweckmäßig angelegten Zechenbahnhöfen, auf denen die Wagen nach Kohlensorten aufgestellt und die Züge wie auf einem Rangierbahnhof nach Richtungen geordnet werden können, erblickt man in England ein Mittel, den Eisenbahnen die Zechenbedienung und den damit zusammenhängenden Betrieb wesentlich zu erleichtern.

Die am meisten auf den englischen Hafenbahnhöfen verwandte Betriebskraft war bislang das Preßwasser, auch Dampfkraft wird verwandt, während die Verwendung von Elektrizität nach dem Beispiel bei Heysham noch selten ist. Neuerdings fängt man aber an, bei der Ausrüstung von Hafenbahnhöfen der Elektrizität

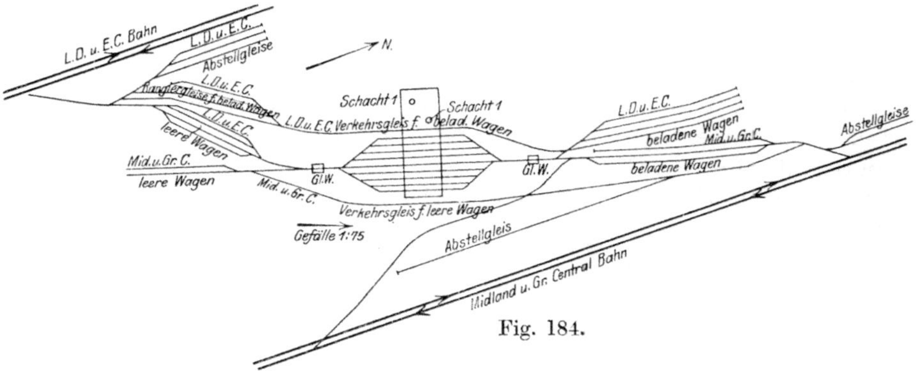

Fig. 184.

mehr Aufmerksamkeit zu widmen, namentlich auch ihre Vor- und Nachteile dem Preßwasser gegenüber abzuwägen; daher möchte an dieser Stelle etwas mehr auf den Gegenstand einzugehen sein. Von den Elektrotechnikern werden bei gleichen Anlage- und Unterhaltungskosten im allgemeinen folgende Vorteile für die Elektrizität dem Preßwasser gegenüber angenommen.

1. Die elektrischen Einrichtungen haben einen besseren Wirkungsgrad und verbrauchen weniger Kraft bei gleicher Leistung. Bei Versuchen in Glasgow will man gefunden haben, daß Preßwasserkrane in einzelnen Fällen für die gleiche Leistung 2,8 mal so viel Kraft verbrauchten als elektrische Krane. Die Vergleichsergebnisse erscheinen aber anfechtbar, weil die verglichenen Krane nicht genau dieselbe Bauart hatten.

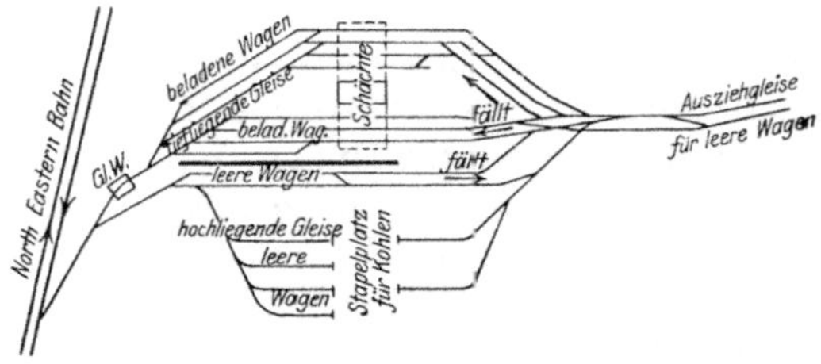

Fig. 185.

2. Die Herstellung und Fortleitung der elektrischen Kraft kostet weniger als die des Preßwassers. Diese Behauptung ist noch unerwiesen. Die Anhänger der Preßwassereinrichtungen bestreiten sie in ihrer allgemeinen Fassung und wollen nur zugeben, daß in günstigen Fällen die Herstellung der Elektrizität billiger wäre als die des Preßwassers; es könnte aber auch umgekehrt sein. In einem nicht näher bezeichneten Hafen will man ermittelt haben, daß einschließlich einer Verzinsung von 4 v. H. des Anlagekapitals und einschließlich Unterhaltungskosten und Nebenausgaben die Herstellungskosten des Preßwassers 17 Pf., die Kosten für die Fortleitung 8,5 für eine Pferdekraftstunde waren, gegen 13 Pf. und 6,5 Pf. bei Elektrizität, so daß letztere nur $^3/_4$ soviel kostete als Preßwasser.

3. Die Verluste in den Leitungen sind geringer. Über diesen Punkt scheinen zuverlässige Ermittelungen, die zum Vergleich herangezogen werden könnten, noch nicht vorzuliegen; bei Preßwassereinrichtungen nimmt man die Leitungsverluste

zu 2 bis 3 v. H. an. In einigen Häfen, wie Glasgow, verursacht die Unterhaltung der Ventile der Preßwassereinrichtungen viele Mühe, da sie sich stark abnutzen, undicht werden und mitunter bersten oder festfrieren.

4. Die Anpassungsfähigkeit an die Anlagen und die verschiedenen Verbrauchszwecke ist größer. Zu diesem Punkt wird von den Anhängern der Preßwassereinrichtungen angeführt, daß der Akkumulator ein sehr zuverlässiges und bequemes Mittel wäre, die Nachteile der bei Hafeneinrichtungen unvermeidlichen Schwankungen im Kraftverbrauch auszugleichen. Demgegenüber ist zu bemerken, daß elektrische Einrichtungen eine große Überlastung für kurze Zeit vertragen, also im gewöhnlichen Betriebe nicht für die allergrößten Leistungen berechnet zu sein brauchen. Unbestritten erscheint der Vorteil der Elektrizität, daß sie den verschiedenartigen, oft weit voneinander entfernten Einrichtungen, wie Kranen, Aufzügen in Lagerhäusern, Jiggern, Spillen, Kohleverladevorrichtungen auf den Kaien, Werkzeugmaschinen in den Werkstätten usw. leichter zugeführt werden kann als Preßwasser, was namentlich bei zukünftigen Erweiterungen in Betracht kommt. Es erfordert mitunter viel Überlegung, die Preßwasserröhren durch alle Anlagen eines umfangreichen Hafenbahnhofes hindurchzuführen, während die Legung der elektrischen Kabel nirgends auf wesentliche Schwierigkeiten stoßen dürfte.

5. Die Elektrizität kann gleichzeitig für Kraftzwecke und Beleuchtungszwecke verwandt werden.

6. Die Preßwasserleitungen sind dem Einfrieren ausgesetzt, die elektrischen nicht.

Was den Punkt 5 betrifft, so dürfte es von den örtlichen Verhältnissen abhängen, ob der Vorteil einer gemeinsamen Kraftquelle für die Handhabungseinrichtungen und die Beleuchtung einen ausschlaggebenden Einfluß auf die Wahl der Elektrizität oder des Preßwassers als Betriebskraft ausüben kann. Sehr wesentlich ist der Punkt 6. Allgemein ist zu bemerken, daß das Klima Englands der Verwendung von Preßwassereinrichtungen günstig ist, indem anhaltender Frost sehr selten ist. Immerhin hat man beispielsweise in den Häfen von Wales und Schottland mit Einfrieren der Leitungen zu rechnen. Natürlich kann dieser Umstand allein den Ausschlag zugunsten der Elektrizität geben, wenn es sich um die Ausrüstung eines Hafens in einem Lande mit kälteren Wintern handelt, als sie England hat. Im unklaren ist man mangels ausreichender Erfahrungen noch darüber, ob elektrische Einrichtungen dieselbe Lebensdauer haben werden wie Preßwassereinrichtungen, von denen einige nun schon bald 50 Jahre alt sind, und ob sie dauernd ebenso zuverlässig arbeiten werden.

Im allgemeinen scheint man zurzeit in England der Ansicht zuzuneigen, daß mit Bezug auf die Zuverlässigkeit der Wirkung und die Bequemlichkeit bei der Handhabung die Preßwassereinrichtungen allen berechtigten Anforderungen für englische Hafenbahnhöfe entsprechen, elektrische Einrichtungen aber wirtschaftlicher sind. Weitere Aufklärungen hofft man zu erhalten, wenn die elektrischen Einrichtungen in Heysham eine Reihe von Jahren im Betriebe gewesen sein werden.

II. Signal- und Sicherungsanlagen.

a) Vorschriften der Aufsichtsbehörde.

Die Aufsichtsbehörde (das Handelsamt, Board of Trade) hat folgende allgemeine Vorschriften für die Herstellung von Signal- und Sicherungsanlagen erlassen:

1. Blockeinrichtungen für das Fahren in Raumabstand müssen vorhanden sein, auf eingleisigen Bahnen jedoch nur dann, wenn keine Zugstabeinrichtungen vorhanden sind.

2. Bahnhöfe und Abzweigungen müssen mit Haupt(Innen-)signalen und Vorsignalen (Home signals und Distant signals) für jede Fahrrichtung und mit besonderen Signalen für Stumpfgleise versehen sein, die zur Ein- und Ausfahrt von Zügen dienen. Auf allen Personenbahnhöfen, die Blockstationen sind, muß für jede Fahrrichtung ein Ausfahrtsignal vorhanden sein. Auf Strecken, die von Personenzügen befahren werden, sind alle Gleisverbindungen und Abzweigungen für Güter- und Nebengleise durch Hauptsignale und Vorsignale zu decken; für eingleisige Bahnen sind keine Signale auf den Bahnhöfen und an den Nebengleisverbindungen erforderlich, wenn die Bahn nur mit einer Lokomotive oder mit zwei zusammengekuppelten Lokomotiven betrieben wird, die einen Zugstab führen, mit dem alle Weichen verschlossen sind. Ebensowenig brauchen Nebengleisverbindungen auf der freien Strecke einer eingleisigen Bahn, die nach dem Zugstab- und Fahrscheinverfahren, dem elektrischen Zugstab- oder Tafelverfahren betrieben wird, mit Signalen ausgerüstet zu werden, wenn die Weichen durch den Zugstab oder die Tafel verschlossen sind. Ferner dürfen auf einer eingleisigen Bahn mit elektrischem Zugstab- oder Tafelbetrieb die Signale auf den Zwischenstationen fehlen, die nicht Zugstab- oder Tafelstationen sind, vorausgesetzt, daß etwaige Nebengleisverbindungen durch den Zugstab oder die Tafel verschlossen gehalten werden.

3. Die Signale an Abzweigungen sollen an getrennten Pfosten sitzen, die jedoch erforderlichenfalls auf einem gemeinsamen Querträger stehen dürfen. Wenn auf einem Bahnhof mehrere Signalflügel untereinander an demselben Maste sitzen, sollen die Flügel, von oben an gerechnet, für die zugehörigen Gleise in ihrer Reihenfolge von links nach rechts gelten. Wenn das wichtigste Gleis aber nicht links von den Signalen liegt, müssen die Signalflügel an getrennten Masten oder Pfosten sitzen. Vorsignalflügel müssen mit einem dreieckigen Einschnitt versehen sein und von Innen- oder Ausfahrtsignalen, mit denen sie für die gleiche Fahrrichtung etwa auf demselben Maste sitzen, in der Haltstellung verschlossen gehalten werden. Ein Vorsignalflügel darf nicht an demselben Maste über einem Innen- oder Ausfahrtsignal der gleichen Fahrrichtung sitzen. Für Nebengleise sollen niedrigliegende kurze Flügel mit kleinen Signallichtern verwandt werden, die von den Signalen der Personengleise unterschieden werden können; gewöhnlich sind niedrige Scheiben und Laternen vorzuziehen.

Jeder Signalflügel muß durch ein Gegengewicht beschwert sein, das ihn in die Haltlage bringt, wenn die Verbindung mit dem Stellhebel bricht.

4. Auf allen neuen Strecken mit selbständigem Betriebe, d. h. ohne Zugverkehr fremder Gesellschaften mit abweichenden Signalordnungen, soll das Signallicht für „Fahrt“ Grün und für „Halt“ Rot zeigen. Das Rücklicht soll weiß und nur bei der Haltstellung des Signals sichtbar sein.

5. Spitzweichen sind tunlichst zu vermeiden, jedenfalls möglichst nahe an die Hebel zu legen, mit denen sie gestellt oder verschlossen werden; die Entfernung vom Hebel bis zur Weiche darf bei Spitzweichen in Hauptgleisen in der Regel nicht größer als 183 m (200 yards), ausnahmsweise 228,6 m (250 yards) sein, bei anderen Weichen in Hauptgleisen oder Spitzweichen in Seitengleisen nicht größer als 274,3 m (300 yards). Für Spitzweichen in Hauptgleisen, die an Kraftstellwerke angeschlossen sind, ist eine Entfernung von 274,3 m (300 yards) zulässig. Um zu gewährleisten, daß die Weichen richtig liegen, bevor die Signale gezogen werden, sowie ihre Umstellung unter dem Zuge zu verhindern, müssen alle Spitzweichen mit Spitzenverschlüssen und Fühlschienen ausgerüstet werden. Ferner müssen Vorrichtungen vorhanden sein, die einen Bruch in der Verbindung zwischen Weiche und Stellhebel anzeigen. Die Länge der Fühlschienen muß größer sein als der größte Radstand der Fahrzeuge. Alle Weichen sind mit Gestängen zu stellen und zu schließen, nicht mit Drahtzügen. Die Zungen sollen durch zwei Stangen miteinander verbunden sein.

6. Die Signal- und Weichenhebel müssen in gegenseitiger Abhängigkeit stehen. Die Stellwerksbuden sollen geräumig und hell sein, die Hebel so liegen, daß der Wärter beim Stellen der Weichen und Signale die Bahn übersehen kann. Rücklichter sind möglichst klein zu halten und nur anzuordnen, wenn der Wärter die Signallichter nicht sehen kann. Falls der Wärter seine Signale nicht sehen kann, müssen in der Regel Nachahmungssignale im Stellwerk angebracht werden.

7. Die Abhängigkeit zwischen den Stellhebeln ist so anzuordnen, daß die Weichen richtig gestellt sein müssen, bevor die Signale gegeben werden können, und es nicht möglich ist, gleichzeitig Signale für Zugfahrten zu geben, die einander gefährden. Durch das Stellen der Signale müssen alle Weichen, die in der betreffenden Fahrstraße liegen oder in sie hineinführen, festgelegt werden, Innen- oder Ausfahrsignale, die vor einer mit der Spitze befahrenen Weiche liegen, sollen in der Fahrtstellung die Weiche in einer ihrer Endstellungen festlegen, wenn der Betrieb hierdurch nicht ungebührlich erschwert wird. Ein Vorsignal darf erst dann auf Fahrt stellbar sein, wenn die vorliegenden Innen- oder Ausfahrtsignale auf Fahrt gestellt worden sind.

8. Gütergleise sind vor ihrer Einführung in Personengleise mit Schutzweichen zu versehen, die mit den Signalen in Abhängigkeit stehen müssen.

b) Warnungs- und Deckungssignale.

Auf den englischen Bahnen werden die Fahrsignale gewöhnlich mit Flügeln und Laternen an Signalmasten, Rangiersignale außerdem mit runden Scheiben gegeben; eigentliche Weichenlaternen fehlen im allgemeinen. Die Flügel weisen gewöhnlich nach links. Die Grundlage der Signalgebung bildet die Vorschrift, daß am Hauptsignal ein wagerecht liegender Flügel oder rotes Licht „Halt", ein schräg nach abwärts geneigter Flügel oder grünes Licht „Fahrt" bedeutet, am Vorsignal die wagerechte Lage und das rote Licht dagegen nur Vorsicht bedeuten. Das Vorsignal darf also mit wagerechtem Arm und rotem Licht überfahren werden. Wenn das Hauptsignal auf Fahrt steht, also einen schräg abwärts geneigten Arm und grünes Licht zeigt, erscheinen am Vorsignal gleichfalls ein schräg abwärts geneigter Arm und grünes Licht. Für Rangierfahrten werden ausnahmsweise auch weißes und violettes Licht als Haltsignal zugelassen.

Zu unterscheiden sind:

Haupt(Innen-)signale (home signals), das sind Signale in der Nähe des Weichenstellers innerhalb eines Bahnhofes oder Stellwerkbereichs oder eines anderen Bezirks, in dem Signale zu geben sind (Fig. 186). Sie entsprechen im allgemeinen den deutschen Hauptsignalen — Einfahrt-, Deckung- und Wegesignalen. Als Einfahrtsignale werden sie vielfach „outer home signals", als Wege- und Deckungsignale innerhalb eines Bahnhofes „inner home signals" genannt. Der Flügel ist vorne gewöhnlich rot gestrichen mit weißem Rechteck, hinten weiß mit schwarzem Rechteck.

Vorsignale, die sich von den Innensignalen dadurch unterscheiden, daß der Flügel mit einem dreieckigen Ausschnitt versehen ist und die weiße Fläche der Vorderseite diesem Ausschnitt entspricht (Fig 187). Sie gelten im allgemeinen als Warnungsignale, wie auf den deutschen Bahnen, außerdem dienen sie zur Deckung eines vor dem Hauptsignal haltenden Zuges und werden daher gewöhnlich nach dem Hauptsignal in die Fahrtstellung, aber vor dem Hauptsignal in die Haltstellung gebracht. Weil sie sich meistens in einer gewissen Entfernung vom Weichensteller befinden, heißen sie in England Fernsignale (distant signals).

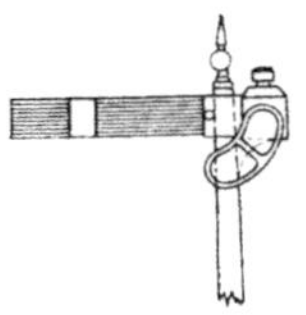

Fig. 186.

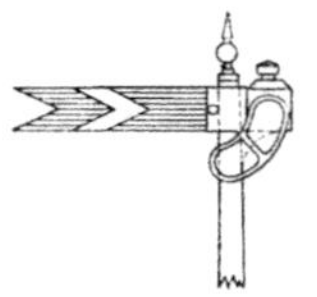

Fig. 187.

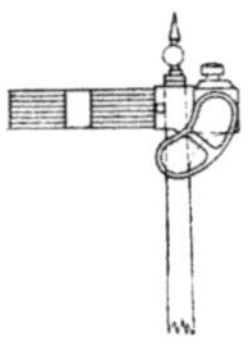

Fig. 188.

Ausfahrtsignale zur Ausfahrt aus einem Bahnhof, die sich von den Innensignalen dadurch unterscheiden, daß die Flügel gewöhnlich etwas kürzer sind (Fig. 188).

Vorgeschobene Ausfahrtsignale (advanced starting signals), wie Ausfahrtsignale gebaut, aber in der Fahrrichtung gegen die Ausfahrtsignale vorgeschoben, damit ein Zug zum Rangieren oder zur Freimachung eines Bahnhofgleises über das Ausfahrtsignal vorgezogen werden kann, ohne daß die vorliegende Strecke ihrer Deckung beraubt wird. Sie begrenzen, streng genommen, eine kurze, von dem Bahnhof abgetrennte Blockstrecke, werden daher vielfach nur als Notbehelf zur Entlastung verkehrsreicher Strecken und Bahnhöfe betrachtet.

Vorziehsignale (calling on arms). Dies sind kurze, an den Masten der Einfahrtsignale sitzende Signalflügel, erforderlichenfalls mit Laternen, die an Stelle von Handsignalen dazu dienen, einem Zuge das Überfahren eines Haltsignals am Einfahrtmast zu gestatten, um langsam auf ein besetztes Bahnhofsgleis vorzurücken. Die Vorziehsignale können daher auch als Blocksignale für das bedingte Blockungsverfahren (permissive block system) angesehen werden.

Rangiersignale. Diese bestehen aus niedrigen Pfosten mit kurzen Flügeln, dem amerikanischen Zwergsignal (dwarf signal) ähnlich, aus Scheiben und Laternen oder kurzen Armen mit dem Buchstaben S (shunt) oder anderen Zeichen an vorhandenen Signalmasten (Figg. 189—192). Bisweilen sind besondere Signale für das Zurücksetzen vorhanden — backing signals — (Fig. 193). Um die Signale der Hauptgleise von den Signalen der Nebengleise oder die Signale für Schnellzuggleise von den Signalen für Personenzug- und Gütergleise zu unterscheiden, werden die Signalflügel der Neben-, Personenzug- und Gütergleise bisweilen mit einem Ringe versehen (Fig. 194). Signalflügel, die außer Gebrauch sind, werden vielfach mit einem Holzkreuz benagelt (Fig. 195). Jedes Gleis wird durch einen besonderen Flügel signalisiert, mehrflügelige Signalbilder für nebeneinanderliegende Gleise sind nicht üblich. Wenn daher an einem Signalmast eine größere Anzahl von Flügeln sitzt, gilt jeder Flügel für eins der zugehörigen Gleise, und zwar der obere Flügel für das am weitesten links liegende Gleis und so fort, die Signalflügel von oben nach unten, die zugehörigen Gleise von links nach rechts gezählt, wie dies auch den oben mitgeteilten Vorschriften entspricht.

Eine abweichende Signalbauart — die sogenannten „Somersault Signals" — haben die Great Northern-Eisenbahngesellschaft in England, die Barry- und Taff

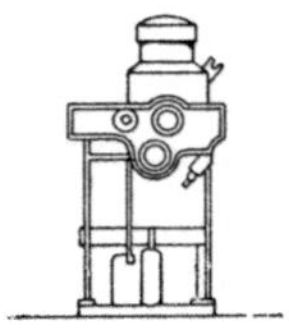

Fig. 189.

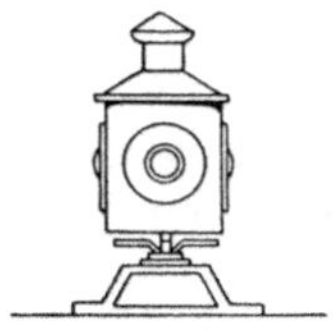

Fig. 190.

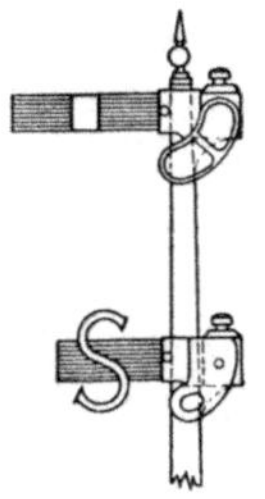

Fig. 191.

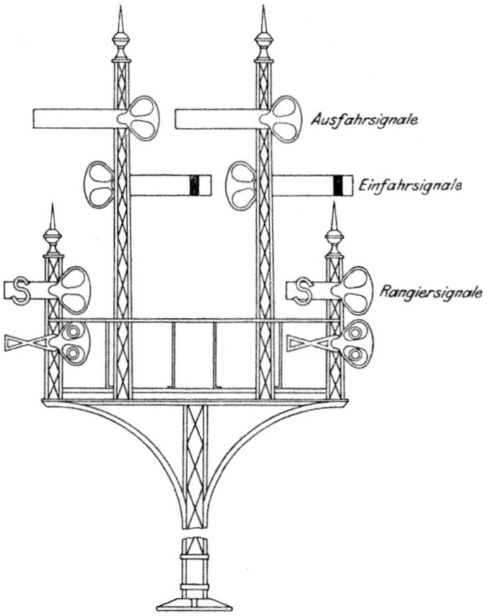

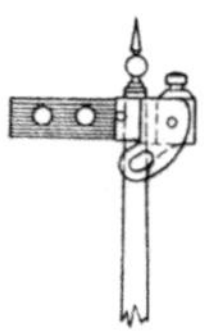

Fig. 193.

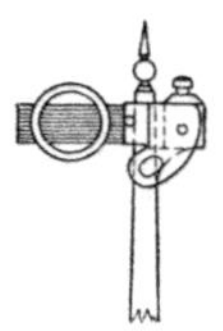

Fig. 194.

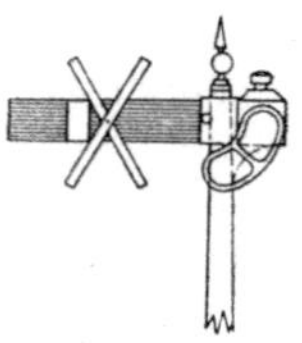

Fig. 195.

Fig. 192.

Vale-Gesellschaften auf einigen Strecken in Wales und die jetzt mit der Midland-Gesellschaft verbundene Northern Counties-Gesellschaft in Irland. Anstatt den Signalflügel an einem Ende drehbar zu machen und das andere Ende bei der Fahrtstellung schräg nach unten zu neigen, machen sie ihn im Schwerpunkt drehbar und stellen ihn lotrecht, wenn das Signal „Fahrt" gegeben werden soll (Fig. 196). Die Signalgebung „Fahrt" mit einem abwärts zeigenden Flügel hat nämlich den Nachteil, daß der Signalflügel durch eine zufällige Belastung, namentlich durch Schnee, selbsttätig heruntergedrückt werden kann, also „Fahrt" bei besetztem oder unfahrbarem Gleise erscheinen kann. Wird das falsche Signalbild nicht rechtzeitig als solches erkannt, so können natürlich Unfälle entstehen. Man ist beispielsweise geneigt, den nicht völlig aufgeklärten Unfall vom Dezember 1906 bei Elliot Junction in Schottland einem solchen falschen Signalbilde zuzuschreiben. Die Great Northern-Eisenbahn ist durch den schweren Unfall bei Abbots Ripton im Januar 1876 zur Änderung ihrer Signalbauart veranlaßt worden. Damals waren die Verhältnisse aber insofern gänzlich verschieden von den jetzigen, als bei der Gesellschaft noch das „all clear system" (Grundstellung „Fahrt") vorherrschte, d. h. die Strecke wurde für gewöhnlich als frei angesehen, die Signale wurden nur auf Halt gelegt, wenn die Strecke tatsächlich besetzt oder unfahrbar war. Hierbei war zu Abbots Ripton ein Signalflügel in der Fahrtstellung festgefroren und nicht

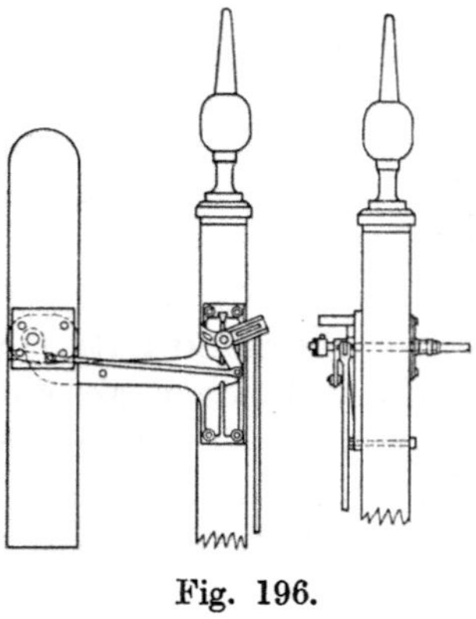

Fig. 196.

der Bewegung der Stellvorrichtung gefolgt, als der Wärter ihn hinter einem Zuge auf Halt legen wollte. Die damalige Bauart hatte ferner den Nachteil, daß der Signalflügel in der Fahrtlage parallel zum Signalmast in einem Kasten hing und sich daher leicht festsetzen konnte. Das „Somersault Signal" der Great Northern-Gesellschaft hat gegenüber der jetzt gebräuchlichen Bauart noch den Vorteil, daß für den in sich ausgelasteten Flügel kein Gegengewicht erforderlich ist und die Signalbewegung einen geringeren Kraftaufwand erfordert. Immerhin ist die deutsche Signalgebung mit schräg aufwärts gerichtetem Flügel für „Fahrt" wohl beiden englischen Einrichtungen vorzuziehen. Rücklicht wird in England nur bei der Haltstellung der Signale gegeben, und zwar als weißes Sternlicht.

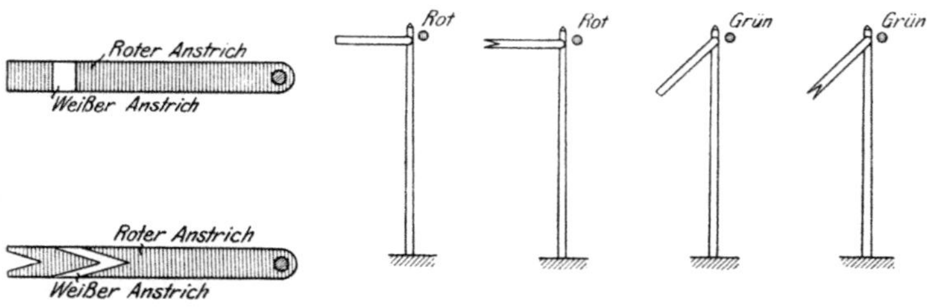

Fig. 197.

Fig. 198.

Erhebliche Bedenken sind gegen das englische Vorsignal geltend zu machen. Am Tage unterscheidet es sich zwar in Form und Anstrich genügend vom Hauptsignal, um nicht mit diesem verwechselt zu werden, bei Nacht zeigt es aber genau dieselben Lichtfarben wie das Hauptsignal (Grün für „Fahrt" und Rot für „Halt"). Wenn der Lokomotivführer also nicht sehr genau seine Strecke, namentlich den Standort der Signale kennt, kann er in der Dunkelheit ein Hauptsignal für ein Vorsignal halten und das rote Licht überfahren, was am Vorsignal unter Ermäßigung der Geschwindigkeit als gefahrlos erlaubt ist, am Hauptsignal aber unter Umständen die schlimmsten Folgen nach sich ziehen kann, und in der Tat auch schon vereinzelt zu Unfällen geführt hat. Die meisten Eisenbahngesellschaften verlangen nun von den Lokomotivführern, daß sie ihre Strecke genügend kennen, um Vorsignale und Hauptsignale auch in der Dunkelheit unterscheiden zu können; einige Gesellschaften verlassen sich aber nicht mehr so unbedingt auf die Streckenkenntnis ihrer Lokomotivführer, sondern haben in den letzten Jahren ein eigenes Nachtsignal für das Vorsignal eingeführt, das durch Umklammerung des grünen oder roten Lichtes mit einem spitzwinkligen weißen Lichtstreifen gebildet wird (Fig. 197). Tatsächlich entsteht hierbei ein bezeichnendes Signalbild, das bei kleinen Entfernungen den Lokomotivführer an den Einschnitt im Signalflügel erinnert, bei größeren Entfernungen (bis 250 m) ein von einer Mondsichel umklammertes grünes oder rotes Licht bildet (Fig. 198) und bis 300 m noch deutlich erkennbar ist. Wenn ein Signalflügel weit sichtbar sein soll, also hoch sitzen muß, in dieser Lage aber an bestimmten Stellen durch Bahnanlagen (Brücken usw.) verdeckt wird, bringt man in geringer Höhe einen kürzeren zweiten Flügel an, der alle Bewegungen des oberen Flügels mitmacht (co-acting arm) (Fig. 199).

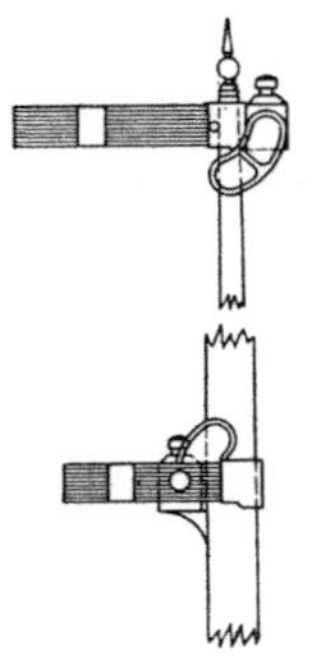

Fig. 199.

Ferner werden bisweilen in geringerer Höhe zweite Arme zur Signalgebung bei Nebel angebracht.

Über den Standort der Signale ist folgendes zu sagen.

Das Vorsignal steht auf Gefällstrecken etwa 900 m, auf wagerechten oder bis 1 : 200 steigenden Strecken etwa 725 m, auf stärker als 1 : 200 steigenden Strecken etwa 550 m vor dem zugehörigen Hauptsignal. Es sitzt bisweilen mit einem fremden Hauptsignal an demselben Maste, wenn dieser in entsprechender Entfernung vor dem Hauptsignal steht, zu dem das Vorsignal gehört (Fig. 200). In diesem Falle müssen beide an demselben Maste sitzenden Flügel in der Weise voneinander abhängig sein, daß das Vorsignal nicht „Fahrt" zeigen kann, wenn das an demselben Maste sitzende fremde Hauptsignal „Halt" zeigt. Die Haltstellung des Vorsignals darf nicht umgekehrt die Fahrtstellung des fremden Hauptsignals ausschließen, weil sonst keine Einfahrt in die unmittelbar vorliegende Strecke gegeben werden könnte, ohne gleichzeitig den weiter vorliegenden Streckenabschnitt freizugeben, zu dessen Deckungssignal das betreffende Vorsignal gehört. Wenn ein Vorsignal an einem Einfahrtmast einer Station sitzt, die ein Ausfahrtsignal hat, wird es in der Regel am Ausfahrtmast wiederholt, damit der Lokomotivführer vor der Abfahrt Kenntnis erhält, ob der Bahnzustand sich etwa seit der Vorbeifahrt am Einfahrtsignal geändert hat. In diesem Falle spricht man von einem äußeren und inneren Vorsignal (outer and inner distant signal).

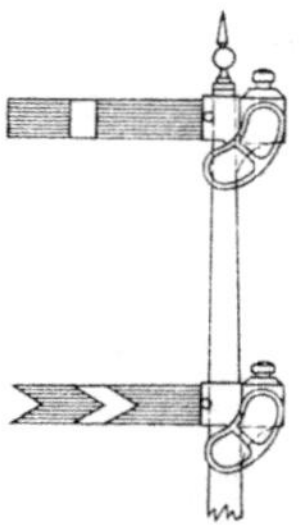

Fig. 200.

Alle Einfahrt-, Block-, Abzweigung- und Deckungsignale erhalten in der Regel Vorsignale, für Ausfahrtsignale sind dagegen besondere Vorsignale nicht üblich. Indessen soll nach der oben mitgeteilten Vorschrift der Aufsichtsbehörde das Vorsignal eines Einfahrtsignales „Fahrt" zeigen, wenn außer dem Einfahrtsignal auch das für die Zugfahrt in Frage kommende Ausfahrtsignal „Fahrt" zeigt.

Das Hauptinnensignal (home signal) steht vor der Gefahrstelle, die es decken soll. Als Einfahrtsignal (outer home signal) steht es vor dem Bahnhof, als Wegesignal (inner home signal) vor Weichenverbindungen im Bahnhof.

Das vorgeschobene Ausfahrtsignal soll etwa in Zuglänge vor dem zugehörigen Ausfahrtsignal stehen, aber in der Regel nicht weiter von dem Weichensteller entfernt sein als 320 m.

Da es notgedrungen ziemlich weit ab vom Wärter angebracht werden muß, verbieten viele Eisenbahngesellschaften seine Benutzung bei Schneewetter und Nebel.

Als Grundregel bei der Auswahl des Standortes von Signalen gilt, daß die Signale in erster Linie von dem Lokomotivführer deutlich gesehen werden müssen, dem sie sich geradezu aufdrängen sollen, um ihm das Suchen möglichst zu ersparen. Ferner soll der zugehörige Wärter die Signale sehen können, wenn sich dies ohne Beeinträchtigung der von dem Lokomotivführer zu stellenden Anforderungen ermöglichen läßt. Jedenfalls darf ein vor dem Signale haltender Zug nicht gänzlich außerhalb des Sehbereiches des Wärters sein. Als wichtig für den Lokomotivführer wird angesehen, daß alle Signale auf derselben Seite des zugehörigen Gleises stehen, namentlich auf Schnellzugstrecken. Da auf den englischen Bahnen links gefahren wird und der Führer gewöhnlich links auf der Lokomotive steht, sollen die Signale tunlichst links von den zugehörigen Gleisen stehen. Um dies zu ermöglichen und auch sonst die Signale dem Lokomotivführer deutlich vor Augen zu führen, schreckt man nicht vor der Anbringung von Querarmen an Signalmasten, oder der Herstellung kostspieliger Signalbrücken mit oder ohne Verdoppelung der Signale zurück (Fig. 201). Die Flügel für entgegengesetzte Fahrtrichtungen werden vielfach an entgegengesetzten Seiten desselben Mastes angebracht (Fig. 192).

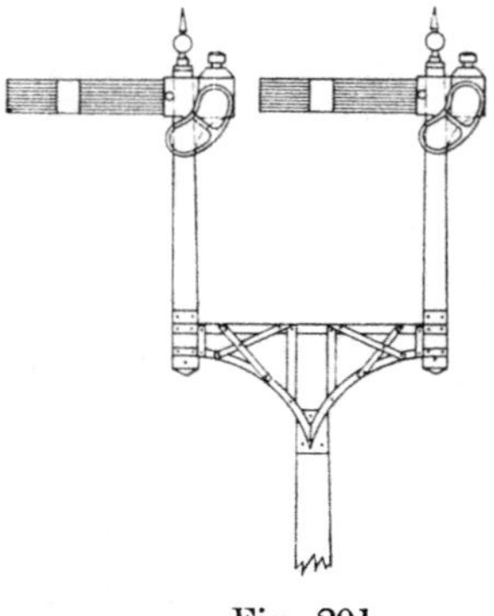

Fig. 201.

Die Auswahl des Standortes von Signalen und Stellwerken wird von einigen Eisenbahngesellschaften für so wichtig gehalten, daß die Vorstände der drei in Frage kommenden Verwaltungsabteilungen, Betriebs-, Lokomotiv- und Signalabteilung, oder deren Vertreter sich an Ort und Stelle oder bei der Aufstellung von Plänen über die Sache geeinigt haben müssen, bevor mit der Herstellung der Signal- und Sicherungsanlagen begonnen wird.

Die London and North Western-Eisenbahn hat schon vor einer Reihe von Jahren für die Herstellung ihrer Signal- und Sicherungsanlagen folgende Regeln aufgestellt:

Bei Neuanlagen muß der geplante Standort der Signale tunlichst beibehalten werden; Abweichungen sind zu begründen. Vorsignale sollen in der Regel 725 m vom Hauptsignal entfernt sein, eine größere Entfernung als 900 m ist unzulässig. Innensignale (home signals) müssen am zugehörigen Vorsignal von dem Lokomotivführer gesehen werden können und möglichst nahe an der Signalbude stehen, damit der Lokomotivführer eines am Signal haltenden Zuges und der Wärter sich mündlich verständigen können. Vor Abzweigungen sollen sie höchstens 180 m von den zugehörigen Spitzweichen, hinter Abzweigungen weit genug vom Markierzeichen entfernt sein, um ein geringes unbeabsichtigtes Überfahren des Signals gefahrlos zu machen. Alle Signalflügel für Abzweigungen müssen am getrennten Pfosten sitzen. Ausfahrtsignale für Stumpfgleise oder andere Signale von geringer Bedeutung dürfen an demselben Maste sitzen. Ausfahrtsignale und vorgeschobene Ausfahrtsignale sollen etwa 4,5 m hoch über Schienenoberkante sein; vorgeschobene Ausfahrtsignale müssen vom Ausfahrtsignal sichtbar sein, ihre Entfernung von der Signalbude darf — von einzelnen Ausnahmen abgesehen — höchstens 320 m betragen, und der Wärter muß eine vor dem vorgeschobenen Ausfahrtsignal stehende Lokomotive deutlich sehen können. Ein Vorsignal für ein Hauptsignal an einer vorliegenden Signalbude darf nicht vor einem Hauptsignal einer zurückliegenden Bude stehen, sondern muß 1,8 m unter dem Hauptsignal der zurückliegenden Bude sitzen. Das mit einem fremden Hauptsignal an demselben Maste sitzende Vorsignal muß von dem Hauptsignal so abhängig sein, daß es bei Haltstellung des Hauptsignals nicht „Fahrt" zeigen kann. Wenn unter einem Hauptsignal ein Vorsignal sitzt, dürfen an demselben Pfosten keine anderen Signalflügel angebracht werden, mit Ausnahme eines Nachahmungsflügels (co-acting arm) für die Signalgebung bei Nebel oder eines Vorziehflügels (calling on arm). Wenn ein Vorsignal für eine zweigleisige Abzweigung mit einem Innen- oder Ausfahrtsignal einer zurückliegenden Signalbude an demselben Pfosten sitzt, muß dieser Pfosten neben dem rechten Gleise stehen und für das linke Gleis ein besonderer Vorsignalmast aufgestellt werden. Beide Vorsignale müssen von dem in ihrer Nähe befindlichen Hauptsignal abhängig sein, wie oben angegeben. Wenn das rechte Abzweigungsgleis aber ein Gütergleis oder ein anderes Gleis von untergeordneter Bedeutung ist, muß das zugehörige Vorsignal auch an einem besonderen Maste sitzen, der rechts neben dem Hauptsignal stehen soll. Signallaternen müssen mindestens 1,8 m voneinander entfernt sein, mit Ausnahme der Ausfahrtsignale aus Stumpfgleisen oder anderer untergeordneter Signale, deren Laternen näher aneinander gerückt werden dürfen. Rücklichter, die weder vom Bahnsteig aus noch von dem das Signal bedienenden Wärter oder von einem Wärter gesehen werden können, dessen Zustimmung zur Signalbedienung erforderlich ist, sind wegzulassen. Ein Signalflügel, der höher als 13,5 m über Schienenoberkante sitzt, muß in 4,5 m Höhe für die Signalgebung bei Nebel nachgeahmt werden. Signalbuden sollen so liegen, daß der Wärter beim Umlegen der Hebel seine Weichen und Signale sehen kann, jedenfalls die Spitzweichen. Elektrische Nachahmungssignale sollen tunlichst vermieden werden, selbst wenn hierbei höhere Signalmaste nötig werden. Sind sie nicht zu vermeiden, so ist das Signal nicht höher zu machen, als für den Lokomotivführer erforderlich ist. Alle Signale sollen möglichst dicht und links neben dem zugehörigen Gleise stehen. Eine Signalbude oder ein Signal auf einem Bahnsteig muß wenigstens 1,8 m von der Abschrägung am Bahnsteigende und wenigstens 1,37 m von dem nächsten Personengleis entfernt sein.

In die Gleispläne Fig. 202 und 203 sind die erforderlichen Signale eingetragen worden. Für die Fahrrichtung von links nach rechts (Fig. 202) ist *a* das Einfahrt-

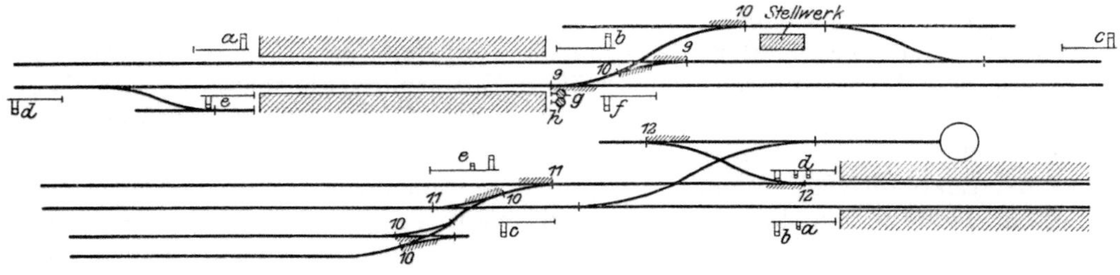

Fig. 202 u. 203.

signal, *b* ein Wegesignal, *c* das Ausfahrtsignal, für die umgekehrte Fahrrichtung *f* das Einfahrt-, *e* das Ausfahrt- und *d* ein vorgeschobenes Ausfahrtsignal; *g* und *h* sind Rangierscheiben. In Fig. 203 ist *a* ein Rangierflügel (shunt arm) an dem Ausfahrtsignal *b*, *c* ein vorgeschobenes Ausfahrtsignal, *d* sind Rangierflügel an

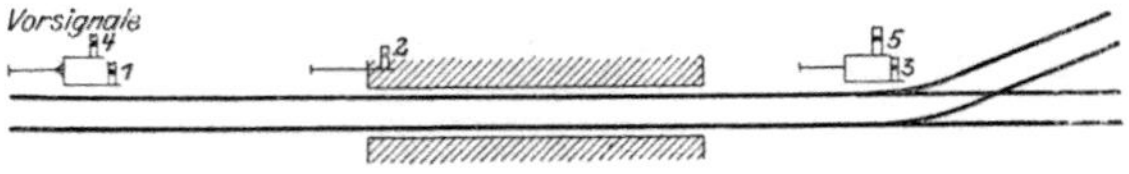

Fig. 204.

einem Ausfahrtsignal und *e* ist ein Vorziehflügel (calling on arm) an einem Einfahrtsignal. — Aus Fig. 204 sind die Signale der Fahrrichtung von links nach rechts auf einer Abzweigungstation zu erkennen. Das Vorsignal 1 ist mit den Hauptsignalen 2 und 3, das Vorsignal 4 mit den Hauptsignalen 2 und 5 verbunden.

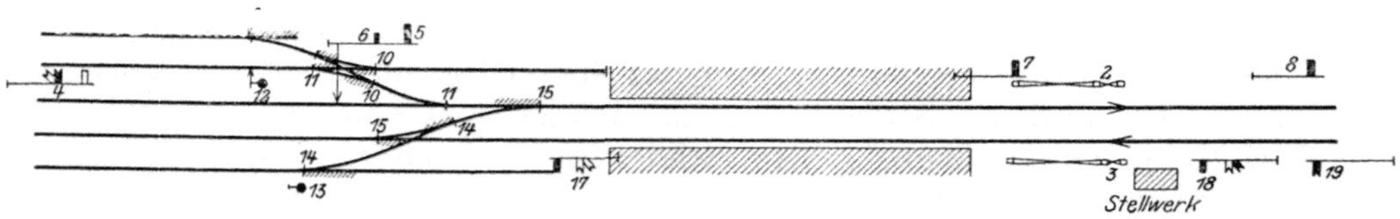

Fig. 205.

Fig. 205 ist der Gleisplan einer Station mit einem Planübergang an einem Ende und Nebengleisen am anderen Ende. Die Signaleinrichtungen dürften verständlich sein, wenn gesagt wird, daß die schwarz gezeichneten Signale zu der hier dargestellten Station, die weiß gezeichneten zu Nachbarstationen gehören. Das Vorsignal 4 für das Einfahrtsignal 5 der Fahrrichtung von links nach rechts sitzt an dem Ausfahrtsignal einer vorliegenden Station, die Vorsignale 17 und 18 des Einfahrt- und Wegesignals dieser vorliegenden Sation sitzen an den Signalen 17 und 18 der gezeichneten Station.

Eine Stationsblockung in deutschem Sinne ist in England im allgemeinen nicht üblich; kleinere Stationen liegen innerhalb der Blockabschnitte der Strecke, größere sind in verschiedene Weichen- und Signalbezirke geteilt, die einzeln durch Signale gedeckt werden und sich mit der erforderlichen Abhängigkeit aneinanderreihen. Durch den Bau von Signalbrücken und die Aufstellung von Masten mit Querarmen, auf denen die Signale gruppenweise zusammengefaßt werden, sucht man die Anordnungen dann übersichtlich zu gestalten. Da nun aber die Zahl der verschiedenen Signale in England an und für sich groß ist, die einzelnen Signale ferner mit Vorliebe in jeder Gruppe wiederholt werden, auch wenn keine Änderung der Fahrstraße eingetreten ist, entstehen auf großen Bahnhöfen trotzdem sehr verwickelte Signalanordnungen. Ist es bei verwickelten Gleisanlagen nicht möglich, die Fahrstraße eines Zuges für den ganzen Bahnhof durch Wiederholung der Signale in den einzelnen Gruppen herzustellen, so müssen Teilstraßen in den einzelnen Gruppen signalisiert werden, wobei das ganze Signalbild für eine Zugfahrt erst durch das Erscheinen mehrerer Signale in verschiedenen Gruppen gebildet wird, die von einem oder mehreren Stellwerken aus gestellt werden.

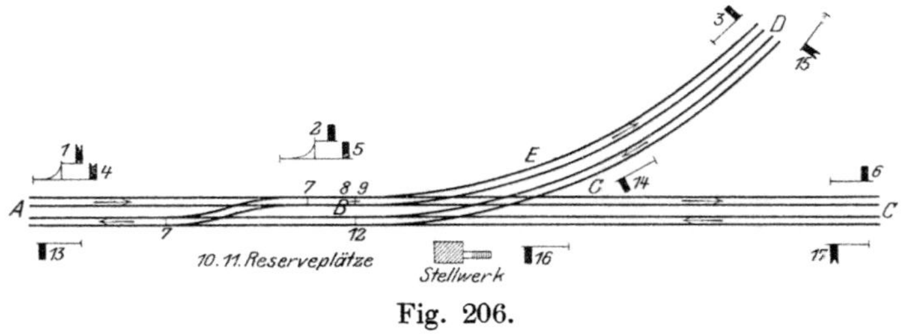

Fig. 206.

Die Signalausrüstung einer zweigleisigen Abzweigung auf freier Strecke ist aus Fig. 206 ersichtlich. Die Numerierung bezieht sich auf die Hebel im Stellwerk. Das Vorsignal 1 gehört zu dem Innensignal 2 und Ausfahrtsignal 3, Vorsignal 4 zu dem Innensignal 5 und Ausfahrtsignal 6, Vorsignal 15 zum Innensignal 14, Vorsignal 17 zum Innensignal 16 und Ausfahrtsignal 13; 10 und 11

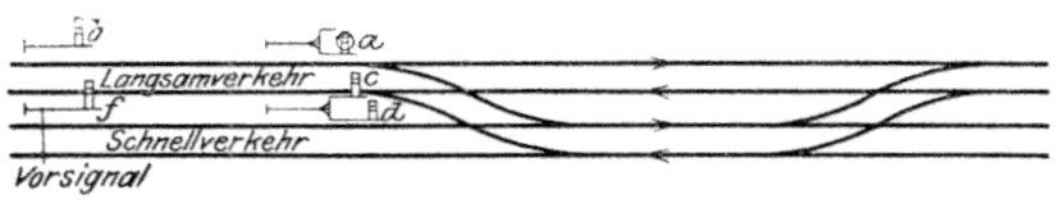

Fig. 207.

sind Reserveplätze, 8 ist eine Fühlschiene. Die Gleisverbindung 7—7 ist zur Benutzung bei Betriebsstörungen hergestellt, das Ausfahrtsignal deckt die vorliegende Strecke bei der Benutzung dieser Gleisverbindung. Die Ausfahrtsignale 3 und 6 gestatten, einen Zug bei besetzter Strecke zur Freimachung der Abzweigung vorzuziehen.

Auf viergleisigen Strecken sollen die Signale nach der Bedeutung der Gleise verschiedene Höhen haben, wie erwähnt. Bei Gleisverbindungen auf viergleisigen Strecken mit Linienbetrieb ist dies so zu verstehen, daß die Signale der Bedeutung der Gleise entsprechen müssen, aus denen die zugehörigen Weichen hinausführen, nicht der Bedeutung der Gleise, in die sie hineinführen. Über die Anordnung der Vorsignale für solche Gleisverbindungen sind die Ansichten verschieden: einige Gesellschaften ordnen nur für die Fahrten auf den durchgehenden Gleisen Vorsignale an, andere auch für den Übergang von einem Gleise auf ein anderes. Fig. 207 stellt Verbindungen zwischen den beiden Gleispaaren einer viergleisigen Strecke mit den Signalen für die Fahrten von links nach rechts dar. Das Signal *a* gilt für den Übergang von dem Gleis für langsam fahrende Züge nach dem Gleis für schnellfahrende Züge, *b* für das linke durchgehende Gleis. Beide Signale sind niedriger als die Signale *c* und *d* für den Übergang von dem Gleis für schnellfahrende nach dem für langsam fahrende Züge und die Fahrt auf dem durchgehenden Schnellzuggleis. Die Ringe an den Signalen *a* und *b* erscheinen überflüssig, weil die Signale schon durch ihren Standort und ihre verschiedene Höhe genügend gekennzeichnet sind. Das Vorsignal gilt nur für die Fahrten auf dem durchgehenden Gleise, gehört also zu dem Hauptsignal *d*. Zu dem Hauptsignal *b* gehört ein in der Abbildung nicht dargestelltes Vorsignal *e*.

c) Bauart der Signale.

Die Signalflügel sind 0,91 bis 1,83 m lang, für wichtige Signale meistens 1,52 m, für unwichtige 0,91 m. Sie werden vielfach aus Zedernholz hergestellt, sind dann 0,24 m breit am Drehpunkt, 0,26 bis 0,28 m am äußeren Ende (Fig. 208). Die London and North Western-Gesellschaft verwendet Flügel aus verzinktem Eisenblech mit zwei Längsnuten (Fig. 209). Die beiden als überhöhte Halbkreisflächen hergestellten Blenden sitzen in einem gemeinsamen an den Flügel angebolzten Eisenrahmen. Die Signalmaste werden vielfach aus Pechtannenholz (pitch pine) hergestellt. Man bevorzugt Holz aus zwei Gründen: im Vergleich zu eisernen Gittermasten sind Holzmasten besser sichtbar, auch lassen sie sich leichter verändern als eiserne Masten, ferner ist das Holz noch zu anderen

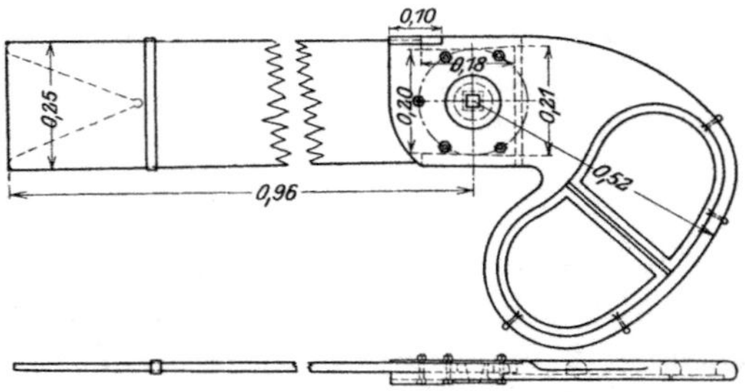

Fig. 208.

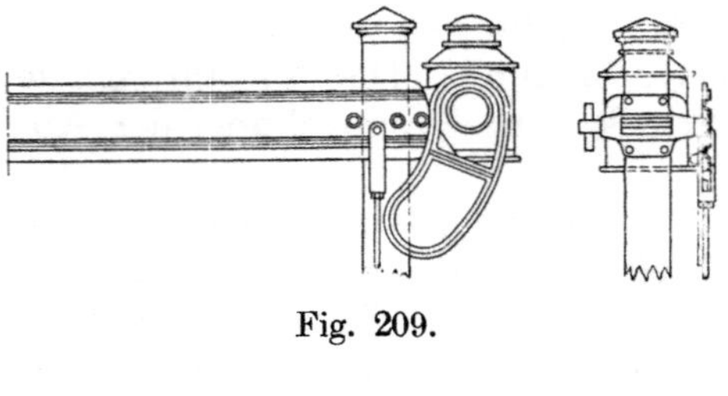

Fig. 209.

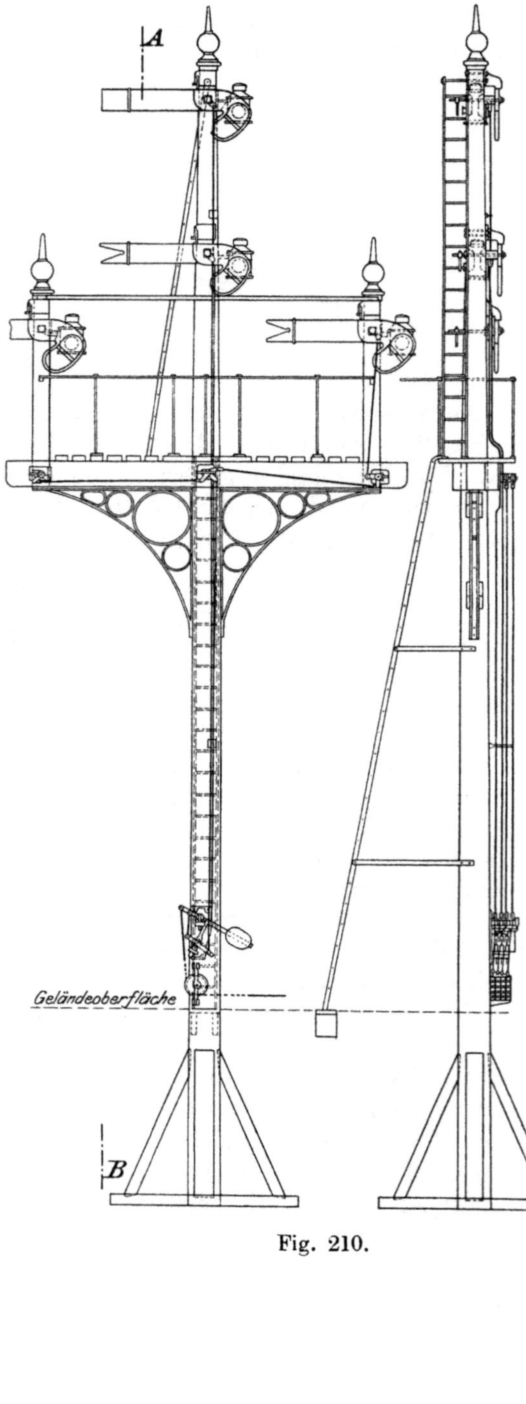

Fig. 210.

Zwecken verwendbar, wenn ein Signalmast abgängig wird. Bisweilen hat man eiserne Gittermasten dadurch besser sichtbar gemacht, daß die dem Lokomotivführer zugekehrte Seite als volle Blechwand konstruiert oder der ganze Mast übereck gestellt ist. Hölzerne Masten sind je nach ihrer Höhe unten $\frac{0,30}{0,30}$ bis $\frac{0,36}{0,36}$ m, oben gewöhnlich $\frac{0,165}{0,165}$ m stark. Laternenaufzüge sind erst bei Masten üblich, die höher als 13,7 m sind, in der Regel behilft man sich mit festen Leitern. Vereinzelt ist in den letzten Jahren elektrisches Licht zur Signalgebung eingeführt worden, wie bei der Lancashire and Yorkshire- und der North British-Gesellschaft. Die Gegengewichte zum Stellen der Signalflügel befinden sich ge-

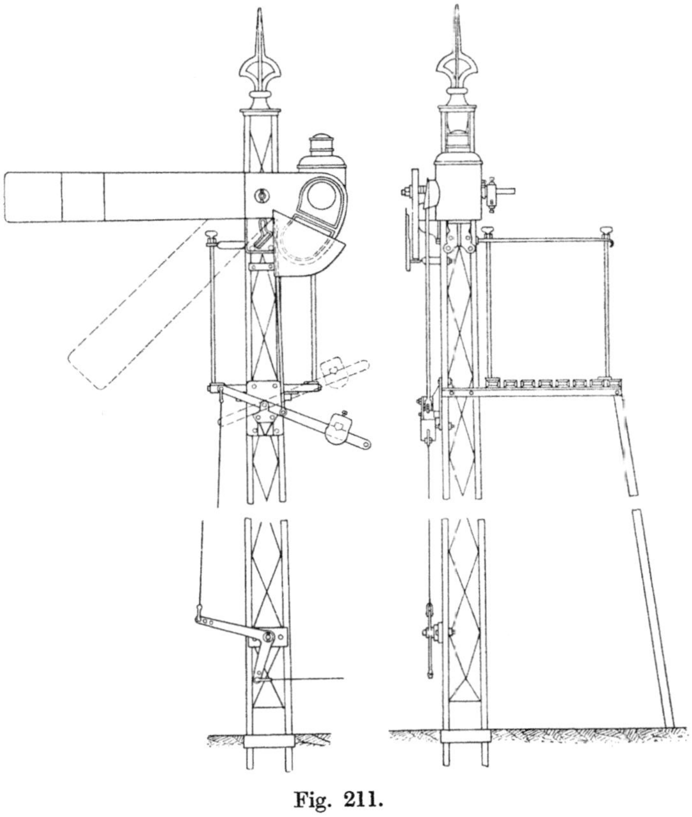

Fig. 211.

wöhnlich am Fuße der Masten. Fig. 210 stellt einen Holzmast mit zwei Signalflügeln und einem Querarm dar, auf dem weitere zwei Flügel an niedrigem Pfosten sitzen. Fig. 211 zeigt einen eisernen Gittermast der London and South Western-Gesellschaft, die sowohl einzelne Masten als auch Masten mit Querarmen vielfach aus Eisen herstellt (Fig. 212). Signalbrücken werden entweder aus Holz oder aus Eisen gebaut. Auf die Bauart der Signallaternen soll hier nur insoweit eingegangen werden, als das auf Seite 149 erwähnte Vorsignal in Frage kommt. Bei diesem Vorsignal wird das Nachtsignal mit der Coligny-Welch-Patent-Signallaterne gegeben (Fig. 213). In einem kastenförmigen Ansatz *a* der Lampe *b* sitzt ein Spiegel *c*, der das Laternenlicht gegen den spitzwinkligen verglasten Ausschnitt *d* am äußeren Rande der vorderen Kastenwand wirft und diesen erhellt. Die Laterne wird auf einer Kragstütze oder mit Schrauben an dem Signalmast *e* befestigt. Zur Herstellung des eigentlichen Signallichtes wendet man in England gewöhnlich Linsen an, die ein stetiges Licht geben, das die Dunkelheit gut durchdringt, ohne zu blenden; *f* ist die Linse.

Wie oben erwähnt, werden auf den englischen Bahnen die verschiedenen Fahrstraßen durch einzelne Signalflügel gekennzeichnet, die entweder an getrennten Masten oder Pfosten oder untereinander an demselben Maste sitzen und in bestimmter Reihenfolge für die verschiedenen Fahrstraßen gelten. Abweichend hiervon verwendet die London and South Western-Eisenbahngesellschaft mit Genehmigung der Aufsichtsbehörde ein einflügeliges Signal mit Nummeranzeiger für verschiedene Fahrstraßen, das von dem Ingenieur Annett eingeführt worden ist, sich für Sehweiten bis 300 m bewährt haben soll und zur Verminderung der Signale beiträgt. Fig. 214 ist eine Vorderansicht, Fig. 215 eine Darstellung in größerem Maßstabe von dem Annattschen Signal. Der Nummeranzeiger sitzt auf einer vor dem Signalmaste angebrachten Kragstütze und besteht aus einer Anzahl beweglicher Drahtgeflechtrahmen *d* mit den verschiedenen Nummern, die in der Haltstellung des Signals sämtlich durch den festen Blechschirm *a* (Fig. 215) verdeckt werden, von denen aber in der Fahrstellung einer niedergelassen und durch Hochziehen des beweglichen Schirmes *b* sichtbar gemacht wird. *c* ist eine Laterne,

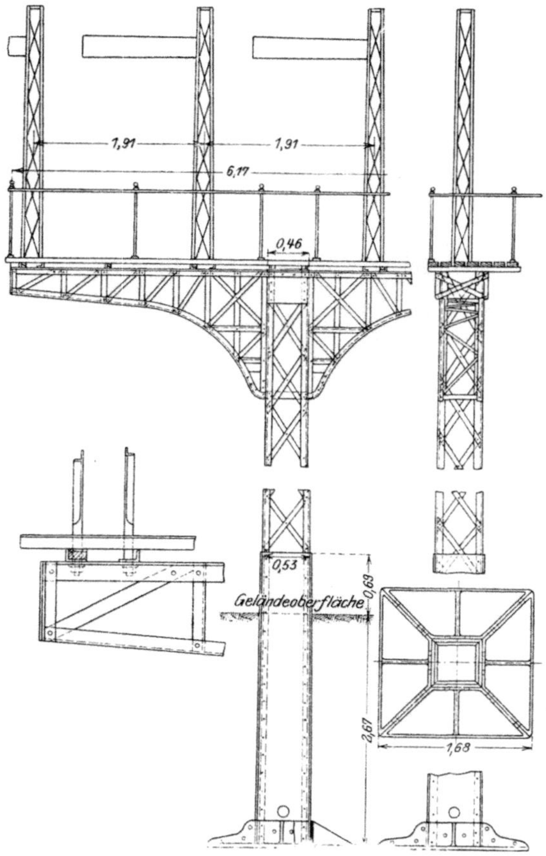

Fig. 212.

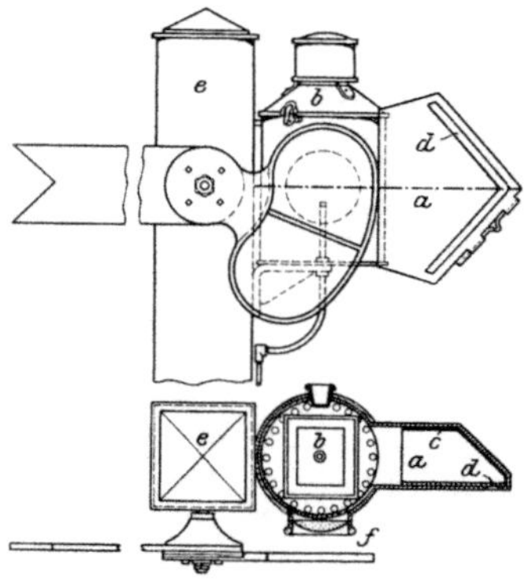

Fig. 213.

deren verglaste Vorderfläche den Hintergrund bildet, auf dem die Nummern sichtbar werden. Die Rahmen *d* gleiten zwischen Führungen *e* und werden in der oberen Lage hinter dem festen Schirm *a* durch Riegel *f* festgehalten, die durch Stellschlösser an den Stangen *h* bewegt werden. Ein entriegelter Rahmen ruht mit der Gabel *i* auf der Hubstange *k*, die mit der Gestängeleitung *A* vom Stellwerk aus auf und nieder bewegt werden kann. Der Schirm *a* wird mittels einer über Rollen geführten Kette *l* durch die Gestängeleitung *B* bewegt. *C* ist das Gestänge zum Bewegen des Signalflügels. Mit einem solchen Signal können wenigstens 10 bis 12 verschiedene Fahrstraßen angezeigt werden. Das in den Fig. 214 und 215 dargestellte Signal kann sieben verschiedene Nummern zeigen, hat aber Platz für weitere drei Nummerrahmen. Wenn der Weichensteller die Weichen für eine Zugfahrt gestellt hat, kann mit einer Gestängeleitung 1 bis 7 der zugehörige Nummerrahmen entriegelt werden. Bei dem hierauf

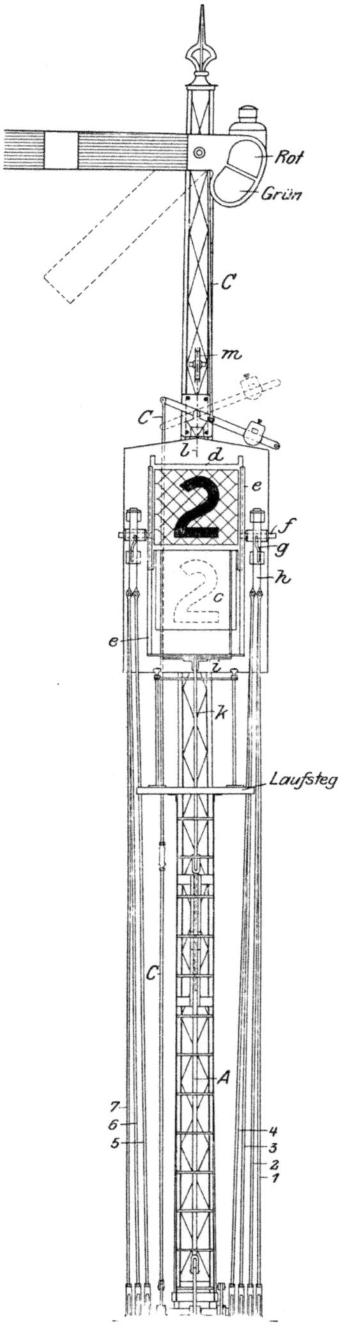

Fig. 214.

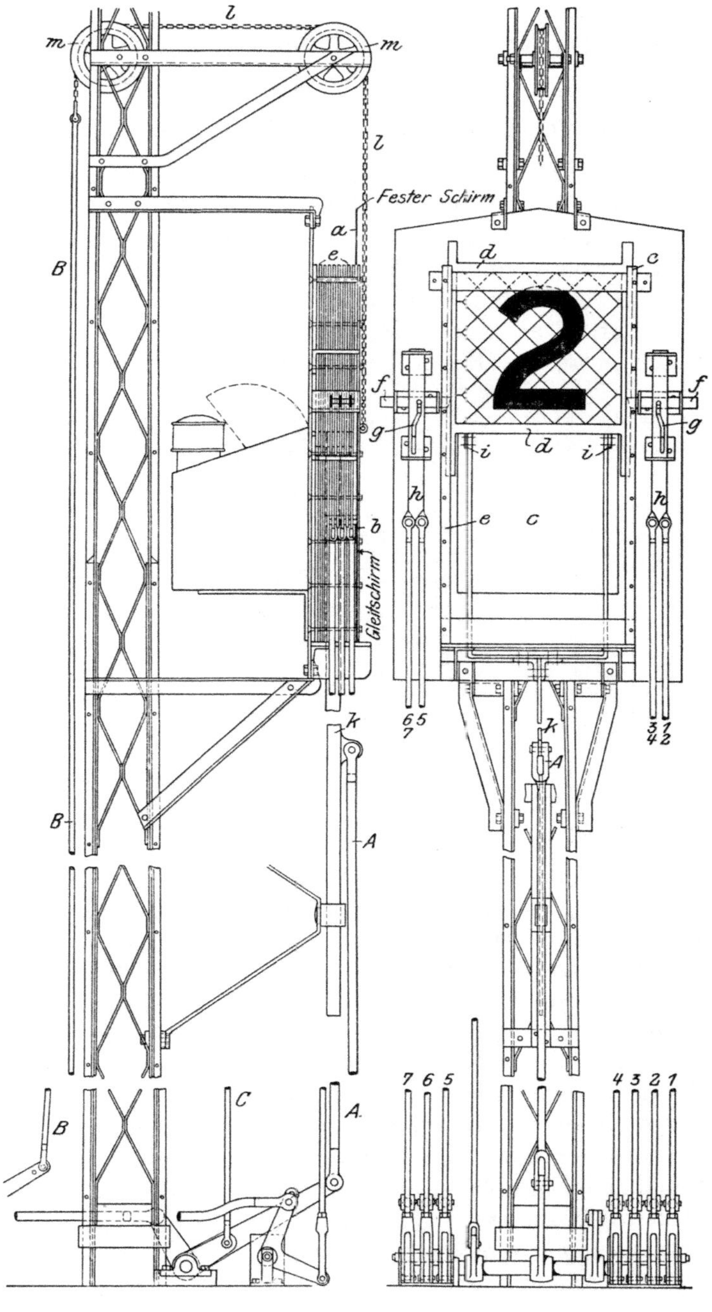

Fig. 215.

folgenden Umlegen des Signalhebels werden die drei Gestängeleitungen *A*, *B* und *C* gleichzeitig bewegt: *A* senkt den Nummerrahmen, *B* hebt den Schirm *b*, *C* senkt den Signalflügel.

Auch die South Eastern-Eisenbahn hat für die Ausfahrt aus verschiedenen Gleisen ihres Londoner Bahnhofes Cannon Street Station gemeinsame Signale mit Nummerscheiben vorgesehen.

d) Weichen- und Signalstellwerke mit Handantrieb (Handstellwerke).

1. Stellvorrichtungen, Verschlüsse und Verriegelungen an den Weichen.

Die Weichenzungen sind auf den englischen Bahnen starr miteinander verbunden. Die Spitzenverschlüsse sind meistens nicht aufschneidbar. Angeblich kommt das Aufschneiden der Weichen wegen der Abhängigkeit, in der sie untereinander und von den Fahr- und Rangiersignalen stehen, nicht häufig vor.

Mit Ausnahme der Midland-Eisenbahngesellschaft haben alle englischen Gesellschaften an ihren Weichen getrennte Stell- und Verschlußvorrichtungen, die durch getrennte Hebel bedient werden. Als Vorteil dieser Anordnung wird für

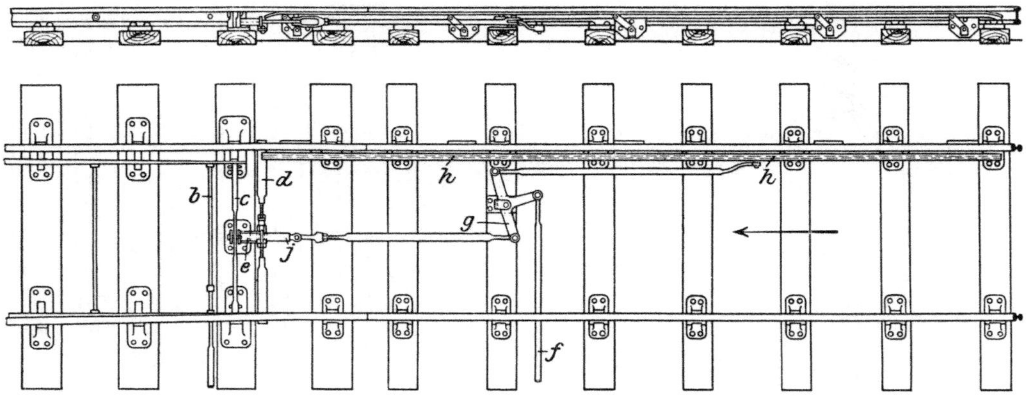

Fig. 216.

englische Verhältnisse angeführt, daß getrennte Hebel leichter zu bewegen wären als Hebel, die gleichzeitig zum Stellen und Verschließen der Weichen dienen. Bei getrennten Hebeln würde nach jedesmaliger Durchfahrt eines Zuges der Verschluß aufgehoben und demnächst vor der Durchfahrt eines zweiten Zuges von neuem wiederhergestellt, auch wenn die Weiche in ihrer Lage geblieben wäre, wodurch eine größere Sicherheit für die richtige Lage der Zunge geboten würde, weil man bei dem wiederholten Verschließen eine etwaige Beschädigung oder unrichtige Lage entdecken würde. Ferner wären für Spitzweichen Fühlschienen vorgeschrieben, die auf großen Bahnhöfen häufig so nahe an den Signalen lägen, daß ein vor dem Signal haltender Zug auf der mit der Verschlußvorrichtung verbundenen Fühlschiene stehe. Wäre die Weiche dann nicht richtig für eine beabsichtigte Fahrt hergestellt, so könnte man sie noch umlegen, wenn die Stellvorrichtung unabhängig von der Verschlußvorrichtung wäre, während dies bei einer Vereinigung beider nicht möglich wäre, weil mit der Verschlußvorrichtung meistens auch die Fühlschiene bewegt werden müßte; der Zug müsse also erst zurückgesetzt werden. Bei getrennten Hebeln wäre ferner je zum Stellen und Verschließen der Weiche ein größerer Weg des Hebels verfügbar als bei Vereinigung der Hebel. Andererseits gibt man zu, daß bei einer Vereinigung der Hebel an Leitungen und an Zeit zum Umstellen gespart würde. Die Aufsichtsbehörde scheint sich diesen von den Technikern der Eisenbahngesellschaften vorgebrachten Gründen für getrennte Stell- und Verschlußvorrichtungen nicht unbedingt anzuschließen, denn sie hat wiederholt die Zweckmäßigkeit einer Vereinigung beider Vorrichtungen betont.

Fig. 216 stellt eine sehr häufig angewandte Stell- und Verschlußvorrichtung mit getrennten Hebeln dar. *a* ist die Stellstange, *bb* sind Verbindungsstangen zwischen den Zungen, *c* ist die Verschlußstange, die durch das Verschlußstück *e* geführt ist; *d* ist eine Spannstange zwischen den Backenschienen, *f* die Verschlußleitung zum Stellwerk, *g* ein Hebel zum Bewegen der Fühlschiene *h* und des

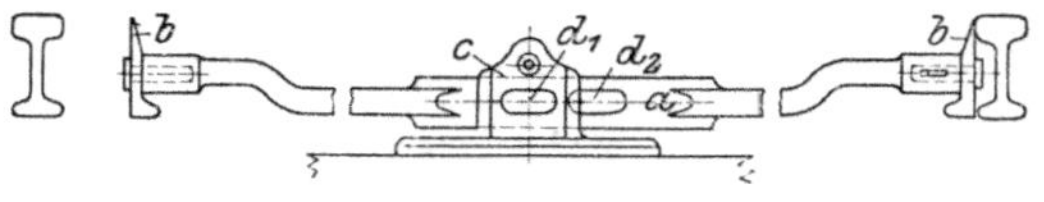

Fig. 217.

Verschlußbolzens *i*, der in längliche Löcher der hochkant stehenden Verschlußstange *c* gesteckt wird (Fig. 217). Es ist vorgekommen, daß bei einem Bruche der Verbindungsstangen *bb* und der Verschlußstange *c* die eine Zunge nicht der Umstellbewegung folgte, trotzdem aber der Bolzen *i* in ein Loch der Verschlußstange eintrat, so daß der Weichensteller nicht über den Vorgang aufgeklärt wurde. Um dies zu verhindern, bringen einige Gesellschaften zwei Verschluß-

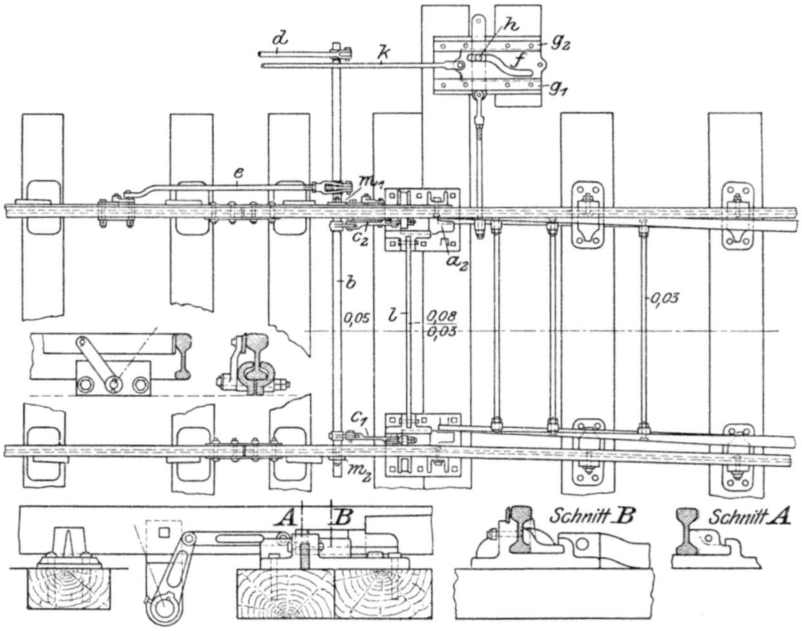

Fig. 218.

stangen an, eine an jeder Weichenzunge, der Bolzen muß durch die Löcher beider Stangen treten, was nur möglich ist, wenn beide Zungen der Stellbewegung gefolgt sind.

Die North Eastern-Eisenbahn verwendet eine Konstruktion, bei der die Weiche durch Keile verschlossen wird, die parallel zum Gleise verschoben werden, sich auf und gegen die anliegende Weichenzunge zwischen die abliegende und die Backenschiene legen (Fig. 218). a^1 und a^2 sind die Keile, die mit Lenkstangen c^1 und c^2 in Gleitstühlen bewegt werden. Die Lenkstangen c^1 und c^2 sind auf einer Welle *b* befestigt, die durch zwei Kurbelzapfen einer unter dem

Gleise liegenden Kurbelwelle gesteckt ist. Die Kurbelwelle kann mit der Stange *d* vom Stellwerk aus gedreht werden, wodurch Lenkstangen und Keile parallel zum Gleis verschoben werden. Mit der Verschlußvorrichtung ist durch die Stange *e* die Fühlschiene verbunden. *l* ist eine Spurstange, welche die Gleitstühle in der richtigen Entfernung halten soll. Das Stellen der Weiche wird durch Verschieben einer Platte *f* in Führungen g^1 und g^2 bewirkt, wobei ein an der Stellstange befestigter Stift *h* sich in einem gekrümmten Schlitz der Platte *f* bewegt. Der Verschluß hat gewisse Vorzüge: die anliegende Weichenzunge wird durch den Keil gut niedergehalten und an die Backenschiene gepreßt, die Stellvorrichtung ist unabhängig von der Abnutzung beweglicher Teile und von Längenänderungen der Leitungen.

Der gleichzeitig zum Stellen und Verschließen dienende Spitzenverschluß der Midland-Gesellschaft ist in Fig. 219 dargestellt. Auf einer Grundplatte *b* gleitet ein Riegel *a* mit einem gekrümmten Schlitz *e* und zwei Haken *f*. In den Schlitz tritt ein Bolzen *d* mit einer Rolle, der an der Verschlußstange *c* sitzt. In der Verschlußstange sind ferner zwei Löcher, in welche die Haken *f* passen. Wenn die Weiche aus der in Fig. 219 dargestellten Lage umgestellt werden soll, ist die Stellzunge anzuziehen. Hierbei bewegt sich der Riegel *a* nach links, der Haken *f* wird aus der Verschlußstange gezogen, ohne daß die Weiche sich bewegt, da der Bolzen *d* in dem geraden Teil des Schlitzes *e* gleitet. Während des zweiten Teiles der Bewegung gleitet der Bolzen *d* in dem gekrümmten Teil des Einschnittes *e*, wobei die Weiche umgestellt wird; dann tritt zum Schluß der zweite Haken *f* in den entsprechenden Einschnitt der Verschlußstange ein, ohne daß eine weitere Bewegung der Weiche stattfindet, da der Bolzen *d* in einem zweiten geraden Teil des Schlitzes *e* gleitet.

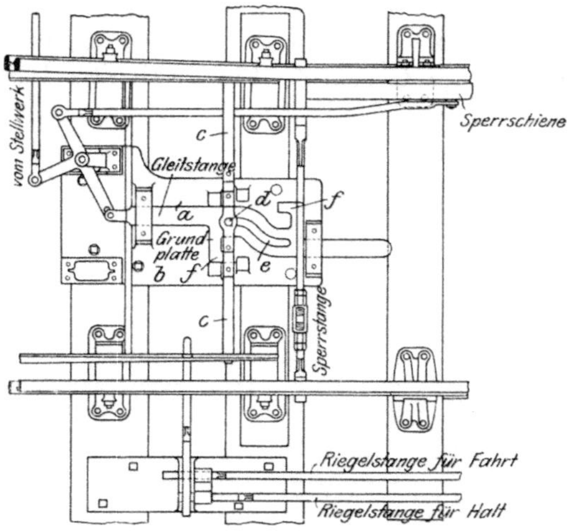

Fig. 219.

Eine große Bedeutung wird in England den Fühlschienen zugeschrieben, weil sie die Umstellung einer Weiche unter einem Zuge wirksam verhindern. Man macht die Fühlschienen gewöhnlich 9,9 m lang und bringt sie unmittelbar vor der Weiche, entweder innerhalb oder außerhalb des Gleises an. Eine innerhalb des Gleises liegende Fühlschiene von T-förmigem Querschnitt ist in den Fig. 220 und 221 dargestellt. Die Schiene liegt auf Kurbelzapfen und soll bei Betätigung des Weichenverschlusses eine auf- und niedergehende Bewegung machen, was nur möglich ist, wenn kein Rad über der Fühlschiene steht. Die London and North Western- und Lancashire and Yorkshire-Gesellschaft verwenden die in Fig. 222 dargestellte Fühlschienenkonstruktion Patent Thompson und Roberts für den Fall, daß eine zweite Weiche die Anbringung einer hinreichend langen Fühlschiene aus einem Stück verhindert. Die Fühlschienenkonstruktion ist zweiteilig, der erste Teil besteht aus einer Einzelschiene, die in der Lücke zwischen den Weichenzungen der beiden Weichen liegt, der zweite Teil aus zwei zusammengehörigen Fühlschienen an den Zungen der zweiten Weiche. Außerhalb des Gleises liegende Fühlschienen werden im allgemeinen für weniger zuverlässig gehalten als innerhalb liegende, weil sie sich leicht von den Schienen entfernen und dann versagen; besonders unzweckmäßig sind sie außen neben dem inneren Schienenstrang von Bögen. Die beste Einrichtung soll die von Stevens & Sons sein, bei der die als schiefwinkliges Eisen konstruierte Fühlschiene gegen die Fahrschiene geneigt liegt (Fig. 223). Wenn derartige Fühlschienen in engen Bahnhöfen vor den Signalen liegen würden, so daß ein vor dem Signal haltender Zug über der Fühlschiene

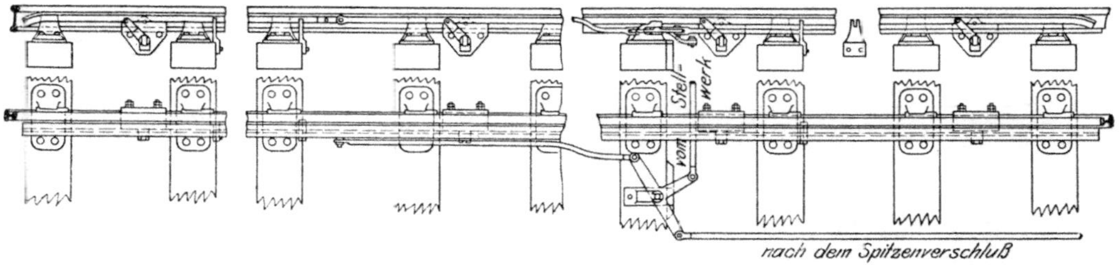

Fig. 220.

stehen würde, bringt man zwei Fühlschienen neben den Weichenzungen an, von denen eine für das durchgehende Gleis, die andere für das abzweigende Gleis gilt. Bei der Anordnung von Evans, O'Donnell & Co. sind die Kurbelzapfen vermieden, weil sie die Anordnung verteuern und leicht beschädigt werden. Die Auf- und

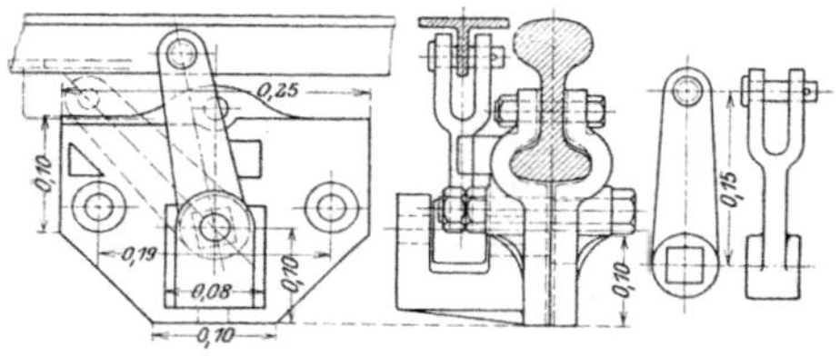

Fig. 221.

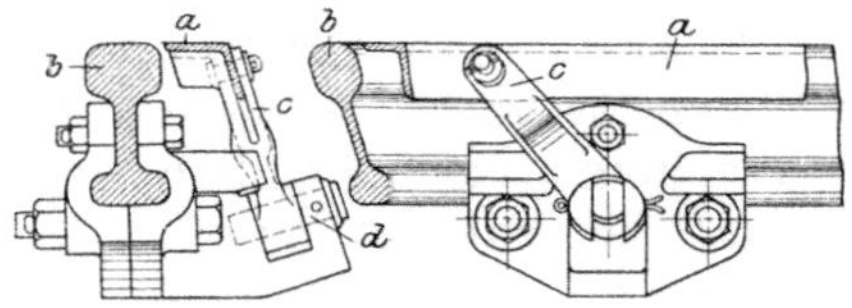

Fig. 223.

Niederbewegung der Fühlschiene wird durch Gleiten auf Keilstücken hervorgebracht. Alle diese Fühlschienen werden auch dann bewegt, wenn die Weiche verschlossen wird, während ihre Bewegung nur nötig ist beim Aufheben des Verschlusses, weil nur dieses unmöglich sein soll, wenn ein Rad über der Fühlschiene steht. Die

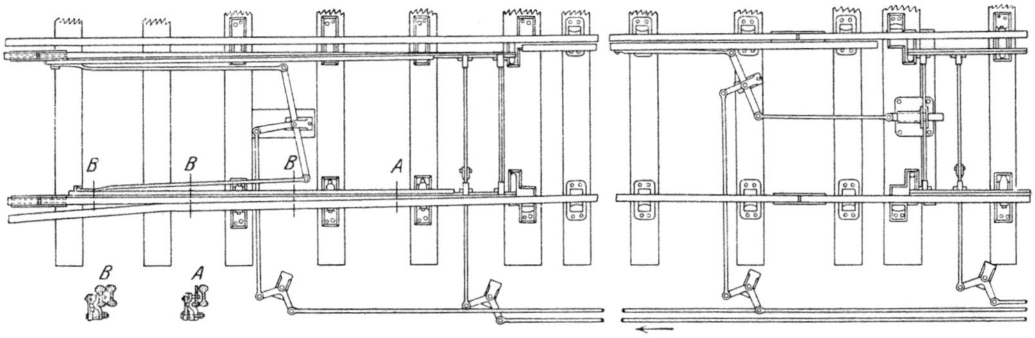

Fig. 222.

Bucksche Einrichtung vermeidet die unnötige Bewegung der Fühlschiene (Fig. 224); *a* ist die Verschlußstange vom Stellwerk, *b* der Verschlußbolzen der Weiche, *c* ein ⊥-förmiger Hebel mit einem Schlitz an der Grundfläche, in dem eine Rolle der Schubstange *d* läuft. Durch Anziehen der Verschlußstange *a* wird der Weichenverschluß unter Drehung des Hebels *c* und Bewegung der mit ihm verbundenen Fühlschiene aufgehoben. Beim nachfolgenden Verschließen der Weiche läuft die

Rolle der Stange *d* in den Schlitz des Hebels *c* nach rechts, so daß der Hebel *c* und die Fühlschiene nicht bewegt werden. Eine nochmalige Aufhebung des Verschlusses bringt den Hebel *c* zwar wieder unter Bewegung der Fühlschiene in die in der Abbildung gezeichnete Lage, die Rolle der Schubstange *d* ist aber noch am rechten Ende des Schlitzes des Hebels *e*. Erst durch das hierauf folgende Verschließen wird der in Fig. 224 gezeichnete Zustand wieder hergestellt.

Verschluß-Einrichtungen und Fühlschienen werden nicht nur an Spitzweichen, sondern auch an anderen Weichen angebracht.

Solche Fühlschienen werden in England auch häufig in der Nähe der Merkpfähle verlegt, um zu verhindern, daß Weichen für ein Gleis gestellt werden, in dessen Umgrenzung des lichten Raumes Teile von Fahrzeugen auf anderen Gleisen hineinragen. Diese Fühlschienen heißen fouling bars.

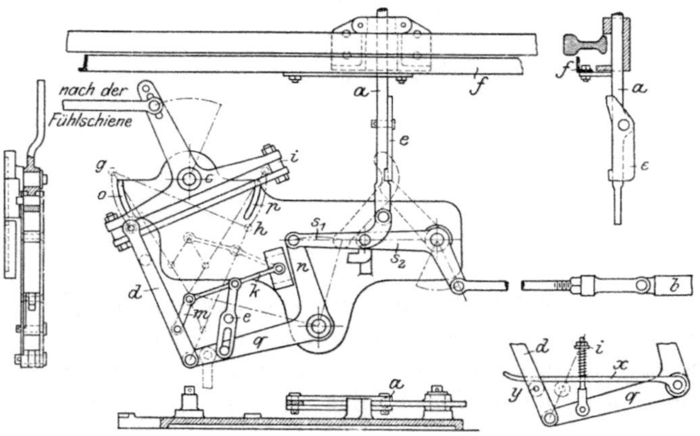

Fig. 224.

Beispielsweise verhindert die Fühlschiene *a* in Fig. 225 die Benutzung der Weichenstrecke *bb*, wenn ein Zug vor dem Signal *c* steht und in die Weichenstraße hineinragt. Fig. 226 stellt eine zweigleisige Abzweigung mit Fühlschienen dar (*a*), die mit den Weichen *b* und *c* verbunden ist, um zu verhindern, daß diese Weichen wieder für die Hauptlinie gestellt werden, bevor ein die Abzweigung von links nach rechts befahrender Zug die Abzweigung freigemacht hat. In Fig. 227 sind zwei Fühlschienen *a* und *c* gezeichnet, die mit den Weichen *b* und *d* einer Ausweichstelle auf einer eingleisigen Bahn verbunden sind und verhüten sollen, daß von zwei aus entgegengesetzten Richtungen eintreffenden Zügen dem zweiten Einfahrt gegeben wird, bevor der erste vollständig eingefahren ist.

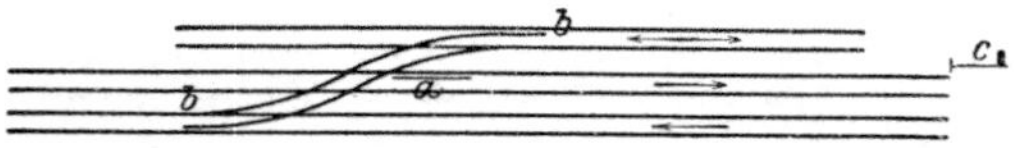

Fig. 225.

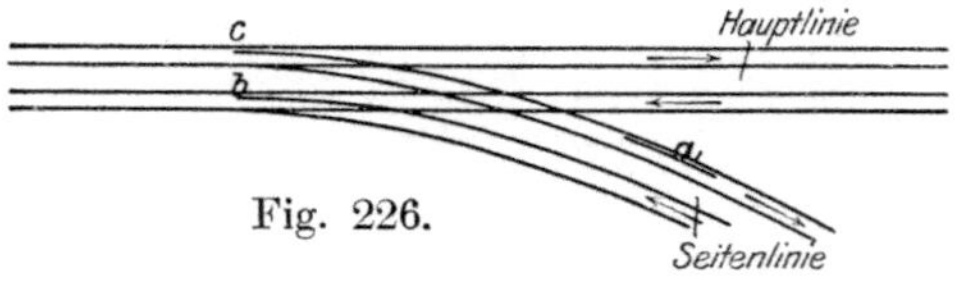

Fig. 226.

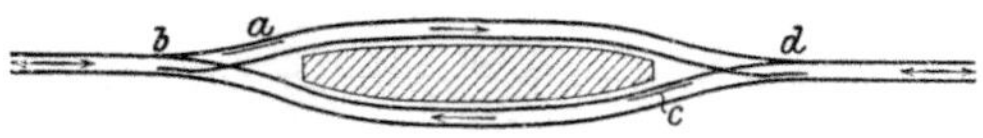

Fig. 227.

Eine mit dem Signal verbundene Vorrichtung zum Verriegeln von Spitzweichen heißt in England detector. Während die oben beschriebenen Verschlußeinrichtungen nur die Gewähr bieten, daß die eine Weichenzunge fest an einer Backenschiene liegt, gewährleistet die Verriegelung außerdem für eine Zugfahrt die richtige Lage der Weiche, die hergestellt sein muß, bevor das erforderliche Signal gegeben werden kann. Die Verriegelung besteht gewöhnlich aus einer oder zwei mit den Weichenzungen verbundenen Riegelstangen mit Einschnitten, durch die bei entsprechender Lage gewisse Gleitbarren treten, die an den Signalleitungen befestigt sind. In Fig. 228 ist *a* die mit den Weichenzungen verbundene Riegelstange mit zwei Einschnitten *b* und *c*, durch die bei entsprechender Stellung der Weiche die mit den Gestängeleitungen *d* und *e* der Signale verbundenen Gleitbarren treten, so daß die Signale gestellt werden können, während dies bei anderen Stellungen nicht möglich ist. Die von der London and North Western-Gesellschaft angewandte Verriegelung ist in Fig. 229 dargestellt. Mit den Weichenzungen sind Riegelstangen *aa* verbunden, die mit Einschnitten *b* und *c* verbunden sind; Einschnitt *b* gehört zum Signal für das Hauptgleis, *c* zum Signal für das Nebengleis. Mit jedem Signal ist ein Kniehebel *d* mit einem krummen Riegel *e* und einem Gegengewicht *f* verbunden. Wenn die Weiche für die beabsichtigte Signalgebung nicht richtig liegt,

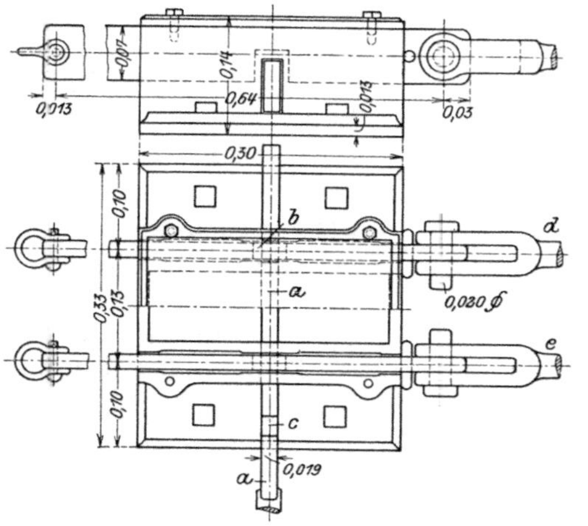

Fig. 228.

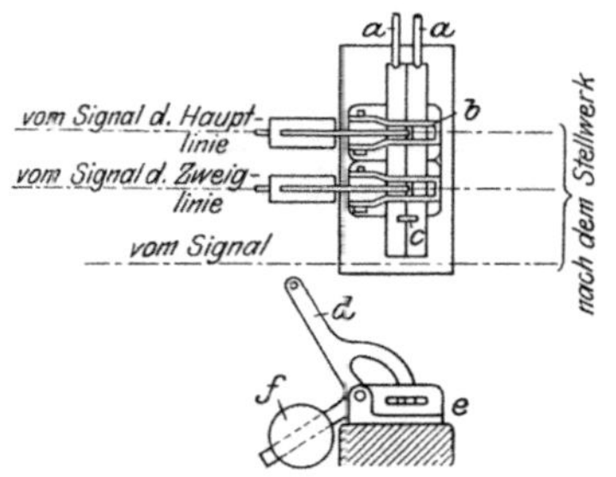

Fig. 229.

kann der Riegel *e* nicht in die Einschnitte *b* und *c* treten und das Signal nicht gezogen werden. Eine ähnliche Verriegelung, bei der ein senkrechter Bolzen in Löcher der Riegelstange tritt, wird von der Great Western-Gesellschaft angewandt (Fig. 230). Die von der Midland-Gesellschaft angewandte Verriegelung ist in Fig. 219 mit dargestellt. Die Caledonian-Gesellschaft hat die Verriegelung mit dem Verschluß vereinigt (Fig. 231), wobei im Stellwerk je ein Verschlußhebel für jede Stellung der Weiche vorhanden ist. Mit der Stange *a* wird der Verschlußbolzen *e* für die Stellung auf den geraden Strang, mit *b* der Bolzen *k* für die

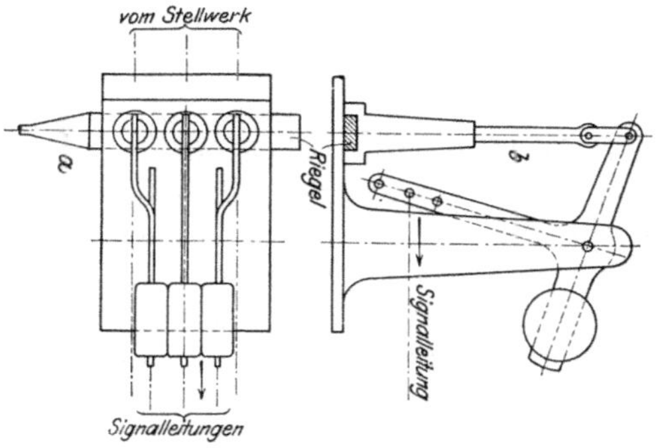

Fig. 230.

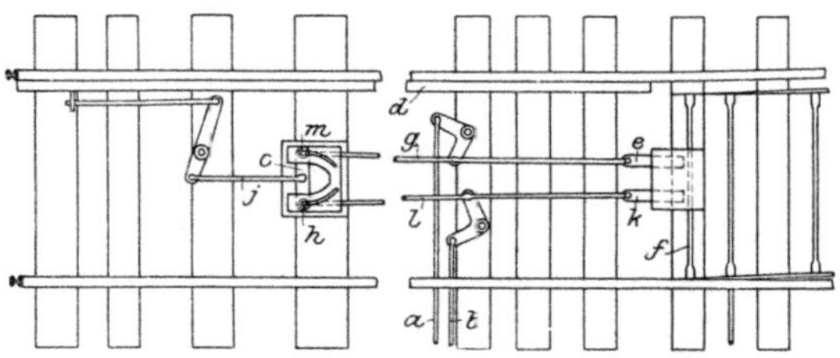

Fig. 231.

Stellung auf den krummen Strang bewegt. Die Fühlschiene *d* kann mit beiden Stangen *a* und *b* bewegt werden, weil sie durch eine Stange *i* mit einem Hebel *c* und durch Stifte *h* und *m* mit den Stangen *g* und *h* an den Verschlußbolzen *e* und *k* verbunden werden kann. Die Stifte *h* und *m* dienen abwechselnd als Drehpunkte für die Bewegungen des Hebels *c*. Solange die Weiche nicht in der einen oder anderen Lage vollständig anliegt, kann der betreffende Verschlußhebel nicht umgelegt und das von seiner Stellung abhängige Signal nicht gezogen werden. Die North Eastern-Gesellschaft benutzt ihre Keilanordnung (Fig. 218) auf einzelnen

Bahnstrecken zur Verriegelung anstatt zum Verschließen der Weichen. In diesem Falle sind die Keile mit dem Signal verbunden und stoßen vor die Enden der Weichenzungen, wenn die Weiche nicht richtig liegt, so daß das Signal nicht gezogen werden kann. Bei richtiger Lage der Weiche schiebt sich der eine Keil zwischen die abliegende Zunge und die Backenschiene, der andere legt sich gegen die anliegende Zunge, das Signal kann gezogen werden. Wird das Signal wieder auf Halt gelegt, so bleiben die Keile in ihrer Lage, bis sie bei dem Umlegen der Fühlschiene wieder herausgezogen werden. Ein besonderer Spitzenverschluß ist bei dieser Anordnung nicht vorhanden, bei der Haltstellung des Signals wird die Weiche allein durch die Fühlschiene verschlossen gehalten, bei der Fahrtstellung tritt Verriegelung durch die Keile ein. Fig. 232 stellt eine Verriegelung der Great Eastern-Gesellschaft dar. Die Signaldrähte 1^I, 2^I und 3^I sind durch die mit Einschnitten versehenen Riegelstangen *G* und *H* geführt, die so viele Einschnitte haben, als Signalbilder von der Lage der Weiche abhängig sind. *d* ist mit der Fühlschiene und durch diese mit dem Verschlußbolzen, *c* ist mit den Weichenzungen verbunden.

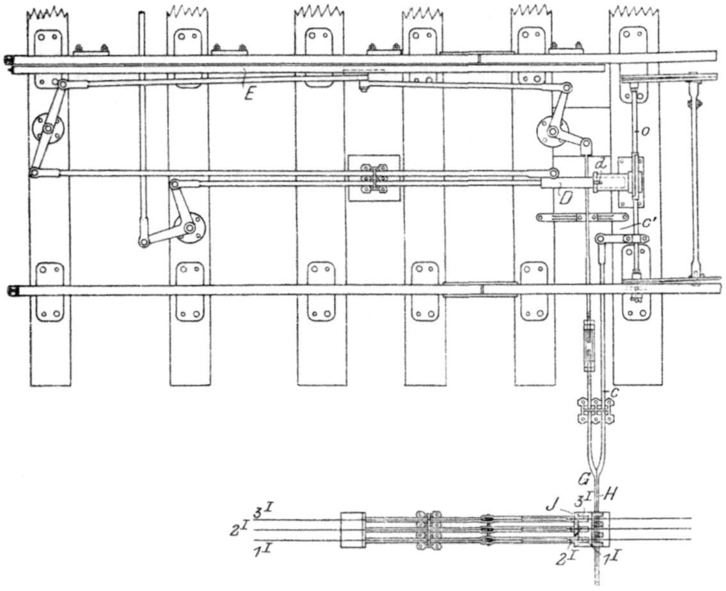

Fig. 232.

Nicht allein Spitzweichen werden verriegelt, sondern auch Weichen, die in Fanggleise führen, oder Weichen, durch die Züge zurückgesetzt werden. Eine Anordnung der letztgenannten Art, die mit einem Zurücksetzsignal (shunt back signal) verbunden ist, stellt Fig. 233 dar. In dem Signaldraht *a* vom Stellwerk, mit dem das Scheibensignal *b* gestellt wird, ist der Bolzen *c* eingefügt, dessen Spitze *e* durch die mit der Riegelstange *d* verbundenen Riegel *f* tritt.

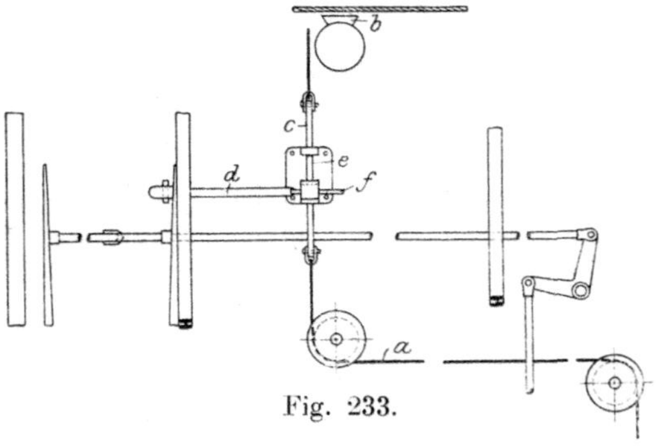

Fig. 233.

Damit ist die Zahl der in England üblichen Spitzenverschlüsse und Verriegelungen keineswegs erschöpft, es gibt noch viele andere Anordnungen, und jährlich kommen noch neue hinzu. Die meisten Anordnungen sind patentiert, wir müssen es uns hier versagen, den Gegenstand ausführlicher zu behandeln.

2. Leitungen.

In England bildet es die Regel, die Weichen mit Gestängeleitungen (Röhren, Stabeisen, ⊔ eisen, ⊥ eisen) an die Stellwerke anzuschließen. Früher wurden meistens Röhren von 33 mm Durchmesser und 5 mm Wandstärke verwandt, neuerdings vielfach ⊔eisen nach dem Vorbild der London and North Western-Gesellschaft.

Die Stangen werden in Längen von etwa 7,5 m gewalzt und haben gewöhnlich 41 mm × 32 mm × 6 mm Querschnitt. Die ⊔eisen lassen sich leichter und

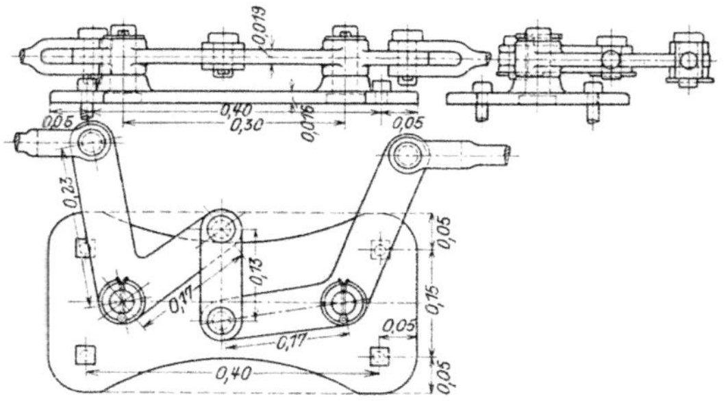

Fig. 234.

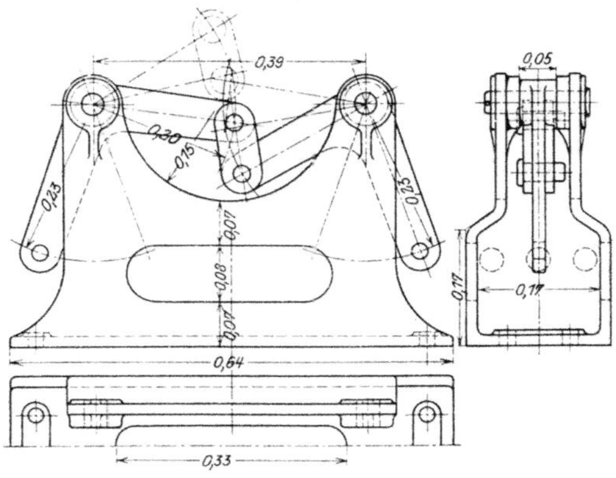

Fig. 235.

sicherer zusammensetzen als Röhren und nutzen sich weniger ab auf den Führungsrollen. Ein Hauptgrund für ihre Einführung bei der London and North Western-Gesellschaft ist aber gewesen, daß die Gesellschaft die ⊔eisen in ihren eigenen Werkstätten walzen konnte. Stabeisen wird in nennenswertem Umfange nur von

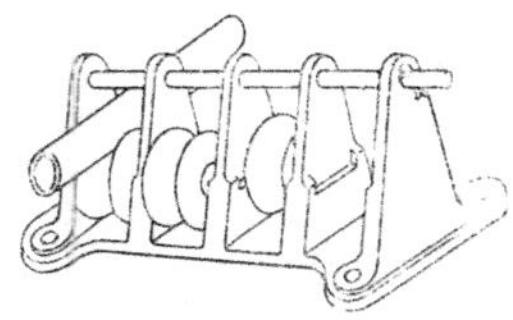

Fig. 236.

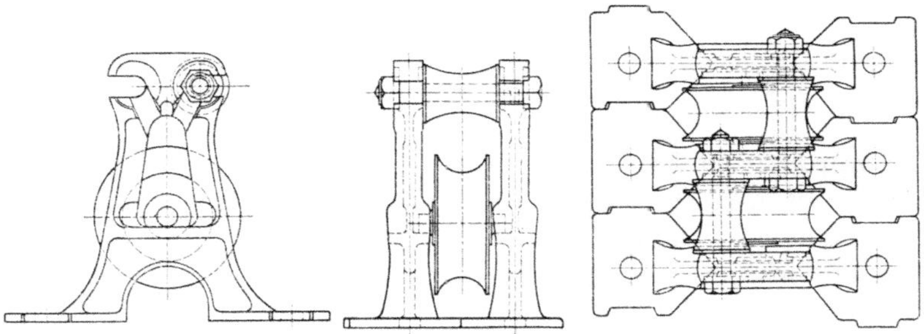

Fig. 237.

der Midland-Gesellschaft verwandt, ⊥eisen in Profilen von 38 × 38 × 6 mm bei einigen anderen Gesellschaften. Die Ausgleichvorrichtungen bestehen gewöhnlich aus Spannschraube in der Nähe der Weiche und des Stellwerks und Kniehebelverbindungen, die entweder wagerecht (Fig. 234) oder senkrecht (Fig. 235) angeordnet werden: die Leitungen werden in Entfernungen von 2 bis 2,5 m durch Rollen unterstützt, die man gewöhnlich in Lagern vereinigt (Fig. 236). Die Great Western-Bahn verwendet für die Rollen Einzellager, die dicht aneinander gesetzt werden und eine bequeme Einbringung und Herausnahme der Leitungen gestatten (Fig. 237). Um die Abnutzung der Leitungen zu beschränken, verwendet die Glasgow and South Western-Gesellschaft Schutzbleche (Fig. 238).

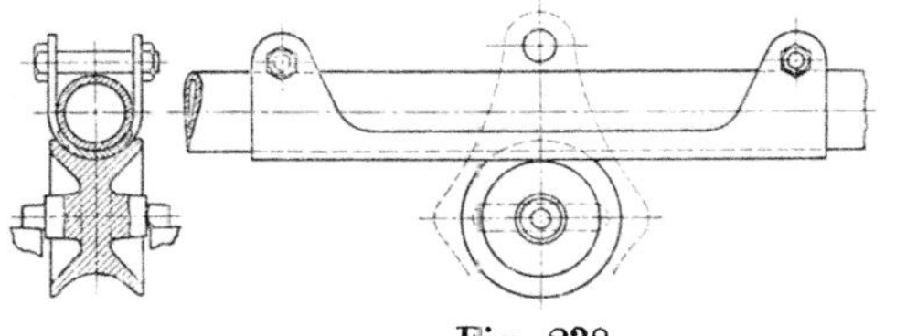

Fig. 238.

Die Signale werden mit Drahtleitungen gestellt, die entweder aus einem Einzeldraht bestehen oder aus Drahtseilen zusammengesetzt sind; die Drahtseile haben gewöhnlich sieben Stränge und eine Zerreißfestigkeit von 1000 bis 1250 kg. Die

Spannvorrichtungen werden in der Regel mit den Stellhebeln verbunden. Um bei entfernten Vorsignalen den zum Stellen verfügbaren Hub zu vergrößern, werden bisweilen besondere Pendelhebel in die Leitungen eingeschaltet (Fig. 239) oder umgekehrte Flaschenzüge an das untere Ende der Signalhebel gehängt (Fig. 240). Häufig werden in die Signalleitungen Fühlschienen zur Seitendeckung von Zügen

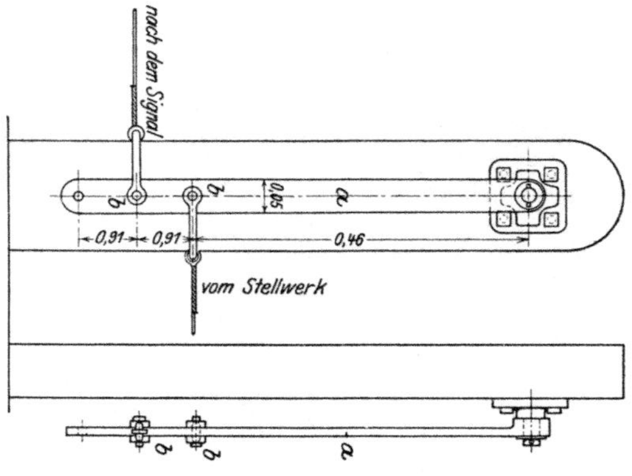

Fig. 239.

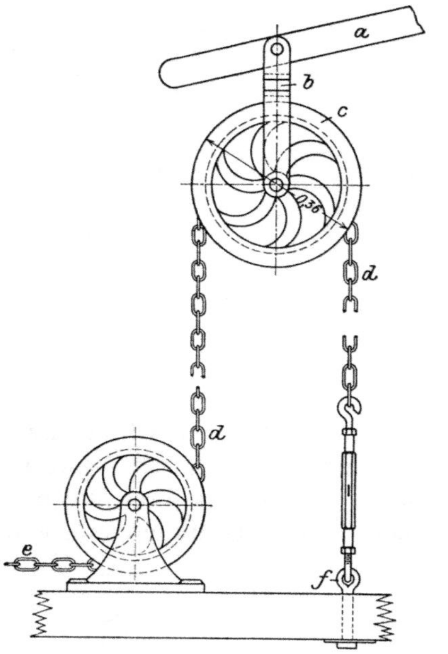

Fig. 240.

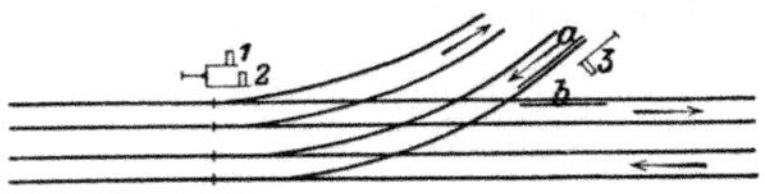

Fig. 241.

(trainprotection bars) eingeschaltet. In Fig. 241 sind *a* und *b* solche Fühlschienen. *a* arbeitet mit dem Signal 2, *b* mit den Signalen 1, 2 und 3 zusammen. Fig. 242 stellt einen Fall dar, in dem die Signale 1, 2 und 3 nicht wieder betätigt werden können, bevor ein von links gekommener Zug vollständig in das eine Nebengleis

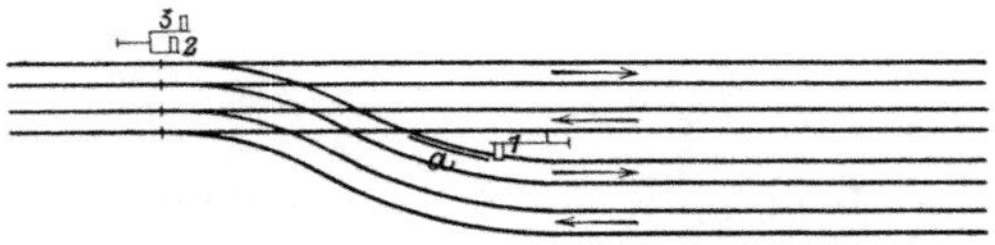

Fig. 242.

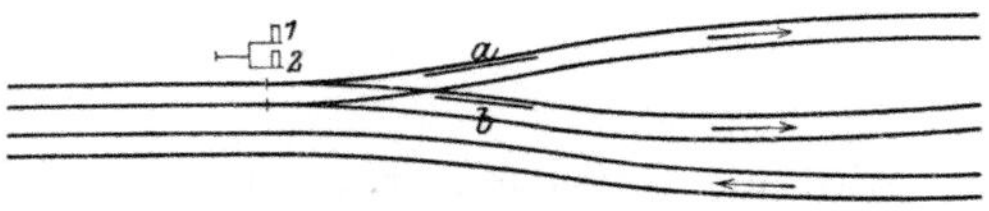

Fig. 243.

eingefahren ist. In Fig. 243 sind *a* und *b* Fühlschienen an Bahnsteiggleisen, die verhindern, daß ein zweiter Zug für dasselbe Gleis angenommen wird oder ein Zug in das zweite Gleis einfährt, bevor der erste Zug die Einfahrt frei gemacht hat. Fig. 244 stellt den gewöhnlichen Fall einer Zugdeckung mit Fühlschienen

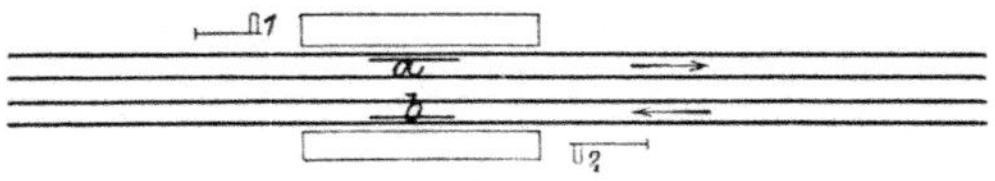

Fig. 244.

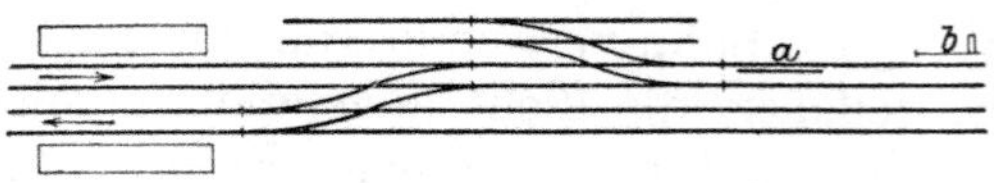

Fig. 245.

auf einer Zwischenstation dar. Das Einfahrtsignal 1 kann nicht wieder auf Fahrt gestellt werden, wenn ein Zug über der Fühlschiene *a* steht, 2 nicht, wenn ein Zug über 6 steht.

In Fig. 245 ist *a* eine mit dem Einfahrtsignal einer Station verbundene Fühlschiene zum Schutz eines vor dem vorgeschobenen Ausfahrtsignal *b* haltenden Zuges.

3. Hebelanordnungen und Verschlußvorrichtungen.

Die Zahl der Hebel ist in den englischen Stellwerken sehr groß, weil meistens außer den Stellhebeln der Weichen noch besondere Verschlußhebel für Schutzweichen vorhanden zu sein pflegen. Ferner sind für gewöhnlich sehr viele Signale, also auch viele Signalhebel vorhanden. Sodann kommen noch häufig Zustimmungshebel hinzu, die man benutzt, um die gegenseitige Abhängigkeit der verschiedenen Stellwerke herzustellen. Endlich ist die Zahl der Reservehebel meistens reichlich bemessen. Beispielsweise hat der neue Waverley-Bahnhof in Edinburgh am Westende ein Stellwerk mit 205, am Ostende mit 260 Hebeln. Auf Liverpool Street-Bahnhof der Great Eastern-Gesellschaft in London ist am Westende ein Stellwerkgebäude mit 240 Hebeln, die zu je 120 in zwei Verschlußrahmen vereinigt sind. Die Anordnung der Hebel ist wenig übersichtlich, weil die Hebel zwar durch Farben unterschieden werden, aber ohne Rücksicht auf ihre Bestimmung fortlaufende Nummern erhalten, anstatt in Gruppen numeriert zu werden. Durch die Verbindung von Fühlschienen mit den Verschlußeinrichtungen werden einige Hebel sehr schwer belastet, was die Anbringung von Gegengewichten erfordert, um das Umstellen zu erleichtern. Diese Anordnung kann beim Bruche einer Leitung dem Weichensteller gefährlich werden.

Für die Anordnung der Verschlußregister ist zu beachten, daß man vielfach die Signalgebung nicht nur unmittelbar von der richtigen Lage der Fahr- und Schutzweichen, sondern auch von der Reihenfolge abhängig macht, in der die Weichen gestellt werden. Das Signal kann erst erscheinen, wenn die Weichen in einer bestimmten Reihenfolge richtig gestellt sind. Diese Einrichtung hat den Zweck, den Unfällen beim Rangieren tunlichst vorzubeugen, weil es nicht möglich sein würde, für alle Rangierbewegungen Signale vorzusehen. Auch ersetzt diese Einrichtung besondere Fahrstraßenhebel und Fahrstraßenverriegelungen zum Festhalten der Weichen nach Herstellung der Haltlage des Signals, die in England selten sind. Wenn beispielsweise eine Fahrstraße mit den Spitzweichen *2*, *3* und *4* zu sichern ist (Fig. 246), verschließt Signal *1* die Weiche *2*, Weiche *2* die Weiche *3*, Weiche *3* die Weiche *4*; die Entriegelung der Fahrstraße kann also nicht dem Zuge entgegen vorgenommen werden, so daß dem Umstellen der Weichen vor dem Zuge tunlichst vorgebeugt ist. Fahrstraßenverriegelungen mit besonderen Hebeln sind bei der London and South Western-Gesellschaft üblich (Drages, Verrinders and Annetts route-lock). Da in England alle Rangierfahrten auf Signal ausgeführt werden, kommt man auf ziemlich verwickelte Anordnungen, wenn besondere Fahrstraßensicherungen angebracht werden.

Fig. 246.

Von der Aufstellung von Verschlußtafeln, wie sie früher in England unter einfacheren Verhältnissen üblich waren, ist man mehr und mehr zurückgekommen; angeblich wäre die Anfertigung der Tafeln zu umständlich und ihre Einrichtung zu verwickelt, um sie einem Weichensteller in die Hand zu geben. Wahrscheinlich scheut man sich aber meistens, über die Reihenfolge der Abhängigkeiten der Weichen untereinander und mit den Signalen eine endgültige schriftliche Entscheidung zu treffen. Statt der Verschlußtafeln werden sog. Verschlußlisten (locking lists) aufgestellt, die vier Spalten enthalten: Nummer des gezogenen Hebels, Freigabe, Verschluß, Rückverschluß (Lever, Releases, Locks, Back locks). Der Rückverschluß stellt die Abhängigkeit in der Reihenfolge gewisser Hebelbewegungen dar. Wenn beispielsweise *1* ein Vorsignalhebel, *2* ein Innensignalhebel, *3* ein Ausfahrtsignalhebel in demselben Stellwerk sind, würden *2* und *3* den Rückverschluß für *1* bilden, d. h. *2* und *3* müssen gezogen sein, bevor *1* gezogen wird, damit das Vorsignal nicht früher „Fahrt“ zeigt, als das zugehörige Innen- und Ausfahrtsignal. In jedem größeren Stellwerkgebäude pflegt ein Lageplan des Stellwerkbezirkes aufgehängt zu sein.

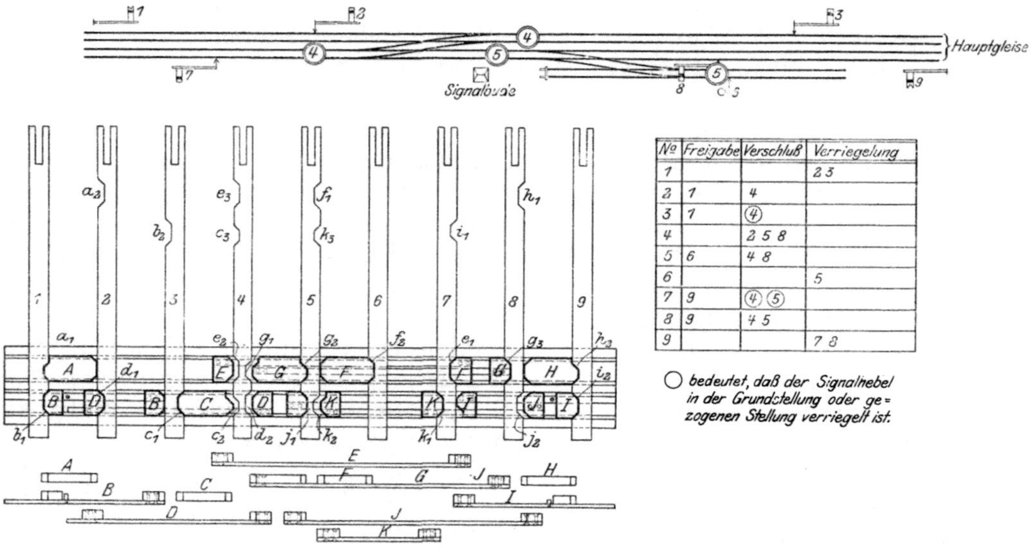

№	Freigabe	Verschluß	Verriegelung
1			2 3
2	1	4	
3	1	(4)	
4		2 5 8	
5	6	4 8	
6			5
7	9	(4) (5)	
8	9	4 5	
9			7 8

◯ bedeutet, daß der Signalhebel in der Grundstellung oder gezogenen Stellung verriegelt ist.

Fig. 247.

Die Hebel- und Verschlußeinrichtungen der englischen Stellwerke sind so mannigfaltig, daß hier nur die wenigsten besprochen werden können. Zwei verschiedene Anordnungen sind zu unterscheiden: Handfallenverschluß (catch handle locking), bei dem die Verschlußwirkung durch das Anfassen des Hebels eingeleitet

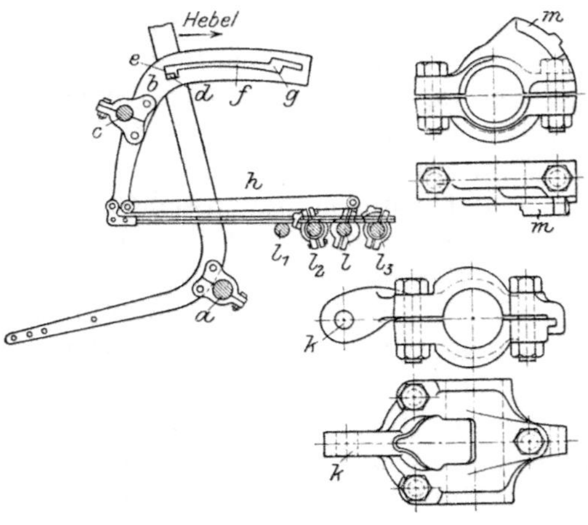

Fig. 248.

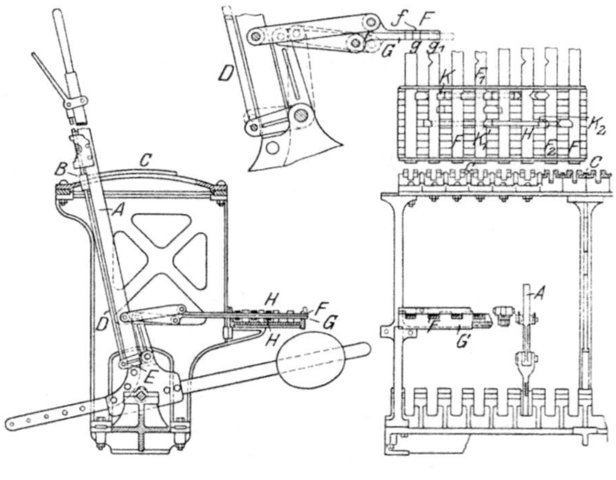

Fig. 249.

wird, und Hebelverschluß (lever locking), bei dem die Verschlußwirkung erst mit der Bewegung des Hebels beginnt. Die Verschlußregister liegen gewöhnlich unter dem Fußboden der Stellwerkgebäude und bestehen aus Schub- und Riegelstangen mit Einschnitten und Knaggen, oder aus Riegelstangen und Verschlußwellen mit Einschnitten und Knaggen. Fig. 247 stellt das wagerecht unter dem Fußboden eines Stellwerkgebäudes liegende Verschlußregister für 9 Hebel dar, an denen die Riegelstangen 1—9 befestigt sind. Die Riegelstangen haben Einschnitte von verschiedener Größe, in die je nach der erforderlichen Verriegelung die Verschlußknaggen *A*—*K* treten, die an den senkrecht zu den Riegelstangen geführten Schubstangen sitzen.

Fig. 248 ist ein Teil eines Verschlußregisters mit Verschlußwellen. Die Hebel sind auf einer durchlaufenden Drehachse *a* gelagert und haben Führungsbogen *b*, die auf einer Drehachse *c* sitzen. Wenn der Hebel umgelegt wird, drückt der Stift *d* den Führungsbogen *b* herunter, tritt hier aus der Vertiefung *e* in dem Schlitz und gleitet in dem Schlitz bis zu der Erweiterung *g*, worauf ein weiteres Niederdrücken des Führungsbogens erfolgt. Durch den Niedergang des Führungsbogens werden Lenkstange *h* und Riegelstange *i* von rechts nach links bewegt. Die Lenkstange *h* greift an einem Kurbelzapfen *k* der Verschlußwelle *l* an, auf der Verschlußstücke mit Knaggen *m* sitzen, die in Einschnitte der Riegelstange *i* treten. Zu jedem Hebel gehört eine Verschlußwelle, *l* gehört zu dem gezeichneten Hebel, l^1, l^2 und l^3 gehören zu anderen Hebeln.

Fig. 249 stellt einen älteren Handfallen-Verschluß von Sacby & Farmer dar, der von der Great Northern-Gesellschaft verwendet wird. *A* ist ein Signal- oder Weichenhebel, *B* die Handfalle mit Wurmfeder zur Feststellung des Hebels in seinen Endlagen im Führungsbogen *C*. Die Handfalle *B* ist als Stange *D* nach unten verlängert und an das eine Ende eines Kniehebels *E* angeschlossen, dessen anderes Ende

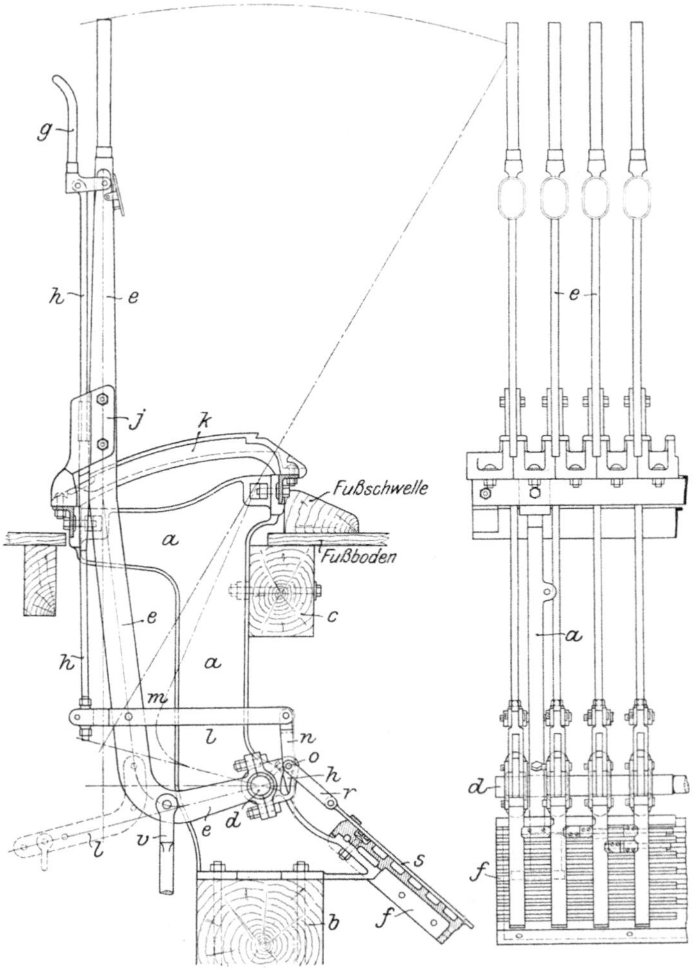

Fig. 250.

mit einer Lenkstange an einem mit Einklinkungen versehenen Schieber *G* des Verschlußregisters angreift. Ein zweiter Schieber *F* mit Einklinkungen, der über *G* liegt, ist durch eine Lenkstange mit dem Hebel verbunden. Senkrecht zu den Schiebern *F* und *G* liegen die von anderen Hebeln bewegten Riegelstangen *H*. Durch Andrücken der Handfalle wird die Feststellung in Führungsbogen *C* aufgehoben, *G* so gegen *F* verschoben, daß in der Stellung der Einklinkungen gewisse Änderungen entstehen, die die Herstellung der durch die nachfolgende Verschiebung der Riegelstangen *H* zu bewirkenden Verschlüsse einleiten.

Fig. 250 veranschaulicht einen neueren Handfallenverschluß, Patent Dutton. Das Stellwerk wird von eisernen Böcken *a* getragen, die auf einem Tragbalken *b* stehen und sich gegen einen Fußbodenträger *c* legen, *d* ist die Drehachse der Hebel *e*, *f* der Verschlußkasten. Wenn die Handfalle *g* angefaßt wird, hebt sich die Stange *h* und mit ihr der Feststellknaggen *i* aus dem Führungsbogen *k*, so daß der Hebel *e* umlegbar ist. Durch Hebung der Stange *h* wird der in *m* drehbar mit dem Hebel *e* verbundene Stab *l* am rechten Ende gesenkt, wobei der Stab *n* den mit der Rolle *o* in einem Schlitz gleitenden Schieber *r* bewegt, so daß feindliche Hebel festgelegt werden. Beim Umlegen des Hebels *e* hebt sich *r* zunächst wieder etwas, geht aber am Ende der Bewegung beim Loslassen der Handfalle noch weiter herunter als zuvor, so daß die Verriegelung oder Freigabe anderer Hebel vollständig wird.

Eine Vorrichtung mit Hebelverschluß ist oben in Fig. 249 schon dargestellt. Eine andere derartige Vorrichtung von Evans-O'Donnell zeigt Fig. 251. Mit dem

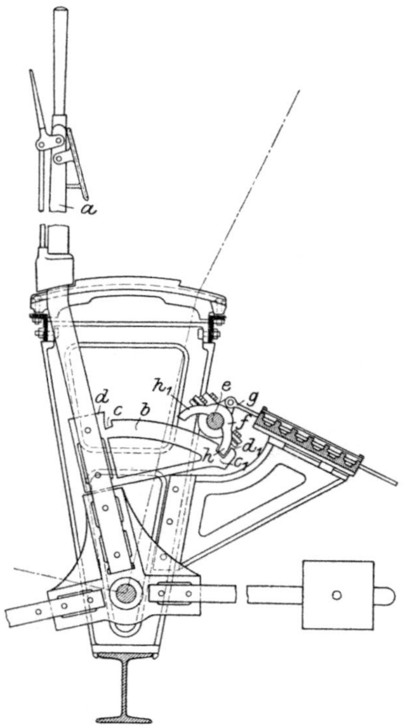

Fig. 251.

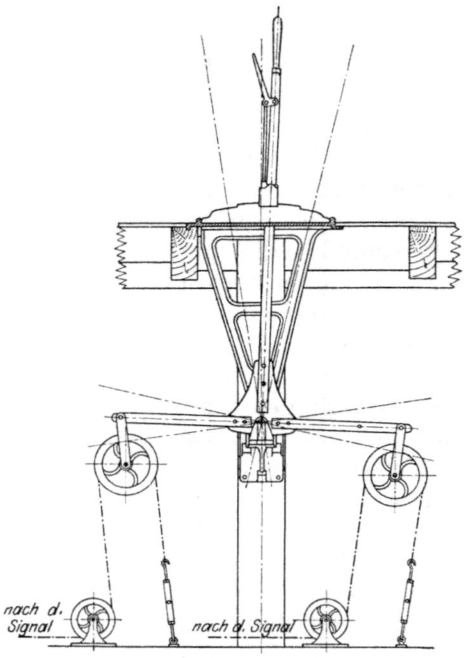

Fig. 252.

Hebel *a* ist ein Bogen *b* mit Einschnitten *c* und c^1 und Erhöhungen *d* und d^1 verbunden. Auf der Achse *e* reitet eine gabelförmige Klinke *f*, an der die Schieberstange *g* befestigt ist. Wenn der Hebel umgelegt wird, dreht sich die Klinke *f* und ihr Ende *h* tritt aus dem Einschnitt c^1, wodurch die Verriegelung feindlicher Hebel eingeleitet wird. Beendigt wird sie dadurch, daß beim Umlegen des Hebels *a* der Vorsprung *d* schließlich gegen das Klinkenende h^1 stößt und die Klinke nochmals dreht.

Verschiedene Vorrichtungen sind erdacht, um an Hebeln zu sparen, von denen zunächst der Umschlaghebel zu erwähnen ist, in England „Push and Pull" Lever genannt. Fig. 252 stellt einen solchen Umschlaghebel in seiner mittleren Ruhelage dar, mit dem zwei Signale gestellt werden können, je nachdem der Hebel nach links oder rechts gedreht wird. Die London and South Western-Gesellschaft verwendet den sog. Simplex-Hebel, mit dem eine Weiche verschlossen und zwei Signale gestellt werden können. In den Figg. 253 und 254 ist diese

Einrichtung für eine Abzweigung mit zwei Innensignalen *L* und *M* gezeichnet. Durch den Kasten *A* mit der Verschlußstange H^1, dessen Deckel *V* abgehoben gezeichnet ist, treten der mit zwei Daumen versehene Verschlußbolzen *B* und die zwei mit Einschnitten versehenen Gleitstücke *C* und *D*. Je nachdem die Weiche für den geraden oder krummen Strang gestellt wird, greift ein Daumen des durch die Verschlußstange H^1 tretenden Verschlußbolzens *B* in den Einschnitt des Gleitstückes *C* oder *D* und kuppelt das Signal *M* oder *L* mit dem Stellhebel. Die Einrichtung hat den Nachteil, daß die Signale nicht in die Haltlage zurückgebracht werden können, solange die Weiche befahren wird.

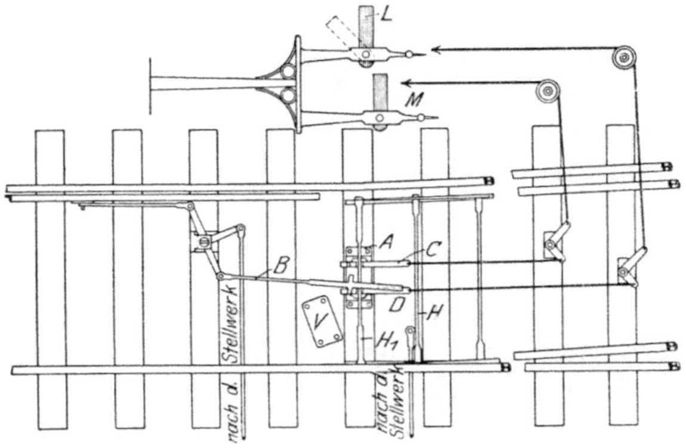

Fig. 253.

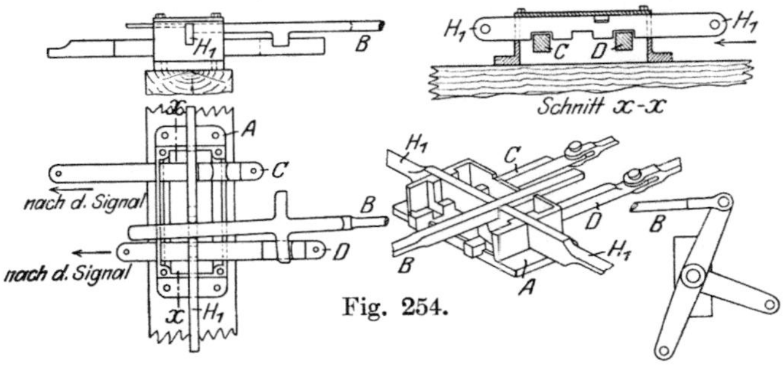

Fig. 254.

Eine andere Einrichtung, bei der eine größere Anzahl von Signalen mit einem Hebel gestellt werden kann, zeigt Fig. 255. Die vier zu den Gleisen 1—4 gehörigen Signale *a*, *b*, *c* und *d* werden mit einem einzigen Hebel gestellt, durch dessen Bewegung jedesmal infolge eigenartiger Schaltungen das zu einem der vier Gleise gehörige Signal erscheint. Der Signalhebel *e*, der einen Weichenhebel *f* verdeckt, trägt an seinem unteren Ende eine Kettenrolle g^1, über die eine an Balken *i* befestigte Kette *h* gezogen ist. Auf die Kette *h* sind zwei andere Rollenpaare g^2/g^4 und g^3/g^5 gelegt, deren untere Rollen g^4 und g^5 an Ketten die vier in die Signalleitungen eingeschalteten Riegelstangen l^1, l^2, l^3 und l^4 tragen. An jeden Weichenhebel *f* ist eine Stange *o*, o^1 oder o^2 gehängt, mit Armen o^3 und Gleitstücken *q*, q^1 und q^2 für die Herstellung der Abhängigkeiten. Die Gleitstücke *q*, q^1 und q^2 sind gebogen und passen in Löcher der eigentümlich gekrümmten Riegelstangen *r*, r^1 und r^2. Wenn ein Weichenhebel umgelegt wird, hebt sich ein

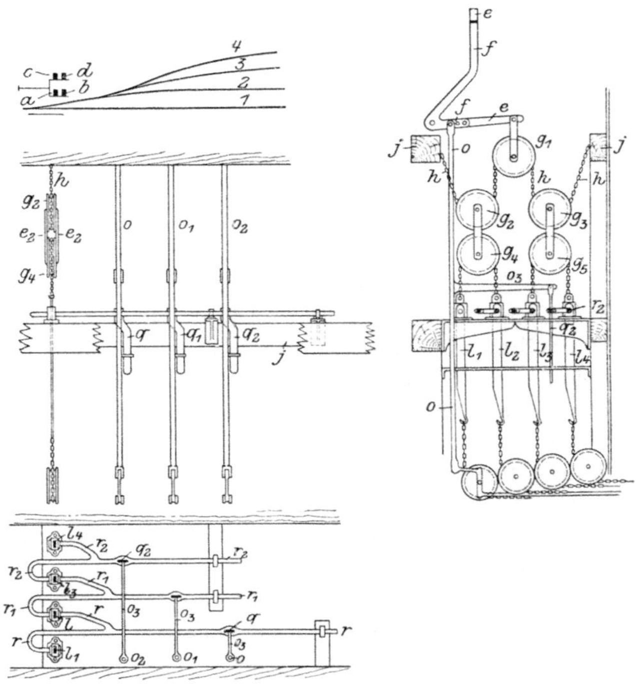

Fig. 255.

Arm o^3 mit einem Gleitstück q, q^1 oder q^2, das infolge seiner gebogenen Form eine Riegelstange r, r^1 oder r^2 nach rechts schiebt und hierdurch das entsprechende Signal entriegelt, während die übrigen verschlossen bleiben. In Cleethorpes auf der Great Central-Bahn werden in dieser Weise sieben verschiedene Signale mit einem Hebel gestellt.

4. Stellwerkgebäude.

Die neueren Stellwerkgebäude in England sind meistens hell und geräumig, haben Heizvorrichtungen, Gas- und Wasserleitung, Aborte, bisweilen auch Kocheinrichtungen. Einige Fenster können geöffnet werden, damit der Weichensteller mit außerhalb des Gebäudes befindlichen Personen sprechen kann. Bei der London and North Western- und der Lancashire and Yorkshire-Gesellschaft haben die Gebäude für Hebelzahlen von zehn zu zehn die nachstehend angegebenen Längen; die Zwischenzahlen sind weggelassen.

Zahl der Hebel	London and North Western-Gesellschaft	Lancashire and Yorkshire-Gesellschaft
10	2,75	4,30
20	4,90	5,70
30	6,55	6,95
40	8,00	8,25
50	9,85	9,65
60	11,80	10,95
70	13,40	12,30
80	14,85	13,60
90	16,50	15,00
180	29,40	—

Die	Great Western-Gesellschaft	gibt	dem	Gebäude	Stellwerklänge	+ 3,05 m,
,,	Great Central-	,,	,,	,,	,,	,, + 1,83 m,
,,	Great Eastern-	,,	,,	,,	,,	,, + 2,44 m,
,,	Northern Counties-	,,	,,	,,	,,	,, + 2,13 m.

Die Breite der Gebäude ist gewöhnlich 3,66 m, vereinzelt auch 3,05 m. Der Fußboden liegt gewöhnlich 2,44 m über Schienenoberkante, wenn das Gebäude unmittelbar an den Hauptgleisen steht, 3,66 oder 4,27 m, wenn zwischen dem Gebäude und dem zugehörigen Hauptgleise ein Nebengleis liegt, auf dem bedeckte Güterwagen verkehren. Wenn der Weichensteller in Ausnahmefällen über eine Brücke hinwegsehen soll, ist die Höhe bis 7,3 m, doch wird diese große Höhe für sehr unzweckmäßig gehalten wegen der großen Kosten der Gebäude und der großen Höhe, in welcher der Weichensteller sich über den Zügen befindet, weil ihm die Verständigung mit den Zugmannschaften und das Erkennen der Zugsignale erschwert werden.

Die Gebäude werden entweder ganz massiv, oder im unteren Teile massiv, im oberen Teile aus Holz hergestellt, ganz aus Holz nur dann, wenn sie auf frisch geschüttete Dämme gesetzt werden oder vorübergehenden Zwecken dienen. Wenn wenig Platz vorhanden ist, wird der Unterbau auch wohl aus Eisen hergestellt. Fig. 256 stellt ein massives Stellwerkgebäude der Great Northern-Gesellschaft dar. Fig. 257 veranschaulicht ein Stellwerkgebäude zwischen zwei Gleisen, deren geringer Abstand die Herstellung eines eisernen Unterbaues ratsam erscheinen ließ. Das Obergeschoß ist breit genug für zwei Stellwerke.

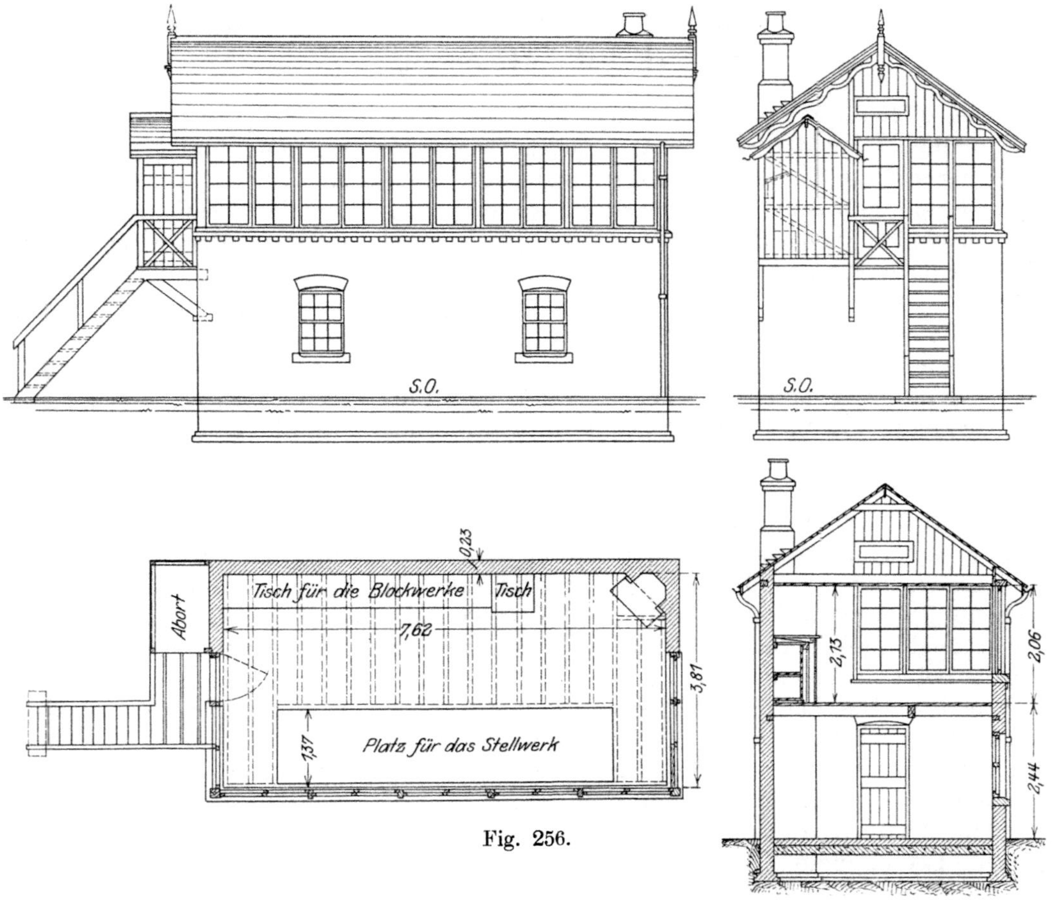

Fig. 256.

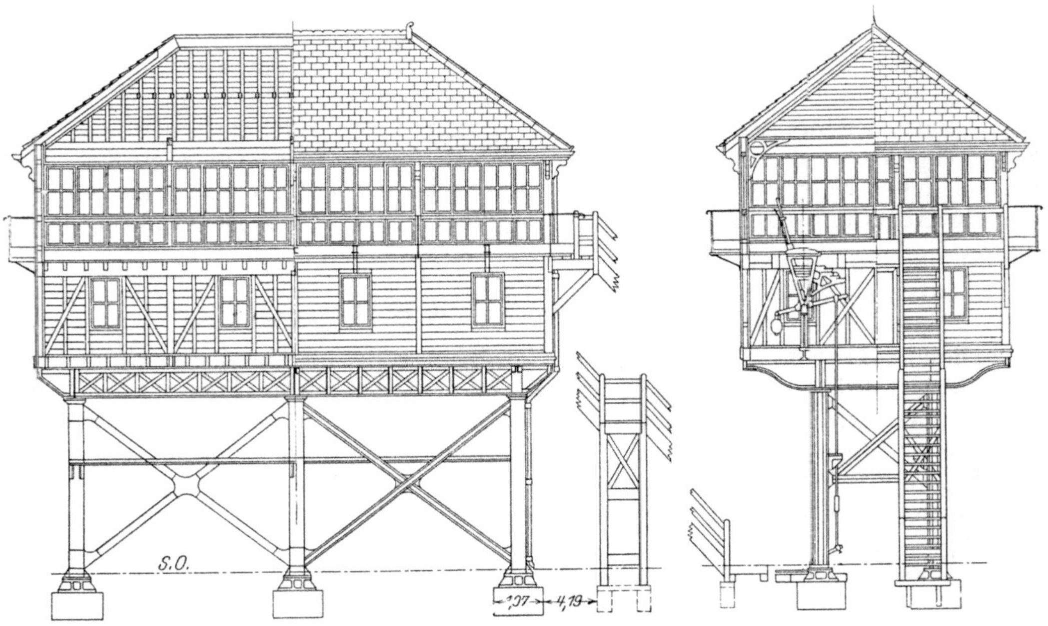

Fig. 257

e) Weichen- und Signalstellwerke mit Kraftantrieb (Kraftstellwerke).

Wer sich öfter davon überzeugt hat, daß eine große Kraftanstrengung nötig ist, um die Hebel der englischen Handstellwerke zu bewegen, findet die neuerdings hervortretenden Bestrebungen erklärlich, die darauf abzielen, die Menschenkraft durch eine andere Betriebskraft zu ersetzen. Das Bestreben, den verantwortungsvollen Dienst der Weichensteller durch Herabminderung der zu leistenden körperlichen Arbeit zu erleichtern, ist aber nicht der alleinige Grund, daß die Kraftstellwerke anfangen, sich in England einzubürgern, man will auch durch selbsttätige Rückmeldung und dauernde Überwachung der richtigen Stellung der Signale und Weichen, die bei Kraftstellwerken leicht zu erreichen ist, eine größere Betriebssicherheit erzielen, als sie Handstellwerke bieten können. Auch kann bei Verwendung von Kraftantrieben die Entfernung vergrößert werden, auf die Weichen und Signale gestellt und überwacht werden können, was in den Vorschriften der Aufsichtsbehörde zum Ausdruck kommt, die bei Kraftstellwerken für Spitzweichen in Hauptgleisen eine Entfernung von 274,3 m zulassen, statt 228,6 m bei Handstellwerken. Hierdurch kann eine weitgehende Vereinigung der Stellvorrichtungen erzielt werden, die wiederum eine Verminderung der Zahl der Bedienungsmannschaften zuläßt. Bei gleicher Zahl der zu bedienenden Weichen und Signale erfordern Kraftstellwerke weniger Platz als Handstellwerke, was gerade bei den beschränkten Platzverhältnissen auf vielen englischen Bahnhöfen wichtig ist. Die Leitungen können bequem unterirdisch verlegt werden, was die Bahnhöfe von Hindernissen befreit, die den Beamten und Arbeitern wiederholt gefährlich geworden sind, deren Beseitigung die Aufsichtsbehörde daher auf verkehrsreichen Bahnhöfen dringend befürwortet.

Die flotte Betriebsführung auf den englischen Bahnen verlangt ferner eine schnelle Bedienung der Stellwerke, wie sie bei Kraftstellwerken möglich ist. Endlich wird der Bau der Stellwerke bei der Verwendung von Kraftantrieben dadurch erleichtert, daß für die Leitungen keine Führungen und Ausgleichvorrichtungen nötig sind, gekrümmte Leitungen sich leichter herstellen lassen. Diesen Vorteilen stehen höhere Anlagekosten gegenüber.

Als Triebkraft zur Weichen- und Signalbedienung in Stellwerken wird in England neuerdings nur noch Preßluft mit Hoch- und Niederdruck und Elektrizität angewandt, Preßwasser hat sich nicht bewährt. Die Triebkraft wird von einer Zentralstelle den einzelnen Weichen und Signalen durch Leitungen zugeführt, steht also in deren Nähe stets zur Verwendung bereit, so daß im Stellwerk nur noch die zur Auslösung der Betriebskräfte erforderlichen Steuerungseinrichtungen enthalten sind.

1. Preßluftstellwerke mit Hochdruck.

Diese Stellwerke sind durch die Westinghouse-Bremsengesellschaft in England eingeführt worden. Durch Luftpumpen, die von irgend einer passenden Bauart sein können, wird Preßluft von 4,5 bis 5 Atm. Spannung hergestellt, und in einem Niederschlagbehälter strömt die Preßluft unter nochmaligem Niederschlagen von Feuchtigkeit durch enge Kühlrohre in einen Haupt-Luftbehälter, dann durch Rohrleitungen zu den Hilfs-Luftbehältern der Stellvorrichtungen an den Weichen und Signalen.

Die Steuerung der Stellvorrichtungen, deren wesentlicher Bestandteil ein Hin- und Hergehen der Kolben ist, erfolgt vom Stellwerk aus durch Elektrizität von 12 bis 14 Volt Spannung.

Fig. 258 ist ein Schnitt durch eine Stellvorrichtung eines Signals, die gewöhnlich unten oder in mittlerer Höhe am Signalmast angebracht wird. *a* ist der Zylinder mit dem Triebkolben *b*, *c* ein Elektromagnet mit Anker *d*, *e* eine Ventilkammer mit Spindelventil, dessen Stange unter Bildung je eines zweiten Ventilsitzes in die Ankerstange des Elektromagneten übergeht. Die Preßluft tritt bei *f* ein und drückt, solange kein Strom durch die Wickelungen des Elektromagneten geht, das Spindelventil auf seinen Sitz in der Ventilkammer *e* und das obere Ventil von seinem Sitz ab, so daß durch die Öffnung *g* spannungslose Luft über den Kolben getreten ist. Wird durch die Wickelungen des Elektromagneten ein Strom gesandt, geht der Anker mit seiner Stange herunter, das obere Ventil wird geschlossen, das untere dafür geöffnet, so daß die Preßluft durch den Kanal über den Kolben tritt und das Signal auf Fahrt stellt. Nach Aufhörung der Magnetwirkung schließt sich das untere, öffnet sich das obere Ventil wieder, so daß die Preßluft durch die Kanäle *h* und *g* ins Freie entweichen und das Gegengewicht am Signalmast den Signalflügel wieder in die Haltlage bringen kann.

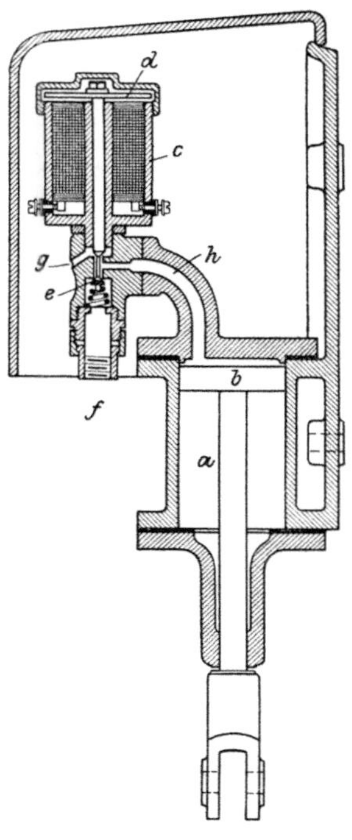

Fig. 258.

Die Stellvorrichtung einer Weiche (Fig. 259) hat zwei Elektromagneten mit zweispitzigen Spindelventilen, einen Doppelkolben zur Steuerung und einen einfachen Triebkolben. Die Preßluft tritt durch den Einlaßkanal *a* in die Schieberkammer *b*, die immer mit Preßluft gefüllt ist. Ein Magnet steht immer unter Strom; in der Zeichnung der linke, so daß der Steuerkolben nach rechts gegangen ist, den Einströmungskanal *c* frei macht und oben Preßluft in den Stellzylinder eingelassen hat, wodurch der Stellkolben heruntergegangen ist. Die Weiche wird also in der entsprechenden Endstellung festgehalten. Soll die Weiche umgestellt werden, so wird an Stelle des linken der rechte Elektromagnet magnetisiert, aus der Schieberkammer *b* tritt von rechts Preßluft hinter den Steuerkolben, links wird die Verbindung mit der Außenluft hergestellt, der Steuerkolben geht nach links, läßt Preßluft unter den Stellkolben treten, verbindet den Raum über dem Stellkolben durch den Kanal *c* mit der Außenluft, worauf die Weiche umgestellt wird. Wenn beide Magneten gleichzeitig magnetisiert werden oder entmagnetisiert werden, tritt keine Änderung ein, die Zufuhr der Preßluft bleibt in der gerade vorhandenen Weise bestehen, die Weiche wird in ihrer vorhandenen Lage an die Backenschienen gedrückt. Beim Aufschneiden einer Weiche tritt die Preßluft in die Hauptleitung zurück und bringt den Stellkolben nach Durchgang des Fahrzeuges wieder in seine vorherige Lage, wirkt also als elastisches Zwischenmittel

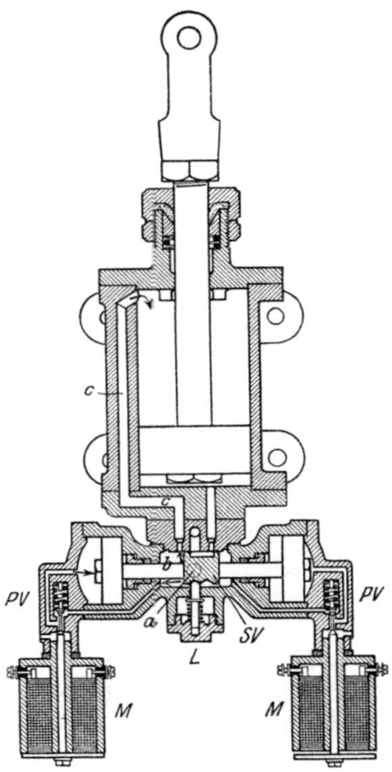

Fig. 259.

und verhindert Zerstörungen an den Einrichtungen. Mit den Stellvorrichtungen sind elektrische Schaltvorrichtungen verbunden, die nach beendigter Signal- oder Weichenbewegung einen Rückmeldestrom einschalten, um dem Weichensteller das Ergebnis zu melden. Fig. 260 stellt dar, wie eine solche Einrichtung mit einer Spitzweiche verbunden wird. *a* ist die Preßluftleitung, *b* der Hilfs-Luftbehälter, der durch einen Schlauch *c* mit der Stellvorrichtung *d* verbunden ist, um die Erschütterungen möglichst unschädlich zu machen. *e* ist der mit der Fühlschiene verbundene Verschlußbolzen, *f* der Rückmeldeschalter.

Auf die Einzelheiten des Stellwerks soll hier nicht näher eingegangen werden. Gewöhnlich besteht es aus einem Tisch, auf dem Stromschlußstreifen aus Phosphorbronze angebracht sind, die durch Drahtleitungen mit den verschiedenen Polen der Signal- und Weichenantriebe in Verbindung stehen. Quer zu den Stromschlußstreifen sind wagerechte Rollen aus Hartgummi angeordnet, die durch die Hebel gedreht werden können und an denen ebenfalls Stromschlußstreifen angebracht sind, die bei gewissen Lagen der Rollen die auf dem Tische befindlichen Streifen berühren, wodurch die nach den Weichen- und Signalantrieben führenden

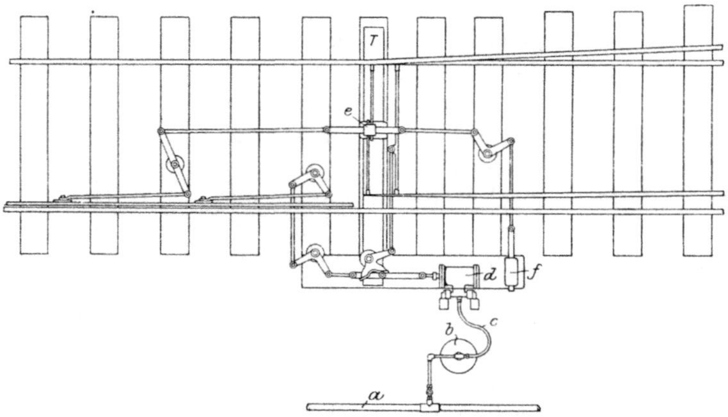

Fig. 260.

Stromkreise geschlossen werden. Um die zwischen den Weichen und Signalen erforderlichen Abhängigkeiten herzustellen, sind die Hebel in ähnlicher Weise, wie bei Handstellwerken, mit einem Verschlußregister verbunden.

Es sind Einrichtungen getroffen, die gewährleisten, daß die Signalhebel erst bewegt werden können, wenn die zugehörigen Weichen tatsächlich umgestellt sind. Der elektrische Rückstrom kann erforderlichenfalls durch eine größere Zahl von Weichen geleitet werden; die durch ihn unter Verschluß gehaltenen Signalhebel können erst freigegeben werden, wenn alle Weichen richtig gestellt sind. Mit dem Umlegen eines Signalhebels werden alle zugehörigen Weichenhebel verriegelt, wie bei Handstellwerken.

Die Fig. 261 bis 265 stellen übersichtlich die Vorgänge dar, die sich beim Stellen eines Signals abspielen. Der Stellhebel ist in diesem Falle ein Umschlaghebel, d. h. mit ihm können zwei verschiedene Signale gestellt werden, je nachdem er aus seiner Ruhelage (Fig. 261) nach links oder rechts bewegt wird. In den Figuren ist dargestellt, wie durch die Rechtsbewegung des Hebels das am weitesten rechts stehende Signal gestellt wird. Der Stromschließer *A* gehört zum Signal *B*, der Stromschließer *C* zum Signal *D*. *E* ist ein Elektromagnet, *F* der Stellhebel, *G* das Verschlußregister. In der Ruhelage fließt kein Strom in den Leitungen, weil der Strom zum Stellen bei *A* und *C*, der Strom zur Überwachung

(Rückmeldung) an der Handfalle unterbrochen ist. Durch Anfassen des Hebels und Andrücken der Handfalle (Fig. 262) wird zunächst der Überwachungsstrom eingeschaltet, er fließt durch die Elektromagneten *E*, die Stromfließer an den

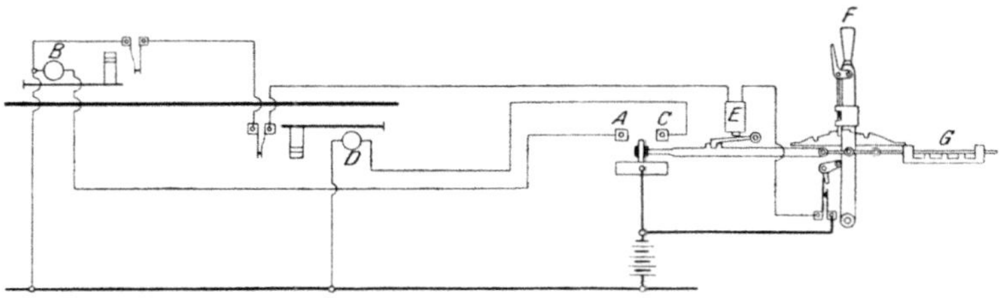

Fig. 261.

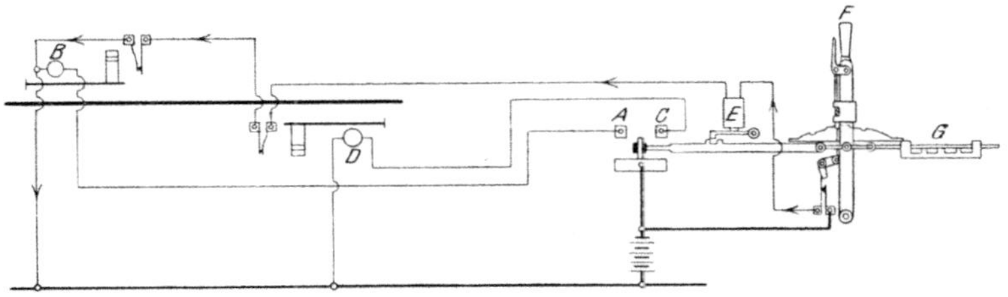

Fig. 262.

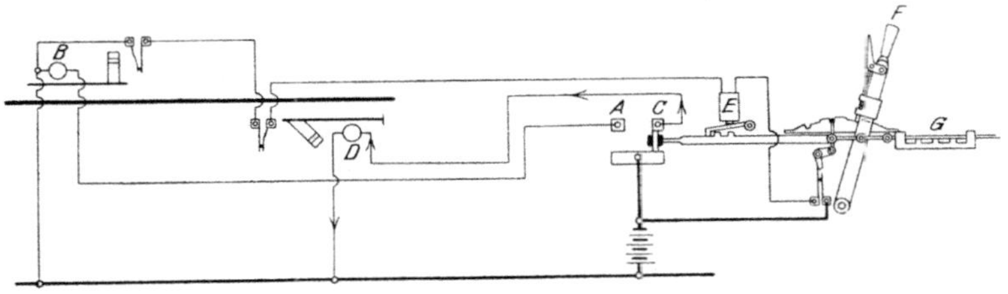

Fig. 263.

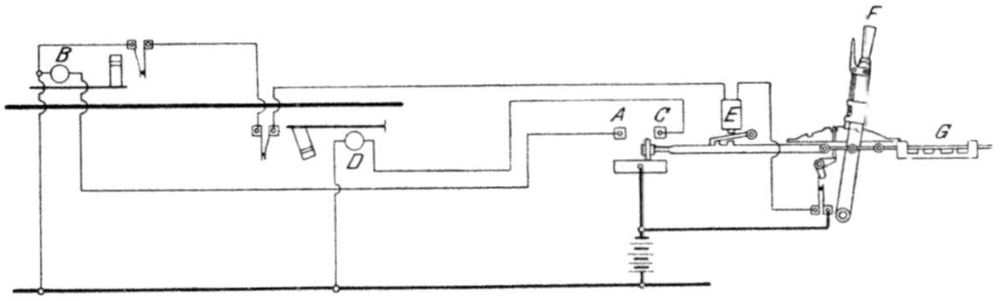

Fig. 264.

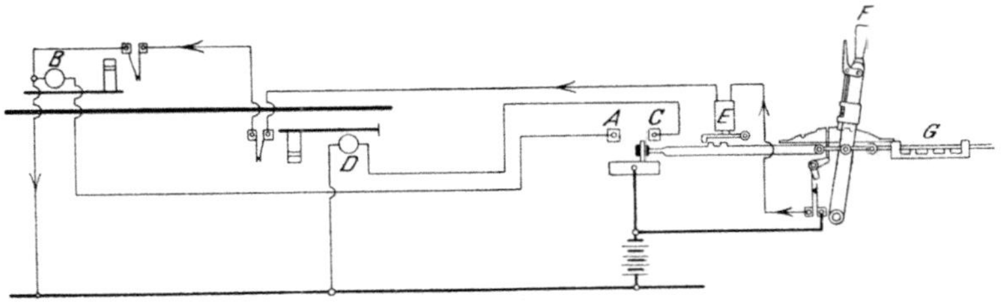

Fig. 265.

Signalen und zur Batterie zurück. Der Elektromagnet zieht seinen Anker an, der Stellhebel wird frei und kann in die Lage (Fig. 263) gebracht werden, wodurch ein Stromschluß bei *C* hergestellt und die Stellvorrichtung des Signales *D* betätigt wird. Das Signal wird auf Fahrt gestellt, gleichzeitig ein Stromschluß im Rückmeldestrom am Signalarm unterbrochen, wodurch E entmagnetisiert wird, so daß sein Anker abfällt. Die hierdurch eintretende Hemmung gestattet eine

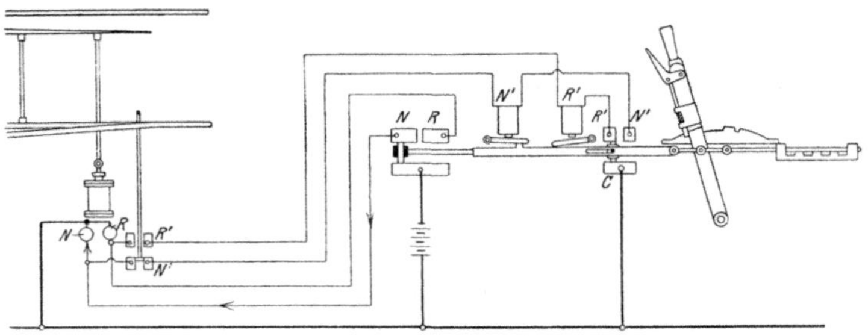

Fig. 266.

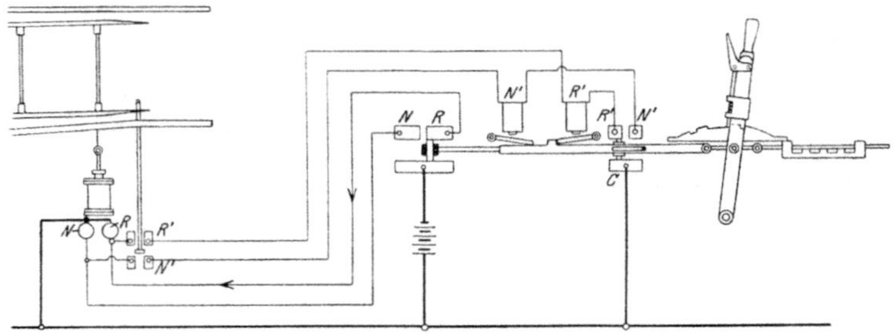

Fig. 267.

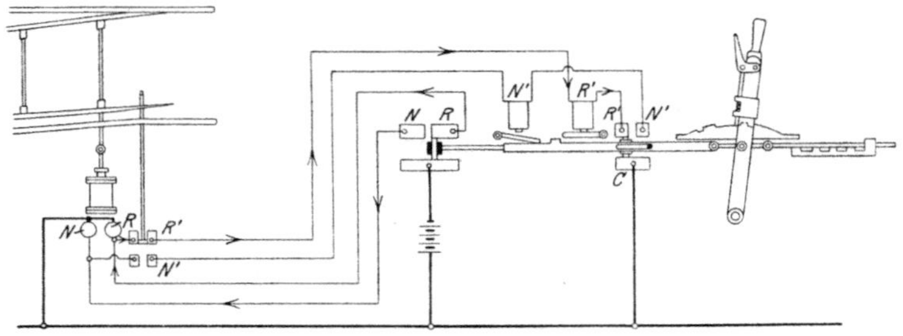

Fig. 268.

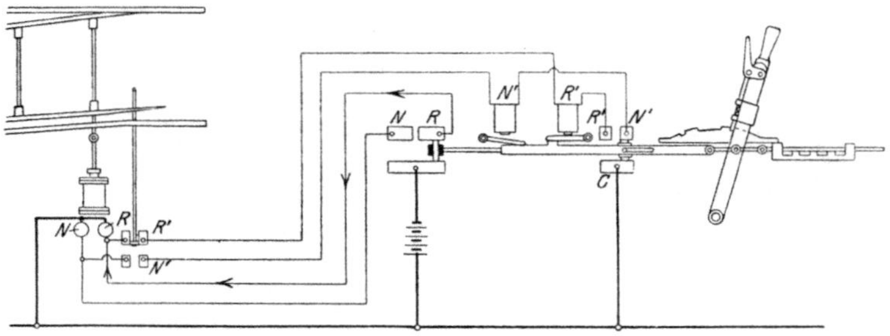

Fig. 269.

geringe Rückwärtsbewegung des Hebels (Fig. 264), groß genug, um den Stromschluß bis C wieder aufzuheben und das Signal in die Haltstellung zurückzulegen. Hierbei wird der Rückmeldestrom wieder geschlossen, E von neuem magnetisiert, der Hebel ganz frei, so daß er weiter zurückgelegt werden kann (Fig. 265), um endlich wieder in die Lage (Fig. 261) zu kommen, in der auch der Stromschluß an der Handfalle wieder aufgehoben ist.

Die Fig. 266 bis 269 stellen die Vorgänge beim Umstellen einer Weiche dar. C ist ein Umschalter, N, R, N^1 und R^1 sind Stromschließer und Elektromagnete im Stellwerk. Die einzelnen zusammenarbeitenden Teile sind mit gleichen Buchstaben verschiedener Größe bezeichnet. Fig. 266 stellt die Ruhelage der Weiche für den geraden Strang, Fig. 269 die für den krummen Strang dar. Die Fig. 267 und 268 veranschaulichen die beim Umstellen der Weiche eintretenden Vorgänge. Der Hebel ist, sofern er nicht durch mechanische Verschlüsse in dem Register festgehalten wird, auf $^2/_3$ seines Weges frei beweglich, dann tritt eine Hemmung ein, die erst nach dem Eintreffen der Rückmeldung über das beendigte Umstellen aufgehoben wird, worauf der Hebel ganz umgelegt werden kann. Die in den einzelnen Hebel- und Weichenlagen gebildeten Stromschlüsse und Stromkreise sind in den Figuren so deutlich angegeben, daß die Vorgänge ohne weiteres klar sein dürften.

Fig. 270 veranschaulicht die Verbindungen zwischen dem Weichen- und Signalhebel, die nötig sind, um an einer einfachen Abzweigung das gleichzeitige Stellen feindlicher Signale auszuschließen. Die B-Signale schließen die F-Signale aus, daher wird der Signalhebel aus seiner Mittelstellung nach links gelegt, um die B-Signale zu stellen, nach rechts, um die F-Signale zu stellen. Ob hierbei das Signal B^1, B^2, F^1 oder F^2 erscheint, hängt von der Lage der Weiche ab. Die Leitungen des Rückmeldestromes sind nicht mit gezeichnet.

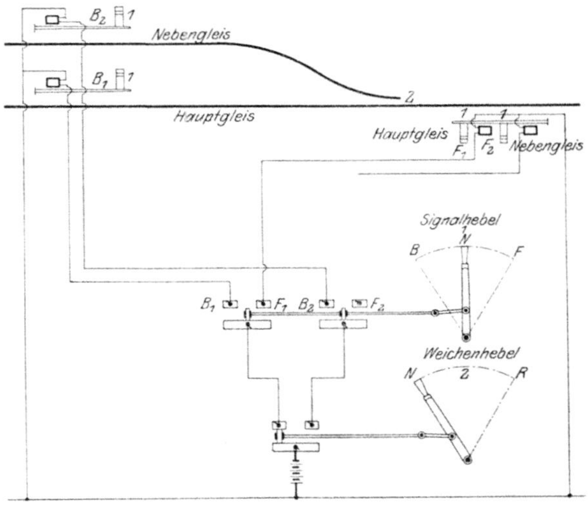

Fig. 270.

Die Westinghouse-Stellwerke werden u. a. seit 1899 von der Great Eastern-, North Eastern- und Lancashire and Yorkshire-Gesellschaft mit Erfolg verwandt.

Die Great Eastern-Gesellschaft hat 1899 ein solches Stellwerk mit 37 Hebeln zum Stellen von 25 Signalen, 43 Weichen und 3 Fühlschienen an der Einfahrt zum Bishofsgate-Güterbahnhof in London hergestellt, wo ein lebhafter Zug- und Rangierverkehr stattfindet. Die North Eastern-Gesellschaft hat vor einigen Jahren eine umfangreiche Anlage im Tyne Dock bei Newcastle eingerichtet, die aus vier verschiedenen Stellwerken mit $35 + 71 + 35 + 23 = 164$ Stellhebeln und einer Anzahl Reservehebel bestehen. Mit den drei an den Hauptstrecken liegenden Stellwerken mit $35 + 71 + 35 = 141$ Stellhebeln und 14 Reservehebeln werden 139 Signale und 2 Signalverschlüsse, 122 Weichen, Weichenverschlüsse und Fühlhebel bedient. Das vierte Stellwerk mit 23 Hebeln liegt auf einem Zechenbahnhofe und dient zum Stellen von 8 Weichen, 16 Signalen und 4 Wegeschranken. Die North Eastern-Gesellschaft hat ferner neuerdings eine größere derartige Stellwerksanlage auf dem Bahnhof Huhl eingerichtet. Die Lancashire and Yorkshire-Gesellschaft besitzt eine größere Anlage an der südlichen Einfahrt zum Bahnhof Bolton mit 76 Stellhebeln, 7 Reservehebeln und einem Stellwerkbezirk, in dem sich 30 Weichen, 15 Weichenverschlüsse, 2 Fahrstraßenverschlüsse und 98 Signale befinden.

2. Preßluftstellwerke mit Niederdruck.

Diese von der British Pneumatic Railway Signal Company in London auf mehreren größeren englischen Bahnen eingeführten Stellwerke unterscheiden sich von den Westinghouse-Hochdruck-Stellwerken dadurch, daß die Weichen und Signale mit Preßluft von nur 1 Atm. Überdruck gestellt werden, die Steuerung durch Preßluft von nur 0,5 Atm. Überdruck geschieht, die im wesentlichen dieselben Aufgaben zu erfüllen hat, wie die Elektrizität bei Westinghouse.

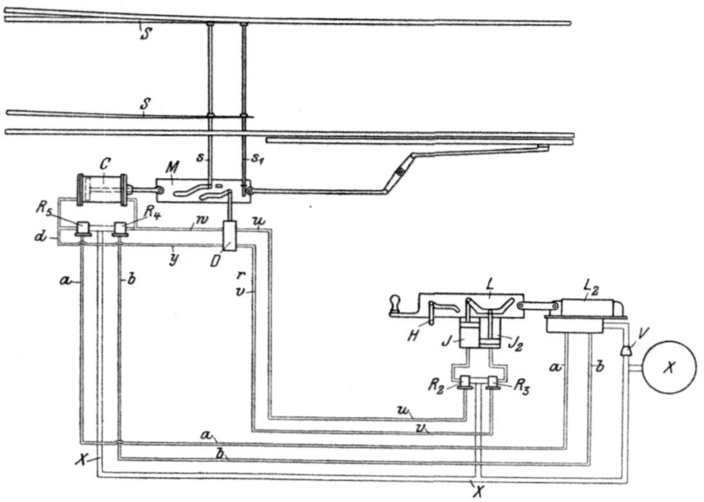

Fig. 271.

Die Arbeitsleitungen sind in der Ruhestellung ohne Pressung, weil sie mit der Außenluft verbunden sind; Preßluft wird nur dann in die Arbeitsleitungen eingelassen, wenn eine Weiche oder ein Signal gestellt werden soll oder eine Rückmeldung zu machen ist. Nur die erste Hälfte der Hebelbewegung beim Stellen der Weichen und Signale wird durch den Weichensteller vollzogen, während die zweite, wenn alles in Ordnung ist, selbsttätig erfolgt und durch ihre Beendigung dem Wärter die erfolgte Umstellung der Weiche oder des Signals zurückmeldet. Die zur Steuerung verwandte Preßluft von 0,5 Atm. Überdruck wird mittels eines Druckreglers aus der Preßluft von 1,0 Atm. Überdruck hergestellt.

Fig. 271 stellt die zum Stellen einer Weiche erforderlichen Einrichtungen übersichtlich dar. *S* und *S* sind die Weichenzungen, *s* ist die Stellstange, s^1 die

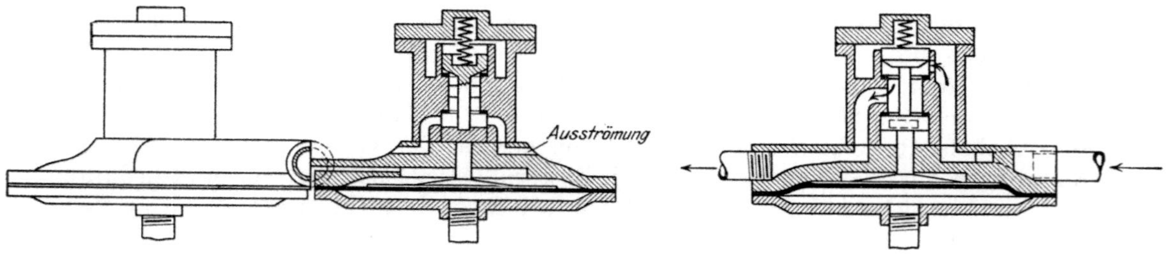

Fig. 272.

Verschlußstange, *M* ein Stellschloß, *C* der Stellzylinder, *D* der Rückmeldeschieber, R^2, R^3, R^4 und R^5 sind Steuerventile, *X* ist der Luftbehälter mit Hauptleitung, *a* und *b* sind die Stellleitungen, *u* und *v* die Rückmeldeleitungen, *d*, *w* und *y* Verbindungsleitungen, *L* ist der Stellschieber, L^2 der Verteilungsschieber, *V* der Druckregler, *H* das Verschlußregister, *J* und J^1 sind die Rückmeldezylinder. Jedes Steuerventil ist mit einer Biegehaut versehen, durch deren Bewegung das Ventil geöffnet und geschlossen wird (Fig. 272). Um die Weiche umzulegen, zieht der Weichensteller den Schieber *L* an dem Handgriff nach links. Hierdurch wird

Preßluft aus dem Luftbehälter durch den Druckregler V, den Verteilungsschieber L^2, die Leitung a nach dem Steuerventil R^5 geleitet, das sich öffnet und Preßluft aus der Hauptleitung X links hinter den Kolben im Zylinder C treten läßt, der anfängt, sich nach rechts zu bewegen. Nun wird aber der Schieber L, nachdem er einen gewissen Weg zurückgelegt hat, durch den Kolben J^2 gehemmt, was aber die Rechtsbewegung des Kolbens im Stellzylinder C nicht aufhält. Der Kolbenweg in C kann in drei Teile geteilt werden, nach der Form des Einschnittes im Stellschloß M. Im ersten Drittel wird die Weiche nicht bewegt, sondern nur entriegelt, ferner werden im Rückmeldeventil D die Leitungen W und Y geschlossen, während u und v mit der Außenluft verbunden bleiben. Im zweiten Drittel wird die Weiche umgestellt, im Ventil D nichts geändert, im letzten Teile die Weiche verschlossen und die Leitung Y mit V verbunden. Nunmehr dringt Preßluft durch R^5, d, y, v nach Ventil R^3, das Preßluft in den Zylinder J^2 treten läßt, dessen Aufwärtsbewegung das Umstellen zurückmeldet, den Schieber L weiter nach links treibt und hiermit seine Bewegung beendigt. L^2 wird mitgenommen und öffnet die Leitung a wieder, worauf R^5 wieder vom Druck entlastet wird und alle vier Leitungen a, b, u und v wieder mit der Außenluft verbunden sind.

In Fig. 273 sind in gleicher Weise die Einrichtungen zum Stellen eines Signales dargestellt. R^1, R^2 und R^3 sind Biegehautventile, wie in Fig. 272 gezeichnet. B ist der Rückmeldeschieber. Da es nicht für erforderlich gehalten wird, dem Weichensteller außer der Haltstellung auch die Fahrtstellung des Signals zurückzumelden, ist nur eine Rückmeldeleitung vorhanden. Um das Signal auf Fahrt zu stellen, zieht der Weichensteller — vorausgesetzt, daß der mechanische Verschluß H ihn hieran nicht hindert — den Schieber L ganz nach links, wobei der Kolben im Rückmeldezylinder J abwärts gedrückt wird, Preßluft von 0,5 Atm. Überdruck aus V durch den Schieber L in die Leitung a dringt und das Ventil R^3 betätigt, das Preßluft von 1 Atm. Überdruck aus der Hauptleitung X unter den Kolben des Stellzylinders A^2 treten läßt, der hierauf in die Höhe geht und den Signalflügel A schräg abwärts stellt. Die Haltlage wird durch Zurückdrücken des Schiebers L wieder hergestellt, der aber nur so lange zurückgedrückt werden kann, als die Kolbenstange von J sich in dem wagerechten Teile des Schlitzes in L bewegt. Am Schlusse dieses ersten Teiles der Bewegung von L ist a wieder mit der Außenluft verbunden, b dagegen mit Preßluft von 0,5 Atm. Überdruck gefüllt, die das Ventil R^2 betätigt und hierdurch die Rückstellung des Signalflügels bewirkt. Der Rückmeldeschieber B wird beim Niedergange des Kolbens im Stellzylinder A^2 geöffnet, in die Leitung e tritt Preßluft, treibt den Kolben im Rückmeldezylinder J aufwärts und den Schieber L wieder ganz nach rechts, worauf der in Fig. 273 gezeichnete Zustand wieder hergestellt ist, in dem alle Leitungen, mit Ausnahme der Hauptleitung X, wieder mit der Außenluft verbunden sind. Um eine Abzweigungsweiche durch zwei Signale zu decken, sind die in Fig. 274 gezeichneten Einrichtungen gebräuchlich. Neben der Weiche ist

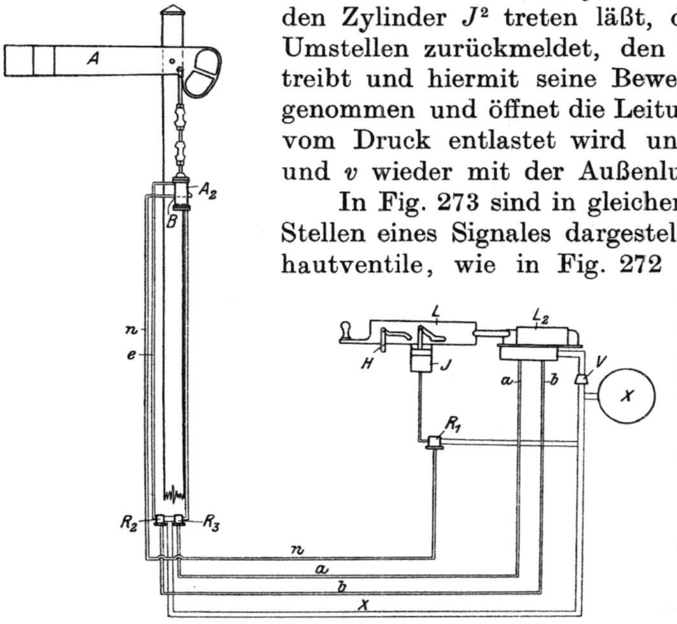

Fig. 273.

ein größerer Rückmeldeschieber angebracht, der außer den Verbindungen zur Rückmeldung der Weichenbewegung auch die nach der jeweiligen Lage der Weiche erforderlichen Verbindungen zur richtigen Signalgebung herstellt. Der Flügel 1 gehört zur Weichenlage auf den geraden Strang, Flügel 2 zur Lage auf Ablenkung. Wenn der Signalhebel nach links gezogen wird, tritt Preßluft von 0,5 Atm. Überdruck in die Leitung A, durch den Rückmeldeschieber nach D, betätigt das Biegehautventil des Signals 1, worauf Preßluft von 1 Atm. Überdruck aus der Hauptleitung in den zugehörigen Stellzylinder gelassen und das Signal auf Fahrt gestellt wird. Wenn der Weichensteller hierauf anfängt, den Signalhebel wieder nach rechts in seine Grundstellung zu bewegen, entweicht die Preßluft aus der Leitung A und dringt dafür in B ein, worauf das Ventil 1*a* betätigt und der Signalflügel wieder auf Halt gelegt wird. Alsdann kann die Preßluft durch den Rückmeldeschieber 1, den Stellzylinder 2, Rückmeldeschieber 2, die Leitung F nach dem Rückmeldezylinder im Stellwerk gelangen, um die Rechtsbewegung des Hebels zu vollenden. Die Preßluft wird nacheinander durch beide Stellzylinder geführt, damit die Rückmeldung erst gemacht wird, wenn beide Signalflügel auf Halt liegen. Diese Einrichtung trägt wesentlich zur Vereinfachung der Stellwerksanlagen bei, weil zwei

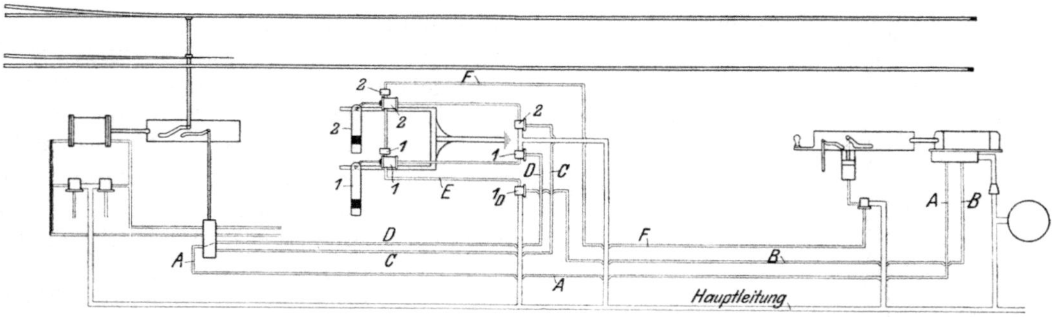

Fig. 274.

Signale mit einem Hebel gestellt werden können und weniger Ventile und Leitungen erforderlich sind.

Die Signale der Personengleise werden vielfach mit einer selbsttätigen Haltstellvorrichtung versehen, d. h. einer Vorrichtung, mittels welcher der fahrende Zug das Fahrtsignal selbsttätig hinter sich auf Halt zurückstellt und dem Weichensteller die nochmalige Fahrtgebung so lange unmöglich macht, als der Zug noch in einer bestimmten, von dem Signal liegenden Strecke sich befindet. Zu dem Zweck wird diese vor dem Signal liegende Strecke unter elektrischen Strom gesetzt, d. h. man isoliert sie von den benachbarten Strecken, setzt an das Ende der isolierten Strecke eine Batterie, die einen Strom von 1,5 Volt Spannung erzeugt, den man in den einen Schienenstrang in die Nähe des Signals fließen, ein Relais betätigen und im anderen Schienenstrang zur Batterie zurückfließen läßt. Der Zutritt der Preßluft zu den Stellvorrichtungen wird dann in ähnlicher Weise durch ein in einem zweiten Stromkreis eingeschaltetes Spindelventil geregelt, wie bei den Westinghouse-Stellwerken. Die Fig. 275 a und b stellen das Spindelventil dar.

Wenn der Elektromagnet M magnetisiert ist, also seinen Anker A anzieht, schließt sich Ventil v^1, und die Preßluft kann aus b nicht entweichen, also nicht in e und die anschließende Leitung eintreten, um Arbeit zu verrichten. Ist M entmagnetisiert, so ist der Weg für die Preßluft frei von a über v nach e; d ist ein Auslaßkanal. Fig. 276 stellt die Haltstellvorrichtung im Zusammenhang dar. JB und JB^1 sind die isolierten Schienenstöße, TB ist die Batterie, ER ein Relais, CO das Spindelventil mit Elektromagnet M. Wenn der Signalhebel L nach links

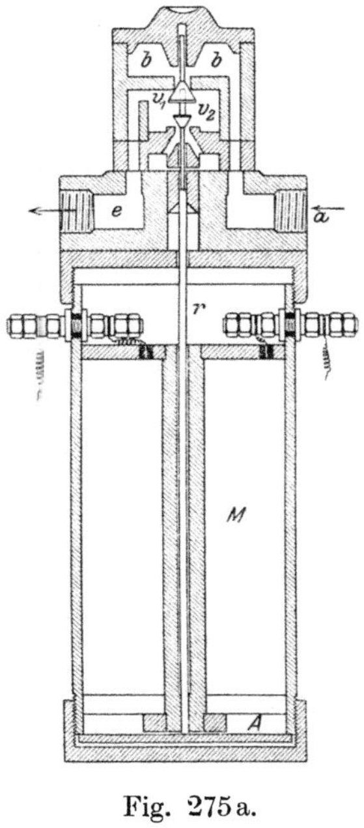

Fig. 275 a.

gezogen wird, geht der Signalflügel A in die Fahrtstellung, wie oben erläutert. Ein von links in die isolierte Strecke einfahrender Zug bringt Kurzschluß der Batterie TB hervor, das Relais ER wird entmagnetisiert, bei K eine Unterbrechung in dem zweiten Stromkreise hervorgebracht, das Spindelventil CO öffnet der Preßluft einen Weg von der Hauptleitung D zu dem Haltstellzylinder C, dessen Kolben aufwärts gedrückt wird und den Hebel L um $^2/_3$ seines Weges von links nach rechts zurücktreibt. Dies genügt, um Preßluft durch die Leitung b unter das Biegehautventil R^2 treten zu lassen, wodurch die Leitung e mit der Hauptleitung X verbunden und der Signalflügel auf Halt zurückgestellt wird. Der Hebel L vollendet seine Rechtsbewegung infolge Wirkung des Rückmeldestromes, wie oben bereits erläutert. Solange der Zug auf der isolierten Strecke ist, bleibt Preßluft in dem Zylinder C und hält den Hebel L fest, so daß der Weichensteller erst von neuem wieder Fahrt geben kann, wenn der Zug über den isolierten Stoß JB^1 hinausgefahren ist.

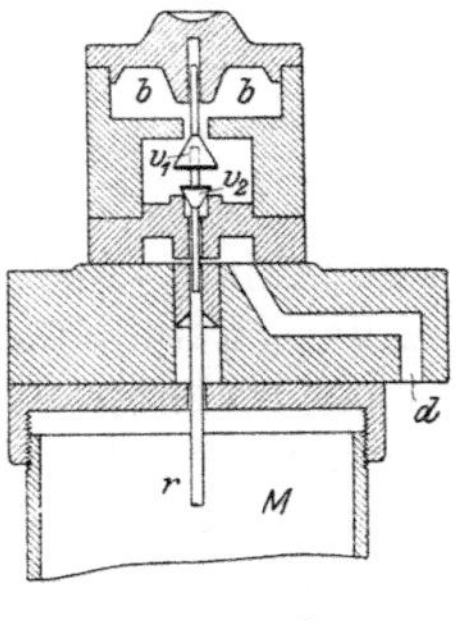

Fig. 275 b.

Preßluftstellwerke mit Niederdruck hatte die London and South Western-Gesellschaft bis zum Jahre 1906 auf den in der umstehenden Tabelle (S. 186) aufgeführten Stationen hergestellt.

Die größte Gesamtanlage auf verhältnismäßig kleinem Raum hat die Great Central-Gesellschaft, weil sie alle sieben Stationen und die Abzweigungen auf der 10,48 km langen viergleisigen Strecke zwischen Ardwick und Newton bei Manchester mit Niederdruckstellwerken ausgerüstet hat. Die Strecke ist sehr ver-

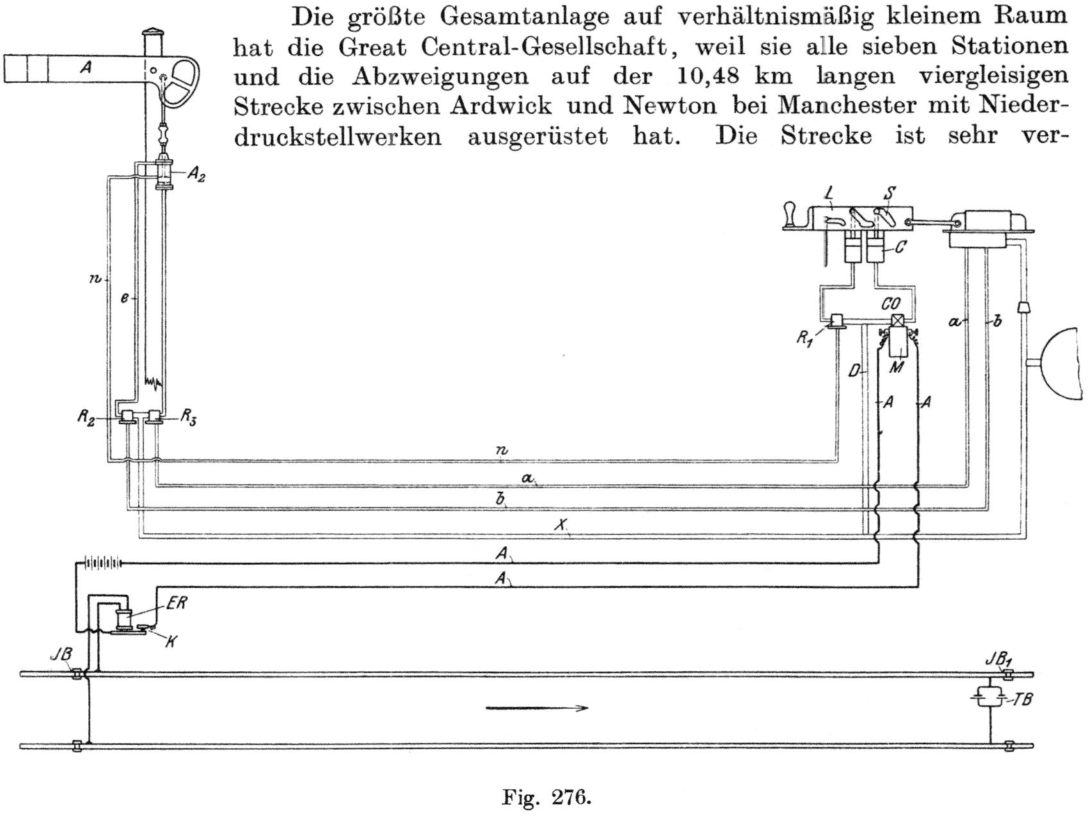

Fig. 276.

Name der Station	Zahl der Hebel für Signale	Weichen	Kontrolle	Reserven	Zusammen	Zahl der Signale	Halb-Selbsttätigkeits-Signale	Ein Hebel für ein Signal	Ein Hebel für zwei Signale
Grateley	37	17	—	18	72	46	—	28	9
Salisbury Ost .	29	18	4	21	72	33	1	26	3
Salisbury West.	21	21	7	15	64	31	2	13	8
Barton Mill . .	12	8	1	11	32	23	4	5	7
Winchfield . . .	21	14	1	12	48	40	12	14	7
Hook	16	11	1	12	40	37	14	9	7
Staines Ost. . .	16	9	1	6	32	20	1	13	3
Staines West . .	23	13	1	3	40	28	2	20	3

kehrsreich, das eine Gleispaar dient hauptsächlich dem Personenverkehr, das andere dem Güterverkehr; außer den Stationsgleisen sind mehrere Abzweigungen nach anderen Strecken, auch Verbindungen zwischen den Personen- und Gütergleisen durch Signale zu decken. Die Gesellschaft hat durch Einführung von Kraftstellwerken etwa $^1/_3$ an Personal in den Stellwerken dieser Strecke sparen können. In den vorhandenen mechanischen Stellwerken waren 727 Hebel in Tätigkeit, in den neuen Kraftstellwerken sind nur 406 Hebel in Tätigkeit, die sich wie folgt auf die 14 Stellwerke verteilen:

Stellwerk	Zahl der Hebel in Tätigkeit	Zahl der Reservehebel
Ardwick	27	13
Ashbury West	36	12
,, Ost	44	8
Priory, Abzweigung	49	15
Gorton, ,, ...	29	7
Fairfield, ,, ...	34	10
Andenshaw, ,, ...	19	5
Stockport, ,, ...	20	16
Stolaybridge, ,, ...	37	11
Guide Bridge Nord	12	8
,, ,, Ost	24	12
Dewsnap, Nebengleise	19	9
Hyde, Abzweigung	37	7
Newton	19	5
Zusammen	406	138

Die zum Betriebe erforderliche Preßluft wird in einem Kraftwerk hergestellt, das etwa 7,6 km von Ardwick, 2,8 km von Newton entfernt liegt, gegenüber Guide Bridge Ost. Um gegen Störungen möglichst gesichert zu sein, sind fast alle Anlagen im Kraftwerk mindestens doppelt hergestellt, die eine Hälfte zur Aushilfe. Die Preßluft wird in einen Behälter von 6,7 cbm Fassung außerhalb des Maschinenhauses gedrückt, dann durch Kühlröhren in die auf der ganzen Strecke verlegte Hauptleitung aus 8 cm weiten Röhren gelassen. Die Röhren sind 0,45 m tief unter der Oberfläche in Beton gebettet. Die Spannung der Preßluft ist in der Hauptleitung 2,5 bis 2,8 Atm., wird aber zum Stellen der Weichen und Signale auf 1 Atm., zur Steuerung der Ventile auf $^1/_3$ Atm. durch Druckregler herabgesetzt.

In den Stellwerken sind Hilfsluftbehälter. Die Weichen- und Signalstellvorrichtungen sind wie oben beschrieben, die Stellzylinder haben 25 cm Durchmesser.

Ausgiebiger Gebrauch ist auf dieser Strecke von den oben dargestellten Haltstellvorrichtungen gemacht worden. In den Personenzug-Hauptgleisen kreisen elektrische Ströme in ganzer Länge zwischen Ardwick und Newton, in den Güterzug-Hauptgleisen zwischen Priory und Stolaybridge-Abzweigung, so daß die wichtigeren Fahrsignale für die Hauptgleise unter Mitwirkung der Züge bedient werden. Wie oben erläutert, stellt der Zug die Signale selbsttätig hinter sich auf Halt und verschließt sie in der Haltlage, bis eine für jeden Einzelfall festgesetzte Stelle (clearing point) vom Zuge überfahren ist. Wenn Spitzweichen weit vor dem zugehörigen Signal liegen, wird der Weichenhebel durch die Fahrtstellung des Signales unter elektrischen Verschluß gelegt, so daß es nicht möglich ist, die Weiche vor dem anfahrenden Zuge umzustellen. Nur die Hauptsignale werden unmittelbar von den Stellwerken aus gestellt, die Vorsignale gehen selbsttätig in ihre verschiedenen Lagen. Zu dem Zwecke sind die betreffenden Hauptsignale mit Stromschließern versehen, die durch die Bewegung der Signalflügel betätigt werden. Wenn ein Flügel eines Hauptsignales nahezu in die Fahrtstellung gebracht ist, wird durch den Stromschließer ein Strom geschlossen, der ein Ventil am Vorsignal betätigt und den Flügel des Vorsignales gleichfalls auf Fahrt stellt. Falls die Stellung eines Vorsignales von der Stellung mehrerer Hauptsignale abhängig ist, wird der Strom durch alle Stromschließer der Hauptsignale geleitet, bevor er das Ventil am Vorsignal betätigt. Wird ein Hauptsignal auf Halt zurückgelegt, also der Stromschluß wieder unterbrochen, so geht das Vorsignal gleichzeitig mit auf Halt zurück.

3. Elektrische Stellwerke.

Stellwerke zum Stellen der Weichen und Signale mit Hilfe der Elektrizität sind in England seit längerer Zeit bei der London and North Western-Gesellschaft, neuerdings auch bei der Great Western-, Midland- und Caledonian-Gesellschaft im Gebrauch. Die London and North Western-Gesellschaft verwendet die von ihrem Ingenieur Thompson in Crewe erfundene „Crewe-Bauart“, die Great Western- und die Midland-Gesellschaft haben die Bauart „Siemens“. Die Caledonian-Gesellschaft hat die Bauart Taylor eingeführt. Ein gemischtes System (Handbedienung und Verwendung von Elektrizität) ist auf dem St. Enoch-Bahnhof in Glasgow angewandt. Bei den Stellvorrichtungen der Bauart Crewe werden die Weichen mit Elektromotoren, die Signale mit Elektromagneten gestellt.

Bei der Bauart Siemens, wie sie auf der Station Derby der Midland-Gesellschaft als Übertragung der Bauart Siemens & Halske auf englische Verhältnisse ausgeführt worden ist, werden Elektromotoren zum Stellen der Weichen und Fahrsignale, Elektromagneten zum Stellen der Rangiersignale benutzt. Der zum Stellen verwandte Strom (Stellstrom) hat 200 Volt Spannung. Fig. 277 zeigt zunächst übersichtlich die Einrichtungen für eine Gleisverbindung mit zwei Weichen zwischen zwei Parallelgleisen. Zu der Normalstellung, in der beide Weichen für die Fahrt auf den durchgehenden Gleisen gestellt sind, gehören die mit ausgezogenen Linien gezeichneten Schaltungen. In dieser Stellung fließt ein Überwachungsstrom von 30 Volt Spannung aus einer Leitung durch eine Sicherung, einen Stellstromschalter, Umschalter, den Motor *B* mit zugehöriger Verriegelung, die Verriegelung der Weiche *A*, den Motor *A*, den Überwachungs- und Rückmeldemagneten zur Rückleitung. Hierbei ist es nicht möglich, ein Signal für eine Fahrt von einem Parallelgleis auf das andere zu geben.

Um die Weichenstraße für eine solche Fahrt zu öffnen, wird der zugehörige Weichenhebel gezogen, was folgende Wirkung hat. Der Stellstromschalter, Umschalter und Fahrstraßenschalter gehen in die punktierte Lage, ein Strom von 200 Volt Spannung ist eingeschaltet, wird im Punkte *a* geteilt, geht durch die Motoren *A* und *B* und zur Rückleitung zurück. Hierdurch werden beide Weichen umgelegt.

Beim Beginn der Bewegung werden die Bürsten der Motoren selbsttätig so umgestellt, daß die Motoren jederzeit angehalten und in umgekehrter Richtung angelassen werden können, um die Weichen in die Normalstellung zurückzubringen. Wenn der Weichensteller die Weichen in einer Mittelstellung läßt, sind alle

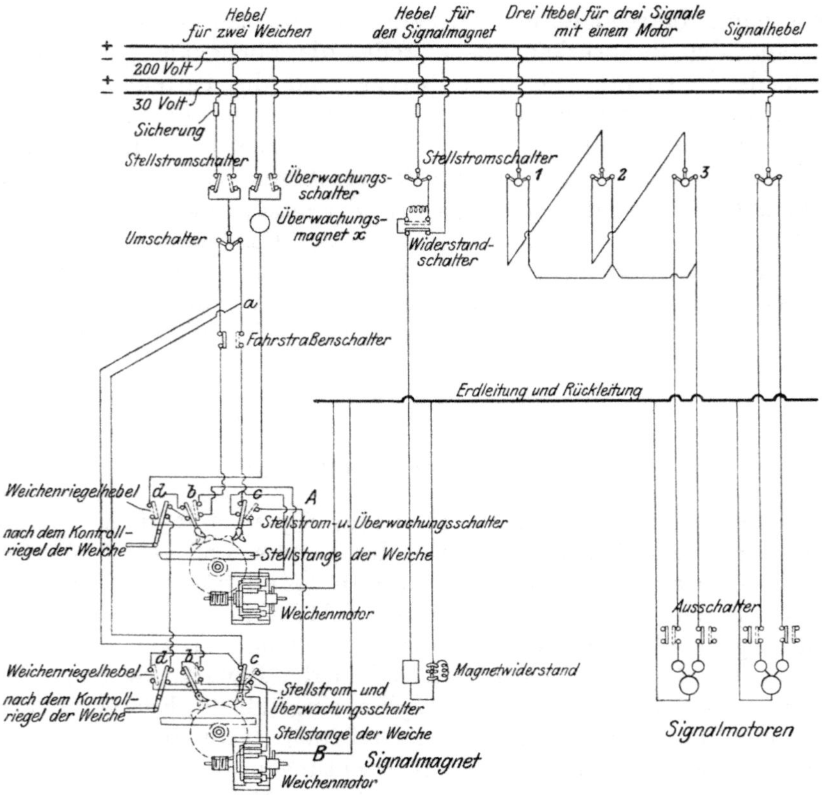

Fig. 277.

Signale auf Halt verriegelt. Während der Bewegung der Motoren nimmt der Verriegelungsschalter *d* eine Mittelstellung ein, wodurch eine zweite Unterbrechung in dem Überwachungsstrom hervorgebracht wird. Am Ende der Bewegung werden die Schalter *c* umgelegt, wodurch der Stellstrom ausgeschaltet wird. Die Verriegelungsschalter *d* sind so angeordnet, daß sie in dem Augenblick, wenn die Weichenzunge die Backenschiene berührt, einen Stromschluß für den Stellstrom herstellen, der nunmehr durch den Überwachungs- und Rückmeldemagneten fließt und dadurch den Stellstrom- und Rückmeldeschalter freigibt. Dieser Schalter geht selbsttätig zurück und schaltet die Überwachungsleitung für die gezogene Weichenstellung ein. Gleichzeitig wird der in Frage kommende Signalhebel freigegeben. Wenn der Signalhebel umgelegt wird, stellt sich der Schalter *a* beim Beginn der Motorbewegung um, wodurch die Magnetwicklungen so verbunden werden, daß das Signal jederzeit zuückgelegt werden kann. Nach Beendigung der Bewegung geht der Schalter *b* in die punktierte Lage, wodurch der Stellstrom wieder ausgeschaltet wird. An dem Hebelgestell sind zwei Reihen von Rückmeldefeldern (Fig. 278); die oberen runden Felder zeigen an, ob der zugehörige Hebel elektrisch verschlossen ist oder nicht, die unteren viereckigen Felder, ob die Weichen sich in einer der beiden Endlagen befinden oder eine Zwischenlage einnehmen. Sobald die Weichenzungen anfangen, sich zu bewegen, erscheint die Rückmeldung „Besetzt" (Foul) und bleibt bestehen, bis die Zungen die andere Endlage eingenommen haben. Das Umstellen einer Weiche dauert 2 Sekunden, das Umstellen eines Signales $1^1/_2$ Sekunden. Wenn mehrere Signalflügel an einem Maste sitzen, ist nur ein Elektromotor zum Stellen erforderlich, der jeweilig für den zu stellenden Flügel eingeschaltet wird. Die Rangiersignale werden mit Elektromagneten gestellt, deren Drahtspulen einen Eisenkern in sich hineinziehen, der so geformt ist, daß der auf ihn ausgeübte Zug während des Hubes von 15 cm nahezu der gleiche bleibt.

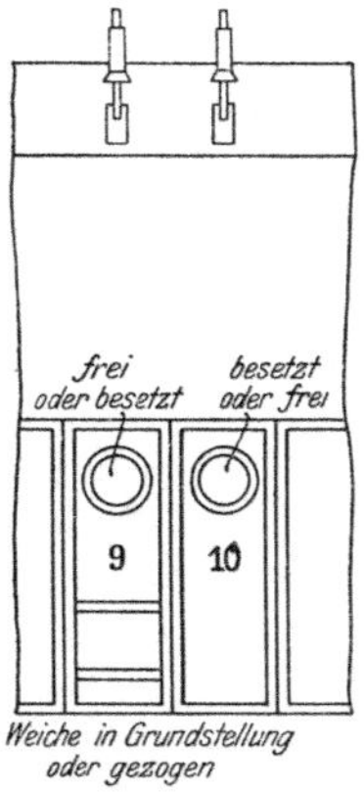

Fig. 278.

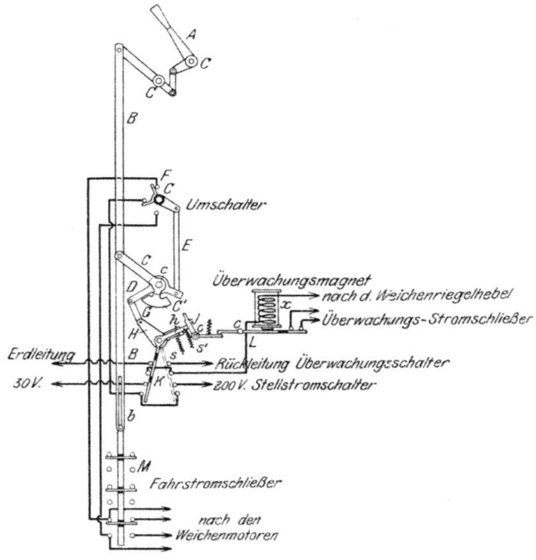

Fig. 279.

Fig. 279 stellt einen Weichenhebel mit seinen Stelleinrichtungen dar. *c c c c* sind feste Drehachsen. Wenn der Hebel *A* nach rechts gedreht, d. h. die Weiche aus der Normalstellung umgelegt wird, bewegt die Stange *B* sich nach unten, nimmt den Hebel CC^1 und Fahrstraßenschalter *M* mit. Auf derselben Drehachse mit Hebel C^1 sitzt der Hebel *D* mit einer nach oben gehenden Stange *E*. Der Arm C^1 des Hebels CC_1 stößt bei entsprechender Bewegung des Stellhebels *A* gegen den Hebel *D*, wodurch die Stange *E* bewegt und der Umstellschalter *F* betätigt wird. Wenn *D* nach unten geht, wird auch *G* verstellt und drückt *H* gegen eine Feder *S* herunter. Durch den kleinen vorstehenden Stift h^1 wird die Bewegung von *H* auf den Hebel *K* übertragen, der unter Anspannung der Feder S^1 in die punktierte Lage geht. Hierbei wird *K* durch die Klinke *I* festgehalten. Nunmehr ist der Stellstrom von 200 Volt Spannung eingeschaltet und geht an Stelle des Überwachungsstromes von 30 Volt Spannung durch den Motor. Wenn dann ein Strom durch den Elektromagneten *H* fließt, wird der Anker *L* angezogen und bringt die Klinke unter Anspannung einer Feder in ihre Normalstellung zurück. Nachdem *D* und *G* in eine gerade Linie gekommen sind, bringt bei weiterer Abwärtsbewegung von *D* die Feder *S* den Hebel *H* in seine Normalstellung zurück, wobei *D* und *G* einen Winkel nach rechts statt nach links bilden; die Feder wirkt durch die Hebel und Stangen *H*, *G*, *D* und *E* auch auf den Umschalter *F*.

Fig. 280 stellt einen Weichenmotor dar. Der Motor hat eine Leistung von $^2/_3$ Pferdekräften und liegt in einem kleinen eisernen Kasten, der möglichst wasserdicht verschlossen in die Bettung gesetzt ist. Auf einem Ende seiner Ankerwelle sitzt ein Zahnrad, das in ein anderes Zahnrad auf einer Schneckenwelle greift. Die Schneckenwelle treibt ein größeres Zahnrad mit einem Triebstock, dessen Zähne in eine an die Weichenstellstange angeschlossene Zahnstange greifen. Am anderen Ende des Kastens liegt die Stange, die die Weichenverriegelung betätigt. Bei Weichen, die mit der Spitze befahren werden, greift die Stellstange an der vom Motor am weitesten entfernten Zunge an, die beiden Zungen sind in gewöhnlicher Weise starr miteinander verbunden. Die Riegelstange greift an der Zunge an, die dem Motor am nächsten liegt. Wenn daher eine Zunge der Um-

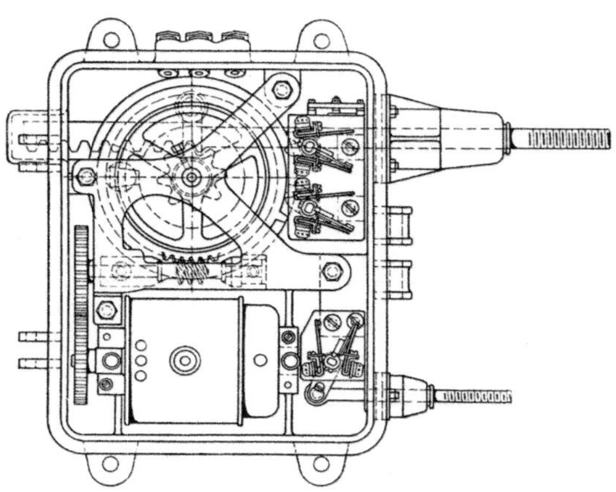

Fig. 280.

Fig. 281.

stellbewegung nicht folgt, erscheint keine richtige Rückmeldung. Bei Spitzweichen sind die Einrichtungen etwas verwickelter, weil die Ringelstange mit beiden Weichenzungen verbunden werden muß und eine Fühlschiene hinzutritt. Das Aufschneiden von Weichen tritt in England nicht sehr häufig ein, weil fast alle Rangierfahrten signalisiert werden, natürlich findet es aber hin und wieder aus Unachtsamkeit statt. Um hierbei Zerstörungen an der Umstellvorrichtung zu verhüten, sind das Schneckenrad und der Triebstock aus zwei getrennten Teilen hergestellt (Fig. 281). *a* und *c* stellen das Schneckenrad, *b* und *d* den Triebstock von zwei Seiten dar. Die innere Ringfläche des Schneckenrades ist glatt, in sie ist ein aufgeschnittener Stahlring gelegt, der durch einen viereckigen, mit einer Schraube verstellbaren Rahmen angespannt wird. Zwischen die gegen den Stahlring gepreßten Enden des Rahmens legt sich ein von dem Triebstock vortretender Ansatz. Es ist nun möglich, mit der Stellschraube den Rahmen so stark anzuspannen und den Stahlring so stark gegen die innere Ringfläche des Schneckenrades zu pressen, daß die Reibung genügt, um beim Umstellen der Weiche die Bewegung des Motors auf die Zungen zu übertragen. Wenn die Weiche aber aufgeschnitten wird, verhindert die Reibung nicht die Drehung des

Ringes in dem Schneckenrad, so daß die Antriebvorrichtung nicht beschädigt wird. Die Einrichtung hat sich gut bewährt, die Zungen bleiben nach dem Aufschneiden der Weiche auf halb liegen, etwa in Betracht kommende Signale werden auf Halt verriegelt, die Zungen können in gewöhnlicher Weise wieder mit dem Stellhebel in ihre richtige Lage gebracht werden. Wenn ein Gegenstand zwischen Zunge und Backenschiene eingeklemmt ist, läuft der Motor weiter, ohne daß eine Rückmeldung erscheint.

Die Einrichtung der Motoren zum Stellen von Signalen ist etwas verschieden von der Einrichtung der Weichenmotoren, weil die Schwerkraft bei der Bewegung der Signale mitwirkt. Der Signalflügel geht infolge der Einwirkung der Schwerkraft in die Haltlage, der Motor bringt ihn nur in diese Lage, wenn eine Störung eingetreten ist, im übrigen hat er nur die Fahrtstellung hervorzubringen. Fig. 282 stellt das Innere eines Motorkastens für ein Signal dar. Der Motor treibt durch ein Zahnradvorgelege und eine Schneckenwelle das Zahnrad *A*, mit dem ein Hebel *B* verbunden ist. *E*, *F* und *G* sind feste Drehpunkte. Sind alle Vorbedingungen zur Signalgebung für eine Fahrt erfüllt, d. h. alle in Frage kommenden Weichen gestellt und alle die Fahrt beeinflussenden Signalhebel richtig gelegt, so kann ein zur Stellvorrichtung gehöriger Kupplungsmagnet erregt werden, der dann seinen Anker *H* anzieht, wodurch der mit ihm verbundene Kniehebel steif gehalten wird. Wenn hierauf der Motor durch Umlegen des Signalhebels an-

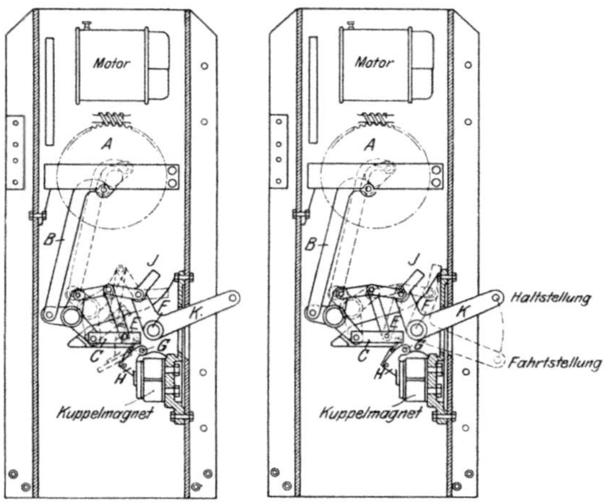

Fig. 282.

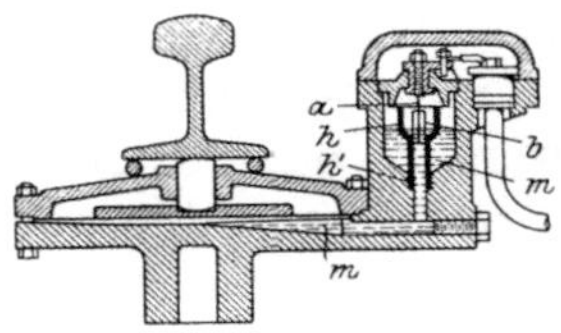

Fig. 283.

gelassen wird, geht der Hebel *K* nach unten und der Signalflügel auf „Fahrt". Wenn dagegen die zur Signalgebung erforderlichen Vorbedingungen nicht erfüllt sind und der Weichensteller trotzdem den Signalhebel umlegt, wird der Kupplungsmagnet nicht erregt, der Kniehebel nicht steif gehalten, sondern in der punktierten Lage zusammengeklappt, so daß eine Einwirkung auf den Signalflügel nicht stattfindet. Wenn der durch den Kupplungsmagnet fließende Strom aus irgend einer Ursache, etwa durch das Umlegen eines Hebels, unterbrochen wird, hört die Einwirkung auf *H* und den Kniehebel auf und der Signalflügel geht infolge der Schwere in die Haltlage. Um zu verhindern, daß der Signalflügel durch unmittelbare Einwirkung auf den Hebel böswillig in die Fahrstellung gebracht wird, ist eine Sperre *I* angebracht, die beim Strecken des Kniehebels sich wagerecht legt und gegen die Kastenwand stößt.

Obgleich die Einrichtungen in dieser Form bereits allen berechtigten Ansprüchen genügen würden, ist noch eine weitere Sicherheitseinrichtung eingeführt, die den fahrenden Zug befähigt, Signale selbsttätig hinter sich auf Halt zu stellen. Die Einrichtung besteht aus dem bekannten Quecksilber-Stromschließer von Siemens & Halske (Fig. 283). Für gewöhnlich taucht der Stift *a* in das Quecksilber der Röhre *b* ein und liegt in dem Stromkreise des Kuppelungsmagneten.

Wird der Stromschließer durch die Räder der Fahrzeuge wieder gedrückt, so tritt das Quecksilber aus dem Behälter *m* in das die Röhre *b* oben umgebende ringförmige Gefäß. Aus diesem Gefäß fließt es so langsam durch die Löcher *h* und h^1 nach *m* wieder ab, daß bei der unmittelbar nach dem Übergang des letzten Rades eintretenden Entlastung der Stift *a* einen Augenblick aus dem Quecksilber heraustritt, wodurch eine Stromunterbrechung eintritt und der Signalflügel auf Halt gestellt wird.

Die zum Betriebe des Stellwerkes erforderliche Elektrizität wird von dem zur benachbarten Hauptwerkstätte gehörigen Kraftwerk und von zwei Sammleranlagen geliefert.

Ein ähnliches elektrisches Stellwerk hat die Great Western-Gesellschaft in Didcot errichtet, das an die Stelle zweier mechanischen Stellwerke getreten ist. Durch Herstellung verschiedener Schaltungen kann man hier mit einem Motor fünf verschiedene Signalflügel bewegen. Die Kabel sind in hölzernen Kanälen verlegt, der Überwachungsstrom hat 30 Volt, der Stellstrom 120 Volt Spannung. Die Herstellungskosten haben etwa 250 Mark für einen Hebel betragen. Wegen anderer elektrischer Stellwerke müssen wir auf das Werk von H. Raynar Wilson „Power Railway Signalling“ London 1908 verweisen.

f) Blockeinrichtungen zweigleisiger Strecken.

Die Züge der englischen Eisenbahnen fahren gewöhnlich in Raumabstand (absolute block working), das Fahren in Zeitabstand (permissive block working) wird nur ausnahmsweise geduldet. Das erste Beispiel einer Regelung der Zugfolge in Raumabstand bietet die Strecke Paddington, West Drayton und Hauwell der Great Western-Gesellschaft, auf der Cooke und Wheatstone bereits im Dezember 1839 Telegraphenstationen anlegten, von denen ein Folgezug erst abgelassen werden konnte, wenn der vorhergehende Zug telegraphisch von der folgenden Station zurückgemeldet war. Die hierzu verwandten Einrichtungen zeigten nicht dauernd den Bahnzustand an; zwei Jahre später (1841) begann man Einrichtungen einzuführen, die über den Bahnzustand Aufschluß gaben, indem zunächst mit Nadeltelegraphen, später auch mit kleinen Signalflügeln „Strecke besetzt“ (Line blocked) und „Strecke frei“ (Line clear) angezeigt wurde. Auch wurden Glockensignale eingerichtet, um Zeichen über den Lauf der Züge oder andere Vorkommnisse zu geben. Eine Abhängigkeit zwischen den Einrichtungen zum Anzeigen des Bahnzustandes (den Blockwerken) und der Bahnzustandsignale wurde nicht hergestellt. Diese Art der Regelung der Zugfolge, bei der die Streckensignale ganz unabhängig von den Blockeinrichtungen bedient werden, bildet noch heute in England die Regel und wird allgemein als Streckenblockung (block working) bezeichnet. Es befremdet zunächst, daß man in England nicht den Schritt getan hat, die Blockeinrichtungen mit den Streckensignalen in Abhängigkeit zu bringen, so daß es bei besetzter Strecke einfach unmöglich ist, einem Zuge ein Fahrtsignal zu geben. Wenn man sich indessen in die Denkweise der englischen Betriebstechniker einlebt, findet man, daß die Abneigung gegen die Herstellung einer derartigen Abhängigkeit in der Vorliebe des Engländers für selbständiges Handeln begründet ist. Es widerstrebt dem englischen Volkscharakter, aus dem Menschen eine Maschine zu machen und ihn zum Handeln ohne Nachdenken zu erziehen. Der Blockwärter soll sich jederzeit darüber klar sein, welche Signale er nach dem von den Blockeinrichtungen angezeigten Bahnzustand stellen darf und dementsprechend handeln. Dieser Standpunkt wird noch heute von vielen Beamten der Eisenbahngesellschaften vertreten und jede Abhängigkeit zwischen den Blockeinrichtungen und den Außensignalen verworfen. Wo derartige Abhängigkeiten vorhanden sind, spricht man daher auch nicht mehr von „Blockung“ (block working), sondern von „Blockung mit Verschluß“ (lock and block). Die Blockung mit Verschluß ist zwar auf einigen englischen Bahnen eingeführt, bildet jedoch die Ausnahme; angeblich wird sie von den Signalbauanstalten bisweilen den Gesellschaften vorgeschlagen, die keine eigenen sachkundigen Ingenieure haben, weil die Bauanstalten mehr an den verwickelten Einrichtungen verdienen. Die Signaltechniker der größeren Eisenbahngesellschaften bezeichnen die Einrichtungen für die Blockung mit Verschluß daher bisweilen als „contractors plant“ (Unternehmer-Einrichtungen). Bei der Würdigung dieser Verhältnisse muß man sich vergegenwärtigen, daß die englischen Eisenbahnverwaltungen im allgemeinen über ein vorzüglich geschultes Personal verfügen, das sie infolge der Kündbarkeit der Stellungen in straffer Unterordnung halten können, das aber dafür auch nach seinen Leistungen bezahlt wird und, was wichtig ist, meistens sehr lange in derselben Stellung bleibt. Wenn daher die Entwickelung der Blockeinrichtungen in Deutschland eine wesentlich andere Richtung eingeschlagen hat, indem das einfache englische Blockungsverfahren ohne Abhängigkeit zwischen Blockwerken und Außensignalen bald verlassen und durch das jetzt allgemein übliche mit einer derartigen Abhängigkeit ersetzt worden ist, so scheint dies zum Teil in den verschiedenartigen Personalverhältnissen begründet zu sein.

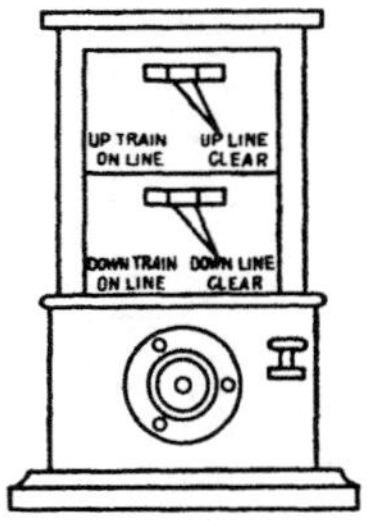

Fig. 284.

Die Länge der Blockstrecken ist natürlich außerordentlich verschieden. Wenn der Verkehr gering ist und nicht viele Abzweigungen vorkommen, sind die Blockstrecken lang, bei starkem Verkehr und einer Häufung der Abzweigungen kurz, man geht dann auf 200—300 m herunter. In der Regel stehen die Signale dauernd auf Halt und werden nur für die Durchfahrt der Züge auf Fahrt gestellt (normal danger system); ausnahmsweise stehen sie auch dauernd auf „Fahrt“ und werden nur bei besetzter Strecke auf Halt gestellt (normal clear system).

Die elektrischen Einrichtungen für die Streckenblockung zerfallen in zwei Teile: die Einrichtungen zur dauernden Anzeige des Bahnzustandes (indicators) und die Einrichtungen zur Abgabe von Meldungen über den Lauf der Züge und über andere Betriebsangelegenheiten (signals). Der Bahnzustand wird meistens mit Nadeltelegraphen (Scheiben) oder kleinen Signalflügeln angezeigt, Mitteilungen über den Lauf der Züge oder andere Angelegenheiten erfolgen in England mit Glocken oder Zeigerscheiben. Mit diesen Einrichtungen wird meistens eine unglaubliche Zahl verschiedener Signale gegeben (50 und mehr).

Die Blockwerke zum Anzeigen des Bahnzustandes arbeiten entweder mit Arbeitstrom oder zeitweilig mit Ruhestrom, d. h. entweder wird die Nadel sowohl in der Grundstellung als in einer Ablenkstellung ohne Mitwirkung des Stromes festgehalten und der Strom nur eingeschaltet, um eine Ablenkung hervorzubringen, oder die Nadel wird in der Grundstellung ohne Mitwirkung des Stromes, in den Ablenkstellungen durch den Strom festgehalten.

Die Blockwerke erfordern eine oder drei Leitungen (One Wire System und Three Wires' System). Fig. 284 stellt ein Blockwerk der London and North Western-Gesellschaft mit einer Leitung dar, das von Tyer eingeführt ist und mit Arbeitstrom betrieben wird. Derartige Blockwerke können nur zwei Bahnzustände anzeigen, „Strecke frei“ (Line clear) und „Strecke besetzt“ (Train on Line), während die mit Ruhestrom arbeitenden Blockwerke gewöhnlich drei Bahnzustände anzeigen, nämlich die Normalstellung „Strecke geschlossen“ (Line blocked), d. h. es ist kein Zug auf der Strecke, aber ein Zugverkehr kann nur auf besondere Vereinbarung stattfinden, „Strecke frei“ (Line clear), d. h. der Wärter am Ende der Blockstrecke hat seine Vorbereitungen zur Aufnahme eines Zuges beendet und wird nichts unternehmen, was die Zugfahrt gefährden könne, und „Strecke besetzt“ (Train on Line).

Ein Blockwerk dieser Art stellt Fig. 285 dar.

Der Unterschied in der Durchführung der Streckenblockung mit den beiden Arten von Blockwerken ist sehr groß. Während „Strecke frei“ (Line clear) auf den Werken der ersten Art nur bedeutet, daß kein Zug auf der Strecke ist, bedeutet es zwar auf den Werken der zweiten Art auch dasselbe, aber außerdem noch, daß der Wärter am Ende der Strecke einen Zug angenommen hat und sich auf seine Ankunft vorbereitet. Das Blockungsverfahren spielt sich daher auf den Blockwerken mit Arbeitstrom etwa wie folgt zwischen zwei Stationen A und B ab.

Vorausgesetzt, der Wärter in A habe von dem Wärter in B das Signal „Zug aus der Blockstrecke“ (Train out of section) für den voraufgehenden Zug erhalten und das Blockwerk zeige die Grundstellung, so muß er den Folgezug mit dem Signal „Ist die Strecke frei?“ anbieten, das der Wärter in B im Falle der Bejahung mit „Line clear“ („Strecke frei“) zu beantworten hat. Dann darf der Wärter in A sein Signal ziehen und den Zug in die Blockstrecke einlassen, wobei er das Abfahrtsignal (Train astering section signal) gibt, das der Wärter in B bestätigt, indem er die Nadel von A auf „Strecke besetzt“ („Train on Line“) stellt. — Bei Anwendung der Blockwerke der zweiten Art, die mit Ruhestrom arbeiten, wird nicht nur die Frage „Ist die Strecke frei?“ von dem Wärter in B im Falle der Bejahung durch „Strecke frei“ (Line clear) beantwortet, sondern er stöpselt auch sein Blockwerk auf „Strecke frei“ (Line clear). Dann darf der Wärter in A das Fahrsignal für den Zug stellen. Nach der Abfahrt ist das Abfahrtsignal (Train entering section Signal) zu geben, das der Wärter in B zurückgibt und die Blockwerke in A und B auf „Strecke besetzt“ (Train on Line) stöpselt.

Fig. 285.

Bei den Blockwerken der ersten Art — einfache Leitung mit Arbeitstrombetrieb — hat der Wärter A am Anfange der Blockstrecke kein dauerndes Erinnerungszeichen dafür, ob ihm von B die Strecke freigegeben ist oder nicht. Der Wärter B hat gleichfalls kein dauerndes Erinnerungszeichen dafür, ob er A die Strecke freigegeben hat oder nicht. Beide Signalwärter müssen sich auf ihr Gedächtnis oder die Eintragungen in die Zugmeldebücher verlassen.

Bei den Blockwerken der zweiten Art — dreifache Leitung mit Ruhestrombetrieb — wird die Bejahung der Frage von A „Ist die Strecke frei?“ (Is Line clear) in A und B am Blockwerk so lange dargestellt, bis der Zug in die Strecke A--B eingefahren ist, worauf an beiden Blockwerken statt „Strecke frei“ (Line clear) „Strecke besetzt“ (Train on line) erscheint. Bei Anwendung beider Arten von Blockwerken wird die Strecke so lange als geschlossen (blocked) angesehen, bis Fahrterlaubnis durch Wiederholung der Anfrage „Ist die Strecke frei“ (Is line clear) mit dem Glockensignal gegeben ist. Der Hauptunterschied zwischen beiden Arten besteht also darin, daß die Werke der zweiten Art dauernd auf beiden Blockposten die Bejahung der Frage sichtbar darstellen, ob die zwischenliegende Strecke frei ist, so daß beide Blockwärter an die abgegebenen Signale erinnert werden und den Bahnzustand der zwischenliegenden Strecke vor Augen haben. Hiernach besteht zwischen den beiden genannten Arten von Blockwerken ein ähnlicher Zusammenhang wie zwischen den in Deutschland üblichen Blockwerken der zweifeldrigen oder vierfeldrigen Form. Die mit Ruhestrom arbeitenden und gewöhnlich mit drei Leitungen versehenen Blockwerke haben vor den mit Arbeitstrom betriebenen Blockwerken mit einer Leitung den weiteren Vorzug, daß sie bei Störungen stets „Strecke geschlossen" (Line blocked) zeigen, während die letzteren auch „Strecke frei" (Line clear) zeigen können. Die Blockwerke mit einer Leitung und Arbeitstrombetrieb sind in der Anlage und Unterhaltung meistens billiger als die mit drei Leitungen und Ruhestrombetrieb, bieten aber natürlich nicht die gleiche Betriebssicherheit. Auf wichtigen Strecken wird daher neuerdings meistens die letztgenannte Art von Blockwerken, auf minder wichtigen auch wohl die erstgenannte Art verwandt.

Die an die Blockwerke gestellten Anforderungen sind: Zuverlässigkeit, Unabhängigkeit der Blockwerke beider Fahrrichtungen voneinander; unzweideutige Darstellung des Bahnzustandes in der Weise, daß bei Störungen der Zustand angezeigt wird, in dem die Strecke sich während der Störung befinden soll; einfache Bauart und Wirkungsweise; Unabhängigkeit von atmosphärischen Entladungen, Erdströmungen und magnetischen Störungen; hinreichende Beweglichkeit, um erforderlichenfalls von der normalen Betriebsweise abweichen zu können; Billigkeit, leichte Bedienbarkeit. Diesen Anforderungen entspricht nach Ansicht der englischen Ingenieure am besten das gewöhnliche Nadelblockwerk mit drei Leitungen.

Wir müssen uns die Vorführung der einzelnen Bauarten von Blockeinrichtungen versagen und verweisen auf die einschlägigen Lehrbücher (Railway „Block" Signalling von James Pigg, London; Power Signalling von H. Raynar Wilson, London.

III. Fahrzeuge.

a) Lokomotiven.

1. Allgemeines.

Der englische Lokomotivbau der Neuzeit wird durch drei Merkmale gekennzeichnet:

1. das Bestreben nach Vergrößerung der Leistung, um schwere Züge mit hinreichender Geschwindigkeit fahren zu können;
2. das Schwanken zwischen der Anwendung der einfachen Dampfwirkung und der Verbundwirkung;
3. die häufigere Anwendung von Außenzylindern statt der bisher allgemein üblichen Innenzylinder.

Als vor einigen Jahren die Rente der englischen Eisenbahnen erheblich sank, wurden u. a. Ersparnisse an Zugbeförderungskosten als ein Mittel zur Verringerung der Betriebsausgaben vorgeschlagen. Die Ersparnisse sollten dadurch erreicht werden, daß man neue Güterwagen von größerer Tragfähigkeit einstellte und die Tragfähigkeit der vorhandenen Wagen durch vollständigere Beladung besser ausnutzte. Tatsächlich ist man auch in diesem Sinne erfolgreich vorgegangen; dem Lokomotivtechniker erwuchs hierbei die Aufgabe, neue Lokomotiven von größerer Leistungsfähigkeit zu bauen, die imstande sind, die schweren Güterzüge mit unverminderter Geschwindigkeit zu ziehen, weil aus Wettbewerbsrücksichten an der bisherigen schnellen Güterbeförderung festgehalten werden muß.

Auch im Personenverkehr sind die Ansprüche an die Zugkraft der Lokomotiven gestiegen, weil durch die vermehrte Einstellung von Durchgangs- und

Schlafwagen das Zuggewicht vergrößert worden ist, ohne daß man auch hier aus Wettbewerbsrücksichten oder den allgemeinen Wünschen entgegen die Geschwindigkeit hätte ermäßigen können; im Gegenteil, die Allgemeinheit verlangt in England gleichzeitig größere Bequemlichkeiten in den Zügen und Erhöhung der Fahrgeschwindigkeit; die Eisenbahnverwaltungen müssen sehen, wie sie diesen Ansprüchen gerecht werden.

In der Anwendung der einfachen Dampfwirkung oder der Verbundwirkung sind in der Neuzeit merkwürdige Schwankungen zu verzeichnen: Eisenbahngesellschaften, die seit langer Zeit Verbundlokomotiven bauten, haben hiermit aufgehört und sind zu einfachen Lokomotiven zurückgekehrt; andere Gesellschaften haben dem entgegen den Bau von Verbundlokomotiven neuerdings wieder aufgenommen.

Heißdampflokomotiven sind erst bei wenigen Eisenbahngesellschaften versuchsweise eingeführt; den Anfang hat vor einigen Jahren die Lancashire and Yorkshire-Eisenbahngesellschaft gemacht, gefolgt ist neuerdings die Great Western.

Der englische Lokomotivtechniker ist in keiner beneidenswerten Lage, wenn er die Zugkraft der Lokomotiven erhöhen soll, weil die beschränkte Umgrenzung des lichten Raumes ihm verbietet, in die Höhe und Breite zu gehen, die Ausnutzung der Länge aber bekanntlich bald ihre Grenze findet. England hat eben als ältestes Eisenbahnland der Welt jetzt noch unter Fehlern zu leiden, die früher aus Mangel an jeglicher Erfahrung gemacht worden sind und von den Ländern mit einem jüngeren Eisenbahnwesen glücklicherweise bis zu einem gewissen Grade vermieden werden konnten. Die Hauptschwierigkeit liegt beim englischen Lokomotivbau in der Herstellung genügend leistungsfähiger und haltbarer Kessel; die Anordnung der Räder, Zylinder usw. bietet geringere Schwierigkeiten. Über 232,25 qm Heizfläche und 14 Atm. Dampfdruck war man bis zum Jahre 1906 bei der üblichen Bauart nicht hinausgegangen; eine Lokomotive der Great Eastern-Eisenbahngesellschaft mit 279,6 qm Heizfläche und 14 Atm. Dampfdruck ist wieder außer Dienst gestellt. Die London and South Western-Eisenbahn verwendet zwar Kessel mit 249,3 qm Heizfläche, die Bauart weicht aber von der gewöhnlichen insofern ab, als Wasserröhren quer durch die Feuerkiste geführt sind. Viele englische Lokomotiven haben 140 bis 185 qm Heizfläche bei 12,3 Atm. Dampfdruck. Von den außergewöhnlichen Mitteln zur Vergrößerung der Heizfläche haben sich Serve-Rohre nicht bewährt. Nicht ungünstig wird dagegen die eben erwähnte, bei der London and South Western-Eisenbahn angewandte Kesselbauart mit Wasserröhren in der Feuerkiste beurteilt, indessen ist sie außer bei der genannten Bahn, deren Oberingenieur für das Lokomotivwesen der Erfinder ist, nur ausnahmsweise bei der North Eastern-, Highland- und London, Brighton and Southwest-Eisenbahn im Gebrauch. Die Bauart ist in den Fig. 286 u. 287 dargestellt. Quer durch die Feuerkiste sind eine Gruppe A von 36 und eine Gruppe B von 25 Wasserröhren von 63 mm Durchmesser geführt und in den Seitenwänden der äußeren Feuerkiste vor den Enden der Wasserröhrengruppen Reinigungstüren angebracht, die durch einzelne querliegende Zugstangen in den Wasserröhren verschlossen sind. Die größere Gruppe von Wasserröhren liegt über dem in der Feuerkiste angebrachten Feuergewölbe. Beide Gruppen von Wasserröhren haben eine Heizfläche von 15,3 qm. Die Feuerkistenwände allein haben 13,7 qm Heizfläche, so daß die Heizfläche der Feuerkiste durch den Einbau der Wasserröhren mehr als verdoppelt worden ist. Die Röhren brauchen nur alle 12 bis 18 Monate gereinigt zu werden. Die London and South Western-Eisenbahn hatte im Jahre 1904 unter ihren 750 Stück Lokomotiven etwa 150 mit solchen Wasserröhren in der Feuerkiste. Die Mehrkosten für den Einbau der Wasserröhren werden einschließlich aller Lizenzgebühren zu 3000 Mk. für eine Lokomotive angegeben.

Bei der London, Brighton and South Coast-Eisenbahn hat die Drummondsche Bauart sich zwar insofern bewährt, als die Wasserröhren nach einer längeren Versuchszeit noch in gutem Zustande waren, wogegen eine von dem Erfinder behauptete Ersparnis an Kohlen nicht nachgewiesen werden konnte. Ähnliche Querröhren in der Feuerkiste bringt die North Eastern-Bahn bei ihren dreizylindrigen Verbundlokomotiven an, ohne die Drummondschen Patente zu verwenden; die Querröhren werden durch eingeschraubte Stützen mit der Feuerkiste verbunden. Wenn es auch kaum zweifelhaft erscheint, daß die Wasserröhren in der Feuerkiste für die Dampferzeugung vorteilhaft sind, so ist doch fraglich, ob die seitlichen Auswaschtüren auf die Dauer dicht zu halten sein werden. Werden die Türen aber weggelassen, so ist zu befürchten, daß die Röhren sich bei schlechtem Speisewasser mit Kesselstein anfüllen und verbrennen, trotzdem der Erfinder dies für ausgeschlossen hält. Die Wasserröhren können überhaupt nur bei tiefen Feuerkisten angebracht werden.

Einschneidende Änderungen im Bau von Lokomotivkesseln, wie sie im Bau von Schiffskesseln und feststehenden Dampfkesseln vorliegen, sind in den letzten Jahren in England nicht zu verzeichnen, man hat sich auf die Verbesserung der üblichen Bauarten und die Verwendung besserer Materialien beschränkt. Die

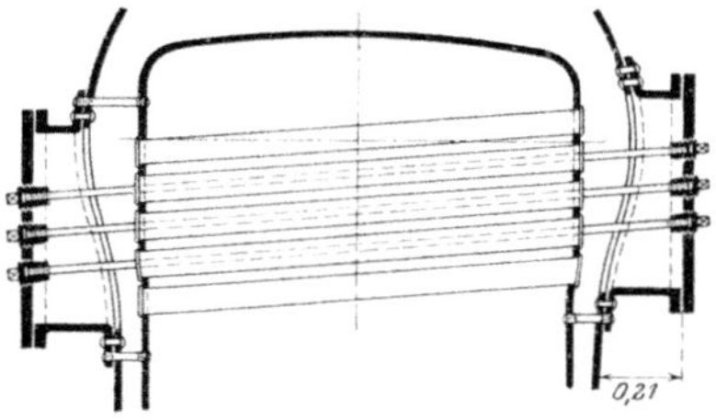

Fig. 286.

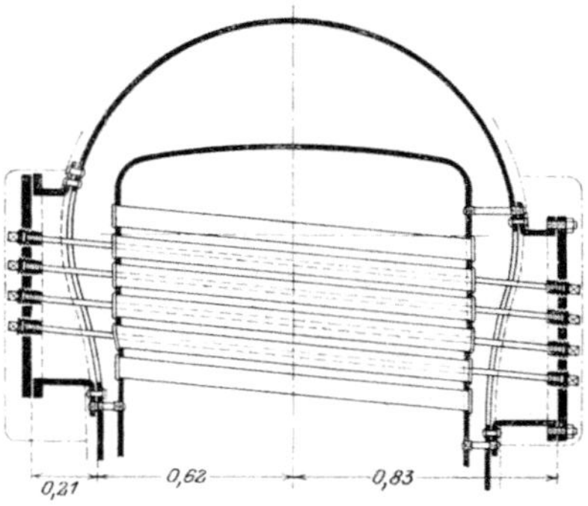

Fig. 287.

Great Western-Eisenbahn macht Versuche mit selbsttätiger Zuführung der Kohlen, auch geht sie in steigendem Maße mit der Einführung von Kesseln mit kegelförmigem Übergang zwischen der Feuerkiste und dem Langkessel vor. Die Bauart wird für Schnellzug-, Güterzug- und Tenderlokomotiven angewandt, ihr Hauptvorzug liegt darin, daß in der Nähe der Feuerkiste, wo infolge der großen Hitze die Dampferzeugungsfähigkeit am größten ist, auch der größte Raum zur Aufnahme des Dampfes vorhanden ist. Die Feuerkisten der englischen Lokomotiven werden neuerdings viel nach der Bauart Belpaire hergestellt, die Bauart Wootton geht zurück.

Im Jahre 1902 versuchte die Lancashire and Yorkshire-Eisenbahn eine zylindrische Feuerkiste aus Wellblech, die sich aber nicht bewährt hat, ebensowenig hat sich eine ähnliche Bauart bei der London and North Western-Eisenbahn bewährt.

Vor mehreren Jahren schien es, als ob die Verwendung flüssiger Brennstoffe in England eine Zukunft hätte; dies hat sich nicht in dem erwarteten Maße erfüllt, obgleich die Great Eastern-Gesellschaft, die flüssige Brennstoffe verwendet, hiermit gute Erfolge erzielt hat. Der allgemeinen Verwendung von flüssigen Brennstoffen würde in erster Linie die Schwierigkeit ihrer Beschaffung in hinreichender Menge und zu annehmbaren Preisen entgegenstehen.

In den Fig. 288 bis 292 sind einige Kessel englischer Lokomotiven dargestellt. Wie aus den Figuren hervorgeht, werden die Feuerkisten meistens mit gerader Decke gebaut. Die Bauart, die bekanntlich den Vorteil hat, daß die Wasserfläche im heißesten Teile des Kessels vergrößert wird, hat bei der Great

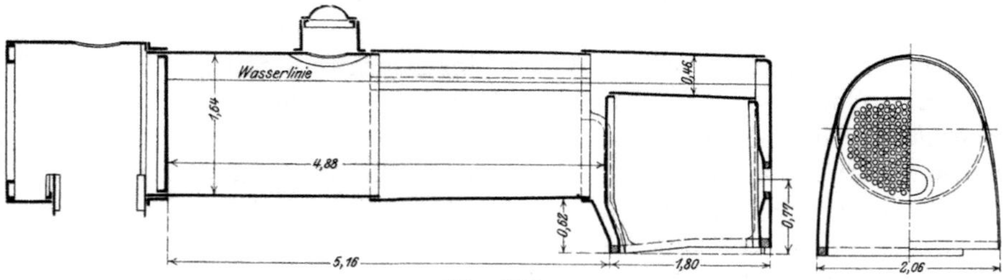

Fig. 288.

Western-Gesellschaft unter kegelförmiger Ausgestaltung des Überganges zwischen Feuerkiste und Langkessel zur Weglassung des Dampfdomes geführt, wodurch viele Schwierigkeiten vermieden werden, die man mit dem Dampfdom hat, und doch trockener Dampf gewonnen wird.

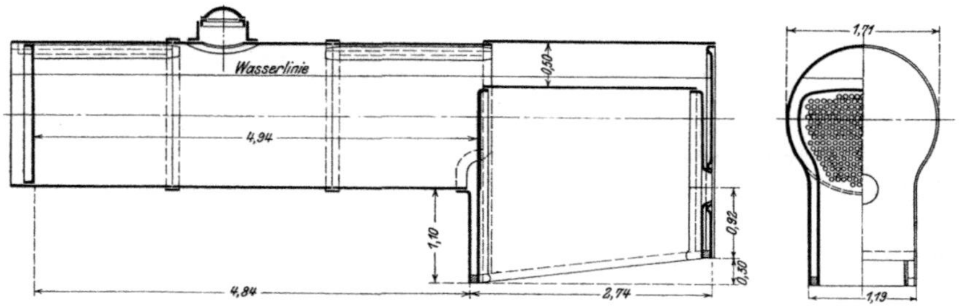

Fig. 289.

Bevor weiter auf die englischen Lokomotivbauarten eingegangen wird, ist es erforderlich, die allgemeine Bezeichnung der Lokomotiven zu erläutern. Abgesehen von den Namen der Lokomotivführer, die man früher vereinzelt auf die Lokomotiven übertrug, wendet man Namen von größeren Städten, Grafschaften, be-

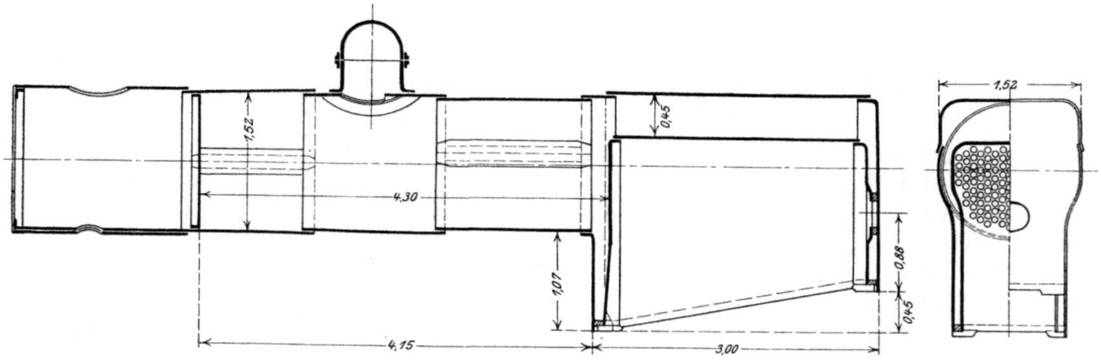

Fig. 290.

rühmten Männern usw. an, spricht also beispielsweise von einer Städte-Klasse (City Class), unter der Lokomotiven mit Namen wie City of Rath, City of Bristol usw. verstanden werden. Andere Bezeichnungen wie „Atlantic" beziehen sich auf die Bauart, ebenso die neuerdings eingeführte amerikanische Bezeichnung nach der Anzahl der Räder.

Hiernach wird bekanntlich die Anzahl der führenden Laufräder vorangestellt, die Zahl der gekuppelten Räder kommt in die Mitte, dann folgt die Anzahl der hinteren Laufräder, die Zahlen werden durch wagerechte Striche getrennt. 4 — 4 — 2 bedeutet also: vier führende Laufräder, vier gekuppelte Räder, zwei hintere Laufräder (Atlantic-Bauart ○○⊙—⊙○). ○ — 6 — ○ würde eine Lokomotive mit sechs gekuppelten Rädern ohne Laufachsen sein.

Die größten in England vorkommenden Triebachslasten sind 19,3 bis 20,3 t.

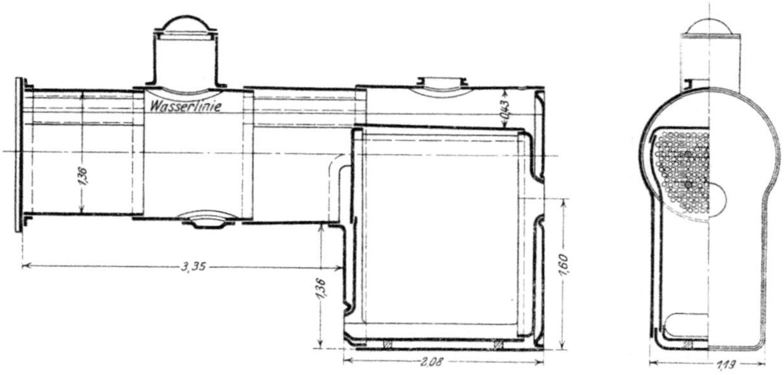

Fig. 291.

Die Lokomotiven mit nur einer Triebachse (singles), die früher auf den englischen Eisenbahnen eine so große Rolle spielten, sind zwar in der Abnahme begriffen, weil sie den neueren Ansprüchen nicht mehr gewachsen sind, indessen laufen noch eine ganze Reihe hiervon, wie bei der Great Northern-, Great Western-, Midland-, Great Central- und North Eastern-Gesellschaft. Die Lokomotiven haben früher, als die Züge noch leichter waren, vorzügliche Dienste geleistet, griffen auch den Oberbau wenig an, sie werden aber neu wohl kaum noch hergestellt.

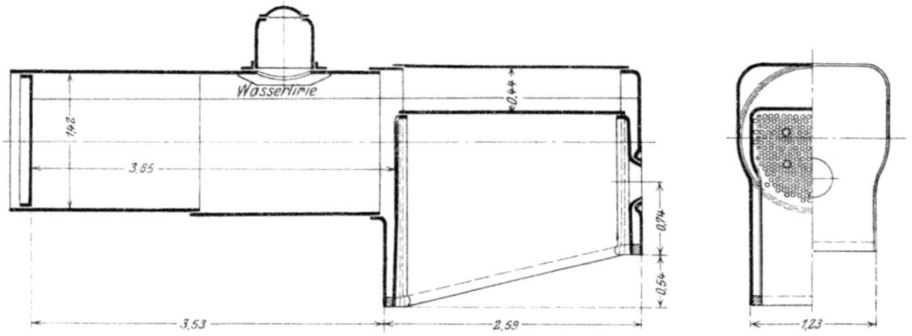

Fig. 292.

Bekanntlich erhielt noch auf der Pariser Ausstellung von 1900 eine Lokomotive der Midland-Gesellschaft mit einer Triebachse den „Grand Prix“. Die Great Western-Gesellschaft hat noch bis zum Jahre 1895 solche Einachser gebaut, dann aber die Bauart zugunsten der 4 — 4 — 0-, 4 — 4 — 2- und 4 — 6 — 0-Bauarten aufgegeben. Die noch vorhandenen Einachser werden nach und nach mit größeren Kesseln ausgerüstet. Steigender Beliebtheit für Personenzuglokomotiven erfreut sich dagegen die 1898 in England eingeführte Atlantic-Bauart (4 — 4 — 2). Man führt als ihre Vorteile an: größere Unabhängigkeit in der Anordnung der Feuerkiste, die nicht durch hinter ihr liegende Kuppelachsen eingeengt wird; Kuppelachsen nahe der Mitte der Lokomotive, daher günstiges Reibungsgewicht bei zweckmäßiger Lastverteilung; der gesamte Radstand und die Kessellänge können angemessen vergrößert werden. 4 — 6 — 0-Lokomotiven sind in England ziemlich selten, obgleich sie im allgemeinen nicht für unzweckmäßig gehalten werden. Sie dienen hauptsächlich zur Beförderung schwerer Schnellzüge von 350 bis 400 t Gewicht mit Fahrgeschwindigkeit von 80—90 km/Std. Sehr beliebt für Züge zur Personenbeförderung ist 4 — 4 — 0-Bauart, die von vielen größeren Gesellschaften zur Beförderung schwerer schnellfahrender Züge verwandt wird. Die Bauart ist namentlich von der London and North Western-, North Eastern-, Great Central-, Midland- und anderen Gesellschaften weiter entwickelt und so vervollkommnet worden, daß die mit ihr überhaupt möglichen Höchstleistungen nunmehr erreicht sind. Bei diesen Lokomotiven, wie überhaupt in England, bildeten innenliegende Zylinder bisher Regel. Eine Ausnahme macht u. a. die „County"-Klasse der Great Western-Gesellschaft mit außenliegenden Zylindern, um die Schwierigkeiten bei der Anbringung von Zylindern mit 76 cm Hub zu umgehen.

Neuerdings scheint man aber in England mehr zum Bau von Lokomotiven mit Außenzylindern überzugehen. Die Great Western-Gesellschaft baut sogar alle neuen Lokomotiven in dieser Weise. Auch die North Eastern-, Great Central-, Glasgow and South Western-, Highland-, London, Brighton and South Coast-, North British-Gesellschaft bauen einzelne Lokomotivgattungen mit Außenzylindern. Andererseits halten die London and North Western-, Lancashire and Yorkshire-, Great Eastern und Caledonian-Gesellschaft streng an der Bauart mit Innenzylindern fest. Die Zylinder der 4 — 4 — 0-Lokomotiven haben gewöhnlich 0,45 bis 0,48 m Durchmesser und 0,66 m Hub, der Durchmesser der Laufräder ist 0,96 m bis 1,22 m, der Triebräder 1,9 bis 2,1 m; Radabstand der Triebräder 2,6 bis 3,05 m, Gesamtabstand 6,75 bis 7,6 m. Der Dampfdruck beträgt 11,25 bis 14 Atm., die Heizfläche 116 bis 186,5 qm, Rostfläche 1,9 bis 2,3 qm. Gewicht der Triebräder 31,5 bis 38,6 t, Dienstgewicht 48,25 bis 60,5 t. Aufnahmefähigkeit des Tenders: 4 bis 6 t Kohlen und 11 bis 20 cbm Wasser. Dienstgewicht von Lokomotive und Tender 78 bis 108 t. Neuerdings treten die 4 — 4 — 2- und 4 — 6 — 0-Lokomotive indessen scharf in Wettbewerb mit der 4 — 4 — 0 Lokomotive.

Sehr groß ist in Großbritannien und Irland die Zahl verschiedener Tenderlokomotiven; man kann wohl sagen, daß in keinem anderen Eisenbahnlande der Welt eine so vielseitige Verwendung von Tenderlokomotiven stattfindet.

Namentlich kommen die Bauarten 0 — 4 — 4, 0 — 6 — 2, 2 — 4 — 2, 2 — 6 — 2, 4 — 4 — 4, 4 — 4 — 2, 0 — 8 — 2 vor, von denen die 0 — 4 — 4-Bauart am beliebtesten ist. Auch die 0 — 6 — 2-Bauart ist beliebt, namentlich bei der London and North Western-, London, Brighton and South Coast-Gesellschaft für Personenzüge, bei anderen Gesellschaften für Güterzüge.

Die Great Western-Gesellschaft hat kürzlich eine Anzahl großer 2 — 6 — 2-Tenderlokomotiven gebaut. Sehr gute Tenderlokomotiven für den Vorortverkehr hat die London Tilbury and Southland-Gesellschaft, 4 — 4 — 2 mit Außenzylindern, 0 — 6 — 2 mit Innenzylindern. Die Great Western-, Caledonian- und Barry-Gesellschaft haben Tenderlokomotiven mit acht gekuppelten Rädern, die teils Motorzüge, teils schwere Rohgüterzüge ziehen.

Einige Tenderlokomotiven kommen in ihren Abmessungen fast den größten Lokomotiven mit Schlepptendern gleich und können innerhalb gewisser Grenzen nahezu dieselbe Arbeit verrichten, während andere für sehr leichten Verkehr gebaut sind. Zwischen diesen beiden äußersten Grenzen gibt es unzählige Zwischenstufen in der Größe und Leistungsfähigkeit.

Die Zahl der Bauarten von Güterzugslokomotiven ist nur klein, im großen und ganzen kann nur von zwei verschiedenen Bauarten gesprochen werden: 0 — 6 — 0 und 0 — 8 — 0. Die Great Western-Gesellschaft hat einige 2 — 6 — 0-„Mogul“-Lokomotiven und 4 — 6 — 0-Lokomotiven eingeführt. Die einzigen Beispiele der 2 — 8 — 0-„Consolidation“-Bauart sind bei der London and North Western- und Great Western-Gesellschaft zu finden; die Great Western 2 — 8 — 0-Lokomotive hat Außenzylinder, die „Mogul-“ und 4 — 6 — 0-Lokomotive haben Innenzylinder.

Was die Anzahl der Zylinder betrifft, so werden die zweizylindrigen Lokomotiven entschieden bevorzugt. Lokomotiven mit mehr als zwei Zylindern bilden Ausnahmen.

Auf die Erscheinung, daß man in England noch immer kein abschließendes Urteil über die Verbundlokomotiven hat fällen können, ist schon hingewiesen worden. Im ganzen ist die Verbundlokomotive entschieden unbeliebt, man hat ein Vorurteil gegen sie, dessen wirkliche Ursache schwer zu ergründen ist. Die meisten Ingenieure sagen zunächst, sie eigne sich nur für das Flachland, England wäre zwar kein Gebirgsland, aber auch kein Flachland, daher nicht sonderlich geeignet für die Verwendung von Verbundlokomotiven. Andere weisen auf die guten und billigen Kohlen in England hin und meinen, die Ersparnis an Kohlen, die doch der Hauptzweck der Verbundwirkung sei, wäre für England nicht wichtig genug, um dafür eine verwickeltere Bauart und größere Unterhaltungskosten einzutauschen. Der fremde Beobachter sollte dementgegen meinen, daß es bei den beschränkten Kesselabmessungen, die dem Lokomotivtechniker wegen der engen Umgrenzungen des lichten Raumes vorgeschrieben sind, doppelt wichtig wäre, durch die Verbundwirkung möglichst an Dampf zu sparen. Am meisten verbreitet waren die Verbundlokomotiven bis vor einigen Jahren bei der London and North Western- und North Eastern-Gesellschaft. Insbesondere war der frühere Oberingenieur Webb der erstgenannten Gesellschaft ein überzeugter Anhänger der dreizylindrigen Verbundlokomotive. Mit seinem im Jahre 1903 erfolgten Rücktritt ist hierin ein vollständiger Wechsel eingetreten, indem der jetzige Oberingenieur Whale nur noch Lokomotiven mit einfacher Dampfwirkung bauen läßt, überhaupt kein Freund mehrzylindriger Lokomotiven ist. Auch bei der North Eastern-Gesellschaft verschwindet anscheinend die Verbundlokomotive. Neu aufgenommen ist ihr Bau dagegen von zwei anderen großen Gesellschaften, der Midland und Great Northern-Gesellschaft.

2. Beispiele von Lokomotiven mit einfacher Dampfwirkung.

An Stelle der Verbundlokomotiven führte der erwähnte Oberingenieur Whale bald nach seinem Dienstantritt bei der London and North Western-Gesellschaft im Jahre 1904 eine verbesserte Bauart der beliebten 4 — 4 — 0-Lokomotiven ein, der er den Klassennamen „Precursor“ gab. Die Lokomotiven dieser Bauart (Fig. 293) haben innenliegende Zylinder von 0,48 m Durchmesser und 0,66 m Hub, Triebräder von 2,06 m Durchmesser. Die Verbesserung gegenüber anderen Lokomotiven solcher Bauart wird insbesondere in der großen Heizfläche erblickt, die 185,8 qm beträgt, aber im wesentlichen durch Anordnung einer großen Zahl kleiner Heizröhren (309 von 47,5 mm Durchmesser) erreicht ist. Hiermit sind bekanntlich gewisse Nachteile verknüpft, wie Einschränkung der Wasserbewegung im Kessel, Ansatz von Kesselstein zwischen den Röhren, übermäßige Durchlöcherung von Platten. Der Dampfdruck der Precursor-Lokomotiven ist 12,3 Atm., die größte Zugkraft 7800 kg. Der Tender, der entgegen der früheren Gepflogenheit ganz aus Flußeisen hergestellt ist, faßt 6,8 t Kohlen und 16,2 cbm Wasser. Eine solche Lokomotive hat einen Zug von 420 t Gewicht hinter dem Tender bei günstigen Streckenverhältnissen 121 km in 83 Minuten, also mit 87,5 km/Std. Geschwindigkeit befördert. Die größte Geschwindigkeit während der Fahrt war 120 km/Std., wurde aber nur für kurze Zeit auf einer 1 : 250 fallenden Strecke erreicht.

Als eine britische Normalbauart kann die 4 — 4 — 0-Lokomotive der Midlandgesellschaft bezeichnet werden (Fig. 294).

Die Lokomotive hat 141,2 qm Heizfläche, 2,32 qm Rostfläche, 0,495 m Zylinderdurchmesser, 0,66 m Hub, 1 m und 2,06 m Durchmesser der Räder, 2,9 m Radstand der gekuppelten Räder, 7,15 m Gesamtradstand, 13 Atm. Dampfdruck, 36 t Reibungsgewicht, 54,5 t Dienstgewicht; der zugehörige Tender faßt 5 t Kohlen und 20 cbm Wasser, das Dienstgewicht der Lokomotive mit Tender ist 107 t. Diese Lokomotiven haben sich auf den Hauptstrecken der Midland-Gesellschaft

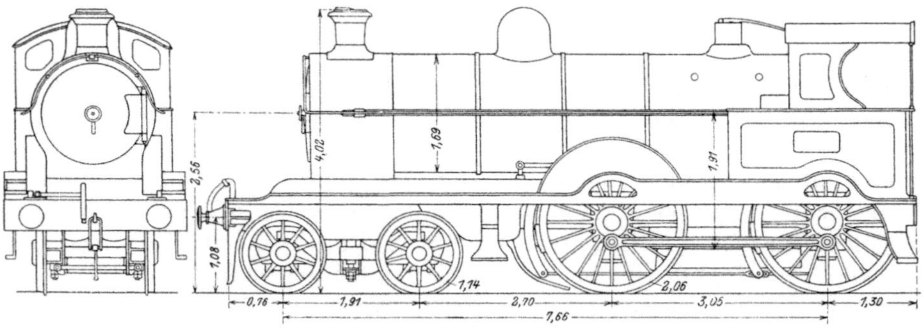

Fig. 293.

sehr gut bewährt. Sie ziehen auf der recht ungünstigen Strecke Leeds—Carlisle Züge von 254 t hinter dem Tender mit 80 km/Std. Durchschnittsgeschwindigkeit, während auf der Strecke Leeds—London unter etwas günstigeren Verhältnissen Züge von 276 t Gewicht mit 82,5 km/Std. Durchschnittsgeschwindigkeit gezogen werden.

Fig. 294.

Fig. 295 stellt eine 4 — 4 — 0-Lokomotive der Great Eeastern-Gesellschaft mit Belpaire-Feuerkiste für flüssige Brennstoffe dar. Die flüssigen Brennstoffe werden mit dem Tender in einem Behälter von 3,25 cbm Fassungsvermögen mitgeführt. Ein Rohr mit zwei Mündungen verbindet den Behälter mit einer Anzahl von Injektoren, die etwa 0,23 m über dem Rost der im übrigen normalgebauten Feuerkiste sitzen. Auf die Roststäbe ist eine 10 cm starke Lage feuerfester Steinbrocken gebracht. Beim Anheizen wird erst ein kleines Kohlenfeuer angefacht, dann werden die Injektoren betätigt, die die flüssigen Brennstoffe als Sprühregen auf das Kohlenfeuer werfen, wodurch in kurzer Zeit eine leicht zu

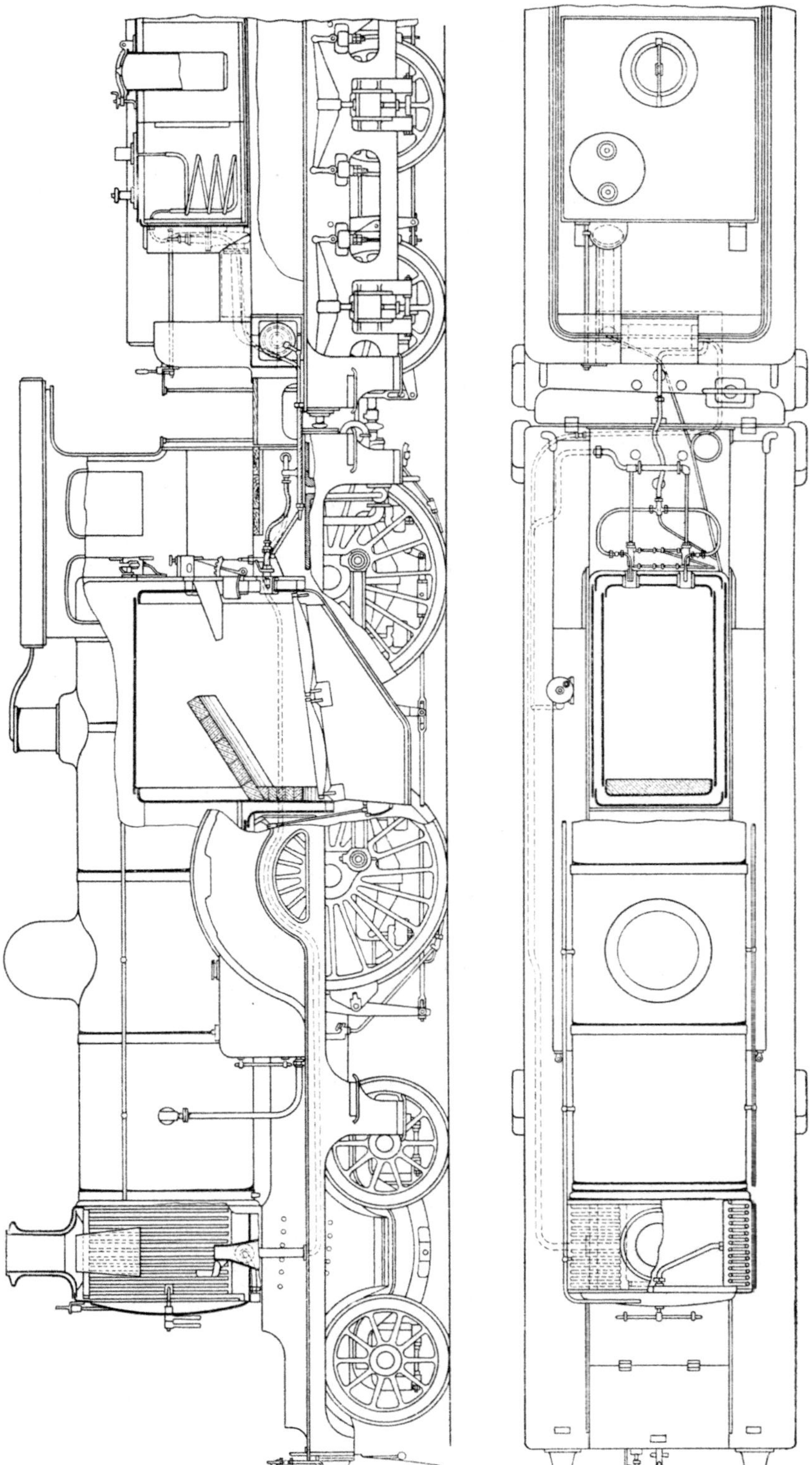

Fig. 295.

unterhaltende Hitze entsteht. Im Boden der Feuerkiste befindet sich eine glockenförmige Öffnung, durch die Luft einströmt. Die Luft wird durch eine Anzahl von Röhren in die Rauchkammer geleitet, um, auf 200° C. vorgewärmt, den Injektoren zugeführt zu werden. In dem Brennstoffbehälter ist eine Heizschlange angebracht, um erforderlichenfalls die Brennstoffe vorzuwärmen; als solche dienen Fettgas und Petroleumrückstände, Kohlenteer und Teeröl.

Fig. 296.

Die 4 — 4 — 2 (Atlantic)-Lokomotive, deren Vorzüge auf Seite 199 kurz gestreift sind, wird von einer größeren Zahl von Eisenbahngesellschaften zur Beförderung schwerer Schnellzüge verwandt. Meistens baut man sie mit Außenzylindern und läßt das Triebwerk an der zweiten Triebachse angreifen. Eine Ausnahme macht die Lancashire and Yorkshire-Gesellschaft, die diese Lokomotiven mit Innenzylindern baut und das Triebwerk an der gekröpften ersten Triebachse angreifen läßt. Die Zylinderabmessungen der Lokomotive sind verschieden, sie liegen zwischen 0,475 und 0,61 m bei der Great Northern-Gesellschaft und 0,510 und 0,710 m bei der North Eastern-Gesellschaft. Ähnlich ist es mit dem Triebraddurchmesser, der 2,03 m bei der Great Northern- und 2,21 m bei der Lancashire and Yorkshire-Gesellschaft ist. Die Lokomotive hat gewöhnlich vier Sicherheitsventile.

Fig. 296 stellt eine der besten englischen Lokomotiven der Atlantic-Klasse dar, die 1903 in den Werkstätten der Great Northern-Gesellschaft zu Doncaster gebaut ist und eine gute Lösung der Aufgabe gibt, bei nicht zu großem Radstande eine kräftige Lokomotive unter den ungünstigen englischen Verhältnissen zu bauen. Wie aus Fig. 296 hervorgeht, sind die vorderen Triebräder möglichst nahe an das führende Drehgestell gerückt und die Triebräder selbst, die 2,03 m Durchmesser haben, von Mitte zu Mitte um 2,08 m voneinander entfernt. Die Heizröhren und die Feuerkiste sind 4,9 m und 1,8 m lang, die Rauchkammer ist nach vorn verlängert. Der Dampfdruck beträgt 12,3 Atm., die Zylinderabmessungen sind 0,475 und 0,610 m. Die Lokomotive hat Außenzylinder und Stephensonsche Steuerung. Durchmesser der Laufräder: 1,10 m; Radstand: gekuppelt 2,08 m; insgesamt 8,03 m; Heizfläche 232,25 qm, Rostfläche 2,88 qm;

Reibungsgewicht 36,6 t, Dienstgewicht 66,5 t. Aufnahmefähigkeit des Tenders: 5 t Kohlen und 16 cbm Wasser. Dienstgewicht der Lokomotive mit Tender: 108,2 t. Die Lokomotive zieht Schnellzüge von 355 t Gewicht hinter dem Tender auf allen Hauptlinien der Great Northern-Gesellschaft. Diese Gesellschaft hat auch eine Atlantic-Lokomotive mit vier Zylindern gebaut, aber den Bau solcher Lokomotiven nicht fortgesetzt. Einen sehr guten Ruf haben auch die 4 — 4 — 2-Lokomotiven der Great Central-Gesellschaft, die außerdem gut aussehen. Die

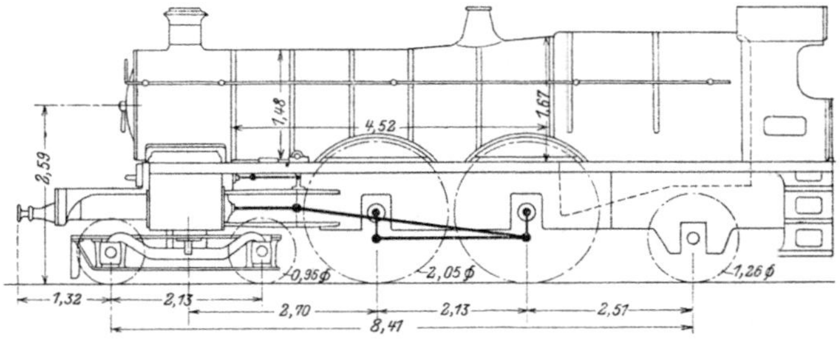

Fig. 297.

schwersten Lokomotiven der Atlantic-Klasse, die überhaupt für englische Bahnen gebaut werden können, haben die Great Western- und North Eastern-Gesellschaft. Die Lokomotive der Great Western-Gesellschaft (Fig. 297) ist durch Umbau einer 4 — 6 — 0-Lokomotive der Albion-Klasse entstanden und hat eine Belpaire-Feuerkiste von 2,5 m Länge. Der Übergang vom Langkessel zum Feuerkistenmantel ist kegelförmig gestaltet, die Heizröhren sind 4,63 m lang. Der Dampfdruck ist 15,8 Atm. und der höchste, der je für eine englische Lokomotive

Fig. 298.

verwandt worden ist. Zylinderabmessungen: $0{,}46 \times 0{,}76$ m; Raddurchmesser: Drehgestell 0,96 m, gekuppelt 2,05 m, hintere Laufräder 1,26 m; Radstand: gekuppelt 2,13 m; insgesamt 8,40 m; Heizfläche 199 qm, Rostfläche 2,51 qm, Reibungsgewicht 39,6 t, Dienstgewicht 71,5 t. Aufnahmefähigkeit des Tenders: 5 t Kohlen und 18 cbm Wasser. Dienstgewicht der Lokomotive mit Tender: 115 t. Die Lokomotive wird hauptsächlich für den Schnellzugdienst zwischen London und Bristol verwandt.

Die schwere Atlantic-Lokomotive der North Eastern-Gesellschaft ist in Fig. 298 dargestellt. Der Kessel ist mit seiner Mitte 2,72 m über Schienenoberkante gelegt, hat einen äußeren Durchmesser von 1,68 m, 268 Heizröhren von 4,93 m Länge und 0,05 m äußerem Durchmesser. Die Lokomotive ist mit Stephensons Steuerung und vier Sicherheitsventilen versehen. Zylinderabmessungen: 0,51 × 0,71 m; Raddurchmesser: Drehgestell 1,1 m, gekuppelt 2,08 m, hintere Laufräder 1,22 m; Radstand: gekuppelt 2,3 m, insgesamt 8,53 m; Dampfdruck: 14 Atm., Heizfläche 228 qm, Rostfläche 2,51 qm, Reibungsgewicht 39,6 t, Dienstgewicht 73,2 t. Aufnahmefähigkeit des Tenders: 5 t Kohlen und 18,7 cbm Wasser. Dienstgewicht der Lokomotive mit Tender: 117,4 t. Die Lokomotiven befördern die Schnellzüge der sogenannten Ostküstenlinie von London (Kings Croso) nach Schottland auf der Strecke von York nach Edinburgh. Die Züge sind 355 bis 381 t schwer und legen ohne Aufenthalt 200 km mit 83,7 km/Std. Durchschnittsgeschwindigkeit zurück. Die Strecke York—Edinburgh hat längere Steigungen von 1:150 und 1:200 und außerdem eine 1:96 geneigte Strecke von 6,5 km Länge. Auch die Great Central-, Lancashire and Yorkshire- und andere Gesellschaften haben in den letzten Jahren eine Anzahl Atlantic-Lokomotiven gebaut.

Die erste 4 — 6 — 0-Lokomotive in England wurde 1899 von der North Eastern-Gesellschaft mit der Absicht gebaut, Vorspannlokomotiven tunlichst zu vermeiden. Sie hatte nur 1,86 m Triebraddurchmesser, was für Fahrten auf der

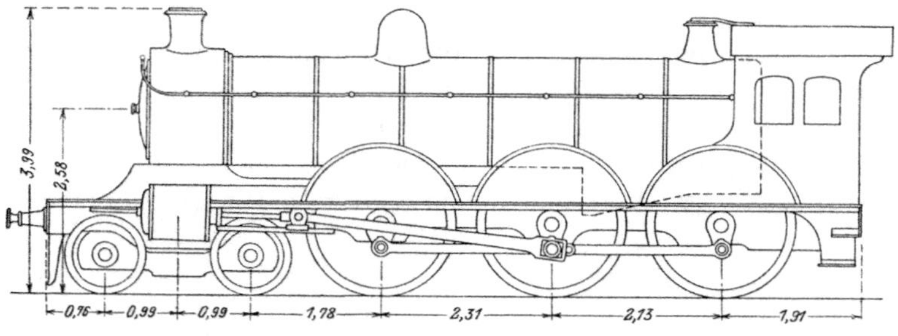

Fig. 299.

Wagerechten und im Gefälle zu wenig war, so daß man für die Folge den Triebraddurchmesser auf 2,05 m vergrößert hat. Der 4,83 m lange, 1,45 m weite Langkessel liegt mit seiner Mitte 2,59 m über Schienenoberkante. Die Feuerkiste ist 2,44 m lang und hat 2,14 qm Rostfläche. Kessel und äußere Feuerkiste sind aus Flußeisen hergestellt. Die Lokomotive hat Kolbenschieber, Stephensonsche Steuerung und Außenzylinder (Fig. 299). Zylinderabmessungen: 0,51 × 0,66 m; Raddurchmesser: 1,1 und 2,05 m; Radstand: gekuppelt 4,62 m, insgesamt 8,38 m; Heizfläche: 164,4 qm; Dampfdruck 14 Atm.; Reibungsgewicht 52,8 t; Dienstgewicht 68,2 t; Aufnahmefähigkeit des Tenders: 5 t Kohlen und 18 cbm Wasser; Dienstgewicht der Lokomotive mit Tender: 109 t.

Die Caledonian-Gesellschaft baut seit einigen Jahren zwei Arten von 4 — 6 — 0-Lokomotiven, eine sehr schwere für den Schnellzugdienst auf den Hauptstrecken, eine leichtere für die Gebirgstrecke von Callander nach Oban mit starken Steigungen und scharfen Bögen. Die schwere Lokomotive hat innenliegende Zylinder, Stephensonsche Steuerung, das Triebwerk greift an der vorderen Kuppelachse an. Feuerkiste und Langkessel ohne Rauchkammern sind 7,97 m lang. Zylinderabmessungen: 0,52 × 0,66 m; Raddurchmesser: 1,07 und 1,98 m; Radstand: gekuppelt 4,57 m, insgesamt 8,74 m. Heizfläche 223 qm, Rostfläche 2,42 qm; Dampfdruck: 14 Atm.; Reibungsgewicht: 54,3 t; Dienstgewicht: 74,2 t; Aufnahmefähigkeit des Tenders: 5 t Kohlen und 22,7 cbm Wasser. Dienstgewicht der Lokomotive mit Tender: 130 t.

Sehr schwere Lokomotiven dieser Klasse (119,3 t mit Tender) verwendet auch die Glasgow and South Western-Gesellschaft für den Schnellzugverkehr auf der Strecke zwischen Glasgow und Carlisle, die eine 24 km lange Steigung von 1:175, eine 8 km lange von 1:80 und eine kürzere von 1:67 hat. Das Zuggewicht hinter dem Tender ist 305—406 t, die Lokomotiven können die schwersten Züge nicht ohne Vorspann ziehen. Die stärkste englische 4 — 6 — 0-Lokomotive hatte im Jahre 1905 die London and South Western-Gesellschaft für den Schnellzugdienst zwischen London und Exeter, der die Beförderung von Zügen bis zu 300 t Gewicht auf längeren Steigungen bis 1:70 erforderlich macht. Die Lokomotive hat vier Zylinder, von denen die beiden innenliegenden vorderen zur ersten Triebachse, die beiden außenliegenden hinteren zur zweiten Triebachse gehören. Die Feuerkiste hat querliegende Wasserröhren der oben beschriebenen Art. Der Wasserbehälter des Tenders ist mit Vorwärmeröhren versehen, durch die Auspuffdampf geleitet wird, wodurch das Speisewasser bis 75° R. erwärmt werden kann, bevor es in den Kessel kommt. Der Kessel ist 2,74 m über Schienenoberkante gelegt, wobei der Schornstein fast verschwunden ist. Zylinderabmessungen: 0,41 × 0,61 m; Raddurchmesser: 1,09 m und 1,83 m; Entfernung der Triebräder: 4,06 m, der Laufräder: 1,98 m; Durchmesser des Kessels: 1,71 m; Länge des Langkessels: 4,19 m, der Feuerkiste: 2,9 m; Höhe des Schornsteins über Schienenoberkante: 4,02 m. Der Kessel enthält 340 Heizröhren von 44 mm Durchmesser und 4,38 m Länge, die Feuerkiste 112 Wasserröhren von 70 mm Durchmesser. Heizfläche der Heizröhren: 205,3 qm, der Wasserröhren: 32,2 qm, der Feuerkiste: 14,9 qm, zusammen 252,4 qm. Rostfläche: 2,92 m; Dampfdruck: 12,3 Atm.; Zugkraft: 8480 kg; Dienstgewicht der Lokomotive 74,0 t, wovon 8,9 auf jedes Triebrad, 8,6 auf jedes Laufrad und 21,8 t auf das führende Drehgestell entfallen. Aufnahmefähigkeit des Tenders: 4 t Kohlen und 18 cbm Wasser. Länge der Lokomotive mit Tender: 19,13 m.

Die Great Central-Gesellschaft hat zwei Arten von 4 — 6 — 0-Lokomotiven, wie die North Eastern- und Caledonian-Gesellschaft, die nur in den Abmessungen und Gewichten voneinander abweichen. Abgesehen von dem Unterschiede in der Anordnung der letzten Räder ist die schwere 4 — 6 — 0-Lokomotive der Great Central-Gesellschaft der 4 — 4 — 2-Lokomotive derselben Gesellschaft gleich, beide können tatsächlich ohne große Mühe von der einen in die andere Bauart umgewandelt werden. Zylinderabmessungen: 0,495 × 0,66 m; Raddurchmesser: Drehgestell 1,07, gekuppelt 4,7 m, insgesamt: 8,48 m; Heizfläche: 177,5 qm; Dampfdruck: 12,2 Atm.; Reibungsgewicht: 53,2 t; Dienstgewicht: 68 t; Aufnahmefähigkeit des Tenders: 5 t Kohlen und 14,25 cbm Wasser; Dienstgewicht der Lokomotive mit Tender: 108 t. Die leichteren Great Central-Lokomotiven dieser Klasse haben Triebräder von 1,85 m Durchmesser, Zylinderabmessungen von 0,49 × 0,66 m. Die schweren Lokomotiven dienen zur Beförderung von Schnellzügen zwischen Marylebone und Manchester, auf kurzen Strecken sind mit ihnen Geschwindigkeiten bis 128 km/Std. verzeichnet. Die leichteren Lokomotiven ziehen Fischzüge von Grimsby nach London und andere Züge mit leichtverderblichen Gütern, ferner schwere Personenzüge im Ausflugverkehr. Die Lokomotiven haben Außenzylinder, 221 Heizröhren von 0,05 Durchmesser und flache Feuerkistendecke.

Auch die Great Western-Gesellschaft hat 4 — 6 — 0- und 4 — 4 — 2-Lokomotiven, die von der einen in die andere Bauart umgewandelt werden können.

Die London and North Western- und die Great Eastern-Gesellschaft verwenden für leichten Verkehr noch eine große Zahl von 2 — 4 — 0-Lokomotiven.

Die beliebteste Bauart für Tenderlokomotiven, deren Zahl — wie erwähnt — in England ungemein groß ist, dürfte die 0 — 4 — 4-Bauart sein, man findet sie fast auf jeder Bahn. Die Lokomotive hat stets innenliegende Zylinder, das Triebwerk greift an der hinteren gekuppelten Achse an. Schwere Lokomotiven dieser Klasse haben u. a. die South Eastern-Gesellschaft für den Londoner Vorortverkehr, die Caledonian-Gesellschaft für den Verkehr in und bei Glasgow. Die Lokomotive der South Eastern-Gesellschaft ist mit Stoneschem Kohlensparer (fueleconomiser) und Funkenfänger in der Rauchkammer versehen. Zylinderabmessungen: 0,46 × 0,61 m; Durchmesser der gekuppelten Räder: 1,68 m; Dampfdruck: 12 Atm.; Heizfläche: 99,5 qm; Rostfläche: 1,5 qm; Dienstgewicht:

Fig. 300.

52,8 t. Die Lokomotive der Caledonian-Gesellschaft hat einen Gesamtabstand von 6,7 m, ein Dienstgewicht von 56,5 t, Reibungsgewicht von 33 t. Zylinderabmessungen: 0,46 × 0,66 m; Durchmesser der gekuppelten Räder: 1,76 m; Dampfdruck: 10,5 Atm.; Heizfläche: 102 qm; Rostfläche: 1,1 qm. Die umgekehrte Anordnung (4 — 4 — 0) ist ziemlich selten, eine stehende Bauart bildet sie nur bei der North London-Gesellschaft, die nur Stadtbahn- und Vorortverkehr hat.

Fig. 301.

Obgleich die 0 — 4 — 4-Lokomotiven sich vielseitig bewährt haben, verlangt man doch neuerdings für schwere Züge und größere Geschwindigkeiten Lokomotiven, die vorwärts und rückwärts gleich gut fahren. Dies hat zur Einführung der 2 — 4 — 2-Klasse geführt, die namentlich bei der Lancashire and Yorkshire- und der Great Eastern-Gesellschaft sehr beliebt sind. Die Lokomotive (Fig. 300) der Great Eastern-Gesellschaft hat innenliegende, 1 : 8 geneigte Zylinder von 0,44 m × 0,61 m, 250 Heizröhren von 41 mm Durchmesser. Länge der Feuerkiste: 1,83 m, Breite 1,22 m; Heizfläche 111,5 qm, Rostfläche 1,67 qm; Durchmesser der Triebräder 1,73 m; Dampfdruck 11,25 Atm; Dienstgewicht 59,5 t,

Kessel, Räder und Triebwerkteile sind von gleichen Abmessungen wie die verschiedener anderer Lokomotivbauarten, um sie gegeneinander austauschen zu können.

Eine 2 — 4 — 2-Lokomotive der Lancashire and Yorkshire-Gesellschaft ist mit einem auf den Kessel gelegten Vorwärmer der Bauart Draitt-Halpin versehen, der 1,7 cbm faßt.

Die 2 — 6 — 2-Bauart für Tenderlokomotiven ist erst von zwei Gesellschaften,

Fig. 302.

der Lancashire and Yorkshire und der Great Western angenommen. Die 2 — 6 — 2-Lokomotive (Fig. 301) der erstgenannten Gesellschaft ist die schwerste Tenderlokomotive in England, sie wiegt dienstbereit 78,7 t und ist aus dem Bestreben hervorgegangen, für den Stadtbahn- und Vorortverkehr eine Lokomotive mit großer Anfahrbeschleunigung zu bauen. Die Lokomotive hat Belpaire-Feuerkiste mit 2,42 qm Rostfläche. Zylinderabmessungen: 0,48 $\times$ 0,66 m; Triebraddurchmesser: 1,73 m; Dampfdruck: 12,7 Atm.; Heizfläche: 199,5 qm.

Fig. 303.

Wenn Tenderlokomotiven unter Betriebsverhältnissen verwendet werden sollen, die sich den Verhältnissen auf Hauptstrecken mit Schnellzugsverkehr nähern, wird mit Vorliebe die 4 — 4 — 2-Lokomotive gewählt. Die London, Tilbury and Southland-Gesellschaft, die ein kleines Bahnnetz in und bei London betreibt, führt Züge von 64 bis 72 km Stunden-Geschwindigkeit mit 4 — 4 — 2-Tenderlokomotiven. Die Lokomotive (Fig. 302) hat Außenzylinder von 0,46 $\times$ 0,66 m, Triebräder von 1,98 m Durchmesser, 97,2 qm Heizfläche und wiegt 69,2 t. Ähnliche Tenderlokomotiven mit Innenzylindern bauen die Great Central- und Great Northern-Gesellschaft.

Für die Beförderung schwerer Vorortzüge mit häufigem Aufenthalt verwenden viele Gesellschaften die 0 — 6 — 2-Tenderlokomotiven.

Namentlich die London and North Western und North Eastern verwenden schon lange solche Lokomotiven, andere Gesellschaften haben erst in der Neuzeit mit ihrem Bau begonnen. Fig. 303 stellt die 0 — 6 — 2-Tenderlokomotive der London and North Western-Gesellschaft für den Dienst auf den Vorortlinien bei London, Manchester, Birmingham und anderen Großstädten dar. Die Lokomotive hat Innenzylinder und Yoysche Steuerung. Zylinderabmessungen: 0,46 $\times$ 0,61 m; Triebraddurchmesser: 1,59 m; Dampfdruck: 10,5 Atm.; Heizfläche: 100,5 qm; Rostfläche: 1,58 qm; Dienstgewicht: 53 t. Die Lokomotive Fig. 304 ist 1902 von der London, Brighton and South Coast-Gesellschaft für die Beförderung ihrer schweren Vorortzüge, Personen- und Ausflugszüge in die weitere Umgebung Londons und an die Südküste Englands gebaut worden. Die Lokomotive hat Innenzylinder und Stephensonsche Steuerung. Der Kessel liegt 2,44 m über Schienenoberkante und ist einschließlich der Feuerkiste 5,13 m lang mit

Fig. 304.

1 cbm Dampfraum. Zylinderabmessungen: 0,46 $\times$ 0,66 m; Triebraddurchmesser 1,68 m; Dampfdruck 11,25 Atm; Heizfläche: 112,6 qm; Rostfläche 1,8 qm; Dienstgewicht: 59 t.

Die Great Northern-Gesellschaft hat kürzlich 0 — 8 — 2-Tenderlokomotiven für den Vorortverkehr bei London eingestellt, die als besonders zweckmäßig zu bezeichnen sind. Diese Lokomotive hat Innenzylinder von 0,51 $\times$ 0,66 m, Stephensonsche Steuerung. Triebraddurchmesser: 1,42 m; Dampfdruck: 12,3 Atm; Heizfläche: 97 qm, Rostfläche: 1,66 qm; Dienstgewicht: 71,3 t. Eine ähnliche Tenderlokomotive verwendet die Barry-Gesellschaft zum Schleppen schwerer Kohlenzüge von den Zechen nach ihren Hafenbahnhöfen. Die betreffenden Linien haben 1 : 80 bis 1 : 127 Steigung, angeblich werden auf den günstigen Streckenabschnitten Züge bis 1300 t Gewicht befördert. Die Caledonian-Gesellschaft verwendet 0 — 8 — 0-Tenderlokomotiven von 63,8 t Dienstgewicht für die Beförderung von Rohgüterzügen. Die Lokomotiven haben Innenzylinder, das Triebwerk greift an der zweiten Achse an.

Die 0 — 6 — 0-Tenderlokomotive wird in England hauptsächlich zum Rangieren verwandt, aber auch zur Beförderung von Ortsgüterzügen und ausnahmsweise von Vorortzügen auf Strecken mit geringen Stationsentfernungen, wie die Enfield-Linie der Great Eastern-Gesellschaft bei London.

Unter den Güterzuglokomotiven wurde bis vor kurzem die 0 — 6 — 0-Bauart als eine Normalbauart der englischen Eisenbahnen angesehen, man verwandte sie unter den verschiedensten Betriebsverhältnissen. Auch heute noch ist die Lokomotive außerordentlich verbreitet, man spannt sie auf Linien mit guten Streckenverhältnissen vor Züge bis zu 700 t Gewicht; was für den Personenzugdienst die 4 — 4 — 0-Lokomotive bedeutet, ist für den Güterzugdienst die 0 — 6 — 0-Lokomotive, jede stellt für sich eine außerordentlich handliche und leistungsfähige Maschine dar. Indessen wird der 0 — 6 — 0-Lokomotive neuerdings Wettbewerb gemacht von der 2 — 6 — 0- und 0 — 8 — 0-Lokomotive. Ein gutes Beispiel einer 0 — 6 — 0-Güterzuglokomotive der North Eastern-Gesellschaft stellt Fig. 305 dar. Der Kessel hat den für englische Verhältnisse großen Durchmesser von 1,68 m und liegt 2,44 m über Schienenoberkante; er enthält 268 Heizröhren von 50 mm Durchmesser und hat 154,5 qm Heizfläche bei 1,86 qm Rostfläche. Zylinderabmessungen: 0,47 × 0,66 m, Triebraddurchmesser 1,40 m; Dampfdruck: 14 Atm; Dienstgewicht mit Tender 79,3 t; vier Ramsbottonesche Sicherheitsventile über der Feuerkiste. Die Lokomotive zieht schwere Stückgüter- und Rohgüterzüge auf allen Strecken der North Eastern-Gesellschaft.

Fig. 305.

Auch die Midland-Gesellschaft, die einen sehr bedeutenden Güterverkehr hat, hält an der 0 — 6 — 0-Lokomotive fest und hat noch im Jahre 1904 ihrem Bestande eine Anzahl wieder zugefügt (Fig. 306). Mit ihren Zylindern von 0,47 × 0,66 m, Dampfdruck von 12,3 Atm., Raddurchmesser von 1,6 m ist die Lokomotive sowohl zur Beförderung von leichten Güterzügen wie von schweren Rohgüterzügen, ausnahmsweise auch von Personenzügen geeignet. Eine ganz ähnliche Lokomotive verwendet die Caledonian-Gesellschaft. Ferner trifft man gute Beispiele von 0 — 6 — 0-Güterzuglokomotiven bei der Great Eastern-, London and North Western-, Great Southern and Western of Ireland-, Great Northern of Ireland-, Midland Great Western of Ireland- und Cambrian-Gesellschaft.

Die Bauart 2 — 6 — 0 (Mogul) ist in England wenig verbreitet. Abgesehen von einigen Mogul-Lokomotiven amerikanischer Herkunft bei der Midland-, Great Central- und Great Northern-Gesellschaft sind solche Lokomotiven nur von G. J. Churchward, dem Oberingenieur der Great Western-Gesellschaft, in den Werkstätten zu Swindon gebaut worden. Man gibt in England zwar zu, daß die Mogul-Lokomotiven besser durch Bögen laufen als 0 — 6 — 0-Lokomotiven, weil das Vorderende beweglicher ist, scheut aber den Verlust von Reibungsgewicht, der mit der Anbringung der vorderen Laufräder verbunden ist. Von den Mogul-Lokomotiven ist eine größere Anzahl bei der Great Western-Gesellschaft in den Dienst gestellt. Die Lokomotiven haben Belpaire-Feuerkiste, verlängerte Rauchkammer, außenliegende Kuppelstangen, Innenzylinder und Kolbenschieber. Zylinderabmessungen: 0,46 × 0,66 m; Triebraddurchmesser: 1,41 m;

Fig. 306.

Dampfdruck: 13,7 Atm.; Heizfläche: 169,0 qm; Rostfläche: 1,90 qm; Dienstgewicht mit Tender: 95 t.

Auch die 4—6—0-Bauart wird in England für Güterzuglokomotiven nicht viel angewandt, immerhin findet man Beispiele hiervon bei der Great Western- und Highland-Gesellschaft. Die Great Western 4—6—0-Lokomotive (Fig. 307) ist nur in zwei Exemplaren vorhanden, sie hat Innenzylinder von 0,48 × 0,66 m; 12,7 Atm. Dampfdruck; 174,6 qm Heizfläche; 3,00 qm Rostfläche; Durchmesser

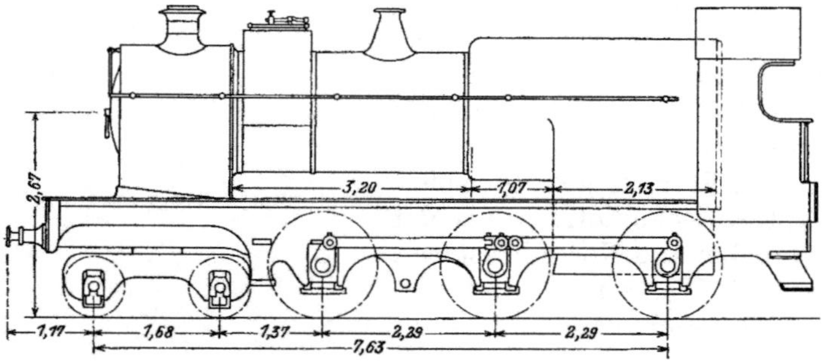

Fig. 307.

der Reibungsräder: 1,41 m, der Laufräder 0,81 m; Reibungsgewicht: 52,3 t, Dienstgewicht mit Tender: 102 t; Zugkraft: 13,4 t. Diese Lokomotiven haben die größten Roste, die je bei englischen Lokomotiven verwandt worden sind, ihr Bau wird aber nicht fortgesetzt.

Güterzuglokomotiven mit acht gekuppelten Rädern (0—8—0-Lokomotive) wurden 1901 von dem Oberingenieur Ivatt der Great Northern-Gesellschaft eingeführt, sind aber zurzeit auch bei der Great Central-, Lancashire and Yorkshire- und North Eastern-Gesellschaft vertreten und dienen überall zur Beförderung der schwersten Stückgüter- und Rohgüterzüge. Die Great Northern 0 — 8 — 0-Lokomotive hat innenliegende Zylinder von 0,51 × 0,66 m und Stephenson-Steuerung. Anzahl der Heizröhren: 191 von 50 mm Durchmesser; Heizfläche: 133,7 qm; Rostfläche: 2,27 qm; Dampfdruck: 12,3 Atm.; Radstand: 5,4 m; Aufnahmefähigkeit des Tenders: 5 t Kohlen und 16,7 cbm Wasser; Reibungsgewicht: 55,5 t; Dienstgewicht mit Tender: 97 t.

Fast gleichzeitig mit der Great Northern-Gesellschaft hat auch Wilson Worsdell, Oberingenieur der North Eastern-Gesellschaft, 0 — 8 — 0-Güterzuglokomotiven eingeführt. Die Lokomotiven haben Außenzylinder von 0,51 × 0,66 m; Kolbensteuerung mit Stephensonscher Kulisse; Durchmesser der Räder: 1,40 m; der Kanal des Langkessels ist aus 14,3 mm starken Stahlplatten hergestellt, 457 m lang mit 1,45 m Durchmesser und liegt 2,5 m über Schienenoberkante. Die aus 15,8 mm starkem Stahlblech hergestellte äußere Feuerkiste ist 2,28 m lang und 1,19 m breit, die innere Feuerkiste aus Kupfer 2,07 m lang und 0,97 m breit. Der Kessel hat 193 Heizröhren von 50 mm Durchmesser und 7,7 m Länge. Dampfdruck: 14 Atm.; Heizfläche: 158 qm; Rostfläche 2,06 qm; Radstand: 5,23 m; Reibungsgewicht: 59,5 t; Aufnahmefähigkeit des Tenders: 5 t Kohlen und 18 cbm Wasser; Dienstgewicht mit Tender: 94 t. Eine Lokomotive dieser Bauart hat bald nach ihrer Indienststellung eine harte Probe bestanden, als sie einen Zug von 520 m Länge und 1330 t Gewicht eine 1200 m lange Steigung von 1 : 108 mit Bögen von 300 m Halbmesser hinaufschleppen mußte.

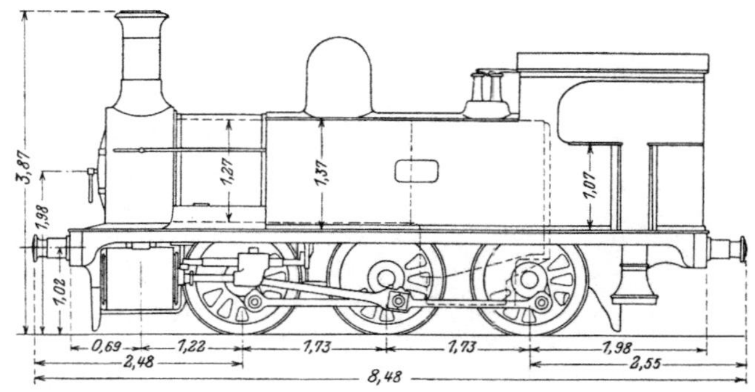

Fig. 308.

Auch die Caledonian-Gesellschaft hat 0 — 8 — 0-Güterzuglokomotiven. Bei diesen Lokomotiven sind die Räder in je zwei Gruppen von vier mit gleichem Radstand, also auch mit gleichen Kuppelstangen geteilt, während die Kuppelstangen zwischen dem zweiten und dritten Räderpaar kürzer sind. Die Lokomotiven ziehen Züge, die aus Wagen von großer Tragfähigkeit zusammengesetzt sind.

2 — 8 — 0-(Consolidation-)Lokomotiven haben nur die Great Western- und die London and North Western-Gesellschaft, letztere hat sie aus 1 — 8 — 0-Lokomotiven umgebaut. Die Consolidation-Lokomotive der Great-Western-Gesellschaft hat einen Kessel mit 4,52 m langem kegelförmigen Teil, der an der Rauchkammer 1,51 m, an der Feuerkiste 1,67 m Durchmesser hat. In dem Kessel sind 250 Heizröhren von 4,63 m Länge und 50 mm Durchmesser. Heizfläche: 199 qm; Rostfläche: 2,52 qm; Dampfdruck: 14 Atm. Die Zylinder liegen wagerecht und messen 0,46 × 0,76 m; Raddurchmesser: 0,96 und 1,41 m; Zugkraft: 14,3 t; Reibungsgewicht: 69,5 t; Aufnahmefähigkeit des Tenders: 5 t Kohlen und 18 cbm Wasser; Dienstgewicht der Lokomotive mit Tender: 113,2 t.

Die North London-Gesellschaft verwendet die 0 — 6 — 0 - Tenderlokomotiven (Fig. 308) für ihren Güterzugdienst, der namentlich aus der Übernahme von Zügen anderer Gesellschaften und ihrer Verteilung auf die Ladestellen der Londoner Docks und der Station Broad Street Station besteht.

3. Beispiele von Verbundlokomotiven.

Bei der London and North Western-Gesellschaft, welche die Verbundlokomotiven bis zum Jahre 1903 stark bevorzugte, waren bis zum Jahre 1897 nur dreizylindrige Verbundlokomotiven vorhanden, dann wurde die erste vierzylindrige gebaut. 1901 folgte eine neue vierzylindrige Klasse mit größerer Heizfläche und größerem Dampfdruck. Die vierzylindrigen Verbundlokomotiven sind von der 4—4—0-Bauart, die Hochdruckzylinder liegen außen, die Niederdruckzylinder innen, die Antriebvorrichtungen greifen am vorderen Triebräderpaar an. Anfahrventile sind nicht vorhanden, so daß stets mit Verbundwirkung gefahren wird und für außergewöhnliche Leistungen keine wesentliche Steigerung der Zugkraft möglich ist. Außer der 4—4—0-Bauart hat die London and North Western-Gesellschaft auch die 4—6—0- und 0—8—0-Bauarten angewandt, doch werden neue Verbundlokomotiven überhaupt nicht mehr bei dieser Gesellschaft gebaut, vorhandene in Lokomotiven mit einfacher Dampfwirkung umgewandelt. Ähnlich ist es bei der North Eastern-Gesellschaft, die lange Zeit Verbundlokomotiven nach der Bauart Worsdell - von Borries hergestellt hat. Die meisten Personenzuglokomotiven dieser Bauart hatten die 4 — 4 — 0-Räderanordnung und zwei Innenzylinder, fast alle sind in Lokomotiven mit einfacher Dampfwirkung umgewandelt worden. Dagegen laufen noch mehrere Güterzuglokomotiven und Tenderlokomotiven mit Verbundwirkung bei der North Eastern-Gesellschaft.

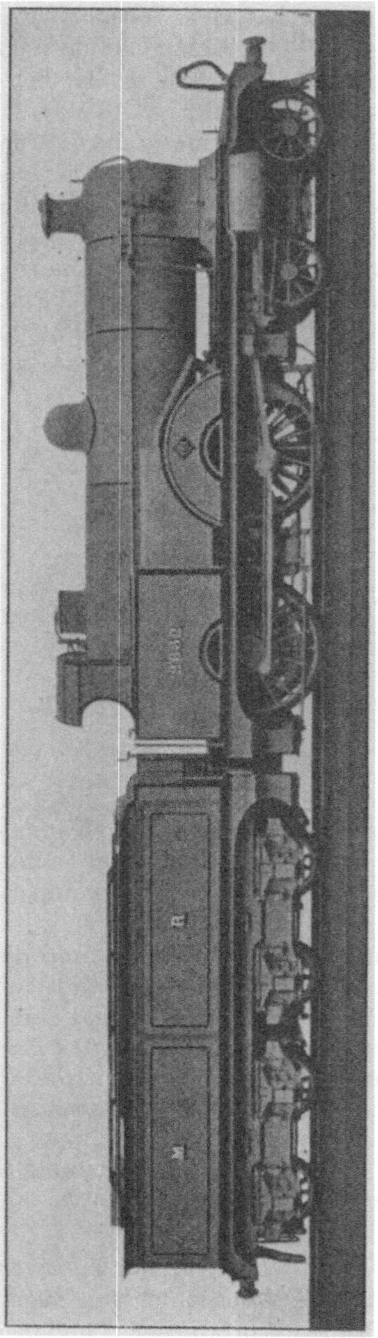

Fig. 309.

Neu aufgenommen wurde der Bau von Verbundlokomotiven im Jahre 1902 von der Midland-Gesellschaft und später von der Belfast and Northern Counties-Gesellschaft in Irland, die jetzt in die Midland-Gesellschaft aufgegangen ist. Die Midland-Verbundlokomotiven sind von der 4 — 4 — 0-Bauart (Fig. 309) und haben einen innenliegenden Hochdruck- und zwei außenliegende Niederdruckzylinder, die Triebwerke greifen mit versetzten Krummzapfen an der ersten Triebachse an. Die W. M. Smithsche Verbundbauart ist hier angewandt. Der Hochdruckzylinder erhält seinen Dampf unmittelbar mit 13,7 Atm. Druck aus dem Kessel, der Ausblasedampf strömt in einen Gemeinschaftsbehälter der beiden Niederdruckzylinder, aus dem diesen Zylindern Dampf zugeführt wird. Gleichzeitig mit der Dampfzuführung aus dem Kessel zum Hochdruckzylinder wird Dampf von einer bestimmten niedrigeren Spannung durch einen Druckregler dem Gemeinschaftsbehälter der Niederdruckzylinder zugeführt. Ist der Höchstdruck, mit dem die Niederdruckzylinder arbeiten sollen, in dem Gemeinschaftsbehälter vorhanden, so wird die weitere Dampfzufuhr aus dem Kessel selbsttätig abgestellt, wodurch eine übermäßige Belastung der beweglichen Teile vermieden wird. Wenn mit Verbundwirkung gefahren wird, wechselt der Dampfdruck in dem Gemeinschaftsbehälter zwischen 2,8 und 4,8 Atm.; zum Anfahren oder zum Befahren starker Steigungen kann jedoch Dampf von höherer Spannung durch Betätigung eines Ventils am Führerstande aus dem Kessel entnommen werden. Zu dem Hochdruckzylinder gehört ein Kolbenschieber, die Niederdruckzylinder haben Muschelschieber. Zylinderdurchmesser: 0,25 und 0,53 m; Länge: 0,66 m; Raddurchmesser: 2,13 und 1,08 m; Heizfläche: 148,6 qm; Rostfläche: 2,42 qm; Gewicht der Lokomotive: 60,5 t; Dienstgewicht von Lokomotive und Tender: 86,5 t.

Die Belfast and Northern Counties-Gesellschaft, deren Lokomotiven neuerdings zum Teil in den Werkstätten der Midland-Gesellschaft in Derby hergestellt werden, hält an der Bauart Worsdell-von Borries fest.

Beträchtliches Aufsehen erregte vor einigen Jahren der Schritt der Great Western-Gesellschaft, die auf dem Festlande vielfach erprobte Bauart „De Glehn“ in England zu versuchen. Die Lokomotiven sind nach der Anordnung 4—4—2 gebaut (Fig. 310), die beiden Hochdruckzylinder liegen außerhalb des Rahmens

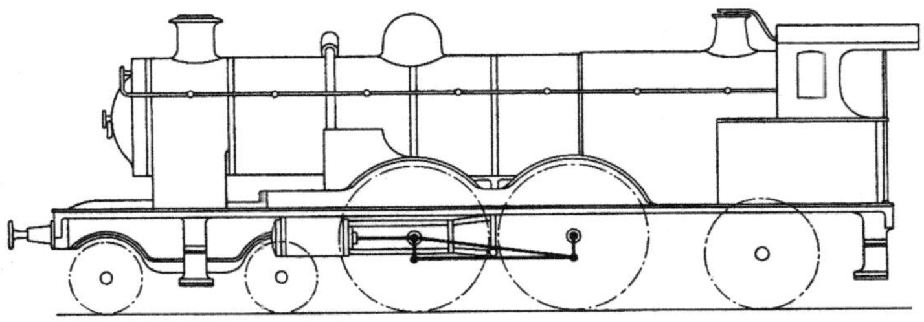

Fig. 310.

und hinter dem Drehgestell, die beiden Niederdruckzylinder innerhalb des Rahmens unter der Rauchkammer. Die Kolben der Niederdruckzylinder greifen an der ersten, die der Hochdruckzylinder an der zweiten Triebachse an. Die erste De Glehn-Lokomotive der Great Western-Gesellschaft mit dem Namen „La Franca“ hat Zylinder von $0{,}34 \times 0{,}64$ und $0{,}56 \times 0{,}64$ m, Raddurchmesser von 2,04, 0,91 und 1,41 m, einen Gesamtradstand von 8,50 m, eine Heizfläche von 216 qm, Rostfläche von 2,74 qm, einen Dampfdruck von 16 Atm., ein Reibungsgewicht von 35 t, Lokomotivgewicht von 66 t, Dienstgewicht mit Tender von 108,7 t. Die neueren De Glehn-Lokomotiven der Great Western-Gesellschaft haben Zylinder von 0,40 und $0{,}60 \times 0{,}64$ m, eine Heizfläche von 256 qm und eine Rostfläche von 3,10 qm.

4. Bemerkenswerte Nebenteile englischer Lokomotiven.

Um auf den Strecken mit Wassertrögen während der Fahrt Wasser nehmen zu können, müssen die in Betracht kommenden Lokomotiven mit einer Schöpfvorrichtung versehen sein. Die Vorrichtung besteht aus einer Kelle und einem gegen die Fahrrichtung gebogenen oder schräg gestellten Rohr, das sich nach oben beträchtlich erweitert, um die Austrittgeschwindigkeit des Wassers zu mäßigen (Fig. 311 und 312). Die North Eastern-Gesellschaft gibt dem Rohr unten 0,15 m, oben 0,38 m Durchmesser. Tenderlokomotiven für die Fahrt in beiden Richtungen müssen mit zwei Schöpfkellen ausgerüstet werden. Die Schöpfkellen werden entweder mit der Hand durch einen Schrauben- und Hebelmechanismus gesenkt und gehoben, oder es wird hierzu Dampfkraft oder Preßluft und Saugluft der Bremseinrichtungen verwandt. Vielfach hält man einfache Hebel- und Schraubenübertragungen mit Handbedienung für die beste Bauart. Bei größerer Fahrgeschwindigkeit erfordert es natürlich eine bedeutende Kraftanstrengung, die Schöpfstelle aus dem Wasser zu nehmen. Nötig wird das Herausnehmen aus dem Wasser nur, wenn der Tender gefüllt ist oder ein Zug mit zwei Lokomotiven bespannt ist, die an derselben Schöpfstelle Wasser nehmen sollen. Früher ließen die Lokomotivführer das Wasser vielfach aus dem Tender überlaufen, behaupteten dann, sie hätten die Kelle nicht rechtzeitig aus dem Troge heben können und verlangten statt der Einrichtungen für Handbetrieb solche für Dampf-, Preßluft- oder Saugluftbetrieb. Nachdem man aber Wasserstandzeiger angebracht hat, die dem Lokomotivführer jederzeit den Füllungsgrad des Tenders anzeigen, haben die Klagen über Wasservergeudung nachgelassen und die Lokomotivführer sich vielfach mit den von Hand bedienten Einrichtungen abgefunden.

Eine Einrichtung, die für gewöhnlich mit der Hand bedient, in Bedarfsfällen mit Dampf bedient werden kann, ist dem Oberingenieur Robinson der Great Central-Gesellschaft patentiert. Die Schöpfkelle ist mit einer Stange an den

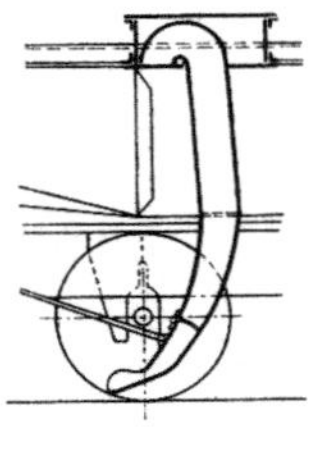

Fig. 311.

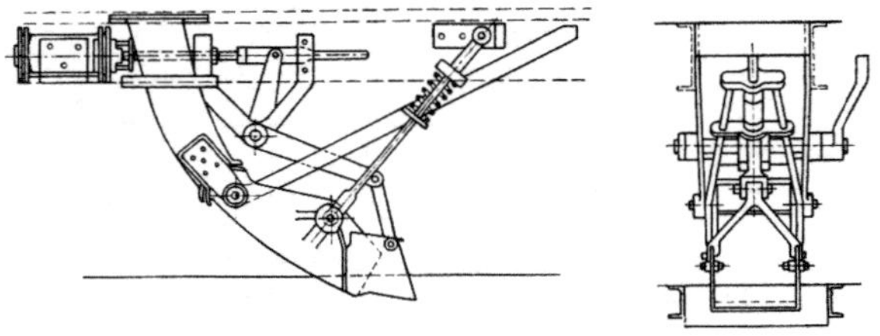

Fig. 312.

Hebel einer Querwelle gehängt, die einen zweiten Hebel hat, an dem eine Stange eingreift, die durch einen Dampfzylinder nach einem Schraubenmechanismus mit Handrad geführt ist; durch Drehen des Handrades, wie durch Einlassen von Dampf in den Zylinder kann die Kelle gehoben und gesenkt werden.

Die Great Eastern-Gesellschaft verwendet eine Preßlufteinrichtung, die an den Luftbehälter der Westinghouse-Bremse angeschlossen ist. Die für gewöhnlich durch Spannfedern hochgehaltene Schöpfkelle ist durch eine Gelenkstange mit dem Kolben eines unter dem Tender sitzenden Preßluftzylinders verbunden. Die Gelenkstange hat an ihrem unteren Ende eine längliche Bohrung, in der ein Bolzen an der Schöpfkelle gleitet. Die Kelle wird daher bei zunehmendem Druck während des Wassernehmens noch etwas weiter in das Wasser gezogen als anfangs. Mit einer Stellschraube wird die Höhenlage der Kelle dem Verschleiß der Tenderräder entsprechend geregelt.

Funkenfänger wurden bislang nicht häufig angewandt in Großbritannien, wo wenig Wald und Moor ist, etwas häufiger in Schottland und Irland. Die englische Gesetzgebung und Rechtsprechung kam den Eisenbahnverwaltungen bis vor wenigen Jahren weit entgegen bei der Feststellung von Entschädigungen für Brandschaden durch Funkenflug der Lokomotiven, indem die Eisenbahnverwaltungen nur nachzuweisen brauchten, daß sie die besten Vorrichtungen zur Verringerung des Funkenfluges anwandten, um die Abweisung von Klagen geschädigter Anlieger herbeizuführen. Bei den abweichenden Ansichten über den Wert der einzelnen Vorrichtungen war in vielen Fällen der erforderliche Nachweis durch geschickte Sachverständige leicht zu führen. Der leitende Gedanke bei dieser

Gesetzgebung ist gewesen, daß die Eisenbahnverwaltungen den berechtigten Anforderungen an die Schnelligkeit der Beförderung nicht entsprechen könnten, wenn der Gesetzgeber auf vollständige Beseitigung des Funkenfluges der Lokomotiven bestände oder jeder Brandschaden beim Eisenbahnbetriebe ohne weiteres ersetzt werden müßte. Durch ein Gesetz von 1905 (Compensation for Damage to Crops Act 1905) ist die Angelegenheit in günstigem Sinne für die Anlieger neu geregelt, so daß die Eisenbahnverwaltungen nunmehr ein größeres Interesse an der Verwendung guter Funkenfänger haben.

Die London and South Western-Gesellschaft verwendet seit mehreren Jahren mit gutem Erfolge den patentierten Drummondschen Funkenfänger, der aus einer festen, auf die Blasrohrmündung gesetzten halbkreisförmigen Haube mit zwei drehbaren viertelkreisförmigen Flügeln besteht (Fig. 313). Die Haube und die

Fig. 313.

Fig. 314.

drehbaren Flügel bestehen je aus zwei ungefähr im Abstande des Blasrohrdurchmessers sitzenden Blechen und sind am Umfange offen. Die Vorderwand der Haube hat eine längliche Öffnung, in die ein an die Vorderseite des Blasrohres gesetztes, unten durchlöchertes Rohr mündet. Die Heizgase nehmen einen bestimmten, durch die Konstruktion vorgeschriebenen Weg zum Schornstein, wobei etwaige Funken an den Wänden des Funkenfängers erlöschen sollen. Die Flügel können nach oben gedreht werden, wenn die Heizröhren gereinigt werden sollen (Fig. 314).

Nach den bei der London and South Western-Gesellschaft während eines fünfjährigen Zeitraumes gesammelten Erfahrungen soll dieser Funkenfänger nicht nur den Funkenauswurf wesentlich beschränken, sondern auch eine Ersparnis an Brennstoffen herbeiführen, ohne die Leistungsfähigkeit der Lokomotive wesentlich herabzusetzen. Dies wird dem Umstande zugeschrieben, daß der Funkenfänger die Zugwirkung des Blasrohres gleichmäßig über die Heizröhren verteilt, während ohne Funkenfänger die der Blasrohrmündung am nächsten liegenden Röhren einer stärkeren Zugwirkung ausgesetzt sind als die weiter abliegenden Röhren; die gleichmäßige Verteilung der Zugwirkung soll dann günstig auf das Feuer wirken. Die London and South Western-Eisenbahngesellschaft, deren Oberingenieur des Lokomotivwesens der Erfinder ist, hat annähernd ihre sämtlichen Lokomotiven (etwa 700 Stück) mit dem Funkenfänger ausgerüstet, ferner wird er auf der London, Brighton and South Coast- und Highland-Eisenbahngesellschaft versucht. Der Preis ist sehr hoch, nämlich 1000 Mark für eine Lokomotive, und wäre nur dann berechtigt, wenn der Funkenfänger die ihm vom Erfinder zugeschriebenen Vorzüge tatsächlich in vollem Umfange besäße, namentlich die behauptete Kohlenersparnis von 1,5 kg für den Lokomotivkilometer ohne wesentliche Nachteile für die Leistungsfähigkeit der Lokomotiven erzielte. Dies wird nicht allgemein zugegeben; der Funkenfänger soll den Funkenauswurf zwar bis zu einem gewissen Grade verhindern, einen wesentlichen Einfluß auf den Kohlenverbrauch aber nicht immer haben.

Andere Eisenbahngesellschaften verwenden den Stoneschen Funkenfänger, der aus einem kegelförmigen, auf die Blasrohrmündung gesetzten Drahtkorb mit darüberliegenden kegelförmigen Blechtrommeln besteht[1]).

b) Triebwagen (Selbstfahrer, automobile Eisenbahnwagen).

In den letzten Jahren sind in England Eisenbahnfahrzeuge sehr in Aufnahme gekommen, die den Übergang zwischen der Lokomotive und dem gewöhnlichen Personenwagen bilden, indem sie nach Form und Bauart ganz einem Personenwagen gleichen, sich von diesem aber dadurch unterscheiden, daß sie ihre eigene Maschine mitführen. Oder Wagen und Maschine unterscheiden sich in ihrer äußeren Form, sind aber so eng verbunden, daß beide als ein Ganzes betrachtet werden müssen.

Derartige Triebwagen sind zuerst vor nahezu 60 Jahren auf den englischen Eisenbahnen in den Dienst gestellt worden, haben sich aber damals nicht bewährt. Auch ein vor etwa 40 Jahren unternommener Versuch ist fehlgeschlagen. Anscheinend sind die Bestrebungen zur Einführung von Triebwagen beide Male wieder ins Stocken geraten, weil man noch keine passenden Antriebmaschinen für solche Selbstfahrer bauen konnte, auch der Anreiz des Wettbewerbes mit anderen Verkehrsmitteln fehlte und in England keine geeigneten Strecken — wie Nebenlinien mit schwachem Verkehr — für den Triebwagenverkehr vorhanden waren. Die Great Western-Eisenbahngesellschaft hat früher auf ihren Breitspurgleisen bei Bristol längere Zeit einige Triebwagen verkehren lassen; auch in Irland, wo Linien mit schwachem Verkehr stets vorhanden gewesen sind, hat man schon frühzeitig Triebwagenverkehre versucht.

Wenn nun in der Neuzeit solche Triebwagen in Großbritannien und Irland mit großem Erfolge in den Eisenbahndienst eingestellt worden sind, ist dies wohl in erster Linie den durch die Elektrizität hervorgebrachten Änderungen im Straßenbahnwesen und der Vervollkommnung der Selbstfahrer für den Straßenverkehr zuzuschreiben. Nicht als ob die Elektrizität sich hervorragend zur Fortbewegung solcher Triebwagen auf Eisenbahnen eignete, die für den Dampfbetrieb gebaut sind, sondern weil sie die Straßenbahnen befähigt hat, im Vorortverkehr und Nahverkehr zwischen benachbarten Städten erfolgreich mit den Dampfeisenbahnen in Wettbewerb zu treten. Die Fortschritte der Selbstfahrertechnik im Straßenverkehr, die das für jeden Sport höchst empfängliche Britenvolk sich

[1]) The Engineer, 27. Februar 1903, S. 214.

natürlich schleunigst zunutze gemacht hat, haben ferner dazu beigetragen, den Eisenbahnen den Nahverkehr zu entziehen. Der Wettbewerb der Selbstfahrer ist namentlich fühlbar geworden, seitdem auf Straßen mit 32 km/Std. gefahren werden darf. Wenn man bestrebt gewesen ist, die Eisenbahngesellschaften über die Verluste im Vorort- und Nahverkehr dadurch zu trösten, daß man ihnen klar zu machen suchte, an diesem Verkehre wäre nichts zu verdienen, so haben diese Bestrebungen nicht überall Eindruck gemacht. Die Eisenbahngesellschaften haben in den großen Städten und ihrer Umgebung mit vielen Kosten die Anlagen für den Stadt- und Vorortverkehr hergestellt und sich auf diesen Verkehr eingerichtet, man kann daher nicht erwarten, daß sie ihn nunmehr freiwillig an die Straßenbahnen und Selbstfahrer abtreten werden. Wenn allerdings klar nachzuweisen ist, daß die Einnahmen die Betriebsausgaben nicht mehr decken, scheut man sich nicht, den Nahverkehr einzuschränken. Beispielsweise sind in der Nähe von London einige Vorortstationen geschlossen worden. Als ein Mittel, dem Wettbewerb der Straßenbahnen und Selbstfahrer wirksam zu begegnen, sieht man die Gewährung häufiger Fahrgelegenheiten zu niedrigen Preisen nach Art der Straßenbahnen an. Mit gewöhnlichen, von Dampfmaschinen beförderten Zügen lassen sich nach Ansicht der englischen Verkehrstechniker die erforderlichen häufigen Fahrgelegenheiten nicht bieten, sie glauben, daß hierzu entweder die Einführung des elektrischen Betriebes oder die Einstellung von Triebwagen erforderlich ist. Die Einführung des elektrischen Betriebes hat zwar in Großbritannien in den letzten Jahren in einzelnen Fällen stattgefunden, ist aber in anderen Fällen an der Kostenfrage und der Unsicherheit über die zu wählende Betriebsweise gescheitert, worauf man sich vorläufig mit der Einstellung von Triebwagen begnügt hat, um dem Wettbewerb der Straßenbahnen entgegenzuwirken. Neben diesen Bestrebungen zur Bekämpfung des Straßenbahnen- und Selbstfahrerwettbewerbes ist auch der schwache Verkehr an sich Veranlassung gewesen, an Stelle der mit Lokomotiven beförderten Züge einzelne Triebwagen laufen zu lassen.

Bislang hat man vornehmlich auf Linien folgender Art Triebwagenverkehr eingeführt:

Linien, die unter dem Wettbewerb anderer Verkehrsmittel, wie Straßenbahnen, gleislose Bahnen, Selbstfahrer-Omnibusse, zu leiden haben.

Linien, auf denen der Verkehr wegen der in England strenge durchgeführten Einteilung der Arbeitszeit oder aus anderen Gründen während der verschiedenen Tageszeiten stark schwankt und zu den mittleren Tagesstunden so gering ist, daß er tatsächlich durch Triebwagen bewältigt werden kann.

Linien mit schwachem Verkehr überhaupt, der einen Betrieb mit gewöhnlichen Zügen nicht lohnt.

Hierzu gehören auch neugebaute Strecken, auf denen der Verkehr erst entwickelt werden muß.

Zur Fortbewegung der Triebwagen werden namentlich Dampf und Petroleum verwandt, von denen Dampf sich am meisten bewährt hat. Der Dampfbetrieb läßt sich am leichtesten dem vorhandenen Betrieb anpassen, erfordert aber meistens die Einstellung eines Heizers. Beim Petroleumbetrieb wird das umständliche Anheizen vermieden, und das Feuer kann während der Betriebspause aus Ersparnisrücksichten ausgelöscht werden, auch läßt sich der Heizer eher sparen; hierfür werden aber auch manche Unannehmlichkeiten eingetauscht, so daß der Petroleumbetrieb nur wenige Anhänger hat.

Die mit Dampfkraft bewegten Triebwagen unterscheiden sich hauptsächlich nach der Bauart der Kessel, sie haben entweder stehende Röhrenkessel oder liegende, den Lokomotivkesseln nachgebildete Röhrenkessel.

Den Anfang mit der Einstellung von Triebwagen machte Anfang 1903 die

North Eastern-Eisenbahngesellschaft zwischen Hartlepool und West Hartlepool. Auf dieser 5 km langen Strecke wird der Eisenbahn ein scharfer Wettbewerb durch elektrische Straßenbahnen gemacht, die häufiger und billiger fahren als die Eisenbahn. Der Triebwagen ist den Straßenbahnwagen nachgebildet, hat eine Gesamtlänge von 16 m, an einem Ende einen Maschinenraum, am andern Ende einen Schaffnerraum und dazwischen eine Personenabteilung mit Mittelgang und Quersitzen für 48 Reisende. Der Wagen wurde durch den elektrischen Strom einer Dynamomaschine bewegt, die man im Wagen mitführte und durch eine Petroleummaschine antrieb. Die Einrichtung hat sich anscheinend nicht bewährt, denn im Sommer 1905 fuhren zwischen Hartlepool und West Hartlepool kleine Tenderlokomotiven mit angehängten Personenwagen an Stelle der Triebwagen mit Petroleummaschinen und Elektromotoren. Vor allem war der Betrieb zu teuer, weil allein für Petroleum 0,25 M. für einen Wagenkilometer ausgegeben wurde.

Der North Eastern-Gesellschaft folgten im Jahre 1903 zunächst die London and South Western- und London, Brighton and South Coast-Gesellschaft, die auf einer Gemeinschaftsstrecke zwischen Fratton und Southsea zwei Triebwagen in den Dienst stellten. Fratton ist eine Vorstadt der am englischen Kanal liegenden Stadt Portsmouth. Der gewöhnlich als Portsmouth bezeichnete Ort umfaßt vier verschiedene Stadtgemeinden: Portsmouth, Portsea, Landport und Southsea. Außer der Station Fratton hat Portsmouth weiter stadteinwärts an der Bahnstrecke Havant—Fratton—Portsmouth die Stationen Portsmouth-Stadt und Portsmouth-Hafen. Der Stadtteil Southsea, der im Sommer einen ziemlich bedeutenden Badeverkehr hat, wird durch eine von der Station Fratton abzweigende, lediglich dem Personenverkehr dienende, 2 km lange Anschlußlinie bedient. Die Strecke von Havant nach Fratton (Portsmouth) und die Anschlußlinie nach Brighton werden von der London- und Südwestbahn und London, Brighton und Südküstebahn gemeinschaftlich betrieben, die auf der Anschlußlinie Fratton—Southsea den erwähnten Triebwagenverkehr eingerichtet haben.

Die eingestellten Triebwagen sind vierachsige Drehgestellwagen von 17 m Länge, die vorn den Maschinenraum mit einem Dampfkessel und einer zweizylindrigen Dampfmaschine, dahinter einen Raum für 1 t Gepäck, dann eine Plattform, ferner eine für 10 Reisende I. und 32 Reisende III. Klasse berechnete, durch eine Querwand mit Schiebetür nach Klassen abgeteilte Personenabteilung und am Hinterende eine zweite Plattform haben. Die Drehgestelle haben 2,44 m Radstand. Anfangs hatte man einen stehenden Kessel mit senkrechten und wagerechten Heizröhren aufgestellt, der 0,46 qm Rostfläche und 12 qm Heizfläche hatte. Dieser Kessel hat sich nicht bewährt und ist durch einen liegenden Kessel ersetzt worden. Der alte Kessel war offenbar zu klein für den Wagen und gab nicht genug Dampf her; beim Anfahren erreichte man in 55 Sekunden 40 km/Std. Geschwindigkeit, während man sich als Ziel 48 km/Std. in 30 Sekunden gesetzt hatte. Wegen der Überlastung des alten Kessels kamen zahlreiche Störungen vor. Der neue Kessel sieht wie ein kleiner Lokomotivkessel aus: er hat 1,07 m Durchmesser und enthält im Langkessel 155 Heizröhren von 0,46 m Länge und 0,038 m Durchmesser und in der Feuerkiste noch 119 Röhren von 0,044 m Durchmesser. Die gesamte Heizfläche ist 26,85 qm, die Rostfläche 0,62 qm. Beim Anfahren hat man eine Geschwindigkeit von 48 km/Std. in annähernd 30 Sekunden erreicht. Die bei den Probefahrten erreichte größte Ceschwindigkeit war 65 km/Std. Die jetzigen Dampfzylinder haben 23 cm Durchmesser und 35 cm Kolbenhub, statt früher 18 und 25 cm. Die Antriebvorrichtung wirkt unmittelbar auf die erste Achse des vorderen Drehgestells. Die Maschine wird in der Regel unmittelbar durch den im Maschinenraum stehenden Führer bedient, kann aber auch durch den auf der hinteren Plattform stehenden Schaffner angelassen und abgestellt werden, wenn erforderlich; Führer und Schaffner können sich auf elektrischem Wege Zeichen geben. Der Triebwagen wird nicht gedreht, fährt also vorwärts oder rückwärts, mit der Maschine vorn oder hinten; er hat zwei Handbremsen, von denen die eine im Maschinenraum, die andere auf der hinteren Plattform bedient wird. Es sind zwei solche Triebwagen eingestellt, einer pendelt zwischen Fratton und Southsea hin und her, der andere steht in Fratton zur Aushilfe bereit. Ein Selbstfahrer wiegt etwa 24 t und hat annähernd 40000 M. gekostet.

Bei der Great Western-Gesellschaft wurde die Frage der Einführung des Triebwagenverkehrs im Sommer 1903 dadurch eine brennende, daß auf einer neben ihrer sogenannten Strond Valley-Linie bei Swindon herlaufenden Landstraße ein gleisloser elektrischer Omnibusbetrieb eingerichtet werden sollte. Die große Westbahn ist dem neuen Wettbewerber dadurch zuvorgekommen, daß sie auf ihrer 11,3 km langen Strecke zwischen Chalford und Stonehouse einen Triebwagenverkehr eingerichtet hat. Die Wagen (Fig. 315) haben an einem Ende einen Maschinenraum, dann folgt eine gemeinschaftliche Personenabteilung für 52 Reisende, die in ihrer Mitte mit 16 Quersitzen, im übrigen mit Langsitzen ausgerüstet ist. Da die Abteilung nur von einer hinteren Plattform zugänglich ist, erscheint die Anordnung des schmalen Mittelganges in ihrer Mitte, mit Quersitzen zu beiden Seiten, für einen lebhaften Verkehr wegen des in einem Mittelgang zu befürchtenden

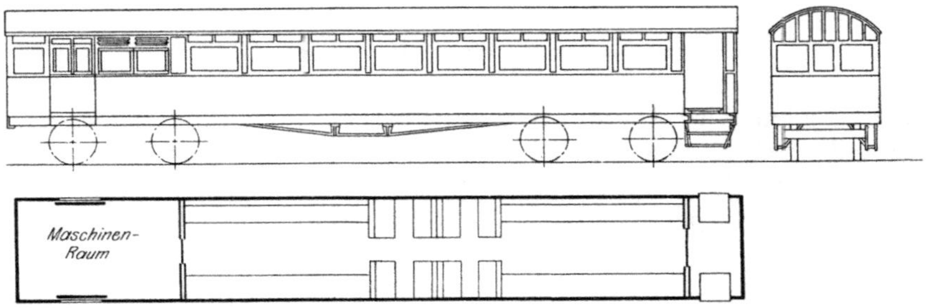

Fig. 315.

Gedränges nicht zweckmäßig. Zuerst wollte man diesen Wagen mit einer Petroleummaschine antreiben, hat aber schließlich eine Dampfmaschine mit stehendem Kessel eingebaut. Die Heizfläche ist 64,10 qm, Rostfläche 1,07 qm. Dampfdruck 12,7 Atm., Zugkraft gleich 3847 kg. Ein unter dem Wagen liegender Wasserbehälter faßt 2045 l. Ein solcher Wagen hat 50000 M. gekostet. Auch auf dieser Linie wird eine Fahrgeschwindigkeit von 48 km/Std. in 30 Sekunden erreicht. Die Fahrten des Selbstfahrers sind zwischen die gewöhnlichen Zugfahrten in der Weise eingeschaltet, daß zwischen 8 Uhr morgens und 8 Uhr abends etwa jede Stunde ein Triebwagen läuft. Die 11,3 km lange Strecke wird einschließlich der Aufenthalte in 23 Minuten durchfahren. Dieselbe Gesellschaft läßt ferner solche Triebwagen auf einigen Vorortstrecken in der weiteren Londoner Umgebung fahren; hierunter auf neugebauten Strecken, deren Verkehr erst entwickelt werden soll.

Ähnliche Triebwagen sind auch von der Taff Vale-Gesellschaft, sowie der Newport- und Alexandra-Dock- und Bahngesellschaft auf Strecken mit schwachem Verkehr in Wales im Jahre 1903 eingestellt worden, wie zwischen Llantrissant und Aberthaw, Cardiff und Penarth und auf der 10,4 km langen Strecke von Caerphilly nach Pontypridd. Hier wollte man zuerst mit Petroleummaschinen fahren, hat aber auch schließlich eine Dampfmaschine gewählt (Fig. 316). Der Triebwagen ist 17,9 m lang, ruht auf zwei Drehgestellen und hat zwei durch eine Plattform getrennte Personenabteilungen, eine I. mit 12 Längssitzen und eine

III. mit 40 Quersitzen zu beiden Seiten eines Mittelganges. Die Maschine kann von dem Wagen losgetrennt werden.

Diesen ersten Versuchen sind in den letzten Jahren nun zahlreiche Anwendungen der Triebwagen gefolgt. Es gibt kaum noch größere Eisenbahngesellschaften in Großbritannien und Irland, die keinen Triebwagenverkehr haben. In

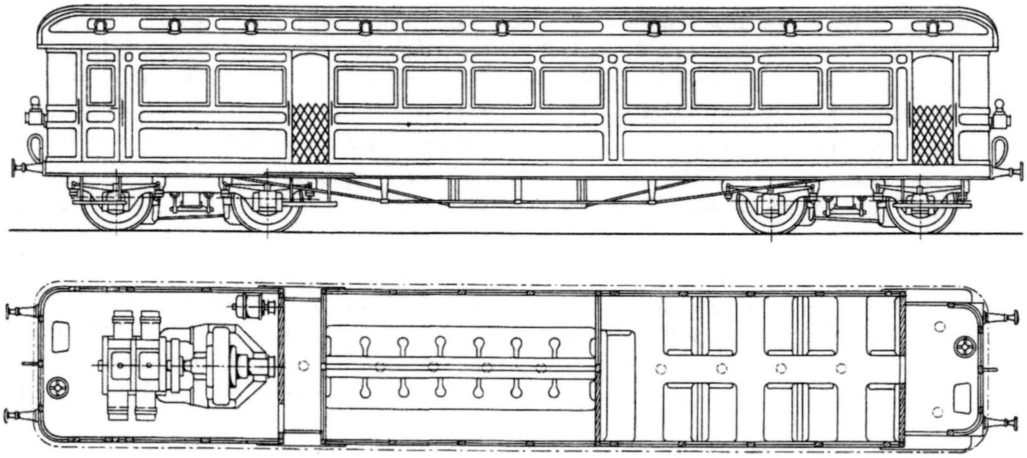

Fig. 316.

den meisten Fällen wird Dampfkraft zur Fortbewegung der Triebwagen verwandt. Zwei Nachteile haben sich ergeben, denen man in neuerer Zeit dadurch zu begegnen sucht, daß die Maschine nicht mehr in den Wagen hineingebaut, sondern in Gestalt einer Krüppellokomotive davorgespannt wird, so daß beide getrennt

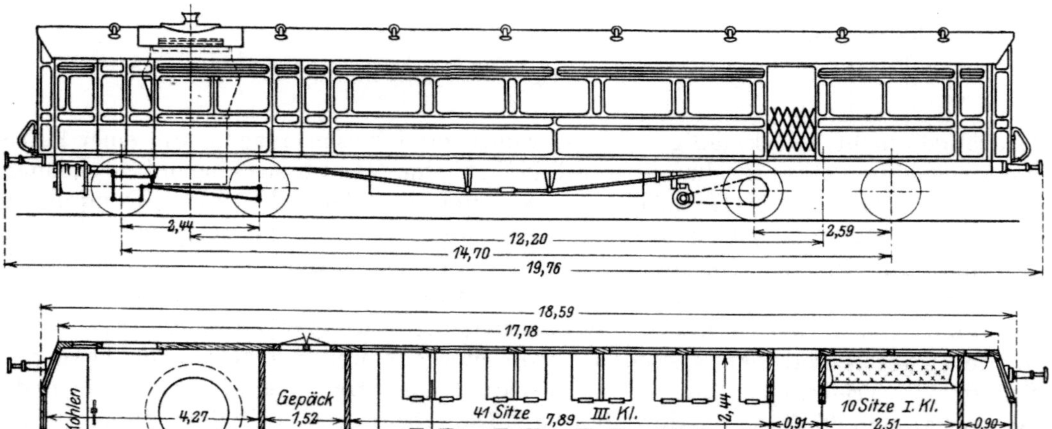

Fig. 317.

werden können, die Lokomotive aber ohne den Wagen nicht laufen kann. Wenn nämlich Maschine und Wagen fest vereinigt sind, wird durch Beschädigung der Maschine auch der Wagen unbrauchbar, was unter Umständen sehr störend sein kann. Ferner hat die Vereinigung von Maschine und Wagen den Nachteil, daß die Bewegungen der Maschine sich dem Wagen mitteilen, was bei längerer Fahrtdauer unangenehm von den Reisenden empfunden wird.

Die Fig. 317 stellt den Triebwagen der Barry-Gesellschaft in Wales dar, mit dem seine Maschine fest verbunden ist. Der stehende Kessel mit senkrechten Heizröhren unmittelbar über der Feuerkiste wird von dem vorderen Drehgestell getragen. Der Wagen hat eine Gesamtlänge zwischen den Puffern von 19,76 m, eine äußere Breite von 2,59 m, eine Personenabteilung I. Klasse mit 10 Langsitzen, eine durch einen Gang hiervon getrennte III. Klasse mit 41 Quersitzen, eine Gepäckabteilung, Maschinenabteilung, Schaffnerabteilung und einen Raum für $^3/_4$ t Kohlen. Ein Behälter für 2,3 cbm Wasser liegt mitten unter dem Wagen. Dampfdruck: 11,25 Atm; Zahl der Heizröhren: 462 von 30 mm Durchmesser; Heizfläche 55,3 qm; Zylinderabmessungen: $0{,}30 \times 0{,}40$ m. Der Wagen hat elektrische Beleuchtung, System Stone, und kann vorwärts und rückwärts fahren, stets mit dem Führer vorne.

Ähnliche Triebwagen haben die Great Central- und Midland-Gesellschaft eingestellt. Der Wagen der Great Central-Gesellschaft hat an jedem Ende eine Führerabteilung, dahinter an einem Ende den Maschinenraum, dann eine Gepäckabteilung, eine Personenabteilung I. Klasse mit 12 Längssitzen, eine III. Klasse mit 44 Quersitzen, beide durch einen Quergang getrennt (Fig. 318). Die Abteilung III. Klasse hat umlegbare Rückenlehnen und ist durch eine Schiebetür in eine Raucher- und Nichtraucherabteilung geteilt. Die Trittbretter vor dem Quergang sind in Gelenken aufgehängt und während der Fahrt in die Umgrenzung gewöhnlicher Trittbretter zurückgeschlagen, können aber erforderlichenfalls herabgelassen werden, um Reisende an Wegübergängen aufzunehmen. Der Wagen ist mit der selbsttätigen Luftsaugebremse und einer Handbremse ausgerüstet und wird elektrisch erleuchtet. Länge des Wagenkastens 18,75 m.

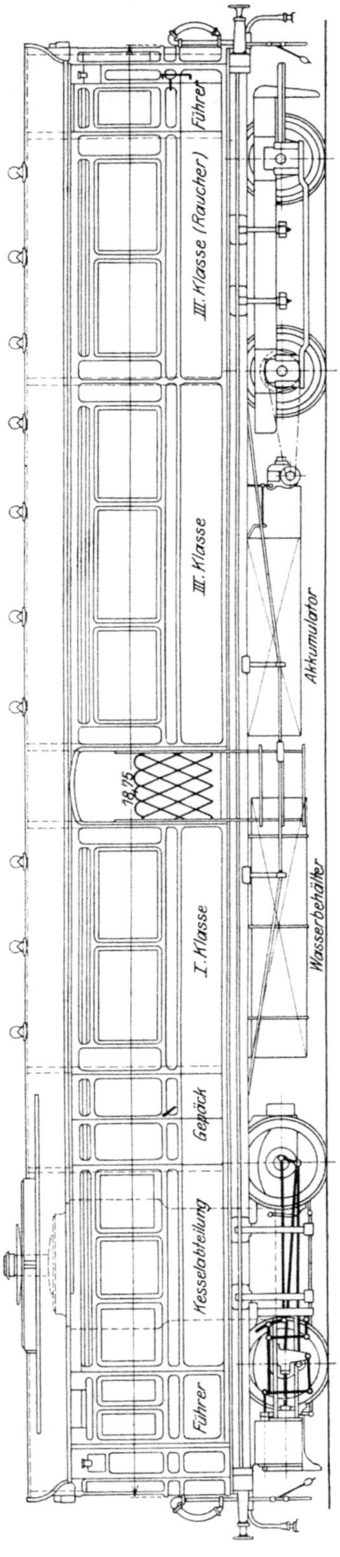

Fig. 318.

Der Triebwagen der Midland-Gesellschaft unterscheidet sich namentlich durch seine innere Einrichtung von dem der Great Central-Gesellschaft, indem er außer dem Maschinenraum nur eine Gepäckabteilung mit acht klappbaren Sitzen, eine Personenabteilung mit 56 Quersitzen und eine Endplattform hat (Fig. 319). Größte Länge des Wagenkastens 18,29 m, größte Breite 2,74 m. Über dem ersten Drehgestell ist ein stehender Kessel mit 387 Heizröhren von 30 mm Durchmesser eingebaut. Rostfläche: 1,05 qm, Heizfläche: 46,4 qm, Raddurchmesser 1,10 m; Radstand der Drehgestelle: 2,44 m, Gesamtradstand: 15,24 m. Leergewicht 32,8 t, Dienstgewicht 36,6 t; Zugkraft 2270 kg.

Bei dem Bau der Triebwagen der Great Central- und Midland-Gesellschaft ist durch gute Federung Sorge getragen, daß die Erschütterungen möglichst abgeschwächt werden. Die Triebwagen können erforderlichenfalls Anhängewagen schleppen.

Zahlreich sind neuerdings die Triebwagen vertreten, bei denen die als kleine Lokomotiven (Krüppellokomotiven) gebauten Maschinen von dem Wagen losgelöst werden können. Den Anfang mit der Einführung solcher Triebwagen hat die Glasgow- und South Western-Gesellschaft

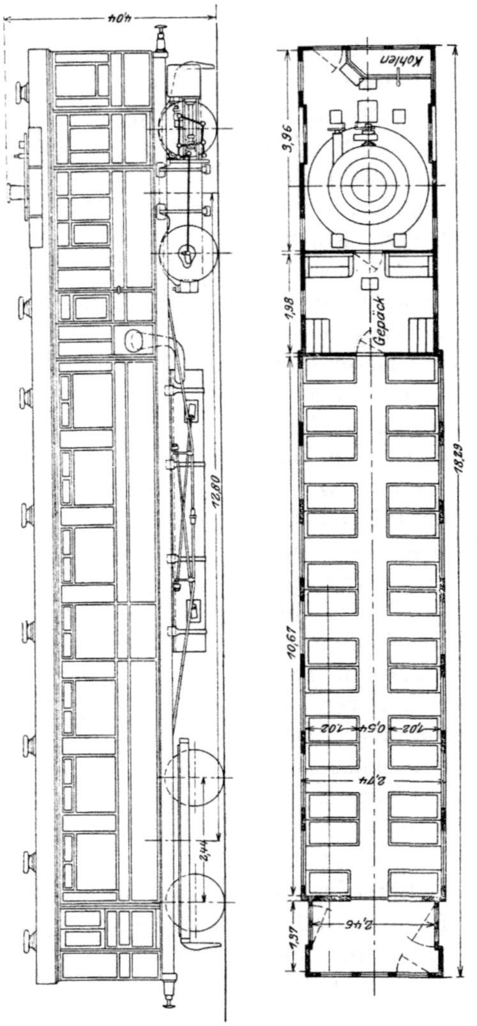

Fig. 319.

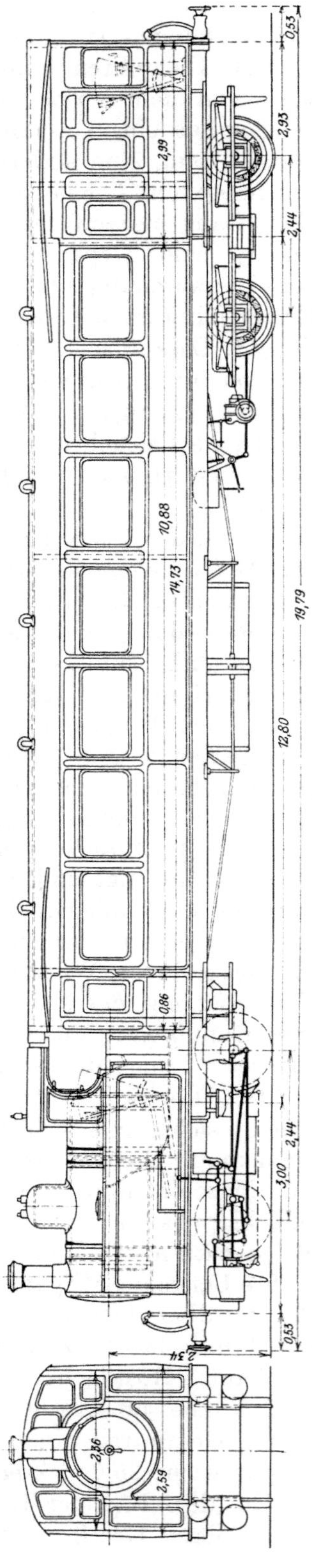

Fig. 320.

gemacht. Der in den Lokomotivwerkstätten zu Kilmarnock hergestellte Triebwagen ist 18,44 m lang zwischen den Puffern und enthält außer der Maschine zwei Personenabteilungen und einen Schaffnerraum. Der Wagen führt nur eine Klasse mit Sitzplätzen für 50 Personen zu beiden Seiten eines Mittelganges; an jeder Langseite sind drei Türen.[1])

[1]) The Engineer 1905, 24. März, S. 296.

Der Unterbau des Wagenkastens ruht auf zwei Drehgestellen, von denen das hintere ein gewöhnliches Drehgestell für Durchgangswagen ist, das vordere zur Aufnahme der als kleine Lokomotive (Krüppellokomotive) gebauten Maschine eingerichtet ist. Der als Lokomotivkessel gebaute Dampferzeuger hat 138 Heizröhren von 40 mm Durchmesser. Länge des Wagenkastens: 12,5 m; Entfernung der Drehgestelle: 12,00 m; Raddurchmesser: 1,07 m; Zylinderabmessungen: 0,23 × 0,38 m; Heizfläche: 40,89 qm; Rostfläche: 0,74 qm. Aufnahmefähigkeit der Maschine: $^3/_4$ t Kohlen und 2,3 cbm Wasser. Der Wagen ist mit Luftsauge- und Handbremse sowie mit einem elektrischen Verständigungsmittel zwischen Führer und Schaffner ausgerüstet.

Fig. 320 stellt den Triebwagen der South Eastern-Gesellschaft dar. Der Dampferzeuger ist als Lokomotivkessel mit Belpaire-Feuerkiste gebaut. Rostfläche: 0,82 qm; Heizfläche: 35,3 qm; Wasserbehälter für 2 cbm und Kohlenraum für $^3/_4$ t sind seitlich an der Maschine angeordnet. Gewicht: 24,8 t auf dem vorderen, 13,7 t auf dem hinteren Drehgestell. Der Triebwagen kann einen Anhänge-

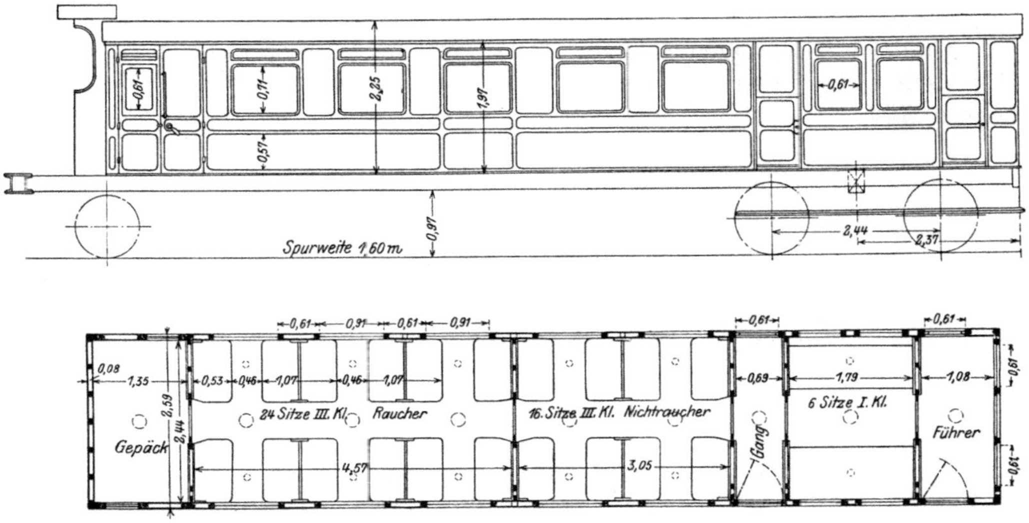

Fig. 321.

wagen von 16,3 t mit 56 km/Std. Geschwindigkeit auf der Wagerechten ziehen, auf längeren Strecken mit Steigung und Gefälle ist die durchschnittliche Geschwindigkeit 48 km/Std. Der Lauf des Wagens ist infolge guter Federung und Verwendung von Gummiunterlagen sehr ruhig. Hinter der Maschine ist ein Quergang angeordnet, dann folgt die einklassige Personenabteilung mit Quersitzen für 24 Raucher und 32 Nichtraucher zu beiden Seiten eines Mittelganges, dahinter wieder ein Quergang und dann die Gepäck- und Schaffnerabteilung.

Der Triebwagen der mit der Midland-Gesellschaft vereinigten Belfast and Northern Counties-Gesellschaft in Irland ist in Fig. 321 von seiner Krüppellokomotive losgelöst dargestellt. Hinter der Maschine ist eine Gepäckabteilung, dann folgen zwei Personenabteilungen dritter Klasse für 24 Raucher und 16 Nichtraucher, ein Quergang, eine Abteilung erster Klasse und ein Schaffnerraum. Zylinderabmessungen: 0,24 × 0,38 m; Kessel: 1,10 m Durchmesser mit 139 Heizröhren aus Messing von 43 mm Durchmesser und 1,22 m Länge; Heizfläche: 29 qm; Rostfläche: 0,71 qm; Radstand der Drehgestelle: 3,05 und 2,44 m; Entfernung der Drehgestelle: 12,08 m; Aufnahmefähigkeit an Kohlen: 0,6 t, an Wasser: 2,3 cbm; Leergewicht 36 t; Dienstgewicht: 40 t; Spurweite: 1,6 m;

Grundfläche des Wagenkastens: 2,59 × 13,13 m. Einen ähnlichen Triebwagen besitzt die North Staffordshire-Gesellschaft in England (Fig. 322).

Durch einen ruhigen Gang und ein gefälliges Äußere zeichnet sich der Triebwagen der London, Brighton and South Coast-Gesellschaft aus. Während bei den oben beschriebenen Triebwagen mit Krüppellokomotiven die beiden Achsen des vorderen Drehgestelles gekuppelt waren, ist hier nur die erste Achse eine Triebachse, die zweite ist eine Laufachse. Das bei dieser Anordnung vorhandene Reibungsgewicht genügt, um den Triebwagen mit einem Anhängewagen (Gesamtgewicht 51 t) eine Steigung von 1 : 60 mit 30 km/Std. Geschwindigkeit hinaufzuschleppen. Die Maschine ist demnach als eine Lokomotive mit nur einer Triebachse anzusehen, sie hat auch die Vorzüge einer solchen, insbesondere einen ruhigen Gang ohne Übertragung störender Bewegungen auf die Personenabteilungen. Zylinderabmessungen: 0,215 × 0,355 m; Raddurchmesser: 1,12 m; Radstand der Maschine: 2,90 m; Dampfdruck: 12,7 Atm.; Heizfläche: 34,4 qm; Rostfläche: 0,34 qm; Dienstgewicht: 34,5 t. In dem Triebwagen können 40, in dem Anhängewagen 48 Personen Platz nehmen. Es ist dafür gesorgt, daß der Führer von seinem Stand aus die Strecke gut übersehen kann.[1])

Ähnliche Triebwagen hat die Great Northern-Gesellschaft im Jahre 1905 eingestellt, die aber auch einen Triebwagen mit Petroleummaschine verkehren läßt.

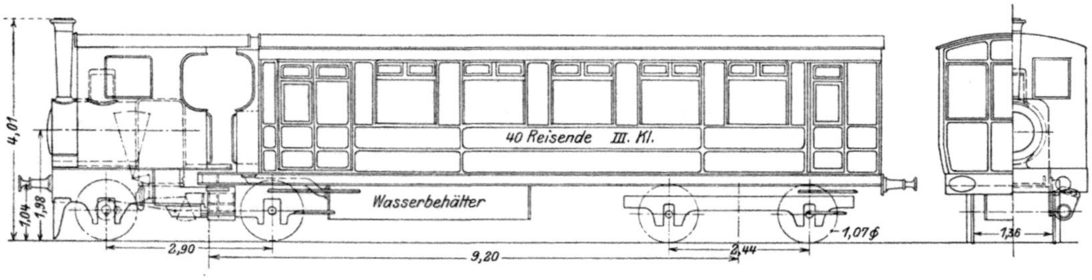

Fig. 322.

Die Great North of Scotland-Gesellschaft baut die zu ihrem Triebwagen gehörige Krüppellokomotive mit stehendem Cochran-Kessel. Der Kessel mißt 1,83 m im Durchmesser und 2,9 m in der Höhe und hat 295 querliegende wagerechte Heizröhren von 1,21 m Länge und 38 mm Durchmesser. Rostfläche: 0,84 qm; Heizfläche: 46,5 qm; Dampfdruck: 10,5 Atm. Die Feuertür ist über der Fußplatte wie bei einer gewöhnlichen Lokomotive angeordnet, die Heizgase verlassen die Feuerkiste an der Seite und werden durch ein Feuergewölbe in die Heizröhren geleitet, die in zwei durch eine Rauchkammer getrennten Gruppen übereinander liegen. Aus der oberen Gruppe strömen die Heizgase in eine zweite Rauchkammer und dann in den Schornstein. Die Maschine hat Walshaert-Steuerung, die Zylinderabmessungen sind 0,25 × 0,40 m. Der Unterrahmen des Wagens ist an seinem vorderen Ende mit einem Drehzapfen versehen, der in einem auf Federn gelagerten Drehschemel sitzt; er wird unter die Fußplatte der Maschine gefahren, um Wagen und Maschine zu verbinden. Der Triebwagen ist mit der Westinghouse-Bremse ausgerüstet, kann vorwärts und rückwärts fahren, stets mit dem Führer vorne, hat Sitze für 46 Reisende ohne Klassenunterschied und wird elektrisch beleuchtet.[2])

Die London and North Western-Gesellschaft hat ihre im Jahre 1905 eingestellten Triebwagen so eingerichtet, daß die Maschine von dem Wagen ab-

[1]) Engineering 1906, 9. Februar, Seite 195.

[2]) The Engineer 1905, 1. Sept., Seite 222.

getrennt werden kann, dem ganzen Fahrzeug aber während der Vereinigung das Aussehen eines gewöhnlichen vierachsigen Drehgestellwagens erhalten bleibt (Fig. 323). Der Wagenkasten umschließt die Maschine und hat in der vorderen Stirnwand eine 1,52 m weite Tür, durch die der Kessel tritt, wenn die Maschine vom Wagen losgelöst wird. Der Wagen ist 17,37 m lang und 2,74 m breit und hat zwei Personenabteilungen mit je 24 Quersitzen zu beiden Seiten eines mittleren Längsganges, außerdem noch zwei Klappsitze in einem die beiden Abteilungen trennenden Quergang. Hinter der Maschine ist eine Gepäckabteilung, am Hinterende des Wagens ein Schaffnerraum, der als Führerstand dient, wenn der Wagen rückwärts fährt. Der Kessel der Maschine ist als Lokomotivkessel gebaut, mißt 1,14 m im Durchmesser und enthält 216 Heizröhren von 38 mm Durchmesser und 0,99 m Länge. Die Feuerkiste ist 0,84 m lang und 1,14 m breit. Rostfläche: 0,6 qm; Heizfläche: 29,45 qm; Höhe des Kessels über Schienenoberkante: 2,41 m.

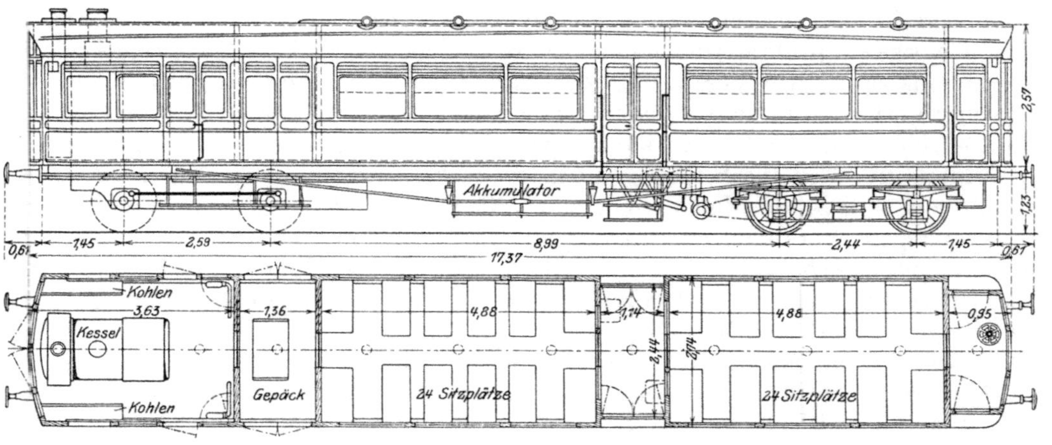

Fig. 323.

Mit dem Untergestell der Maschine sind drei Wasserbehälter von zusammen 2,05 cbm Fassungsraum und ein Kohlenbehälter für 0,8 t Kohlen verbunden. Maschine und Wagen werden durch einen Drehzapfen verbunden, der am Wagenuntergestell sitzt und in eine auf Wurmfedern gelagerte Pfanne des Untergestelles der Maschine greift. Um die Maschine vom Wagen abzutrennen, muß das vordere Wagenende soweit gehoben werden, daß der Drehzapfen aus der Pfanne tritt, worauf die Maschine vorgezogen werden kann. Das Dienstgewicht ist 44 t, wovon 27,8 t auf das vordere, 16,2 t auf das hintere Drehgestell entfallen. Der Wagen hat herablaßbare Trittbretter zur Aufnahme von Reisenden an Stellen, wo keine Bahnsteige vorhanden sind. Solange die Trittbretter herabgelassen sind, ist ein Ventil in der Leitung der Luftsaugebremse offen, und der Führer kann die Bremse nicht lösen. Die Triebwagen sind mit elektrischer Beleuchtung der Bauart Stone versehen und können im Winter geheizt werden.

IV. Werkstätten.

Die größeren Werkstätten der englischen Eisenbahngesellschaften unterscheiden sich dadurch wesentlich von ähnlichen Anlagen auf dem Festlande, daß in ihnen nicht nur Fahrzeuge gebaut und ausgebessert, sondern auch Eisenbahnmaterialien, wie Schienen und Träger gewalzt, Brücken und Signale gebaut, Oberbaustühle gegossen werden usw. Über die Zweckmäßigkeit einer solchen Vereinigung des eigentlichen Werkstättendienstes mit hüttentechnischen Betrieben sind die Ansichten geteilt. Beispielsweise soll das Walzen von Brückenträgern in den Werkstätten unvorteilhaft sein, wogegen mit dem Schienenwalzen bessere Ergebnisse erzielt werden. Die Eisenbahngesellschaften behaupten im allgemeinen, daß sie billiger in ihren eigenen Werkstätten erzeugen können, als wenn sie die Erzeugnisse von Privatunternehmern beziehen. Die Behauptung läßt sich schwer auf ihre Richtigkeit prüfen, weil nicht bekanntgegeben wird, in welcher Weise gewisse Allgemeinkosten, wie Verzinsung des Anlagekapitals, Wertabschreibungen, Verwaltungskosten auf die einzelnen Erzeugnisse verrechnet werden. Vielfach sind die Betriebe entschieden zu klein, um wirtschaftlich arbeiten zu können, insbesondere um die Werkstätten auch in verkehrsarmen Zeiten dauernd zu beschäftigen. Während daher einerseits mit Überstunden gearbeitet werden muß, um bei regem Verkehr die Aufträge zu erledigen, finden anderseits in verkehrsarmen Zeiten Arbeiterentlassungen mit ihren unangenehmen Folgen statt, denn die Übernahme von Privataufträgen ist den Eisenbahngesellschaften gesetzlich untersagt. Selbst bei den Lokomotiven scheint es nicht unbedingt festzustehen, daß stets genügende Aufträge vorliegen, um den Bau in eigenen Werkstätten vorteilhaft erscheinen zu lassen. Denn nur die drei größten Eisenbahngesellschaften (Great Western-, London and North Western- und Midland-Gesellschaft) besitzen zwischen 2000 und 3000 Lokomotiven, nur eine von ihnen besitzt über 2000 Tender, während bei allen übrigen Gesellschaften die Zahlen niedriger sind. Wenn man nun bedenkt, daß ein gewisser Zug der Solidität durch den englischen Lokomotivbau geht und das Bestreben vorherrscht, die Lokomotiven möglichst alt werden zu lassen, ist leicht einzusehen, daß unter gewöhnlichen Verhältnissen die Zahl der jährlich neuzubauenden Lokomotiven nicht übermäßig groß sein kann und der Lokomotivbau daher durch das Vorgehen der Eisenbahngesellschaften arg zersplittert wird. Die vielen Eisenbahnwerkstätten mit eigenen Lokomotivingenieuren an der Spitze führen naturgemäß zu einer Unzahl von Lokomotivbauarten, was oftmals nicht erwünscht ist, beispielsweise bei der Bildung von Gemeinschaftsverhältnissen zur Einrichtung durchgehender Verkehre. Anderseits wird durch das Vorgehen der Eisenbahngesellschaften die Selbständigkeit der einzelnen Ingenieure gefördert und der Sache insofern gedient, als eine größere Zahl tüchtiger Kräfte an der Vervollkommnung der Lokomotiven arbeitet, als wenn die Gesellschaften ihre Lokomotiven in wenigen großen Privatfabriken herstellen lassen wollten. Die Lokomotivfabriken klagen ihrerseits darüber, daß sie aus Mangel an Aufträgen im Inlande sich vollständig auf die Herstellung und Ausfuhr von Lokomotiven für Länder haben einrichten müssen, deren Eisenbahnen von denen Englands sehr verschieden sind, so daß sie an den wenigen Inlandsaufträgen nichts verdienen, wenn sie nicht hohe Preise fordern. So wie die Verhältnisse einmal liegen, wird wohl keine Änderung in dem gegenwärtigen Zustande eintreten; das straffe Zusammenziehen von Einzelbetrieben zu größeren Gemeinschaftsbetrieben entspricht wenig den Anschauungen der Engländer über die Selbständigkeit der einzelnen Person.

Die Werkstätten der englischen Eisenbahngesellschaften haben sich vielfach aus kleinen Anfängen auf beschränktem Raume entwickelt und sind daher meistens nicht einheitlich und übersichtlich angelegt. Die wenigen Neuanlagen, die vorkommen, pflegen nur klein zu sein; große Neuanlagen werden nur ausnahmsweise von Eisenbahngesellschaften hergestellt, die verhältnismäßig spät gebildet sind, wie die Great Central-Gesellschaft.

Die größten englischen Werkstätten hat die London and North Western-Eisenbahngesellschaft in Crewe; sie beschäftigen 7500 Personen, außerdem sind ihnen 700 Lokomotivführer zugeteilt. Die Werkstätten sind 1843 angelegt, haben sich aus kleinen Anfängen entwickelt und bedecken zurzeit etwa 56 ha Fläche, wovon etwa $^1/_3$ überdacht ist. Sie bestehen aus drei verschiedenen Teilen: der alten Werkstätte unweit des Bahnhofes Crewe an der Strecke nach Liverpool, der Erweiterung und dem Hüttenwerk an der Strecke nach Chester.

Zu der alten Werkstätte gehören eine Schmiede mit Dampfhämmern zur Herstellung von geschmiedeten Lokomotivteilen, mit Schmiedefeuern für Handarbeiten und mit Preßwassermaschinen zur Anfertigung und Ausbesserung von Federn. Ferner vier Ausbesserungswerkstätten, eine Achslagerwerkstätte, eine große Dreherei, Bohrerei und Werkstätte zur Herstellung von Zubehörteilen, ein Lagerraum.

Die Erweiterung umfaßt eine Prüfungsabteilung, Maschinenbauanstalt, Tischlerwerkstätte, Sägerei.

Zu dem Hüttenwerk gehören ein Siemens-Martin-Ofen, das Walzwerk, die Weichenschmiede, die Kesselbauanstalt, Flanschenwerkstätte, Maschinenschmiede, vier Werkstätten für den Zusammenbau und die Ausbesserung von Lokomotiven und für den Brückenbau, eine Werkstätte zur Herstellung von Zubehörteilen, eine Stahlschmiede, ein Federwalzwerk, eine Schmiede, Stahlgießerei, Schraubenwerkstätte, Räderwerkstätte, Kupferschmiede, Eisengießerei, Modelltischlerei, Tenderwerkstätte, Messinggießerei, Signalbauanstalt, Lackiererei, Ziegelei.

Zur Herstellung der Elektrizität für den Betrieb der Werkzeugmaschinen und zur Beleuchtung ist ein Kraftwerk angelegt. Genietet wird vielfach mit Preßwasser. Zu den Werkstätten gehören eine Fortbildungsschule und eine elektrische Versuchsanstalt. In den Crewe-Werkstätten werden jährlich bis 150 neue Lokomotiven gebaut und eine große Anzahl ausgebessert. Jährlich können 50000 t Schienen und Träger gewalzt werden. Zu den Werkstätten gehören etwa 850 Arbeiterhäuser.

Für den Bau und die Ausbesserung der Personenwagen hat die London and North Western-Eisenbahngesellschaft besondere Werkstätten in Wolverton, für den Bau und die Ausbesserung der Güterwagen in Earlestown.

Die Werkstätten der Great Western-Gesellschaft, in denen jährlich bis zu 70 neue Lokomotiven gebaut und 800 alte ausgebessert werden können, sind in Swindon, bedecken einen Flächenraum von 138 ha und beschäftigen etwa 6000 Personen, darunter 60 Techniker und Zeichner. Die einzelnen Hallen der Kesselschmiede sind mit Laufkränen von 20,3 t Tragkraft ausgerüstet. Ein feststehender Preßwasserkran von 30,5 t Tragkraft bringt die Kessel in die zum Nieten erforderliche Lage, worauf sie mit einer Preßwassermaschine genietet werden. In der Kesselschmiede ist eine große Kümpelpresse aufgestellt, die mit einem Druck von 105 t arbeitet und die größten Feuerkistenplatten in zwei Hitzen, kleinere in einer Hitze preßt. Die Ränder der Platten werden mit einer elektrischen Bandsäge abgesägt. Die Kesselschmiede hat Platz für den Bau von fünf neuen und die Ausbesserung von 90 alten Kesseln.

Die Lackiererei, die durch eine Dampfschiebebühne von der Kesselschmiede getrennt ist, hat vier Hallen mit zehn Aufstellungsgleisen, auf denen 20 Lokomotiven mit Schlepptender oder 30 Tenderlokomotiven Platz finden.

Die Messinggießerei, in der vielfach mit Maschinen geformt wird, hat eine Leistungsfähigkeit von 23,5 t/Woche. Zum Abziehen der Lehren von der Form wird ein mit Preßluft betriebener Klopfer verwandt, der die Lehre in schnelle Schwingungen versetzt. In der Eisengießerei, die aus zwei 122 m langen Hallen besteht, können Gußstücke bis 20 t Gewicht ausgeführt werden; die Wochenleistung beträgt etwa 600 t. Die schwierigeren Formarbeiten werden von Handformern ausgeführt, die leichteren von ungeübten Arbeitern auf Formmaschinen. Die beiden zur Eisengießerei gehörigen Kupolöfen haben eine Leistungsfähigkeit von 12 t/Stunde und werden durch Preßwasseraufzüge bedient. Der Schuppen für den Bau neuer und die Ausbesserung alter Lokomotiven ist neu und bedeckt eine Fläche von 2 ha. Zwischen den in vier Reihen von je 20 angeordneten Lokomotivgruben sind Schlosserbänke aufgestellt. Vier durch Preßwasser und Elektrizität angetriebene Laufkräne mit Winden von 25 t Tragfähigkeit dienen zum Heben schwerer Lasten, für das Heben leichter Lasten sind schnellwirkende Aufzüge von 2,5 t Tragkraft an den Laufkränen angebracht. Zum Aus- und Einbringen der Lokomotiven dienen zwei elektrische Schiebebühnen. Auch die Werkzeugmaschinen werden elektrisch betrieben. Durch die Werkstätten sind Preßluft, Preßwasser und Gasleitungen geführt, die Rohrleitungen für Gas und Preßwasser sind in einen besonderen Kanal von 2,15 m Durchmesser gelegt, wodurch die Auffindung von Undichtigkeiten und die Ausbesserungsarbeiten erleichtert werden. Mit den Werkstätten sind eine Materialprüfungsanstalt und ein Laboratorium verbunden, in denen die Materialprüfungen und chemischen Untersuchungen für den ganzen Bezirk der Great Western-Gesellschaft vorgenommen werden. Ferner ist eine neue Lokomotivprüfungseinrichtung aufgestellt, mit der alle zur Prüfung der Leistungsfähigkeit der Lokomotiven erforderlichen Arbeiten, wie Ermittlung der Zugkraft, Aufnahme von Indikatordiagrammen usw., sachgemäß vorgenommen werden können.

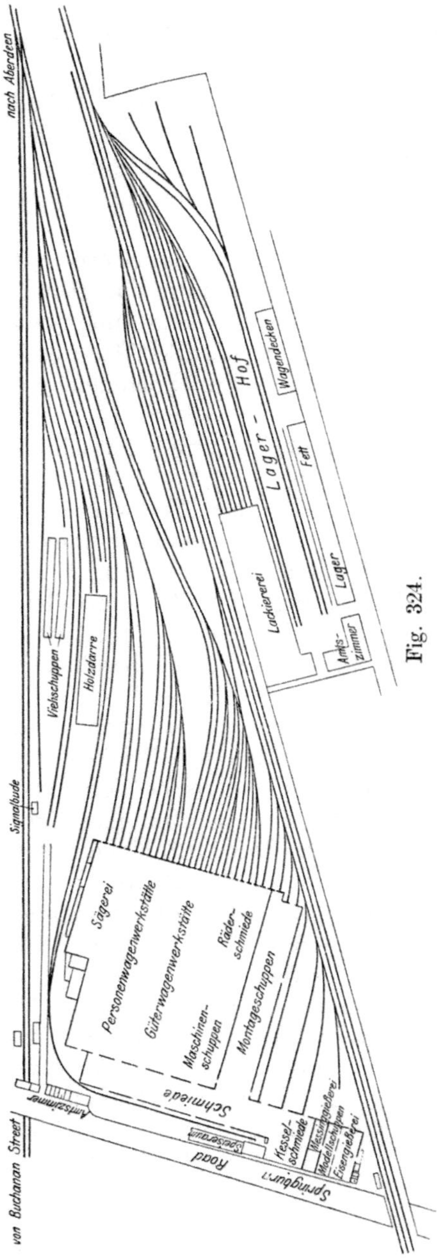

Fig. 324.

Sehr große und gut eingerichtete Werkstätten hat auch die Midland-Gesellschaft in Derby.[1]

Verhältnismäßig neu sind die Werkstätten der Caledonian-Gesellschaft in St. Rollox bei Glasgow und die der Lancashire and Yorkshire-Gesellschaft in Horwich bei Manchester. Die Caledonian-Gesellschaft wurde in den achtziger Jahren durch ihren steigenden Verkehr veranlaßt, in St. Rollox in der Nähe der vorhandenen

1) Engineering 1898. Seite 97.

Werkstätten neue zu errichten, die sich durch zweckmäßige Anlagen auszeichnen und etwa 3000 Personen beschäftigen: Die Werkstätten liegen zwischen der Hauptstrecke von Glasgow (Buchanan Street Station) nach Aberdeen und den Gütergleisen nach Port Dundas in Glasgow, mit der Hauptfront nach der Straße Springburn Road. Die einzelnen Abteilungen sind in der natürlichen Reihenfolge der zu erledigenden Arbeiten aneinander gereiht, um unnötige Transporte zu vermeiden. Unter einer zusammenhängenden Dachfläche von $4^1/_2$ ha befinden sich die Eisen- und Messinggießerei, das Modellager und die Modelltischlerei, die Kesselschmiede und die Schmiedewerkstätten, die Bauanstalt (erecting shop), die Zinngießerei, Räder- und Maschinenwerkstätte, Personen- und Güterwagenwerkstätte, Sägerei und Tischlerei (Fig. 324 u. 325). An der Straße sind Diensträume und ein großer Arbeiterspeisesaal angeordnet. Von den Hauptgebäuden getrennt liegen die Holzdarre, die Lackiererei, Lagerräume und Lagerplätze. Die Gebäude sind etwa 1,5 m unter Fußboden auf Beton gegründet, die Dachbinder auf die massiven Umfassungswände, eiserne Längsträger und Zwischensäulen gelegt. Gegenüber der Bauanstalt ist das Dach der Kesselschmiede so angeordnet, daß die Laufkräne der Bauanstalt in die Kesselschmiede eintreten können.

Die Eisengießerei ist 48,5 m lang und 23,8 m breit mit zwei Hallen von 11,7 und 12,1 m Weite; in der südlichen Halle ist ein Laufkran vorgesehen, der

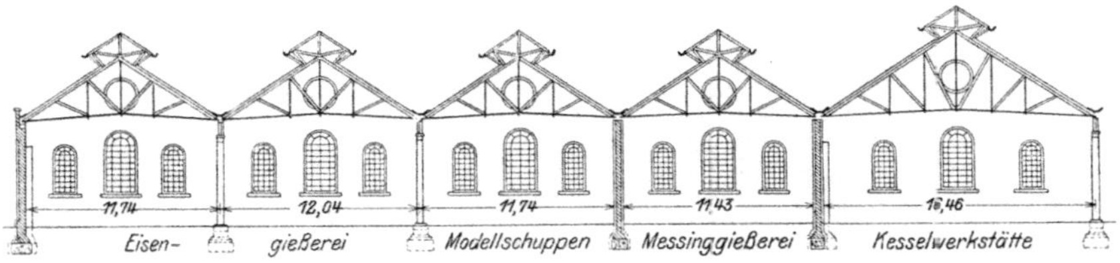

Fig. 325.

auf Schienen auf der Außenwand und auf Längsträgern auf Kragstützen an der ersten Säulenreihe läuft. Die 24 m lange und 11,6 m breite Messinggießerei ist von 0,36 m starken massiven Wänden eingefaßt. Der Schmelzofen ist unter Fußbodenhöhe angelegt; die Formen werden teilweise mit einer Preßluft-Formmaschine hergestellt. Die Kesselschmiede ist 2750 qm groß, enthält u. a. mehrere Laufkräne, eine Blechbiegemaschine, die erforderlichen Bohr- und Stanzmaschinen, Blechscheren, eine Nietmaschine mit Preßwasserbetrieb, Säge zum Abschneiden von Röhren, Platten und Winkeleisen. In der 118,9 m langen, 22,9 m breiten Handschmiede sind 70 Schmiedefeuer in zwei Reihen an den Langwänden und zwei Mittelreihen angeordnet, jede mit einer gußeisernen Rauchhaube, aus der der Rauch in Röhren nach dem in einer Giebelwand angebrachten Schornsteine zieht. Die Dampfhammerschmiede ist 166,7 m lang und 12,4 m breit und enthält fünf Dampfhämmer von 0,25, 0,75, 1,0, 1,5 t und 3 t Gewicht, außerdem eine Schere zum Schneiden von Eisenabfällen, eine Räderpresse, eine Maschine zur Herstellung von Radspeichen. Die Bauanstalt zerfällt in drei 13,10 m weite Hallen, eine von 176 m, zwei von 166,5 m Länge. In jeder Halle sind zwei Aufstell- und ein Verkehrsgleis angeordnet, unter den Aufstellgleisen liegen in ganzer Länge 1,17 m breite, 0,76 m tiefe Arbeitsgruben. In jeder Halle sind zwei Laufkräne von 30,5 t Tragfähigkeit mit Seilbetrieb angebracht. Die Bauanstalt hat Platz für 90 Lokomotiven und 18 Tender. An die Bauanstalt stoßen südlich eine 61,2 m lange, 12,2 m breite Kupferschmiede und Zinngießerei, eine 33,2 m lange, 12,2 m breite Werkstätte zum Nacharbeiten von Gußstücken, eine 75,3 m

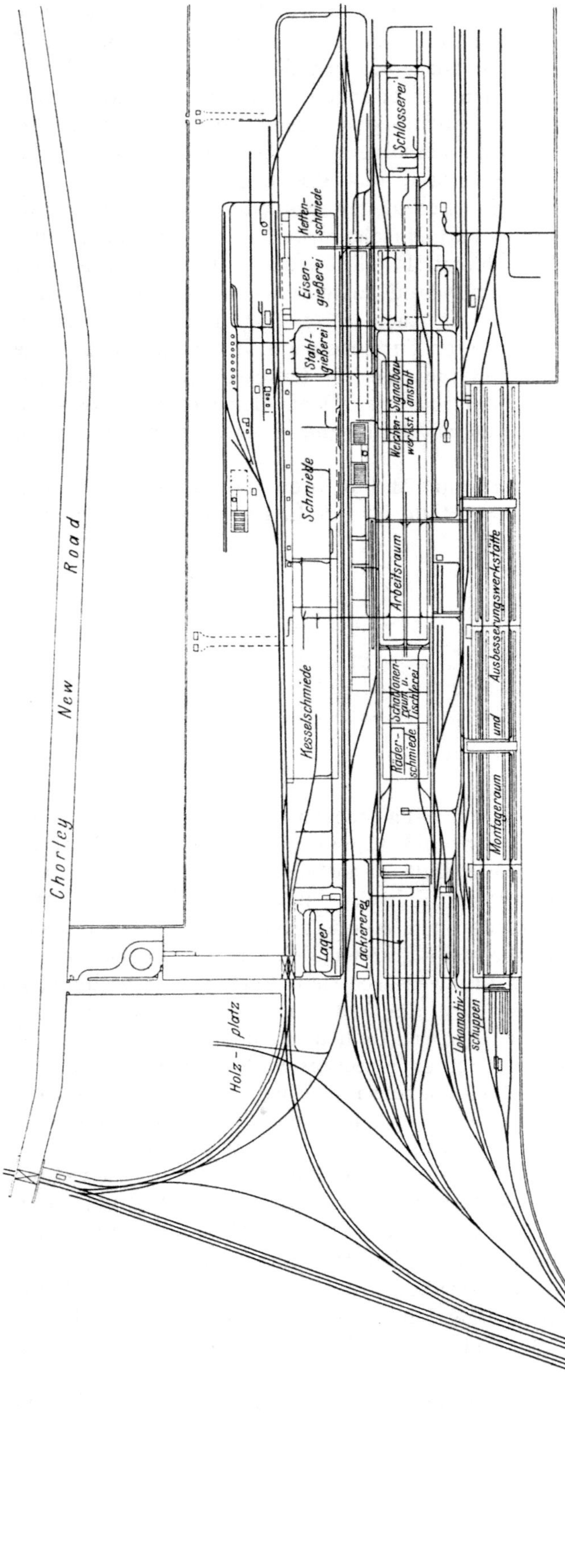

Fig. 326.

lange, 24,4 m breite Räderwerkstätte, eine 175 m lange, 24,4 m breite Maschinenwerkstätte, die 175,5 m langen, 113,5 m breiten Wagenwerkstätten mit Platz für 90 Personen- und 420 Güterwagen, sowie die 101 m lange, 22 m breite Sägerei und Tischlerwerkstätte. Die getrennt von diesen Gebäuden liegende Holzdarre ist 121 m lang und 18,9 m breit, die Lackiererei 154,5 m lang und 35,4 m breit. Außer den normalspurigen Gleisen, die überall in die Gebäude hineinführen, ist eine Schmalspurbahn von 0,52 m Spurweite für die Materialbeförderung angelegt, wo sie erforderlich ist.

Die Lancashire and Yorkshire - Gesellschaft hat längere Zeit getrennte Lokomotivwerkstätten in Miles Platting und Bury gehabt, die sich aber in den achtziger Jahren als unzureichend erwiesen, so daß von 1886 bis 1892 neue und größere Werkstätten in Horwich errichtet wurden. Die Werkstättengebäude sind in drei langen Reihen angeordnet. Beim Betreten der Werkstätten durch den Haupteingang an der Zufuhrstraße von Charley New Road (Fig. 326) erreicht man zunächst das 98,5 m lange, 17,7 m breite Verwaltungsgebäude mit einer physikalischen und chemischen Versuchsanstalt, einem Polierraum, Zeichensälen und anderen Diensträumen. In unmittelbarer Nähe liegt das Lagerhaus, dann folgt an der einen Langseite die Kesselschmiede von 134 m Länge und 33,8 m Breite mit den erforderlichen Laufkränen und anschließender Handschmiede von 36,6 m Länge und 33,8 m Breite, die auch die Kümpelpresse enthält. Dann folgt die 138 m lange, 33,8 m breite Dampfhammerschmiede, die 45,7 m lange, 41,1 m breite Stahlgießerei, die 64,6 m lange, 33,8 m breite Eisengießerei mit anschließender Stuhlgießerei von 18,9 m Länge und 33,8 m Breite für die Herstellung von Schienenstühlen. Zu den Gießereien gehört eine 27,4 m lange, 14,3 m breite Werkstätte zum Nacharbeiten und Härten von Gußstücken, an die eine Dreherei von 50,3 m Länge und 14,3 m Breite zur Herstellung von Rädern anschließt. In der mittleren Gebäudereihe liegen eine Schmiede von 64,6 m Länge und 33,8 m Breite, die Schraubendreherei von 18,3 m Länge und 33,8 m Breite, die Weichen- und Signalbauanstalt, die Maschinenwerkstätte von 154,5 m Länge und 33,8 m Breite, mit einer Reihe von Bohrmaschinen, Drehbänken und anderen Einrichtungen. Dann folgen Modelltischlerei und Tischlerwerkstätte von 50 m Länge und 33,8 m Breite, die Stellmacherwerkstätte von 44,5 m Länge und 33,8 m Breite. Vor der mittleren Gebäudereihe liegt getrennt die 71,3 m lange, 33,8 m breite Lackiererei, die abweichend von den andern Gebäuden mit Scheddächern überdacht ist. Die Bau- und Ausbesserungswerkstätte bildet eine dritte Gebäudereihe von 463,3 m Länge und 36,0 m Breite mit zwei weiten Seitenhallen und einer schmalen Mittelhalle.

Die Werkstätten werden durch Gas und Elektrizität erleuchtet und haben Fernsprechverbindungen zwischen allen wichtigen Arbeiterwerkstätten. Außer den normalspurigen Gleisen, die an vielen Stellen in die Werkstätten hineinführen, ist eine Transportbahn von 0,46 m Spurweite und 10,5 km Gesamtlänge verlegt, auf der kleine Lokomotiven Dienst tun.

V. Bahnunterhaltung.

a) Unterhaltung der Gleise.

Der Oberingenieur, dessen Stellung innerhalb der Gesamtverwaltung oben gekennzeichnet ist, hat die Ausführung der Neubauten und die Bahnunterhaltung zu leiten. Für jeden dieser beiden Verwaltungszweige ist ihm bei größeren Gesellschaften gewöhnlich ein Assistent beigegeben, der für die Neubauverwaltung die Bezeichnung „Assistant Engineer of Works", für die Bahnunterhaltung „Assistant Engineer of Permanent Way" führt, während bei kleineren Gesellschaften der Oberingenieur den Neubau und die Bahnunterhaltung ohne Assistenten leitet. Da der Oberingenieur nach der oben beschriebenen allgemeinen Gliederung der Verwaltung mit dem Betriebe unmittelbar nichts zu tun hat, sind auf den englischen Bahnen also Betrieb und Bahnunterhaltung getrennt. Unter dem Oberingenieur oder dessen Assistenten stehen Divisionsingenieure für die weitere Leitung der Unterhaltungsarbeiten. Diesen Ingenieuren sind zur Überwachung der Arbeiten, Untersuchung des baulichen Zustandes der Bahn, Prüfung der Gleislage, Rapportierung und Anforderung der Materialien und andern Dienstobliegenheiten die Oberbau-Inspektoren (Permanent Way Inspectors) zugeteilt, deren Ausbildung etwa der eines Oberbahnmeisters in Preußen entspricht, die aber größere Befugnisse haben. Unter den Oberbau-Inspektoren wirken bisweilen noch weitere Beamte, die den Titel „Subinspector for Permanent Way" (Unterinspektor für Oberbau) führen. Der Unterinspektor muß bei wichtigen Gleisarbeiten zugegen sein, für die Absperrung der Strecke sorgen und auf seinem Wagen stets Handsignale und einige Werkzeuge mitführen. Dann folgen die

Rotten (gangs) mit einem Rottenführer oder Vorarbeiter an der Spitze, der gleichzeitig Streckenläuferdienste tut. Er hat an Wochentagen seine Strecke zweimal, an Sonntagen — sofern Personenzüge verkehren — einmal zu begehen. Die englischen Eisenbahngesellschaften rechnen meistens für die gewöhnliche Unterhaltung auf eine englische Meile $1^1/_3$ bis $1^2/_3$ Köpfe bei eingleisigen, 2 bis $2^1/_2$ Köpfe bei zweigleisigen Strecken, was etwa 0,85 bis 1,00 und 1,25 bis 1,50 Köpfe für einen Kilometer entspricht. Hierzu kommen noch die Nebengleise mit etwa 0,4 km für einen Kopf. Die Vorarbeiter und Rottenführer sind in die Zahlen eingeschlossen. Die Rotten für die gewöhnliche Unterhaltung sind meistens vier oder fünf Mann stark, einschließlich des Rottenführers oder Vorarbeiters; eine solche Rotte hat gewöhnlich 2 Meilen (3,2 km) zweigleisige Strecken dauernd zu unterhalten. Ein anderer Durchschnittssatz ist auch 1,2 km Hauptgleise und 0,4 km Nebengleise, also durchschnittlich 1,6 km d. i. eine englische Meile Gleise für einen Kopf.

So sind z. B. bei der London and North Western-Eisenbahn-Gesellschaft für die gewöhnliche Unterhaltung Rotten von 3 Mann mit einem Rottenführer gebildet, die auf zweigleisiger Bahn gewöhnlich die dauernde Überwachung und Unterhaltung einer 2 Meilen = 3,2 km langen Strecke, einschließlich aller Abzweigungen, Bahnhofgleise und Nebengleise, haben, so daß durchschnittlich auf jede Meile durchgehendes Hauptgleis ein Mann gerechnet wird. Die Länge der einzelnen Unterhaltungstrecken wechselt indessen mit der Bedeutung der betreffenden Bahnlinie, namentlich richtet sie sich nach der Anzahl der Abzweigungen, der Länge der Nebengleise und nach der Verkehrsdichtigkeit.

Für außergewöhnliche Unterhaltungsarbeiten und den Gleisumbau werden besondere fliegende Rotten (extra gangs) von 20 bis 50 Köpfen mit einem Vorarbeiter gebildet, der seine Weisungen unmittelbar von einem Inspektor erhält. Diese Rotten wechseln ihren Standort nach Bedarf innerhalb des Bahnnetzes der Gesellschaft, die Arbeiter erhalten gewöhnlich für auswärtige Übernachtungen 1 Mk. Entschädigung für die Nacht. Zu einer solchen fliegenden Rotte gehört gewöhnlich ein Arbeitszug von 25 Wagen von je 4 cbm Ladefähigkeit, der beispielsweise beim Anheben und Stopfen der Gleise das Bettungsmaterial für 400 m Gleis enthält, die 8 cm zu heben sind.

Ein wichtiger Beamter des Bahnunterhaltungsdienstes ist der Oberbauinspektor (Permanent Way Inspector). Er hat je nach der Bedeutung der Strecken und der Länge der Nebengleise einen mehr oder minder ausgedehnten Amtsbezirk, man pflegt ihm 64 bis 128 km Hauptgleise mit den zugehörigen Nebengleisen zu geben. Für die Unterhaltung seiner Strecke ist er persönlich verantwortlich, hat aber auch auf gute Wirtschaftsführung zu sehen. Der Oberbauinspektor muß bei der Ausführung größerer Arbeiten zugegen sein, zu kleineren Arbeiten kann er einen Unterinspektor schicken. Er hat die Materialien zu buchen, regelmäßig seine Strecken zu besichtigen, alle Brücken, Durchlässe, Gräben, Weichen und Kreuzungen zu untersuchen. Mindestens alle drei Tage soll der Inspektor auf dem Fahrrad seine ganze Strecke abfahren und hierbei alle schlechten Stellen im Gleise, mangelhafte Schienen, Schwellen und Verbindungen aufschreiben. Ferner werden ihm Fahrten auf der Lokomotive zur Pflicht gemacht. Bei der London and North Western-Bahn sind sieben oder acht Inspektoren einem Oberinspektor unterstellt, dessen Dienstbereich sich auf 200 bis 250 Meilen = 320 bis 400 km zweigleisige Bahn erstreckt. Der Oberinspektor hat außer den Unterhaltungsrotten auch die Umbaurotten unter sich, die etwa auf seiner Strecke arbeiten. Er vereinbart daher mit den Betriebsbeamten die Einlegung von Arbeitszügen. Zu jedem Oberinspektionsbezirk von 320 bis 400 km Länge gehören außer den Oberbauarbeitern (platelayers) auch Handwerker (Tischler, Zimmerleute, Maurer,

Maler, Schlosser usw.), welche die Bauwerke unterhalten. Der Oberinspektor ist mit seinen sämtlichen Leuten einem Divisionsingenieur (Divisional Engineer) unterstellt, den er fortlaufend über alle den Oberbau betreffenden Fragen zu unterrichten hat. Die London and North Western-Gesellschaft hat zurzeit neun solche Divisionsingenieure bei etwa 2450 km zwei- oder mehrgleisigen, 660 km eingleisigen Strecken und 8580 km Gleislänge einschließlich der Nebengleise. Der Divisionsingenieur hat ein mit Landmessern, Zeichnern und Schreibern besetztes Bureau an einer wichtigen Stelle seines Bezirks. Die neun Divisionsingenieure sind einem für die Bahnunterhaltung bestellten Ingenieurassistenten (Assistant Engineer of Permanent Way) unterstellt, der seine Weisungen unmittelbar von dem Oberingenieur erhält. Zu jeder Division gehört ein Materialienmagazin, das halbjährlich von Beamten des Divisionsingenieurs und alle zwei Jahre von Beamten der Zentralverwaltung in London geprüft wird. Jedem Magazin steht ein Verwalter vor, der die ein- und ausgehenden Materialien zu buchen hat und auf ordnungsmäßige Lagerung achten muß.

Eine wichtige Person ist ferner der Rottenführer (Mate ganger). Man gibt entweder jeder Rotte von drei bis vier Mann einen Führer, so daß auf 3,2 km zweigleisige oder 4,8 km eingleisige Strecke durchschnittlich ein Rottenführer kommt, oder der Rottenführer hat eine Strecke von 6,4 bis 8 km, auf der er dann gewöhnlich zwei Rotten von drei bis vier Mann mit je einem Vorarbeiter in Arbeit hat. Es wird Wert darauf gelegt, daß der Rottenführer möglichst in der Mitte seiner Strecke wohnt, damit er bei langen Strecken jeden Tag eine Hälfte der Strecke, bei kurzen die ganze Strecke ablaufen kann, ohne die Beaufsichtigung der Rotten zu vernachlässigen. Der Rottenführer hat mit seiner Rotte alle gewöhnlichen Unterhaltungsarbeiten zu verrichten, schadhaftes Material auszuwechseln und aufzustapeln, für die Entwässerung der Strecke zu sorgen, die Signal- und Telegraphenleitungen nachzusehen, Weichen und Signale zu reinigen, Einfriedigungen und Wege auszubessern, Obacht auf die Geräte und Materialien zu geben. Er wird in seinen Arbeiten durch den „Keyman" (Keilmann) unterstützt und vertreten, der gleichfalls Streckenläuferdienste tut, jeden Tag eine bestimmte Strecke abläuft, im Vorbeigehen lose Keile nachtreibt, Bolzen anzieht und dann einige hundert Meter gründlich nachsieht. Bei der London and North Western-Bahn hat jeder Rottenführer seinem Inspektor die anzufordernden und verbrauchten Materialien anzugeben und ist für die Arbeit der ihm unterstellten Leute verantwortlich. Der Inspektor hat auf Mannszucht in den Rotten zu sehen, die Lohnlisten und Materialbücher zu führen, den Oberinspektor oder Divisionsingenieur über den Zustand der Bahnen auf dem Laufenden zu halten, bei außergewöhnlichen Ereignissen, wie Überschwemmungen und Rutschungen, die Herstellungsarbeiten zu leiten. Er soll täglich einen Teil seines Bezirks bereisen und in beständiger Fühlung mit den Rotten bleiben. In Bergwerksbezirken gehört es zu seinen besonderen Obliegenheiten, etwaige Senkungen infolge des Bergbaues zu beobachten.

Der Oberinspektor ist für den guten Zustand der Hauptgleise seines Bezirks verantwortlich, hat darauf zu sehen, daß die Inspektoren gleichmäßig arbeiten lassen und die Weisungen der Ingenieure beachtet werden. Er leitet den Umbau der Gleise und überwacht den mit der Betriebsverwaltung vereinbarten Lauf der Arbeitszüge. Mit seinem Divisionsingenieur hat er sich fortlaufend über alle wichtigen Oberbaufragen zu verständigen, wenn angängig, mündlich.

Die Divisionsingenieure halten von Zeit zu Zeit Versammlungen ab, um wichtige Angelegenheiten der Bahnunterhaltung zu beraten.

Bevor eine größere Gleisarbeit unternommen wird, muß eine Mitteilung über ihre Art und den Ort der Ausführung in ein besonderes Buch eingetragen werden, von dem wöchentlich Abdrücke an die Lokomotivführer, Zugführer und andere Beteiligte verteilt werden. Die bei der Ausführung zu treffenden Sicherheitsmaßnahmen zum Schutze der Arbeiter und des Zugverkehrs richten sich nach der Art der Arbeiten, den Betriebs-, Strecken- und Witterungsverhältnissen. Langsamfahrsignale werden nur bei längerer Dauer der Arbeiten aufgestellt, meistens werden Leute zur Signalgebung ausgeschickt, die Knallkapseln auslegen und hierbei eine grüne oder rote Fahne (bei Nacht Laternen) zeigen, je nachdem die Arbeitsstelle langsam befahren werden kann oder ganz unfahrbar ist. Bei größeren Arbeiten auf zweigleisigen Strecken werden beispielsweise gewöhnlich zwei Mann der Fahrrichtung entgegen zur Signalgebung aufgestellt, von denen einer in der Nähe der Rotte steht und „Home man" (Innenmann) heißt, der andere etwa 0,8 bis 1,6 km weiter vorgeschoben ist und „Distant man" (Außenmann) genannt wird. Beide sind mit grünen und roten Fahnen oder Laternen sowie mit Knallkapseln ausgerüstet. Der Innenmann übermittelt dem Außenmann auf Anweisung des Vorarbeiters bestimmte Signale über den Stand der Arbeiten und warnt die Arbeiter erforderlichenfalls durch Hornsignale, der Außenmann gibt den Zügen über den Bahnzustand Signale, damit die Geschwindigkeit erforderlichenfalls ermäßigt oder der Zug zum Halten gebracht wird. Wenn die Strecke so unübersichtlich ist, daß Außen- und Innenmann sich nicht verständigen können, werden Zwischenposten aufgestellt.

Das Anheben von Gleisen wird gegen die Zugrichtung vorgenommen, damit die Züge die Übergangsrampen in der Steigung befahren. An Werktagen sind auf stark belasteten Strecken häufig nur Zugpausen von 25 bis 30 Minuten für den Gleisumbau einschließlich Auswechslung der Schwellen und Einbringung neuer Bettung verfügbar, man baut in einer solchen Pause gewöhnlich fünf Schienenlängen um. Vor dem Beginn der Pause wird die Bettung bis Schwellenunterkante entfernt, die Hälfte der Laschenbolzen und der Keile herausgenommen. Sofort nach Durchfahrt des Zuges werden die übrigen Laschenbolzen gelöst, die Keile herausgeschlagen, die Schienen aus den Stühlen genommen, die Schwellen umgedreht und entfernt. Dann wird die alte Bettung schleunigst aufgehackt und eine neue mit der Schaufel hergestellt. Hierauf verlegt man die schon vorher mit neuen Stühlen versehenen Schwellen, ein Junge verteilt die Laschen, Bolzen und Keile; die Keile in der Schienenmitte werden zuerst eingetrieben, wobei die Schienen fest gegen die Innenfläche der Stühle gepreßt werden, die beiden mittleren Laschenbolzen werden eingezogen, die Temperaturbleche eingesetzt, dann werden auf einer Schwelle um die andere die Keile eingetrieben. Nun läßt man den Folgezug mit 16 km/st Geschwindigkeit die Baustelle überfahren. Eine solche Arbeit läßt sich mit einem Vorarbeiter, 25 Mann und einem Jungen in der angegebenen Zeit von 25 bis 30 Minuten ausführen.

Die Unterhaltungsarbeiten werden auf den englischen Bahnen meistens im Tagelohn unter Aufsicht der Beamten ausgeführt, Akkordarbeit hält man nicht für zweckmäßig. Die Beamten und Arbeiter erhalten meistens keine besonderen Vergütungen neben ihrem Gehalt und dem Lohn. Ausnahmsweise werden indessen für gute Arbeiten besondere Belohnungen (Prämien) gezahlt. Die London and South Western-Eisenbahngesellschaft hat im Jahre 1903 ein derartiges System eingeführt, bei dem für besonders gute Bahnunterhaltungsarbeiten Prämien gezahlt werden. Um die besten Strecken zu ermitteln, bereist der Oberingenieur mit seinem Assistenten und zwei Preisrichtern, die zwar dem Bahnunterhaltungspersonal angehören, aber auf einer anderen als der zu prüfenden Strecke tätig sind, jährlich die sämtlichen Linien der Gesellschaft. Die erste derartige Bereisung fand im März 1904 statt. Die Ingenieure und Preisrichter beurteilen die Gleise nach vier verschiedenen Gesichtspunkten: Richtung, Beschaffenheit der

Oberfläche und der Stöße, Zustand der Bettung, allgemeines Aussehen. Jeder dieser vier Zustände erhält die Vollkommenheitsziffer 100, d. h. die Zahl 100 bezeichnet einen tadellosen Zustand, so daß ein in jeder Hinsicht tadelloses Gleis die Zahl 400 enthält. In jeder Ingenieurinspektion erhält der Inspektor, dessen Gleis am besten ist, eine Prämie von 40 Mark, die beteiligten Rottenführer erhalten je 20 Mark und die ständigen Arbeiter je 10 Mark. Außerdem werden zwei Trinkbecher und silberne Medaillen an den Inspektor und Rottenführer verteilt, welche die größte Vollkommenheitsziffer innerhalb des Gesamtnetzes der Gesellschaft haben, während die beteiligten Arbeiter bronzene Medaillen erhalten. Die Prüfung im März 1904 ergab für einen Inspektionsbezirk, der 32 km lang war, als höchste Vollkommenheitsziffer 364,4, für einen Vorarbeiterbezirk (Rottenbezirk) von 3,2 km Länge 382. Der Gesamtdurchschnitt auf dem Bahnnetz der Gesellschaft war 340,1, die niedrigste Ziffer, die ein Vorarbeiter erhielt, 245. Die Beamten der London and South Western-Eisenbahn schreiben dem Prämiensystem einen guten Einfluß auf die Güte der Bahnunterhaltung zu, von anderen Gesellschaften wird das System indessen nicht angewandt. Man ist zum Teil der Ansicht, die Bahnunterhaltungsarbeiten seien von so vielen Zufälligkeiten, wie Wechsel unter den Leuten, Witterung, Beschaffenheit des Geländes, Art des Verkehrs usw. abhängig, daß es schwer falle, eine richtige Grundlage für ihre Beurteilung zu gewinnen. Der Erfolg des Systems hängt auch wesentlich von den Charaktereigenschaften der Beteiligten ab: wenn durchweg gute Leute da sind, wird der Wettbewerb einen wohltätigen Einfluß haben, sonst führt er leicht zu Eifersucht und Unzufriedenheit. Die jährlichen Besichtigungen können nur flüchtig sein, es ist daher zu befürchten, daß die Preisverteilung nicht gerecht ausfällt. Der Gleiszustand hängt außerdem sehr von Zufälligkeiten ab. Vielleicht erhält eine Strecke, die sich in wenigen Tagen zu einer musterhaften umgestalten ließ, nur deshalb eine niedrige Summe, weil die Rotte infolge von Beschädigungen der Bahnanlagen zu notwendigen Arbeiten an anderer Stelle herangezogen werden mußte. Anscheinend mag eine Strecke bei der Besichtigung in guter Ordnung sein, und doch ist oberflächlich gearbeitet worden, was sich schon bei dem ersten heftigen Regen zeigen wird. Sind die örtlichen Verhältnisse ungünstig, ist der Untergrund beispielsweise wasserhaltig, neigen die Böschungen zum Rutschen, ist der Bettungstoff minderwertig, so mag der betreffende Inspektor sich noch so sehr abmühen, ein Preis wird ihm doch kaum zuerkannt werden, was entmutigend wirkt. Alle diese Umstände lassen eine verschiedene Beurteilung des Systems zu, es bedarf daher jedenfalls noch weiterer Erfahrungen, um ein zutreffendes Urteil über seinen Wert zu fällen. Günstig für seine Anwendung ist in England der Umstand, daß man für Wettbewerb und Sport ein reges Interesse hat.

Die Kosten der Gleisunterhaltung weichen natürlich bei der Verschiedenartigkeit der Bahnnetze außerordentlich voneinander ab. Der Durchschnitt soll für sieben der ersten Gesellschaften rund 3300 Mark für 1 km Bahnlinie betragen, der niedrigste Betrag bei diesen sieben Gesellschaften rund 2700 Mark/km, der höchste rund 3840 Mark/km Bahnlinie.[1]) Im allgemeinen nimmt man an, daß von den gesamten Unterhaltungskosten 56 % auf Gleisunterhaltung, 44 % auf die übrigen Arbeiten entfallen. Die gesamten Unterhaltungskosten der englischen Bahnen werden durchschnittlich zu rund 6250 Mark/km Bahnlinie angenommen, so daß die durchschnittlichen Gleisunterhaltungskosten $\frac{6250 \cdot 56}{100} = 3500$ Mark/km Bahnlinie betragen würden.[2]) Bei der London and North Western-Eisenbahn,

[1]) Engineering 1898, 18. März, S. 325.

[2]) Acworth, „The Elements of Railway Economics“.

deren Bahnunterhaltungsdienst oben besprochen ist, betragen für 1905: Kosten der Unterhaltung 28230000 Mark; Länge der Bahnlinie 3110 km; Kosten der Unterhaltung für 1 km Bahnlinie $\frac{28\,230\,000}{3100}$ = rund 9080 Mark, und bei Verteilung mit 56 und 44 % werden die Kosten der Gleisunterhaltung $\frac{9080 \cdot 56}{100}$ = rund 5085 Mark/km Bahnlinie. Die Gesellschaft hat etwa 6500 km Hauptgleise, so daß die durchschnittlichen Gleisunterhaltungskosten für das Kilometer Hauptgleis einschließlich der zugehörigen Nebengleise $\frac{28\,230\,000 \cdot 56}{6500 \cdot 100} = 2430$ Mark sind. Einschließlich aller Nebengleise sind rund 8580 km Gleise vorhanden, so daß die durchschnittlichen Unterhaltungskosten für 1 km Gleis $\frac{28\,230\,000 \cdot 56}{8580 \cdot 100} = 1842$ Mark/km betragen. Für die Lancashire und Yorkshire-Eisenbahn mit sehr starkem Verkehr auf allen Gleisen ist die entsprechende Zahl 2900 Mark/km Hauptgleis. Im Jahre 1907 betrugen die Gleisunterhaltungskosten bei der North Eastern-Eisenbahn 2760 Mark/km Hauptgleis, bei der London and North Western-Eisenbahn 2650 Mark/km, bei der Midland-Eisenbahn 2250 Mark/km und der Great Western-Bahn 2075 Mark/km. Hierbei ist zu bemerken, daß die Great Western-Gesellschaft viele Nebenstrecken mit schwachem Verkehr besitzt. Ein empfehlenswertes Verfahren wendet die Lancashire and Yorkshire-Eisenbahn an, um bei einer Verminderung der Einnahmen jede Vernachlässigung der Unterhaltung und Erneuerung der Gleise zu verhindern. Außer den in jedem halben Jahre für die Unterhaltung und Erneuerung der Gleise ausgegebenen Beträgen, die nach den Einnahmen wechseln, wird regelmäßig jedes halbe Jahr eine feste Summe von 600000 Mark (140000 Mark für Löhne und 460000 Mark für Materialien) als besonderer Gleiserneuerungsfonds zurückgelegt. Diesem Vorgehen schreibt man einen günstigen Einfluß auf den Zustand der Gleise der genannten Gesellschaft zu, der als gut allgemein bekannt ist.

b) Sondergebiete der Bahnunterhaltung.

In England sind ungewöhnlich viele Kohlenbergwerke, in deren Nähe man bei der Bahnunterhaltung mit großen Schwierigkeiten zu kämpfen hat, die sich aus dem Sacken der Erdoberfläche über den ausgebeuteten Kohlenflözen ergeben. Beispielsweise gebraucht die Great Western-Bahn in einem einzigen Bezirk jährlich etwa 50000 cbm Boden zum Auffüllen gesackter Dämme. Auf der Station Heath bei Chesterfield auf der Great Central-Bahn setzte sich anfangs 1907 ein Bahnsteig plötzlich um 0,60 m und mußte mit Schwellen erhöht werden. Im allgemeinen sucht man auf solchem unsicheren Gelände gewisse Bauweisen tunlichst zu vermeiden, deren Anwendung einen festen Untergrund voraussetzt. Beispielsweise werden in Gegenden, die über Kohlenflözen liegen, an Stelle von größeren gewölbten Brücken solche mit eisernen Überbauten auf massiven Pfeilern und Widerlagern hergestellt, die gut im Verband gemauert sind. Man nimmt an, daß die Einwirkung der Kohlenausbeutung auf solche Bauwerke nur unbedeutend ist, wenn die Flöze mindestens 300 m tief liegen; bei 400 m Tiefe soll für alle Bauwerke nur noch eine geringe Gefahr bestehen. Kleinere gewölbte Brücken pflegen sich bisweilen über Kohlenfeldern ganz gut zu halten; unter einer 6 m weiten gewölbten Brücke der Midland-Bahn wurde ein 2 m mächtiges Flöz in 90 m Tiefe ausgebeutet, ohne daß an dem Bauwerk irgendwelche Schäden bemerkbar waren.

Trotz solcher einzelnen günstigen Erfahrungen vermeidet man es gerne, über Kohlenfeldern gewölbte Wege- und Eisenbahnüberführungen herzustellen; denn bei einem etwa eintretenden Sacken ist es unmöglich, ein Gewölbe zu heben, ohne es abzubrechen, während eiserne Unterbauten unbedenklich im ganzen gehoben und untermauert werden können. Alle Bauwerke über Kohlenfelder sollen sehr sorgfältig fundiert werden. Die Hull and Barnsley-Eisenbahn hat gute Erfahrungen mit der Herstellung von massiven Unterbauten in einzelnen Teilen gemacht, die in sich in gutem Verbande gemauert und mit Eiseneinlagen verbunden, aber durch eine offene Fuge von den benachbarten Teilen getrennt sind. Beispielsweise sind bei den massiven Bauwerken unter einem hohen Damme im Dearne-Tal die Widerlager und Flügel im Jahre 1884 getrennt angeordnet worden. Als hierauf 1891 unter den Bauwerken ein 0,9 m mächtiges Kohlenflöz abgebaut wurde, trennten sich von einem Bauwerk alle vier Flügel, ohne daß die Widerlager wesentlich beschädigt wurden. Als das Sacken vorüber war, wurden die Flügel teilweise abgebrochen und wieder aufgemauert, so daß das Bauwerk wieder völlig standfähig war; die Widerlager sind allerdings 7 bis 10 cm aus dem Lot gewichen.

Eine weitere Vorsichtsmaßregel besteht darin, daß man auf mehrgleisigen Bahnen für jedes Gleis einen besonderen eisernen Unterbau herstellt, damit die Bahnen betriebsfähig bleiben, wenn die Gleise gehoben werden müssen. Die Gebäude über den Kohlenfeldern werden tunlichst in Fachwerk hergestellt. Für die Bahnunterhaltung ist es wichtig, daß die Kohlenflöze unter den Bahnen möglichst schnell ausgebeutet und ausgepackt werden, wenn man einmal mit der Ausbeutung begonnen hat. Der mit der Bahnunterhaltung beauftragte Beamte soll darauf sehen, daß die Ausbeutung mit möglichst geringen Nachteilen für die Bauwerke vorgenommen wird. Beispielsweise ist es vorteilhaft, sich einer Wegeunterführung unter einer zweigleisigen Bahn mit der Ausbeutung in der Bahnrichtung zu nähern, nicht quer zur Bahnrichtung, weil sonst die Flügel und Widerlager leicht beschädigt werden.

Bisweilen werden den Bergwerksbesitzern mit großen Kosten einzelne Kohlenpfeiler oder Streifen unter den Bauwerken abgekauft, die dann bei der Ausbeutung der Kohlenfelder stehen bleiben müssen. Von vielen Fachleuten wird dies nicht allgemein gebilligt, weil die Kosten in keinem Verhältnis zu den erreichten Vorteilen stehen sollen. Außerdem wäre ein gleichmäßiges Setzen einer ganzen Fläche dem unregelmäßigen Setzen vorzuziehen, das eintrete, wenn einzelne feste Stellen geschaffen würden. Aus diesem Grunde hat man beim Bau der Lancashire, Derbyshire and East Coast-Bahn in den neunziger Jahren nur für wenige von den 50—60 Brücken in den Kohlengebieten Pfeiler angekauft, u. a. für einen Viadukt bei der Solsover Station. Nach den später bei der Bahnunterhaltung gewonnenen Erfahrungen wäre auch dieser Ankauf nicht nötig gewesen, weil aus dem ungleichmäßigen Sacken sich manche Nachteile ergeben haben. Während der Viadukt in seiner Höhenlage unverändert geblieben ist, haben sich die benachbarten Dämme etwa 1 m gesetzt, so daß sie aufgefüllt werden mußten. Sollen in einzelnen Fällen die Bergwerksbesitzer veranlaßt werden, unter einem Bauwerk Pfeiler stehen zu lassen, so muß die Bahnverwaltung tunlichst auf die Arbeitsweisen der Zechen Rücksicht nehmen.

Die in den Kohlengebieten hergestellten Tunnel werden stets mit einem Sohlengewölbe versehen, auch wenn dieses nach der Beschaffenheit des durchfahrenen Gebirges nicht nötig wäre. Trotzdem kommen bisweilen starke Beschädigungen an den Tunneln vor, wie beim Merthyr-Tunnel der Great Western-Bahn, der durchschnittlich 3 m herunterging, aber an einer Stelle in seiner ursprünglichen Lage liegen blieb, so daß er hier künstlich gesenkt werden mußte.

Viele englischen Eisenbahnen sind zu einer Zeit entstanden, als man noch wenig Erfahrung im Bau eiserner Brücken hatte, so daß eiserne Brücken aus älterer Zeit meistens beträchtliche Mängel aufweisen und häufig verstärkt oder erneuert werden müssen. Das englische Klima ist der Unterhaltung eiserner Brücken nicht günstig, die Seeluft und die feuchten Nebel begünstigen die Rostbildung in hohem Maße. Es muß daher besonderer Wert auf die Herstellung und dauernde Erhaltung eines guten Anstriches gelegt werden. Die Schwierigkeiten werden noch wachsen; denn bekanntlich rostet Flußeisen, wie es seit Jahrzehnten zu Brückenbauten vielseitige Verwendung findet, erheblich mehr als das früher verwandte Schweißeisen. Ebenso zeigt Stahl erheblich mehr Rostbildung als Schweißeisen. Als besten Anstrich sieht man in England einen Grundanstrich mit Mennige an, dem ein mehrmaliges Streichen mit Bleiweiß folgt, das höchstens 10 % fremde Beimengungen hat. Die einzelnen Teile werden vorher gründlich mit Bürsten gereinigt, besonders rostige Stellen werden mit brennenden Fackeln beleuchtet. In einzelnen Fällen gibt man einen doppelten Grundanstrich aus Mennige und Leinöl. Meistens nimmt man die Erneuerung der Brückenanstriche in den Herbstmonaten vor, weil die in dieser Jahreszeit hergestellten Anstriche besser halten als die im Frühjahr und Sommer hergestellten. Die Fahrbahnkonstruktion, soweit sie mit dem Bettungsmaterial bedeckt ist, wird vielfach geteert. Ganz zufrieden ist man mit dem Teeranstrich aber nicht, weil sich unter dem Teer bisweilen Feuchtigkeit sammelt, die zu Blasen- und Rostbildung führt. Gegen die schädlichen Einwirkungen der Lokomotivgase auf Eisenteile sollen sich abwechselnde Anstriche von Teer und Kalkmilch als nützlich erwiesen haben.

Einzelne Ecken und Wasserstöcke, in denen vermehrte Rostbildung zu befürchten ist, werden vielfach mit Portlandzement ausgefüllt, den man überhaupt als Rostschutzmittel sehr schätzt und auch wohl in dünnen Lagen auf die oberen Trägerflanschen bringt. Daß die Tröge der Fahrbahnkonstruktionen mit Zementbeton ausgefüllt werden, wurde bereits beim Bau eiserner Brücken erwähnt. Sollte es gelingen, den Portlandzement in irgendeiner Form als Anstrichmasse zu verarbeiten, um ganze Brückenkonstruktionen damit zu streichen, so würde man nach der Meinung einzelner englischer Ingenieure ein vorzügliches Rostschutzmittel zur Hand haben.

Als neuzeitliches Beispiel der Erneuerung einer eisernen Brücke wählen wir die in den Jahren 1902 und 1903 umgebaute Trent-Brücke der Midland-Bahn 30 km nördlich von Leicester. Sie hat drei Stromöffnungen von etwas über 30 m Weite und mehrere Flutöffnungen. Die Bahn ist an der Kreuzungsstelle mit dem Trentfluß viergleisig; Anfang der neunziger Jahre sind besondere Gütergleise hergestellt worden, die von den älteren Gleisen vollständig getrennt auf einer neuen eisernen Brücke über den Fluß geführt sind, so daß es sich bei dem letzten Umbau nur um die Erneuerung der Brücke auf der älteren Linie handelt, die nach Herstellung der Gütergleise ausschließlich dem Personenverkehr dient. Die Personen- und Gütergleise liegen an der Baustelle etwa 30 m voneinander entfernt, der Personenverkehr wurde während des Umbaues über die Gütergleise geleitet, zu welchem Zweck an zwei etwa 1 km voneinander entfernten Stellen Verbindungen zwischen den Personen- und Gütergleisen hergestellt wurden.

Die alte Brücke stammte aus dem Jahre 1839 und war von dem Ingenieur Vignoles der Midland Counties-Gesellschaft gebaut. Der Unterbau bestand aus gußeisernen Bogenträgern von 100 m Spannweite und 3,05 m Pfeilhöhe, die **T** förmigen Querschnitt hatten und auf massiven Widerlagern und Zwischenpfeilern ruhten. In jeder Öffnung lagen sechs solcher Bogenträger, zwei Stirnbogenträger mit einigem Beiwerk zur Ausschmückung, welche die Geländer trugen, und vier mittlere Bogenträger. Jeder Träger bestand aus drei Stücken von etwa 10,4 m

Länge, den beiden Kämpferstücken und dem Scheitelstück. Die Fahrbahnträger hatten gleichfalls T förmigen Querschnitt und waren durch gußeiserne Bogenstellungen gegen die Bogenträger abgestützt. Kämpfer- und Scheitelstücke waren je aus einem Stück hergestellt, die Kämpferstücke der Stirnbogen wogen 11,5 t, die der Mittelbogen 10 t, die Scheitelstücke etwa 8 t. Die Überbauten wogen im ganzen etwa 660 t und waren 1839 für rund 195000 M. angeliefert und aufgestellt worden. Im Jahre 1881 war die Brücke durch Hinzufügung von Querversteifungen usw. im Gewicht von etwa 49 t verstärkt worden, 1893 hatte eine abermalige Verstärkung unter Einbau von fast 25 t Eisen stattgefunden. Als jedoch im Jahre 1902 die Einführung von 112 t schweren Lokomotiven von der Midland-Gesellschaft beschlossen wurde, glaubte man den ursprünglich für 35 t schwere Loko-

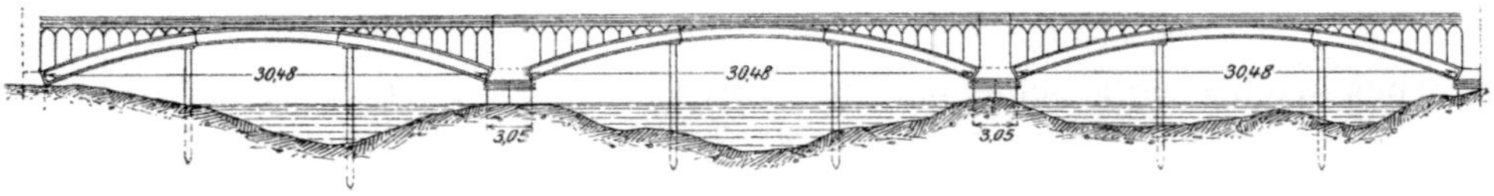

Fig. 327.

motiven gebauten Brücken diese mehr als dreimal so große Belastung nicht mehr zumuten zu können, sondern die Erneuerung der Überbauten unter Wiederverwendung der massiven Unterbauten vornehmen zu müssen. Hierbei kam es besonders darauf an, die Dauer der Ablenkung des Personenverkehrs auf die Gütergleise tunlichst einzuschränken; man beschloß daher, die neuen Überbauten zunächst neben den alten fertig aufzustellen, dann den Verkehr abzulenken, die alte Brücke abzubrechen, den Unterbau zu ergänzen und die Überbauten in ihre endgültige Lage zu bringen. Sobald der Personenverkehr daher auf die Gütergleise übergeleitet war, wurde das eine Gleis auf der alten Brücke abgebrochen und das andere in die Brückenmitte gelegt. Dann wurden die Geländer beseitigt und zwei

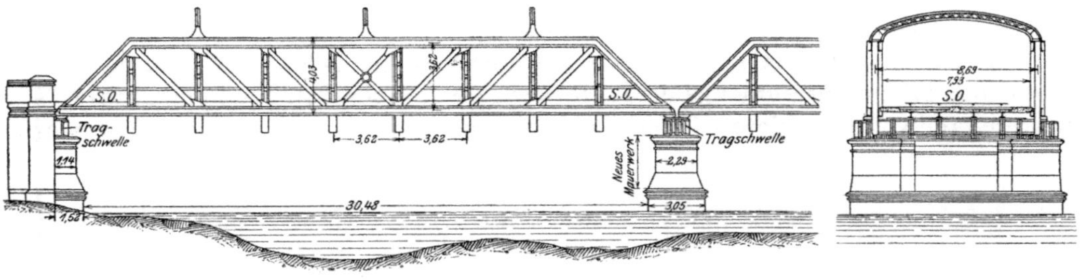

Fig. 328.

Pfahlreihen von je drei Pfählen zur Unterstützung der Kämpferstücke der Bogen eingeschlagen (Fig. 327). Die Stirnbogen wurden mit einem auf dem Mittelgleis laufenden Kran abgebaut; für den Abbau der mittleren Bogen wurde ein Schwimmkran zu Hilfe genommen.

Die neue Brücke ist ganz aus Flußeisen hergestellt und hat 33,5 m lange, 4,04 m hohe Fachwerkträger mit abgeschrägten Enden, die in 8,69 m Abstand verlegt und in jeder Öffnung durch drei gebogene obere Quersteifen verbunden sind (Fig. 328). Die Senkrechten sind durch die Untergurte gesteckt, an ihren 0,91 m langen unteren Enden sind die Querträger genietet, so daß die Lasten in der Mitte der Hauptträger angreifen (Fig. 329). Die Längsträger sind auf die Querträger gelegt und tragen eine Blechdecke, auf die 25 mm Asphalt zur Aufnahme der Bettung gebracht ist. Die Auflager der Hauptträger sind auf 10,7 m lange und 0,91 m hohe Querträger (Auflagerschwellen) gelegt, welche die Last gleichmäßig auf das Mauerwerk übertragen sollen.

Zur Aufstellung der neuen Brücke wurde in dem Raum zwischen den Personen- und Gütergleisen ein Gerüst 2 m über dem gewöhnlichen Wasserstande hergestellt, das den Fluß unter Freilassung einer Mittelöffnung von 24,4 m übersetzte (Fig. 330, 331), etwa 70 m auf das nördliche Ufer vortrat und gleichlaufend

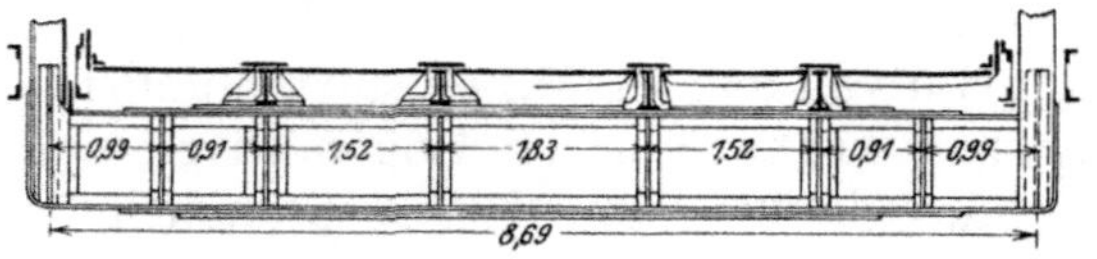

Fig. 329.

der Brückenachse mit Schienen zur Aufnahme von Förderwagen belegt wurde. Das Gerüst wurde in Verlängerung der Widerlager und Pfeiler entsprechend ausgebaut und dort auch quer zur Brückenachse mit Schienen belegt zum Einrücken der Hauptträger in ihre Richtung und zum Einschieben der fertigen Überbauten in ihre endgültige Lage. Ein Arbeitsgleis für die Anfuhr der Baustoffe wurde aus den Gütergleisen abgeschwenkt und an das nördliche Flußufer geführt. Die Haupt-

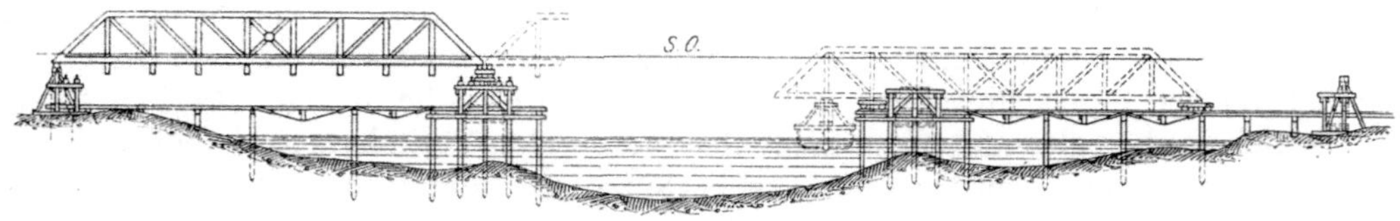

Fig. 330.

träger wurden in einzelnen Teilen angefahren und auf dem 70 m langen Gerüst auf dem nördlichen Ufer aufgestellt, auf dem zwei Träger hintereinander Platz fanden. Die Träger wurden in gewöhnlicher Weise auf Unterklotzungen und Keilen zusammengesetzt, die Enden auf Förderwagen gelegt. Sobald der vordere (südliche) Träger zusammengenietet war, wurde er über den Fluß gefahren und der hintere, teilweise vernietete Träger nahm seine Stelle ein. In dieser Weise wurden

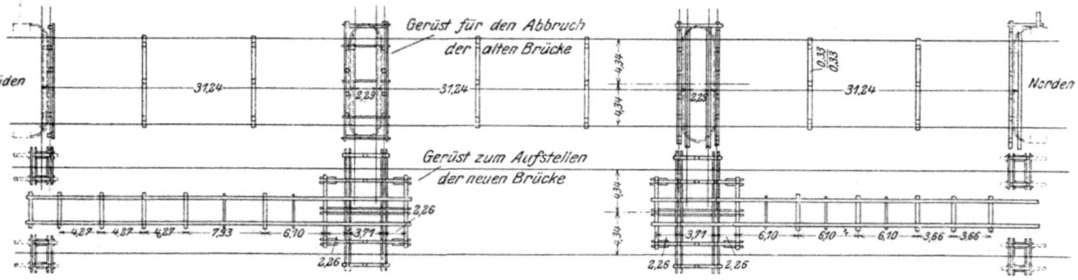

Fig. 331.

alle sechs Träger am Ufer zusammengenietet und über den Fluß gezogen, die Träger der südlichen Öffnung zuerst, dann die der Mittelöffnung und zuletzt die der nördlichen Öffnung. Wenn die Träger bei dem Herüberziehen an die Öffnung im Aufstellungsgerüst kamen, wurden sie unter Zuhilfenahme eines Kahnes vorgezogen. Zu dem Zweck wurde der vordere Förderwagen etwas festgehalten, so daß das führende Ende weit genug in die Öffnung vortrat, um es durch ein auf einem Kahn stehendes Bockgerüst stützen zu können. Der vordere Förderwagen wurde hierauf entfernt, so daß der Träger vorne auf dem Kahn, hinten auf dem hinteren Förderwagen ruhte und über die Öffnung gezogen werden konnte. Sobald das vordere Trägerende das Gerüst am südlichen Ufer erreichte, wurde es dort auf einen Förderwagen gestellt, der Kahn zurückgefahren und das hintere Ende des Trägers in gleicher Weise auf dem Kahn über die Öffnung geschleppt, wie das vordere Ende. In der Mittelöffnung brauchte natürlich nur das vordere Trägerende mit dem Kahn hinübergeschleppt zu werden, die Träger der nördlichen Öffnung konnten überhaupt ohne Inanspruchnahme des Kahnes aufgestellt werden. Sobald die Träger einer Öffnung über den Fluß gezogen waren, wurden sie mit Druckwasserpressen von 50 t Hebkraft auf die senkrecht zur Brückenachse laufenden Förderwagen gehoben, dann auseinandergefahren und ausgerichtet, worauf die Querträger eingezogen wurden. Besondere Vorsicht war beim Hinüberziehen, Anheben und Auseinanderfahren der Träger nötig, um sie vor dem Umfallen zu bewahren. Die Querträger wurden in Kähnen angefahren und mit einem Kran von 5 t Tragfähigkeit eingebaut, der zunächst auf dem Gerüst stand, dann auf den zusammengebauten Brückenteil gestellt wurde, wo er auf Schienen lief und nach und nach zum Einbau der Fahrbahn verschoben werden konnte. Sobald hinter dem Kran Platz war, wurde mit dem Vernieten begonnen, dann das Eisenwerk gestrichen und zuletzt die Asphaltdecke auf die Fahrbahn gebracht. Nachdem man hierauf noch die Lagerplatten unter die Trägerenden geschraubt hatte, waren die Überbauten soweit fertig, daß sie seitwärts in ihre endgültige Lage gezogen werden konnten. Alle Nietarbeiten wurden mit Preßluft vorgenommen, die mit einer fahrbaren Luftpumpe hergestellt wurde.

Das vorhandene Mauerwerk der Pfeiler und Widerlager mußte 2,75 m höher geführt werden, um die zur Lagerung der Unterbauten angeordneten Querträger (Auflagerschwellen) aufnehmen zu können. Die hierzu nötigen Maurerarbeiten folgten unmittelbar dem Abbruch der alten Brücke. Die Steine wurden im Bruche roh behauen, dann auf dem Bauplatz genau bearbeitet und zusammengepaßt, bevor sie versetzt wurden.

Sobald die Auflagersteine für die südliche Öffnung versetzt waren, wurden die hochliegenden Gerüste, auf denen der zugehörige Überbau stand, am Widerlager und Pfeiler entsprechend ergänzt und mit Schienen belegt. Dann wurde der Überbau mit Winden in seine endgültige Richtung 12,8 m seitwärts gezogen, was eine Stunde dauerte. Die Auflagerschwelle des südlichen Widerlagers war bereits aufgebracht, so daß das südliche Ende des Überbaues auf seine Lager heruntergelassen werden konnte. Hierauf wurde ein Steg in der Mitte des Überbaues hergestellt und auf diesem eine Auflagerschwelle nach dem nächsten Pfeiler befördert und mit einem 12 t-Kran niedergelassen, worauf auch das nördliche Ende dieses Überbaues auf seine Lager niedergelassen werden konnte. In ähnlicher Weise wurde der Überbau der Mittelöffnung aufgestellt. Bei der Aufstellung des Überbaues der nördlichen Öffnung war die Herstellung eines Steges nicht nötig, weil die Auflagerschwelle schon durch einen Kran verlegt war. Als zwei Öffnungen fertig waren, wurde gleich mit dem Verlegen des Oberbaues begonnen.

Der ganze Umbau wurde in der kurzen Zeit von 6 Monaten, teilweise in ungünstiger Jahreszeit, bewirkt. Im Juli 1902 wurde die Aufstellung der Hauptträger begonnen, Ende September 1902 der Personenverkehr auf die Gütergleise geleitet, am 11. Januar 1903 die neue Brücke eröffnet.

Ähnlich, wie mit den eisernen Brücken, verhält es sich auch mit den Tunneln der englischen Eisenbahnen; sie bereiten den mit der Bahnunterhaltung betrauten Beamten manche Sorge; denn viele von ihnen sind zu einer Zeit entstanden, als man noch wenig Erfahrung im Bau von Eisenbahntunneln hatte und daher nicht mit der Sorgfalt baute, die erforderlich ist, um die außerordentlich lästigen Ausbesserungen während des Betriebes tunlichst einzuschränken. Zur Ausmauerung der Tunnel sind vielfach weiche, durchlässige Ziegel verwandt, die namentlich durch etwa vorhandenes Sickerwasser leicht beschädigt werden. Die bekannten Schwierigkeiten bei der Unterhaltung von Eisenbahntunneln, die namentlich darin bestehen, daß die Schäden schwerer aufzufinden sind, als im Freien, die Arbeitsräume für Ausbesserung eng und dunkel sind, die Arbeit bei lebhaftem Betriebe häufig gestört wird, sind in England in gleichem oder noch größerem Maße vorhanden, als in andern Ländern. Die Unterhaltung der Tunnel spielt auf manchen englischen Eisenbahnstrecken eine wichtige Rolle, zumal gerade viele von den älteren Linien mit schlechten Tunneln einen bedeutenden Verkehr haben.

Zur Untersuchung der Tunnel bedient man sich häufig besonderer Wagen, die auf $^1/_4$ ihrer Länge bedeckt sind, auf $^3/_4$ eine erhöhte Bühne haben, von der aus die Tunnelwände bequem untersucht und abgeklopft werden können. Wenn schlechte Stellen entdeckt werden, bestimmt man ihre Lage und schreibt allgemeine Bemerkungen über die Art der erforderlichen Ausbesserungen nieder. Ein schlimmer Feind der englischen Tunnel ist das Sickerwasser, weil die Wände — wie erwähnt — häufig aus weichen Ziegeln bestehen und daher wenig widerstandsfähig gegen die Angriffe des Wassers sind. Wird das Vorhandensein von Wasser bemerkt, so ist jedesmal eine eingehende Untersuchung nötig, um festzustellen, ob die Tunnelmauerung schon gelitten hat oder ob sie den Angriffen des Wassers weiterhin noch standhalten kann. Werden Verdrückungen wahrgenommen, so nimmt man gewöhnlich mit einem besonderen Instrument einen Umriß der Tunnelleibung auf. Der Anordnung des Instrumentes liegt meistens der Gedanke des Storchschnabels zu Grunde; es besteht dann aus einem Zeichenbrett von etwa 0,70 m im Geviert, das in senkrechter Stellung etwa 0,90 m über Schienenoberkante an einem Rahmen befestigt ist, der bei zweigleisiger Strecke auf den inneren Schienensträngen ruht. Der Rahmen hat einen Mittelpfosten mit einem oberen Gelenk, in dem eine ausziehbare Stange mit der Storchschnabelanordnung drehbar gelagert ist (Fig. 332). Die Stange trägt oben eine Rolle, die an der Tunnellaibung entlang geführt wird, wobei deren Umriß durch einen Stift in einer Verkleinerung von ½ auf dem auf das Zeichenbrett gespannten Papier gezeichnet wird. Wenn man hierbei vorher die Umgrenzung des lichten Raumes und die Schienenoberkante auf dem Zeichenpapier dargestellt hat, kann man ohne weiteres die Höhe der für die Ausbesserung verfügbaren Räume aus der Zeichnung abgreifen und Anordnungen für die Herstellung der Lehrgerüste treffen.

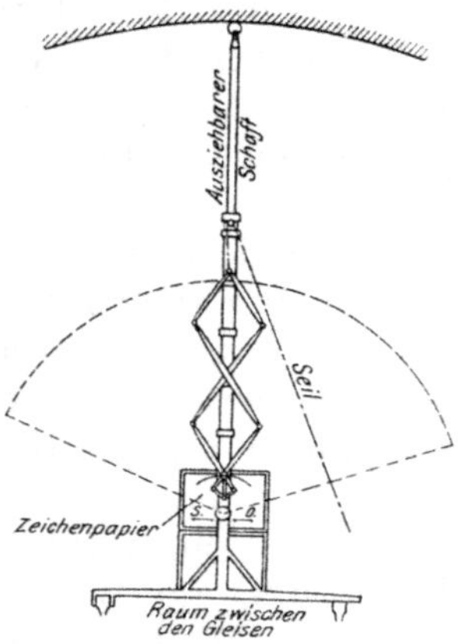

Fig. 332.

Die für die Ausbesserung erforderlichen Bauhölzer, Baustoffe und Geräte, wie Stempel, Schwellen, Lehrbögen, Bretter, Steine, Zement, Lampen, Öl, Kerzen, Werkzeuge, Leitern, Eisenteile werden an den Lagerplätzen in einen Arbeitzug geladen und nach dem Tunnel gefahren. Ist die schadhafte Stelle in der Nähe der Portale, so kann man die Sachen gewöhnlich an Wochentagen während der Zugpausen abladen. Wenn aber die schadhafte Stelle weiter als 400 m von einem Portal entfernt ist oder die Strecke einen ungewöhnlich lebhaften Verkehr aufweist, ladet man besser an Sonntagen aus. Hierbei ist zu bemerken, daß Sonntagsarbeit sich in England einerseits zwar wegen des geringen Zugverkehrs an Sonntagen empfiehlt, anderseits aber wegen der strengen Sonntagsruhe sehr unbeliebt ist und vielfach zu unerquicklichen Preßfehden Anlaß gibt. Es wird für unzweckmäßig gehalten, irgendwelche Baustoffe in die Tunnelnischen zu bringen, auch mitten im Gleise dürfen keine Gegenstände höher als 0,18 m gelagert werden. Die Ziegel müssen daher gewöhnlich etwa 0,75 m hoch zwischen den Gleisen aufgesetzt, die Bauhölzer und Geräte ebenfalls zwischen den Gleisen oder auch wohl an den Tunnelwänden niedergelegt werden. Der Zement wird außerhalb des Tunnels in Schuppen untergebracht, ebenso Öl, Petroleum. Nachdem alle Baustoffe und Geräte angeliefert sind, stellt der Vorarbeiter die auszubessernden Stellen im Tunnel fest und läßt die Löcher zur Aufnahme der Unterstützungen für die Lehrbögen hauen. Gewöhnlich muß der Lichtraum im Tunnel mindestens 4,35 m über der Schienenoberkante freibleiben. Wenn die Tunnelmauerung nicht mehr fest genug ist, die Lehrbögen zu tragen, läßt man senkrechte Rillen in die Tunnelwände hauen, in die Stempel von etwa 0,23 m im Geviert gestellt werden. Es ist wichtig, solche Stempel nicht vor die Tunnellaibung treten zu lassen; denn bei einer etwaigen Verschiebung der Ladung eines Güterwagens könnten die Stempel weggerissen werden, was die schlimmsten Folgen nach sich ziehen würde. Solche Hölzer werden in der Regel in Abständen von 1,83 m aufgestellt, bei stark beschädigter Mauerung noch näher.

Die Löcher und Rillen haut man meistens an Wochentagen und ordnet hierbei an, daß die Arbeiter in zweigleisigen Tunneln auf beiden Gleisen durch Signalwärter gedeckt werden, die mindestens 800 m in die Zugrichtung vorgeschoben sind, einen Glokkenzug zur Hand haben, mit dem sie auf der Arbeitstelle läuten können und außerdem Pfeifensignale geben müssen. Die alsdann bis zur Ankunft des Zuges noch verfügbare Zeit wird für ausreichend gehalten, um die Arbeiter und ihre Leitern in Sicherheit zu bringen. Wenn alle Vorbereitungen getroffen, alle Hölzer zugerichtet sind, wird an dem ersten passenden Sonntage die Strecke für eine gewisse Zeit gänzlich abgesperrt. Dann werden die Lehrgerüste mit einem einfachen, auf zweigleisiger Strecke zwischen den inneren Schienensträngen stehenden Kran eingebaut, zwischen die unteren Gerüstschwellen wird ein Arbeitsboden eingebaut, auf dem die Maurer stehen, um die auf Keilen ruhenden Lehrtröge einzurichten (Fig. 333). Die Lehrbögen werden mit den Traghölzern verschraubt, zwischen beide legt man ein Preßstück, so daß eine etwaige Lockerung der Keile ein Setzen der Lehrbögen nicht nach sich zieht. Es wird nicht für zweckmäßig gehalten, die Keile zu vernageln, weil sich dann leicht Schwierigkeiten beim Ausrüsten ergeben. Nicht selten kommt es vor, daß die Form der Laibung in demselben Tunnel wechselt. Sind die Unterschiede nicht sehr groß, so wird die neue Mauerung überall mit gleicher Leibungsform hergestellt. Bei größeren Unterschieden, die an einzelnen Stellen einen unnötig großen Ausbruch über dem Gewölbe bedingen würden, stellt man Lehrgerüste von verschiedener Form her und läßt zwei verschiedene Maurertrupps in einer bestimmten Entfernung gegeneinander arbeiten. Vor dem Zusammentreffen wird der Unterschied in der Begrenzung der Lehrbögen und neuen Tunnelleibung dann entsprechend ausgeglichen.

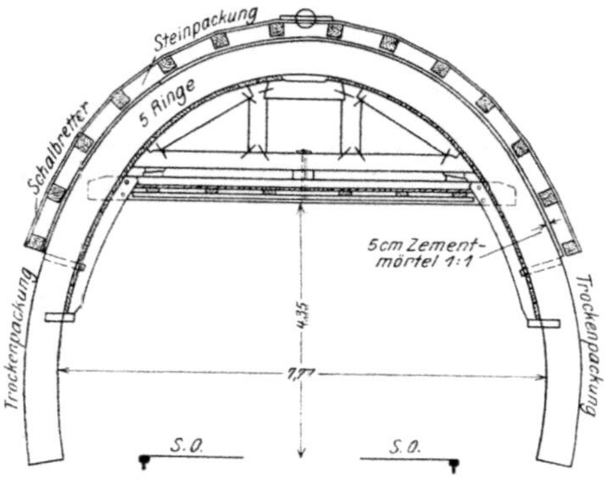

Fig. 333.

Bei der Ausführung der Arbeiten hauen die Bergleute zunächst unter entsprechender Abstützung des Gebirges die Mauerung in Längen von etwa 1,8 m aus. Die ausgehauene Strecke wird dicht mit Brettern von $0{,}15 \times 0{,}025$ m verpfählt, die auf Kronbalken von $\frac{0{,}20}{0{,}20}$ m ruhen. Die Kronbalken lagern an beiden Enden auf der stehengebliebenen Mauerung. Die Berge werden in kleinen Holzkübeln durch ein Loch der Arbeitsbühne zwischen die Gleise hinuntergelassen und dort in die Arbeitszüge geladen. Wenn eine Zone von 1,8 m fertig ausgebrochen und ausgezimmert ist, greifen die Bergleute eine neue Zone an, die 1,8 m von der ersten entfernt ist, so daß zwischen zwei Arbeitsstellen immer eine Strecke von 1,8 m liegt, auf der nicht gearbeitet wird. In der ausgezimmerten Zone richten die Maurer zunächst die Lehrbögen mit den Keilen aus, bringen nach Bedarf, 0,18 × 0,08 m starke, 1,8 m lange Schaalhölzer aus und mauern dann von beiden Widerlagern gleichmäßig dem Scheitel zu. Der Schluß wird unter Verwendung von querliegenden kurzen Schaalhölzern hergestellt. Die einzelnen Zonen werden mit Verzahnung aneinandergestoßen. Da die Tunnelportale in England vielfach aus Hausteinen anstatt aus Ziegeln hergestellt sind, brauchen sie nicht immer mit erneuert zu werden. Hieraus ergeben sich gewisse Schwierigkeiten beim Schließen der letzten Zone. Es ist nicht möglich, die Gewölberinge in der meistens $\frac{0{,}60}{0.60}$ m weiten Schlußöffnung in Gewölbenverband zu mauern, weil die Durchreichöffnung dann bei größeren Gewölbestärken so klein sein würde, daß man die äußeren Ringe nicht fertig schließen könnte. Man hilft sich dadurch, daß man eine Art Kreuzverband herstellt, bisweilen unter Einlegung von Bandeisen, auf denen der Maurer ein gutes Mörtelblatt herstellen kann und die außerdem das Mauerwerk verstärken. Jedenfalls überwacht man diese Arbeit auf das genaueste, weil es keinem Zweifel unterliegt, daß die Ursache der in den englischen Eisenbahntunneln vorgekommenen Abstürze von Mauerwerk vielfach in der schlechten Herstellung der Gewölbeschlüsse zu suchen ist. Der von den Kronbalken eingenommene Raum wird fest ausgepackt, die Kronbalken werden herausgezogen, die Verpfählung läßt man stecken. Nach 4 bis 7 Tagen werden die Gewölbe ausgerüstet.

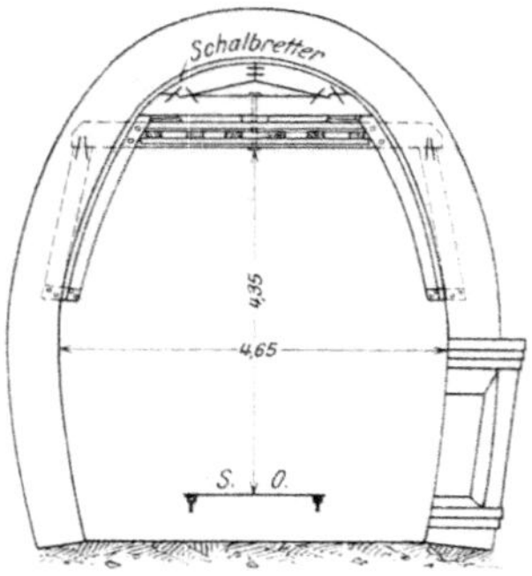

Fig. 334.

Bei der Ausbesserung eingleisiger Tunnel sind die Zwischenräume zwischen den Hölzern der Lehrgerüste so klein, daß sie das Durchkriechen der Handwerker und das Durchreichen der Baustoffe nicht gestatten (Fig. 334). Daher stellt man gewöhnlich zwischen je zwei Lehrbögen eine Falltür in dem Arbeitsboden her.

Kleinere Ausbesserungen, wie die Auswechselung einzelner Steine, werden auf verkehrsreichen Strecken außerhalb des Weichbildes großer Städte gewöhnlich an Sonntagen, auf verkehrsreichen Vorortstrecken an Wochentagen in den Zugpausen vorgenommen. Die älteren englischen Eisenbahntunnel sind aus Mangel an Erfahrung im Bahnunterhaltungs- und Betriebsdienst vielfach ohne Nischen hergestellt worden. Man hat daher solche Nischen bisweilen nachträglich hinzugefügt, in der Regel alle 15 m eine Nische, abwechselnd an den beiden Seiten. Bisweilen tritt an den mit der Bahnunterhaltung betrauten Ingenieur die Aufgabe heran, alte zugemauerte Schächte zu öffnen und auszubessern, die zur Herstellung des Tunnels gedient haben, dann auf Betreiben der Anwohner wegen der Rauchbelästigung im Betriebe geschlossen worden sind und bei steigendem Verkehr wieder zur Lüftung verwendet werden sollen. Zuerst wird dann mit einem Lot untersucht, ob die Schächte noch senkrecht stehen; ist dies nicht der Fall, so muß bei der Auszimmerung hierauf Rücksicht genommen werden, damit die

Schächte wieder in die senkrechte Stellung gebracht werden können. Hierauf wird die Schachtöffnung mit einem wetterdichten Häuschen überbaut. Bei der Lancashire- und Yorkshire-Bahn hat sich folgende Anordnung bei der Ausführung solcher Schachtarbeiten bewährt. In dem Häuschen sind auf kräftigen Balken zwei kleine und eine große Seilscheibe gelagert. Über die große Scheibe von etwa 1,8 m Durchmesser ist ein Stahlkabel von 15 mm Stärke geführt, an dem ein hölzerner, mit Bandeisen beschlagener Förderkübel von 0,70 $\times$ 0,70 m Bodenfläche und 1 m Höhe hängt, der zum Aus- und Einladen von Boden und Baustoffen mit einer beweglichen Wand versehen ist und Haken zum Einhängen hat. Die beiden kleineren Scheiben dienen zum Auf- und Niederziehen einer Bühne, auf der die Arbeiter stehen. Diese Bühne wird so groß gemacht, wie die Weite des Schachtes gestattet, und ist an zwei Seiten an Kabeln aufgehängt, die über zwei Handwinden geführt sind. Die zur Boden- und Baustoffförderung dienende Winde wird mit einer zwölfpferdigen Dampfmaschine angetrieben und ist mit einer kräftigen Hebelbremse ausgerüstet, die durch Niederdrücken einer Fußplatte betätigt werden kann. Der Maschinenwärter muß die Schachtmündung gut übersehen können, weil die Hubhöhe täglich wechselt und stets die Gefahr vorliegt, daß der Förderkübel zu hoch gewunden wird. Der Kübel soll nur soweit aus der Schachtmündung herausgezogen werden, daß er auf einen kleinen Förderwagen gesetzt werden kann, um aus dem Häuschen gefahren zu werden. In sehr tiefen Schächten pflegt man unter den Arbeitstellen Schienen einzulegen, damit die Arbeitsbühne bei einem Seilbruch nicht die ganze Tiefe des Schachtes hinunterfällt. Das Mauerwerk wird von oben nach unten in Zonen von 0,45 bis 2,5 m Höhe und 1,25 m Breite nach 1,5 m langen Schablonen erneuert. Gewöhnlich mauert man die alten Schächte mit neunzölligen Verblendsteinen in Zementmörtel aus und füllt die Hohlräume hinter der Mauerung mit Steinpackung. Holz darf unter keinen Umständen mit vermauert oder verpackt werden, weil es verfault und dann Setzen des Mauerwerks veranlaßt.

Nach den vorstehend mitgeteilten Bauweisen sind u. a. Ende der neunziger Jahre zwei zweigleisige und zwei eingleisige Tunnel der Lancashire and Yorkshire-Eisenbahn ausgebessert worden. Der eine zweigleisige Tunnel stammte aus dem Jahre 1850, war durch rolliges Gebirge getrieben und mit fünf Gewölberingen von halber Steinstärke ausgemauert. Im Laufe der Zeit hatte die Mauerung infolge ungenügender Auspackung eines Stollens über dem Gewölbe und infolge sonstiger Fehler bei der Ausführung ganz ihre ursprüngliche Form verloren, einzelne Steine und selbst ganze Mauerteile fielen ab, so daß eine vollständige Erneuerung der Mauerung geboten erschien. Der zweite Tunnel war zwar im Jahre 1849 mit Bruchsteinen ausgemauert, aber so nachlässig, daß gleichfalls große Stücke von der Decke fielen und das ganze Mauerwerk in wetterbeständigen Ziegeln und Zementmörtel erneuert werden mußte.

Über die beiden Arbeiten können die auf S. 248 verzeichneten Angaben gemacht werden.

Der dritte, eingleisige Tunnel war durch hartes Gestein getrieben und mit vier Ringen von halber Steinstärke ausgemauert, so daß er bei sorgfältiger Herstellung standfähig hätte sein müssen. Leider war aber die Entwässerung nicht ordnungsmäßig an den Widerlagern nach unten geführt, auch waren schlechte Steine verwandt. Das durch das Gewölbe sickernde Wasser wusch daher den Mörtel aus und zerstörte die Steine. Der vierte, gleichfalls eingleisige Tunnel war in rolligem Gebirge hergestellt, mit fünf Ringen von halber Steinstärke ausgemauert, die Ziegel waren nicht wetterbeständig, so daß die ganze Mauerung mit wetterbeständigen Steinen in Zementmörtel erneuert werden mußte.

Bezeichnung	Länge	Querschnitt der Mauerung	Zahl der Gewölberinge	Bemerkungen über den Verkehr
Tunnel No. 1. . . .	72,5 m	10,3 qm	5	Stark
Tunnel No. 2. . . .	38,5 m	10,0 qm	5	Mäßig

Ausführungskosten für 1 m Länge.

Tunnel Nr. 1:

Baustoffe	310 M.
Arbeitslohn	455 M.
Maschinen	9 M.
Bettungsarbeiten	9 M.
Zusammen	783 M.

Tunnel Nr. 2:

Baustoffe	175 M.
Arbeitslöhne	240 M.
Lokomotivkraft	15 M.
Zusammen	430 M.

Für 1 qm Mauerquerschnitt:

Tunnel No. 1	76 M.
Tunnel No. 2	43 M.

Bezeichnung	Länge	Querschnitt der Mauerung	Zahl der Quergewölbe	Bemerkungen über den Verkehr
Tunnel No. 3. . . .	147,2 m	9,6 qm	5	Leicht
Tunnel No. 4. . . .	39,8 m	11,7 qm	5	Mittelstark

Ausführungskosten für 1 m Länge.

Tunnel Nr. 3:

Baustoffe	140 M.
Arbeitslohn	184 M.
Lokomotivkraft	16 M.
Zusammen	340 M.

Tunnel Nr. 4:

Baustoffe	263 M.
Arbeitslohn	390 M.
Maschinenkraft	16 M.
Zusammen	669 M.

Für 1 qm Mauerquerschnitt:

Tunnel No. 3	35,4 M.
Tunnel No. 4	57,2 M.

Als ein größeres Beispiel derartiger Unterhaltungsarbeiten möge die Ausbesserung des bei Perth in Schottland belegenen Moncreiffe-Tunnels der Caledonian-Eisenbahn dienen. Der im Jahre 1848 eröffnete Tunnel ist 1114 m lang und war 770 m ausgemauert, auf 344 m ohne Ausmauerung gelassen. Die Umrisse der Mauerung waren sehr verschieden, im allgemeinen hatte der Tunnel nicht die beim Bau neuer Tunnel der Caledonian-Gesellschaft angewandten Lichtmaße (Fig. 335). Die Höhe war gewöhnlich ausreichend, die Weite aber namentlich für die neuen Fahrzeuge der schottischen Schnellzüge zu gering. Das Gewölbe war meistens drei bis fünf Ziegelringe stark, ein kurzes Stück am südlichen Ende dagegen acht Ringe, weil hier eine Druckstrecke durchfahren war. Die Widerlager hatten gewöhnlich dieselbe Stärke wie das zugehörige Gewölbe, nirgends waren sie stärker als 0,61 m. Die nicht ausgemauerten Strecken zeigten ähnliche Querschnittsverhältnisse wie die ausgemauerten Strecken: während die lichte Höhe ausreichend, teilweise wegen des Absturzes von Felsmassen sogar zu groß war, fehlte es an lichter Weite. Der Tunnel war mit Hilfe von fünf senkrechten Schächten gebaut worden, von denen zwei verfüllt waren, drei als Lüftungsschächte dienten. Die zur Ausmauerung verwandten Steine waren nicht wetterbeständig und hatten namentlich in der Nähe der Portale durch Temperaturänderungen und Sickerwasser sehr gelitten. Die ohne Ausmauerung gelassenen Strecken zeigten verwitterte Felsteile, die von Zeit zu Zeit auf die Gleise fielen. Im Jahre 1901 wurde es klar, daß der ganze Tunnel gründlich ausgebessert werden mußte, wenn er nicht betriebsgefährlich werden sollte. Hierbei erwog man zunächst die Herstellung eines ganz neuen zweigleisigen Tunnels in einiger Entfernung von dem alten, um diesen ungestört auszubessern und die anschließenden Strecken viergleisig auszubauen. Der Plan wurde wegen der hohen Ausführungskosten fallen gelassen und der Tunnel unter Einrichtung eingleisigen Betriebes ausgebessert. Zunächst machte man im Herbst 1901 eine genaue Aufnahme des Tunnels, wobei sich herausstellte, daß die Mittellinie von der beabsichtigten Form augenscheinlich etwas abwich; der Tunnel sollte offenbar in einem Kreisbogen von 1207 m Halbmesser liegen, was aber nicht der Fall war. Um den eingleisigen Betrieb durchführen zu können, mußte man sich der vorhandenen Mittellinie so anschließen, daß der alte Lichtquerschnitt stets innerhalb des neuen lag, was zur Wahl von vier verschiedenen Bogenhalbmessern führte, 1437 m, 1379 m, 1364 m, 1190 m. Da die Bettung in dem alten Tunnel sehr schwach war, wurde die neue Schienenoberkante an den Portalen 0,15, in der Tunnelmitte 0,30 m höher angenommen als die alte. Der neue Tunnelquerschnitt hat 5,5 m Höhe über Schienenoberkante, 8,10 m Lichtweite. Das Gewölbe ist nach einem Halbmesser von 4,35 m geformt, die Widerlager sind senkrecht, weil der wagerechte Gebirgsdruck gering ist; nur die Portalstrecken an jedem Ende haben auf 15 m Länge gekrümmte Widerlager, damit sie sich der Portalform anschließen. Im allgemeinen wurde eine Stärke von 0,23 m für die Widerlager, von 0,46 m für die Gewölbe als Mindeststärke angesehen; diese geringste Stärke mußte wegen der unregelmäßig gestalteten Hohlräume über den Gewölben jedoch häufig überschritten werden (Fig. 336 bis 340). Der Tunnel wurde statt auf 770 m auf 990 m ausgemauert, nur zwei kurze Strecken von 123,5 m Länge konnten ohne Ausmauerung gelassen werden. Zur

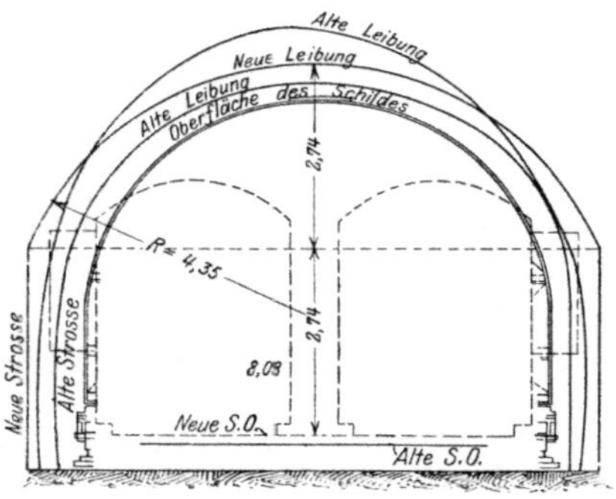

Fig. 335.

Ausmauerung wurden gewöhnliche Ziegel und Verblender benutzt. Wenn die Hohlräume über dem Gewölbe sehr hoch waren, wurde die Gewölbestärke in der Regel auf 0,70 m, ausnahmsweise auf 0,90 m vergrößert. Auf das Gewölbe wurden dann in 1,8 m Abstand Querwände von verschiedener Stärke gesetzt und fest gegen das Gebirge gemauert (Fig. 338). In beiden Wänden wurden in Ab-

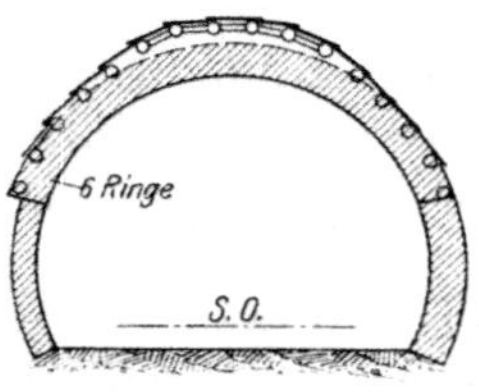

Fig. 336.

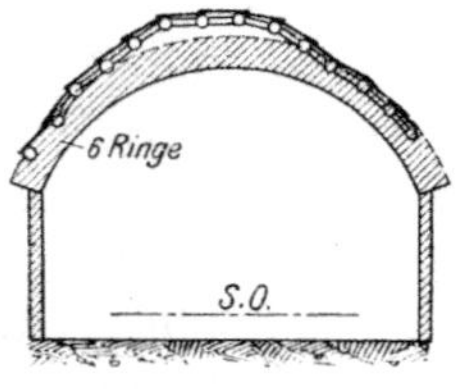

Fig. 337.

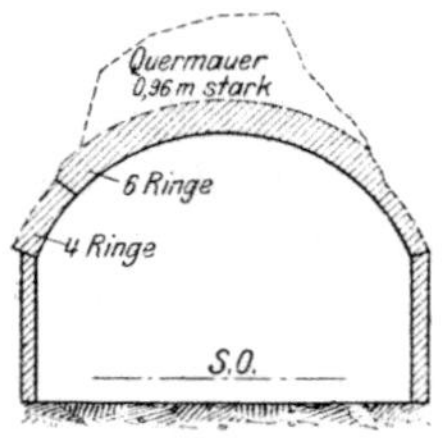

Fig. 338.

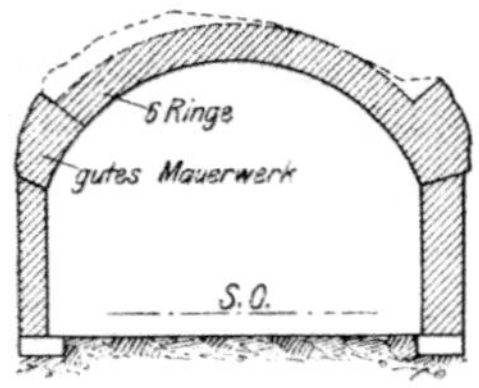

Fig. 339.

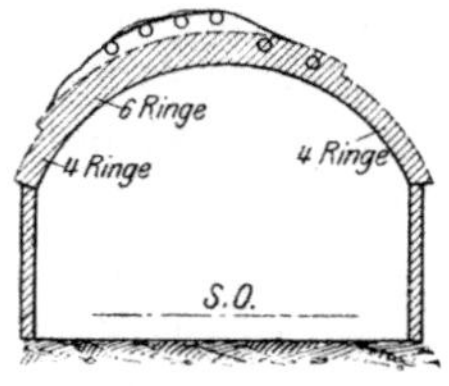

Fig. 340.

ständen von 20 m Nischen angelegt; die Nischen sind gegeneinander versetzt, so daß auf jede 10 m Tunnellänge eine Nische an der einen oder anderen Seite kommt.

Auf 1 m Länge des ausgemauerten Tunnels waren durchschnittlich folgende Arbeiten auszuführen:

Abbruch des alten Mauerwerks . .	9,6 cbm,
Ausbruch	3,0 cbm,
Einbringen von Beton	0,25 cbm,
Herstellung von neuem Mauerwerk .	12,6 cbm.

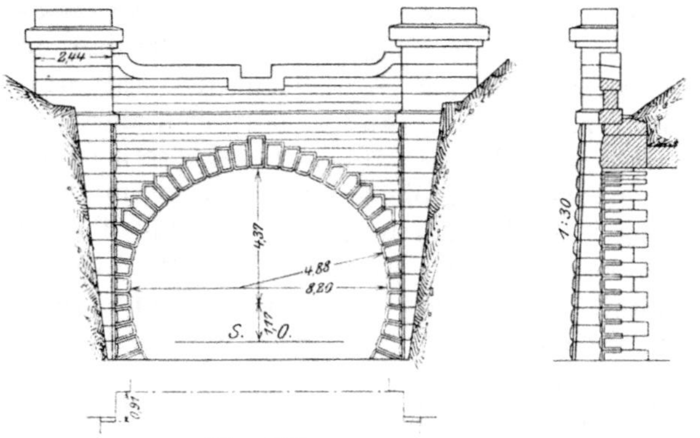

Fig. 341.

Vor der Ausbesserung des Tunnels sickerte eine Menge Wasser durch die Fugen des Mauerwerks und durch Risse in der Decke der nicht ausgemauerten Strecken. Dieser Zustand ist nunmehr beseitigt, das Wasser fließt auf dem Gewölberücken nach den Seiten, wird in Rinnen gesammelt und durch senkrechte Schlitze den an den Wänden unter der Bettung liegenden Entwässerungsröhren zugeführt, die in der mittleren Tunnelhälfte 0,15 m, an den Enden 0,23 m Durchmesser haben. Die sonst in England gebräuchliche Bauweise mit Tunnelkanal in der Mitte konnte wegen des eingleisigen Betriebes während der Bauausführung nicht angewandt werden. Die Tunnelportale sind neu in rotem Sandstein ausgeführt (Fig. 341).

Die zur Bauausführung erforderlichen Hilfsanlagen wurden vor dem Nordportal hergestellt und bestanden u. a. aus: Arbeitsbühne über den Gleisen,

Zementschuppen, Laderampe, Arbeiterbude, Amtsräumen, 3 t-Kran, Wasserbottich, Schmiede, Kesselhaus, Lager, Tischlerei, elektrischen Beleuchtungs- und Preßlufteinrichtungen. Die hochliegende Arbeitsbühne (Fig. 342 u. 343) diente zum Schutz der Gleise beim Aus- und Einladen. Auch wurden auf ihr Ausbruchmassen gelagert, die man dann von Zeit zu Zeit durch eine Öffnung in unten auf einem Nebengleise stehende Arbeitswagen lud. Baustoffe wurden entweder auf der Laderampe oder auch auf der Arbeitsbühne gelagert. Der Zementschuppen faßte 100 t Zement und war durch bewegliche Wände in Abteilungen von 1,8 m Breite und 2,7 m

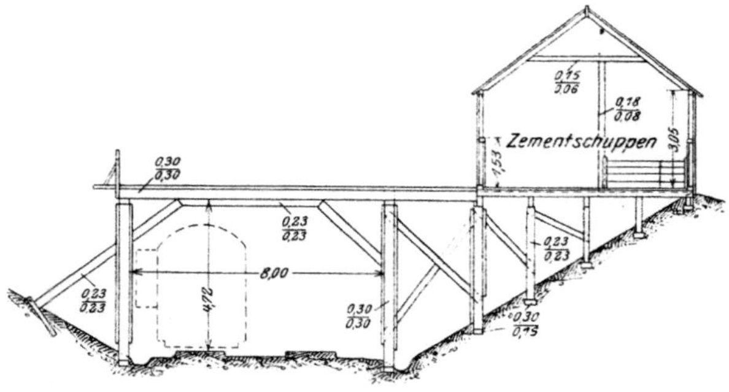

Fig. 343.

Tiefe geteilt. Der Zement wurde erst gebraucht, wenn er 4 Wochen in dem Schuppen gelüftet und umgeschaufelt worden war, wofür stets eine Abteilung freigehalten wurde. Die Kessel- und Maschinenanlage zur Herstellung der Beleuchtungs-Elektrizität und der Preßluft bestand aus zwei alten Lokomotivkesseln, zwei 25 pferdigen Dampfmaschinen mit zwei Dynamomaschinen, einer 25 pferdigen Dampfmaschine mit Luftverdichter und einem Preßluftbehälter, in dem ein Druck von 1,05 kg/qcm gehalten wurde. Die Preßluft wurde in eisernen Röhren von 65 mm Durchmesser den Arbeitstellen zugeführt, die Luft von dort erforderlichenfalls mit Gummischläuchen von 25 mm Durchmesser abgesaugt. Vor dem Beginn der Arbeiten wurde das eine Fahrgleis aufgenommen, das andere in die Tunnelmitte gelegt und nun zwischen den beiden Signalstationen Friarton-Bude vor dem Nordportal und Hilton Junction-Bude vor dem Südportal eingleisiger Betrieb eingerichtet. Das eine Gleis zwischen dem Nordportal und Friarton-Bude wurde als Ladegleis benutzt.

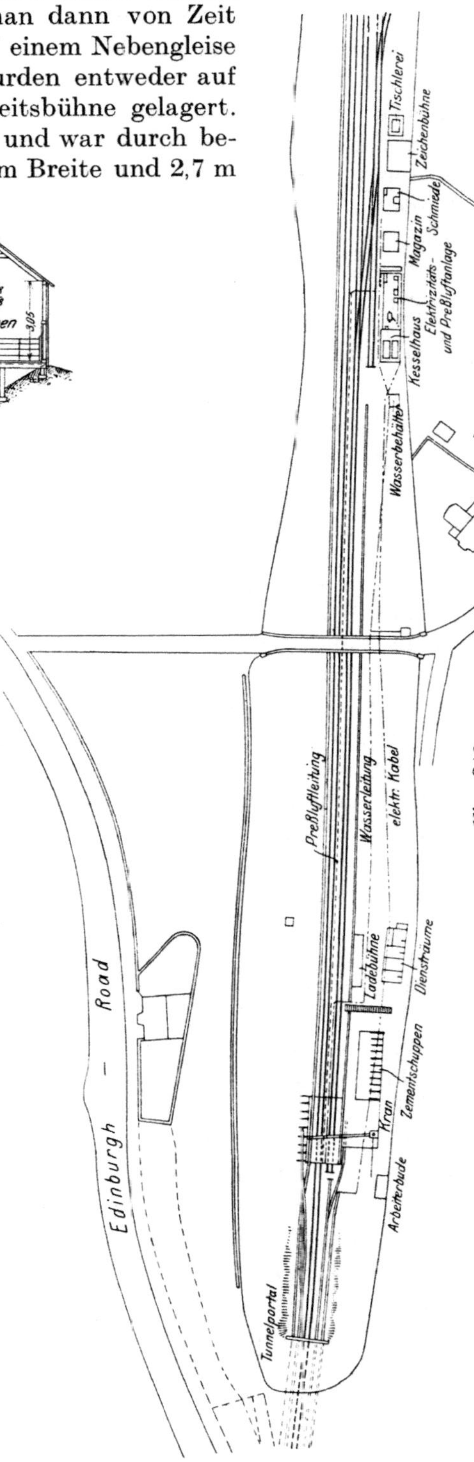

Fig. 342.

Die Ausbesserungsarbeiten wurden mit vier fahrbaren eisernen Schildgerüsten bewirkt, von denen die ersten drei nach Fig. 344 hergestellt waren. Diese drei Gerüste bewährten sich zwar im allgemeinen, hatten aber doch den Nachteil, daß zwischen der Schildfläche und der alten Mauerung nicht genug Platz zum Einbringen von Kronbalken war. Das vierte Schildgerüst wurde daher mit einzelnen umlegbaren Kappen gebaut, die umgelegt wurden, wenn sie keine Last aufzunehmen hatten, wodurch größere Arbeitsräume frei wurden (Fig. 345). Jedes Gerüst bestand aus zwei Teilen, die nach Bedarf miteinander zu einem Ganzen verschraubt oder einzeln benutzt werden konnten. Das vierte Gerüst war in dieser Hinsicht auch zweckmäßiger gebaut als die ersten drei, weil es eine doppelte Mittelrippe hatte und daher auseinandergenommen werden konnte, ohne die im Innern angebrachte Verschalung von 8 cm Stärke zu lösen. Die Gerüste waren 9,75 m lang, 6,70 m und 5,10 m hoch und hatten acht oder neun Tragrippen in 1,40 m Abstand. Der Lichtraum für die Durchfahrt der Züge war 4,20 m weit und 4,10 m hoch; zwischen den Pfosten der Tragrippen war an jeder Seite eine Öffnung von 0,70 m Weite für den Durchgang von Förderwagen gelassen, die auf Schmalspurgleisen von 0,33 m Weite liefen. Die Förderwagen waren mit beweglichem Boden für die Beförderung von Ziegeln und Ausbruchsmassen, mit beweglichen Endwänden für die Beförderung von Sand und Zement gebaut. Die Schmalspurgleise erstreckten sich vor der Arbeitsbühne vor dem Nordportal bis zur jeweilig südlichsten Arbeitstelle im Tunnel. Die Gerüste liefen mit 24 oder 28 Rädern auf vier Schienensträngen.

Das Gebirge wurde so hoch, wie die Arbeiter reichen konnten, schon im voraus ohne Benutzung der Schildgerüste ausgebrochen, für den übrigen Ausbruch dienten die Schildgerüste als Stehplätze der Arbeiter und zum Schutz der Eisenbahnzüge. Bisweilen mußten Kronbalken eingebracht werden, um die Decke zu stützen. Die Kronbalken wurden an einem Ende auf das fertige Mauerwerk gelegt, am anderen Ende gegen eine Tragrippe des Schildgerüstes gestützt. Gemauert wurde in Zonen von 3,66 m Länge. Zuerst stellte man die Widerlager her, dann wurden gewöhnliche Tunnel-Lehrgerüste zur Herstellung der Gewölbe eingebaut. Nach Fertigstellung der Mauerung wurde das Schildgerüst in eine folgende Zone vorgeschoben, später fuhr man die hintere Hälfte zurück, um die bis zur Ausrüstung stehengebliebenen Lehrgerüste zu holen. An einigen Stellen drang Wasser durch Felsspalten in den Tunnel und mußte abgeleitet werden, damit es den Mörtel nicht vor der Erhärtung aus den Gewölbefugen wusch. Dies wurde durch Auflegen von verzinktem Blech auf das Mauerwerk bewirkt, auf dem das Wasser den vorher hergestellten senkrechten Entwässerungsschlitzen in den Wänden zufloß.

Die Förderwagen mit den Ausbruchmassen wurden an die Arbeitsbühne vor dem Nordportal gefahren, mit einem Kran angehoben, durch den beweglichen Wagenboden auf die Bühne entleert, von wo die Ausbruchmassen später — wie oben erwähnt — durch eine Öffnung in die untenstehenden Arbeitswagen geladen wurden. Der Zement wurde mit dem Kran ausgeladen, in den Schuppen gebracht, nachher in Säcke gefüllt und in den Förderwagen an die Arbeitstellen gefahren. Als man sich mit den Arbeiten dem Südportal näherte, wurde die Entfernung von den Lagerplätzen vor dem Nordportal so groß, daß die An- und Abfuhr nicht mehr mit den kleinen Förderwagen allein bewirkt werden konnte; man nahm daher Arbeitzüge zu Hilfe, die an Sonntagen verkehrten.

Fig. 344 u. 345 zeigen den Bauvorgang bei der Herstellung der neuen Ausmauerung einer 3,66 m langen Zone in drückendem Gebirge. Während die Lehrgerüste mit der einen Hälfte des Schildgerüstes aus einer fertigen Zone abgeholt wurden, stellte man gewöhnlich die Widerlager der neuen Zone her. Das Schildgerüst reicht 1,5 m unter die Mauerung der fertigen Zone und 3,0 m unter die alte Mauerung; für eine Zone von 3,66 m war ein Arbeitsraum von 5,16 m vorhanden. Die hiernach verbleibende Schlußöffnung von 1,5 m Weite war zum Durchreichen der Baustoffe erforderlich. Nach der Fertigstellung einer Zone wurde das betreffende Schildgerüst 3,66 m verschoben und die alte Mauerung zeitweilig auf etwa 6,7 m Länge durch die vorderen Gerüstrippen unterstützt. Nachdem hierauf die Schlußschichten aus dem alten Gewölbe gehauen und die infolgedessen eintretenden Belastungen sicher auf das Schildgerüst übertragen waren, wurden die

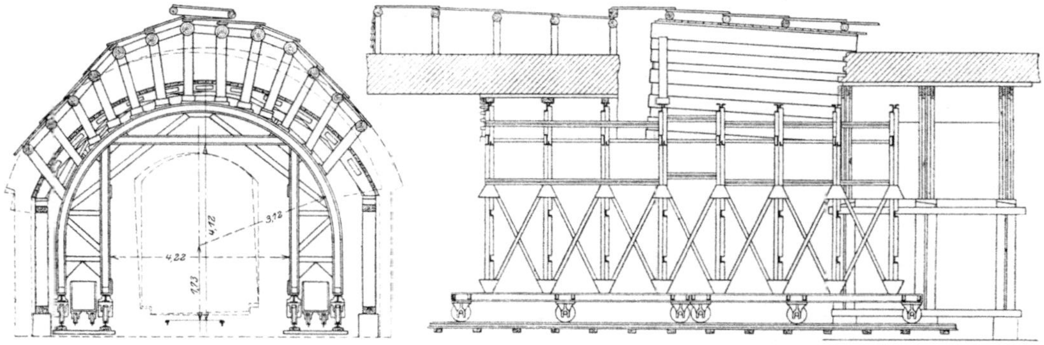

Fig. 344.

mittleren Kronbalken in einem 1,22 m weiten Firststollen vorgezogen, der in der Regel über 5,5 m den Ausbrucharbeiten der alten Mauerung voreilte. Dann wurden gleichmäßig aus beiden Gewölbeschenkeln weitere Teile gehauen und noch vier Kronbalken vorgezogen. Die übrigen Kronbalken wurden der Quere nach eingebracht, und alle 13 oder 14 Balken waren auf der ersten Rippe der vorderen Gerüsthälfte, hinten auf dem neuen Mauerwerk gestützt. Die Beseitigung des

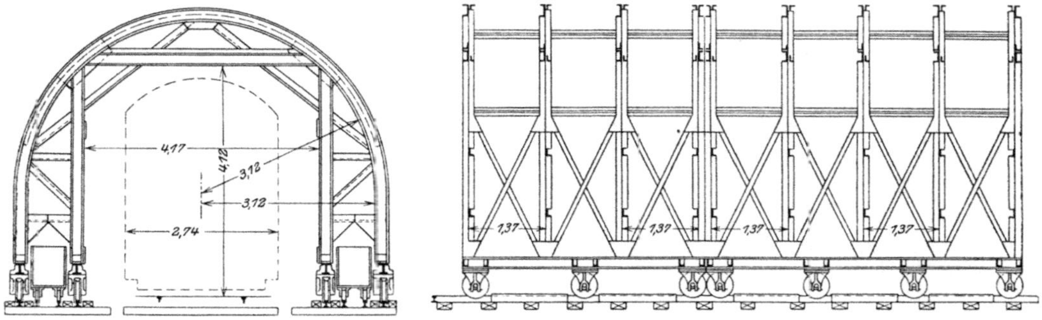

Fig. 345.

alten Mauerwerks und der Ausbruch erforderten acht Tage, die Herstellung der neuen Mauerung drei Tage für eine 3,66 m lange Zone.

Der ganze Tunnel wurde während der Ausbesserung durch 80 elektrische Glühlampen von 16 Kerzenstärken erleuchtet, die in Abständen von etwa 15 m an der einen Wand angebracht waren. In der Nähe der Arbeitsstellen wurden besondere Lampen von 16 bis 100 Kerzenstärken angebracht. Auch die Arbeitsbühne, Lager usw. vor dem Nordportal wurden elektrisch erleuchtet. Von sieben verschiedenen Stellen im Tunnel konnten Gefahrsignale nach den benachbarten Signalbuden gegeben werden, von der Tunnelmitte nach den Buden war eine Fernsprechanlage hergestellt. Die Signalwärter konnten daher bei einem Unglücksfall im Tunnel rechtzeitig gewarnt werden, um die Züge zurückzuhalten. Diese Sicherheitseinrichtungen sind im Ernstfalle nicht betätigt worden, weil sich kein Unglücksfall während des Baues ereignete, man prüfte sie aber regelmäßig zweimal am Tage auf ihren ordnungsmäßigen Zustand. Obgleich den Lokomotivführern aufgegeben war, die Rauch- und Dampfausströmung während der Fahrt durch den Tunnel tunlichst einzuschränken, konnten die Arbeitsstellen nicht frei von Rauch gehalten werden. Eine dauernde Zuführung frischer Luft durch die Luft-

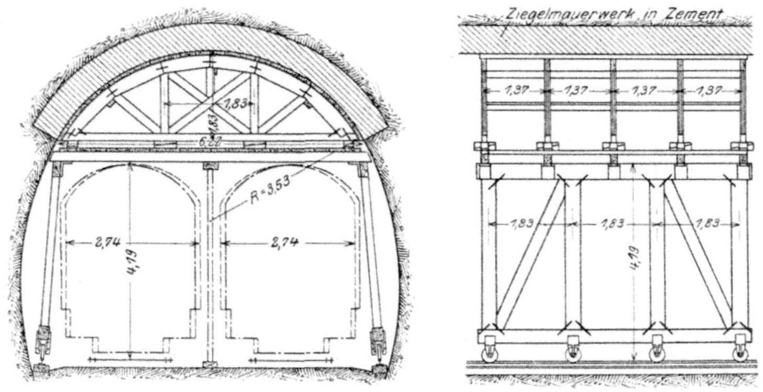

Fig. 346.

verdichter war indessen nicht nötig, man führte in der Regel nur frische Luft zu, wenn sie von den Arbeitern verlangt wurde. Die Fahrgeschwindigkeit der Züge war im Tunnel auf 16 km/Std. festgesetzt.

Das erste Schildgerüst wurde am 27. Januar, das zweite am 30. April 1902, das dritte am 13. Mai und das vierte am 28. September 1902 eingestellt; am 25. Dezember 1903 waren die Arbeiten mit den Gerüsten beendigt. Die Bergleute arbeiteten Tag und Nacht in achtstündigen Schichten, die Maurer nur am

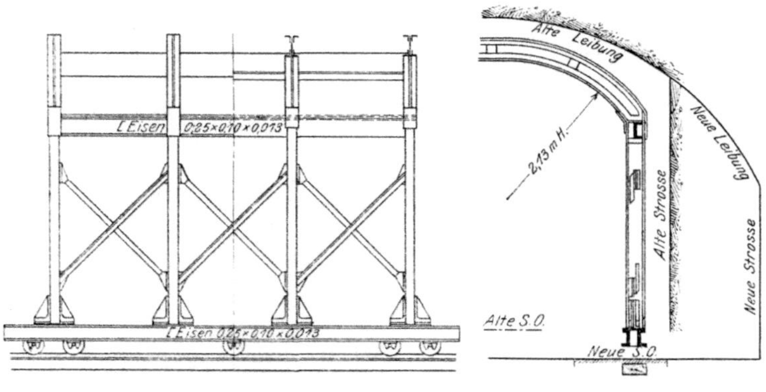

Fig. 347.

Tage. Durchschnittlich wurden 150 Leute beschäftigt, nämlich 1 Vorarbeiter, 6 Erdarbeiter, 7 Maurer, 2 Tischler, 1 Kranführer, 2 Schmiede, 1 Hauer, 44 Bergleute, 65 Handlanger und Arbeiter, 10 Wächter, 9 Maschinenwärter und 2 Laufjungen.

Unter einfachen Verhältnissen ist in England für die Ausbesserung von Tunnelgewölben auch die in Fig. 346 dargestellte fahrbare Arbeitsbühne von 6,22 m Breite und 5,15 m Länge benutzt worden, die Maurermaterialien für eine Woche aufnehmen kann und daher nur Sonntags ein- und ausgefahren zu werden braucht.

Die Great Western-Eisenbahn hat in den letzten Jahren eine Reihe von eingleisigen Tunneln ausbessern und für zwei Gleise erweitern lassen, die ursprünglich von Brunel für 2,134 m Spurweite hergestellt waren und daher eine Weite von 5,5 m hatten. Da es möglich war, die Schienenoberkante 0,30 bis 0,40 m zu senken, konnte man die alten Gewölbe erhalten und die Tunnel gleichmäßig nach beiden Seiten erweitern. Bei solchen Ausbesserungs- und Erweiterungsarbeiten in fünf Tunneln bei Dawlish wurde das in Fig. 347 dargestellte fahrbare Eisengerüst verwandt.

VI. Betrieb.

a) Zusammensetzung der Züge.

1. Personenzüge.

Über die Zusammensetzung der Personenzüge gibt es keine allgemein gültigen Regeln. Häufig werden die I. Kl.-(A)Wagen in die Mitte, die II. und III. Kl.-(B und C)Wagen an die Enden des Zuges gestellt. Es geschieht dies aus rein kaufmännischen Erwägungen: die Mitte des Zuges ist bei Unglücksfällen am wenigsten gefährdet, die Reisenden erster Klasse haben gewöhnlich das größte Einkommen, also müssen bei Unfällen die größten Entschädigungen für sie gezahlt werden, man bringt sie daher zweckmäßig dort unter, wo sie der geringsten Gefahr ausgesetzt sind. Sie haben wohl auch aus dem Grunde ein Anrecht auf den besten Platz im Zuge, weil sie die höchsten Fahrgelder zahlen. Diese Zusammensetzung kann dauernd nur bei sogenannten Blockzügen innegehalten werden, die nur aus Stammwagen bestehen, und ist daher vorzugsweise bei Stadt- und Vorortzügen üblich. Sind Kurswagen zu befördern, so muß die Zusammensetzung eine andere sein, man kann nicht alle A-Wagen in die Zugmitte setzen. Meistens wird dann aber innerhalb der einzelnen Kurswagengruppen die Regel beobachtet, so daß innerhalb dieser Gruppen die A-Wagen in der Mitte, die B- und C-Wagen an den Enden laufen.

Die größte Achsenzahl der Personenzüge ist in England nicht von der Aufsichtsbehörde vorgeschrieben, richtet sich daher meistens nur nach den Streckenverhältnissen, der Zuggeschwindigkeit und der verfügbaren Lokomotivkraft. Als größte Zugbelastung werden vielfach 20 Wagen angesehen, selten geht man über 60 Achsen hinaus.

Bei Zügen mit Handbremsen werden gewöhnlich zwei Bremswagen eingestellt, einer hinter der Lokomotive, einer an den Zugschluß. Hinter dem Schlußwagen dürfen bei Neigungen von nicht mehr als 1:200 vier besetzte ungebremste Wagen mit höchstens 12 Achsen laufen, ungebremste besetzte und leere Wagen durcheinander oder leere Wagen allein dürfen höchstens mit der Achsenzahl 14 angehängt werden. Bei Neigungen von mehr als 1:200 darf ein ungebremster besetzter Personenwagen hinter dem Schlußbremswagen laufen, oder es dürfen vier Wagen ohne Reisende angehängt werden, aber höchstens 12 Achsen. Vielfach hält man bei flachen Neigungen einen Bremswagen auf neun Personenwagen oder 13 Pferdewagen für ausreichend, bei steilen Neigungen muß für je fünf Wagen ein Bremswagen eingestellt werden. Hierbei ist zu bemerken, daß die englischen Bremswagen, als eigens für die Zwecke des Bremsens gebaute Fahrzeuge, ziemlich schwer sind, daher eine beträchtliche Bremskraft entfalten. Besetzte Personenzüge von 30 bis 60 Achsen müssen bei Neigungen von weniger als 1:200 zwei mit Schaffnern besetzte Bremswagen führen. Bei größeren Neigungen als 1:200 muß bei 48 bis 60 Achsen ein dritter Bremswagen in die Mitte des Zuges gestellt werden, in dem der eine Schaffner fahren muß.

Bei durchgehenden Bremsen sollen in der Regel alle Achsen bremsbar sein. Die auf Grund des Eisenbahngesetzes von 1889 (Regulation of Railways Act 1889) vom Handelsamt herausgegebenen Bestimmungen lassen aber die Ausnahme zu, daß ein ungebremster auf drei gebremste Wagen entfallen darf, wenn der Zug höchstens 16 km ohne Aufenthalt durchfährt, aber nur ein ungebremster auf fünf gebremste, wenn er mehr als 16 km ohne Aufenthalt durchfährt. Hierbei wird aber vorausgesetzt, daß die ungebremsten Wagen mit Bremsleitungen versehen sind. Der letzte Wagen soll an die Bremsleitung angeschlossen sein, doch darf hinter diesem letzten Bremswagen in Ausnahmefällen noch ein Vieh- oder Fischwagen oder ein ähnlicher Wagen laufen. Reisende dürfen in diesem Wagen nicht befördert werden, wohl aber Viehbegleiter. Der Wagen muß in die Gesamtzahl der zulässigen ungebremsten Wagen eingerechnet werden. Vor dem Schlußbremswagen darf ein ungebremster Fisch-, Gemüse-, Vieh-, Güter- oder Milchwagen mit Bremsleitung laufen, ohne daß der Zug als gemischter anzusehen ist.

Eine bindende Vorschrift zur Einstellung eines Schutzwagens hinter der Lokomotive gibt es in England nicht. Tatsächlich laufen meistens Schutzwagen in den Zügen, weil man gewöhnlich den Packwagen als Schutzwagen hinter der Lokomotive einstellt. Wenigstens trifft dies für die Fernzüge zu. In den Ortszügen laufen gewöhnlich ein oder zwei Wagen mit einer Gepäck- und Schaffnerabteilung, die als Schutzabteilung dienen kann. Wenn nur ein solcher Wagen oder nur ein Gepäckwagen vorhanden ist, wird er gewöhnlich hinter die Lokomotive gestellt, ein zweiter Wagen kommt an den Schluß des Zuges. Solche Schlußwagen haben bisweilen rot gestrichene Endwände, so daß der Zugschluß gekennzeichnet ist. Einige Gesellschaften haben für ihren Bezirk oder Teile davon bestimmt, daß die vorderen beiden Abteilungen des erstens Wagens hinter der Lokomotive keinesfalls mit Reisenden besetzt werden dürfen; ist daher ein Gepäck- oder Schaffnerwagen nicht vorhanden, so werden die Türen der ersten beiden Personenabteilungen hinter der Lokomotive verschlossen und ihre Fenstervorhänge herabgelassen. In der Regel soll in einem solchen Falle der Wagen unmittelbar hinter der Lokomotive ein Wagen dritter Klasse sein.

Die Frage, ob ein Schutzwagen hinter der Lokomotive erforderlich erscheint, ist in neuerer Zeit mehrfach erörtert worden, beispielsweise bei dem Unfall auf dem St. Enoch-Bahnhofe in Glasgow im Jahre 1903. Dort fuhr ein Vergnügungszug ohne Schutzwagen auf einen Prellbock, wodurch 16 Reisende getötet und 64 verletzt wurden. Die getöteten und verletzten Personen waren aber größtenteils in dem zweiten Wagen hinter der Lokomotive gewesen, nicht in dem ersten Wagen. Das Hinterende des Wagenkastens vom ersten Wagen hinter der Lokomotive hatte sich nämlich bei dem Anprall gegen den Prellbock so weit gehoben, daß das Untergestell des zweiten Wagens sich unter den Kasten des ersten Wagens schieben konnte. Hierbei wurde der Oberteil des zweiten Wagens zertrümmert. Der vom Handelsamt zur Untersuchung entsandte Beamte verkennt in seinem Bericht zwar im allgemeinen nicht den Nutzen eines Schutzwagens, macht aber darauf aufmerksam, daß bei dem Unfall ein Schutzwagen seinen Zweck verfehlt haben würde, weil nicht der erste, sondern der zweite Wagen hinter der Lokomotive zertrümmert worden wäre. Er will den Eisenbahngesellschaften nicht allgemein die Mitführung eines Schutzwagens vorschreiben, sondern ihnen überlassen, aus eigenem Antriebe einen Schutzwagen einzustellen, wenn dies ohne wesentliche Erschwernisse möglich ist. Tatsächlich tun die Eisenbahngesellschaften dies auch in der Regel bei den Fernzügen, weil in diesen gewöhnlich ein Gepäckwagen mitgeführt wird, der als Schutzwagen dienen kann. Bei Arbeiterzügen, Stadtbahn-, Vorort- und Vergnügungszügen, in denen wenig Gepäck mitgeführt wird und der Platz sehr knapp ist, würde die Maßregel in England nach Ansicht des Beamten des Handelsamtes nicht durchführbar sein, weil dann nicht nur der Wagenpark erheblich vergrößert und mancher Bahnsteig verlängert werden müßte, sondern auch die Betriebskosten in unerwünschtem Maße steigen würden. Mit Recht wird auch in England darauf aufmerksam gemacht, daß die Gefahr des Auflaufens von Zügen aufeinander neuerdings wohl ebenso groß sei wie die Gefahr des Zusammenstoßes mit Prellböcken und anderen Zügen; wenn daher ein Schutzwagen hinter der Lokomotive liefe, müsse folgerichtig auch einer am Zugschluß laufen. Bei dieser Sachlage und der Abneigung des Handelsamtes, die Mitführung von Schutzwagen allgemein vorzuschreiben, wird in England das bislang gebräuchliche Verfahren wohl weiter geübt werden.

Für gemischte Züge hat das Handelsamt die folgenden Bestimmungen herausgegeben: Die Personenwagen müssen vor den Güterwagen laufen.

Wenn der Zug nicht mehr als 10 Wagen hat, genügt ein mit einem Schaffner besetzter Bremswagen, und zwar am Zugschluß.

Wenn die Gesamtzahl der Wagen 10 übersteigt, muß ein zweiter mit einem Schaffner besetzter Bremswagen eingestellt werden; wenn sie 20 übersteigt, ein dritter Bremswagen mit Schaffner. Mehr als 25 Wagen sollen nicht in einem gemischten Zuge laufen. Der Bremswagen für die Personenwagen muß am Schlusse dieser Wagen laufen, die übrigen Bremsen müssen auf die Güterwagen verteilt werden; an den Zugschluß ist immer ein Bremswagen zu setzen. Wenn in Zügen für die Beförderung von Pferden oder Vieh Personenwagen eingestellt werden, müssen sie vorn im Zuge laufen. Die Züge sind dann als gemischte Züge zu betrachten, indessen werden Pferdewärter und Viehtreiber hierbei nicht als Reisende angesehen.

Alle Züge, die 32 km oder mehr ohne Aufenthalt durchfahren, müssen mit einer Zugleine ausgerüstet werden, wenn sie nicht mit durchgehender Bremse versehen sind.

2. Güterzüge.

Die Bremsbesetzung der Güterzüge ist außerordentlich gering. meistens ist nur ein Bremswagen an den Schluß gestellt. Dieser mit einem Packmeister besetzte Bremswagen wiegt dann 20 t und mehr. Ein solcher Bremswagen wird beispielsweise als ausreichend angesehen für Züge von 90 Achsen, die Bahnneigungen von 1:45 befahren. Hierbei muß aber vorweg bemerkt werden, daß alle englischen Güterwagen mit Hebelbremsen ausgerüstet sind. Wenn ein Zug eine Neigung hinabfahren soll, für die der Bremswagen nicht zur Bremsung ausreicht, muß der Zug vor der Neigung halten und der Packmeister eine Anzahl von Hebelbremsen niederlassen und festlegen. Hiernach sind bei der Zusammensetzung der Güterzüge im wesentlichen nur Rücksichten auf den Verkehr zu nehmen, die Wagen sollen tunlichst nach Richtungen und Stationen geordnet eingestellt werden, an den Schluß des Zuges wird ein Bremswagen gesetzt. Das Rangiergeschäft hängt wesentlich von der Bauart der Güterschuppen und von den Gleisanlagen ab. Wie bereits oben bei der Besprechung der Güterschuppen erwähnt wurde, stellt man entweder die Leerzüge nach Richtungen und Stationen geordnet im Schuppen auf, so daß die vollen Züge ohne weitere Rangierbewegungen abfahren können, oder man setzt die Leerwagen bunt in den Schuppen, beladet sie tunlichst stationsweise und ordnet die Züge vor der Abfahrt auf den Schuppengleisen oder auf Rangierbahnhöfen. Die in den Schuppen beladenen Wagen, also unsere Stückgutwagen, heißen in England „shed wagons“ (Schuppenwagen), die an den Freiladegleisen beladenen Wagen „station to station wagons“. Die Bezeichnung „von Bahnhof zu Bahnhof“ (station to station) soll besagen, daß die Freiladegüter, gewöhnlich „minerals“ genannt, von der Bahn nicht an- und abgefahren, sondern nur vom Versand- zum Empfangsbahnhof befördert werden.

Über das Rangieren enthalten die von den Eisenbahngesellschaften vereinbarten allgemeinen Dienstvorschriften (General Rules and Regulations) folgende Regeln.

Die Signalwärter (in England werden die meisten Rangierfahrten durch feststehende Signale signalisiert) dürfen die Weichen erst stellen, wenn für Zugteile von dem Schaffner oder Schirrmeister, für einzelne Lokomotiven von dem Lokomotivführer oder Heizer ein Zeichen gegeben ist, daß die Fahrzeuge die Weichen verlassen haben. Nach Beendigung der Rangierbewegungen muß der Signalwärter sich überzeugen, oder Schaffner oder Schirrmeister müssen ihm mitteilen, daß die ausrangierten Fahrzeuge über die Merkpfähle hinaus in Seitengleisen festgelegt sind. Erst dann darf er einem Zuge Fahrt geben. Wenn ein Rangieren auf Hauptgleisen erforderlich ist, müssen Schaffner oder Schirrmeister sich überzeugen, daß beim Rangieren keine Trennung der Fahrzeuge stattgefunden hat und Fahrzeuge nicht auf den Hauptgleisen zurückgeblieben sind. Schaffner, Schirrmeister oder andere beim Rangieren beteiligte Personen müssen vor dem Rangieren dafür sorgen, daß sich keine Personen an gefährdeten Stellen der Gleise aufhalten, in die hineinrangiert werden soll. Die Schuppentore müssen offen, die Wagentüren geschlossen sein, bevor mit dem Rangieren in Schuppen begonnen wird. Das sogenannte Kunstfahren ist im allgemeinen verboten; es kann in Ausnahmefällen gestattet werden, wenn besonders dafür geeignete Rangierlokomotiven und erfahrene Schirrmänner vorhanden sind. Abstoßen gegen Wagen, die mit Personen besetzt, mit Vieh oder Explosivstoffen beladen sind, ist streng untersagt. Das An- und Abkuppeln von Wagen soll tunlichst mit dem Rangierknüppel (shunting pole) bewirkt werden, wobei zu bemerken ist, daß die Güterwagen meistens nur eine einfache Kettenkuppelung haben.

Die Handsignale beim Rangieren werden mit Flaggen oder Handlaternen gegeben. Eine langsame Auf- und Abwärtsbewegung bedeutet „Vorziehen“, d. h. Wegfahren von der signalgebenden Person, eine langsame Horizontalbewegung „Zurückdrücken“, d. h. auf die signalgebende Person losfahren. Lebhaftes Schwingen der Flagge oder Laterne in wagerechtem Sinne bedeutet „Halt“. Eine rote Fahne oder rotes Licht zeigen Gefahr an. Im allgemeinen werden die Rangiersignale mit einer grünen Fahne oder weißen Laterne gegeben. Wenn eine grüne Laterne verwandt wird, soll damit angedeutet werden, daß die Rangierbewegungen besonders langsam auszuführen sind. Rangierlokomotiven müssen bei Nacht, Nebel oder Schneefall vorn und hinten mit einer Laterne versehen sein. Die Farbe des Laternenlichtes ist nicht besonders vorgeschrieben, vielfach wird weißes und rotes Licht so verwandt, daß die regelmäßig auf Personenbahnhöfen beschäftigten Rangierlokomotiven mit weißen Laternen, die auf Güterbahnhöfen mit je einer weißen und roten Laterne vorn und hinten versehen sind. Die rote Laterne soll an dem Puffer hängen, der am weitesten von den Hauptgleisen entfernt ist.

b) Signale an den Zügen.

Zur Kennzeichnung der Züge werden in England zahlreiche Scheiben- und Lampensignale verwandt. Die allgemeinen Dienstvorschriften (General Rules and Regulations) sagen hierüber, daß zur Benachrichtigung der Bahnhofsvorsteher, Signalsteller und anderen Beamten über die bevorstehende Fahrt jede

Lokomotive mit den vorgeschriebenen Kopflampen oder Scheiben versehen sein muß, auch mit Kursschildern, wenn solche vorgesehen sind. Die Signale sind nicht einheitlich, es werden grünes und weißes Licht, runde Scheiben, Laternen mit weißem Rhombus auf schwarzem Untergrunde verwandt. Viele Eisenbahnen signalisieren ihre Züge bei Nacht in folgender Weise mit weißem Licht (Fig. 348):

1. Schnellzug. Hilfszug im Dienst.
2. Personenzug. Hilfszug außer Dienst.
3. Fisch-, Fleisch-, Gemüse-, Pferde-, Viehzug oder Zug mit leichtverderblichen Waren, aus Wagen zusammengesetzt, die für gewöhnlich in Personenzügen laufen (coaching stock).
4. Leerzug aus Fahrzeugen für Personenzüge.
5. Fisch-, Fleisch-, Gemüsezug, aus Güterwagen gebildet, Eilviehzug oder Eilgüterzug, Klasse A.
6. Eilviehzug oder Eilgüterzug, Klasse B.
7. Einzelne Lokomotiven oder zusammengekuppelte Lokomotiven oder Lokomotiven mit Bremswagen.
8. Durchgangs-Stückgüterzug, Freiladegüterzug (mineral train) oder Durchgangszug mit Bettungsmaterial.
9. Ortsstückgüterzug und Ortsrohgüterzug.

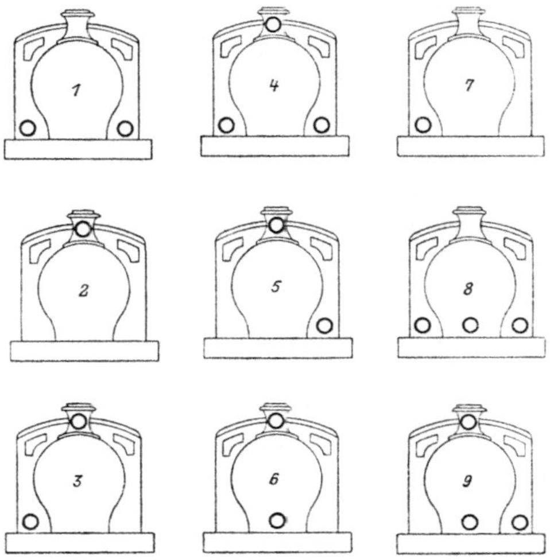

Fig. 348.

Die Lampen werden bei Tag und Nacht in der gezeichneten Stellung geführt. Auch folgende Signale kommen vor:

Personenzüge, Hilfszüge und leere Maschinen: bei Tage erloschene Laterne; bei Nacht brennende weiße Laterne unter dem Schornstein.

Eilgüter- und Viehzüge: bei Tage ein weißer Rhombus auf einer schwarzen Fläche der Laterne unter dem Schornstein; bei Nacht eine grüne Laterne über dem rechten, eine weiße Laterne über dem linken Puffer.

Durchgangsgüterzüge: bei Tage schwarze Scheibe mit weißem Rhombus über jedem Puffer; bei Nacht über jedem Puffer eine grüne Laterne.

Ortsgüterzüge, Kieszüge oder Lokomotive mit einem Wagen: Bei Tage erloschene Laterne, bei Nacht grüne Laterne über dem rechtsseitigen Puffer.

Personen-Sonderzüge oder Ausflüglerzüge. Eine Laterne unter dem Schornstein, eine über dem linken Puffer, am Tage mit einem S, bei Nacht mit weißem Licht.

Fisch-, Fleisch-, Paket- oder Gemüsezüge. Bei Tage eine Lampe mit dem Buchstaben S unter dem Schornstein, eine andere mit schwarzer Fläche und weißem Rhombus mitten über der Pufferbohle; bei Nacht eine grüne Laterne unter dem Schornstein, eine weiße über der Pufferbohle.

Eilgüterzüge. Bei Tage weißer Rhombus auf schwarzer Fläche der Laterne über dem linken Puffer; bei Nacht zwei grüne Laternen unter dem Schornstein und über der Pufferbohle.

Als Schlußsignal muß jeder auf einem Streckengleise fahrende Zug Tag und Nacht eine gut gereinigte Laterne führen. Die Laterne braucht am Tage nur angezündet zu werden, wenn Nebel oder Schneewetter eintritt oder das Anzünden aus anderen Gründen vorgeschrieben wird. Nach Sonnenuntergang, bei Nebel oder Schneewetter muß jede Lokomotive die erforderlichen Kopfsignale und, wenn sie keine Wagen hinter sich hat, eine rote Schlußlaterne führen. Jeder Zug muß außer der roten Schlußlaterne zwei rote Oberwagenlaternen haben. Wenn ein Sonderzug folgt, der nicht schriftlich angezeigt worden ist, wird bei Tage eine weitere Schlußlaterne, eine rote Scheibe oder rote Fahne angebracht, bei Nacht muß diese Laterne angezündet werden.

Wenn Zugteile während der Fahrt abgehängt werden sollen (to slip), sind besondere Schlußsignale anzubringen. Ist nur ein Anhängeteil im Zuge, so erhält er eine rote und weiße Laterne wagerecht nebeneinander. Sind zwei Anhängeteile vorhanden, so erhält der vordere Teil in derselben Weise eine rote und weiße Laterne wagerecht nebeneinander, der hintere eine rote Laterne senkrecht über einer weißen. Die Laternen müssen am Tage von Scheiben eingefaßt sein, welche die gleiche Farbe haben, wie das zugehörige Laternenlicht bei Nacht. Außer diesen Schlußlaternen muß jeder Abhängeteil die üblichen beiden Oberwagenlaternen tragen. Jeder Abhängeteil muß bei Nacht am ersten Wagen eine weiße Laterne führen, damit das Stationspersonal seine Annäherung nach dem Abhängen bemerkt. Hiernach führt ein Zug mit zwei Abhängeteilen (slip portions) bei Dunkelheit im ganzen 15 Laternen, nämlich 2 an der Spitze, 3 Schlußlaternen am Stammteil, je 1 an der Spitze und je 4 am Schlusse der Abhängeteile.

c) Bahnhofsdienst.

Der Dienst des englischen Bahnhofsvorstehers unterscheidet sich dadurch wesentlich von dem des deutschen, daß der englische Bahnhofsvorsteher selten als Fahrdienstleiter unmittelbar für den Zugverkehr verantwortlich ist, der Zugverkehr vielmehr im wesentlichen in den Händen der Weichensteller, Lokomotivführer und Zugführer liegt, solange keine Unregelmäßigkeiten vorkommen. Aber selbst dann handeln Weichensteller, Lokomotivführer und Zugführer vielfach selbständig auf eigene Verantwortung. Beispielsweise ist der Bahnhofsvorsteher nicht immer davon unterrichtet, auf welches Gleis ein Zug in den Bahnhof einfährt, wenn die Fahrordnung geändert wird. Vielfach steht er den Weichenstellern allerdings mit seinem Rat zur Seite, wenn Abweichungen von der Fahrordnung nötig werden, oder er schickt einen Assistenten, um die Änderungen mit dem Weichensteller zu beraten. Hiernach ist der englische Bahnhofsvorsteher mehr eisenbahntechnischer Verwaltungsbeamter und Bezirksaufsichtsbeamter als Betriebs- und Fahrdienstleiter. Trotzdem soll der Bahnhofsvorsteher natürlich alle Vorgänge auf dem Bahnhof beobachten und die Tätigkeit seiner Untergebenen bis ins einzelne kennen, so daß seine Beschäftigung trotz des Fehlens der unmittelbaren Verantwortung für den Zugverkehr noch abwechslungsreich genug bleibt. Wir können hier keine vollständige Abhandlung über den Bahnhofsdienst schreiben, sondern müssen uns auf einige allgemeine Bemerkungen beschränken. Die Dienstvorschriften bestimmen u. a. folgendes über die Tätigkeit des Bahnhofsvorstehers.

1. Jeder Bahnhofsvorsteher ist innerhalb seines Dienstbereiches für das Eigentum der Gesellschaft und für die pflichtmäßige Abwicklung des Bahnhofsdienstes verantwortlich. Er hat darauf zu achten, daß die für die Handhabung des Dienstes erlassenen Vorschriften genau beachtet werden. Wenn möglich, hat er persönlich die Rangierbewegungen und andere Handlungen zu überwachen, welche die Sicherheit des Zugverkehrs berühren.

2. Der Bahnhofsvorsteher muß täglich den Bahnhof besichtigen und prüfen, ob alle Räume sauber sind. Er hat alle an die Station eingehenden Schreiben

in das Eingangsbuch einzutragen und die sonstigen schriftlichen Arbeiten zu erledigen. Alle Pflichtwidrigkeiten der Untergebenen sind ungesäumt an die Vorgesetzten zu berichten. Auf sparsame Verwendung der auf dem Bahnhof untergebrachten Vorräte ist zu achten.

3. Jeder Bahnhofsvorsteher muß genau die Dienstobliegenheiten der auf dem Bahnhof beschäftigten Weichensteller kennen und darauf achten, daß die Weichensteller ihre Pflicht tun. Zu dem Zwecke ist ein häufiger Besuch der Stellwerke erforderlich. Er hat auf vorschriftsmäßige Bedienung, Beleuchtung und Unterhaltung der Signale zu achten, die Zugabfertigung zu überwachen, den Reisenden beim Ein- und Aussteigen zu helfen, die Verladung des Gepäcks zu beaufsichtigen usw.

d) Fahrdienst.

1. Geschwindigkeit der Züge.

In England gibt es keine bindende Vorschrift, die für einzelne Zuggattungen Höchstgeschwindigkeiten vorschreibt. Auch die Fahrplanbücher der Eisenbahngesellschaften enthalten selten klare Bestimmungen über die zulässigen Fahrgeschwindigkeiten, so daß vieles in das Belieben des Lokomotivführers gestellt ist. Natürlich sind ihm die Grundgeschwindigkeiten und die kürzesten Fahrzeiten im allgemeinen bekannt, eine größte Fahrgeschwindigkeit ist ihm aber nicht vorgeschrieben. Im regelmäßigen Betriebe hat sich aber anscheinend die Regel herausgebildet, daß man bei Personenzügen nicht über 120 km/Std., bei Güterzügen nicht über 80 km/Std. hinausgeht. Was von einzelnen Geschwindigkeiten über 120 km bis 150 km gesagt wird, gehört entweder in das Reich der Fabel oder bezieht sich auf kurze Probefahrten unter besonders günstigen Verhältnissen.

2. Fahrpläne.

Auffallenderweise stellt man in England selten graphische Fahrpläne her, die doch bei uns als unentbehrlich bezeichnet werden. Angeblich ist die Aufstellung graphischer Fahrpläne wegen der engen Verzweigung der Bahnnetze nicht möglich.

Die Personenzugfahrpläne werden gewöhnlich viermal im Jahre neu herausgegeben, zum 1. Januar, 1. April, 1. Juli und 1. Oktober. Die wichtigsten Änderungen finden zum 1. Juli, mit Beginn des Sommerreiseverkehrs, statt. Die Aufstellung der Fahrpläne besorgt der Liniensuperintendent, der zur Vorbereitung der Sommerfahrpläne schon bald nach Weihnachten eine Fahrplankonferenz mit den Divisionssuperintendenten und einigen Lokomotivbeamten abhält. Bei dieser Konferenz werden die Hauptpunkte des Sommerfahrplans vereinbart und den Fahrplanbeamten (time-table clerks) zur Ausarbeitung der Einzelheiten mitgeteilt. Nach dieser Durcharbeitung wird eine zweite Fahrplankonferenz der Superintendenten anberaumt, auf der die Einzelheiten der neuen Fahrpläne durchberaten werden. Die hiernach vorläufig festgestellten Fahrpläne werden durch den Liniensuperintendenten dem Generalverwalter eingereicht, der sie dem Verkehrsausschuß (Traffic committee) des Direktoriums vorlegt.

Eine wegen der Erhöhung der Betriebskosten wichtige Frage bei der Genehmigung der Fahrpläne ist natürlich die nach der etwaigen Vermehrung der Zugkilometer. Nachdem die Genehmigung des Generalverwalters und des Verkehrsausschusses eingeholt ist, werden die Fahrpläne dem Direktorium zur endgültigen Festsetzung eingereicht. Hierauf arbeiten die Fahrplanbeamten noch etwa 6 Wochen an der Anfertigung der Fahrpläne. Die englischen Eisenbahngesellschaften pflegen außer den Dienstfahrplänen und Fahrplanbüchern für die Beamten noch Aushangfahrpläne und Fahrplanbücher für die Reisenden herauszugeben.

Insbesondere die zum Preise von 8,5—25 Pf. erscheinenden Fahrplanbücher, die außer einer Karte des Bahnnetzes zahlreiche nützliche Angaben über den Verkehr enthalten, sind sehr empfehlenswert. Nach diesen Büchern ist es nicht schwer, sich innerhalb des Bahngebietes einer Gesellschaft zurechtzufinden, dagegen versagen sie natürlich, wenn man den besten Reiseweg zwischen zwei Orten aussuchen will, deren Verkehr durch mehrere Bahngesellschaften vermittelt wird, weil jede Gesellschaft die Reisewege anderer Gesellschaften möglichst verdunkelt. Dann greift man wohl zu einem der bekannten Sammelwerke wie Bradshaw's Railway Guide, deren Unübersichtlichkeit aber dem an die Benutzung des deutschen Reichskursbuches gewöhnten Reisenden manches Kopfzerbrechen verursacht.

3. Dienst der Zugmannschaften.

Über den Dienst des Lokomotivführers und Heizers enthalten die Betriebsvorschriften (General Rules and Regulations) eine Reihe von Bestimmungen, von denen wir nachstehend einige anführen. Der Lokomotivführer und Heizer müssen zu der von dem Lokomotivsuperintendenten festgesetzten Zeit zum Dienst erscheinen und sich überzeugen, daß ihre Lokomotive dienstfähig ist. Der Lokomotivführer muß dafür sorgen, daß auf der Lokomotive die erforderlichen Lampen, mindestens zwölf Knallkapseln, zwei rote Fahnen, ein Feuereimer und die vom Lokomotivsuperintendenten bezeichneten Werkzeuge vorhanden sind. In der Regel darf eine Lokomotive nur in Bewegung gesetzt werden, wenn sich der Lokomotivführer und Heizer beide auf ihr befinden. Der Lokomotivführer und Heizer dürfen ihre Lokomotive nur in ganz dringenden Fällen verlassen, müssen aber auch dann einen Mann zur Bewachung anstellen. Hiervon darf nur abgewichen werden, wenn die Lokomotive auf einem Nebengleise steht, der Regulator geschlossen, die Steuerung umgelegt und die Bremse fest angezogen ist.

Bevor der Lokomotivführer seinen Dienst antritt, muß er nachsehen, ob Bekanntmachungen angeschlagen sind, die sich auf den Dienst auf den von ihm zu durchfahrenden Strecken beziehen. Wenn ein Lokomotivführer keine gründliche Streckenkenntnis hat, muß er die Gestellung eines Lotsen beantragen. Keine Lokomotive darf in ein Hauptgleis einfahren, daraus zurücksetzen oder es kreuzen, bevor der Weichensteller seine Zustimmung gegeben hat und der Lokomotivführer sich überzeugt hat. daß die richtigen Signale für die Bewegung stehen. Der Lokomotivführer muß sich vor der Abfahrt überzeugen, daß die Lokomotive die etwa erforderlichen Erkennungsscheiben und Signale führt. Bei Nebel- oder Schneewetter muß der Lokomotivführer vorsichtig fahren und scharf nach den Nebelwärtern (fogmen) ausblicken, die ihm bei Freifahrtstellung der Signale eine grüne Laterne zeigen. Ist das Wetter so unsichtig, daß keine Signale erkennbar sind, und ist auch kein Nebelwärter zur Stelle, der grünes Licht zeigt, so muß der Lokomotivführer annehmen, daß das Signal auf Halt steht und daher seinen Zug zum Stehen bringen. Der Lokomotivführer und Heizer müssen alle durch die Signale gegebenen Befehle unweigerlich befolgen, auch wenn ihnen die Veranlassung zur Signalgebung unbekannt ist. Der Lokomotivführer darf sich jedoch nicht ausschließlich auf die Signale verlassen, sondern muß aufmerksam die Strecke beobachten und vorsichtig fahren. Nachschiebelokomotiven dürfen den Zug nur an einer besetzten Signalbude verlassen, wenn der Generalverwalter oder Liniensuperintendent nicht Ausnahmen genehmigt haben. Die Nachschiebelokomotiven werden in der Regel nicht mit dem Zuge gekuppelt, wenn in Ausnahmefällen gekuppelt werden soll, ist dies besonders festgesetzt. Wenn der Lokomotivführer sich einer Abzweigung nähert und sieht, daß kein Fahrsignal für ihn steht, muß er den Weichensteller durch Pfeifen auf den herannahenden Zug aufmerksam machen. Er muß auch pfeifen, um die Streckenarbeiter zu warnen, insbesondere beim Eintritt in Tunnel oder während des Befahrens langer Tunnel. Als Begleitmannschaften kommen namentlich Zugführer und Schaffner in Frage, die gewöhnlich die Bremserdienste mit verrichten, so daß die eigentlichen Bremser dann fehlen. Zugführer und Schaffner müssen $^1/_2$ Stunde vor der Abfahrt ihres Zuges auf der Abgangstation sein, die dort angeschlagenen Bekanntmachungen lesen und nach Beendigung der Zugfahrt sich erkundigen, wann sie wieder Dienst haben. Jeder Schaffner eines Personenzuges muß eine richtig gehende Uhr, eine Mundpfeife und einen Türdrücker bei sich haben. Im Packwagen muß er eine rote und eine grüne Fahne, wenigstens 12 Knallkapseln, eine Signallampe und außerdem die Gegenstände mitführen, die von dem Liniensuperintendenten besonders zur Mitnahme bezeichnet werden. Ein Packmeister eines Güterzuges muß außer den oben einzeln angeführten Gegenständen (Fahnen, Knallkapseln und Lampe) noch einen Rangierknüppel und wenigstens zwei Bremsknüppel, Hemmschuhe oder Vorlegeklötze mitführen. Der Zugführer oder Schaffner eines Personenzuges muß sich vor der Abfahrt überzeugen, daß der Zug eine genügende Anzahl von Bremswagen hat und die Bremsen betriebsfähig sind. Die Wagen müssen gehörig gereinigt, beschildert und miteinander gekuppelt sein, wozu auch die Anbringung der etwa erforderlichen Zugleine oder anderer Verbindungen zwischen den Zugmannschaften und den Reisenden gehört. Ferner ist nachzusehen, ob die erforderlichen Schluß-, Seiten- und Deckenlaternen angebracht sind. Die Schaffner müssen darauf achten, daß alle Wagentüren während der Fahrt geschlossen sind, daß die Reisenden sich in die richtigen Wagen setzen und die Wagen nicht verlassen, um neue Fahrkarten für den gleichen Zug zum Zweck der Fahrgeldhinterziehung zu kaufen, was bei der eigentümlichen Tarifbildung in England möglich ist. Im Bereiche eines Bahnhofes sind die Zugmannschaften dem Bahnhofsvorsteher unterstellt. Allen Schaffnern oder sonstigen Bediensteten einer Eisenbahngesellschaft ist verboten, für sich selbst oder andere irgendwelche Pakete mitzunehmen, sofern sie nicht eine schriftliche Genehmigung hierzu haben oder die Packete ordnungsmäßig auf einem Begleitschein vermerkt sind. Personenzugschaffner müssen die im Zuge befindlichen Pakete mit den Angaben auf den Begleitscheinen vergleichen und alle Begleitscheine mit den Anfangsbuchstaben ihres Namens versehen oder abstempeln. Der Schaffner eines Personenzuges soll in erster Linie an der betriebsicheren Durchführung seines Zuges mitwirken, dann aber auch für die richtige Beförderung der im Zuge befindlichen Gepäckstücke, Pakete und anderen Sendungen sorgen. Die abzuliefernden Pakete sind auf der betreffenden Station dem zur Annahme befugten Gepäckträger zu übergeben, der für Wertpakete den Empfang in dem Gepäckbuch des Schaffners bescheinigt.

Kein Personenzug darf vor der in den Fahrplänen angegebenen Zeit abfahren. Güterzüge dürfen vor der fahrplanmäßigen Zeit abfahren, wenn die zu benutzenden Streckengleise frei, die Bahnhöfe mit ihren Nebengleisen zur Aufnahme der Züge bereit sind und die nächste Gelegenheit zur Überholung so zeitig sich darbietet, daß kein Zug von höherer Rangordnung aufgehalten wird.

Die Abfahrt eines Zuges von einer Station findet auf Zeichengebung des Bahnhofsvorstehers statt, der aber durch die Zeichengebung nur bekundet, daß der Zug auf seiner Station abgefertigt ist. Der Stationsvorsteher gibt also keinen Befehl, sondern nur eine Erlaubnis zur Abfahrt. Dem Lokomotivführer und Signalwärter obliegt es ihrerseits festzustellen, ob die Vorbedingungen für die Abfahrt tatsächlich erfüllt sind, namentlich die für den Zug gültigen Fahrsignale stehen und die zu befahrenden Gleise frei sind. Wenn der Zug nur einen

Schaffner hat, gibt dieser allein das vom Bahnhofsvorsteher erhaltene Zeichen zur Abfahrt an den Lokomotivführer weiter. Sind zwei oder mehr Schaffner vorhanden, so erhält der Schaffner am Zugschluß (rearguard) das Abfahrtzeichen vom Bahnhofsvorsteher und gibt es über die etwa noch vorhandenen Zwischenschaffner an den der Lokomotive am nächsten befindlichen Schaffner (front guard), der es seinerseits dem Lokomotivführer weitergibt. Das Zeichen zur Abfahrt muß von dem Schaffner durch Betätigung einer Mundpfeife gegeben werden, wenn ihm eine solche geliefert ist. Wenn eine Fahne zur Zeichengebung verwandt wird, muß sie grün sein und seitwärts hin- und herbewegt werden. Ein Nachtsignal muß mit einer grünen Laterne gegeben werden, die über den Kopf gehoben und seitwärts geschwenkt wird. Die Zeichengebung mit Mundpfeifen, grünen Fahnen und Laternen ist nicht bindend vorgeschrieben, bildet aber die Regel. Beim Anfahren von Güterzügen muß der Lokomotivführer den Heizer veranlassen, rückwärts zu sehen, um mit dem Schlußschaffner Handsignale auszutauschen, die ihm die Gewißheit geben, daß der Zug ungeteilt nachfolgt. Erforderlichenfalls hat der Lokomotivführer den Schlußschaffner durch Pfeifensignale aufmerksam zu machen. Auch während der Fahrt, besonders während der Vorbeifahrt an Signalposten, müssen Lokomotivführer und Heizer häufig nach rückwärts sehen, um sich zu überzeugen, daß der Zug ungeteilt nachfolgt. Güterzüge müssen an den im Fahrplan vorgesehenen Stellen halten, sofern nicht bei der Annäherung an einen Bahnhof oder ein Ausweichgleis die Signale auf Fahrt gestellt sind und durch das Auf- und Niederbewegen einer grünen Fahne angedeutet wird, daß das Halten des Zuges aus Betriebsrücksichten nicht erforderlich ist. In letzterem Falle darf der Zug ohne anzuhalten durch den Bahnhof oder über das Ausweichgleis hinausfahren, wenn keine Wagen abzusetzen oder mitzunehmen sind, worüber der Packmeister den Lokomotivführer unterrichten muß. Soll ein Güterzug fahrplanmäßig nach Bedarf halten, so darf er ohne Aufenthalt nur durchfahren, wenn dem Lokomotivführer mit der grünen Fahne das Zeichen zur Weiterfahrt gegeben wird.

Der Packmeister muß im Bremswagen fahren und Obacht geben, ob dem Zuge etwa Gefahr droht. Ist dies der Fall, so hat er den Lokomotivführer schleunigst aufmerksam zu machen. Wenn der Zug mit einer durchgehenden Bremse ausgerüstet ist, soll der Packmeister den Zug erforderlichenfalls mit dieser Bremse zum Stehen bringen. Ist keine durchgehende Bremse vorhanden, so muß der Schaffner mehrere Male nacheinander die Handbremse scharf anziehen und plötzlich loslassen, um die Aufmerksamkeit des Lokomotivführers zu erregen, dem er alsdann ein Gefahrsignal gibt. Wenn der Lokomotivführer die Betätigung der Schaffnerbremse wünscht, muß er drei oder mehr kurze Pfeifensignale mit der Lokomotivpfeife geben oder die Bremspfeife ertönen lassen, wenn eine solche besonders vorgesehen ist.

Beim Niederfahren auf steilen Neigungen müssen die Güterzugschaffner ihre Handbremsen anziehen, um den Lokomotivführer bei der Regelung der Zuggeschwindigkeit zu unterstützen. Ist die Regelung der Geschwindigkeit mit der Lokomotivbremse und den Schaffnerbremsen nicht möglich, so muß der Zug vor der Niederfahrt auf der Gefällstrecke halten, um die erforderliche Anzahl von Hebelbremsen niederlegen zu können. Wenn ein Zug auf den Hauptgleisen einer geneigten Strecke hält und die Lokomotive abgekuppelt werden muß, hat der Schaffner sich vorher zu überzeugen, daß die Bremsen des Bremswagens angezogen sind. Zur Vorsicht hat er außerdem eine genügende Anzahl von Hebelbremsen niederzulassen und einige Bremsknüppel in die Räder zu stecken.

Der Schaffner hat einen Fahrbericht (guards journal) zu führen, den er nach Beendigung der Zugfahrt an den Bahnhofsvorsteher, Superintendenten, Güterverwalter oder einen anderen ihm bezeichneten Beamten abzuliefern hat.

Die Schaffner der Personenzüge haben noch die folgenden besonderen Pflichten. Der Vorderschaffner (head guard) muß nachsehen, ob die durchgehende Bremse, Zugleine oder etwaige andere durchgehende Verbindungen zwischen den Reisenden und den Zugmannschaften in Ordnung sind. Die Schaffner müssen darauf achten, daß die Rauchverbote beachtet werden, die darin bestehen, daß das Rauchen in allen Abteilungen untersagt ist, die nicht ausdrücklich als Raucherabteilungen bezeichnet sind.

Gegen alleinreisende Damen müssen die Schaffner besonders aufmerksam sein. Bahnarbeiter, die in der dritten Klasse befördert werden, sind tunlichst von den Reisenden zu trennen, auch sollen irrsinnige Personen und Häftlinge unter Polizeiaufsicht in besonderen Abteilungen befördert werden. Wenn ein Reisender durch Trunkenheit oder unanständiges Betragen den Mitreisenden lästig fällt, soll der Schaffner zunächst versuchen, ihn durch gütliches Zureden von seinem störenden Betragen abzubringen. Wenn dies nicht gelingt, muß der Übeltäter auf dem nächsten Bahnhof mit seinem Gepäck aus dem Zuge entfernt werden; der Schaffner muß seinen Namen und seine Adressen feststellen, auch Namen und Adressen etwaiger Zeugen aufschreiben. Wenn besondere Fahrkartenabnahmestationen (ticket-collecting stations) vorgesehen sind, müssen die Schaffner die Fahrkartenabnehmer (ticket-collectors) durch Öffnen und Schließen der Türen unterstützen, dürfen aber selber keine Fahrkarten abnehmen. Die Schaffner sollen deutlich die Namen der Stationen ausrufen, auf denen der Zug hält.

e) Regelung der Zugfolge.

Für die Regelung der Zugfolge ist in England das Blockungsverfahren allgemein von der Aufsichtsbehörde vorgeschrieben. Kein Zug darf in eine vorliegende Blockstrecke einfahren, bevor sie der voraufgehende Zug verlassen hat und bis zu einer bestimmten Stelle der übernächsten Blockstrecke vorgedrungen ist. Diese Stelle liegt gewöhnlich 400 m jenseits des Hauptsignals der folgenden Blockstrecke und wird als regelmäßige Freigabestelle (Standard Clearing Point) bezeichnet. Die Blockeinrichtungen sind in England verhältnismäßig einfach, wie früher bereits erwähnt worden ist.

Unter Streckenblockung (block working) versteht man allgemein nur die Regelung der Zugfolge von Blockposten zu Blockposten mit einfachen Zeigerwerken, ohne daß eine Abhängigkeit zwischen den Blockwerken und den Streckensignalen besteht. Dieses Verfahren stellt natürlich sehr große Anforderungen an die Aufmerksamkeit und Zuverlässigkeit der Blockwärter, im Gegensatz zu manchen Einrichtungen auf dem Festlande mit ihren verschiedenen Sperren zur Verhütung aller möglichen Torheiten der Wärter. Man entschließt sich in England schwer zur Einführung solcher an sich durchaus bekannten Einrichtungen, um die Beamten nicht unselbständig zu machen; denn wie ein roter Faden zieht sich durch das englische Leben in jeder Gestalt der Drang nach Selbständigkeit, dem man auch in vielen Lebenslagen nachgibt. Es wäre natürlich nicht schwer, auch in England den Blockwärter durch verwickelte Einrichtungen zur Pflichterfüllung anzuhalten, aber man würde hierbei nach englischer Anschauung das selbständige Denken ausschalten und bei außergewöhnlichen Vorkommnissen ratlose Leute vor sich haben. Natürlich ist eine solche Betriebsweise, bei der das Schwergewicht auf pünktliche, gewissenhafte und verständige Pflichterfüllung gelegt ist, nur bei gutem Personal möglich. Dies steht aber den besseren Eisenbahngesellschaften zur Verfügung, sie scheuen keine Mühe und Kosten, um junge, gewandte und urteilsfähige Personen in ihren Dienst zu ziehen und darin an bestimmter Stelle lange zu halten. Hierbei findet zwar ein gewisses Ausnutzen insofern statt, als die große Menge der Beamten und Arbeiter ohne Rücksicht auf ihr Fortkommen an bestimmter Stelle festgehalten wird, wo sie sich als tüchtig erwiesen haben (to put the right man in the right place), aber einem solchen einseitig ausgebildeten Personal kann man auch viel zumuten.

Die Regelung der Zugfolge mit einer der verschiedenen Blockeinrichtungen, wie sie in England üblich sind, findet unter ausgedehnter Verwendung von Glockensignalen statt. Beispielsweise sind folgende Signale im Gebrauch:

Das Vorwecksignal (To call attention) — ein Schlag.

Das Anbietesignal z. B. (Is line clear for Express Passenger train) — vier Schläge.

Das Abfahrtsignal (Train entering section) — zwei Schläge.

Das Ankunftsignal (Train arrived, or Train out of Section) — zwei Schläge, Pause, ein Schlag.

Für die Blockung auf einer mit Scheibenblockeinrichtungen ausgerüsteten Strecke und den vier Blockposten *A*, *B*, *C* und *D* würde bei der Fahrt eines Schnellzuges das Verfahren wie folgt sein: Der Blockwärter in *A* weckt mit einem Glockenschlage nach *B* vor, der Blockwärter in *B* bestätigt den Empfang durch Wiederholung des Signals. Der Wärter in *A* bietet den Zug nun durch vier aufeinanderfolgende Glockenschläge an, der Wärter in *B* wiederholt auch diese vier Schläge, falls die Strecke tatsächlich bis zur Freigabestelle (clearing point) frei ist, und nimmt hierdurch den Zug an. Zu gleicher Zeit drückt er auf den weißen Knopf seines Blockwerks, wodurch an seinem eigenen und dem Blockwerk des Postens *A* die Scheibe „Strecke frei" (Line clear) erscheint. Hierauf stellt der Blockwärter *A* sein Signal auf Fahrt und läßt den Zug in die Blockstrecke *A*—*B* einfahren. Dann gibt er nach *B* zwei Glockenschläge zum Zeichen der Abfahrt des Zuges (Train entering Section), die der Wärter in *B* wiederholt, um dann auf seinem Blockwerk und dem Blockwerk in *A* durch Drücken des roten Knopfes die Scheibe „Strecke besetzt" (Train on line) erscheinen zu lassen. Sobald der Signalwärter in *B* das Abfahrtsignal von *A* erhalten und die Verwandlung der Blockfelder vorgenommen hat, weckt er den Zug nach *C* vor, ohne seine Ankunft bei *B* abzuwarten. Nach Ankunft des Zuges bei der Freigabestelle des Blockpostens *B* gibt der Posten *B* das Ankunftsignal (Train out of Section) nach *A*, in zwei Schlägen, Pause, ein Schlag bestehend, und stellt an den zu der Strecke *A*—*B* gehörenden Blockwerken die Normalstellung wieder her. Zwischen *B* und *C* wiederholt sich nun der Vorgang, *C* bietet den Zug nach *D* an. Es soll nun angenommen werden, die Strecke wäre in *D* nicht bis zur Freigabestelle frei, dann gibt der Blockwärter in *D* keine Antwort auf das Anbietesignal (vier Glockenschläge). Der Wärter in *C* wartet etwas, weckt nochmals vor und bietet den Zug wieder an, wenn das Vorwecksignal zurückgegeben wird. Das Anbieten wird nun in kurzen Pausen wiederholt, bis *D* den Zug annimmt. Der etwa bei *C* angekommene Zug wird dort bis zum Ausfahrtsignal, allenfalls auch bis zum vorgeschobenen Ausfahrtsignal vorgenommen, wo er aber zu warten hat.

Von der allgemeinen Regel, daß die Strecke bis zur Freigabestelle (clearing point) unbenutzt sein muß, bevor ein Zug in die zurückliegende Blockstrecke eingelassen werden kann, wird bisweilen abgewichen, um die Zugfolge zu beschleunigen. Dies geschieht beispielsweise auf ansteigenden Strecken, wo es ungefährlich erscheint, den Zug bis zum Innensignal (Home signal) vorrücken zu lassen, auch wenn die Strecke vom Innensignal bis zur Freigabestelle noch besetzt ist. Es ist hierbei jedoch vorgeschrieben, daß dem Lokomotivführer an der zurückliegenden Blockbude mündlich mitgeteilt werden muß, daß die Strecke nur bis zum Innensignal der folgenden Blockbude frei ist (warning arrangement).

Wird einem Signalwärter einer Blockbude, bei der dieses Verfahren angewandt werden darf, ein Zug angeboten, so nimmt er ihn in gewöhnlicher Weise an, wenn die Strecke bis zur Freigabestelle frei ist. Ist dies nicht der Fall, so gibt er ein aus 13 Schlägen (3, Pause, 5, Pause, 5) bestehendes Warnungsignal zurück, das in diesem Falle bedeutet: die Blockstrecke ist frei, aber die Station oder die Abzweigung, d. h. die Strecke vom Innensignal bis zur Freigabestelle ist besetzt (Section clear, but Station or Junction blocked). Der Blockwärter, der ein solches Warnungssignal erhält, hat den Zug am Innensignal seiner Bude zum Halten zu bringen und dem Lokomotivführer zuzurufen, daß die Strecke nur bis zum Innensignal der nächsten Bude frei ist. Gleichzeitig zeigt er eine grüne Fahne oder Laterne. Dann stellt er sein Signal auf Fahrt und läßt den Zug in die Blockstrecke einfahren. Wenn das Innensignal zu weit von der Bude entfernt ist, um dem Lokomotivführer die Nachricht zurufen zu können, wird der Zug vor dem Innensignal beinahe zum Halten gebracht, dann das Innensignal auf Fahrt gestellt, worauf der Zug bis zur Signalbude vorrücken darf, wo ihm mit der roten Fahne oder Laterne Halt gegeben wird. Dann wird der Lokomotivführer mündlich benachrichtigt, ein Warnungszeichen mit der grünen Fahne oder Laterne gegeben, und der Zug fährt in die Blockstrecke ein. Wenn der Zug bereits an der Signalbude vorbeigefahren ist und vor dem Ausfahrsignal oder dem vorgeschobenen Ausfahrsignal hält, braucht dem Lokomotivführer keine mündliche Nachricht gegeben zu werden, weil man voraussetzt, daß in diesem Falle die Fahrtgebung an den Ausfahrsignalen von ihm dahin aufgefaßt wird, daß die Strecke nur bis zum Innensignal der nächsten Signalbude frei ist.

Die Überholungen der Züge werden gleichfalls durch Glockensignale geregelt. Bei der Großen Westbahngesellschaft bedeutet das Signal 1, Pause, 5, Pause, 5 Schläge = 11 Schläge, daß ein Zug in ein Nebengleis zu setzen ist, um durch einen anderen überholt zu werden. Wenn statt der vereinbarten Zugfahrt eine andere stattfinden soll, muß zunächst das Rubesignal (Cancelling Signal) gegeben werden (3, Pause, 5 Schläge), worauf die neue Zugfahrt vereinbart wird.

Wenn ein Zug ohne Schlußzeichen ankommt, muß der Signalwärter auf zweigleisiger Strecke sofort die etwaigen Fahrsignale für das Gleis der entgegengesetzten Fahrrichtung auf Halt stellen, dann nach der vorliegenden Signalbude das Signal „Zug ohne Schlußzeichen vorbeigefahren“ (Train passed without Tail Lamp) geben (neun aufeinanderfolgende Glockenschläge), nach der rückliegenden das Signal 4, Pause, 5 Schläge. Nachdem dann der erste Zug in der entgegengesetzten Richtung angehalten ist, wird der Lokomotivführer mündlich verständigt und mit Anweisung zum vorsichtigen Fahren versehen. Der Wärter der zurückliegenden Bude ist nicht daran gehindert, einen Zug anzubieten, erhält aber auf sein Anbieten erneut das Signal „Zug ohne Schlußzeichen vorbeigefahren“. Soll ein Folgezug in die Blockstrecke eingelassen werden, so stellt der Signalwärter der Bude, an der der Zug ohne Schlußzeichen vorbeigefahren ist, das Zeichen „Strecke frei“ an den Blockeinrichtungen seiner eigenen und der zurückliegenden Bude her, worauf der Zug vorsichtig in die Blockstrecke eingelassen wird. Der Wärter einer vorliegenden Bude, der das Glockensignal „neun aufeinanderfolgende Schläge“ erhält und daraus schließen muß, daß der auf ihn zukommende Zug ohne Schlußzeichen ist, muß seine Signale sofort auf Halt stellen, den Lokomotivführer und Zugführer von dem Vorgefallenen benachrichtigen und den Zug untersuchen lassen. Wenn sich Entgleisungsweichen oder ein Tunnel in der zurückliegenden Blockstrecke befinden, darf kein Zug in einer der beiden Fahrtrichtungen in die Strecke eingelassen werden, bevor festgestellt ist, daß beide Gleise frei sind.

Sollte eine ungewöhnlich lange Zeit vergehen, bis ein Zug zurückgemeldet wird, so hat der Wärter der zurückliegenden Bude sich in bestimmt vorgeschriebener Weise durch Telegraph oder Fernsprecher nach der Verzögerung zu erkundigen. Der Wärter der vorliegenden Bude hat diese Erkundigung in das Zugmeldebuch (Train Register Book) einzutragen und gleichfalls in vorgeschriebener Form zu antworten. Der Wärter der vorliegenden Bude muß seinerseits auch Vorsichtsmaßregeln treffen, wenn er von dem Wärter der zurückliegenden Bude das Abfahrtsignal (Train entering Section) erhält und nun eine ungewöhnlich lange Zeit bis zur Ankunft des Zuges vergeht. Wenn ein Tunnel auf der betreffenden Blockstrecke liegt, darf er erst einen Zug in entgegengesetzter Richtung ablassen, nachdem er sich überzeugt hat, daß das Gleis frei ist. Wenn kein Tunnel vorhanden ist, muß er den ersten Zug in entgegengesetzter Richtung zum Halten bringen und den Lokomotivführer zum vorsichtigen Fahren auffordern.

Kommt ein Zug innerhalb einer Blockstrecke infolge eines Unfalles zum Halten, so sind der Zugführer, Lokomotivführer und Heizer verpflichtet, die erforderlichen Sicherheitsmaßregeln zu treffen. Ist das Gleis der entgegengesetzten Fahrtrichtung unfahrbar, so hat der Lokomotivführer des verunglückten Zuges sofort abzukuppeln und weiter zu fahren, um Züge der entgegengesetzten Fahrtrichtung zu warnen. Zu gleicher Zeit läuft der Zugführer zurück und deckt den verunglückten Zug von hinten. Der Lokomotivführer muß 1200 m vorfahren, dort den Heizer mit einer roten Fahne oder Laterne und mit Knallkapseln lassen. Der Heizer hat drei Knallkapseln in je 10 m Entfernung auf das Gleis der entgegengesetzten Fahrtrichtung zu legen. Nun fährt der Lokomotivführer zur nächsten Signalbude, benachrichtigt den Wärter und kehrt zu seinem Zuge zurück. Der zurücklaufende Zugführer legt eine Knallkapsel 400 m vom Zuge, eine zweite 800 m vom Zuge und drei, je 10 m voneinander entfernt, 1200 m vom Zuge. Im ganzen hat er also 5 Knallkapseln auszulegen. Auf seinem Wege zeigt er ein rotes Handsignal und an der zuletzt genannten Stelle (1200 m vom verunglückten Zuge) bleibt er mit dem roten Handsignal stehen, bis er durch die Lokomotivpfeife zurückgerufen wird. Dann läßt er die letzten drei Knallkapseln liegen und nimmt die anderen beiden auf. Sollte es zur Herbeirufung von Hilfe erforderlich sein, so muß der Zugführer bis zur nächsten Signalbude gehen, also unter Umständen weiter als 1200 m. Wenn die Signalbude innerhalb der Entfernung von 1200 m liegt, braucht der Zugführer nicht weiter als bis zur Signalbude zu gehen. Dort muß er den Wärter benachrichtigen und drei Knallkapseln gegenüber der Signalbude auf das Gleis legen.

Wenn ein Signalwärter eine Unregelmäßigkeit an einem vorbeifahrenden Zuge bemerkt, gibt er sofort das Zuguntersuchungssignal (sieben Glockenschläge) nach der vorliegenden Bude (Stop and examine train) und stellt seine eigenen Signale schleunigst auf Halt. Dann teilt er dem vorliegenden Wärter durch Telegraph oder Fernsprecher seine Wahrnehmungen mit, der seinerseits alle Signale seiner Bude auf Halt stellt, den Zug untersuchen läßt und Züge der entgegengesetzten Fahrtrichtung erst in die Blockstrecke einfahren läßt, weun er sich überzeugt hat, daß das Gleis frei ist.

Wenn ein Gleis gesperrt ist, muß der hiervon Kenntnis erhaltende Signalwärter sofort das Gefahrsignal (sechs Glockenschläge) an den Wärter der nächsten Bude geben, von der aus ein Zug auf das gesperrte Gleis abgelassen werden könnte. Der Wärter, der das Gefahrsignal erhält, muß sofort seine Signale auf Halt stellen und andere Maßregeln ergreifen, die Einfahrt eines Zuges in die gesperrte Blockstrecke zu verhindern. Gelingt es ihm, einen von ihm bereits vorgemeldeten Zug anzuhalten, so muß er das Ruhesignal geben, ist der Zug bereits abgefahren, so muß er sofort den vorliegenden Wärter durch das Signal „Zug auf richtigem Gleise durchgerutscht“ (Train ruming away on Right Line) benachrichtigen (4, Pause, 5, Pause, 5 Schläge). Der Wärter, der ein Gefahrsignal gibt, muß sofort die Blockwerke der gesperrten Strecke auf „Strecke besetzt" (Train on line) stellen und in dieser Stellung belassen, bis das Hindernis beseitigt ist.

Wenn die Block- und Telegrapheneinrichtungen in einem solchen Maße beschädigt sind, daß keine Verständigung mehr möglich ist, wird in Zeitabständen gefahren. Ist kein Tunnel auf der Strecke, so darf alle 5 Minuten ein Zug abgelassen werden, sonst nur alle 10 Minuten. Jeder Zug ist vor der Einfahrt in die Blockstrecke zum Halten zu bringen, Lokomotivführer und Zugführer sind zu benachrichtigen uud zur Vorsicht aufzufordern. Sobald die Blockverbindung wieder hergestellt ist und das Fahren in Zeitabständen aufhören kann, muß der Blockwärter dem letzten. noch in Zeitabstand fahrenden Zug eine schriftliche Mitteilung für den benachbarten Blockwärter mitgeben, der ihm dann nach Ankunft des Zuges das Ankunft-Glockensignal (Train out of Section) gibt, worauf die gewöhnliche Blockbedienung wieder beginnt.

f) Betrieb auf eingleisigen Strecken.

Auf eingleisigen Strecken wird in England durchweg das Zugstab- oder Tafelverfahren angewandt. In ganz einfachen Fällen hat man hölzerne Stäbe von verschiedenem Querschnitt (kreisförmig, dreieckig, viereckig, achteckig, elliptisch, halbkreisförmig) mit verschiedener Farbe (rot, blau, grün, gelb, schwarz, weiß, braun). Die Stäbe aneinanderstoßender Strecken sind nach Form und Farbe verschieden, damit sie nicht miteinander verwechselt werden können. Kein Zug darf in eine Strecke einfahren, bevor der Lokomotivführer den zugehörigen Zugstab an sich genommen hat. Da für jede Strecke nur ein Zugstab vorhanden ist, kann nur ein Zug zu gleicher Zeit auf der Strecke verkehren. Die Mitführung des Zugstabes entbindet den Lokomotivführer nicht von der Beobachtung der Bahnzustandsignale. Wenn er den Zugstab erhalten hat, darf er trotzdem nicht eher abfahren, als bis der Zugführer ihm das Abfahrtsignal gegeben hat und die Signale für ihn auf Fahrt gestellt sind. Im übrigen wird die Übertretung von Zugstabregeln in England sehr streng bestraft, in schweren Fällen mit Dienstentlassung. Wenn ein Zug mit zwei Lokomotiven bespannt ist, wird der Zugstab dem Führer der ersten Lokomotive nur gezeigt, dem Führer der zweiten ausgehändigt, der ihn am Ende der Blockstrecke abliefert. Dieses einfachste Zugstabverfahren ist nur anwendbar, wenn die Züge zwischen den einzelnen Stationen immer abwechselnd in entgegengesetzter Richtung fahren, so daß ein Zug den Zugstab von einer Station zur anderen mitnimmt, der nächste Zug ein Gegenzug ist, der ihn zurückbringt. Wird der Zugverkehr lebhafter und unregelmäßiger, so daß nicht immer ein Gegenzug nach einem Zuge abgelassen wird, sondern auch mehrere Züge einander folgen, bis ein Gegenzug fährt, dann verwendet man elektrische Zugstabeinrichtungen. Das Verfahren ist folgendes. Der Signalwärter in A, der einen Zug ablassen will, läutet ihn dem Wärter in B durch das Glockensignal „Ist die Strecke frei"? (Is Line clair) an, nachdem er vorher mit einem Glockenschlage vorgeweckt und den Glockenschlag zurückerhalten hat. Kann der Wärter in B den Zug annehmen, so gibt er dem Wärter in A das Anbietesignal zurück und hält hierbei den Knopf seines Apparates beim letzten Glockenschlag nieder. Hierdurch wird eine Nadel an den Apparaten in A und B abgelenkt, worauf der Wärter in A einen Zeiger seines Apparates auf „für einen Stab" (For staff) stellen und den oberen Zugstab entnehmen kann. Hierauf stellt er einen Zeiger auf „Zugstab für Richtung $A-B$ entnommen", die

Nadel der Apparate in A und B geht wieder in ihre normale Lage, was dem Wärter in B anzeigt, daß in A ein Stab entnommen ist. Der Wärter in B läßt seinen Druckknopf los und dreht auf „Zugstab für Richtung A—B entnommen", so daß nunmehr beide Wärter ein sichtbares Zeichen über die Entnahme eines Zugstabes vor sich haben. Der in A an den Lokomotivführer ausgehändigte Zugstab wird in B dem Signalwärter übergeben, der ihn in seinen Apparat legt, dem Wärter in A das Ankunftsignal (Train out of Section, 2 Schläge, Pause, 1 Schlag) gibt und an seinem Apparat für die betreffende Fahrtrichtung „Stab eingelegt" (Staff in) herstellt. Die Apparate in A und B sind dann wieder vorbereitet, einen Zugstab in einer der beiden Fahrrichtungen herzugeben. Solange ein Stab in einem Apparat fehlt, ist es unmöglich, einen zweiten Stab zu entnehmen.

Bei dem Zugstabverfahren erfolgt die Signalisierung der Züge in der Weise, daß auf den Zugstabstationen, d. h. den einen Streckenabschnitt begrenzenden Stationen, die Signale für gewöhnlich auf Halt stehen und nur für die Zugfahrten auf Fahrt gestellt werden, während sie auf den Zwischenstationen für gewöhnlich auf Fahrt stehen und nur im Bedarfsfalle auf Halt gestellt werden. Auf Strecken mit einer Zwischenstation zwischen zwei Kreuzungstationen muß der Wärter der Zwischenstation, dem ein Zug angeboten wird, zunächst bis zur nächsten Kreuzungstation in der Fahrtrichtung zurückblocken, bevor er den Zug annimmt. Hierdurch wird verhindert, daß zwei Züge gegeneinanderfahren. Das Signal für das Zurückblocken ist 3, Pause, 3 Schläge. Liegen zwei Zwischenstationen zwischen zwei Kreuzungsstationen, so darf der Wärter der ersten Zwischenstation den Zug nicht ohne Stab in den von den Zwischenstationen begrenzten Abschnitt einlassen. Zur Entnahme des Stabes ist die Zustimmung des Wärters der zweiten Zwischenstation nötig, der seinerseits aber nicht zustimmen darf, bevor er nach der nächstgelegenen Kreuzungsstation zurückgeblockt hat. Hierdurch wird wieder das Gegeneinanderfahren zweier Züge verhindert.

Wenn auf einer Strecke mehr Züge in der einen Richtung als in der anderen fahren, so daß die Zugstäbe sich an einem Ende ansammeln, hat ein Telegraphist unter besonderen Vorsichtsmaßregeln und genauen Einzelvorschriften den Austausch vorzunehmen.

Beim Tafelverfahren werden statt der Zugstäbe runde Blechtafeln von 10 bis 13 cm Durchmesser und 1,3 mm Stärke verwandt. Auf jeder Tafel ist die zugehörige Strecke verzeichnet. Die Tafeln werden zur besseren Handhabung in eine lederne Hülle mit steifem Bügel gesteckt. In jedem Tafelapparat sind mehrere Tafeln, aber es ist Fürsorge getroffen, daß nur eine Tafel zur Zeit entnommen werden kann, wie auch beim Zugstabverfahren nur ein Stab zur Zeit entnommen werden konnte. Die Entnahme einer Tafel auf einer der beiden, einen Tafelabschnitt begrenzenden Stationen macht es also unmöglich, eine zweite Tafel zu entnehmen, bevor die erste Tafel in einen Apparat der beiden Stationen zurückgelegt ist. Auf jeder Station ist ein kleiner Vorrat von Tafeln verfügbar, so daß mehrere Züge einander in derselben Richtung mit je einer Tafel folgen können.

Wenn Züge einzelne Stationen ohne Aufenthalt durchfahren sollen, werden in England besondere Vorkehrungen getroffen, die Zugstäbe oder Tafeln während der Fahrt aufzunehmen und abzugeben. Gewöhnlich wird ein Pfosten mit Entnahme- und Abgabevorrichtung aufgestellt, an dem der Lokomotivführer die Stäbe oder Tafeln entnimmt und abgibt.

Ein drittes Verfahren, das dem Zugstab- und Tafelverfahren mit Bezug auf die Sicherheit nachsteht, aber weniger kostspielige Einrichtungen erfordert, ist das vereinigte Zugstab- und Fahrscheinverfahren. Für jeden Streckenabschnitt sind ein hölzerner Zugstab und eine Anzahl Zugabfahrscheine vorgesehen. Der Besitz des Zugstabes bedeutet auch hier die Fahrerlaubnis für den betreffenden Streckenabschnitt, außerdem berechtigt der Besitz eines Zugstabfahrscheines zur Fahrt, wenn dem Lokomotivführer der Zugstab vor Beginn der Fahrt gezeigt worden ist.

Die in einem Kasten aufbewahrten Fahrscheine lauten:

An den Lokomotivführer.

Sie werden ermächtigt, nachdem Sie den Zugstab für den Streckenabschnitt gesehen haben, von ... nach ... zu fahren. Der Zugstab wird nachfolgen.

Unterschrift des zuständigen Beamten.

Wenn zwei oder mehr Züge von einem Ende zum anderen fahren, bevor ein Gegenzug fährt, erhalten die Lokomotivführer der Züge, mit Ausnahme des letzten Zuges, je einen Zugabfahrschein und es wird ihnen der Zugstab gezeigt. Die Lokomotivführer fahren mit dem Fahrschein ab, händigen ihn am Ende der Strecke an den Fahrdienstleiter aus, der ihn mit dem Vermerk „Vernichtet" (Cancelled) versieht. Der Lokomotivführer des letzten Zuges in der betreffenden Richtung erhält keinen Fahrschein, sondern den Zugstab, den er zum Fahrdienstleiter am anderen Ende der Strecke bringt, wo er nunmehr für die Gegenfahrten ausgehändigt oder gezeigt werden kann. Falls die Züge mit zwei Lokomotiven bespannt sind, wird dem Führer der ersten Lokomotive der Zugstab gezeigt und ein Fahrschein ausgehändigt, oder beiden Lokomotivführern wird ein Fahrschein ausgehändigt und der Stab gezeigt. Auch bei diesem Verfahren werden die Züge in gewöhnlicher Weise signalisiert. Um zu verhindern, daß Fahrscheine ausgegeben werden, wenn der Zugstab fehlt, ist die Einrichtung getroffen, daß der Fahrscheinkasten nur mit dem als Schlüssel ausgebildeten Zugstab geöffnet werden kann. Der Zugstab kann erst wieder herausgezogen werden, wenn der Kasten ordnungsmäßig wieder verschlossen ist. Das Verfahren wird nach und nach aufgegeben, weil es den großen Nachteil hat, daß erhebliche Verzögerungen entstehen, wenn der Zugstab nicht an dem Ende des Streckenabschnitts ist, an dem der Zug einfahren soll. Er muß dann schleunigst an das andere Ende geschafft werden.

Wenn eine zweigleisige Strecke vorübergehend eingleisig betrieben werden soll, wird in England mit einem Lotsen (Pilotman) gefahren. Kein Zug wird abgelassen, wenn der Lotse nicht auf der Lokomotive ist oder persönlich das Abfahrtzeichen gibt. Bevor der Lotse den Fahrdienst übernimmt, muß er sich eine schriftliche Erklärung der Signalwärter an beiden Enden der Strecke und der etwaigen Zwischenwärter verschaffen, die auf vorgeschriebenem, in jeder Signalbude vorrätig gehaltenen Formular abzugeben ist und zu lauten hat, daß die betreffenden Wärter vom Beginn des Lotsenbetriebes unterrichtet sind und wissen, wer als Lotse wirkt. Das Formular muß auch von dem Lotsen und dem Beamten unterzeichnet werden, der den Lotsenbetrieb anordnet. Jeder beteiligte Signalwärter erhält eine Abschrift. Um die Unterschriften zu erhalten, muß der Lotse sich von einem Ende der Strecke zum andern begeben, was mit einem Zuge geschehen darf, der auf dem richtigen Gleise fährt, aber niemals mit einem auf falschem Gleise fahrenden Zuge. Steht dem Lotsen kein Zug oder anderes Beförderungsmittel auf dem richtigem Gleise zur Verfügung, so muß er zu Fuß gehen. Unter keinen Umständen darf der Lotse einen Zug auf falschem Gleise fahren lassen, bevor er die Unterschriften der in Frage kommenden Beamten gesammelt hat. Der Lotse trägt eine rote Binde am linken Arm mit dem Worte „Pilotman" (Lotse) in weißer Schrift. Er muß dem Endwärter bekannt sein und hat sich den Zwischenwärtern auf der Fahrt zu zeigen. Gewöhnlich wird die

Streckenblockung beim Lotsenbetriebe aufrechterhalten, die Züge auf dem richtigen Gleise werden auf den zugehörigen Blockwerken signalisiert, die Züge auf dem falschen Gleise auf den Blockwerken des zweiten Gleises. Wenn der Lotsenbetrieb aufhören soll, muß der Lotse die schriftlichen Erklärungen sammeln und vernichten.

Der Lotsenbetrieb wird auch eingerichtet, wenn auf eingleisigen Strecken mit Zugstab-, Tafel- oder Zugstab- und Fahrscheinbetrieb die Einrichtungen in Unordnung sind.

g) Bemerkenswerte Schnell- und Sonderzugfahrten.

Im Jahre 1903 fanden mehrere Zugfahrten statt, die namentlich wegen der erreichten Gechwindigkeiten, der Lokomotivleistungen und der Länge der ohne Aufenthalt durchfahrenen Strecken bemerkenswert erscheinen. Bemerkenswerte Lokomotivleistungen waren beispielsweise bei der Caledonianbahn zu verzeichnen.

Die Gesellschaft hatte damals zwei neue Lokomotiven Nr. 49 und 50 mit Schlepptender hergestellt, die betriebsfähig mit Tender 130 t wogen und daher die schwersten englischen Personenzuglokomotiven waren.[1]) Die Lokomotiven haben drei gekuppelte Achsen, ein führendes Drehgestell und einen vierachsigen Schlepptender. Ihre Hauptabmessungen und Konstruktionsverhältnisse sind wie folgt:

Zylinder:	Durchmesser	0,533	m
	Kolbenhub	0,660	„
Räder:	Drehgestell, Durchmesser	1,067	„
	Triebräder	1,981	„
Kessel:	Höhe der Mittellinie über S.-O.	2,591	„
	Länge	5,295	„
	Durchmesser	1,651	„
Feuerkiste:	Länge	2,591	„
	Breite unten	1,219	„
	Tiefe von Mitte des Kessels vorn	1,600	„
	„ „ „ „ „ hinten	1,143	„
Feuerrohre:	Anzahl	270	
	Länge	5,258	„
	Durchmesser 257 = 0,044 und 13 = 0,063 m		
Heizfläche:	Rohre	209,5	qm
	Feuerkiste	13,5	„
	zusammen	223,0	qm
	Rostfläche	2,4	qm
	Dampfdruck	14	Atm.
	Zugkraft	10000	kg
Aufnahmefähigkeit des Tenders:			
	Wasser	22717	l
	Kohlen	6	t
Achsdruck:	Triebachsen	18,7	„
	Drehgestellachsen	9,1	„
Gewicht der Lokomotive betriebsfähig		75	„
Gewicht des Tenders betriebsfähig		55	„
Preis der Lokomotive mit Tender		62000	M.

[1]) „Engineering" vom 18. September 1903.

Die Caledonianlokomotiven Nr. 49 und 50 haben im Sommer 1903 Schnellzüge von rund 390 t Gewicht hinter dem Tender — die schwersten Schnellzüge, die damals in England im regelmäßigen Betriebe gefahren wurden — auf der 165 km langen Strecke Glasgow-Carlisle, die außerordentlich ungünstige Steigungsverhältnisse hat, ohne Vorspann in 2 Stunden 15 Minuten, also mit 73,3 km/Std. Reisegeschwindigkeit befördert. Man hat es in England von jeher möglichst vermieden, Züge mit Vorspannlokomotiven zu fahren, weil dies nicht für wirtschaftlich gehalten wird und auch im Interesse der Betriebssicherheit nicht erwünscht erscheint. Die meisten Züge mit zwei Lokomotiven fährt die London and North Western-Bahn. Da die führende Lokomotive viel Staub aufwirbelt, glaubt man, daß das Fahren mit Vorspannlokomotive eine der Ursachen ist, weshalb bei dieser Bahn so viele Achsen heiß laufen.

Während einer Fahrt auf der Caledonianbahn mit dem sogenannten Nachmittags-Durchgangszug mit Speisewagen, der Glasgow 2 Uhr nachmittags verläßt, waren die Verhältnisse wie folgt: Der mit der oben beschriebenen Lokomotive Nr. 49 bespannte Zug war aus Speisewagen von je 42 t Gewicht und aus Durchgangswagen von je 27,5 t Gewicht zusammengesetzt. Gesamtgewicht 390 bis 395 t. Von Glasgow nach Uddingston (22,5 km) wurde die Geschwindigkeit nach und nach auf 85,3 km/Std. gesteigert. Dann begann der Aufstieg nach Braidwood, etwa 24 km, durchweg in der Steigung von rund 1:100 liegend. Der Zug kam mit etwa 45 km/Std. Geschwindigkeit oben an. Auf der nun folgenden 8 km langen Gefällstrecke nach Carstairs wurde mit 97 km/Std. gefahren. Dann folgte wieder eine 38 km lange Strecke mit anhaltenden Steigungen zwischen 1:100 und 1:300, die in 34 Minuten durchfahren wurde, trotz zweimaligen Haltens vor Signalen, so daß der höchste Punkt der Strecke bei Beattock mit 50 km/Std. Geschwindigkeit erreicht wurde. Der Abstieg nach Carlisle erfolgte dann mit Geschwindigkeiten bis zu 127 km/Std. Auf einer 13 km langen Strecke im Gefälle von 1:200 wurde anfangs mit 120 km, dann mit 127 km/Std. gefahren. Der abends zwischen Carlisle und Glasgow verkehrende Gegenzug hat eine planmäßige Fahrzeit von 2 Stunden 7 Minuten. An dem Tage, an dem die Beobachtungen gemacht wurden, wurde die erste, 6,5 km von Carlisle entfernte Station in 6 Minuten erreicht und mit 96 km/Std. Geschwindigkeit durchfahren. Dann steigerte sich die Geschwindigkeit bis kurz vor Gretna Green auf rund 103 km und die folgende Steigung von 1:200 auf 13 km wurde mit einer geringsten Geschwindigkeit von 75 km/Std. genommen. Zwischen Kilometer 35 und 46 ist eine Gefällstrecke von 1:530, auf der mit 112 km/Std. gefahren wurde. Dann wurde die mit wechselnder Steigung von 1:165 bis 1:205 angelegte Strecke bis Beattock mit 85 bis 90 km/Std. Geschwindigkeit zurückgelegt. Hinter Beattock beginnt der Aufstieg zum höchsten Punkt der Strecke, 16 km, mit Steigungen von 1:75 bis 1:88. Die Steigung wird in der Regel ohne Schiebelokomotive genommen. Da aber der in Rede stehende Zug 3 Minuten zu spät von Carlisle abgefahren war, die bis Beattock nicht eingeholt worden waren, und man großen Wert auf pünktliche Ankunft in Glasgow legte, wurde in Beattock für die Fahrt auf den Gipfel eine Schiebelokomotive hinter den Zug gesetzt. Die 64 km von Carlisle nach Beattock waren trotz einer Steigung von 1:200 auf 26 km in $44^1/_2$ Minuten zurückgelegt, was einer durchschnittlichen Reisegeschwindigkeit von rund 86 km/Std. entspricht. Mit Hilfe der Schiebelokomotive wurden die 16 km Steigung von 1:75 bis 1:88 von Beattock bis zum Gipfel bequem in $18^1/_2$ Minuten genommen. Dann erfolgte der Abstieg mit einer Höchstgeschwindigkeit von 120 km/Std. Die Ankunft in Glasgow fand 2 Minuten vor der fahrplanmäßigen Ankunftszeit statt. Die Fahrzeit war also 2 Stunden 1 Minute, Reisegeschwindigkeit 81,8 km/Std. Da ein Teil des Zuges in Strawford abgetrennt worden war, betrug das Zuggewicht auf den letzten 55 km nur noch 280 statt 390 t. Der Zug wurde unterwegs zweimal durch Haltsignale aufgehalten. Wenn man die dadurch verlorene Zeit und den Aufenthalt in Beattock und Strawford abrechnet, beträgt die reine Fahrzeit nur 1 Stunde 50 Minuten, was $\frac{165 \cdot 60}{110} = 90$ km stündlich ausmacht.

Ein anderer Schnellzug mit den Lokomotiven Nr. 49 und 50 zwischen Glasgow und Carlisle hatte eine planmäßige Fahrzeit von 2 Stunden 10 Minuten einschließlich eines Aufenthalts von 8 Minuten in Carstairs zum Anhängen der Wagen von Edinburgh. Durchschnittliche Geschwindigkeit daher $\frac{165 \cdot 60}{130 - 8} = 81{,}1$ km/Std. Von Carstairs bis Carlisle war die durchschnittliche Fahrgeschwindigkeit trotz der starken Steigungen bei Beattock (38 km 1:100 bis 1:300) 88,5 km/Std. Zuggewicht bis Carstairs 280 t, von Carstairs bis Carlisle 385 t.

Von jeher suchten die Great Western- und die London and South Westernbahn sich den Personenverkehr von London nach Exeter streitig zu machen. Die Linie der Great Western war 1906 rund 312 km, die der London and South Western nur rund 276 km lang. Die London and South Western hat aber mehr Steigungen zu überwinden, so daß die virtuellen Längen beider Linien nahezu gleich sein mögen. Bis zum Jahre 1902 betrug die Fahrzeit auf der Great Western 3 Stunden 35 Minuten, die Fahrzeit auf der London and South Western 3 Stunden 30 Minuten, und man nahm an, daß hiermit die untere Grenze erreicht sei. Da kam Anfang Juni 1903 die London and South Western-Bahn mit einem neuen Fahrplan heraus, der die Fahrzeit noch beträchtlich, und zwar um volle 15 Minuten abkürzte, so daß die Reisegeschwindigkeit zwischen London und Exeter auf der London and South Western-Bahn $\frac{276 \cdot 60}{3 \cdot 60 + 15} =$ rund 85 km/Std. betrug. Der Zug hielt einmal in Salisbury, etwa in der Mitte zwischen London und Exeter. Die Reisegeschwindigkeit von 85 km/Std. wäre an sich nicht außergewöhnlich, sie wird es erst durch die zu überwindenden Steigungen. Von London nach Salisbury steigt die Strecke an zwei Stellen auf 18 und 15 km 1:300, ferner auf 8 km 1:165. Dann folgen hinter Salisbury 29 km Steigung von 1:115, 1:144 und 1:160, ferner 1,6 km 1:80 und 2,5 km 1:100, nochmals 5 km 1:80 und 11 km 1:70 bis 1:80, bis bei Honiton der höchste Punkt erreicht ist. In der umgekehrten Richtung liegen 30 km in starker Steigung zwischen Exeter und Honiton. Der erste am 2. Juni 1903 nach dem neuen Fahrplan abgelassene Zug wurde bis Salisbury von der neuen Schnellzuglokomotive Nr. 311 der London and South Western-Bahn gefahren. Die Lokomotive hat zwei gekuppelte Triebachsen mit Triebrädern von 2 m Durchmesser, ein führendes Drehgestell und vierachsige Drehgestelltender. Zylinderdurchmesser 0,66 m; Heizfläche 139,3 qm. Dampfdruck 12,3 Atm. Der Zug war nicht schwer, da er nur aus sechs Drehgestell-Durchgangswagen mit 150 Fahrgästen bestand. Das Gewicht hinter dem Tender betrug etwa 155 t. Die ganze Strecke bis Exeter wurde in 3 Stunden 13 Minuten zurückgelegt. In Salisbury wurde 9 Minuten gehalten, weil der Zug zu früh ankam und Anschlüsse abzuwarten hatte. 3 Minuten waren unterwegs durch Langsamfahren auf einer im Umbau begriffenen Strecke verloren, so daß die reine Fahrzeit 3 Stunden und 1 Minute betrug. Wenn man davon noch 4 Minuten für An- und Abfahren in Salisbury abrechnet, beträgt die reine Fahrzeit nur 2 Stunden 57 Minuten, was bei 276 km Entfernung $\frac{276 \cdot 60}{2 \cdot 60 + 57} = 93{,}6$ km/Std. ausmacht, jedenfalls mit Rücksicht auf die ungünstigen Streckenverhältnisse eine gute Leistung.

Unter den Sonderzugfahrten des Jahres 1903 verdient an erster Stelle die Reise des Prinzen und der Prinzessin von Wales von London nach Plymouth über Exeter auf der Great Western-Bahn am 14. Juli genannt zu werden. Die Streckenverhältnisse sind bis Exeter günstig, wie bereits erwähnt. Von London nach Swindon, Kilometer 124,3, durchweg schwache Steigung, im ganzen etwa 90 m. Dann allmähliches Fallen nach Bristol, Kilometer 191. Darauf nahezu wagerecht bis Taunton, Kilometer 262, weiter Steigen bis Burlescombe, Kilometer 280, durchweg 1:200 bis 1:600, mit Ausnahme zweier kurzer Strecken von 1,5 bis 2 km Länge mit 1:80 und 1:90. Dann bei Exeter, Kilometer 312, und darüber hinaus bis Kilometer 359 nahezu wagerecht mit Ausnahme einiger kurzer Strecken von wenig mehr als je 1 km, die mit 1:43 bis 1:97 steigen. Zwischen Kilometer 359 und Plymouth, Kilometer 396, ist noch eine ziemlich beträchtliche Höhe zu ersteigen, die stärksten Neigungen sind hier: 1:51 auf 2 km und 1:90 auf 2,4 km. Der Zug, der außer dem prinzlichen Paar auch andere Reisende mitnahm, war wie folgt zusammengesetzt: Lokomotive Nr. 3433 mit zwei gekuppelten Achsen und führendem Drehgestell, 2,03 m Triebraddurchmesser, innenliegenden Zylindern von $0{,}46 \times 0{,}51$ m, Belpaire-Feuerkiste, 168,9 qm Heizfläche, 12,6 Atm. Dampfdruck. Dienstgewicht mit Tender rund 90 t. Dann ein Salonwagen mit Bremseinrichtungen, ein Wagen mit verschiedenen Klassen, der Königliche Salonwagen, zwei Wagen mit verschiedenen Klassen, alles Durchgangswagen mit je zwei Drehgestellen. Der Zug bestand also nur aus fünf Wagen von je 4 Achsen = 20 Achsen. Das Gewicht war etwa 131 t am Zughaken. Der Zug erreichte Exeter (Kilometer 312) in 2 Stunden 52 Minuten, was einer Reisegeschwindigkeit von $\frac{312 \cdot 60}{2 \cdot 60 + 52} = 109$ km/Std. entspricht. Die 124,3 km bis Swindon mit günstigen Streckenverhältnissen wurden in 1 Stunde 8 Minuten, also mit einer durchschnittlichen Geschwindigkeit von 109,7 km/Std. zurückgelegt. Die ganze Fahrt von London nach Plymouth, 396 km, erforderte 3 Stunden 53 Minuten, die Reisegeschwindigkeit zwischen den beiden Endpunkten war also 102 km/Std. Auf einzelnen Streckenabschnitten sind folgende Geschwindigkeiten zu verzeichnen: Zwischen Slough und Twyford auf 1:1320 Steigung 116 bis 119 km/Std.; vor Reading auf 1:1320 fallen 122 km/Std.; bei Dideot auf 1:1508 Neigung 124 km/Std.; auf der über 30 km langen, nahezu wagerechten Strecke zwischen Nailsea und Durston, 128,7 km, 131,7 km/Std. und 134,7 km/Std. Die größte Geschwindigkeit im Gefälle war 140,6 km/Std. Dem Vernehmen nach soll auf der Great Western-Bahn auf geraden Gefällstrecken schon öfter mit 140 km/Std. und sogar noch mit einer etwas größeren Geschwindigkeit gefahren worden sein. Glaubhaft ist dies wohl; denn dem Lokomotivführer werden, wie erwähnt, keine Vorschriften über die größte Geschwindigkeit gemacht. Wenn der Oberbau daher stark genug ist, was auf den Hauptstrecken meistens zutrifft, und die Lokomotive für die große Geschwindigkeit gebaut ist, steht der Anwendung so großer Geschwindigkeiten nichts entgegen. Auf den englischen Bahnen hat man wiederholt die Beobachtung gemacht, daß die Züge bei den großen Geschwindigkeiten von 130 bis 140 km/Std. ruhiger liefen als bei den mittleren Geschwindigkeiten von 90 km/Std., so daß die Reisenden in den meisten Fällen sich der ungewöhnlich hohen Geschwindigkeit kaum bewußt werden. Während der Fahrt des prinzlichen Sonderzuges wurde dreimal Wasser genommen, ohne anzuhalten. Das Wetter war gut, das Gleis trocken.

Die London, Brighton and South Coast-Bahn hat am 26. Juli 1903 eine bemerkenswerte Sonderzugfahrt von London (Victoria) nach Brighton gemacht. Die Streckenverhältnisse sind günstig, die Steigungen mit wenigen Ausnahmen 1:200 oder flacher. Der Zug bestand aus fünf Pullmanwagen im Gewicht von rund 131 t. Er wurde gezogen durch die Lokomotive Nr. 70 mit zwei gekuppelten Achsen und führendem Drehgestell. Triebraddurchmesser 2,06 m. Abmessungen der Zylinder 0,46 × 0,66 m. Heizfläche 157,9 qm. Dampfdruck 12,6 Atm. Der Zug hat bei ungünstigem Wetter die Strecke von London nach Brighton in $48^3/_4$ Minuten mit 102 km/Std. Reisegeschwindigkeit zurückgelegt. Auf Gefällstrecken wurden auch hier wiederholt große Geschwindigkeiten angewandt. Mit 129 km/Std. fuhr man eine beträchtliche Strecke. Dann stellten zwei Beobachter unabhängig voneinander auf 0,5 km eine Geschwindigkeit von 145 km/Std. fest. Die Witterungsverhältnisse waren nicht besonders günstig, die Schienen etwas feucht.

Um lange Strecken ohne Aufenthalt durchfahren zu können, hatten 1903 mehrere Eisenbahngesellschaften neue Anlagen zum Wassernehmen während der Fahrt hergestellt. So die Midlandbahn bei Oakley, Bedford, Malton Mowbray und Loughborough, die Great Centralbahn bei Charwelton. Im regelmäßigen Betriebe waren 1903 einige der längsten ohne Aufenthalt durchfahrenen Strecken über 200 km:

1. von London nach Exeter, 312 km, auf der Great Westernbahn;
2. von Wigan nach Willesden, 303,5 km, auf der London and North Westernbahn;
3. von Wakefield nach London (Kings Cross), 282,8 km, auf der Great Northernbahn;
4. von London (Marylebone) nach Sheffield, 265 km, auf der Great Centralbahn;
5. von London (Euston) nach Crewe, 253 km, auf der London and North Westernbahn;
6. von London (Kings Cross) nach Doncaster, 251 km, auf der Great Northernbahn;
7. von N. Walsham nach London, 209,2 km, auf der Great Easternbahn;
8. von Newcastle nach Edinburgh, 200,4 km, auf der North Easternbahn.

Berechtigtes Aufsehen hat im Sommer 1903 die Sonderzugfahrt der Mitglieder des Internationalen Telegraphenkongresses von London nach Carlisle auf der London and North Westernbahn erregt, wobei 481,6 km ohne Aufenthalt zurückgelegt wurden. Bereits im Jahre 1895 hat die Verwaltung der London and North Westernbahn diese Strecke ohne Aufenthalt durchfahren, sogar in etwas kürzerer Zeit, als in diesem Jahre, aber mit einem leichteren Zuge. Der am 19. Juni d. J. abgelassene Sonderzug war aus zwei Lokomotiven mit Schlepptender im Gesamtgewicht von 171 t, zehn Speisewagen und zwei Gepäckwagen von 427 t Gewicht zusammengesetzt. Die aus 200 Reisenden, 30 Wärtern und 2 Schaffnern, dem Gepäck und den Lebensmitteln bestehende Belastung wurde zu 25 t geschätzt, so daß die beiden Lokomotiven 452 t Zuggewicht hinter sich hatten. (Im Jahre 1895 wurde mit einer Lokomotive 114 t Zuggewicht befördert.) Der Zug hat die Strecke in 5 Stunden 58 Minuten, also 80,7 km/Std. Reisegeschwindigkeit ohne Aufenthalt zurückgelegt. Die Streckenverhältnisse sind im ganzen nicht ungünstig, nur bei der Ausfahrt aus London ist gleich eine Steigung von 1:75 und vor Carlisle gleichfalls eine stärkere Steigung zu überwinden.

Zu den längeren Fahrten ohne Aufenthalt gehört auch die obengenannte Reise des Prinzen und der Prinzessin von Wales von London nach Plymouth, 396 km. Ein am 8. Oktober 1903 von der London and North Western- und der Caledonian-Bahn gestellter Königlicher Sonderzug von 236 t Gewicht (ohne die beiden Lokomotiven) hat die 869 km von Aberdeen nach London (Euston) mit nur zweimaligem Anhalten (in Ferryhill und Carlisle) zurückgelegt.

Derartige längere Fahrten ohne Aufenthalt kommen in England neben einer mäßigen Steigerung der Fahrgeschwindigkeit mehr und mehr in Aufnahme, um die Reisezeit zwischen wichtigen Verkehrsmittelpunkten abzukürzen. Vielfach dürften hierbei der Wettbewerb und die Sucht, durch einzelne Bravourstücke auf die große Menge einzuwirken, die Triebfeder sein; denn zur Befriedigung der Verkehrsbedürfnisse ist der Minutenkrieg, den man teilweise führt, kaum nötig. Wenn der Unbeteiligte die Zugförderungskosten solcher Fahrten auch kaum erfährt, man sich auch vielleicht in den beteiligten Kreisen darüber keine genaue Rechenschaft gibt, so ist doch wohl nicht zu bezweifeln, daß derartige Betriebsleistungen höchst unwirtschaftlich sind. In den Kreisen der englischen Betriebstechniker, soweit sie unmittelbar für die Wirtschaftsführung verantwortlich sind, steht man diesem Treiben daher nicht besonders wohlwollend gegenüber. Selbst wenn man über die hohen Zugförderungskosten, die starke Inanspruchnahme des Oberbaues bei hoher Geschwindigkeit, die größere Abnutzung der Fahrzeuge, das Mitschleppen einer großen Kohlenmenge und anderes hinwegsehen wollte, da aus Wettbewerbsrücksichten gewisse Opfer gebracht werden müssen, bliebe noch immer die G e f a h r bestehen, die in der Überanstrengung des Lokomotivpersonals bei so langen Schnellfahrten liegt. Wenn der Lokomotivführer während sechs Stunden aufmerksam die Lokomotive bedienen und auf die Signale und die Vorgänge auf der Strecke achten muß, der Heizer aber in dieser Zeit etwa 5 t Kohlen in die Feuerkiste zu schaufeln hat, so heißt das entschieden die Leistungsfähigkeit auf eine zu harte Probe stellen. Die Betriebstechniker glauben wohl mit Recht, daß vier Stunden ununterbrochener Fahrt das Höchste ist, was man e i n e m Lokomotivpersonal zumuten kann. Für eine etwaige doppelte Besetzung fehlt es aber auf den englischen Lokomotiven an Platz, weil man ihnen wegen der engen Begrenzung des lichten Raumes keine allzu großen Abmessungen geben kann. Sollten so lange ununterbrochene Fahrten mehr zur Regel werden, so wird man vielleicht den Schwierigkeiten, die in der Unterhaltung des Feuers während der Fahrt liegen, durch die Verwendung flüssiger Brennstoffe auszuweichen suchen müssen.

C. Der Verkehr auf den Eisenbahnen.

a) Personenverkehr.

Von der etwa 2 Milliarden Mark betragenden Gesamteinnahme der englischen Eisenbahnen aus der Personen- und Güterbeförderung kommen etwa 47 % auf den Personenverkehr und 53 % auf den Güterverkehr. Die Leistung an Zugkilometern beträgt bei den Personenzügen etwa 390 Millionen, den Güterzügen dagegen nur 250 Millionen; gemischte Züge werden in England nicht häufig gefahren, denn auf sie entfallen nur etwa 3 Millionen Zugkilometer. Nach Vorstehendem müßte der Güterverkehr ganz besonders lohnend sein gegenüber dem Personenverkehr, weil er bei einer geringeren Zahl der gefahrenen Zugkilometer eine höhere Einnahme bringt. In Wirklichkeit ist das Verhältnis nicht so günstig, wie es nach diesen Zahlen den Anschein hat, weil der größere Gewinn bei der Beförderung der Güter zum Teil durch die Kosten für ihre Behandlung auf den Abgang- und Ankunftstationen, ihre An- und Abfuhr und Aufspeicherung wieder aufgezehrt wird, wogegen die Einrichtungen für den Zu- und Abgang der Personen bei den geringen Ansprüchen, die man in England an die Bequemlichkeiten auf den Bahnhöfen zu stellen pflegt, sehr einfach sein können und wenig Betriebskosten verursachen. Immerhin werden aus dem Güterverkehr die größten Reineinnahmen erzielt, man ist sogar vielfach der Ansicht, daß am Personenverkehr überhaupt nichts verdient wird. Dieser Ansicht hat schon vor mehr als 20 Jahren der damalige Generalverwalter der London and North Western-Eisenbahngesellschaft, Sir George Findlay, Ausdruck gegeben, der auf Grund umfangreicher Ermittelungen behauptete, daß schon damals der Reingewinn aus dem Personenverkehr erheblich heruntergegangen sei und noch fortwährend weiter heruntergehe. Seitdem sind die Verhältnisse nicht besser geworden. Wenn es auch unmöglich ist, die Selbstkosten für die einzelnen Zweige eines Eisenbahnunternehmens anzugeben, so verdienen derartige Behauptungen eines bewährten Fachmannes doch Beachtung.

Bekanntlich werden in England keine Aufzeichnungen über die gefahrenen Personenkilometer oder Gütertonnenkilometer veröffentlicht, so daß es schlechterdings unmöglich ist, die wirklichen Leistungen anzugeben. Derartigen Aufzeichnungen wird in England wenig Wert beigelegt, weil sie nach englischer Anschauung von geringem Nutzen sind, insofern als es sich bei ihrer Aufstellung nur um Durchschnittswerte handeln kann, die teilweise auf Grund von Schätzungen gewonnen sind und für keine einzige Einzelleistung die tatsächlichen Kosten nachweisen. Die englischen Eisenbahngesellschaften behaupten, mit den Aufzeichnungen über die Personen- und Güterbeförderung, die lediglich zur Ermittlung gewisser Durchschnittswerte dienen sollen, nichts anfangen zu können und sparen daher die Mühe, sie zu machen. Eine Ausnahme bildet die North Eastern-Eisenbahngesellschaft, die statistische Aufzeichnungen über den Verkehr machen läßt, wie sie auf dem Festlande und in den Vereinigten Staaten üblich sind. Die anderen Gesellschaften begnügen sich damit, durch einzelne Aufzeichnungen fortlaufend die Verkehrsschwankungen und ihre Ursachen klarzustellen, um sich dem Verkehr tunlichst schnell anzupassen, bevor die Verhältnisse sich wieder geändert haben, was nach Abschluß der Ermittelungen einer regelrechten Statistik vielleicht der Fall ist. Da viele von den statistischen Ermittelungen aus Wettbewerbsrücksichten geheim gehalten werden, ist es für den Fernstehenden schwer, einen Einblick in die tatsächlichen Verkehrsverhältnisse der einzelnen Bahngesellschaften zu gewinnen.

Die Zahl der Einzelreisen im Personenverkehr der englischen Bahnen wird im Jahre auf 1200 Millionen geschätzt, eine genaue Zahl kann nicht angegeben werden, weil man die Zahl der Reisen der Zeitkarteninhaber nicht kennt. Das Verhältnis der Benutzung der drei Wagenklassen ist etwa 1:2:29, d. h. auf einen Reisenden I. Klasse kommen 2 II. und 29 III. Klasse. Während die normalen Tarife für die drei Klassen durchschnittlich $1^3/_4\,{}^d$/Meile = 9,3 Pf./km in I. Klasse, $1^1/_4\,{}^d$/Meile = 6,64 Pf./km in II. Klasse und 1^d/Meile = 5,33 Pf./km in III. Klasse angenommen werden können, sind die wirklichen Einnahmen wegen der vielen Ermäßigungen auf Zeitkarten, Arbeiter-, Soldaten-, Touristen- und Wochenendkarten wesentlich geringer, sie können im Durchschnitt für alle Klassen auf $^1/_2$ — $^3/_4\,{}^d$/Meile oder 2,7 — 4,0 Pf./km geschätzt werden. Das Parlament hat den englischen Eisenbahngesellschaften im allgemeinen so hohe Tarifsätze bewilligt, daß sie aus Geschäftsrücksichten kaum noch erhoben werden können. Nur im Arbeiterverkehr sind die bewilligten Höchstsätze sehr niedrig, so daß die Eisenbahngesellschaften nicht unter sie hinabgehen können. Die niedrigen Tarife im Arbeiterverkehr haben neuerdings den Vorortverkehr der Arbeiter so gehoben, daß seine Bewältigung nachgerade ernste Schwierigkeiten verursacht, weil er große Unbequemlichkeiten für den Betrieb in sich birgt, ohne Aussicht auf Gewinn zu bieten. Bei einigen Gesellschaften ist infolge der niedrigen Tarifsätze der Arbeiterverkehr dermaßen gestiegen und auf bestimmte Tageszeiten zusammengedrängt worden, daß die Betriebseinrichtungen sich fortwährend als ungenügend erweisen. Der Great Eastern-Eisenbahngesellschaft, die auf ihren in und bei London liegenden Linien einen dichten Personenverkehr hat, sind beispielsweise für die Beseitigung von Arbeiterwohnungen auf dem für den Bahnhof Liverpool Street-Station in Anspruch genommenen Gelände vom Parlament und der Eisenbahn-Kommission (Railway Commissioners) recht harte Tarifauflagen gemacht worden. Im Jahre 1899 wurde die Gesellschaft gezwungen, für eine Anzahl von Entfernungen Arbeiter-Rückfahrkarten zu 3^d = rd. 25 Pf. für alle Züge auszugeben, die zwischen 7 und 7^{30} morgens auf Liverpool Street-Station ankommen, während für die Züge zwischen 7^{30} und 8 Uhr morgens die bis dahin verausgabten Arbeiterfahrkarten zu halben Preisen und einem Minimalpreise von 34 Pf. gültig blieben, mit Ausnahme der Station Edmanton, von der zwei Arbeiter-Sonderzüge zu 25 Pf. für die Rückfahrkarte auch zwischen 7^{30} und 8 Uhr gefahren werden müssen. Um den durch diese Tarifmaßnahme so außerordentlich angewachsenen Vorortverkehr bewältigen zu können, hat die Great Eastern-Gesellschaft zu verschiedenen Mitteln greifen müssen, unter denen die Verbreiterung von Wagen, die Verlängerung von Bahnsteigen und die Einführung stärkerer Lokomotiven mit 4 Millionen Mark Gesamtkosten obenan stehen. Durch die Verbreiterung der Wagen ist es möglich geworden, zu gewissen Tageszeiten Züge mit 15 Wagen III. Klasse zu fahren, die 852 Sitzplätze haben. Mit diesen Zügen können in einer Stunde 11000 Fahrgäste auf Sitzplätzen befördert werden, eine Zahl, die auf 13000 gestiegen ist, seitdem die Bahnsteige verlängert worden sind. Die Vorortzüge fahren in England niemals nach starren Fahrplänen, sondern als langsam und schnellfahrende Züge durcheinander. Die langsam fahrenden Züge halten gewöhnlich auf allen Stationen, die schnellfahrenden nur auf einzelnen wichtigen Stationen, um dann gewöhnlich in die weitere Umgebung der Großstädte hinauszufahren. In London sind vielfach vier Vorortgleise vorhanden, zwei für langsamfahrende Züge, zwei für Schnellzüge, beispielsweise auf der Great Eastern-Bahn in der Nähe von Liverpool Street-Station in London. Trotz aller Bemühungen der Aufsichtsbehörden ist es unmöglich gewesen, im Arbeiterverkehr der Überfüllung der Züge vorzubeugen, hauptsächlich wegen der unausrottbaren Gewohnheit, die letzten Züge zu benutzen, die zu ermäßigten Preisen fahren, anstatt sich gleichmäßig über die Züge zu verteilen. Die Zeiten starken Verkehrs auf den Londoner Vorortbahnen sind 6 bis 10 vormittags und 5—9 nachmittags, am stärksten ist der Verkehr zwischen 8 und 10 Uhr vormittags und 5—7 Uhr nachmittags, den sog. „rush hours". Es ist nachgewiesen, daß die Great Eastern-Eisenbahngesellschaft von 6—10 vormittags und 5—9 nachmittags auf ihren Linien von Edmanton und Walthamstow, auf denen der Arbeiterverkehr besonders groß ist, im ganzen mit 24000 Leerplätzen fährt und doch wegen der Bevorzugung bestimmter Züge täglich ganz bedeutende Überfüllungen vorkommen. Einzelne Reisende sind so erpicht darauf, als erste die Bahnsteigschranken auf der Ankunftstation zu durchschreiten, daß sie lieber in gänzlich überfüllten Abteilungen vorne im Zuge stehen als sich auf Leerplätze hinten im Zuge setzen. Dieses Zusammendrängen des Verkehrs ist natürlich sehr unwirtschaftlich: Die morgens und abends zur äußersten Leistungsfähigkeit angespannten Kräfte und Fahrzeuge können während der übrigen Tageszeiten nicht voll ausgenutzt werden. Aus diesen Gründen nimmt man an, daß der Arbeiterverkehr mindestens ebenso hohe Betriebsausgaben verursacht als der übrige Personenverkehr, obgleich die Einrichtungen zu seiner Bewältigung einfacher sein können. Wenn man bedenkt, daß das Fahrgeld in diesen Arbeiterzügen bisweilen nur $^1/_6$ des gewöhnlichen Tarifsatzes III. Klasse beträgt, ergibt sich die geringe Wirtschaftlichkeit des Arbeiterverkehrs von selbst.

Die bei der Great Eastern-Gesellschaft im Arbeiterverkehr vorhandenen Schwierigkeiten, die namentlich darin bestehen, daß eine große, noch stetig wachsende Anzahl von Reisenden täglich auf denselben Linien in verhältnismäßig kurzer Zeit befördert sein wollen, kommen natürlich auch bei anderen Gesellschaften vor. Denn alle haben darnach gestrebt, ihren Hauptlinien außer dem Fernverkehr auch Vorortverkehr zuzuführen, um die zwischen den Fernzügen liegenden Pausen durch Einlegung von Vorortzügen auszufüllen. Es erschien ihnen noch immer vorteilhafter, in diesen Pausen Vorortreisende zu verhältnismäßig niedrigen Tarifsätzen, wie die Sätze der Zeitkarten es sind, zu befördern, als den Fuhrpark brach liegen zu lassen. Solange der Vorortverkehr dann auf den Ferngleisen mit bewältigt werden konnte, lohnte er sich noch insofern, als eine bessere Ausnutzung vorhandener Anlagen und Einrichtungen möglich war. Die Eisenbahngesellschaften sind aber nicht in der Lage, das Anwachsen des Vorortverkehrs zu regeln. Die besseren Verkehrsgelegenheiten schaffen neuen Verkehr, bald ist der Zeitpunkt erreicht, wo die Ferngleise und Endbahnhöfe den Vorortverkehr nicht mehr aufnehmen können und zur Verdoppelung der Gleispaare sowie zur Erweiterung der Bahnhöfe geschritten werden muß. Nun beginnt mit den großen Bauschwierigkeiten die Unrentabilität des Vorortverkehrs, man ist gezwungen, zu seiner Bewältigung große Anlagekosten aufzuwenden, ohne die Tarifsätze erhöhen zu können. Der Vorortverkehr, der ursprünglich nur ein Anhängsel an den Fernverkehr war, wird diesem ebenbürtig oder gar überlegen, verlangt besondere Maßnahmen im Betriebe, ohne einen entsprechenden Reingewinn abzuwerfen. Es ist daher zweifelhaft, ob eine Gesellschaft mit gutem Fernverkehr überhaupt mit dem Vorortverkehr anfangen soll. Die Great Central-Gesellschaft, die bis zum Jahre 1906 keinen Vorortverkehr auf ihrer Londoner Hauptlinie hatte, hat allerdings durch ein Abkommen mit der Great Western-Gesellschaft, das zum Bau einer neuen Gemeinschaftslinie bei London geführt hat (Great Central and Great Western Joint Line), nicht hiernach gehandelt, sondern neuerdings Vorortverkehr an sich gezogen. Es ist aber zu bedenken, daß die Great Central-Gestllschaft keinen sehr dichten Fernverkehr hat, ihre Anlagen daher noch für längere Zeit zur Bewältigung des neuen Verkehrs ausreichen werden, zum Teil auch sehr erweiterungsfähig sind. Haben die Gesellschaften sich erst einmal auf den Vorortverkehr eingelassen, so gibt es natürlich kein Zurückgehen mehr; daher auch neuerdings die Kämpfe mit den Straßenbahnen und Selbstfahrern, die teils durch Einführung des elektrischen Betriebes und Einstellung von Triebwagen, teils durch Gewährung von niedrigen Zonentarifen ausgefochten werden.

Die englischen Eisenbahngesellschaften sind zwar ursprünglich als Gelderwerbsgesellschaften gegründet, können sich aber von der Verpflichtung, auch der Allgemeinheit zu dienen, schon auf Grund ihres Verhältnisses zum Parlament nicht befreien. Sie haben Leistungen zu vollbringen, die für die Allgemeinheit dringend erforderlich sind, daher auch in manchen anderen Ländern vom Staate übernommen werden (Staatsbahnen). Die im Interesse der Allgemeinheit zu vollbringenden Leistungen sind in einer großen Zahl von Gesetzen niedergelegt, von denen oben schon mehrere erwähnt worden sind. Sehr wichtig für den Personenverkehr sind die Gesetze, betreffend die Verbilligung des Zugverkehrs. (Cheap Train Acts 1884—1893), die den Eisenbahngesellschaften die Verpflichtung auferlegen, eine angemessene und ausreichende Anzahl der Sitzplätze in den Personenzügen zum Preise von höchstens 1 ^{d}/Meile herzugeben, außerdem Arbeiter, Soldaten, Polizisten usw. zu einem noch geringeren Tarifsatze zu befördern. Diese Gesetze haben natürlich zur Verbilligung des Personenverkehrs beigetragen, noch mehr hat dies aber die Erkenntnis getan, daß bessere und billigere Reisegelegenheiten den Verkehr heben und es nicht möglich ist, eine neuzeitliche Eisenbahnanlage mit hochtarifiertem Verkehr allein hinreichend auszunutzen.

Bei der Herstellung der ersten englischen Eisenbahnen teilte man die Reisenden in drei Gesellschaftsklassen (obere, mittlere und untere) ein und führte dementsprechend auch drei Wagenklassen (erste, zweite, dritte) ein. Schnelligkeit und Bequemlichkeit wurde nur in den beiden ersten Klassen gewährt, die Reisenden der dritten Klasse wurden sehr niedrig eingeschätzt, man traute ihrer Zahlungsfähigkeit nicht und hielt dafür, daß ihnen die dürftigsten Einrichtungen genügen mußten. Der nach diesen Gesichtspunkten eingerichtete Personenverkehr war namentlich für die Eisenbahngesellschaften lohnend, die wichtige Hauptstrecken ohne wesentlichen Mitbewerb hatten, es waren in der Regel genügend Reisende da, die zur Erledigung ihrer Geschäfte auf die Benutzung der Bahn angewiesen waren, um die Anlagen und Fahrzeuge voll ausnutzen zu können. Für hohe Einnahmen sorgte man so nebenher noch durch künstliches Hineindrängen der Reisenden in die erste und zweite Klasse. Man stellte nämlich in die schnellfahrenden Züge nur Wagen erster und zweiter Klasse ein und fuhr die Züge, in die man notgedrungen eine dritte Klasse einstellen mußte (parliamentary trains) so langsam, daß ihre Benutzung ungemein erschwert wurde. Beispielsweise fuhr der Parlamentszug mit dritter Klasse von London nach Liverpool im Jahre 1872 volle 11 Stunden, während man heute diese Fahrt in dritter Klasse in 3 Stunden 28 Minuten machen kann. Einige Gesellschaften gingen früher in der schlechten Behandlung der Reisenden dritter Klasse soweit, daß sie bezahlte Leute in unsauberer Kleidung (Schornsteinfeger, Schlächtergesellen) oder Leute mit besonders abstoßenden Angewohnheiten in der dritten Klasse fahren ließen, um den Reisenden diese Klasse zu verleiden. Aber schon zu Anfang der vierziger Jahre waren findige Geschäftsleute wie Thomas Cook und James Allport auf den Gedanken gekommen, daß Eisenbahnreisen nicht nur Mittel zum Zweck (Erledigung von Geschäften usw.), sondern auch reiner Selbstzweck sein könnten, d. h. man reisen könne des Reisens wegen. Aus diesem Gedanken heraus hat sich dann für die Folge der großartige Ausflugverkehr entwickelt, für den die meisten Eisenbahngesellschaften Rückfahrkarten zum Preise der einfachen Fahrkarten ausgeben. Einer der ersten Ausflugzüge verkehrte am 24. August 1840 auf der Midland-Bahn vom Nottingham nach Leicester zum Besuch einer Ausstellung. Er war 70 Wagen stark, mit 2400 Reisenden besetzt, nach damaliger Sitte mit Bannern geschmückt, von Musik begleitet und mit anderen Beigaben versehen, die den nüchtern denkenden Reisenden von heute merkwürdig erscheinen. Die Züge wurden in so ungeheurer Länge gefahren, weil man sich wegen der mangelhaften Signaleinrichtungen fürchtete, sie zu teilen. Heute ist dies anders geworden. Beispielsweise wird der sogenannte Auszug aus Swindon, worunter man den jährlichen großen Ausflug der Beamten und Arbeiter der Great Western-Werkstätten nebst ihren Familien versteht, in der Weise bewerkstelligt, daß man eine größere Zahl von Zügen in Pausen von 10 Minuten abfertigt. Die große Brauerei von Bass & Co. veranstaltet jährlich einen Ausflug von Burton nach Blackpool (145 km), bei dem 1904 nicht weniger als 17 Sonderzüge in so kurzen Pausen abgelassen wurden, daß der erste kaum in Blackpool angekommen war, als der letzte von Burton abfuhr.

Es ist schwer, eine scharfe Grenze zwischen den Personen zu ziehen, die amtlich oder geschäftlich reisen, und den Personen, die zum Vergnügen reisen. Zweifellos sind aber diese beiden Klassen von Reisenden vorhanden. Ebenso falsch, wie es nun vom geschäftlichen Standpunkt ist, dem Reisenden, der reisen muß, mehr an Bequemlichkeit zu bieten, als nach den Fahrpreisen und dem billigerweise zu erzielenden Reingewinn möglich ist, ebenso falsch dürfte es sein, dem Vergnügungsreisenden zu wenig zu bieten oder für das Gebotene zu viel abzufordern. Man glaubt daher in England, daß es richtig sei, zwei Reisemöglichkeiten zu bieten, eine zum gewöhnlichen Fahrpreise mit großer Reisegeschwindigkeit und Bequemlichkeit, eine andere zu ermäßigten Fahrpreisen mit geringeren Darbietungen an Geschwindigkeit und Bequemlichkeit. Auch hält man in gewissen Eisenbahnkreisen Staffeltarife für zweckmäßig. Wenn eine Reisefahrkarte billiger verkauft werde, als zwei einfache Fahrkarten, also für die doppelte Entfernung auf derselben Strecke ein Preisnachlaß gewährt werde, könne ein solcher Preisnachlaß auch für eine größere Entfernung auf verschiedenen Strecken gewährt werden. Diesen Grundsatz hat die Great Western-Gesellschaft neuerdings bei ihrem Personenverkehr zwischen London und Cornwall in die Praxis übertragen.

Auf den englischen Eisenbahnen werden gewöhnlich Edmonsonsche Fahrkarten ausgegeben, von denen jährlich 11 Millionen herzustellen sind. Einige Gesellschaften stellen die Fahrkarten selbst her, die meisten vergeben die Herstellung der Karten oder eines Teiles an Unternehmer. Die Serien werden gewöhnlich von 0000 bis 9999 numeriert. Die Herstellung der Fahrkarten kostet 1,30 bis 1,55 M. das Tausend.

Die Bahnsteigsperre ist in England nicht überall durchgeführt, wenigstens nicht im Fernverkehr, allgemeiner scheint sie im Vorortverkehr zu bestehen. Eine strenge Bahnsteigsperre würde der an persönliche Unabhängigkeit gewöhnte Engländer sich garnicht gefallen lassen. Die Fahrkarten werden vielfach nicht auf der Zielstation, sondern bereits auf der letzten Vorstation abgenommen, auf welcher der Zug hält. Da die Fernzüge bisweilen ziemlich lange Strecken ohne Aufenthalt durchfahren, nimmt man die Karten lange vor der Ankunft ab. Auch bei den Vorortzügen werden die Karten bisweilen auf einer Vorstation abgenommen, um den Abgang der Reisenden auf der Zielstation zu beschleunigen. Beispielsweise läßt die London, Brighton and South Coast-Gesellschaft ihre nach dem Victoriabahnhofe in London fahrenden Vorortzüge sämtlich auf der unmittelbar vor Victoria liegenden Station Grosvenov Road halten, wo die Fahrkarten von dort aufgestellten Fahrkartenabnehmern (ticket collectors) abgefordert werden. Diese Beamten wechseln selten ihren Posten, so daß sie viele Reisende kennen und die Zeitkarteninhaber von den Personen mit Fahrkarten unterscheiden können. Der Aufenthalt, den die Züge zur Abnahme der Fahrkarten nehmen müssen, beträgt zwar einige Minuten, doch wird diese Art der Fahrkartenabnahme einer Abnahme an der Bahnsteigsperre vorgezogen.

Bis Ende der sechziger Jahre waren die Eisenbahngesellschaften sich einig, die Reisenden dritter Klasse als ein notwendiges Übel zu betrachten, das möglichst einzuschränken wäre. Zwar hatten die Reisenden dritter Klasse sich schon damals das in den ersten Tagen des Eisenbahnwesens ihnen versagte Recht erkämpft, in bedeckten Wagen zu fahren, auch hatte das Parlament bestimmt, daß — wie oben erwähnt — auf jeder Bahn in beiden Richtungen täglich mindestens ein Zug mit einer Wagenklasse zum Preise von höchstens 1 penny pro Meile = 5,33 Pf. pro km fahren müsse. Aber abgesehen von diesen als Parlamentszüge (parliamentary trains) bezeichneten Zügen, die auf jeder Station hielten und mit einer Reisegeschwindigkeit von kaum 30 km/Std. fuhren, hatte der Reisende dritter Klasse meistens 6 Pf. zu zahlen, war aber trotzdem von allen besseren Zügen ausgeschlossen. Als aber die Midland-Eisenbahngesellschaft im Jahre 1868 ihre Hauptlinie nach London eröffnete, mußte wegen des scharfen Wettbewerbs mit anderen Gesellschaften auf neue Erleichterungen für den Personenverkehr Bedacht genommen werden. Die Linie war hauptsächlich für den Kohlenverkehr zwischen den aufblühenden Kohlenbezirken von Mittelengland und London gebaut worden; der Personenverkehr wurde als nebensächlich angesehen. Da die Linie einen ertragreichen Güterverkehr hatte, konnte der Personenverkehr nach Ansicht der Gesellschaft zu verhältnismäßig niedrigen Tarifsätzen bewirkt werden. Daher tat die Gesellschaft Anfang der siebziger Jahre zwei Schritte, die die ganze englische Eisenbahnwelt in Aufruhr brachten. 1872 stellte sie die dritte Klasse in alle Züge ein, 1875 schaffte sie die zweite Klasse gänzlich ab, ermäßigte die Fahrpreise erster Klasse auf die der zweiten Klasse und stattete die dritte Klasse wie die zweite aus. Diese Maßregeln haben auf die Erträgnisse des Personenverkehrs der mit der Midland-Gesellschaft in Wettbewerb tretenden anderen Gesellschaften (London and North Western, Great Northern) einen so nachteiligen Einfluß gehabt, daß die Wirkungen hiervon bis heute nicht überwunden worden sind. Diese Gesellschaften haben den Fehler gemacht, auf Antrieb der Midland-Gesellschaft ihre sämtlichen Fahrpreise zu weit herunterzusetzen, hierbei gleichzeitig den Unterschied in der Bequemlichkeit in den verschiedenen Wagenklassen zu sehr zu verwischen, so daß für wenig Geld zu viel geboten wird. Es ist nicht unmöglich, daß sie bei Beschränkung der Tarifermäßigungen auf den Vergnügungsverkehr bessere Geschäfte gemacht hätten als jetzt und der Vorteile teilhaftig geworden wären, die die großartige Verkehrsentwicklung der Neuzeit bei richtiger Tarifbildung in sich birgt. Denn gerade diese Maßnahmen der Midland-Gesellschaft sind der Ausgangspunkt der großartigen Entwicklung des Personenverkehrs der englischen Eisenbahnen der letzten 30 Jahre gewesen, die noch heute anhält und einen beträchtlichen Reingewinn abwerfen würde, wenn nicht seit 1872 die Fahrpreise erheblich gesunken wären. Die dritte Klasse wird seit Anfang der siebziger Jahre in steigendem Maße benutzt und ist die Haupteinnahmequelle im Verkehr geworden, so daß sie bei einem angemessenen Verhältnis zwischen Leistung und Entgelt wohl einen entsprechenden Gewinn abwerfen könnte. Während im Jahre 1871 das Verhältnis der Anzahl der Reisenden erster, zweiter und dritter Klasse zueinander 1 : 2 : 7,5 war, betrug es dreißig Jahre später etwa 1 : 2 : 29.

Obgleich das Zweiklassensystem vor dem Jahre 1875 in Großbritannien nicht gänzlich unbekannt war, indem es schon früher teilweise bei der Caledonian-Eisenbahngesellschaft bestand und die Great North of Scotland - Gesellschaft nie mehr als zwei Klassen gehabt hatte, rief die Weglassung der zweiten Klasse durch die Midland-Gesellschaft doch eine große Bestürzung bei den übrigen Gesellschaften hervor, zumal sie von einer Herabsetzung der Fahrpreise erster Klasse auf $1^1/_2$ ^{d}/Meile = rd. 8 Pf./km begleitet war. Mehrere Wettbewerbsgesellschaften vereinigten sich, um Einspruch zu erheben, aber vergebens. Die Midland-Gesellschaft ließ sich in ihrem Vorhaben nicht beirren, so daß die Einspruch erhebenden Gesellschaften teilweise ihrem Beispiel folgen mußten, wenn sie nicht Verkehr einbüßen wollten. Drei von ihnen und die sämtlichen schottischen Bahnen haben daher auch die zweite Klasse abgeschafft, während die übrigen Gesellschaften sie beibehalten haben. Ausnahmslos ist zurzeit in England und Schottland die dritte Klasse gepolstert, in Irland gibt es dagegen auch ungepolsterte Wagen dritter Klasse. Auf den Bahnen, die drei Klassen führen, ist der Unterschied in der Ausstattung der zweiten und dritten Klasse sehr gering, auf den Bahnen mit zwei Klassen ist der Unterschied in der Ausstattung zwar größer, namentlich auch der jedem Reisenden zugewiesene Raum in der ersten Klasse reichlicher bemessen als in der dritten Klasse, im allgemeinen geht aber die Ansicht dahin, daß der Unterschied in den Fahrpreisen die größere Bequemlichkeit nicht aufwiegt. Nachdem daher auch noch bequem eingerichtete Speisewagen dritter Klasse in viele Züge eingestellt sind, wird die erste Klasse vielfach nur noch benutzt, um allein oder in besserer Gesellschaft zu reisen und mehr Platz zu haben.

Am weitesten in den Darbietungen für die Reisenden dritter Klasse gehen wohl die Great Northern und North Eastern - Gesellschaften. Sie stellen in ihre gemeinsam gefahrenen schottischen Schnellzüge behaglich eingerichtete Speisewagen dritter Klasse ein, die nicht übermäßig besetzt sind und in denen der Reisende die ganze Fahrt von London nach Edinburgh in anständiger Gesellschaft machen kann, ohne zu etwas anderem verpflichtet zu sein, als an den beiden gemeinsamen Mahlzeiten (luncheon und dinner) teilzunehmen, die durchaus preiswert dargeboten werden.

Bekanntlich hatte man bei der Anlage der ersten englischen Eisenbahnen die Absicht, in Anlehnung an den Straßenverkehr nur die Gleise und die Lokomotivkraft zur Verfügung zu stellen, die Bereitstellung der Fahrzeuge aber den Interessenten zu überlassen. Während dies im Güterverkehr auch tatsächlich heute noch in großem Umfange durchgeführt wird, indem auf den englischen Eisenbahnen mehr als 500 000 Privatgüterwagen laufen, sind Privatpersonenwagen kaum noch vorhanden. Auch die Fahrzeuge der Hofzüge sind Eigentum der Gesellschaften, sie werden daher mit Ausnahme der für die Majestäten bestimmten Fahrzeuge an Private vermietet. In der Regel hat jede Eisenbahngesellschaft ihren eigenen Wagenpark, Betriebsmittelgemeinschaften bilden die Ausnahme. Eine solche Betriebsmittelgemeinschaft besteht beispielsweise zwischen der London and North Western - Gesellschaft und der Caledonian - Gesellschaft für den Personenverkehr der sogenannten Westküstenlinie von London nach Schottland (West Coast Joint Stock). Ausnahmen kommen auch vor, wenn eine Eisenbahngesellschaft lediglich als betriebsführende Verwaltung einer andern Gesellschaft auftritt, deren Wagen sie dann auch benutzt.

Bald nachdem die Midland - Gesellschaft im Jahre 1875 die zweite Wagenklasse abgeschafft hatte, führte sie die amerikanischen Pullmann-Wagen in England ein. Diese Wagen sind dort nie beliebt geworden, weil der Engländer nicht das Zusammensein mit vielen Reisenden in einem gemeinsamen Raum liebt, daher Abteilwagen vorzieht. Immerhin läuft auf den Linien der London and South Western, London, Brighton and South Coast und einigen anderen Linien noch eine Anzahl solcher Wagen, die von der Pullmann-Gesellschaft gemietet werden.

Die fortschrittlich gesinnte Midland-Gesellschaft führte im Jahre 1874 eine weitere Neuerung ein — die Drehgestellwagen, die neuerdings eine wichtige Rolle im Schnellzugverkehr spielen, von einigen Gesellschaften, wie der London and North Western-, London, Brighton and South Coast- und der London and South Western-Gesellschaft auch im Lokalverkehr verwandt werden. Diese Wagen, die in England wegen ihres ruhigen Ganges von den Reisenden sehr geschätzt werden, haben leider das auf einen Sitzplatz entfallende Eigengewicht sehr erhöht. Der Anfang der siebziger Jahre übliche Normalwagen dritter Klasse wog nur 10 t und hatte 50 Sitzplätze, also 0,2 t Eigengewicht auf einen Sitzplatz. Fünfzehn Jahre später baute man schon Drehgestellwagen von 18,3 t Eigengewicht mit 70 Sitzplätzen, so daß auf einen Sitzplatz 0,26 t Eigengewicht entfielen. Eine weitere Gewichtsvermehrung ist dann durch die Einrichtung von Aborten und Waschräumen entstanden, die zunächst nur für die erste Klasse eingerichtet wurden, aber aus Wettbewerbsrücksichten auch der zweiten und dritten Klasse nicht lange vorenthalten werden konnten. Im Jahre 1892 wurden die ersten Durchgangszüge in England gefahren, und zwar von der Great Western-Gesellschaft. Gegenwärtig verkehren Durchgangszüge auf allen Hauptschnellzugstrecken. Man nimmt an, daß in den Durchgangszügen die Zahl der Sitzplätze im Verhältnis von 10 : 6 abgenommen, das Eigengewicht für jeden Sitz also in demselben Verhältnis zugenommen hat. Weiterhin hat die Einführung der Durchgangszüge zu einer umfangreichen Einführung von Speisewagen geführt, die zu den schwersten Fahrzeugen der englischen Eisenbahnen zählen. Zurzeit wiegt der normale Durchgangswagen dritter Klasse der Midland-Gesellschaft 25,4 t und hat 36 Sitzplätze, so daß auf jeden Sitzplatz 0,7 t Eigengewicht entfällt, gegen 0,2 t vor etwa 30 Jahren. Die Speisewagen derselben Gesellschaft wiegen über 32,5 t und haben 42 Sitzplätze, was 0,77 t für einen Sitzplatz ausmacht. Die größten Speisewagen dritter Klasse der London and North Western-Gesellschaft wiegen sogar 40,6 t und haben nur 42 Sitzplätze, also 0,97 t Eigengewicht für einen Sitzplatz. Um das Eigengewicht der Züge zu verringern, gestatten mehrere Gesellschaften den Reisenden, die ganze Fahrt im Speisewagen zurückzulegen, wogegen andere, wie die London and North Western- und Caledonian-Gesellschaft, in ihrem schottischen Verkehr die Benutzung der Speisewagen nur zum Einnehmen von Mahlzeiten gestatten. Während daher vor 30 Jahren 200 Reisende dritter Klasse in vier Wagen von London nach Glasgow befördert werden konnten, die einschließlich eines Bremswagens nur 50,8 t wogen, würde man jetzt dazu sechs Durchgangswagen, einen Speisewagen und einen Bremswagen im Gesamtgewicht von 203,2 t gebrauchen, so daß das auf einen Reisenden fallende Eigengewicht sich vervierfacht hat. Das auf einen Reisenden erster Klasse entfallende Eigengewicht ist natürlich noch größer, weil man ihm mehr Raum gewährt. Am ungünstigsten ist das Verhältnis bei neueren Schlafwagen; die 21,2 m langen Schlafwagen der London and North Western-Gesellschaft wiegen 40,6 t und haben nur 11 Schlafplätze, so daß auf jeden Schlafplatz 3,7 t Eigengewicht entfällt. Diese außerordentliche Vergrößerung des Eigengewichtes der Züge hat natürlich die Anforderungen an die Zugkraft gesteigert und, da die Fahrpreise dieselben geblieben oder gar noch gefallen sind, den Reingewinn im Personenverkehr heruntergesetzt. Eine weitere ungünstige Wirkung auf den Reingewinn hat auch die beträchtliche Erhöhung der Fahrgeschwindigkeit gehabt, die seit 30 Jahren in England eingetreten ist. Im Jahre 1872 fuhr der schnellste Zug von London nach Liverpool 201 Meilen in $5^1/_4$ Stunden, also $38^1/_2$ Meile in einer Stunde. Fünfzehn Jahre später war die Entfernung infolge Erbauung der Runcorn-Brücke um 8 Meilen verringert, die Fahrzeit aber auf $4^1/_2$ Stunden herabgesetzt, so daß stündlich 43 Meilen gefahren wurden. In der Neuzeit fährt man auf derselben Linie von London nach Liverpool nur 3 Stunden 55 Minuten, was einer stündlichen Reisegeschwindigkeit von etwa 49 Meilen entspricht. Die Reise von London nach Birmingham (113 Meilen) erforderte 1872 mindestens $3^1/_4$ Stunden, 1888 noch $2^3/_4$ Stunden, seit 1902 nur noch 2 Stunden. Vor 30 Jahren brauchte man für die Reise von London nach Edinburgh wenigstens 11 Stunden, vor 15 Jahren noch $8^1/_2$ Stunden, jetzt kann man mit einem Nachtzuge der Ostküstenstrecke (Great North- und North Eastern-Gesellschaften) in $7^3/_4$ Stunden dorthin fahren.

Die Abkürzung der Fahrzeiten, für die die Zahl der Beispiele noch beträchtlich vermehrt werden könnte, ist in England durch zwei Maßregeln erreicht worden. Erhöhung der Fahrgeschwindigkeit und Wegfall von Aufenthalt auf Zwischenstationen. Namentlich die letztgenannte Maßregel, zu deren Durchführung die auf Seite 87 beschriebenen Wassertröge zum Einnehmen von Wasser während der Fahrt dienen, ist in der Neuzeit wegen des Wettbewerbes und aus Betriebsrücksichten mehr und mehr durchgeführt worden. Nachstehend sind für das Jahr 1905 eine Anzahl von Fahrten ohne Aufenthalt von 100 Meilen (161,8 km) Länge aufwärts bei verschiedenen Gesellschaften zusammengestellt.

Name der Gesellschaft	Strecke	Entfernung km	Anzahl der Fahrten	Kürzeste Fahrzeit	Stündliche Fahrgeschwindigkeit km	Bemerkungen
London and North Western-Gesellschaft 47 Fahrten	London—Liverpool	309,0	2	3 Std. 28 Min.	89,0	
	Wigan—Willesden	303,3	1	3 „ 43 „	81,6	
	London—Stockport	285,6	4	3 „ 18 „	89,0	
	Stafford—Carlisle	266,7	1	3 „ 30 „	76,1	
	London—Crewe	254,3	8	2 „ 54 „	87,5	
	Willesden—Crewe	245,4	1	2 „ 51 „	86,1	
	Crewe—Carlisle	227,7	9	2 „ 40 „	85,3	
	Stoke—Willesden	226,1	1	2 „ 32 „	89,1	
	Euston—Stafford	214,8	4	2 „ 22 „	90,7	
	Stafford—Willesden	206,0	2	2 „ 16 „	90,7	
	Crewe—Penrith	198,3	1	2 „ 26 „	81,4	
	London—Birmingham	181,8	8	2 „ 00 „	90,9	Schnellster Zug der Gesellschaft London—Birmingham
	Crewe—Holyhead	170,2	2	2 „ 3 „	82,9	
	Wigan—Carlisle	169,4	3	2 „ 3 „	82,6	
Great Western-Gesellschaft 35 Fahrten	London—Plymouth	396,0	2	4 Std. 25 Min.	89,6	
	London—Exeter	302,0	4	3 „ 25 „	91,4	
	London—Maiden-Norton	225,0	2	2 „ 39 „	84,8	
	London—Newport	214,6	5	2 „ 33 „	84,0	
	London—Birmingham	208,0	2	2 „ 20 „	89,0	
	Raling—Birmingham	199,0	1	2 „ 13 „	89,7	
	London-Worcester	193,9	4	2 „ 10 „	89,5	
	London—Bristol über Bath	190,5	2	2 „ 00 „	95,3	
	London—Bristol über Badminton	189,3	2	2 „ 00 „	94,6	
	London—Bath	172,0	8	1 „ 48 „	95,6	Schnellster Zug der Gesellschaft London—Bath
	London—Leamington	170,6	3	1 „ 50 „	93,0	

Name der Gesellschaft	Strecke	Entfernung km	Anzahl der Fahrten	Kürzeste Fahrzeit	Stündliche Fahrgeschwindigkeit km	Bemerkungen
Midland-Gesellschaft 16 Fahrten	London—Leeds	316,8	1	3 Std. 45 Min.	84,2	Schnellster Zug der Gesellschaft London—Nottingham
	London—Sheffield	254,9	1	3 „ 4 „	83,0	
	London—Nottingham	198,7	5	2 „ 12 „	90,3	
	London—Trent	192,7	2	2 „ 15 „	85,6	
	Leeds—Carlisle	181,2	5	2 „ 7 „	85,6	
	Sheffield—Heysham	176,5	1	2 „ 18 „	76,8	
	Carlisle—Apperley	169,4	1	2 „ 14 „	75,8	
Great Northern-Gesellschaft 27 Fahrten	London—Wakefield	282,8	1	3 Std. 9 Min.	89,7	Schnellster Zug der Gesellschaft London—Sheffield
	London—Sheffield	260,7	2	2 „ 50 „	91,9	
	London—Doncaster	251,0	5	2 „ 49 „	89,0	
	London—Retford	222,9	1	2 „ 33 „	87,4	
	London— Grantham	169,8	16	1 „ 57 „	87,1	
	London—Finsbury Park—Grantham	165,9	1	2 „ 3 „	75,8	
Great Central-Gesellschaft 6 Fahrten	London—Sheffield	265,2	1	2 Std. 50 Min.	93,5	Schnellster Zug der Gesellschaft London—Leicester
	London-Nottingham	203,6	1	2 „ 14 „	91,1	
	London—Leicester	165,8	4	1 „ 45 „	94,6	
North Eastern-Gesellschaft 13 Fahrten	Newcastle—Edinburgh	204,4	12	2 Std. 22 Min.	84,7	
	Doncaster—Newcastle	181,0	1	2 „ 14 „	81,1	
Great Eastern-Gesellschaft 6 Fahrten	London—Walsham	210,8	2	2 Std. 38 Min.	80,0	Schnellster Zug der Gesellschaft London—Walsham
	London—Janmouth	195,9	2	2 „ 30 „	78,4	
	London—Beccles	175,8	1	2 „ 26 „	72,0	
Caledonian-Gesellschaft 10 Fahrten	Carlisle—Perth	242,6	3	3 Std. 00 Min.	80,6	Schnellster Zug der Gesellschaft Edinburgh—Carlisle
	Carlisle—Stirling	189,5	1	2 „ 40 „	71,0	
	Glasgow—Carlisle	164,6	4	2 „ 5 „	78,9	
	Edinburgh—Carlisle	172,1	2	2 „ 00 „	80,9	
London and South-Western-Gesellschaft 7 Fahrten	Devenport—Templecombe	189,1	1	2 Std. 21 Min.	80,5	Schnellster Zug der Gesellschaft London—Templecombe
	London—Templecombe	180,2	1	1 „ 56 „	93,2	
	London—Bornemouth	173,8	4	2 „ 6 „	82,7	
	London—Christchurch	167,8	1	2 „ 18 „	72,9	

Die angegebenen Züge sind werktäglich während des ganzen Jahres gefahren worden, mit Ausnahme des Zuges London—Maiden-Newton der Great Western-Gesellschaft, der nur vom 15. Juli bis 16. September und nur Sonnabends, ferner des Zuges Paddington—Exter, der erst vom 22. Juli an gefahren worden ist, sowie der Züge London—Beccles der Great Eastern-Gesellschaft, Devonport—Templecombe, London—Templecombe der London and South Western-Gesellschaft, die nur Sonnabends während des ganzen Jahres verkehrt haben. Die Zunahme der Schnelligkeit in der Personenbeförderung wird in gewisser Weise durch nachstehende Tabelle gekennzeichnet, welche die werktäglichen Fahrten ohne Aufenthalt von mehr als 100 Meilen für die Jahre von 1900 bis 1905 enthält.

Name der Gesellschaft	1900	1901	1902	1903	1904	1905
London and North Western	34	35	35	36	42	47
Great Western	17	17	21	25	31	35
Great Northern	24	26	25	23	24	26
Midland	4	12	14	17	18	16
North Eastern	7	10	10	10	12	13
Caledonian	6	6	6	5	8	10
Great Eastern	5	5	5	5	8	6
London and South Western	4	5	5	5	5	7
Great Central	7	5	6	4	6	6

Die Midland-Gesellschaft hat im Jahre 1906 an einem sogenannten Bankfeiertage (Bankholiday) Sonderzüge in $2^3/_4$ Stunden ohne Aufenthalt zwischen London und Matlock für 4 M. 70 Pf. Hin- und Rückfahrt gefahren. Natürlich werden durch solche Verkehrsbeschleunigungen die Betriebskosten nicht unwesentlich erhöht, so daß die Wirtschaftlichkeit des Personenverkehrs durch sie noch mehr als früher in Frage gestellt wird. Nicht allein, daß für die schweren schnellfahrenden Züge der Neuzeit mehr Lokomotivkraft erforderlich wird, die schweren Lokomotiven größere Herstellungs- und Unterhaltungskosten verursachen, die Abnutzung des Oberbaues und der Fahrzeuge größer ist, es kommt auch hinzu, daß die Einrichtung von Zügen, die lange Strecken ohne Aufenthalt durchfahren, leicht zu einer Vermehrung der Zugkilometer führt, weil die von einzelnen Zügen ohne Aufenthalt durchfahrenen Bahnhöfe durch andere Züge bedient werden müssen. Ferner sind die Anlagen zum Wassernehmen während der Fahrt ziemlich teuer in der Anlage, Unterhaltung und dem Betriebe. Alle diese Umstände haben bewirkt, daß die Betriebskosten der englischen Eisenbahnen im Personenverkehr gegen früher fortdauernd gestiegen sind. Wenn man hierbei bedenkt, daß die Einnahmen wegen der Herabsetzung der Fahrpreise und des Überganges aus den oberen in die dritte Klasse gefallen sind, so ergibt sich von selbst, daß der Reingewinn immer mehr zusammenschmilzt. Vor 1872 war die dritte Wagenklasse von allen Schnellzügen ausgeschlossen und für die erste und zweite Klasse wurden in den Schnellzügen bisweilen ziemlich hohe Zuschläge erhoben. Die Neuzeit kennt solche Zuschläge selbst für die oben erwähnten schnellfahrenden Züge ohne Aufenthalt auf Zwischenstationen nicht mehr, und die Verschiebung in der Benutzung der Wagenklassen ist so gewaltig, daß auf einen Reisenden erster Klasse nur zwei Reisende zweiter, dagegen 29 dritter Klasse entfallen, wie oben bereits erwähnt. Leute, die vor 25—30 Jahren ihrer gesellschaftlichen Stellung schuldig zu sein glaubten, daß sie erster oder zweiter Klasse fuhren, benutzen jetzt ohne Zögern die dritte Klasse. Nebenstehende Tabelle (S. 289) enthält in runden Zahlen einige Veränderungen, die in dem dreißigjährigen Zeitraum von 1871 bis 1901 zu verzeichnen sind.[1])

Mit Rücksicht auf die geringe Einnahme aus dem Verkehr erster und zweiter Klasse für einen Zugkilometer bezweifelt man in England, ob die Beförderung von Reisenden erster und zweiter Klasse sich überhaupt noch lohnt. Nach den bereits vor längeren Jahren bei der London and North Western-Gesellschaft angestellten Untersuchungen scheinen diese Zweifel allerdings berechtigt. Man will dort ermittelt haben, daß der Reingewinn für einen Personenkilometer erster Klasse 1871 noch etwa 4,7 Pf. betrug, während er 1888 auf 0,65 Pf. gesunken war. Auf diese Sätze ist man aber nur dadurch gekommen, daß alle Reisenden

[1]) Hugh Munroe Ross, British Railways, Seite 132.

Bezeichnung		1871 England und Wales	1871 Schottland	1871 Irland	1901 England und Wales	1901 Schottland	1901 Irland
Einnahme für einen Zugkilometer	I. Klasse	59,0 Pf.	45,0 Pf.	53,5 Pf.	20,0 Pf.	20,0 Pf.	20,0 Pf.
	II. „	78,0 „	32,0 „	61,0 „	20,0 „	—	33,5 „
	III. „	113,0 „	114,0 „	95,5 „	164,5 „	150,0 Pf.	125,0 „
	Zeitkarten	11,5 „	8,3 „	6,8 „	22,8 „	15,5 „	7,3 „
	Zusammen	261,8 Pf.	199,3 Pf.	216,8 Pf.	227,3 Pf.	185,5 Pf.	185,8 Pf.
Gesamteinnahme für Fahrkarten	I. Klasse	70,1 Mill.	7,6 Mill.	5,3 Mill.	58,5 Mill.	8,6 Mill.	3,3 Mill.
	II. „	92,0 „	5,4 „	6,1 „	57,3 „	—	4,8 „
	III. „	134,0 „	19,1 „	9,4 „	490,5 „	66,0 Mill.	22,0 „
	Zeitkarten	13,6 „	1,4 „	0,6 „	63,0 „	7,2 „	1,4 „
	Zusammen	309,7 Mill.	33,5 Mill.	21,4 Mill.	669,3 Mill.	81,8 Mill.	31,5 Mill.
Anzahl der beförderten Personen ausschließlich Zeitkarteninhaber	I. Klasse	30092538	3600786	1948875	27263090	5936682	1422369
	II. „	73011105	3687070	4323763	65226964	—	3627805
	III. „	225449303	23832018	9275294	928688796	118427036	21803158
	Zusammen	328552946	31119874	15547934	1021178850	124363718	26853332
	Zugmeilen	73449566	10384996	6162313	185852615	27380005	10819279

zusammengezählt worden sind, einerlei ob sie Fahrkarten im Fernverkehr, Lokalverkehr, Vorortverkehr oder Zeitkarten hatten. Wenn man diese verschiedenen Verkehre unterscheidet, dürfte sich ergeben, daß heutzutage, von Ausnahmen abgesehen, im Fernverkehr der ersten Wagenklasse überhaupt kein Reingewinn erzielt wird, vielleicht wird noch etwas in der ersten Klasse im Vorortverkehr, Lokalverkehr und bei der Ausgabe von Zeitkarten verdient. Hierbei darf nicht vergessen werden, daß beispielsweise die Vororttarife in England beträchtlich höher sind, als in Deutschland, so daß hier die Verhältnisse noch ungünstiger liegen für die Eisenbahnverwaltungen. Im übrigen fehlen in England meistens die erforderlichen Aufzeichnungen, um die Verhältnisse richtig beurteilen zu können, abgesehen davon, daß eine genaue Berechnung des Reingewinnes für einzelne Leistungen der Eisenbahnen überhaupt unmöglich ist:

1. weil man die Betriebsausgaben im Personen- und Güterverkehr nicht auseinanderhalten kann und
2. weil im Personenverkehr die Betriebsausgaben sich nicht auf die drei Wagenklassen verteilen lassen.

Wie man die Berechnungen auch anstellt, dürfte sich doch immer ergeben, daß im Fernverkehr die Einstellung der ersten Klasse neben der dritten ausnahmsweise nur noch lohnend sein kann, wenn für ihre Ausrüstung keine außergewöhnliche Aufwendungen gemacht werden, keine Platzverschwendung getrieben wird und eine genügende Nachfrage nach Fahrkarten erster Klasse ist.

Den englischen Eisenbahngesellschaften wird aus den Kreisen ihrer Geldgeber häufig vorgeworfen, daß sie im Personenverkehr unnötig viele und schwere Züge fahren, also unnötig viele Sitze in den Zügen vorhalten. Der Vorwurf ist nicht unberechtigt, läßt sich aber meistens mit dem Hinweis auf den Wettbewerb oder mit den besonderen Verkehrsverhältnissen abweisen. Beispielsweise ist im August ein bedeutender Personenverkehr von London nach Schottland, teils Ausflug-, teils Jagdverkehr. In umgekehrter Richtung ist der Verkehr in diesem Monat nur schwach, so daß die Gegenzüge, die doch zur Rückschaffung der Wagen gefahren werden müssen, nur schwach besetzt sein können. Im Vorortverkehr sind morgens die in die Stadt fahrenden Züge stark, die ausfahrenden nur schwach besetzt, während es abends umgekehrt ist. Die Zusammensetzung der Züge läßt sich aber nicht immer der Besetzung entsprechend ändern, weil das Aus- und Einsetzen der Wagen besondere Rangieranlagen und Aufenthalte erfordern würde. Es ist bisweilen auch schwer, die Plätze erster Klasse dem Bedarf entsprechend vorzuhalten, ohne gesetzliche Bestimmungen zu verletzen. Nach dem Eisenbahngesetz von 1868 (Railway Regulation A A 1868) ist zwei die geringste Anzahl von Abteilen erster Klasse, die in einem Zuge vorhanden sein müssen, wenn der Zug überhaupt eine erste Klasse führt. Es muß nämlich je ein Abteil für Raucher und Nichtraucher vorhanden sein. Nun ist die Zahl der Sitze in jedem Abteil in Durchgangszügen gewöhnlich vier, in anderen Fernzügen sechs, in Vorortzügen zehn, so daß mindestens acht, zwölf oder zwanzig Plätze erster Klasse in den verschiedenen Zügen vorhanden sind. Man will nun gefunden haben, daß durchschnittlich in den Fernzügen nur etwa fünf Reisende erster Klasse fahren, so daß selbst in den Durchgangszügen, die die geringste Anzahl von Abteilen haben können, $^3/_8$ aller Sitzplätze leer ist. In Wirklichkeit ist das Verhältnis natürlich viel ungünstiger, weil erstens nicht alle Fernzüge Durchgangszüge sind und zweitens gewöhnlich mehr als zwei Abteilungen erster Klasse vorhanden sind.

Im Jahre 1896 haben mehrere Eisenbahngesellschaften ihre Fahrpreise zweiter Klasse herabgesetzt, um das Reisen in dieser Klasse zu fördern. Diese Maßregel ist von Erfolg gewesen. Beispielsweise ist bei der London and North Western-Gesellschaft die Einnahme für Fahrkarten zweiter Klasse in dem Zeitraum 1891 bis 1901 von 19 Pf. auf 25,3 Pf. für einen Zugkilometer, die ganze Roheinnahme von 6400000 auf 10800000 M. gestiegen. Hieraus müßte man schließen, daß eine Ermäßigung der Fahrpreise erster Klasse gleichfalls die Einnahmen günstig beeinflussen würde. Dieser Herabsetzung stehen aber die größeren Selbstkosten entgegen, die durch bessere Ausstattung der ersten Klasse und die bequemere Unterbringung der Reisenden entstehen. Die bessere Ausstattung hält man nun kaum für nötig, nachdem die dritte Klasse fast ebensogut ausgestattet worden ist, wie die erste und zweite und man die Erfahrung gemacht hat, daß viele Reisende nur erster Klasse fahren, um nicht eng zu sitzen, wie in der zweiten und dritten Klasse, und bessere Reisegesellschaft zu haben; es könnte dazu führen, überhaupt nur eine einzige Wagenklasse mit der Ausstattung der jetzigen dritten Klasse oder einer etwas besseren Ausstattung einzustellen, wenigstens in die Fernzüge, und dem Verlangen nach mehr Raum und besserer Gesellschaft durch Beschränkung der Zahl der Reisenden in einzelnen Abteilen gegen Zahlung eines Zuschlages zu entsprechen. Einen Versuch in dieser Richtung hat im Jahre 1897 die Furness-Eisenbahngesellschaft mit der zweiten Klasse gemacht. Sie schaffte diese Klasse gänzlich ab und führte dafür eine reservierte dritte Klasse gegen Zahlung folgender Zuschläge ein.

Bis	24	km	0,25 M.
„	48	„	0,50 „
„	80	„	0,75 „
„	120	„	1,00 „
„	160	„	1,25 „
„	240	„	1,50 „

Eine Anzahl Abteile dritter Klasse wurde durch Zettel mit der Aufschrift „Reservierte Fahrkarten (Reserved Tickets)“ bezeichnet und für die Inhaber von Zuschlagkarten bestimmt. In dieser Weise wurde eine höhere Wagenklasse geschaffen, ohne daß eine andere Ausstattung nötig war; außerdem hatte man den Vorteil, daß die Anzahl der Abteile der höheren Klasse jederzeit der Anzahl der verkauften Zuschlagkarten angepaßt werden konnte. Diese Anordnung, die offenbar auch auf die erste Klasse ausgedehnt werden könnte, hat sich gut bewährt, ist aber wieder aufgegeben worden, weil die Steuerbehörde, welche die Zahlung einer Fahrkartensteuer für höhere Tarife als 1 penny/Meile verlangen kann, die Zahlung der Steuer mit der Begründung verlangte, daß durch Zahlung des Zuschlages der Fahrpreis der dritten Klasse über 1 penny/Meile erhöht werde.

Was die Personentarife der englischen Eisenbahnen betrifft, so waren die den älteren Gesellschaften vom Parlament bewilligten Höchstsätze gewöhnlich 3 pence/Meile = 16 Pf./km für die erste Klasse, 2 pence/Meile = 10,63 Pf./km für die zweite Klasse und $1^1/_2$ pence/Meile = 8 Pf./km für die dritte Klasse in gewöhnlichen Zügen und 1 penny/Meile = 5,33 Pf./km in den sogenannten Parlamentszügen (parliamentary trains), von denen die Eisenbahngesellschaften täglich je einen in jeder Richtung fahren mußten, der auf jeder Station hielt. Unter diesen Höchstsätzen können die Eisenbahngesellschaften zurzeit nach eigenem Ermessen die Fahrpreise festsetzen, jedoch unter Beachtung folgender, durch das Gesetz von 1883 betreffend die Verbilligung des Zugverkehrs (Cheap Trains Act 1883) festgesetzter Einschränkungen: 1. Sie müssen Abteilungen des Landheeres, der Marine und der Polizei zu Fahrpreisen befördern, die im Verhältnis zu der Größe der Abteilung fallen. 2. An Stelle der nach der älteren, gesetzlichen Bestimmung erforderlichen sogenannten Parlamentszüge müssen sie in den Zügen eine nach Ansicht der Aufsichtsbehörde angemessene und ausreichende Anzahl von Sitzplätzen vorsehen, die nicht mehr als 1 penny/Meile = 5,33 Pf./km kosten. 3. Sie müssen eine ausreichende Anzahl passender Arbeiterzüge zwischen abends 6 und morgens 8 Uhr zu Fahrpreisen fahren, die nach Ansicht der Aufsichtsbehörde (Handelsamt, Board of Trade) für Arbeiter angemessen sind, die zur Arbeit fahren oder von der Arbeit heimkehren. In streitigen Fällen entscheidet die Eisenbahnkommission (Railway Commission).

Die Höchstsätze werden nur noch auf einigen ganz unbedeutenden Linien angewandt, deren wirtschaftlich schwache Verwaltungen ihr Mißgeschick vielleicht selber dadurch verschulden, daß sie durch hohe Fahrpreise den Verkehr einschränken, anstatt ihn durch Fahrpreisermäßigung zu fördern. Die wirklich angewandten Tarife weichen nicht nur bei den verschiedenen Gesellschaften, sondern auch auf den verschiedenen Linien derselben Gesellschaften sehr voneinander ab, so daß von eigentlichen Normaltarifen nicht die Rede sein kann. Namhafte Fachmänner nehmen indessen folgende Durchschnitte an:

$1^1/_2$ bis 2^d/Meile = durchschnittlich $1^3/_4\,{}^d$/Meile = 9,3 Pf./km in I. Klasse
$1^1/_4\,{}^d$/Meile = 6,64 in II. Klasse
1^d/Meile = 5,33 in III. Klasse.

Hiernach liegen gewöhnlich die Fahrpreise ganz erheblich unter den Höchstsätzen, die gesetzlich zulässig sind. Man ist allgemein der Ansicht, daß der Verkehr die Höchstsätze garnicht vertragen kann und er durch ihre Anwendung so eingeschränkt würde, daß weniger Reingewinn erzielt würde, als bei niedrigeren Fahrpreisen. Meistens wird daher nach dem Grundsatz verfahren, dem Verkehr nur die Zahlung der Fahrpreise zuzumuten, die er tragen kann (charging what the traffic will bear). Die Anwendung dieses Grundsatzes führt zu einer außerordentlich großen Zahl von Sonderfahrkarten, wie Touristenkarten, Wochenendkarten (gültig von Sonnabend bis Montag), Karten für Ausfluggesellschaften, Zonenkarten, Zeitkarten, Bäderkarten, Jagdkarten usw., durch deren geschickte Benutzung sich erhebliche Ermäßigungen der gewöhnlichen Fahrpreise erzielen lassen. Beispielsweise verkauft die North British-Eisenbahngesellschaft in Schottland zwischen Edinburgh und den in der Nähe belegenen Orten Leith und Granton Wochenkarten zum Preise von 1,50 M. erster und 1 M. dritter Klasse, die zu einer beliebigen Anzahl von Fahrten berechtigen. Die englischen Tarife sind gewöhnlich keine einfachen Entfernungstarife. Wenn beispielsweise nach einem entfernteren Knotenpunkte Wettbewerbsfahrten einer anderen Eisenbahngesellschaft stattfinden, können dorthin die Fahrpreise geringer sein als nach näher belegenen Stationen. Es ist auch gerichtlich entschieden, daß es in einem solchen Falle nicht zulässig ist, die billigere Fahrkarte nach dem entfernteren Knotenpunkt zu lösen, um auf einer Vorstation auszusteigen mit der Begründung, daß die Leistung der Eisenbahngesellschaft hierdurch geringer würde. Die Gerichte haben entschieden, daß durch die Lösung der Fahrkarte nach einer bestimmten Station ein Abkommen zwischen der Gesellschaft und dem Reisenden getroffen sei, von dem keiner ohne Zustimmung des anderen zurücktreten könne.

Wie bereits erwähnt, gibt die englische Statistik keinen Aufschluß darüber, wieviel die Eisenbahnen durchschnittlich für den Personenkilometer einnehmen. Nur die North Eastern-Eisenbahngesellschaft hat die erforderlichen Aufzeichnungen gemacht und hierbei gefunden, daß sie im Mai 1901 ohne Berücksichtigung der Zeitkarten für den Personenkilometer in I. Klasse 1,42 d/Meile = 7,5 Pf./km, in III. Klasse 0,64 d/Meile = 3,4 Pf./km erhalten hat. Die verschiedenen Vergünstigungen haben die durchschnittliche Einnahme daher für die I. Klasse noch etwas unter den oben angegebenen geringsten Normalsatz (1,5 d/Meile), für die III. Klasse ganz beträchtlich unter den üblichen Pennysatz heruntergedrückt.

Als Beispiel, welche Fahrpreise tatsächlich für längere Strecken mit Wettbewerb berechnet werden, führen wir die Sätze der London and North Western-Eisenbahngesellschaft für den Verkehr zwischen London und Edinburgh an. Die Entfernung ist 400 Meilen = rd. 640 km, so daß eine einfache Fahrkarte III. Klasse nach dem Pennysatz 33 s 4 d = rd. 34 M. kosten müßte, während sie tatsächlich nur 33 M. kostet. Eine gewöhnliche Rückfahrkarte kostet 64 M. 20 Pf., eine Touristen-Rückfahrkarte für Mai—Oktober 51 M. Eine gewöhnliche Fahrkarte I. Klasse kostet 59 M., die entsprechende Rückfahrkarte 112 M. Wochenendkarten, gültig von Freitag oder Sonnabend bis Sonntag, Montag oder Dienstag kosten für die I. Klasse 61 M., die III. Klasse 35 M. 50 Pf. Im Sommer und zu den Feiertagen werden Sonderzüge für 26 M. 50 Pf. III. Klasse (Hin- und Rückfahrt) gefahren. Der Kilometerpreis der genannten Fahrkarten ist nachstehend angegeben:

Gewöhnliche Fahrkarten	I. Klasse	9,2	Pf.
Rückfahrkarten	,, ,,	8,75	,,
Wochenendkarten	,, ,,	4,75	,,
Gewöhnliche Fahrkarten	III. Klasse	5,2	,,
Rückfahrkarten	,, ,,	5,0	,,
Touristen-Rückfahrkarte	,, ,,	4,0	,,
Wochenendkarten	,, ,,	2,75	,,
Sonderzugkarten	,, ,,	2,10	,,

Der Unterschied zwischen den Kilometersätzen der einfachen Karten und der Rückfahrkarten ist nur gering, wie aus der Zusammenstellung hervorgeht. Früher wurden die Rückfahrkarten vielfach zum halben Kilometersatz der einfachen Karten ausgegeben, neuerdings neigt man dazu, für Rückfahrkarten einfach den zweifachen Betrag der einfachen Karte zu fordern. Doch ist das Verfahren bei den einzelnen Gesellschaften nicht einheitlich. Während einige Gesellschaften den zweifachen Preis der einfachen Fahrkarte fordern, also überhaupt keine Ermäßigung auf Rückfahrkarten geben, gewähren andere Gesellschaften zwar geringe Ermäßigungen, aber nur für die I. und II. Klasse. Im allgemeinen kann man annehmen, daß Rückfahrkarten I. und II. Klasse mindestens das $1^3/_4$ fache, III. Klasse das Doppelte der einfachen Fahrkarten kosten. Die Gültigkeitsdauer der Rückfahrkarten war bis zum 1. Juli 1904 nicht einheitlich geregelt. Bis zu Entfernungen von 20 km war sie gewöhnlich 2 oder 3 Tage; für Entfernungen zwischen 20 und 80 km 8 Tage; für Entfernungen über 80 km 1 Monat. Die North Eastern-Gesellschaft gab Rückfahrkarten auf Entfernungen von 20—80 km mit Gültigkeitsdauer von 1 Monat aus. Im Verkehr zwischen England und Schottland oder Irland war die Gültigkeitsdauer länger, nämlich für gewöhnliche Fahrkarten zwei Monate, für Touristenkarten bis Ende des Jahres, in dem die Karte ausgegeben ist. Seit dem 1. Juli 1904 werden allgemein Rückfahrkarten mit sechsmonatlicher Dauer ausgegeben, wie sie im Verkehr zwischen schottischen Stationen schon länger gebräuchlich sind. Ausnahmsweise gibt man in Schottland sogar Rückfahrkarten mit unbegrenzter Gültigkeitsdauer aus, wie zwischen Glasgow und der Küste.

An Freigepäck wird gewährt:

I.	Klasse	120—150 Pfd.	= 54,4	bis	68,0 kg
II.	,,	100—120 ,,	= 45,4	,,	54,4 ,,
III.	,,	60—100 ,,	= 27,2	,,	45,4 ,,

Überfracht wird nur erhoben, wenn das Übergewicht ganz augenfällig ist; man berechnet sie dann gewöhnlich nach Zonen.

Unter 80 km Entfernung	kostet sie	$^1/_4$ d/Pfd.	= 4,7 Pf./kg
von 80—240 km ,,	,, ,,	$^1/_2$ d/Pfd.	= 9,4 ,,
,, 240—480 ,, ,,	,, ,,	$^3/_4$ d/Pfd.	= 14,1 ,,
über 480 km ,,	,, ,,	1 d/Pfd.	= 18,8 ,,

Der erhobene Mindestbetrag ist in der Regel 0,50 M. Handlungsreisende, Theatergesellschaften usw. bezahlen nur die Hälfte dieser Sätze.

Wenn man die vielen gelegentlichen Ermäßigungen außer Betracht läßt, von denen der Reisende nur in Ausnahmefällen Gebrauch machen kann, sind nach obigem die englischen Personentarife nicht niedrig, können es auch nicht sein nach der ganzen Lebenshaltung der Bevölkerung und den Anlagekosten der Bahnen. Immerhin ist auch in England das Einkommen weiter Kreise des Mittelstandes und der unteren Volksklassen nicht so glänzend, daß die Einführung einer billigen Wagenklasse im Fernverkehr, wie die deutsche IV. Klasse, in breiten Volksschichten nicht mit Freuden begrüßt werden würde. Die Einführung einer solchen billigen Klasse würde aber für die Eisenbahngesellschaften so erhebliche Verluste mit sich bringen, daß dann von einem angemessenen Unternehmergewinn überhaupt nicht mehr die Rede sein kann.

Die Gepäckbeförderung wird auf den englischen Bahnen im Inlandverkehr bekanntlich ohne Verabfolgung eines Gepäckscheines bewirkt. Der Reisende übergibt sein Gepäck einem von der Eisenbahngesellschaft angestellten Gepäckträger, der es nach Vorzeigung der Fahrkarte mit einem Zettel (label) beklebt, auf dem die Bestimmungsstation verzeichnet ist. Wenn nicht augenscheinlich ein erhebliches Übergewicht vorhanden ist, wird das Gepäck nicht gewogen. Auf der Bestimmungsstation begibt der Reisende sich an den Gepäckwagen und erhält dort sein Gepäck ohne weitere Legitimation zurück. Diese noch aus der Zeit des Postkutschenverkehrs stammende einfache Gepäckbeförderung setzt voraus, daß der Reisende stets mit demselben Zuge fährt, in dem sein Gepäck sich befindet. Bei den vielen unmittelbaren Verkehrsbeziehungen und dem Bestreben der Gesellschaften, den Reisenden möglichst an das eigene Bahnnetz zu fesseln, läßt sich dies in vielen Fällen durchführen. Will der Reisende andere Züge benutzen, so wird sein Gepäck auf der Ankunftstation in die Gepäckaufbewahrungsstelle (cloak room; left luggage room) gebracht. Natürlich liegt hierbei die Gefahr vor, daß das Gepäck in unrechte Hände gerät, weil es von irgend einem Reisenden als das seinige bezeichnet werden kann, dem es dann in Abwesenheit des rechtmäßigen Eigentümers ausgehändigt wird. In Wirklichkeit soll dieser Fall selten eintreten, weil es große Bedenken hat, ein fremdes Gepäckstück als sein eigenes zu bezeichnen, wenn man nicht wissen kann, ob der rechtmäßige Eigentümer nicht unmittelbar neben einem steht. Immerhin setzt das ganze Verfahren eine gewisse Ehrlichkeit aller Reisenden voraus. Wird das in die Ehrlichkeit gesetzte Vertrauen getäuscht, so verhängen die Gerichte ziemlich schwere Strafen. Geht ein Gepäckstück verloren, so muß der Reisende natürlich den Nachweis erbringen, daß er der Gesellschaft das Gepäckstück ordnungsgemäß zur Beförderung übergeben hat. Im allgemeinen gilt das für die Gepäckbeförderung zwischen der Gesellschaft und dem Reisenden getroffene Übereinkommen für abgeschlossen, wenn der Reisende seine Fahrkarte gelöst, dem Gepäckträger die Bestimmungsstation angegeben und dieser das Gepäckstück richtig beklebt hat. Von diesem Zeitpunkt beginnt dann die Haftpflicht der Gesellschaft, so daß der Reisende gut tut, die richtige Bezettelung zu prüfen. Um dem Reisenden, der nicht mit seinem Gepäck in demselben Zuge fährt, eine größere Gewähr für die richtige Ablieferung des Gepäckes zu bieten, als bei dem oben beschriebenen einfachen Verfahren besteht, haben die meisten Gesellschaften noch ein abweichendes Verfahren eingeführt. Man kann sein Gepäck für eine Gebühr von 0,50 M. einschreiben lassen, erhält dann einen Schein, gegen dessen Rückgabe es am Bestimmungsort ausgehändigt wird. Für eine Gebühr von 1 M. wird das Gepäck bei diesem Verfahren aus der Wohnung abgeholt und in die Wohnung gebracht.

Für den Festlandverkehr wird das Gepäck in der auf dem Festlande üblichen Weise genau gewogen und eingeschrieben (registered luggage).

b) Güterverkehr.

1. Allgemeines.

Die Güter werden in England in Stückgüter (merchandise), Pakete (parcels), Rohgüter (minerals) und Vieh (cattle) geteilt. Die Abwickelung des Verkehrs ist sicher, schnell und pünktlich, verursacht daher auch ziemlich hohe Betriebskosten. Die schnelle Güterbeförderung wird erreicht durch Einlegung einer großen Zahl leichter Züge, große Fahrgeschwindigkeit, Verlegung der Güterbeförderung in die Nachtzeit, wo der Personenverkehr nahezu ruht, zeitliche Trennung von Empfang und Versand. Im allgemeinen werden die Güter nachmittags aufgegeben, nachts befördert und vormittags abgeliefert. Die Güterbeförderung wird ferner beschleunigt durch zweckmäßige Zugbildung und Wagenbeladung, Ausrüstung der Bahnhöfe mit Einrichtungen zum Ein- und Ausladen der Güter unter Verwendung offener Wagen, bahnseitiges An- und Abrollen der Güter, einfaches Abfertigungsverfahren und Verwendung eines vorzüglich geschulten Personals. Der englische Stückgüterverkehr entspricht daher mehr dem festländischen Eilgüterverkehr, als dem festländischen Stückgüterverkehr. Neuerdings hat man versucht, die hohen Betriebskosten durch bessere Auslastung der Güterzüge herabzumindern. Beispielsweise ist die Auslastung der Güterzüge der North Eastern-Eisenbahn von 1899—1905 um 55 %, die der Lancashire- und Yorkshire-Eisenbahn um 38 %, der London and North Western-, Great Northern- und Great Western-Eisenbahn um rd. 31, 29 und 28 % verbessert worden.

Eine eigentümliche, mit der Privatwirtschaft im englischen Eisenbahnwesen verbundene Erscheinung ist das Werben um den Verkehr (canvassing), worunter man ein gewisses Anreißertum versteht, das darauf hinausgeht, an Orten mit Bahnhöfen verschiedener Eisenbahngesellschaften der eigenen Gesellschaft einen möglichst großen Verkehrsanteil zu sichern. Der Verkehrswerber (canvasser) besucht hierbei wie ein Handlungsreisender die Kunden und sucht ihnen die Vorteile klar zu machen, die sie bei Verfrachtungen auf den Bahnlinien seiner Gesellschaft haben können.

2. Stückgüterverkehr.

Wenn man von Ein- und Ausfuhrsendungen und einigen anderen Ausnahmen absieht, entwickelt sich der englische Stückgüterverkehr mehr und mehr in der Richtung, daß kleine Sendungen, zum Teil einzelne Pakete, befördert werden. Zu den Ausnahmen gehören die Blumenkohlzüge aus Cornwall, die Fruchtzüge aus Evesham und den Fens, die Fischzüge aus Grimsby, die Milchzüge. Aber selbst in diesen Ausnahmefällen sind die zur Beladung von ganzen Zügen angebrachten gleichartigen Güter von einer großen Zahl verschiedener Versender aufgeliefert und für eine große Zahl verschiedener Empfänger bestimmt, so daß auch hier keine eigentliche Massenbeförderung stattfindet. Die genannte Entwicklung ist eine Folge der Umwandlung, die der englische Binnenhandel seit einer Reihe von Jahren durchmacht und die darauf hinausgeht, im Kleinhandel große Lager zu vermeiden, dagegen von Fall zu Fall kleine Warenmengen beim Großhändler oder Zwischenhändler zu bestellen und schnell zu beziehen. Der Kleinhändler braucht auf diese Weise nicht so große Geldsummen in seinem Warenlager anzulegen, kann vielmehr sein Geld zur Ausdehnung seines Geschäftes, Vergrößerung der Verkaufsräume, Vermehrung der Zahl der verschiedenen Verkaufsgegenstände verwenden. Wird dann ein Artikel knapp, so wird er telegraphisch oder telephonisch bei einem Großhändler bestellt und trifft bei der vorzüglichen Eisenbahnbeförderung und den meist nicht großen Entfernungen noch an demselben Tage, spätestens am nächsten Tage ein. Eine weitere Ursache der Zunahme der Einzelsendungen ist die wachsende Vorliebe des Publikums für den Einkauf in Warenhäusern und Konsumvereinen, wie die Army and Navy Cooperative und die Civil Service Supply-Gesellschaft in London.

Um einen Überblick zu geben, welche Gewichte auf zwei Londoner Güterbahnhöfen die Sendungen hatten, führen wir nachstehende Zahlen für einen Tag im Oktober des Jahres 1902 an. Zu bemerken ist, daß die Güter teils als Stückgüter, teils als Pakete befördert worden sind, deren Beförderung später noch besonders behandelt werden soll.

Gewicht der Sendung nicht über:	Zahl der Sendungen auf Bahnhof Camden	Zahl der Sendungen auf Bahnhof Broad Street	Gesamtzahl der Sendungen
12,7 kg	419	827	1246
19,0 „	252	473	725
25,4 „	514	841	1355
31,8 „	173	407	580
38,1 „	244	404	648
44,4 „	111	242	353
50,8 „	328	531	859
101,6 „	591	1506	2097
152,4 „	288	964	832
Übertrag:	2920	6195	8695

Gewicht der Sendung nicht über:	Zahl der Sendungen auf Bahnhof Camden	Zahl der Sendungen auf Bahnhof Broad Street	Gesamtzahl der Sendungen
Übertrag:	2920	6195	8695
203,2 kg	168	548	486
254,0 „	77	257	334
508,0 „	160	456	616
762,0 „	53	126	179
1016,0 „	27	38	65
1—2 t	33	57	90
2—3 t	13	15	28
3—4 t	9	9	18
Zusammen	3460	7245	10705

Die angegebenen Sendungen bilden nachstehende Prozentsätze aller Sendungen.

Camden	Broadstreet	Gesamtzahl
12,12	11,41	11,64
7,28	6,53	6,77
14,86	11,61	12,66
5,00	5,63	5,42
7,05	5,58	6,05
3,21	3,34	3,29
9,19	7,33	8,02
17,08	20,79	19,59
8,32	9,33	9,01
4,86	5,24	5,12
2,23	3,55	3,12
4,62	6,29	5,75
1,53	1,74	1,67
0,48	0,52	0,61
0,95	0,79	0,84
0,38	0,21	0,26
0,26	0,12	0,17

Während vorstehende Tabelle nur die Anzahl der Sendungen (consignments), nicht die Zahl der einzelnen Stücke enthält, ist nachstehend auch die Stückzahl für vier Bahnhöfe und einen Tag angegeben.

Bahnhof	t	Anzahl der Sendungen	Durchschnittsgewicht der Sendungen kg	Anzahl der aufgelieferten Stücke	Durchschnittsgewicht der Stücke kg
Curzon Street, Birmingham . .	1617	6110	265,0	51114	32,0
Liverpool	3902	5049	773,0	79513	49,0
London Street, Manchester . . .	1343	5522	243,0	28277	48,0
Broadstreet, London .	908	6201	147,0	23067	39,0

Diese Sendungen sind nach 720 Stationen gesandt worden (einschließlich Holyhead für ganz Irland), sie wurden zu Wagenladungen von durchschnittlich nur 2,4 t vereinigt.

Die Teilung der Stückgüter in eine große Zahl von Einzelsendungen und die Schnelligkeit, mit der die Sendungen befördert werden müssen, führen naturgemäß zur Verwendung kleiner Güterwagen mit ungünstigem Verhältnis zwischen Eigengewicht und Tragfähigkeit. Im Jahre 1900 betrug die durchschnittliche Tragfähigkeit der für den Stückgüterverkehr der London and North Western-Eisenbahn bestimmten Güterwagen nur wenig über 7,1 t, das durchschnittliche Eigengewicht dieser Wagen war 5,4 t. Einige 8,1 t-Wagen haben 6,1 t Eigengewicht. Die Great Western-Eisenbahn hat Wagen von 10,15 t Tragfähigkeit und 5,1 t Eigengewicht. Bei einigen älteren Wagen der South Eastern und Chatham-Eisenbahn ist das Eigengewicht ebensogroß wie die Tragfähigkeit, nämlich 5,6 t. Im großen und ganzen kann man annehmen, daß ein englischer Stückgüterzug für jede Tonne Eigengewicht nur $1^1/_2$ bis 2 Tonnen Tragfähigkeit hat. Diese Zahlen zeigen, daß die englischen Eisenbahnen viel totes Gewicht zu befördern haben und die Vergrößerung der Tragfähigkeit der Güterwagen mit gleichzeitiger Verbesserung des Verhältnisses zwischen Nutzlast und Eigengewicht, die in den letzten Jahren in verschiedenen Ländern erwogen und begonnen ist, gerade für Großbritannien wichtig ist. Die Zugkraft wird bei gleichem Ladegewicht geringer, die Züge werden kürzer, so daß Gleise und Güterschuppen geringere Abmessungen erfordern. Dies sind gewichtige Gründe für die Vergrößerung der Tragfähigkeit der Güterwagen, denen aber erhebliche Bedenken gegenüberstehen. In erster Linie ist die bereits erwähnte Zersplitterung der Stückgüter in eine große Menge von rasch zu befördernden Einzelsendungen der Vergrößerung der Tragfähigkeit hinderlich. Wie soll man hierbei die Wagen voll beladen, also die große Tragfähigkeit ausnutzen? Große Sendungen zum Füllen eines Wagens von beispielsweise 20 t Tragfähigkeit werden selten aufgegeben, ein Ansammeln der Güter ist aber wegen der schnellen Beförderung unstatthaft, die von den Absendern und Empfängern erwartet wird. Wenn die großen Wagen nicht gut beladen werden können, kommt man leicht aus dem Regen unter die Traufe, indem das Verhältnis zwischen Nutzlast und toter Last unter Umständen ungünstiger wird als bei Verwendung kleiner Wagen. Die durchschnittliche Beladung der englischen Güterwagen mit Stückgütern beträgt wegen der Zersplitterung des Verkehrs und der Schnelligkeit der Beförderung nicht wesentlich mehr als 2 t. Um solche Menge zu befördern, sind die vorhandenen 6, 8 und 10 t-Wagen offenbar schon zu groß, wie soll man daher noch größere Wagen einigermaßen füllen? Bei der Great Eastern-Eisenbahn wiegen 70% aller Stückgütersendungen 150 kg und weniger, 90% wiegen 1 t und weniger. Wie oben mitgeteilt, betrug das durchschnittliche Gewicht der Sendungen auf dem Bahnhof Broadstreet der London and North Western-Eisenbahngesellschaft an einem bestimmten Tage 147 kg, die Anzahl der Stücke 23067. Die an diesem Tage aufgelieferten 23067 Stücke wurden in 379 Wagen geladen, so daß bei einem Gesamtgewicht von 908 t jeder Wagen durchschnittlich mit 2,4 t beladen war. Dies ist keine gute Beladung, sie liegt aber noch über dem Durchschnitt der Beladung bei der London and North Western-Eisenbahn, weil die Verhältnisse besonders günstig waren. Die Gesellschaft hat nämlich vor einigen Jahren den auf Seite 131 erwähnten Umladeschuppen in Crewe in Benutzung genommen, nach dem Stückgüter bunt in Wagenladungen zur Umladung und Bildung von Stationswagen gesandt werden dürfen. Dies weicht von der üblichen Gepflogenheit ab, bei der einige wenige Kurswagen (roadside vans), meist aber Stationswagen gebildet werden, die ohne Umladung von der Empfangsstation zur Bestimmungsstation durchgehen. Wenn man dies in dem obigen Falle hätte machen wollen, wäre jeder Wagen noch schlechter beladen gewesen. Derartige große Umladeschuppen erfordern zu ihrer Ausrüstung maschinelle Anlagen, deren Bedienung erhebliche Betriebskosten verursacht, sie sind daher nur vorteilhaft bei lebhaftem Verkehr. Crewe ist aber ein Knotenpunkt mit lebhaftem Verkehr, wo Durchgangslinien von London, Südwales, Nordwales, Irland, Liverpool, Schottland und Manchester zusammentreffen. Im allgemeinen hält man in England die Bildung direkter Stationswagen für vorteilhafter als die Umladung, so daß weitere Umladeschuppen nach dem Muster von Crewe noch nicht gebaut worden sind. Indessen wird neuerdings die Erbauung eines großen Umladeschuppens in Carlisle erwogen, wo sieben verschiedene Bahnlinien zusammenkommen.

Die Zersplitterung der Stückgüter in viele Einzelsendungen und die von den Eisenbahnverwaltungen verlangte schnelle Beförderung führen zur Bildung einer großen Zahl von Stationswagen mit mangelhafter Beladung, wie schon angedeutet. Im Jahre 1891 wurde von dem damaligen Generalverwalter der London and North Western-Gesellschaft vor einem Parlamentsausschuß ausgesagt, daß ein gewöhnlicher Stückgüterzug auf der Hauptlinie dieser Gesellschaft, deren Bahnnetz in alle möglichen Verkehrsbezirke eindringt und daher für Großbritannien in gewissem Sinne normale Verhältnisse aufweist, 40 Wagen mit je 3 t Ladung enthalte und 305 bis 355 t wiege. Bei der North Eastern-Gesellschaft mit einem in sich abgeschlossenen Bahnnetz war die durchschnittliche Beladung der Stückgüterzüge im Jahre 1902 nur 59 t, die der Wagen 2 t, so daß jeder Zug durchschnittlich 29 Wagen stark gewesen ist. Die geringe durchschnittliche Beladung bei der North Eastern-Eisenbahn gegenüber der London and North Western-Eisenbahn erklärt sich daraus, daß bei der erstgenannten Bahn das gesamte Bahnnetz mit allen Zweiglinien, bei der letztgenannten nur ihre Hauptlinie in Betracht gezogen ist.

Die Güter werden in England bei ihrer Beförderung in zwei Hauptklassen geteilt:

1. Rollgüter (carted goods), d. h. Güter, die von der Bahngesellschaft mit ihren Rollwagen zum Bahnhof gebracht und auf dem Ankunftsbahnhof dem Empfänger durch bahneigene Rollwagen zugestellt werden;
2. nicht an- und abgerollte Güter (non carted goods), auch Güter von Bahnhof zu Bahnhof (station to station goods) genannt, die vom Absender angerollt, vom Empfänger abgerollt werden.

Im großen und ganzen sind die Stückgüter alle Rollgüter, die Rohgüter nicht an- und abgerollte Güter, nur auf kleineren Stationen bildet es die Regel, daß auch die Stückgüter vom Absender und Empfänger an- und abgerollt werden. In größeren Städten werden die Güter nicht immer unmittelbar durch den Rollfuhrmann von den Absendern abgeholt, sondern bisweilen auf den über die Stadt zerstreuten Annahmestellen (receiving offices) in Empfang genommen. Dorthin bringen die Versender die Güter, die dann auf ihre Versandfähigkeit und die Richtigkeit der vom Versender beigegebenen Aufgabescheine geprüft, bisweilen auch gewogen und nach Stationen und Verkehrsrichtungen geordnet werden. Von den Annahmestellen werden die Güter nebst ihren Ausgabescheinen oder einer Sammelliste (collecting sheet) dem Rollfuhrmann zur Besorgung nach dem Bahnhof übergeben. Der Rollfuhrmann holt aber meistens die Güter von dem Versender ab, bringt sie zur Annahmestelle und dann zum Bahnhof. Bei der Annahme der Güter an den Annahmestellen und auf den Bahnhöfen sind mehrere Gesetze nebst Ausführungsbestimmungen zu beachten, die teilweise in den Amtsräumen und Güterschuppen sowie auf den Ladestellen öffentlich ausgehängt sein müssen.

Es sind dies:

1. das Frachtführergesetz (The Carriers Act 1830);
2. das Viehversicherungsgesetz (Cattle Insurance Act);

3. das Gesetz über den Durchgangsgüterverkehr teils über Land, teils zur See (The Transit of Goods, parthy by Land, parthy by Sea);
4. die Ausführungsbestimmungen über die Beförderung von Explosivstoffen (The Bye Laws as to Explosives);
5. die Ausführungsbestimmungen über die Beförderung von gefährlichen Gütern (The Bye Laws as to Dangerous Goods);
6. die allgemeinen Bestimmungen der betreffenden Eisenbahngesellschaft für den Güterverkehr (The Companys General Regulations for Carriage of Goods);
7. die Tarife und Gebühren der betreffenden Gesellschaft (The Companys Rates, Tolls and Charges).

Das wichtigste Papier bei dem Versand von Gütern ist der vom Absender zu unterzeichnende Aufgabeschein (consignment note), der gesetzlich erforderlich ist. Der Aufgabeschein muß Aufschluß über Zahl, Menge und Art der Güter, den Empfänger und den Absender geben. Ein einheitlicher Vordruck ist für den Aufgabeschein nicht vorgeschrieben, die Versender benutzen daher meistens ihre eigenen Vordrucke mit einem Namen, der in ihrem Aufgabebuch verbleibt und auf dem der Rollfuhrmann den Empfang der Güter bescheinigt. Die von den Eisenbahngesellschaften gelieferten Vordrucke sind nicht beliebt wegen der vielen Bestimmungen, die sie auf der Rückseite enthalten. Der Aufgabeschein begleitet nicht das Gut wie ein Frachtbrief, sondern dient nur als Unterlage für die Ausfertigung der Frachtkarten (invoices) und bleibt daher auf dem Versandbahnhof. Frachtbriefe im deutschen Sinne, die das Gut vom Absender bis zum Empfänger begleiten, sind in England nicht üblich.

Das Zählen und Vergleichen der Güter und die Verladung in die Eisenbahnwagen (checking and loading goods into railway waggons), sowie die Ausstellung der Begleitscheine (Frachtkarten, invoices) wird auf drei verschiedene Weisen bewirkt:

1. nach den Aufgabescheinen (consignments notes);
2. nach den Adressen auf den Gütern;
3. nach einem gemischten Verfahren, teils nach den Aufgabescheinen, teils nach den Adressen.

Nach dem Verfahren unter 1. werden die Güter unter stetem Vergleichen mit den Aufgabescheinen von den Rollwagen auf den Güterboden entladen und später auf dieselbe Weise in die Wagen geladen. Dann werden die Aufgabescheine in die Güterabfertigung oder einen Dienstraum auf dem Güterboden (shippers box) zur Ausfertigung der Begleitscheine (invoices) abgetragen. Bei der Anwendung dieses Verfahrens auf größeren Bahnhöfen ist es wichtig, für jede Sendung und jede Empfangsstation einen besonderen Aufgabeschein zu haben, nicht bloß Sammellisten (collecting sheets), in denen die Güter für den Rollfuhrmann zusammengestellt sind.

Wenn nach den Güteradressen verladen und abgefertigt wird, ruft ein Güterbodenarbeiter den Inhalt der Adressen beim Verwiegen oder Verladen aus, die Begleitscheine (Frachtkarten, invoices) werden hiernach aufgestellt und später nach den Aufgabescheinen und Sammellisten vervollständigt.

Bei dem gemischten Verfahren, bei dem die Begleitscheine teils nach den Aufgabescheinen, teils nach den Güteradressen ausgefertigt werden, ist es wichtig, daß der Abfertigungsbeamte in dem Augenblicke den Aufgabeschein in die Hand bekommt, in dem das zugehörige Gut gewogen oder verladen wird.

Im einzelnen sind noch weitere Verschiedenheiten beim Verladen und Abfertigen der Güter vorhanden, die sich teils gewohnheitsmäßig herausgebildet haben, teils aus der verschiedenen Anordnung der Güterschuppen sich ergeben. Beispielsweise werden auf einigen Bahnhöfen die Güter bei der Verladung und Abfertigung unmittelbar von den Rollfuhrwerken in die Eisenbahnwagen gekarrt, auf anderen dagegen zunächst in Haufen auf dem Güterboden zusammengekarrt und erst dann verladen. Die Güterschuppen sind nicht immer den Bedürfnissen des Verkehrs angepaßt, was bei der einseitigen Ausbildung der englischen Ingenieure nicht zu verwundern ist. Ist keine starke Hand in der Verwaltung der Eisenbahngesellschaft vorhanden, welche die verschiedenen Beamten zu einheitlicher Arbeit zusammenbringt, so arbeitet bei der oben geschilderten lockeren Organisation leicht jede Abteilung für sich darauf los, unbekümmert um die Ansichten und Bedürfnisse der anderen. Die einzelnen Verfahren bei der Verladung und Abfertigung werden meistens nach den größeren Städten und den Bezirken bezeichnet, in denen sie üblich sind. So spricht man von einem Manchester-, Birminghamer, Liverpooler, mehreren Londoner und dem Yorkshire-Verfahren, von denen dann aber auch noch wieder einzelne Abarten vorkommen. Im ganzen kann man etwa 10 bis 12 verschiedene Verfahren in Großbritannien und Irland beobachten, von denen hier nur einige aufgeführt werden sollen.

In Manchester werden die Güter unmittelbar durch bahneigene Rollwagen von den Absendern abgeholt. Jeder Rollwagen wird von einem erwachsenen Kutscher und einem Jungen (nipper) begleitet. Der Kutscher oder der Junge tragen alle Güter in eine Sammelliste ein und heften die Aufgabescheine (consignment notes) an die Sammelliste. Auf dem Bahnhof angekommen, wird der Rollwagen, der gewöhnlich leichter und beweglicher ist als die in Deutschland üblichen Wagen, rückwärts an die Güterschuppenbühne gedrückt, worauf der Kutscher seine Papiere einem Güterbodenvorarbeiter (checker) übergibt. Die Güter werden in Gegenwart des Kutschers ausgerufen („called of") und gewogen, auch werden die Papiere geprüft. Nach der Prüfung (checking the boad off) werden die Sammellisten nach den Abfertigungsräumen abgetragen. Das Verwiegen findet unmittelbar nach dem Entladen aus dem Rollwagen statt, wobei die Güter mit einem Zettel (label) versehen werden, auf dem der Eisenbahnwagen verzeichnet ist, in den sie geladen werden sollen. Dann findet sofort die Verkarrung an die Wagen statt, worauf ein Verlader (loader) mit zwei oder drei Mann auf jeder Ladebühne in die richtigen Wagen verladet. Ein Junge trägt alle Güter beim Verladen in eine Ladeliste (loading bill) ein, fügt die Zeit der Verladung, den Namen des Verladers und seinen eigenen hinzu. Wenn Abweichungen bemerkt werden, wird der Inhalt des Wagens nochmals geprüft, wodurch dem Verladen in unrichtige Wagen vorgebeugt wird. Alle Aufgabescheine werden täglich mit den Sammellisten in Buchform zusammengeklebt und aufbewahrt, der Inhalt aller Begleitscheine wird täglich in ein Buch übertragen, das in den nächsten Tagen zur Prüfung der Frachtberechnung, Erledigung des Schriftwechsels, Herstellung von Auszügen benutzt wird. Die Bücher werden dann wochenweise zusammengebunden. Die leeren Wagen werden bei diesem Verfahren zu Zügen geordnet in die Güterschuppen gebracht, so daß die beladenen Züge ohne irgendwelche Rangierarbeiten unmittelbar aus den Schuppen abfahren können. Einzelne Güter für kleinere Stationen, die möglicherweise nicht zur Bildung eines Stationswagens reichen, werden nach einer besonderen Bühne gekarrt und dort unter Obhut eines Arbeiters gestellt. Findet dieser, daß die Bildung von Stationswagen untunlich ist, so ladet er diese Güter in Kurswagen. Jedenfalls wird der ganze Güterschuppen vor Einbruch der Nacht geräumt.

In Birmingham werden die Güter gleichfalls mit wenigen Ausnahmen durch bahneigene Rollwagen abgeholt. Jeder Wagen wird von einem Kutscher und einem Buchführer (look-carrier) begleitet, der allein für die Annahme und Behandlung der Güter verantwortlich ist und sie in Rollkarten (carriage notes) einträgt. Nach Ankunft auf dem Bahnhof gibt ein Güterbodenvorarbeiter dem Kutscher an, wohin er zur Entladung fahren soll. Während der Rollwagen dann an eine Ladebühne gedrückt wird, geht der Buchführer nach den Abfertigungsräumen und läßt sich seine Rollkarten mit fortlaufenden Nummern bezeichnen. Hierauf übergibt er sie einem Annahmearbeiter (receiving checker) und beginnt mit dem Ausladen. Er ruft die Adressen, Bezeichnungen und Beschreibungen der Güter aus, der Annahmearbeiter vergleicht seine Angaben (calls off) mit den Rollkarten. Die an demselben Tage abzusendenden Güter werden dann an die für jede Stationsreihe bestimmte, durch Tafeln bezeichnete Ladebühne gekarrt. Hierauf werden die Rollkarten nach den Abfertigungsräumen getragen, wo die Begleitscheine angefertigt werden, jedoch unter Weglassung des vom Absender angegebenen Gewichtes, das im Güterschuppen nebst der Nummer des Wagens von den Verladern eingetragen wird. Zu dem Zweck werden die Begleitscheine in den Güterschuppen abgetragen und zur endgültigen Fertigstellung wieder nach den Abfertigungsräumen zurückgebracht. Die Verlader sind für die richtige Bezettelung der Wagen, das vorschriftsmäßige Aufbringen der Decken (tarpanlins) und die richtige Eintragung der Wagennummern in ein Wagenbuch verantwortlich, das zur Anfertigung der für den Packmeister bestimmten Beförderungslisten (road bills) dient. Die Wagen werden nach ihrer Beladung und Bezettelung einem Schirrmeister übergeben, der sie in die richtigen Züge einstellen läßt. Man hält darauf, daß die Wagen gleich in passender Stationsfolge beladen werden, um unnötiges Rangieren zu vermeiden. Für dieses Verfahren wird beansprucht, daß es Verschleppungen der Güter und unrichtigen Gewichtsangaben der Absender wirksam vorbeugt.

In London haben alle größeren Eisenbahngesellschaften ihre eigenen Annahmestellen. Den Annahmestellen sind einspännige Rollwagen zugeteilt, welche die Güter von den Absendern abholen, nach der Annahmestelle bringen und von dort den Bahnhöfen zuführen. Außerdem bringen die Absender selber Güter zu den Annahmestellen. Das Einsammeln der Güter hört an Wochentagen um 6 Uhr auf, mit Ausnahme des Sonnabends, an dem nur bis 4 Uhr eingesammelt wird. Der Rollwagen sammelt zum letztenmal am Tage auf der letzten Fahrt zum Bahnhof. Die Aufgabescheine der Absender werden vom Rollkutscher zur Annahmestelle gebracht. Wenn nach Stationen getrennte Aufgabescheine beigegeben sind, werden sie in Urschrift mit nach dem Bahnhof gesandt, wenn die Aufgabescheine aber Güter nach verschiedenen Stationen durcheinander enthalten, werden Auszüge (extracts or slip notes) auf der Annahmestelle angefertigt und nach dem Bahnhof gesandt, während die Urschriften der Aufgabescheine auf der Annahmestelle zurückbehalten werden. Die Rollwagen werden auf den Bahnhöfen rückwärts an die Ladebühnen gedrückt, der Kutscher übergibt die Aufgabescheine einem Vorarbeiter, der sie auf die Ausladearbeiter verteilt. Diese vergleichen die Güter mit den Scheinen und wiegen sie, wenn die Gewichte noch nicht auf den Annahmestellen eingetragen sind. Dann werden die Scheine in die Abfertigung gebracht zur Herstellung von Auszügen. Zu jeder Ausladerotte gehören ein Lademeister (checker), Ausrufer (caller off) und drei Güterbodenarbeiter (porters), die die Güter an die verschiedenen durch Tafeln bezeichneten Ladestellen zur Einladung in die daselbst aufgestellten Stationswagen karren. Alle Güter für Birmingham, Manchester, Liverpool, Schottland und Irland werden auf den Londoner Güterbahnhöfen gewöhnlich für sich auf einem besonderen Güterboden behandelt. Das Einladen selbst wird wie folgt besorgt: die Aufgabescheine und Auszüge werden dem Lademeister auf dem betreffenden Güterboden gegeben, der sie mit den ihm zugekarrten Gütern vergleicht. Finden sich keine Unstimmigkeiten, so wird eingeladen und Station und Wagennummer aufgeschrieben. Wenn Aufgabescheine fehlen, die Güter aber vollständige Adressen haben, werden Hilfsscheine angefertigt. Jede Einladerotte besteht aus einem Lademeister, einem Packer und einem Arbeiter, die Aufgabescheine werden von Zeit zu Zeit, gewöhnlich nach Beladung eines Wagens, gesammelt und durch einen Boten in die Abfertigungsräume zur Herstellung der Begleitscheine gebracht. Jeder Abfertigungsbeamte numeriert seine Aufgabescheine fortlaufend und trägt die Nummern der Aufgabescheine in die zugehörigen Begleitscheine ein. Die Begleitscheine werden kopiert und dann mit dem Zuge abgesandt oder an die Wagen geheftet, in denen die Güter verladen sind.

Ähnliche Verfahren, mit oder ohne besondere Annahmestellen in den Städten, werden ferner in Liverpool und Yorkshire angewandt, auch kommen außer den genannten Verfahren noch mehrere andere in London und Birmingham vor.

Auf dem Ankunftsbahnhof werden die Wagen baldigst an den Güterschuppen gestellt, die Decken von den offenen Wagen abgenommen, fremde Decken und Bindemittel für sich zusammengelegt und bezeichnet. Dann werden die Beklebezettel von den Wagen genommen und die Ausladearbeiten begonnen. Wie es verschiedene Verfahren beim Versand der Güter gibt, so auch beim Empfang. Am gebräuchlichsten ist das nachstehende Verfahren. Nachdem die Begleitscheine (invoices) in den Diensträumen mit Eingangsnummern versehen sind, werden die Frachtbeträge nachgeprüft und Ablieferungsscheine (delivery notes) oder Ablieferungslisten (delivery sheets) angefertigt. Die Ablieferungsscheine werden insbesondere angefertigt, wenn Geldbeträge zu erheben sind. Dann werden die Begleitscheine zu den Lademeistern getragen, welche die Güter nach den Scheinen ausladen lassen (to check off). Während bei diesem Verfahren also unmittelbar nach den Begleitscheinen entladen wird, hat man noch ein anderes Verfahren, bei dem die Güter zunächst in ein Eingangsbuch eingetragen werden, ohne daß der Lademeister von den Begleitscheinen Kenntnis nimmt. In das Eingangsbuch werden die Zeit der Entladung und die Nummer und Eigentumsmerkmale des Wagens mit eingetragen. Das Eingangsbuch wird bei einigen Gesellschaften zur Empfangsbestätigung benutzt, wenn der Empfänger die Güter selbst vom Bahnhof abholt. Nach einem dritten Verfahren werden die Güter zunächst in ein Entladebuch eingetragen, dessen Blätter später an die Begleitscheine angeklebt werden, nachdem die Eintragungen mit den Scheinen verglichen worden sind.

Nach dem Entladen werden die Güter gewöhnlich in folgende Gruppen an besonderen Stellen zusammengelegt: Güter, deren Empfänger sich melden wird (till called for goods); Güter, über die noch besonders verfügt werden soll („wait to order“ goods); Güter, die vom Empfänger abgerollt werden; Überladegüter; Güter zur bahnamtlichen Abfuhr. Die letztgenannten Güter werden gleich in die Rollwagen geladen oder nach Bestellbezirken hingelegt. Das Einladen in die Rollwagen erfolgt entweder nach den Begleitscheinen oder den Ablieferungsscheinen oder den Ablieferungslisten. Die Eisenbahngesellschaften haben die größeren Städte gewöhnlich in eine Anzahl von Bestellbezirken (delivery districts) geteilt. Wenn ein Rollwagen für einen Bezirk beladen ist, verläßt der Kutscher mit seinen Papieren den Bahnhof zur Ablieferung der Güter.

3. Paketverkehr.

Die englischen Eisenbahngesellschaften haben einen sehr bedeutenden Paketverkehr, den sie mit Personenzügen, besonderen Paketzügen oder Güterzügen zu Tarifsätzen abwickeln, die teilweise unter den Portosätzen der Post bleiben.

Außerdem nehmen sie verschiedene Gegenstände zur Beförderung als Paket an, die die Post nach ihrem Umfange und ihrer Verpackung zurückweisen würde. Auch ist das Höchstgewicht für Pakete bei den Eisenbahnen höher als bei der Post, die nur Pakete bis zu 10 Pfd., (4,54 kg) annimmt.

Verpflichtungen, wie sie unter anderen die deutsche Gesetzgebung den Eisenbahnen auferlegt hat, bestehen in England nicht in gleichem Umfange, so daß der Paketverkehr der Eisenbahnen sich ungehindert entwickeln konnte. Begünstigt wird er auch durch die beim Stückgüterverkehr schon erwähnte Neigung der Händler, anstatt große Vorräte auf Lager zu halten, fortlaufend den Bedarf durch Fernsprecher oder Telegraph bei Großkaufleuten oder Zwischenhändlern zu bestellen. Dies erklärt auch, daß die Pakete an Gewicht abnehmen, an Zahl zunehmen, wie die Stückgüter.

Der Paketverkehr ist als ein Stückgutverkehr im kleinen anzusehen und tritt zum Teil an die Stelle des festländischen Eilgüterverkehrs, den es in England nicht gibt, weil der gewöhnliche Stückgüterverkehr in England im allgemeinen ebenso schnell wie der festländische Eilgüterverkehr abgewickelt wird. Die Tarife sind teilweise viel niedriger als bei der Post. Beispielsweise kann man ein Paket von 21,8 kg Gewicht 48 km weit für 0,50 M. versenden; an die Post würden hierfür 4,20 M. zu zahlen sein, weil statt des einen 5 einzelne Pakete gemacht werden müßten. Auf größere Entfernungen nimmt der Unterschied in den Sätzen zwar ab, bleibt aber immer ziemlich bedeutend. Auf kleinen Bahnhöfen wird die Annahme und Ausgabe der Pakete im Fahrkartendienstraum bewirkt, auf mittleren Bahnhöfen ist ein besonderer Paketraum dafür vorhanden, auf großen Bahnhöfen sind getrennte Paketannahmen und -ausgaben angelegt. Die größeren Paketräume sind gewöhnlich mit einem langen Tisch für die Annahme der Pakete und mit Wandgestellen mit einzelnen Abteilungen zum Sortieren nach Bestimmungsorten oder Verkehrsbezirken ausgerüstet. Gewöhnlich wird eine Quittung bei der Aufgabe eines Paketes nicht erteilt, wenn der Absender nicht eine solche vorlegt, die nur zu unterschreiben ist. Für eingezahlte Frachtbeträge wird stets eine Quittung verabfolgt. In der Paketannahme wirken ein Beamter und ein Gepäckträger in der Weise zusammen, daß der Gepäckträger die Adresse und das Gewicht ausruft, der Beamte sie nebst dem Namen und der Adresse des Absenders in ein Annahmebuch einträgt. Der Frachtbetrag wird entweder auf der Abgangstation oder der Empfangstation mit farbigem Stift auf dem Paket verzeichnet. Je nachdem die Fracht bei der Aufgabe bezahlt wird oder vom Empfänger zu entrichten ist, wird ein Zettel von bestimmter Farbe mit dem Worte „bezahlt“ (paid) oder „zu bezahlen“ (to pay) auf das Paket geklebt. Frachtmarken werden selten verwandt; man glaubt in England, daß ihre Verwendung zu Betrügereien führen kann. Nach der Bezettelung wird das Paket in ein Fach des Wandbehälters geworfen. Kurz vor dem Abgange jedes Zuges nimmt der Gepäckträger die für die betreffende Verkehrsrichtung bestimmten Pakete aus dem Wandgestell und legt sie nach Stationen zusammen, dann ruft er während des Einladens in die Paketkarre die Adressen aus, die ein Beamter in die Begleitscheine (way bills) einträgt, die der Sendung beigegeben werden. Das Verladen erfolgt auf den Bahnsteigen in den Packwagen, wobei die Begleitscheine alphabetisch nach Stationen geordnet dem Zugführer übergeben werden und von diesem auf ihre Übereinstimmung mit den übergebenen Paketen geprüft werden.

Bis zum Jahre 1891 war den Eisenbahngesellschaften freigestellt, die Pakete nach Belieben mit Personen- oder Güterzügen zu befördern. Durch das Tarifgesetz von 1891 (Railways Rates and Charges Act of 1891) ist ihnen aber aufgegeben, gewisse Güter mit Personenzügen zu befördern. Es sind dies: Milch, frische Butter, weicher Käse, Rahm, Eier, Fische, Fleisch, Grayling, Hummer, Austern, Lachs, Früchte und Gemüse aus Gewächshäusern, Wild, Geflügel, Kaninchen, Eis.

Wenn die Pakete mit einem Personenzug befördert werden, übergibt der Zugführer unmittelbar nach dem Entladen des Gepäcks der Reisenden dem Gepäckträger die Pakete, die dieser in eine Karre ladet. Außerdem händigt er dem Gepäckträger die Begleitscheine aus, die sofort nach dem Paketbüro abgetragen werden, wo ihr Inhalt mit der Zahl und Bezeichnung der angekommenen Pakete verglichen wird. Der Beamte legt die Pakete in ein Wandgestell, das mit einzelnen Fächern nach Bestellbezirken versehen ist. Von dort werden sie in Rollwagen geladen, wobei der Wagenführer die Adressen ausruft, die ein Beamter in einen Ablieferungsschein (delivery sheet) einträgt, auf dem der Empfänger zu quittieren hat. Wenn angängig, werden die Pakete während der Beförderung zu größeren Stückgütern zusammengepackt. Die Post verwendet für den Versand ihrer Pakete vielfach viereckige Körbe von 0,5 bis 0,6 qm Grundfläche im Geviert und 0,8 bis 0,9 m Höhe, die nach Art eines Briefbeutels mit Leinen zugeschnürt und dann versiegelt werden.

Der Paketverkehr der englischen Eisenbahn erstreckt sich nicht nur auf die Beförderung, sondern auch auf die Aufbewahrung der Pakete. Größere Geschäfte senden die von ihren Kunden gekauften Waren nach den Paketräumen der Bahnhöfe, wo der Käufer sie kurz vor Abgang seines Zuges gegen Ablieferung eines Gutscheines empfangen kann. Der Kaufmann erhält ein Buch, in das die Pakete eingetragen werden und nach dem er monatlich für das Aufbewahren bezahlt. Die Aufbewahrungsgebühr ist gewöhnlich 8,3 Pf. für jedes Paket.

Einen besonders großen Paketverkehr hat die London and North Western-Eisenbahn, die im Jahre 1902 12 Millionen Pakete mit Güterzügen, außerdem noch viele Pakete mit Personenzügen befördert hat.

In den Personenzügen werden namentlich Zeitungspakete und Pakete mit leichtverderblichen Waren, wie Fleisch, Milch, Fische, Früchte befördert.

4. Verkehr mit leichtverderblichen Waren (perishables).

Leichtverderbliche Waren werden entweder als Stückgüter oder als Pakete befördert. Wir wählen als Beispiel den Fischverkehr und den Milchverkehr, die beide eine große Rolle in England spielen.

Der als unerschöpflich zu bezeichnende Fischreichtum der Meere, die Großbritannien und Irland umgeben, und das stetige Zurückweichen der englischen Landwirtschaft vor der Industrie haben wesentlich dazu beigetragen, die englische Hochseefischerei und die Einrichtungen der Eisenbahnen für die Beförderung von Fischen zu vervollkommnen, um weiten Kreisen der englischen Bevölkerung an Stelle der teuren Fleischkost gute Fischnahrung bieten zu können. Alle größeren Eisenbahngesellschaften Großbritanniens, deren Bahnnetze an passenden Stellen die Küste berühren, haben einen mehr oder minder großen Fischverkehr von der Küste nach den größeren Binnenplätzen und Industriebezirken des Landes. So die große Westbahn von Milford, Weymouth, Penzance, die London- und Nordwestbahn von Holyhead nach London, die Große Ostbahn von Lowestoft nach London und anderen Orten. Den bedeutendsten, von einem einzigen Hafenort ausgehenden Fischverkehr hat die Great Central-Eisenbahn-Gesellschaft von Great Grimsby nach London, Sheffield, Manchester, Liverpool und anderen größeren Städten. Sie widmet diesem Verkehr besondere Sorgfalt und hat beispielsweise neuerdings Wagen von 15 t Tragfähigkeit für den Fischverkehr von Great Grimsby nach London eingestellt, die einzig in ihrer Art in England sind und, wenn sie auch in ihrer jetzigen Bauart noch nicht als zweckmäßig bezeichnet werden können, doch wegen ihrer Neuheit Beachtung verdienen. Andere Maßregeln, wie die Einstellung schwerer Lokomotiven für den Fischverkehr und die stetige Verbesserung der Dockanlagen in Great Grimsby, erscheinen geeignet, die Beförderung der Fische für die Eisenbahnverwaltung nicht nur im einzelnen noch lohnender als bisher zu gestalten, sondern auch den Absatz zu steigern, weil die Fische infolge der besseren Beförderung in einem besonders guten Zustand auf den Markt gebracht werden.

Der an der Ostküste Englands belegene Hafenort Great Grimsby verdankt seinen lebhaften Aufschwung in erster Linie der Hochseefischerei. Als im Jahre 1852 die ersten großen Dockanlagen eröffnet wurden, zählte der Ort nur 8600 Einwohner in 960 Häusern mit einem versteuerbaren jährlichen Mietswert von 256000 M., während die Einwohnerzahl jetzt 65000, die Häuserzahl 13500 mit einem versteuerbaren jährlichen Mietswert von 5000000 M. beträgt. Im Jahre 1854 wurden nur 460 t Fische, im Jahre 1902 dagegen 168000 t versandt. Am 31. Dezember 1902 betrug die Zahl der in Great Grimsby beheimateten größeren Fischdampfer 50, die der kleineren 424, die Zahl der Segler 47, so daß im ganzen eine Flotte von 521 Dampfern und Seglern dem Fischfang oblag; ihre Bemannnung bestand aus 4773 Köpfen. Außer dem Fischverkehr hat Great Grimsby eine Kohlenausfuhr von fast 2000000 t jährlich. Eingeführt wird u. a. Holz, im Jahre 1902 war es rund 350000 t.

Die Dockanlagen in Great Grimsby gehören seit altersher der Manchester, Sheffield und Lincolnshire-Eisenbahn, die anfangs der vierziger Jahre die damaligen unbedeutenden Anlagen von einer Dockgesellschaft erwarb. Die Direktoren dieser Bahngesellschaft waren es auch, die die günstige Lage des Ortes für den Seeverkehr und als Fischereihafen erkannten und den Ausbau der Hafenanlagen betrieben. Die Manchester, Sheffield und Lincolnshire-Eisenbahn hat bekanntlich vor einigen Jahren, als es ihr nach vielen Kämpfen gelungen war, ihr Bahnnetz mit London zu verbinden, den Namen Great Central-Bahngesellschaft angenommen, der daher nunmehr alle Dockanlagen in Great Grimsby gehören. Durch bedeutende Landankäufe hat diese Gesellschaft ihren Besitz in Great Grimsby nach und nach so erweitert, daß sie dort die Alleinherrscherin ist und andere Unternehmungen, die dort Geschäft betreiben wollen, den erforderlichen Grund und Boden von ihr pachten müssen.

Für den Fischverkehr im Hafen von Great Grimsby sind zwei Docks mit 5 ha 26 ar und 6 ha 47 ar Wasserfläche bestimmt. Eine Zunge und fast die ganze Westseite der beiden Docks sind mit Schuppen für den Fischverkehr versehen. Es sind dies an der Landseite offene, an der Kaiseite teilweise geschlossene Schuppen mit einem Steinplattenfußboden, der ungefähr in Bodenhöhe der an der Landseite vorfahrenden Eisenbahnwagen liegt. Zu der Ausrüstung der Fischdocks gehören ferner u. a. zwei Kohlenladevorrichtungen für die Bekohlung der Fischdampfer, zwei Trockendocks und ein kleines Schwimmdock für die Ausbesserung. Die Kais sind mit ausgedehnten Gleisanlagen ausgerüstet, namentlich sind alle Schuppen für den Fischverkehr an der Landseite mit mehreren Gleisen für die Bereitstellung, Beladung und Abfuhr der Fischwagen und Züge versehen. Im Hafen ist vor einigen Jahren eine große Eisfabrik erbaut worden, um die ausgehenden Fischerfahrzeuge mit Eis versehen zu können. Bis zur Erbauung der Eisfabrik war man auf die etwas unsichere Eiszufuhr aus Norwegen angewiesen. Die Fabrik liegt an den Fischdocks, so daß die Fischerfahrzeuge ihr Eis unmittelbar aus der Fabrik mittels geeigneter Überladevorrichtungen entnehmen können. Die Leistungsfähigkeit der Fabrik ist 300 t Eis täglich.

Der ganze Hafenbetrieb spielt sich, soweit der Fischverkehr in Frage kommt, etwa folgendermaßen ab. Die mehreren Gesellschaften gehörigen Fischdampfer bleiben so lange auf der See, bis sie ihre volle Ladung gefangen haben, was mitunter bis zu vier Wochen dauert, während die Segler öfter ein- und auslaufen. Ein Teil der Fische wird von Zeit zu Zeit durch besondere Dampfer und Segler von den auf hoher See verbleibenden Fischdampfern und Seglern abgeholt. Die Fische werden entweder lebend auf dem Dampfer in einem unteren, vom Seewasser durchflossenen Raum gehalten, oder getötet und auf Eis gelegt, oder eingesalzen. Gegen 6 Uhr morgens beginnen die Fischerfahrzeuge in die Docks einzulaufen, wo sie sich sofort an die Schuppenkais legen. Dann fängt das Ausladen an. Die auf Eis mitgebrachten Fische werden in Körben ausgeladen, die größeren Sorten auf dem Fußboden der Schuppen zur Besichtigung bereitgelegt, die kleineren in Körben und Kisten aufgestellt. Die lebenden Fische, — es sind dies nur größere Sorten — werden mit Netzen aus dem Schiffsraum hochgezogen, mit einem Holzhammer oder einer Eisenstange getötet und dann mit Handkarren ausgeladen und gleichfalls in Schuppen bereitgelegt. Nach den Angaben der Dockbeamten in Great Grimsby nimmt der Versand lebender Fische mit der Eisenbahn in England mehr und mehr ab und ist nur noch unbedeutend. Die Beamten fassen die Hauptregeln, die bei einem zweckmäßig eingerichteten Fischverkehr zu beachten seien, überhaupt in die wenigen Worte zusammen: „Die Fische unmittelbar vor dem Versand töten, sofort in Eis verpacken, schnell einladen, befördern und auf den Markt bringen". Zum Versand kommen in Great Grimsby u. a. Schollen, Kabliau, Seezungen, Weißfische, Heringe. Von letzteren wird ein großer Teil mit Schiffen in das Ausland verschickt.

Das Ausladen der Fische ist gegen 8 Uhr morgens beendet, dann liegen lange Reihen in den Schuppen zum Verkauf bereit oder sind dort in Körben und Kisten aufgestellt und die Versteigerung beginnt. Die größeren Fischhändler in London, Manchester, Liverpool und anderen bedeutenden Städten haben ihre eigenen Agenten in Grimsby, mit denen sie während der Morgenstunden unausgesetzt in telegraphischem Verkehr stehen. Sie lassen sich fortlaufend über den Gang der Versteigerung berichten und geben Weisungen über die zu kaufenden Mengen und Sorten von Fischen und die zu zahlenden Preise. Die Agenten sind von einer Anzahl Arbeiter begleitet, die während der Versteigerung die gekauften Fische in Kübel packen und auf Handkarren zum Reinigen und Verpacken abfahren. Nach der Versteigerung beginnt das Beladen der Eisenbahnzüge. Schon am frühen Morgen, spätestens aber während der Versteigerung der Fische, sind die leeren Fischwagen auf die Schuppengleise gestellt worden. Die Kaischuppen sind ein für allemal nach einzelnen Verkehrsrichtungen und Verkehrsbezirken eingeteilt, nach denen auch die leeren Züge auf Stumpfgleisen im Hafenbahnhof in Gruppen von Wagen ausrangiert werden. Die Leerwagengruppen werden an die einzelnen Schuppenabteilungen geschoben, dort entweder gleich auf die Ladegleise gebracht oder in Aufstellungsgleisen zur späteren Auswechslung gegen beladene Wagen aufgestellt. Von den neuen 15t-Wagen hat die Great Central-Gesellschaft nur eine geringe Zahl, die übrigen Wagen haben nur eine Tragfähigkeit von 5—6 t. An einzelnen Tagen, wie kurz vor Karfreitag, werden bis 400 beladene Wagen in etwa 12 Sonderzügen und mit Personenzügen von Great Grimsby abgesandt. Von den älteren Wagen sind zwei Arten vorhanden.

1. Wagen für den Versand von gesalzenen Fischen in Körben und Kisten oder von sonstigen Fischen zweiter Sorte; es sind dies bedeckte Güterwagen gewöhnlicher Art.

2. Plattformwagen für den Versand von lebenden, d. h. lebend nach Great Grimsby gebrachten und dort vor dem Versand getöteten Fischen (Fische erster Sorte). Jeder Wagen ist mit einem abnehmbaren Holzbehälter mit drei oder vier Abteilungen ausgerüstet, in dem die Fische auf Eis verpackt mit schnellfahrenden Zügen verschickt werden.

Die Verkehrsverhältnisse zwischen Great Grimsby und großen Städten wie London erscheinen für die Einführung von Wagen großer Tragfähigkeit nicht ungeeignet, weil der Verkehr sich in einer Richtung zwischen Endpunkten mit geeigneten Ladevorrichtungen bewegt, die Züge sowohl auf der Hin- als Rückfahrt geschlossen durchlaufen, Rückfracht nicht vorhanden ist, daher ein Sammeln von Gütern kaum in Frage kommt.

Die neuen 15 t-Wagen haben einen Zementfußboden und Zinkbekleidungen an den Wänden, daher das sehr große Eigengewicht von 19,3 t bei 16,24 t Tragfähigkeit. Sie erscheinen daher nicht besonders zweckmäßig, wenn man bedenkt, daß die kleinen 5 t-Wagen nur ein Eigengewicht von 5 t haben, also bei der Beförderung von 15 t Fischen in kleinen Wagen nur 15 t, in großen Wagen dagegen 19,3 t Eigengewicht zu schleppen ist.

Es hat sich auch herausgestellt, daß die gleiche Menge Fische bei der Verwendung kleiner Wagen schneller ein- und ausgeladen werden kann, so daß die großen Wagen in dieser Beziehung auch nicht gerade vorteilhaft sind. Andererseits ist nicht abzustreiten, daß sie gewisse Vorteile für den Zugdienst und die Unterhaltung besitzen: die Züge werden bei gleicher Belastung kürzer und können wegen der besseren Bremseinrichtungen schneller gefahren werden; die Unterhaltungskosten eines Wagens von 15 t Tragfähigkeit sind kleiner als die dreier Wagen von 5 t. Die Nachteile der 15 t-Wagen müssen aber wohl ihre Vorteile überwiegen, denn die Great Central-Bahngesellschaft hat die Zahl dieser Wagen seit 1903 nicht vergrößert, auch haben andere Eisenbahngesellschaften solche Wagen nicht eingeführt.

Bei dem Fischversand von Great Grimsby nach den größeren englischen Städten, beispielsweise nach London, bildet es die Regel, daß die an einem Morgen getöteten Fische am anderen Morgen früh auf dem Markt sein müssen, da die Fischmärkte schon um 5 Uhr morgens beginnen. Die Great Central-Gesellschaft fährt täglich zwei, sehr häufig aber drei bis vier besondere Durchgangsfischzüge von 20—30 Wagen nach London. Der erste Zug fährt nachmittags $5^1/_2$ Uhr von Great Grimsby ab und ist nachts 12,20 in London, legt also die 360 km in 6 Stunden 40 Minuten zurück; durchschnittliche Geschwindigkeit 54 km/Std. Die mit durchgehender Bremse ausgerüsteten Züge, beispielsweise ein Zug von 12 Wagen von je 15,24 t Tragfähigkeit und einem Bremswagen (Schaffnerwagen) am Schluß, fahren mit Geschwindigkeiten bis 80 km/Std. Sie wiegen rund 430 t und werden von den neuen Güterzuglokomotiven mit drei gekuppelten Achsen und führendem Drehgestell gezogen, die mit Tender 106 t wiegen.

Das Ausladen der Fische in London wird in den Morgenstunden von 1—5 Uhr bewirkt. Die auf Plattformwagen stehenden Behälter werden mit einem Bockkran auf Rollwagen geladen und auf die Märkte gebracht. An die bedeckten Fischwagen setzen die Rollwagen rückwärts heran, so daß das Überladen der Körbe, Kübel und Kisten in einfachster Weise erfolgen kann. Die Eisenbahnverwaltung besorgt fast die ganze Abfuhr selbst, nur ein kleiner Teil der Fische wird von den Empfängern abgeholt. Sie vermittelt auch einen ausgedehnten Paketverkehr mit Privaten. Im Hafen von Great Grimsby ist eine Annahmestelle für Pakete, wo die Agenten die im Auftrage von Privatleuten, Hotelbesitzern, Klubs, Krankenhausverwaltungen usw. aufgekauften Fische ordnungsmäßig verpackt aufgeben. Auf dem Güterbahnhof Marylebone der Great Central-Bahn in London sind morgens von 12—8 Uhr 9 Beamte allein mit der Frachtberechnung und Ausfertigung der Papiere für die eingehenden Fischsendungen beschäftigt. Ein Teil der Fische wird von der Great Central-Bahn in London anderen Bahnen, namentlich den im Süden von London belegenen, übergeben.

Zweifellos könnten manche Kreise der Bevölkerung Großbritanniens bei den hohen Fleischpreisen sich nicht so gut nähren, wie es der Fall ist, wenn die vorzüglich entwickelte Hochseefischerei im Verein mit dem wohlorganisierten Fischhandel und den Beförderungseinrichtungen der Eisenbahnen nicht für eine ausreichende Zufuhr guter Fische von der See nach den großen Städten und in die Industriebezirke sorgte. Die ganze Angelegenheit entbehrt daher für Großbritannien nicht einer gewissen sozialpolitischen Bedeutung.

Besondere Sorgfalt widmen die englischen Eisenbahngesellschaften dem Milchverkehr nach den großen Städten wie London, Manchester, Liverpool, Glasgow usw., weil die Milch wegen des großen Verbrauches in diesen Städten und des teilweisen Fehlens landwirtschaftlicher Betriebe in ihrer unmittelbaren Umgebung bisweilen auf sehr große Entfernungen zusammengeholt werden muß. Beispielsweise wird nach London vereinzelt Milch auf 450 km Entfernung aus Cornwall gebracht. Man rechnet in England durchschnittlich einen Milchverbrauch von wöchentlich 10—12 Liter für eine Großstadtfamilie. In Groß-London mit etwa einer Million Familien und $6^1/_2$ Millionen Einwohner entfällt etwa $1^3/_4$ Liter wöchentlich auf den Kopf der Bevölkerung.

Der Milchversand erfolgt in der Regel in Kannen, welche die Gestalt eines großen abgestumpften Kegels mit kleinerem Kegel zur Aufnahme des Deckels haben. Die Eisenbahngesellschaften nehmen seit dem 1. Januar 1893 nur noch neue Kannen von höchstens 17 Gallonen = 77 Liter Fassungsraum an, ältere größere Kannen dürfen aber aufgebraucht werden. Ferner unterliegt der Michversand folgenden Bestimmungen:

1. Jede Kanne muß eine deutliche Adresse auf einer hölzernen oder metallenen Begleittafel tragen.

2. Der Deckel muß ordnungsmäßig befestigt sein.

3. Die Kannen müssen leserlich mit dem Namen der Station gestempelt sein, von der sie voll abgesandt werden.

4. Auf jeder Kanne muß außen ihr Fassungsraum vermerkt sein, innen muß sie Füllungstriche für 4 Gallonen = rd. 18 Liter und für jede folgende Gallone = 4,5 Liter bis zum vollen Inhalt zeigen. Versiegelte Kannen müssen außen mit ihrem Eigengewicht bezeichnet sein.

5. Die Eisenbahngesellschaften besorgen weder Anfuhr noch Abfuhr.

6. Absender und Empfänger müssen beim Ein- und Ausladen helfen, wenn die Milch auf ihre Gefahr befördert wird.

7. Die Bahnbeamten sind befugt, jede Kanne während der Beförderung zu öffnen und erforderlichenfalls für eine angemessene Zeit von der Weiterbeförderung auszuschließen, um den Inhalt festzustellen.

8. Der Absender muß jeder Sendung eine von ihm unterschriebene Frachtkarte beigeben, aus der die Menge, der Name des Empfängers und die Empfangstation hervorgehen.

9. Zwei verschiedene Frachtsätze werden angewandt, einer für die Beförderung auf Gefahr der Gesellschaft nach den Bedingungen für den Versand leichtverderblicher Waren mit Personenzügen, ein anderer für die Beförderung auf Gefahr des Absenders mit Ausschluß der Fälle, in denen eine grobe Nachlässigkeit der Bahnbediensteten nachweisbar ist. Die Rückbeförderung der leeren Kannen erfolgt kostenfrei.

10. Die Fracht muß im voraus bezahlt werden.

Die Beförderung der Milch erfolgt mit Personenzügen in den Schaffnerwagen, mit besonderen Milchwagen in Personenzügen oder mit eigenen Milchzügen, vereinzelt auch mit Güterzügen. Die Milchwagen der Great Western-Bahngesellschaft, die einen großen Milchverkehr in den zahlreichen von ihren Linien durchschnittenen landwirtschaftlichen Gegenden hat, sind für 60—70 Kannen gebaut, die nebeneinander auf dem Fußboden stehen. Sie sind in der Regel dreiachsig und haben einen durchbrochenen Wagenkasten, dessen Wände aus wagerechten Dielen mit größeren Fugen bestehen, drei Türen an jeder Langseite, Trittbretter in zwei verschiedenen Höhen. Auf dem Endbahnhof Paddington der Great Western-Eisenbahngesellschaft kommen an Wochentagen zwei besondere Milchzüge 11^{07} morgens und 11^{52} abends an, die an eigenen Milchrampen entladen werden, während die mit Personenzügen ankommende Milch auch an den Bahnsteigen entladen wird. Die vereinzelt mit Güterzügen ankommenden Milchwagen werden ebenfalls an die Milchrampe gesetzt. Der 11^{07} morgens ankommende Milchzug beginnt in Swindon (125 km von London), der 11^{52} abends ankommende in Chippenham (150 km von London), in beide werden auf verschiedenen Unterwegstationen noch weitere Milchwagen eingestellt. Ein gemischter Güter- und Milchzug kommt nachts 2^{50} aus Reading (58 km von London). Bis Reading fährt er als reiner Güterzug, dann werden bis London Milchwagen eingestellt. Im ganzen bringt die Great Western-Eisenbahn 1,8—2 Millionen Liter Milch nach London, d. i. etwa $^1/_6$ des ganzen Verbrauches von Groß-London. Der größte Teil kommt aus den Grafschaften Berkshire (30—130 km von London) und Wiltshire (110—160 km von London), ein anderer Teil aus der Gegend von Shrewsbury (200—250 km von London), indessen berührt die Great Western-Eisenbahngesellschaft mit ihren Linien noch viele andere ackerbautreibende Bezirke, die sich an der Milchversorgung Londons beteiligen, von denen einige 400—450 km von London entfernt sind.

Die Great Northern-Eisenbahngesellschaft befördert Milch aus Bezirken, die bis 235 km von London entfernt sind. Sie hat im Jahre 1905 neue vierachsige Milchwagen gebaut, die in der Mitte eine Schaffnerabteilung, an jedem Ende eine Milchabteilung für je 44 Kannen enthalten. Die Milch wird auch von dieser Gesellschaft in besonderen Milchzügen oder in den Personenzügen befördert. Der größte Teil der Zufuhr nach London findet in den frühen Morgenstunden nach dem Endbahnhof Kings Cross statt, wo die Milch an besonderen Rampen entladen wird.

Auch die Midland-Eisenbahngesellschaft hat einen erheblichen Milchverkehr, der an überdachten Rampen neben dem Güterbahnhof Somerstown abgewickelt wird.

5. Viehverkehr.

Für den Viehverkehr gelten die allgemeinen Bestimmungen des Eisenbahn- und Kanalgesetzes von 1888, nach dem die Eisenbahngesellschaften für Vieh ohne Wertangabe im Falle des Verlustes höchstens zu zahlen haben: für ein Pferd rd. 1000 M., für ein Stück Hornvieh rd. 300 M., für ein Schaf oder Schwein rd. 40 M. Hat das Vieh einen höheren Wert, den der Versender bei der Aufgabe angegeben hat, so ist eine Zuschlaggebühr zu zahlen. Für die Entseuchung der Viehwagen ist das Viehseuchengesetz von 1878 (The contagious diseases Act 1878, Animals) maßgebend, das den Reichsräten (Privy Councils) von England, Schottland und Irland die Herausgabe von Sondervorschriften überläßt. Derartige Sondervorschriften sind für England in der Verfügung des Geheimen Rats (Privy Council Order) vom 15. Dez. 1879, für Irland vom 31. März 1880, für Schottland in der Verfügung „The Animals Order“ 1884 enthalten. Diese Verfügungen setzen u. a. fest, daß jeder Eisenbahnwagen, in dem ein Tier befördert worden ist, vor der Aufnahme des nächsten Tieres gründlich gereinigt und entseucht werden muß Die Art, wie dies auszuführen ist, wird in den Verfügungen angegeben, ferner wird bestimmt, wie Rampen, Käfige und Viehbuchten zu reinigen und zu entseuchen sind.

Die Beförderung des Viehes findet auf Viehbeförderungsschein (cattle ticket) statt, der Namen und Wohnung des Absenders und Empfängers, die Wagennummer, Anzahl und Beschreibung des Viehes, ob halbe oder ganze Wagenladung,

Frachtsatz und Frachtbetrag enthalten und vom Abfertigungsbeamten unterschrieben sein muß. Einige Gesellschaften lassen einen besonderen Viehbegleitschein (cattle way bill) für den Packmeister ausfertigen, bei dem die Stückzahl für jeden Wagen angegeben ist, während andere es dem Packmeister überlassen, die Nummer des Wagens in sein Wagenverzeichnis (waggon-road-bill) einzutragen. Geht das Vieh auf eine fremde Bahn über, so erhält der Packmeister den Viehbegleitschein meistens in doppelter Ausfertigung, um das eine Exemplar auf der Übergangstation an die fremde Bahn abzuliefern. Die Wagen selbst werden entsprechend bezettelt. Wenn ein Begleiter mit dem Vieh reist, erhält er die Beförderungsscheine, sonst werden sie dem Packmeister ausgehändigt. Die Beförderung wird gewöhnlich unter der Bedingung übernommen, daß der Absender das Vieh verladen, der Empfänger es entladen läßt. Die Viehwagen werden meistens an den Schluß des Zuges gestellt, damit möglichst wenig Verschubbewegungen zu machen sind.

6. Massengüterverkehr.

Der englische Massengüterverkehr macht etwa $^3/_4$ des gesamten Güterverkehrs aus und bewegt sich namentlich aus den Kohlen- und Industriebezirken von Wales, Derbyshire, Nottinghamshire, Yorhshire, Lancashire, Cheshire, Durham, Northumberland, Lanarkshire in Schottland von und nach der Küste und nach den großen Städten, wie London, Birmingham, Manchester, Liverpool, Glasgow usw. Die hauptsächlichst gefahrenen Massengüter sind Kohlen und Erze. Die Kohlen werden entweder zur Ausfuhr in die Häfen gebracht oder für industrielle und häusliche Zwecke über das ganze Land verteilt, wobei sie namentlich aus den Grubenbezirken in die großen Städte versandt werden. So ist beispielsweise der Kohlenverkehr zwischen den mittelenglischen Kohlenbezirken und London ein ganz bedeutender, während aus Wales, Durham und Northumberland viele Kohlen überseeisch versandt werden. Wegen der verhältnismäßig niedrigen Frachtsätze und der geringen Beförderungsweite sind die Einnahmen aus dem Rohgüterverkehr nicht so hoch, wie man nach seinem Umfange annehmen sollte; denn bei einem Umfange von $^3/_4$ des ganzen Güterverkehrs betragen sie nur wenig mehr als $^3/_8$ der Gesamteinnahme aus dem Güterverkehr. Gleichwohl wirft der Massengüterverkehr wegen seiner Stetigkeit, der einfachen Zusammensetzung und Durchführung der Züge sowie der verhältnismäßig guten Ausnutzung der Tragfähigkeit der Wagen einen guten Reingewinn ab und wird von den englischen Bahnverwaltungen sehr gepflegt. Man schätzt das durchschnittliche tote Gewicht der englischen Massengüterzüge auf 40 $^0/_0$ des Zuggewichtes. Der normale Wagen von 8—10 Tonnen Tragfähigkeit hat 39 $^0/_0$ totes Gewicht, während die preußischen 15 t-Wagen nur 32—35 $^0/_0$ haben. Es wird also offenbar in England viel Lokomotivkraft zur Beförderung des toten Gewichtes verbraucht. Aber auch die Unterhaltungskosten der kleinen Wagen sind sehr hoch, weil sie meistens aus Holz gebaut sind und verhältnismäßig viel Material in den Zug-, Stoß- und Laufvorrichtungen führen, die am ersten Beschädigungen ausgesetzt sind. Unter diesen Umständen ist es erklärlich, wenn die seit mehreren Jahren im Gange befindlichen Bestrebungen zur Vergrößerung der Tragfähigkeit der englischen Güterwagen und Verbesserung des Verhältnisses zwischen Tragfähigkeit und Eigengewicht sich insbesondere auf die Wagen für den Massengüterverkehr erstrecken, während bei den Wagen für den Stückgüterverkehr solche Bestrebungen weniger im Gange sind. In England ist auch eine große Zahl von Fachleuten davon überzeugt, daß man durch eine Umgestaltung der Wagen für den Massengüterverkehr den Eisenbahnbetrieb vorteilhafter einrichten und wegen der Verkürzung der Züge an baulichen Anlagen, wie Nebengleisen, sparen könnte. Diesen Fachleuten sind auch die Erfolge der Nordamerikaner mit der Einführung großer Wagen meistens aus eigener Anschauung bekannt; gleichwohl kann von einer allgemeinen Erhöhung der Tragfähigkeit der Güterwagen noch nicht die Rede sein.

Die Vorbedingung für die Verwendung großer Wagen (d. i. von mindestens 20 t Tragfähigkeit) im Massengüterverkehr und aus solchen Wagen zusammengesetzter schwerer Züge sind im allgemeinen stetige Verkehrsbeziehungen. Die Wagen können mit Vorteil nur für bestimmte Güter, namentlich Kohlen und Erze auf einzelnen ausgewählten Strecken, oder innerhalb bestimmter Bahngebiete verkehren. Man muß zwar einzelne Leerläufe mit in den Kauf nehmen können — so großen Nutzen müssen sie abwerfen —, die Beladung darf aber auch keine zu schlechte sein, denn sonst würde unter Umständen das Verhältnis zwischen Eigengewicht und Nutzlast ungünstiger sein als bei kleinen Wagen, wie schon bei der Besprechung des Stückgüterverkehrs angeführt wurde. Es erscheint aber nicht angängig, die großen Wagen auf weite Entfernungen von Station zu Station zu schicken, um ihnen Ladung zuzuführen.

Die genannte Vorbedingung stetiger Verkehrsbeziehungen im Rohgüterverkehr ist nun in Großbritannien auf einzelnen Strecken vorhanden, so daß die Einführung großer Wagen vorteilhaft sein müßte. Wenn man der Sache aber näher tritt, ergeben sich erhebliche Schwierigkeiten. Zunächst ist der Wunsch der Händler und Gewerbetreibenden gar nicht allgemein auf die Einführung großer Wagen gerichtet, weil der englische Binnenhandel vielfach Kleinhandel ist, wie schon beim Stückgüterverkehr erörtert worden ist, die Händler daher nur kleine Mengen von Rohgütern auf einmal beziehen und keinen großen Wagen füllen können. England hatte in einzelnen dichtbevölkerten Gegenden schon vor der Herstellung von Eisenbahnen einen bedeutenden Verkehr auf seinen vorzüglichen Landstraßen, dem die Eisenbahnen sich teilweise anpassen mußten. Der Kohlenhändler, der bis dahin sein Gut mit eigenem Frachtfuhrwerk erhalten hatte, erblickte anfänglich in dem Eisenbahnwagen nur einen Ersatz für das Straßenfuhrwerk und wollte womöglich seinen eigenen Wagen mit geringer Tragfähigkeit haben, um seiner Gewohnheit, nur kleine Mengen von Kohlen auf einmal zu bestellen, treu bleiben zu können und von den Eisenbahnen und Mitbewerbern möglichst unabhängig zu sein. Das führte zur Einstellung von kleinen Wagen und Privatgüterwagen, deren große Zahl noch heute für das englische Eisenbahnwesen bezeichnend ist. Die Gewohnheit der Kohlenhändler, nur kleine Kohlenmengen auf einmal zu bestellen, hat sich aber nicht nur behauptet, sondern sogar immer mehr ausgebreitet, was der Einführung von Wagen mit großer Tragfähigkeit entschieden hinderlich ist. Ebenso hinderlich ist die große Zahl von Privatwagen. Von den 1060000 englischen Güterwagen sollen etwa 40 bis 45% im Privatbesitz sein und sich auf etwa 4000 verschiedene Eigentümer verteilen. Am liebsten möchte man in manchen Eisenbahnkreisen die Zahl der Privatwagen ganz erheblich einschränken, weil außer ihrer geringen Tragfähigkeit und mangelhaften Beschaffenheit auch in Betracht kommt, daß sie dem Eigentümer immer wieder zugeführt werden müssen und daher viele Leerläufe verursachen. Auch macht ihre Behandlung (Verteilung auf die Ladestellen der Eigentümer, Abholen und Einstellen in die Züge) große Kosten. Anderseits scheut man sich, die Eigentümer der Privatwagen mit Rücksicht auf ihre geschäftlichen Beziehungen zu den Eisenbahnverwaltungen scharf anzufassen, zumal die letzteren an dem jetzigen Zustande nicht ganz schuldlos sind, indem sie früher die Herstellung von Privatwagen geradezu begünstigt oder verlangt haben, um ihr Anlagekapital niedriger zu halten und ihre Verwaltung zu vereinfachen. Eine Handhabe, derartige Forderungen durchzusetzen, bot ihnen das Frachtführergesetz von 1830 (Carriers Law 1830), nach dem die Eisenbahngesellschaften nicht verpflichtet sind, Kohlen ohne weiteres zu befördern, sondern gewisse Bedingungen stellen können, wie Hergabe der Wagen durch die Verfrachter. Ferner ist zu bedenken, daß die Rohgütertarife vielfach unter der Voraussetzung der Benutzung von Privatwagen gebildet werden. Die Midland-Gesellschaft hat Anfang der neunziger Jahre den Versuch gemacht, die zu ihrem Bezirk gehörigen Privatwagen aufzukaufen, jedoch ohne Erfolg, weil die mit ihr in Wettbewerb tretenden Gesellschaften nicht das gleiche taten und die Wageneigentümer daher wieder neue Wagen anschafften. Die Kleinhändler benutzen die Eisenbahnwagen gern als Kohlenmagazin, solange sie kein Standgeld zu bezahlen brauchen, mit dessen Erhebung die Eisenbahngesellschaften aber wegen des Wettbewerbes es nicht besonders eilig zu haben pflegen. Aus diesem Grunde will der Kleinhändler keine großen Wagen. Ein sehr großes Hindernis für die Vergrößerung der Tragfähigkeit der Massengüterwagen liegt ferner in den Kohlenverladevorrichtungen der Häfen; auch die Zechenanlagen eignen sich nicht immer zur Beladung großer Wagen. Während in den Häfen der Ostküste Englands Kohlenverladevorrichtungen vorhanden sind, die große Wagen entladen können, gibt es in den Häfen der Westküste viele Kohlenverladevorrichtungen, die hierfür ungeeignet sind und gänzlich umgebaut werden müßten. Möglich wäre dies schon, denn die Amerikaner besitzen Überladevorrichtungen für ihre großen Wagen, und auch in England sind neuerdings Kohlenverladevorrichtungen hergestellt, die Wagen von 20 t Tragfähigkeit entladen können, aber die Kosten würden außerordentlich hoch sein. Zu der Änderung der Kohlenverladevorrichtungen in den Häfen treten als weitere Schwierigkeiten die Einführung stärkerer Kuppelungen und durchgehender Bremsen, um Zugtrennungen tunlichst zu vermeiden oder die Einführung selbsttätiger Mittelkuppelungen, um das Zusammenstellen der Züge und ihre Durchführung durch Bahnkrümmungen zu erleichtern. Dies sind aber Fragen von so großer finanzieller Tragweite, daß man in Eisenbahnkreisen ihre Lösung nicht allzu eifrig betreibt.

Wer soll nun bei diesen verwickelten Verhältnissen die Kosten der Einführung großer Wagen tragen? Die Anschlußinhaber, Wageneigentümer, Besitzer von Ladevorrichtungen (industrielle Werke, Zechen, Dockgesellschaften) wollen nur mit umfangreicheren Änderungen vorgehen, wenn ihnen vorher Zusicherungen auf Schadloshaltung gemacht werden. Das könnten die Eisenbahngesellschaften allenfalls durch Zusicherung von Tarifermäßigungen tun, weil durch die Einführung großer Wagen an Betriebskosten gespart werden würde. Mit Tarifermäßigungen sind die Eisenbahngesellschaften aber sehr vorsichtig, um ihre ohnehin nicht besonders glänzende Lage nicht noch mehr zu verschlechtern, zumal die Höhe der durch eine allgemeine Einführung großer Wagen entstehenden Ersparnisse sich im voraus kaum feststellen läßt. Eine Zeitlang war man in Eisenbahnkreisen überhaupt der Ansicht, die Eigentümer von Privatwagen, die Anschlußinhaber und die Besitzer von Ladevorrichtungen müßten vereint die Sache allein in die Hand nehmen, zulassen wolle man die großen Wagen schon. Hierzu ist es nun aber nicht gekommen, sondern die Eisenbahngesellschaften haben sich doch seit mehreren Jahren bequemt, versuchsweise große Wagen einzustellen. Insbesondere hat die fortschrittliche North Eastern-Eisenbahngesellschaft seit etwa sieben Jahren eine Anzahl von großen Wagen laufen. Diese Gesellschaft ist bei der Behandlung der ganzen Frage insofern in einer günstigen Lage, als in ihrem Bezirk wenig Privatwagen verkehren und die Kohlenverladevorrichtungen in den Häfen sich vielfach ohne Änderungen zum Entladen großer Wagen eignen. Während man früher auf vierachsige Wagen von 30 bis 40 t Tragfähigkeit losging, scheint man in den letzten Jahren mehr und mehr einzusehen, daß der gewöhnliche zweiachsige Wagen mit wenig mehr als 20 t Tragfähigkeit der geeignetste ist. Der North Eastern-Eisenbahngesellschaft sind dann die meisten anderen Gesellschaften mit der versuchsweisen Einführung großer Wagen gefolgt. Namentlich hat man größere Wagen als bisher für die Beförderung der eigenen Lokomotivkohlen verwandt, weil man hierbei am unabhängigsten von fremden Ladeeinrichtungen und Eigentümern von Privatwagen ist. Auch hier scheint sich der gewöhnliche 20 t-Wagen am besten zu bewähren. Das Bestreben der Eisenbahngesellschaften ist aber nicht allein auf Einführung von Wagen mit 20 t oder mehr Tragfähigkeit gerichtet, sondern man führt auch 12 und 15 t-Wagen ein, was gleichfalls gegenüber den bisherigen 8 bis 10 t-Wagen oder den noch kleineren Wagen einen erheblichen Fortschritt bedeutet. Insbesondere geht man mit einer solchen geringeren Erhöhung der Tragfähigkeit vor, wenn dabei die Ladevorrichtungen weiter benutzt werden können. Im Bezirk der Taff Vale-Gesellschaft beispielsweise, die einen großen Kohlenverkehr in Wales hat, der sich von den Zechen nach den Ausfuhrhäfen Cardiff, Penarth, Barry und Newport bewegt, lägen die Verhältnisse für die Einführung großer Wagen wegen dieser stetigen Verkehrsbeziehungen sehr günstig, wenn die Kohlenverladevorrichtungen der Häfen für die Behandlung großer Wagen gebaut wären. Die Gesellschaft hat nur sehr wenig eigene Wagen, es verkehren fast nur Privatwagen auf ihrem Bahnnetz, bisweilen 25000 bis 30000 Stück bei nur 200 km Bahnlänge. Die Tragfähigkeit dieser Wagen ist 10 t, das Eigengewicht $6^2/_3$ t, die Kohlenverladevorrichtungen sind nur für 20 t Gewicht gebaut, so daß nur $3^1/_3$ t für die Erhöhung des Bruttogewichtes der Wagen bleibt, man also nicht wesentlich höher als 13 t Tragfähigkeit gehen könnte.

Im Gegensatz zu den Stückgütern werden die Massengüter gewöhnlich vom Absender angefahren, vom Empfänger abgefahren, so daß die Bahn nur die Beförderung von Bahnhof zu Bahnhof übernimmt (station to station goods).

Die Abfertigung der Massengüter ist der der Stückgüter im allgemeinen gleich, indessen werden die Frachtkarten (invoices) vielfach nicht auf dem Versandbahnhof, sondern in den Amtszimmern des Distriktgüterverwalters oder eines besonderen für den Verkehr mit Wagenladungsgütern beauftragten Beamten (mineral managers) ausgefertigt. In diesem Falle übergibt der Versender den Aufgabeschein (consignment note) in mehreren Ausfertigungen dem Versandbahnhof, der eine davon dem erwähnten Beamten zur Aufstellung und Übersendung der Frachtkarte an den Empfangsbahnhof übermittelt. Der Zugführer erhält keine Begleitpapiere, er führt in seinem Fahrbericht nur die Gesamtzahl der Wagen ohne Nummerangabe. Die Wagennummern werden nur von den Versand-, Empfangs- und Übergabebahnhöfen aufgeschrieben. Die Wagen selbst erhalten einen Begleitzettel, der an einer Seite aufgenagelt oder in einen besonderen Bügel gesteckt wird und den Namen des Absenders, des Versand- und Empfangsbahnhofes, der Entladestelle des Empfängers oder dessen volle Adresse enthält. Der Rücklauf der Privatwagen wird durch äußere Aufschrift geregelt, die gewöhnlich eine bestimmte Verladestelle oder einen Sammelbahnhof angibt, auf dem der Eigentümer wieder über den Wagen verfügen will. Letzteres ist gewöhnlich bei Händlerwagen oder Kohlenwagen der Fall, die einer Grubengesellschaft mit verschiedenen Zechen gehören und als einheitlicher Wagenpark benutzt werden. Um über diese Wagen auf den Sammelbahnhöfen zweckentsprechend verfügen zu können, schicken die Eigentümer der Privatwagen sogenannte Wagenjäger (wagon hunters) aus, die Zutritt zu den Bahnhöfen haben und sie nach Wagen durchsuchen. Für die Verteilung und Zuführung der Privatwagen bestehen besondere Wagenämter, die örtliche Überwachung des Wagendienstes wird gewöhnlich durch besondere Inspektoren besorgt, die genau abgegrenzte Bezirke zu überwachen haben. Bei der Regelung des Wagenumlaufs findet der Fernsprecher ausgedehnte Verwendung. Die Wagenämter sind gewöhnlich durch Fernsprecher mit den Bahnhöfen, Zechen und den Inspektoren verbunden. Besonders schwierig ist die

Wagenverteilung in den Bezirken, die Kohlenausfuhrhäfen zu bedienen haben, weil einerseits das Beladen im voraus tunlichst vermieden werden soll, andererseits die Ankunftzeit der Schiffe nicht genau bekannt ist und trotzdem ihre Beladung schnell vorgenommen werden muß. Teilweise sind die Wagenämter zur Bewältigung dieser Schwierigkeiten im Sommer bei regem Schiffsverkehr Tag und Nacht geöffnet. Auch wird nach Möglichkeit dafür gesorgt, daß die Zechen bei Beginn der Schicht leere Wagen für etwa $^2/_3$ der Tagesförderung haben. Sie liefern dann entweder geschlossene Züge für die einzelnen Schiffe oder überlassen der Bahnverwaltung die Verteilung auf die Schiffe, wenn nur eine Kohlensorte verschifft wird. Außer den Privatwagen sind auch bahneigene Wagen bisweilen bestimmten Bezirken zugeteilt, wie bei der North Eastern-Gesellschaft. Dann wird zwar in jedem Bezirk für sich verteilt, aber durch gegenseitiges Benehmen nach Bedarf ein Ausgleich zwischen den Bezirken bewirkt.

Die Wagenausnutzung im Rohgüterverkehr ist in England bei vielen unnötigen Leerläufen und den schwierigen Betriebsverhältnissen auf den Sammel- und Verteilungsbahnhöfen meistens nicht günstig, am schlechtesten ist sie in den Bezirken mit regem Wettbewerb. Von den Zechen zwischen Nottingham und Sheffield machen die Wagen monatlich nur 2—3 Reisen auf größere Entfernungen bis 200 km. Wenn nach dem 200 km entfernten London wöchentlich eine und nach den 100—120 km entfernten Häfen Hull, Grimsby, Boston usw. wöchentlich zwei Reisen gemacht werden, gilt dies als sehr günstig. Bei der Great Northern-Gesellschaft rechnet man durchschnittlich einen zehntägigen Wagenumschlag. Bei den schottischen Bahnen werden nach etwa 40 km entfernten Häfen wöchentlich zwei, bei Beladung nach dem Binnenlande eine Reise in der Woche gerechnet. In Durham und Northumberland bringt man es bei durchschnittlich 50 km Entfernung auf 1,3 Reisen in der Woche. Eine große Zechengesellschaft bei Wigan in Lancashire hat etwa vier Reisen im Monat auf 130—150 km für ihre Wagen festgestellt. Die Eigentümer forschen gewöhnlich erst nach dem Verbleib der Wagen, wenn sie auf solche Entfernungen länger als eine Woche ausbleiben.

D. Nebengeschäfte der Eisenbahngesellschaften.

a) Allgemeines.

Die englischen Eisenbahngesellschaften betreiben eine Reihe von Nebengeschäften, von denen in erster Linie die Seeschiffahrt, der Hafenbetrieb, das Fuhrwesen für die An- und Abfuhr der Güter, die Kanalschiffahrt und das Hotelwesen zu nennen sind. Wenn man sich dies vergegenwärtigt, erkennt man noch mehr, als aus den früheren Bemerkungen über die Organisation hervorgeht, wie verschieden eine englische Eisenbahngesellschaft von einer festländischen Eisenbahnbehörde ist. Um ein Bild von der Geschäftsführung einer großen englischen Eisenbahngesellschaft zu bekommen, muß man sich eine festländische Eisenbahnbehörde mit einer Spediteurfirma, einer Rhederei, einer Hafenverwaltung und einem Hotelunternehmen vereinigt denken. Wir können hier nicht auf alle diese verschiedenen Betriebe eingehen, die mit dem Eisenbahnwesen teilweise nur lose zusammenhängen, sondern müssen uns darauf beschränken, die Seeschiffahrt und das Hotelwesen kurz zu besprechen.

b) Die Seeschiffahrt der englischen Eisenbahngesellschaften.

Schon frühzeitig gewann man die Überzeugung, daß Dampferlinien in den Händen von Eisenbahnen sowohl kaufmännisch und wirtschaftlich begründet und ebenso im öffentlichen Interesse seien; es können hierdurch pünktliche Anschlüsse an die aus allen Richtungen den Häfen zustrebenden Bahnzüge erzielt und der Verkehr im Inselreiche selbst gleichwie mit den Nachbarländern wesentlich gefördert werden. Die Erfahrung lehrte, daß Schiffahrtslinien zum überwiegenden Teil mit gutem Erfolg betrieben werden, und die Meinung ist heute eine wohlbegründete, daß Großbritanniens Gedeihen und Wohlfahrt zumeist den vortrefflichen und wirksamen Verkehrsmitteln zu Land und Wasser sowie seinen Verbindungen mit den Nachbarländern zu danken sei.

Die ersten Dampfboote liefen 1843 zwischen Folkestone und Boulogne im Anschluß an die Züge der South Eastern. Eine der frühesten Parlamentsakte (1845) verlieh der Manchester, Sheffield and Lincolnshirebahn die Konzession zum Betriebe von Fährbooten zwischen New Holland und Hull auf dem Humber. Auf Grund einer älteren (1864) und der neuen Akte (1899), die eine Reihe festländischer Häfen von St. Petersburg bis Gent umfaßten, richtete ihre Rechtsnachfolgerin, die heutige Great Central Railway, die Linien zwischen ihrem großen Fischereihafen Grimsby und dem Festlande ein. Die London and South Westernbahn erhielt 1848 die Genehmigung, Dampferlinien zwischen den Häfen Southampton, Portsmouth, Gosport, Lymington, Poole, Wymouth und dem französischen Hafen Le Havre, den Kanalinseln und den anliegenden Häfen der französischen Küste einzurichten und durch 14 Jahre zu betreiben. Im selben Jahre (1848) wurde der Chester and Holyhead Railway, jetzt London and North Western, die Konzession für eine Dampferlinie zwischen Holyhead und Dublin, Howth und Kingstown vom 1. Januar 1849 ab auf 14 Jahre verliehen; die London and North Western wurde im Verein mit der „Improved Postal and Passenger Communication“ zwischen England und Irland, dann der Chester and Holyhead Railway Co. und der „City of Dublin Steam Packet Co.“ 1855 ermächtigt, Dampfer für die Beförderung von Post und Personen zwischen Holyhead und Kingstown oder Howth bis 31. Dezember 1871 einzustellen. Eine spätere Akte (1864) erteilte der London and North Western die Befugnis, mit mehreren irischen Bahngesellschaften und der Dublin Packet Co. behufs Übernahme und Beförderung des Verkehrs zwischen den Häfen Dublin, Kingstown, Dundalk, Greenore, Carlingford sowie Holyhead in Verbindung zu treten. Die Ermächtigungen wurden der London and North Western von Zeit zu Zeit erweitert und 1898 für Holyhead, Dublin, Howth, Kingstown, Greenore und die Carlingbucht als ständige erklärt.

Die South Eastern and Chatham errichtete 1853 Dampferlinien zwischen Dover, Folkestone, sowie Calais und Boulogne. Die Konzession wurde später zurückgezogen und 1861 wieder erneuert. Im Jahre 1860 wurden der London, Chatham and Dover Co. eine Schiffslinie zwischen Dover und dem Festlande, 1862 der London Brighton and South Coast eine solche zwischen New Haven und Dieppe und 1864 zwischen Littlehampton und gewissen französischen Häfen konzessioniert.

Auf Grund der Akte von 1863 errichtete die Great Eastern einen Dampferdienst zwischen Harwich, Vlissingen, Rotterdam und Antwerpen; vier Jahre später wurde die Ermächtigung auf den Verkehr zwischen Harwich, Harlingen, Geestemünde und in den letzten Jahren auf Hoek van Holland und Zeebrügge ausgedehnt; sie beabsichtigt im laufenden Jahre beim Parlament um die Ermächtigung für einen Dienst zwischen Harwich und Amsterdam, sowie 36 (u. a. auch skandinavischen) Häfen nachzusuchen. Die Great Western besitzt seit 1871 weitgehende Konzessionen für Dampferlinien von ihren Häfen, sowie von Milford Haven und Waterford nach Cork, endlich zwischen Fishguard und Rosslare.

Die Lancashire and Yorkshire Railway besitzt seit 37 Jahren in Gemeinschaft mit der London and North Western eine Konzession für den Schiffahrtsdienst zwischen Fleetwood und Belfast, die 1892 auf die Insel Man, dann die Strecke Fleetwood—Dublin und 1903 im Verein mit der London and North Western auf Fleetwood—Londonderry ausgedehnt wurde. Die Lancashire Railway ist die einzige Bahngesellschaft, die von Liverpool aus eine Dampferlinie einrichten durfte; sie sicherte sich 1902 trotz heftiger Gegnerschaft die parlamentarische Genehmigung für die Linien von Liverpool und Fleetwood nach Drogheda, um den Viehverkehr der irischen Grafschaft Meath in ihre Hände zu bekommen. Die Gesellschaft besitzt die größte Dampferflotte im Vereinigten Königreich; 24 Schiffe versehen allein den Dienst zwischen Goole, Rotterdam, Amsterdam, Antwerpen, Brügge, Kopenhagen, Dünkirchen, Gent und Hamburg.

Auf Grund der Akte von 1900 richtete die North Eastern einen Dienst zwischen Hull, Rotterdam, Amsterdam und Harlingen ein, und dem Beispiel der Lancashire Railway folgend suchte sie um die Konzession für eine Reihe festländischer Häfen an, die sie auch 1905 erhielt. Im Verein mit der Lancashirebahn besitzt die North Eastern die Konzession für Dampferlinien zwischen Hull und Zeebrügge, dem Norden Englands und Belgien. Im verflossenen Jahre richtete sie gemeinschaftlich mit der Hull and Netherlands Steamship Co. einen neuen Dienst zwischen Hull und Rotterdam ein.

Die Midland Railway erhielt 1902 die Ermächtigung zur Errichtung von Linien zwischen Heysham, Belfast, Larne, Londonderry und der Insel Man, sowie zwischen Barrow in Furness, Belfast und Man, dann 1906 die Hull and Barnesley Railway für einen Dampferdienst zwischen Hull und einer Reihe festländischer Häfen.

Mehrere schottische und kleinere englische Eisenbahnen besitzen Konzessionen für eine Anzahl von Linien auf dem Clyde und dem Humber.[1])

c) Das Hotelwesen der englischen Eisenbahngesellschaften.

1. Allgemeines.

Die Eisenbahngesellschaften pflegen in unmittelbarer Verbindung mit ihren größeren Bahnhöfen Gasthöfe zu errichten und für eigene Rechnung zu verwalten, in denen Reisende gutes, preiswertes Unterkommen finden können. Wenn man Bahnlinien und Gasthöfe derselben Verwaltung benutzt, hat diese Einrichtung den Vorteil, daß keine Kosten und Zeitverluste durch die Gepäckbeförderung und die Fahrten zwischen entfernt liegenden Gasthöfen und den Bahnhöfen entstehen, weil die Eisenbahnverwaltungen das Gepäck ihrer eigenen Reisenden kostenlos zwischen den Gasthöfen und den Zügen zu befördern pflegen und die Gasthöfe bequem zu Fuß erreichbar sind. Auf den Endbahnhöfen der größeren Städte pflegt der Gasthof Teile des Quergebäudes oder der Langseiten einzunehmen, oder in einem besonderen Vorgebäude zu liegen, und bietet dem Architekten häufig die einzige Gelegenheit, das dürftige Architekturbild der englischen Bahnhofsbauten etwas zu verbessern. In anderen Fällen, namentlich wenn es sich um Durchgangsbahnhöfe in größeren und mittleren Städten handelt, wird der Gasthof von den eigentlichen Bahnhofsbauten losgelöst in unmittelbarer Nähe der Bahnhöfe errichtet und durch überdachte Fußwege, Tunnel, Brücken oder in anderer Weise mit den Bahnsteigen und Fahrkartenhallen verbunden. In solchen Fällen lassen sich in der Regel besonders zweckmäßige und schöne Gasthofbauten aufführen, wie der später zu beschreibende neue Gasthof der Nord-Britischen Eisenbahngesellschaft in Edinburg und das neue Hotel der Midland-Eisenbahngesellschaft in Manchester. Die englischen Eisenbahngesellschaften erblicken in gut eingerichteten und geleiteten Gasthöfen ein Mittel, ihren Bahnlinien Reisende zuzuführen; der Gasthofbetrieb mag daher an sich nicht immer lohnend sein, kann aber im Wettbewerb mit anderen Bahnen als Reklamemittel einen Nutzen abwerfen.

Allgemein ist über Gasthofbauten in England zu bemerken, daß mehr behaglich ausgestattete, allen Reisenden zugängliche Räume verlangt werden als auf dem Festlande, weil der Engländer es liebt, sich häuslich in seinem Gasthof einzurichten, anstatt wie der festländische Reisende den Gasthof mehr als Schlafstelle zu betrachten und seine Mahlzeiten in Gastwirtschaften einzunehmen. Das Gasthofleben des Engländers wird stark beeinflußt durch den Sinn für Häuslichkeit und Familienleben, der neben der Vorliebe für Spiele im Freien ein Grundpfeiler der moralischen Stärke des englischen Volkes ist. Ein im Gasthofbau erfahrener englischer Architekt hat für das Entwerfen großer Gasthofbauten in England nachstehende Regeln aufgestellt, die einen Überblick über die an solche Bauten gestellten Anforderungen geben. 1. Der Grundriß muß einfach und übersichtlich sein, unter Anordnung gerader, heller Gänge und leicht auffindbarer Treppen und Aufzüge. 2. Nach der Ankunft muß der Reisende bald das Verwaltungszimmer des Gasthofes erreichen können, um Zimmer auszusuchen, zu denen er ohne Umwege geführt werden kann. 3. Vom Verwaltungszimmer des Gasthofes aus müssen die Haupt-Aus- und Eingänge zu übersehen sein, damit jeder Gast unter Aufsicht ist. 4. Die öffentlichen Räume müssen tunlichst so

[1]) Zeitung des Vereins Deutscher Eisenbahnverwaltungen 1908, S. 262.

gelegt werden, daß man von ihnen eine gute Aussicht auf belebte Straßen, schöne Plätze, Gärten oder Landschaften hat. Ferner müssen sie für die Benutzung möglichst bequem liegen, ohne daß Gäste durch ihre Benutzung gestört werden. Beispielsweise sollen Rauch- und Billardzimmer zwar leicht erreichbar sein, aber doch etwas abseits liegen, damit Damen und ruhebedürftige Personen nicht durch ihre Benutzung belästigt werden. Desgleichen müssen Kinderzimmer so gelegt werden. daß ihre Insassen empfindlichen Personen nicht lästig fallen. 5. Die Küche muß groß, hell und gut gelüftet sein und so liegen, daß von ihr aus alle Eß- und Wohnzimmer leicht erreichbar sind. 6. Alle Verwaltungsräume sollen übersichtlich um die Küche gruppiert werden, um von dort aus den ganzen Betrieb leiten und die An- und Auslieferung von Waren und die Verabfolgung von Speisen und Getränken beaufsichtigen zu können. 7. Der Bau muß so geplant werden, daß der Betrieb mit möglichst wenig Bedienung geführt werden kann. Es empfiehlt sich daher die Herstellung von zentralen Dampferzeugungs- und Maschinenanlagen, die verschiedenen Zwecken, wie Kochen, Heizen, Lüften, Waschen, Beleuchtung usw. gleichzeitig dienen und in denen alle Heizstoffe tunlichst ausgenutzt werden. 8. Die Schlafzimmer sollen von verschiedener Größe sein, je nachdem sie für eine oder zwei Personen bestimmt sind. Als beste Form hat sich ein längliches Rechteck bewährt. 9. In den Hauptgeschossen sollen einige reicher ausgestattete Wohn- und Schlafzimmer mit Badezimmer für besonders anspruchsvolle Gäste angelegt werden. 10. Großer Wert muß darauf gelegt werden, daß in allen Wohn- und Schlafzimmern und öffentlichen Räumen die Gäste schnell bedient werden können, da langsame und nachlässige Bedienung stets unangenehm empfunden wird. 11. Eine Haupt-Einnahmequelle sind die Schlafzimmer, es empfiehlt sich daher, sie namentlich in den oberen Geschossen in möglichst großer Zahl anzuordnen. 12. Es muß eine hinreichende Zahl von leicht auffindbaren hellen Aborten, Baderäumen und öffentlichen Waschräumen vorhanden sein. 13. Alle mit dem Gasthofbetrieb verbundenen Nebengeschäfte, wie Backen, Waschen usw. sollen tunlichst auf dem Gasthofgrundstück besorgt werden können. 14. Mit jedem großen Gasthof sollen eine Gastwirtschaft und Trinkraum (bar) verbunden werden. 15. Jeder größere Gasthof muß Geschäfts-, Verkaufs- und Lagerräume für den Wein- und Spirituosenhandel haben. 16. Die Räume für die Unterbringung und Beköstigung der Bedienung müssen hinreichend groß, hell und freundlich sein und mit Badegelegenheit versehen werden, um eine gute Bedienung an den Gasthof zu fesseln.

2. Das Nordbritische Bahnhofshotel in Edinburg.

Edinburg ist ein wichtiger Verkehrsmittelpunkt für den Personenverkehr zwischen England und Schottland und wird jährlich von vielen Reisenden besucht. Den Eisenbahnverkehr in Edinburg beherrscht die Nordbritische Bahngesellschaft (North-British Railway Company), deren Bahnnetz über die Firth of Forth-Brücke mit dem nördlichen Schottland, über Glasgow mit dem schottischen Seengebiet verbunden ist. Mit der Nordostbahn und der Großen Nordbahn zusammen betreibt die Nordbritische Bahn die sogenannte Ostküstenlinie nach London (Kings Cross), mit der Midland-Bahn zusammen die Waverley-Linie zwischen London (St. Pancras), Mittelengland und Schottland. Ein kleinerer Teil des Edinburger Verkehrs entfällt auf die Caledonian-Bahn, die über Carlisle und Glasgow mit der London- und Nordwestbahn die sogenannte Westküstenlinie zwischen London (Euston) und Schottland betreibt.

Die Nordbritische Bahngesellschaft hat Ende der neunziger Jahre ihren Hauptbahnhof Waverley-Station in Edinburg mit einem Kostenaufwande von fast

30 Millionen Mark beträchtlich erweitert und zu einem großartigen Inselbahnhof mit zwei Zwischenbahnsteigen für Durchgangs- und Vorortzüge und zehn Zungenbahnsteigen für Ortszüge ausgestattet (S. 108). Der ganze Bahnhof liegt in einem tiefen Einschnitt und wird von zwei breiten Fahrstraßen und zwei Fußwegen auf Brücken schienenfrei gekreuzt. Am Rande des Bahneinschnitts und mit den Bahnsteigen, Fahrkartenhallen und Warteräumen durch Aufzüge und die eine Fußgängerbrücke verbunden, liegt an Princes-Street, der prächtigen Hauptstraße Edinburgs, der im Oktober 1902 eröffnete große Gasthof der Bahngesellschaft

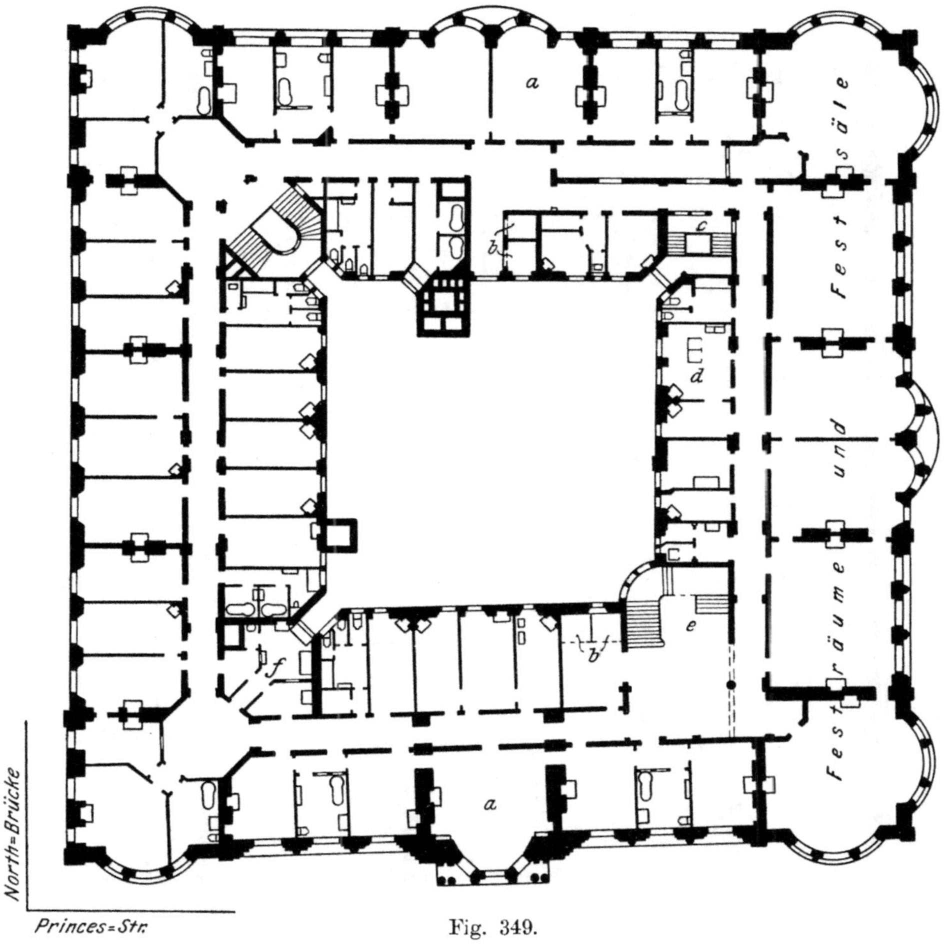

Fig. 349.

a = Wohnzimmer, b = Aufzüge, c = Nebentreppe, d = Anrichte, e = Haupttreppe, f = Haarschneideraum.

(Fig. 134). Der für den Gasthofbau verfügbare voll ausgenutzte Bauplatz war 58 m lang und 55 m breit und lag etwa 20 m über Schienenoberkante des Bahnhofs. Die Höhenverhältnisse führten dazu, von den zehn Stockwerken des Gebäudes sechs über und vier unter Straßenhöhe anzulegen. Der Grundriß (Fig. 349 und 350) ist so angeordnet, daß die Aufenthalts-, Wohn- und Schlafräume der oberen Stockwerke sich um einen inneren Lichthof von 21,30 m im Geviert gruppieren, wodurch eine gute Beleuchtung und Lüftung aller Räume und Treppen gewährleistet ist. Die Küche mit ihren Nebenräumen liegt in dem in Straßenhöhe angeordneten Erdgeschoß und dem unmittelbar darunter liegenden Untergeschoß. Das Erdgeschoß hat einen Eingang von der Hauptstraße, der in eine

Eingangshalle von 16 m Länge, 8 m Breite und 6,70 m Höhe führt, an die sich die Treppenhalle von 14 m Länge und 9,10 m Breite anschließt. Die Eingangshalle ist an einer Seite mit einem künstlerisch ausgebildeten Kamin, an der gegenüberliegenden Seite mit einer Ruhebank versehen; in der Nähe des Eingangs sind die Pförtnerbude, Brief-, Fernsprecher- und Paketräume angeordnet. An der Eingangshalle befinden sich ferner ein Verwaltungszimmer und eine Kleiderablage. Von der Eingangshalle führen einige Stufen zu einem in den Lichthof eingebauten, mit einem Glasdom überdachten Palmenhof von 15 m im Geviert, der als Erholungsraum und Empfangsraum für Besucher der Gäste gedacht ist.

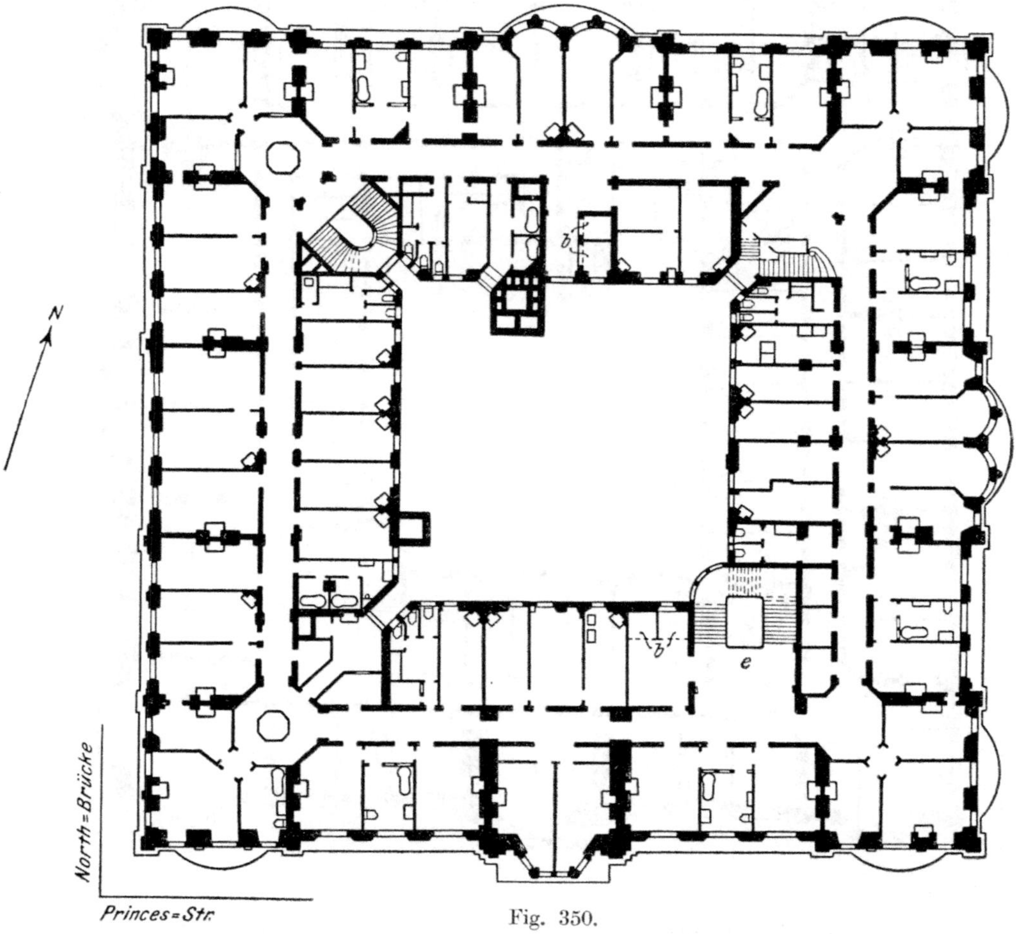

Fig. 350.
b = Aufzüge, *e* = Haupttreppe.

Die Westseite des Gebäudes wird in Straßenhöhe von dem 34 m langen, 10,70 m breiten und 6,10 m hohen Hauptspeisesaal eingenommen. Anschließend an diesen Hauptspeisesaal ist ein kleinerer Speisesaal für Privatgesellschaften angeordnet, der auch als Ballsaal dienen kann. In der Nähe dieser beiden Speisesäle liegt die obere Küche und in der Mitte der Südfront ein 12,80 m langes, 6,40 m breites Lese- und Schreibzimmer. An der Straßenfront sind ein 22 m langer und 8,30 m breiter Salon, Verwaltungsräume und Läden, sowie ein öffentlicher Schenkraum angeordnet. Die ganze Ostfront wird von Läden eingenommen. In dem unmittelbar unter Straßenhöhe belegenen Geschoß sind ein Rauchzimmer, zwei Billardzimmer, ein amerikanischer Schenkraum (american bar) sowie ein

Schreibzimmer und Ausstellungsräume für Geschäftsreisende untergebracht. Für die mit der Eisenbahn ankommenden Reisenden ist in Höhe der Verbindungsbrücke mit der Station eine besondere Ankunfts- und Gepäckhalle im zweiten Geschoß unter Straßenhöhe angelegt, an der ein zweites Verwaltungszimmer liegt. In der Ankunftshalle sind elektrische Aufzüge für Personen und Gepäck vorgesehen, die zu den oberen Geschossen hinaufführen. Die Ankunftshalle ist sehr geräumig, da in ihr während der Reisezeit viele Gäste zusammenkommen und mitunter 30—40 Gepäckkarren halten, um Gepäck an die Aufzüge zu bringen. Unter der Halle liegt ein Aufbewahrungsraum für Gepäck, das vorläufig beiseite gelegt werden soll.

Die vier Stockwerke über dem Straßengeschoß stimmen in ihrer Grundrißanordnung ziemlich überein, indem die sämtlichen Räume zu beiden Seiten eines Ganges um den inneren Lichthof und an den vier Außenfronten gruppiert sind. Der Gang ist mit den Außenfronten gleichlaufend und erweitert sich in den vier Ecken zu achteckigen Hallen. Das erste Stockwerk über dem Straßengeschoß enthält an der Westfront eine Flucht von öffentlichen Räumen, die als Musikzimmer, Salons und Speisezimmer benutzt werden können. In der Mitte der Nord- und Südfronten liegen größere Salons und Wohnzimmer für einzelne anspruchsvolle Reisende. Die übrigen drei Obergeschosse sind in ihrer Grundrißanordnung gleich und enthalten ausschließlich Schlafzimmer, Baderäume und Nebenräume (Fig. 350). Die Gesamtzahl der Räume in dem Gasthof ist 700, wovon mehr als 300 Schlafzimmer sind. — Das Gebäude ist von der Straße bis zum Dach 30,50 m, bis zur Spitze des Glockenturmes 59,50 m hoch. Das Straßengeschoß liegt 16 m über dem Waverley-Bahnhof. Mit Rücksicht darauf, daß der Gasthof in einer Gegend liegt, wo die alten und neuen Stadtteile Edinburgs aneinanderstoßen, ist für die Außenarchitektur ein Stil gewählt, der unter freier Anwendung von Renaissanceformen den Übergang von der altschottischen Bauweise Alt-Edinburgs zu der strengen klassischen Bauweise Neu-Edinburgs vermittelt. Der Bau ist nach den Plänen des verstorbenen Edinburger Architekten W. Hamilton Beattie von der Firma Scott & Beattie mit einem Kostenaufwande von etwa 10 Millionen Mark (ohne Grunderwerbskosten) ausgeführt worden.

3. Das Midland-Eisenbahnhotel in Manchester.

Manchester, die bedeutendste Fabrikstadt Englands und der Mittelpunkt des englischen Baumwollhandels, hat einen lebhaften Eisenbahnverkehr mit allen Teilen von Großbritannien. Besonders wichtig ist der Verkehr mit London und dem südlichen und mittleren England, um den sich früher die London und North Western-, Great Northern-, Midland- und Great Western-Bahngesellschaft gestritten haben, denen neuerdings noch ein Mitbewerber in der Great Central-Bahngesellschaft entstanden ist. Die Midland-Bahn ist nicht in der Lage, Manchester mit ihren Personenzügen auf eigenem Bahnkörper zu erreichen, sie muß ihre Züge vielmehr über die von ihr gemeinschaftlich mit der Great Central- und Great Northern-Bahn betriebenen sogenannten Cheshire Committee-Linien leiten, auf denen sie den Endbahnhof Central-Station erreicht. Gegenüber der Central-Station hat die Midland-Bahngesellschaft, die bekanntlich stets sehr unternehmend gewesen ist und zu wiederholten Malen eine führende Rolle im englischen Eisenbahnwesen gespielt hat, ihren eigenen Gasthof mit einem Kostenaufwande von etwa

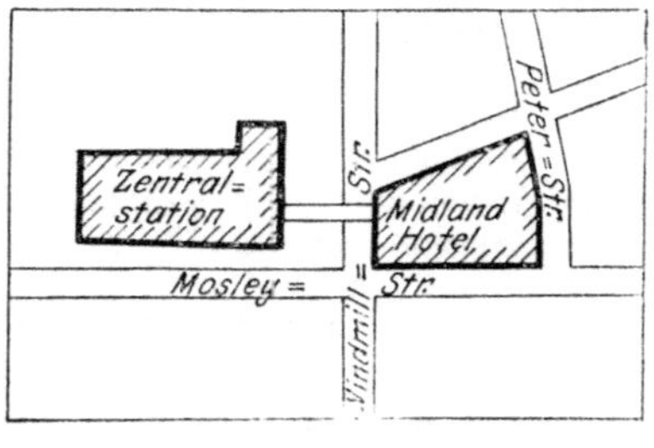

Fig. 351.

9,5 Millionen Mark (einschließlich Bauplatzkosten) auf einem von vier Straßen begrenzten Bauplatz von 8100 qm Fläche errichtet (Fig. 351). Der Gasthof ist durch einen überdachten Pfad mit der Station verbunden, der Haupteingang befindet sich aber auf der von der Station abgewandten Seite, an einer Hauptstraße (Peter Street). Hier ist im Erdgeschoß eine eingebaute Vorfahrt angelegt, von der man nacheinander in eine Empfangshalle, zu dem Verwaltungszimmer, den Aufzügen, einem achteckigen Innenhof und zu der Haupttreppe gelangt (Fig. 352). Im Erdgeschoß sind ferner ein reich ausgestatteter Speisesaal, ein Lese- und Schreib-

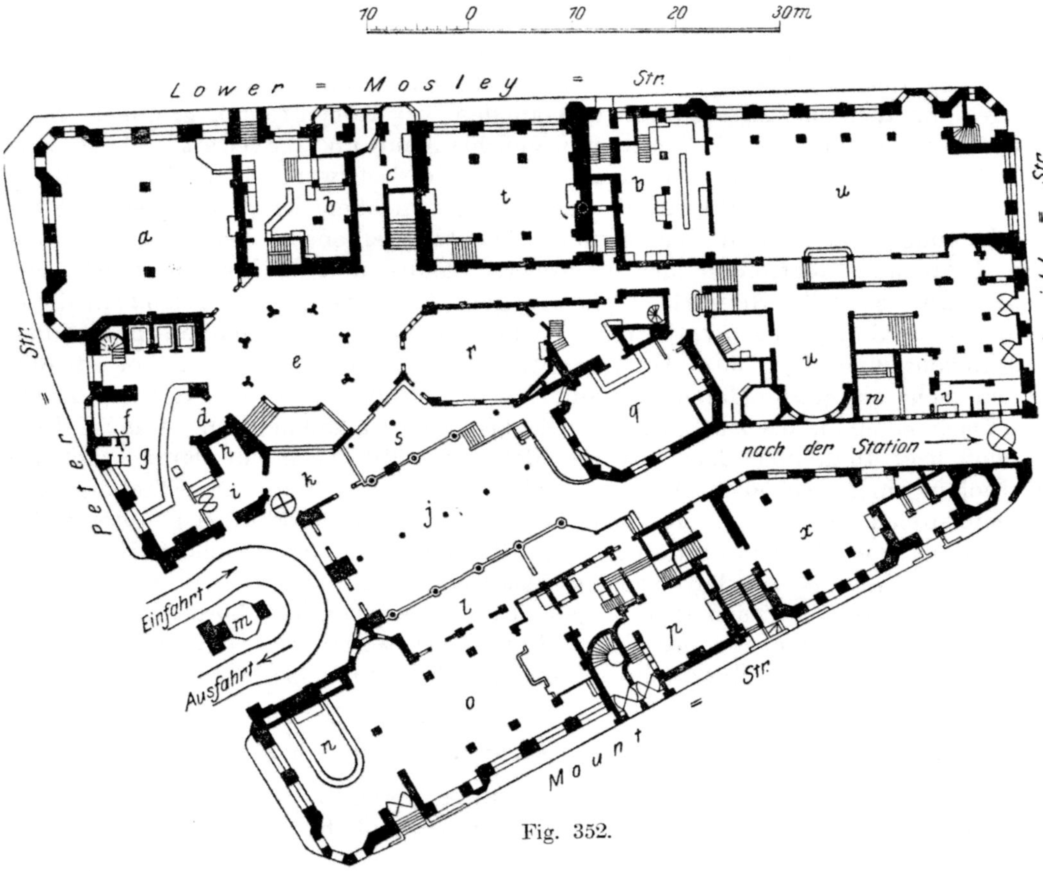

Fig. 352.

a = Speisesaal	*g* = Post u. Telegraph	*m* = Aufseher	*s* = Restaurant
b = Anrichte	*h* = Gepäckaufzug	*n* = Büfett	*t* = Lese- u. Schreibzimmer
c = Damen	*i* = Gepäckraum	*o* = Öffentliches Restaurant	*u* = Festsaal
d = Hotelbureau	*j* = Wintergarten	*p* = Damenteezimmer	*v* = Herren
e = Innenhof	*k* = Empfangshalle	*q* = Rauch- u. Schankzimmer	*w* = Kleider
f = Fernsprecher	*l* = Terrasse	*r* = Französisch. Restaurant	*x* = Raum für Handeltreib.

zimmer, ein großer und ein kleiner Festsaal mit Nebenräumen, ein Rauch- und Schenkzimmer mit american bar, ein französisches Restaurant, ein Raum für Handeltreibende, ein Damen-Teezimmer, eine öffentliche Gastwirtschaft (grill room) und ein Wintergarten angelegt. Neben dem Verwaltungszimmer sind eine Post- und Telegraphendienststelle und eine Bank- und Wechselstube eingerichtet. Im Kellergeschoß liegen u. a. die Küchenräume, Billardzimmer und eine deutsche Gastwirtschaft. Im ersten Stock sind Räume für Privatfestlichkeiten und für besonders anspruchsvolle Reisende angeordnet, bestehend aus einem Ballsaal, Speisesaal, Salon, Wohnzimmer und Schreibzimmer.

Die oberen Stockwerke enthalten vorwiegend Schlafzimmer, die zu beiden Seiten eines mit den Außenwänden gleichlaufenden Ganges an den vier Frontseiten und einem inneren Lichthof liegen (Fig. 353). Außerdem sind einige Zimmer zu beiden Seiten eines den Lichthof durchschneidenden Ganges angeordnet. Auf dem Dache ist ein Garten mit Ruheplätzen und Kaffeetischen angelegt, von dem man eine gute Aussicht auf die Stadt und ihre Umgebung hat. Im ganzen sind etwa 600 Zimmer vorhanden, ferner sehr reichliche Nebenräume, beispielsweise 100 Bäder. Der Gasthof ist in der Weise gebaut, daß die tragenden Teile ein Stahlgerippe bilden, das von massiven Bauteilen umschlossen wird. Auf etwa 8 m Höhe vom Straßenpflaster sind die Fronten aus rotem Aberdeen-Granit aufgebaut, in den

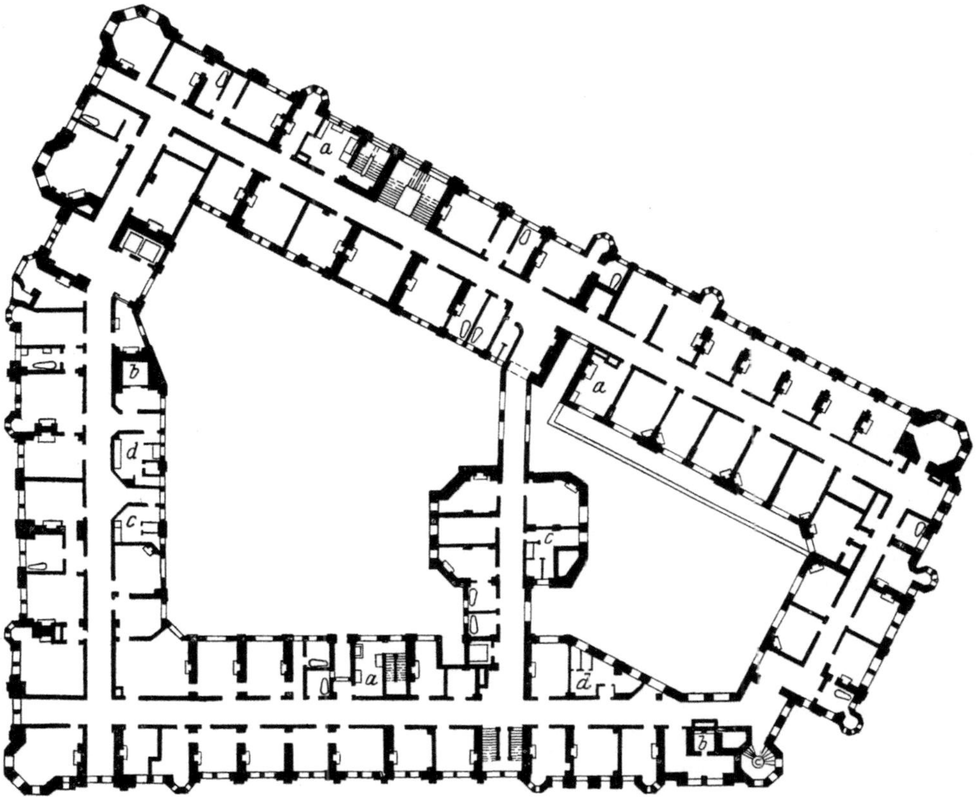

Fig. 353.
a = Anrichte *b* = Gepäckaufzug *c* = Damen *d* = Herren

Obergeschossen ist ein ausgedehnter Gebrauch von glasierten Terrakottasteinen (1560 cbm) und Majolika gemacht worden, um das Gebäude tunlichst vor den üblen Einwirkungen der raucherfüllten Luft von Manchester zu schützen. Diese schlechte Luft wird von dem Innern des Gebäudes bis zu einem gewissen Grade dadurch ferngehalten, daß mit den Lüftungseinrichtungen Luftfilter aus Leinen und Koks verbunden sind, durch die die in das Gebäude einströmende Luft gereinigt wird.

Der Gasthof ist nach den Plänen des Architekten Charles Trubshaw der Midland-Bahngesellschaft hergestellt, der mit dem Gasthofdirektor W. Towle der Bahngesellschaft alle größeren Gasthöfe in Europa und Amerika besichtigt hatte, bevor er an die Aufstellung des Entwurfes ging.

Additional material from *Das englische Eisenbahnwesen*
ISBN 978-3-642-51256-8, is available at http://extras.springer.com

Verlag von Julius Springer in Berlin.

[illegible]

Unter Mitwirkung von

[illegible]

Herausgegeben von

[illegible]

GPSR Compliance

The European Union's (EU) General Product Safety Regulation (GPSR) is a set of rules that requires consumer products to be safe and our obligations to ensure this.

If you have any concerns about our products, you can contact us on ProductSafety@springernature.com

In case Publisher is established outside the EU, the EU authorized representative is:

Springer Nature Customer Service Center GmbH
Europaplatz 3
69115 Heidelberg, Germany

Batch number: 10684220

Printed by Printforce, the Netherlands